DAS WESEN
DER
MATHEMATIK
UND DER
AUFBAU
DER
WELTERKENNTNISS
AUF
MATHEMATISCHER GRUNDLAGE.

VON

DR. HERMANN SCHEFFLER.

ZWEITER THEIL:

DAS WELTSYSTEM.

BRAUNSCHWEIG.
FRIEDRICH WAGNER'S HOFBUCHHANDLUNG.
1896.

Inhalt.

Zweiter Theil.

Das Weltsystem.

VI. Das Pflanzenreich und die logischen Vermögen.

Druckfehler im zweiten Theile.

S. 26, Z. 3 von unten statt dritte lies vierte.
" 72, Z. 4 von oben statt das lies den.
" 210, Z. 17 bis 7 von unten streiche den Satz: „Ein n-werthiges . . . bis Stoffgemeinschaft.“
Figurentafel II. In Figur 24 sind die mit 2 bezeichneten Theile von A und B_2 durch einen Strich zu verbinden.
III. In Figur 68 sind die Buchstaben folgendermaassen zu ergänzen.

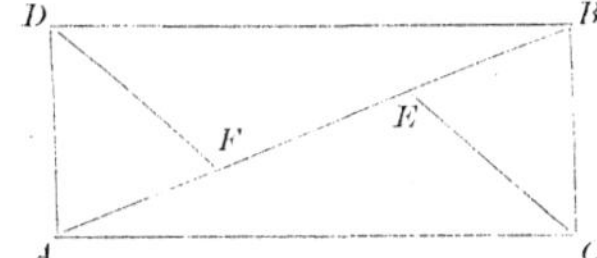

Druckfehler im ersten Theile.

S. 253, Z. 26 von oben statt -2π lies 0.

Zweiter Theil.

Das Weltsystem.

69. **Gegenstand.** Die nachstehenden Betrachtungen haben den Zweck, das Weltsystem, wie es sich der menschlichen Erkenntniss darbietet, im Aufstiege von unten nach oben, durch das physische, das mathematische, das logische und das philosophische Reich, sowie durch deren Kombination, Zusammenwirkung, Verallgemeinerung und Variation aufzubauen. Ich nenne diese Entwicklung einen Aufbau auf mathematischer Grundlage, weil die mathematische Strenge die leitenden Gesichtspunkte dabei darbietet.

IV. Das physische Reich und die Sinnesvermögen.

70. **Vorbemerkung.** Unter einem physischen Elemente verstehe ich ein Ätherelement, welches durch den Mineralisirungsprozess ein Bestandtheil eines Mineralatoms geworden ist und in diesem Prozesse gewisse Änderungen nicht der ätherischen Grundeigenschaften, sondern der speziellen Werthe dieser Grundeigenschaften erlitten hat, mithin immer als ein Ätherelement mit bestimmten Spezialwerthen der ätherischen Grundeigenschaften angesehen werden kann. Unter einem physischen Objekte ist dann ein aus Ätherelementen zusammengesetztes Objekt zu verstehen, in welchem die Ätherelemente mit ihren selbstständigen physischen Eigenschaften wirksam sind. Indem dieselben ihre physischen Prozesse auf den menschlichen Organismus übertragen, affiziren sie unmittelbar bestimmte Organe, die Sinnesorgane, und erzeugen darin entsprechende physiologische Prozesse, auf welchen die Sinneserscheinungen oder, schlechthin, die Erscheinungen beruhen.

Der letzte Absatz auf S. 284 mit den Zusätzen auf S. 285 meines Buches über die „Äquivalenz der Naturkräfte“ bezweckt, die fünf physischen Haupt-Schwingungssysteme nach ihren wesentlichen Eigenschaften zu kennzeichnen; ich führe den Gegenstand im Folgenden etwas näher aus, indem ich die physischen Eigenschaften der äusseren Objekte als die objektiven und die sensuellen Eigenschaften der inneren Organe als die subjektiven bezeichne.

71. **Das objektive Licht und das subjektive Gesicht.** Ein einzelnes, freies, kugelschalenförmiges, aus kohärirender Substanz bestehendes Element kann in Folge eines äusseren Impulses sich in dauernder Folge abwechselnd expandiren und kontrahiren oder in konstanten Dehnungsschwingungen verharren (indem Expansion und Kontraktion eine durch die Kohäsion der Substanz bedingte Grenze mit der Geschwindigkeit null erreicht, von wo der Rückgang in Folge der erlangten Spannung erfolgt). Die gleichmässige Dehnung einer Kugel setzt einen nach allen linearen Richtungen ausgeübten Impuls, also ein System von linearen Impulsen voraus; die einfache Dehnung ist hiernach die Dehnung eines linearen Elementes. Die Fortpflanzung oder Übertragung einer linearen Dehnungsschwingung auf Nachbarelemente geschieht vermöge der Adhäsion parallel aneinander gelagerter gleicher linearen Elemente, sie erfolgt also in einer Richtung, gegen welche die schwingenden Elemente eine bestimmte Richtung haben, die einen rechten, im Allgemeinen aber jeden beliebigen Winkel bilden kann. In allen Fällen ist die Dehnungsschwingung gegen die Fortpflanzungsrichtung oder gegen die Strahlaxe eine Transversalschwingung, auf welcher nach meiner Auffassung der optische Prozess beruhet, indem die einfache oder lineare Transversalschwingung den einfachen Lichtstrahl erzeugt. (In dem Buche über die Theorie des Lichtes habe ich gezeigt, dass der Lichtstrahl nicht ausschliesslich rechtwinklige, sondern auch schiefwinklige Transversalschwingungen erfordert, insbesondere, dass die Farbe ausser von der Schwingungszahl von der transversalen Schwingungsrichtung abhängt). Fortpflanzung eines Prozesses hat mit Beharrung desselben in einem Elemente Nichts zu thun: ein einzelnes Element genügt also zur Erzeugung einer Transversalschwingung.

Die Dehnung einer geraden Linie und die Fortpflanzung des Dehnungsprozesses durch die Adhäsion an einer angrenzenden Parallellinie ist die Grundlage für die Erzeugung einer Transversalschwingung und demzufolge für meine Theorie des Lichtes: ich ergänze diese Theorie durch folgende Bemerkungen. Absolute Linien giebt es nicht, sondern nur Elemente, deren Querschnitte unendlich klein gegen ihre Längenaxe sind. Ein solches Element wird, wenn es zylindrisch, und auch wenn es konisch geformt ist, Transversalschwingungen nach allen Richtungen der auf seiner Axe normal stehenden Ebene aussenden, und wenn es einen Stab mit quadratischem oder rechteckigem Querschnitte bildet, wird es Transversalschwingungen in dieser Ebene nur in den beiden auf den Seitenflächen normal stehenden Richtungen erzeugen. Lägen viele solche Stäbe nebeneinander und würden sie alle gleichzeitig in demselben Maasse gedehnt, bildeten sie also eine körperliche Masse, deren Höhe und Länge gross ist gegen ihre Breite; so würden sie nur in der auf ihrer Länge normal stehenden Richtung eine starke, in der auf ihrer Breite normal stehenden Richtung aber nur eine schwache

Schwingung, im Wesentlichen also nur einen polarisirten Strahl hervorbringen können. Die Ätherelemente sind kugelförmig zu denken, ein jedes solches Element ist also als ein Inbegriff von konischen Elementen anzusehen, deren Spitzen im Mittelpunkte der Kugel liegen. Wenn sich das kugelförmige Ätherelement dehnt, so dehnt sich jeder dieser Kegel in seiner Axenrichtung, sendet also Transversalschwingungen in allen Richtungen der auf seiner Axe normal stehenden Ebene aus, und demgemäss erzeugt die ganze Ätherkugel solche Schwingungen in allen Richtungen des Raumes, und Diess lässt deutlich erkennen, dass die optische Schwingung eine wahrhafte Grössen- oder Ausdehnungsschwingung, d. h. eine Schwingung mit variirendem Volum nach drei Dimensionen ist.

Das Eindringen der Transversalschwingungen in die Nerven des menschlichen Auges bedingt den physiologischen Prozess des Sehens, das Auge ist das Sinnesorgan für die Erscheinung, welche wir Licht nennen.

72. **Der objektive Schall und das subjektive Gehör.** Ein einzelnes Element kann in Folge eines äusseren Impulses (Stosses) seinen Ort ändern, indem es in einer bestimmten Richtung mit konstanter Geschwindigkeit davonfliegt; es kann aber nicht ohne Hemmung, also nicht ohne die von einem anderen Elemente ausgehende Rückwirkung zurückkehren. Die alternirende Ortsveränderung, der Hin- und Hergang erfordert also zwei Elemente, welche durch ein Band zusammenhängen und im Ruhezustande einen bestimmten Abstand haben; die alternirende Ortsveränderung ist Abstands- oder relative Ortsveränderung, bedingt durch zwei verbundene Elemente, welche sich abwechselnd von und zu einander bewegen, indem sie in der Abstandslinie abwechselnd entgegengesetze Spannungen erzeugen. Die Fortpflanzung der Ortsschwingung zwischen den beiden Elementen a und b geschieht durch Übertragung auf ein dem zweiten Elemente b vorgelagertes drittes Element c, also durch Übertragung von der Abstandslinie ab auf die an den Endpunkt von ab sich anreihende Abstandslinie bc; die Fortpflanzungsrichtung (Strahlaxe) fällt also in die Richtung der Abstandslinie ab, d. h. die Orts- oder Abstandsschwingung ist eine Longitudinalschwingung, welcher nach meiner Auffassung der akustische Prozess entspricht. Fortpflanzung hat mit Beharrung Nichts zu thun: zur Erzeugung und Erhaltung einer Longitudinalschwingung sind also zwei Elemente erforderlich und genügend.

Bei der in Nr. 71 erwähnten Dehnungsschwingung eines linearen Elementes ab ändert sich zwar zugleich der Abstand der Endpunkte und überhaupt der Abstand je zweier Punkte der Linie ab: allein Punkte wie a und b sind undimensionale Elemente der eindimensionalen Linie ab, die Linie oder das Längenelement ab ist ein unendlicher Inbegriff, ein System von Punkten; ihre einfache

Dehnungsschwingung kann also als ein System unendlich vieler Abstandsschwingungen von Punkten angesehen werden: allein, Punkte sind ganz andere Qualitäten als Linien, ihre Prozesse haben also eine ganz andere Qualität als die Prozesse von Linien oder Längenelementen und kommen hier, wo es sich lediglich um die Prozesse von Längenelementen und um deren Vergleichung handelt, nicht in Betracht: der Dehnungsprozess eines linearen Elementes ist niemals ein Abstandsprozess linearer Elemente, oder eine lineare Transversalschwingung ist keine lineare Longitudinalschwingung in transversaler Richtung, ausserdem würde sie nicht als eine ursprüngliche Longitudinalschwingung, sondern als eine Fortpflanzung solcher Schwingungen erscheinen.

Ebenso findet bei der vorstehenden Abstandsschwingung zweier linearen Elemente a und b oder bei der Verlängerung und Verkürzung des Abstandes $a\,b$ eine Dehnung aller Zwischenpunkte in longitudinaler Richtung statt, wenn dieser Abstand als ein unendlicher Inbegriff von Punkten aufgefasst wird: allein, Punkte, als undimensionale Elemente einer Linie, kommen hier nicht in Betracht, und ausserdem würde Dehnung der ganzen zwischen a und b liegenden Reihe von Punkten kein ursprünglicher Dehnungsprozess, sondern eine Fortpflanzung solcher Dehnungsprozesse sein: die lineare Longitudinalschwingung ist daher keine lineare Transversalschwingung.

Damit zwei Elemente a und b, welche einen gegebenen Abstand $a\,b$ haben, aufeinander annähernd oder entfernend wirken können, müssen sie nothwendig durch irgend Etwas miteinander verbunden sein. Diess kann durch gegenseitige Berührung, also durch Anreihung des Elementes b mit seinem Anfangspunkte an den Endpunkt von a geschehen. Nimmt man nun an, dieser Kontakt beruhe auf Haftung und die äussersten Grenzpunkte der beiden Elemente a und b, nämlich der Anfangspunkt von a und der Endpunkt von b, werden in ihren gegebenen Örtern festgehalten; so wird die Expansion von a die Kompression von b und alsdann im umgekehrten Prozesse die Expansion von b die Kompression von a bedingen; es wird also in jedem Elemente Verdünnung mit Verdichtung abwechseln.

Von grösserer Wichtigkeit für den akustischen Prozess ist die Betrachtung zweier Elemente a und b von gegebenem Abstande, welche von ihren Örtern aus auf die zwischen ihnen liegende Substanz, wenn diese Substanz in longitudinale Strömung versetzt ist, Abstossung äussern, sobald die Strömung gegen sie hin geht, und Anziehung, sobald die Strömung von ihnen hinweg geht, weil bei der Strömung von a gegen b die Verdichtung der Substanz bei b als Druck auf b den Widerstand von b in der Richtung $b\,a$ und die Verdünnung der Substanz bei a als Zug gegen a den Widerstand von a in der Richtung von a nach aussen hervorruft, während bei Strömung von b gegen a die entgegengesetzten Verhältnisse stattfinden. Der ursprüngliche Zustand ist eine gleiche Geschwindigkeit aller Theile der gleichmässig dichten Substanz in der Richtung $a\,b$, hierauf folgt ein Ruhestand mit grösster Verdichtung bei b und grösster Verdünnung bei a, darauf gleiche Geschwindigkeit aller

Theile in der Richtung *b a*, sodann ein Ruhestand mit grösster Verdichtung bei *a* und grösster Verdünnung bei *b*, endlich wieder der ursprüngliche Bewegungszustand. In diesem Prozesse wechseln also periodisch entgegengesetzte Zustände und zwar nicht nur Ruhezustände, sondern auch Bewegungszustände oder Strömungen in longitudinaler Richtung.

Dieser longitudinale Zustandswechsel im äusseren physischen Prozesse bedingt beim Eindringen in die menschlichen Gehörnerven den physiologischen Prozess des Hörens. Das menschliche Ohr ist jedoch nicht für die Wahrnehmung der ungemein raschen Schwingungen der Ätherelemente, sondern für die relativ langsamen Schwingungen materieller Elemente organisirt, die ersteren sind daher unhörbar, wiewohl es wahrscheinlich ist, dass bei Explosionen die Ätherschwingungen eine wesentliche Rolle spielen. Immer ist das Ohr das Sinnesorgan für die Erscheinung, welche wir Schall nennen.

Insofern eine seitliche Ausdehnung oder Zusammenziehung eines starren Körpers mit einer Kontraktion, bezw. Expansion in der Längenrichtung verbunden ist, kann eine Transversalschwingung mit einer Longitudinalschwingung verbunden sein; immer beruhet jedoch dann der Schall nicht auf der Transversal-, sondern auf der letzteren Longitudinalschwingung, neben welcher die Transversalschwingung als mechanische oder elastische Schwingung besteht, welche, weil sie keine ätherische Transversalschwingung ist, nicht nothwendig eine optische Erscheinung hervorbringt.

Wegen der Bedeutung der Bogengänge und Otolithen im Ohre siehe weiter unten Nr. 87.

73. **Die objektive Wärme und Spannung und das subjektive Gefühl.** Als Verhältnissprozess sei zunächst der auf Richtungsverhältnissen beruhende, also in Richtungsveränderung sich darstellende Drehungsprozess in Betracht gezogen. Ein einzelnes punktförmiges Element *a* bestimmt keine Richtung. Zwei solche Elemente *a* und *b* bestimmen eine Richtung *a b*, aber kein Richtungsverhältniss; zu Letzterem sind zwei Richtungen *a b* und *a c*, also drei Elemente *a*, *b*, *c*, erforderlich. Ein einzelnes Element *a* kann durch äusseren Impuls in Drehung um sich selbst versetzt werden; dasselbe rotirt alsdann unaufhörlich in derselben Weise. Zwei Elemente *a* und *b*, welche einen bestimmten Abstand *a b* haben, können durch äusseren Impuls in Drehung um ihren mittleren Zwischenpunkt versetzt werden; dieselben drehen sich alsdann unausgesetzt nach derselben Seite um diesen Punkt; sie können nicht periodisch anhalten und zurückkehren, ohne periodisch gehemmt zu werden, wozu ein Widerstand erforderlich ist, der die Existenz eines äusseren wirkenden Objektes, also mindestens eines dritten Elementes *c* voraussetzt.

Das Bestehen eines gegebenen Richtungsverhältnisses bedeutet das Dasein einer Tendenz zur Beharrung in diesem Verhältnisse; eine Änderung dieses Verhältnisses, welche sich als Vergrösserung oder Verkleinerung des Winkels *b a c* oder als Drehung kundgiebt, ruft als

Wirkung eine Spannung oder die Tendenz zur Rückkehr in das gegebene Richtungsverhältniss hervor und bedingt durch ihr Anwachsen oder durch die Verstärkung des Widerstandes das endliche Anhalten oder die annullirte Geschwindigkeit und die Rückwärtsdrehung, bei welcher *ac* die ursprüngliche Richtung *ab* mit Geschwindigkeit überschreitet, also eine negative Winkelabweichung erzeugt, welche aus dem nämlichen Grunde eine Begrenzung findet und zur Rückkehr nöthigt, also die Pendelschwingung hervorruft. Drei Elemente sind hiernach zur Pendelschwingung erforderlich.

Beim Übergange des Radius *ab* in die Richtung *ac* drehet sich das Element *b* bei dem Fortschritte in dem Kreisbogen *bc* um sich selbst und zwar um einen Winkel, welcher dem Winkel *bac* gleich ist. Sind also zusammenhängende, namentlich sich gegenseitig überschneidende Elemente vorhanden; so veranlasst die bei dem Fortschritte und der Drehung des Elementes *b* sich äussernde Reibung an den Nachbarelementen die Fortpflanzung der Pendelschwingung in radialer Richtung.

Auf der Pendelschwingung beruhet nach meiner Auffassung einzig und allein die Wärme. Diese Schwingung ist ein durch Richtungsverhältnisse bedingter Prozess: es giebt aber ausser dem eigentlichen Drehungsprozesse, welcher die Winkelabweichung gegen eine Grundaxe verlangt, noch andere Verhältnissprozesse, nämlich Prozesse, bei welchen andere Grundeigenschaften der Objekte in ihrem Verhältnisse zu einander in Betracht kommen. Die Drehung bildet eine Stufe in der Reihe aller Verhältnissprozesse und zwar nicht die erste, sondern die zweite, nämlich den sekundären Verhältnissprozess. Der erste oder der primäre Verhältnissprozess betrifft das Verhältniss, in welchem Objekte zu der Einheit oder Maasseinheit stehen. Insofern es sich nun bei dem mathematischen Begriffe von Verhältniss bei substanziellen Objekten um Wirksamkeit oder um den Besitz von wirksamer Kraft handelt, ist die Eigenschaft, welche sich im Besitze von Kraft befindet, die Substanzialität oder die Massigkeit, und ein primäres Verhältniss hat dann die Bedeutung von Dichtigkeit. Primärer Verhältnissprozess ist hiernach Dichtigkeitsprozess: ein gegebenes Dichtigkeitsverhältniss zwischen zwei Objekten *ab* und *ac* ist die Tendenz, in einem bestimmten gegebenen Dichtigkeitsverhältnisse zu beharren. Veränderung dieses Verhältnisses ruft eine Dichtigkeitsspannung und die Tendenz zur Rückkehr in das ursprüngliche Verhältniss, also die alternirende Verdichtung und Verdünnung, als die primäre, auf Wirksamkeit beruhende Schwingung hervor, welche man Dichtigkeits- oder auch Spannungsschwingung nennen kann. Bei diesem Prozesse vergrössert und verkleinert sich abwechselnd die Dreiecksfigur *abc* verhältnissmässig, d. h. so, dass sie sich ähnlich bleibt. Ist eine zusammenhängende Masse gegeben; so veranlasst die Reibung der Dichtigkeitslinien *ab* und *ac* an den Nachbarlinien die Fortpflanzung der Spannungsschwingung. Die Fortpflanzung nach aussen geht einer Verflüchtigung durch Inanspruchnahme immer grösserer Figuren unter Verminderung der Spannung entgegen, während die Fortpflanzung nach innen einer Konzentration auf einen Punkt, also einem Ruhezustande mit einer Maximalspannung entgegenschreitet. Wenn die beiden Massen *ab* und *ac* als zwei gegeneinander gepresste Stäbe in derselben geraden Linie nach entgegengesetzten Seiten voreinander liegen, stellen sie eine dauernde und auch eine durch gegebene Widerstände allmählich an Geschwindigkeit einbüssende, auf einen konstanten Spannungszustand sich reduzirende Dichtigkeitsschwingung der beiden Massen *ab* und *ac* dar.

Auf diesem Spannungs- oder primären Verhältnissprozesse beruhet, wenn derselbe in unsere sensibelen Nerven eindringt, nach meiner Auffassung das Druck- oder Tastgefühl. Das Wärmegefühl, als Wirkung der Pendelschwingung oder des sekundären Verhältnissprozesses, gehört derselben Grundklasse von alternirenden Prozessen an und bedingt demzufolge nur ein einziges sensuelles Empfindungsgebiet, nämlich das des ästhematischen Gefühls, wennauch für die Aufnahme von Wärme- und Druckempfindungen zwei gesonderte sensibele Nervenelemente im Hautsysteme des menschlichen Körpers gegeben sind. Allgemein, ist die Haut oder das System von sensibelen Nerven in äusseren und inneren Häuten das Sinnesorgan für die Erscheinung, welche wir Gefühl nennen und worunter ich den Inbegriff aller auf Verhältnissprozessen beruhenden sensuellen Eindrücke oder das ästhematische Vermögen verstehe. (Hiermit dürfte die von Dr. W. Stern im „Prometheus“ Nr. 253, S. 716 ausgesprochene Ansicht, dass es mehr als fünf Sinne gebe, indem er den Tastsinn und den Temperatursinn für zwei verschiedene Sinne hält, auf ihr richtiges Maass zurückgeführt sein. Diese beiden Erscheinungen, bezw. Gefühle von Spannung und Wärme gehören einunddemselben Erscheinungs- und Sinnesgebiete an, stellen aber zwei besondere Zustände, bezw. Prozesse darin dar, gleichwie Vielfaches und Richtung oder Vervielfachung in der Grundaxe und Drehung gegen die Grundaxe zwei besondere, aber einunddemselben mathematischen Relationsgebiete, und wie arbeiten bei gleichem Widerstande und beschleunigen ohne Widerstand zwei besondere, aber einunddemselben mechanischen Wirkungsgebiete angehörige Prozesse sind, welche es nicht rechtfertigen würden, zwei verschiedene Grundgebiete oder Anschauungsvermögen dafür anzunehmen. Siehe übrigens auch den Schluss von Nr. 151.)

Da der Druck eine Kompression von Elementen in normaler Richtung gegen die Hautfläche, der Schmerz dagegen eine Expansion parallel zur Hautfläche erfordert, welche dem Zerreissen entgegengeht; so ist es begreiflich, dass gewisse von den Druckpunkten verschiedene Stellen der Haut besonders gut zur Erregung des Schmerzgefühls geeignet sind.

Die dritte Stufe der Verhältnissprozesse, der tertiäre Verhältnissprozess, stützt sich auf sekundäre Drehung, nämlich auf Wälzung, welche eine Drehung einer Gesammtheit von punktuellen Elementen um eine Grundaxe bedeutet und ein System von Drehungen, also einen komplizirten Prozess darstellt, mithin kein besonderes Sinnesorgan erfordert, da diese Organe zur Aufnahme einfacher Prozesse bestimmt sind.

Das bei der Pendelschwingung von b nach c einen Kreisbogen beschreibende Element b wird, indem es sich um sich selbst drehet, gezwungen, fortgesetzt seine Fortschrittsrichtung zu ändern, und ruft hierdurch die Zentrifugalspannung in der Richtung des Radius ac hervor. Demzufolge bedingt eine konstante Pendelschwingung, also eine konstante Wärmemenge, eine bestimmte Spannung und demgemäss eine bestimmte Länge der Linien ab und ac und ein bestimmtes Volum des auf eine bestimmte Temperatur erwärmten Körpers. Verstärkung der Wärme führt Expansion, Schwächung der Wärme Kontraktion mit sich, und demnach vergesellschaftet sich Erwärmung und Abkühlung mit äquivalenter Expansions- und Kontraktionsarbeit. Die Pendelschwingung bedingt auch wegen der bei jedem Hin- und Hergange der schwingenden Elemente variirenden Laufgeschwindigkeit beharrliche Dehnungsschwingungen theils in jeder um ihren Mittelpunkt pendulirenden Kreislinie, indem ihre Radien sich abwechselnd verlängern und verkürzen, theils in jedem Elemente dieser Kreislinie, wie ich sogleich näher erörtern werde: mit dem kalorischen Prozesse kombinirt sich daher stets ein optischer; der warme Körper leuchtet stets, wennauch der Lichteffekt bei niedrigen Wärmegraden für das menschliche Auge nicht wahrnehmbar ist.

Zur Verdeutlichung des Wärmeprozesses muss man den Körper in seine (sich überschneidenden) kugelschalenförmigen Elemente und jede solche Schale in konzentrische Schalen A von unendlich geringer Dicke zerlegt denken. Zieht man von dem Mittelpunkte der Schale A nach allen Richtungen des Raumes Radien; so findet in jeder Kreislinie von A, deren Ebene auf irgend einem Radius normal steht, eine Pendelschwingung der Elemente dieser Kreislinie statt, für welche der gedachte Radius die gemeinschaftliche Drehungsaxe bildet. Die Möglichkeit der gleichzeitigen Pendulirung um alle möglichen Axen oder in allen möglichen Richtungen ergiebt sich aus der Zusammensetzung jeder punktförmigen Masse a der Schale A aus unendlich vielen ätherischen Elementen α. Eine solche Masse a bildet eine kleine ebene kreisförmige Masse in der Oberfläche der Schale A im Endpunkte eines bestimmten Radius r dieser Schale; die Elemente α der Masse a können also in allen möglichen in der Schale A liegenden Richtungen um den Radius r penduliren. Indem sie Diess thun, expandirt und kontrahirt sich zugleich die ebene Masse a, es erzeugen sich also neben den kalorischen Pendelschwingungen der Schale A optische Schwingungen in allen ihren Elementen, nämlich Transversalschwingungen in allen auf jedem Radius r der Schale normal stehenden Richtungen. Diese optischen Schwingungen in den Elementen der Oberfläche der Schale A bestehen ausser den durch die Expansion und Kontraktion der ganzen Schale erzeugten optischen Schwingungen.

Die durch die Pendelschwingungen der Schale A bedingte Expansion und Kontraktion jeder Masse a erfordert die Überwindung eines

Widerstandes (indem deren Elemente α kohäriren). Die Stärke dieses Widerstandes bedingt die Grösse des Ausschlages, welche die Pendelschwingungen bei einer gegebenen Intensität des Wärmeprozesses annehmen. Die in der Schale A enthaltene Wärme ist bei einer einfachen Wärmeschwingung proportional der Summe der lebendigen Kräfte, welche die darin sich bewegenden Elemente α in dem Augenblicke ihrer grössten Geschwindigkeit aufweisen. Im Verlaufe der Schwingung vermindert sich diese Geschwindigkeit, indem für die verschwindende lebendige Kraft eine äquivalente Menge von Widerstandsarbeit tritt, welche periodisch beim vollständigen Erlöschen der lebendigen Kraft ein Maximum erreicht, das dem ersteren Maximum der lebendigen Kraft äquivalent ist. Eine gegebene Wärmemenge bedingt daher für jeden beliebigen Körper eine bestimmte Menge von lebendiger Kraft der ätherischen Elemente α, allein für jeden besonderen Körper eine spezielle Anzahl schwingender Elemente α und eine spezielle, von der Kohäsion der Masse a abhängige lebendige Kraft jedes Elementes α, also einen speziellen Ausschlagswinkel und demnach eine spezielle Schwingungszahl in der Zeiteinheit (indem die Vergrösserung des Ausschlagswinkels eine bestimmte Verkleinerung der Schwingungszahl nach sich zieht, solange die Anzahl der schwingenden Elemente α und ihre lebendige Kraft, also die Quantität und Intensität der Wärme, konstant bleiben). Der eben erwähnte Widerstand, welcher die Pendelschwingung begrenzt und den Ausschlag bedingt, darf nicht mit dem Leitungswiderstande verwechselt werden, welcher bei der Fortpflanzung des Wärmeprozesses überwunden werden muss.

Obgleich sowohl der optische Dehnungsprozess, als auch der ästhematische Dichtigkeits- oder Spannungsprozess auf Volumveränderung der Elemente beruhet; so besteht doch zwischen beiden ein wesentlicher Unterschied, welcher auch die Verschiedenheit von Sehen und Fühlen bedingt. Der optische Prozess setzt wiederholte Impulse auf ein Ätherelement und die Fähigkeit dieses Elementes zur sofortigen Übertragung dieser Impulse auf das Nachbarelement unter Rückkehr des ersteren in seinen ursprünglichen Ruhezustand voraus; dieser Prozess wird also durch fortwährend neu eintretende impulsive Kraftwirkungen unterhalten. Der ästhematische Gefühlsprozess dagegen setzt keine Wiederholung von Stössen durch Kräfte, welche mit der Vollführung jedes Stosses ihre Wirkung einstellen oder verschwinden, sondern er setzt die dauernde Wirkung einer konstanten Kraft p voraus, welche die Expansion und Kontraktion der Elemente und die Spannung zwischen den benachbarten Elementen allmählich über eine immer längere Reihe von Elementen fortpflanzt. Die Vollführung dieses Prozesses erfordert offenbar, dass die Elementenreihe, in welche der Prozess sich (unter Oszillationen in jedem Punkte) fortpflanzen soll, entweder, erstens, unendlich lang sei, oder, zweitens, wenn sie eine endliche Länge hat, am jenseitigen Ende durch eine in entgegengesetzter Richtung angebrachte Kraft $-p$ festgehalten werde. In beiden Fällen würde eine Kompression der Reihe eintreten, welche im ersten Falle vom Anfangspunkte, im zweiten Falle vom Anfangs- und vom Endpunkte vorschritte. Beide Fälle setzen also die Pressbarkeit der Elementenreihe voraus; würde diese Reihe aber durch die einseitige Kraft p vom Anfangspunkte her oder durch die beiden Kräfte p und $-p$ von beiden Enden her thatsächlich nicht komprimirt; so müssten die einzelnen Elemente nothwendig durch eine ausser ihnen liegende Ursache, nämlich durch den Gesammtäther, an ihren Örtern unverrückbar festgehalten werden, indem sie expandirt würden und einen Spannungszustand annähmen, welcher nur mit der Beseitigung der Kraft p verschwände. Eine Ätherlinie wird thatsächlich nicht komprimirt oder expandirt; in ihr kann also durch eine konstante Kraft nur ein Spannungszustand erzeugt werden: es fragt sich nur, ob es Kräfte wie p giebt, welche dauernd auf ein Ätherelement kompressiv wirken können und wie sie beschaffen sein müssen. Giebt es solche Kräfte; so bildet der durch sie im Äther erzeugte Spannungsprozess die Analogie zu dem sensuellen Tastgefühlsprozesse, ist aber diesem Prozesse und auch dem physikalischen oder mechanischen Prozesse, welcher den sensuellen Gefühlsprozess hervorruft, durchaus nicht gleich. Denn der letztere geht von einer materiellen Masse aus, welche pressbar ist und welche durch zwei Druckkräfte p und $-p$ (die äussere Kraft p und den von unserer Haut geleisteten Widerstand $-p$) thatsächlich komprimirt wird. Der physikalische Gefühlsprozess ist ein mechanischer Kompressionsprozess unter den beiden entgegengesetzten Kräften p und $-p$, welcher im Äther nicht stattfinden kann. Im Äther kann nur ein mit dem mechanischen Prozesse verwandter, aber nicht gleicher Prozess stattfinden, welchen wir weiter unten erörtern werden.

Ausserdem aber ist im Äther der auf wiederholten Impulsen beruhende optische Prozess möglich.

74. **Der objektive Galvanismus und der subjektive Geschmack.** Qualitätsprozess ist Stoffprozess oder, benannt nach der Haupteigenschaft des Stoffes, Affinitätsprozess. Affinität ist Neigung zur Gemeinschaft, positive Neigung oder Zuneigung ist Verbindungstendenz, negative Neigung oder Abneigung ist Scheidungstendenz. Jedes Objekt A hat vermöge seiner Qualität oder Art oder als Stoff die allgemeine Fähigkeit, mit anderen Qualitäten, also mit ungleichartigen Stoffen in Gemeinschaft zu treten: diese allgemeine Eigenschaft des Stoffes kann Verwandtschaft, Weltverwandtschaft genannt werden. Der spezielle Werth, welchen die Affinität eines Stoffes A annimmt, hängt von der Mitwirkung eines zweiten Stoffes B ab. Eine Voraussetzung für die Bethätigung einer solchen Affinität ist die Durchdringung der beiden Stoffe A und B, sei es vollständige oder partielle Durchdringung, also in allen Fällen Überschneidung, mindestens Berührung, als Überschneidung von Grenzelementen.

Ein einziges absolut einfaches Element kann keine Neigung zur Gemeinschaft bethätigen, da keine Elemente von anderer Qualität bestehen: die Mitexistenz gleichartiger Elemente kann aber keine

Affinität oder Neigung zur Verbindung hervorrufen, da die Verbindung gleichartiger Elemente nur die Quantität, nicht aber die Qualität der einzelnen ändert, also kein Qualitätsprozess ist. Zwei durchaus einfache Elemente von verschiedener Art können eine Neigung zur Gemeinschaft besitzen und bethätigen: wenn sie diese Neigung aber durch Verbindung bethätigt haben, können die verbundenen nicht Abneigung zur Verbindung oder Scheidungstendenz zeigen, weil hierin ein Widerspruch gegen die Neigung zur Gemeinschaft oder zur Verbindungstendenz liegen würde. Durch äusseren Affinitätsimpuls können zwei verbundene Elemente geschieden werden: nach dieser Scheidung, welche mit Aufhebung der Überschneidung verknüpft ist, sind und bleiben die beiden Elemente getrennt, sie können sich nicht durch eigene Kraft wieder verbinden, also keinen alternirenden Verbindungs- und Scheidungsprozess vollziehen.

Zwei absolut einfache Elemente unterscheiden sich nur durch die Positivität und Negativität ihrer Neigung zur Gemeinschaft und können daher durch $+a$ und $-a$ bezeichnet werden, wodurch ausgedrückt ist, dass das Element $+a$ in einer Richtung, welche die positive heissen möge, gegen das Element $-a$, das Element $-a$ aber in entgegengesetzter Richtung gegen das Element $+a$ strebt, um die Verbindung von $+a$ und $-a$ zu dem Stoffe A zu vollziehen. In diesem Gegensatze von Positivität und Negativität oder in dieser Gegenseitigkeit der Verbindungstendenz liegt die für absolut einfache Elemente in Betracht kommende Qualitätsverschiedenheit oder Ungleichartigkeit, sie kömmt den Grundbestandtheilen des Äthers zu, dessen Elemente A nach meiner Auffassung aus zwei entgegengesetzten absolut einfachen Elementen oder Urstoffen $+a$ und $-a$, nämlich der positiven und negativen Elektrizität, als zwei primitiven Stoff- oder Qualitätsbestandtheilen, bestehen, welche mit kosmetischer Affinität aufeinander wirken und als Resultat dieser kosmetischen Affinität das Ätherelement bilden.

Aus Ätherelementen setzen sich die Mineralelemente, welche Atome, insbesondere Stoffatome oder chemische Atome heissen, zusammen. Im Mineralreiche sind also die Atome die Grundelemente: die Positivität und Negativität zweier Atome a und b ist durch ihren chemischen Ort; d. h. durch den Ort, welchen sie im chemischen Gebiete einnehmen, bestimmt. In Folge dieser Ortsverschiedenheit liegt b in grösserer Entfernung vom chemischen Nullpunkte, als a, vermöge ihres Abstandes ab voneinander im chemischen Gebiete bilden sie ein relativ positives Atom und ein relativ negatives Atom, deren relative Affinitätsstärke durch ihren chemischen Abstand ab gemessen wird. Was vorhin von dem einzelnen absolut einfachen Elemente a und von zwei einfachen ungleichartigen Elementen $+a$ und $-a$ gesagt ist, gilt auch von einem einzelnen Atome a und von zwei ungleichartigen Atomen a und b. Zieht man ein drittes Atom c in Betracht, dessen chemischer Ort über b hinaus liegt, sodass die Affinität zwischen a und c stärker ist, als die zwischen a und b und als die zwischen b und c; so kann, wenn sich zuerst a und b überschneiden, die Verbindung $a b$ entstehen; hierauf kann durch die Einwirkung von c die Verbindung von a und c mit der Scheidung von a und b entstehen. Da die Verbindung von a und c auf der überwiegenden Affinität dieser beiden Atome beruhet; so kann die entstandene Verbindung $a c$ durch die Affinität des ausgeschiedenen Atoms b nicht gelös't und die erste Verbindung von a und b nicht wieder hergestellt werden. Drei Atome können also wohl eine Verbindung oder auch eine Scheidung, aber nicht eine Verbindung und Scheidung zugleich hervorbringen.

Zu einer gleichzeitigen Verbindung und Scheidung sind vielmehr vier Atome erforderlich, wovon die ersten beiden a und b in ihrer Verbindung den Stoff $A = a b$ und die anderen beiden c und d in ihrer Verbindung den Stoff $B = c d$ bilden. Treten die beiden Stoffe A und B in einer kreisförmigen Linie zusammen, sodass im vorderen Berührungspunkte die Atome a, d und im hinteren Berührungspunkte die Atome b, c in unmittelbaren Kontakt treten; so kann vermöge der stärkeren und schwächeren Affinität zwischen je zwei dieser Atome die Verbindung zwischen a und d und die Verbindung zwischen b und c mit gleichzeitiger Scheidung der Atome a und b und der Atome c und d erfolgen. Die beiden Stoffe A und B können nicht zwei Ätherteile mit den Elementen a und $-a$ sein: denn es ist offenbar unmöglich, dass sich die beiden gleichen Stoffe $a, -a$ und $a, -a$ zersetzen, um wiederum zwei ihnen völlig gleiche Stoffe zu bilden. Ebenso wenig können A und B zwei aus gleichen Atomen zusammengesetzte Stoffe $A = a b$ und $B = a b$ sein. Vielmehr muss wenigstens einer der beiden Stoffe A und B ein zusammengesetzter Stoff oder eine chemische Verbindung $a b$ sein, während der andere sowohl eine chemische Verbindung $c d$ oder auch eine Äthermasse mit den beiden Urstoffen c und $-c$ sein kann. Beide Stoffe A und B müssen sich offenbar in einem Aggregatzustande befinden, in welchem ihre Scheidung und Verbindung nicht durch überwiegende Kohäsion verhindert wird, also im flüssigen oder gasförmigen Zustande. Der starre Zustand schliesst diesen Prozess aus; es können aber zwei Atome wie c und d starr sein, ohne zu einem starren Körper B verbunden zu sein, sie können also als $B = c + d$ nebeneinander liegen (wie Eisen und Zink, welches auf das aus Wasserstoff und Sauerstoff bestehende flüssige Wasser A wirkt). Wäre der andere Körper ein chemisch einfacher Stoff, ein sogenannter Grundstoff, wie Sauerstoff oder Eisen, bildet A also ein einfaches Atom a; so kann derselbe nicht geschieden werden: der vorstehende Prozess ist also zwischen den drei Atomen a, c, d nicht möglich. Da jedoch das Atom a aus Ätherelementen und jedes Ätherelement aus zwei entgegengesetzten Urstoffen a und $-a$ besteht; so kann durch A und B eine Verbindung und Scheidung von Ätherelementen oder von Urstoffen entstehen.

Wenn A nicht eine einzelne Verbindung $a b$, sondern eine Reihe gleicher Verbindungen $a b$ bildet, pflanzt sich die an den Endpunkten (Polen) der Reihe durch den Stoff $B = c d$ veranlasste Scheidung der Endstoffe $a b$ durch die ganze Reihe von beiden Polen her in der Weise fort, dass allmählich alle folgenden A in a und b geschieden und die geschiedenen Atome mit den geschiedenen Atomen der Nachbarstoffe wieder verbunden werden, dass also die Atome a nach der einen und die Atome b nach der anderen Seite der Reihe wandern. Diese Fortpflanzung von Scheidungen und Verbindungen der Atome gleicher zusammengesetzter Stoffe bildet einen Strom, und zwar einen chemischen oder Voltaschen oder galvanischen Strom, wenn es sich um eine Strömung chemischer Atome handelt, und einen elektrischen Strom, wenn es sich um eine Strömung ätherischer Urstoffe handelt, wie sie nach Obigem sowohl in einer Reihe von chemischen Grundstoffen, z. B. in einem Eisendrathe, wie auch in einer reinen Ätherlinie vorkommen kann.

Jede einzelne Verbindung und Scheidung, welche an den Polen des Kreisstromes eintritt, erzeugt durch Fortpflanzung eine einzige Strombewegung, einen Stromschlag. Der Stromschlag endigt mit einem dauernden Ruhezustande; er kann sich nur dadurch wiederholen und einen dauernden Strom erzeugen, dass die an den Polen verbundenen Stoffe ad und bc aus der Stromlinie austreten und durch den Eintritt neuer Stoffe $A = ab$ und $B = cd$ ersetzt werden, oder dass, wenn B aus starren Atomen c, d besteht, die an die Pole wandernden Elemente a, b ausgeschieden werden (was im Allgemeinen mit einer Fesselung oder Ausserkraftsetzung von Atomen c, d verbunden ist).

Da der Äther alles Materielle durchdringt; so wird sich mit jedem dauernden galvanischen Strome in einer materiellen Substanz auch ein dauernder elektrischer Strom dieser Substanz entlang kombiniren und diese strömenden Ätherelmente werden auch auf den dieselben von aussen umgebenden Äther eine Wirkung ausüben, welche sich nach aussen hin ausbreitet oder fortpflanzt, um die sogenannte elektrische Induktion zu erzeugen. Man kann annehmen, dass die kosmetische Affinität zwischen dem positiven und negativen Urstoffe jedes Ätherelementes so stark ist, dass durch den Antrieb eines chemischen Atoms die beiden Urstoffe des freien Äthers nicht auseinander gerissen werden, sondern nur nach entgegengesetzten Seiten getrieben werden, ohne ihren Zusammenhang zu verlieren, dass also ein dauernder elektrischer Strom im freien Äther eine Oszillation der Urstoffe ohne Wanderung derselben nach entgegengesetzten Seiten, also nur eine wachsende und dann wieder abnehmende Tendenz zur Scheidung und Verbindung ohne wirkliche Scheidung der verbundenen und wirkliche Verbindung mit anderen Urstoffen, mithin einen eigentlichen Schwingungsprozess darstellt, und dass auch bei der Induktion nur eine solche Tendenz zur Scheidung und Verbindung eintritt.

Mit der Scheidung und Verbindung kugelförmiger Elemente verknüpft sich eine Scheidung und Verbindung der Punkte dieser Elemente, und es kommen für die beiden Punkte α und β, welche den beiden kugelförmigen Elementen a und b angehören und welche bei der Scheidung getrennt und bei der Verbindung zusammengeführt werden müssen, mehrere Prozesse in Betracht. Wenn o den gemeinschaftlichen Mittelpunkt der verbundenen Elemente a und b bezeichnet und $(-\alpha)$, $(-\beta)$

die auf der entgegengesetzten Seite des Radius $o\,\alpha$ oder $o\,\beta$ liegenden Punkte von a und b anzeigen; so wird, wenn a und b das positive und negative Urstoffelement des Äthers ist und man dem freien positiven Urstoffe die Expansions- und dem negativen Urstoffe die Kontraktionstendenz zuschreibt, die Scheidung der Urstoffe a und b oder auch die Tendenz hierzu eine Verlängerung des Durchmessers $\alpha\,o\,(-\alpha)$ und eine Verkürzung des Durchmessers $\beta\,o\,(-\beta)$ zur Folge haben, während die Verbindung der Urstoffe oder auch die Tendenz hierzu eine Verkürzung des ersten und eine Verlängerung des zweiten Durchmessers nach sich ziehen wird. Eine dauernde Bewegung dieser Art entspricht einem Dehnungs- oder optischen Prozesse. Ferner bedingt die längs irgend einer Axe vor sich gehende abwechselnde Entfernung und Annährung der kugelförmigen Objekte a, b eine abwechselnde Vergrösserung und Verkleinerung der zu dieser Axe parallelen Abstände der Punkte α, β, also eine Longitudinal- oder akustische Schwingung. Sodann nöthigt der Wechsel zwischen positiver und negativer oder zwischen stärkerer und schwächerer Affinität die Punkte α und β auch zu einer abwechselnden Scheidung und Verbindung in dem Umfange der kugelförmigen Objekte a, b, also zu einer Pendel- oder kalorischen Schwingung. Der auf Scheidung und Verbindung oder auf Scheidungs- und Verbindungstendenz beruhende Hauptprozess im Äther ist elektrischer Strom. Derselbe vergesellschaftet sich also stets mit einem optischen, einem akustischen, einem kalorischen und mit dem weiter unten zu erwähnenden physiometrischen Prozesse. Diese fünf Prozesse stehen natürlich in einem gesetzlichen Zusammenhange, sodass jeder einzelne ein Maass für die übrigen abgeben kann: es würde aber unrichtig sein, anzunehmen, dass sich der elektrische Strom in einen einzelnen der übrigen Prozesse, z. B. in einen kalorischen Prozess verwandeln könne: es besteht immer, solange der elektrische Strom dauert, ein elektrischer, ein optischer, ein akustischer, ein kalorischer und ein physiometrischer Prozess, welche hinsichtlich ihrer Wirksamkeit äquivalent sind und eine der gegebenen Thätigkeit von Affinitätskräften entsprechende Summe bilden. Das Wirkungsvermögen (die Energie) des durch Affinität wirkenden Motors spaltet sich in mehrere äquivalente Wirkungen. Ausserdem gesellen sich zu solchen Ätherprozessen auch äquivalente materielle Prozesse, sodass die Gesammtsumme Aller der Energie des Motors entspricht.

Die Einwirkung von Affinitätskräften, hervorgebracht durch einen im Speichel des Mundes lösbaren Stoff, auf die gustischen Nerven, welche in der menschlichen Zunge und Gaumen ihren Ausgang haben, erzeugt nach meiner Auffassung den physiologischen galvanischen oder Voltaschen Strom, welcher die Sinneserscheinung bedingt, die wir Geschmack nennen. Für den rein elektrischen Prozess ist das gustische Organ unempfindlich, wahrscheinlich, weil die Unterscheidung der zur Ernährung oder zur Assimilation dienlichen und nicht dienlichen Stoffe, welche durch den Mund, als das auf Affinitätskräfte oder Stoffqualitäten reagirende Sinnesorgan, eingehen, der wichtigste Naturzweck dieses Organs ist und sein muss. Sollten sorgfältige Beobachtungen ergeben, dass zur Geschmacksbildung kein geschlossener Nervenkreis, sondern nur ein gustischer Nervenfaden, also im Munde auch nicht ein Zungen- und ein Gaumenelement, sondern nur ein Zungenelement erforderlich wäre; so gliche der gustische Nervenprozess dem physischen Prozesse, welcher in einem nicht geschlossenen, aber in seinem Anfangspunkte galvanisch oder elektrisch erregten Leiter entsteht, welcher also keine Wanderung entgegengesetzter Elemente nach entgegengesetzten Seiten, wohl aber eine Fortpflanzung von galvanischer oder elektrischer Spannung erzeugt, einem Prozesse, welcher durch fortgesetzte Geschmacksimpulse wiederholt erneuert würde. Zur Erneuerung solcher Impulse würde in allen Fällen ein Gleiten des Geschmacksobjektes auf der Zunge, bezw. zwischen Zunge und Gaumen, wie das Schlucken der Speisen mit sich bringt, förderlich sein, weil hiermit ein fortgesetzter Wechsel der Affinitätskräfte in jedem gustischen Nervenpunkte verbunden wäre.

Ein kugelförmiges und jedes räumliche Element ist ein dreidimensionales Objekt, bestimmt durch drei rechtwinklig aufeinander stehende Dimensionen ab, ac, ad: zur Bestimmung eines räumlichen Elementes sind also vier Punkte a, b, c, d erforderlich, welche die Fähigkeit haben, durch Verbindung erst eindimensionale Objekte oder Linien, dann zweidimensionale Objekte oder Flächen und zuletzt dreidimensionale Objekte oder Körper zu bilden, also ihre Qualität durch Umfassung zu einer höheren Gemeinschaft umzuwandeln. Zerlegung eines höher dimensionirten Objektes in seine niedrigeren Bestandtheile ist dann negativer Dimensionirungsprozess, und es leuchtet ein, dass, wenn durch äussere Einwirkung ein auf entgegengesetzten Dimensitätsprozessen beruhender Umwandlungsprozess hervorgerufen werden kann, derselbe als Dimensitätsschwingung erscheint.

Es liegt auf der Hand, dass, wenn die Komplikation der Elemente und ihre Thätigkeiten solche Elemente erzeugt, welche sich nicht genau wie die primitiven galvanischen Elemente verhalten, hieraus physische Empfindungen, wie elektrische Stösse, magnetische Spannungen und andere verwandte und nicht verwandte Empfindungen hervorgehen müsssen, welche jedoch das gemeinsame sensuelle System der gustischen Prozesse nicht stören, sondern ihm nur einige untergeordnete Theile hinzufügen. In keinem Falle ist hierdurch zu einer Zertrümmerung des das physische Stadium durchlaufenden allgemeinen Natursystems Veranlassung gegeben.

Der elektrische Strom beruhet auf der primären Affinität des positiven und negativen Urstoffes, worunter ich die Neigung dieser beiden Urstoffe verstehe, in einem bestimmten gemeinsamen Raume zusammenzuhalten, sodass der positive Affinitätsprozess die Verbindung getrennter Urstoffe und der negative Affinitätsprozess die Scheidung verbundener Urstoffe, also die Trennung ihrer Mittelpunkte veranlasst und der alternirende Scheidungs- und Verbindungsprozess sich durch Wanderung der beiden Urstoffe nach entgegengesetzten Richtungen fortpflanzt und, wenn eine vollständige Scheidung der Urstoffe nicht möglich ist, eine Oszillation der Mittelpunkte der beiden Urstoffe um den ursprünglichen

Mittelpunkt in einer Linie von gegebener Richtung und eine Fortpflanzung dieser Oszillation in der letzteren Linie nach zwei entgegengesetzten Seiten stattfindet.

Ausser dieser primären Affinität, welche man auch Fortschrittsaffinität nennen könnte, giebt es aber auch eine sekundäre Affinität, welche die beiden Urstoffe, die denselben Raum einnehmen, an der Verdrehung in diesem Raume hindert und die verdreheten Urstoffe nöthigt, in das ursprüngliche Richtungsverhältniss zurückzukehren. Es ist undenkbar, dass die beiden, einen Kugelraum erfüllenden Urstoffe innerhalb dieses Raumes unabhängig von aller Neigung zur Gemeinschaft sein, also ihre Stellung ohne alle Hindernisse beliebig ändern könnten: eine solche Annahme würde mit dem Wesen der Affinität, als dem Grundvermögen zur Gemeinschaft, im Widerspruche stehen. Sekundäre Affinität ist also das Bestreben der beiden Urstoffe, sich in gewissen Radien zu decken und festzuhalten. Die Bethätigung dieser Affinität setzt voraus, dass in jedem Urstoffe gewisse Radien als Grundradien existiren, und dass die gleichnamigen Radien beider Urstoffe nach Gemeinschaft streben, was dann selbstverständlich eine Gemeinschaft in allen Radien zur Folge hat. Die Existenz von Grundradien ist gleichbedeutend mit der Existenz von Grundpunkten in der Peripherie der Urstoffe, welche Pole genannt werden können. In der That, setzt auch eine gegebene Form eines Elementes einen gesetzlichen Zusammenhang der Punkte, Linien und Flächen desselben, also die Existenz gewisser Grundpunkte, Grundlinien und Grundflächen oder Polarpunkte, Polarlinien und Polarflächen voraus. Dass bei einer regelmässigen Form, namentlich bei der Kugelform, diese Polargrössen vielfach und gleichwerthig sein können, ist selbstverständlich. Die Vielfachheit der Grundradien oder der in der Peripherie liegenden Grundpunkte eines kreisförmigen Elementes ermöglicht die Fortpflanzung eines durch äusseren Impuls hervorgebrachten sekundären Affinitätsprozess in kreisförmiger Linie innerhalb dieses Elementes, indem der Vorstoss eines Grundpunktes des positiven Urstoffes und der Vorstoss des entsprechenden Grundpunktes des negativen Urstoffes eine Affektion der benachbarten Punkte erzeugt, welche sich kreisförmig nach entgegengesetzten Seiten in dem Elemente fortpflanzt. Dieser auf sekundärer Affinität beruhende Prozess ist nach meiner Auffassung magnetischer Prozess.

In einem zylindrischen Objekte mit horizontaler Grundfläche und vertikaler Axe lagern sich in jeder vertikalen Linie kreisförmige Elemente übereinander. Die magnetische Schwingung eines in der obersten Grenzfläche des Zylinders liegenden Kreiselementes überträgt sich also von oben nach unten auf die vertikal aneinander gelagerten Elemente durch die mit der Torsion dieser Elemente verbundene Affektion, und zwar erzeugen in jedem Zylinder von elementarer Grundfläche die positiven Punkte eine Fortpflanzung in einer schraubenförmigen Bahn, welche sich um die Axe dieses Zylinders nach der einen Seite windet, während die Schraubenlinie, in welcher die negativen Punkte die Fortpflanzung erzeugen, sich nach der entgegengesetzten Seite windet.

Diese schraubenförmige Fortpflanzung eines magnetischen Impulses von oben nach unten oder vielmehr in axialer Richtung endigt in der unteren Grenzfläche des Zylinders; zur Wiederholung solcher Prozesse sind neue Impulse in der oberen Grenzfläche erforderlich. Insofern nun ein magnetischer Impuls Schwingungen in der oberen Grenzfläche erzeugt, pflanzen sich diese Schwingungen bis nach der unteren Grenzfläche fort und können in allen Punkten des ganzen Körpers solange fortbestehn, bis sie in Folge von Widerständen erlöschen. Bei dem gewöhnlichen Vorgange handelt es sich aber nicht um die Fortpflanzung solcher Schwingungen, sondern um die Fortpflanzung magnetischer Impulse. Solche Impulse werden nun je nach der Beschaffenheit des Körpers, insbesondere nach der Art der in ihm erregbaren Widerstände entweder in Folge der gedachten Widerstände in jedem Punkte des Körpers erlöschen und können dann nur durch neue motorische Impulse wiedererzeugt werden, oder jene Impulse werden in jedem Punkte zum Stehen kommen, indem sie die beiden Radien des positiven und negativen Urstoffes auf einen gewissen Winkelabstand auseinander treiben, welcher vermöge eines besonderen Widerstandsvermögens, das man Koerzitivkraft nennt, in dieser geschiedenen Stellung dauernd erhalten wird.

Wenn ein geradliniger zylindrischer magnetischer Stab von minimalem Querschnitte in lauter Querschichten von minimaler Dicke zerlegt wird; so bildet jede solche Schicht ein magnetisches Element. In diesem Elemente ist immer die Vorderfläche gegen die Hinterfläche torquirt, und weil in dem Torsionsprozesse die momentan frei werdenden gleichnamigen Urstoffe sich abstossen und die ungleichnamigen sich anziehen, so lehnen sich in jedem magnetischen Elemente zwei ungleichnamige Radien in der Richtung der betreffenden Ordinate der Schraubenlinie aneinander. Dieselben ziehen sich an und bewirken daher eine schwache materielle Verdichtung des Elementes und eine schwache materielle Torsion der Vorderfläche gegen die Hinterfläche. Zwei benachbarte magnetische Elemente verhalten sich zu einander in derselben Weise: es lehnen sich ungleichnamige Radien aneinander, und es findet eine Torsion der beiden Elemente gegeneinander statt. Demzufolge ziehen sich alle magnetischen Elemente an und bewirken eine Kontraktion und Torsion des ganzen Stabes. Das Gleiche findet in allen Stäben von minimalem Querschnitte statt: der ganze Magnet erleidet also eine Kontraktion und eine Torsion.

Da jedes magnetische Element sowohl auf das in der Axenrichtung rechts liegende, als auch auf das links liegende Element, also nach zwei entgegengesetzten Seiten anziehend wirkt; so bildet dasselbe für das nach der einen Seite liegende Element ein Objekt, welches man ein Nordelement nennen kann, während es für das nach der anderen Seite liegende Element ein Südelement bildet. Die Summirung der Anziehungskräfte, welche alle Elemente des Stabes nach der einen Seite äussern, giebt dem ganzen Stabe einen Nordpol von bestimmter Lage und Stärke, welchem auf der entgegengesetzten Seite ein Südpol entspricht.

Ist die Axe des Stabes nicht gerade, sondern gekrümmt; so windet sich die Torsion um die gekrümmte Axe, ohne das Verhalten der magnetischen Elemente zueinander wesentlich zu ändern, während der Nord- und Südpol des Stabes eine von dessen Krümmung abhängige Lage und Intensität annimmt und namentlich sich zu einer gekrümmten Linie ausstreckt. Bildet die Axe eine geschlossene Kurve; so verschwindet der Nord- und Südpol gänzlich, obwohl die Elemente und auch je zwei Theile des Stabes immer in dem Verhältnisse von Nord- und Südelementen zueinander verbleiben und mit relativen Nord- und Südpolen aufeinander wirken.

Es leuchtet ein, dass ein galvanischer Strom, welcher alle Elemente eines Stabes entweder in geschlossenen Kreisen, oder in einer Schraubenlinie umkreis't, dieselben Verdrehungen und Torsionen in diesen Elementen, also auch dieselben Induktionswirkungen nach aussen hervorbringen kann, wie ein magnetischer Prozess.

Wenn an einen Magnetstab AB ein zweiter Magnetstab $A'B'$ so angereihet wird, dass zwei ungleichnamige Pole sich berühren; so ziehen alle Elemente des einen alle Elemente des anderen Stabes, es ziehen sich also beide Stäbe selbst an. Berühren sich dagegen ungleichnamige Pole; so stossen sich die Stäbe ab.

Permanent ist ein Magnet, dessen Radien in jedem Elemente durch innere Koerzitivkraft in der magnetischen Scheidung erhalten werden, also einen bestimmten Winkel oder eine permanente Spannung gegeneinander bilden. Diese Radien können sich momentan in Ruhe befinden, sie werden aber durch Impulse, welche sie von aussen empfangen oder nach aussen ertheilen, in Schwingungen um ihren gemeinschaftlichen Anfangspunkt versetzt, in Folge dessen ihr Winkel sich abwechselnd vergrössert und verkleinert. In einem Stabe, welcher keine Koerzitivkraft besitzt, werden die fraglichen Radien wie in dem permanenten Magneten verdrehet, aber nur durch die äussere Einwirkung eines magnetischen oder galvanischen Motors in ihren Lagen erhalten: beim Erlöschen dieser motorischen Kraft kehren die Radien in ihre natürliche Lage und Verbindung zurück: der induzirte oder der Elektro-Magnetismus erlischt.

Wird zwischen die Pole eines gekrümmten permanenten Magneten ein Stab von magnetisirbarer Substanz (z. B. ein Eisenstab) gelegt; so bildet derselbe in Folge des Eindringens des magnetischen Prozesses momentan einen Magneten mit zwei Polen. Ist der Zwischenstab unbehindert; so kontrahirt er sich wie der permanente Magnet, muss also, damit eine dauernde Berührung mit dem permanenten Magneten möglich ist, eine den Abstand der Pole des Letzteren etwas überschreitende Länge haben: wird der Zwischenstab aber in einem seiner Punkte festgehalten; so wird er durch den äusseren permanenten Magneten expandirt. Diese Expansion kann möglicherweise durch die erstgedachte Kontraktion ausgeglichen und auch überboten werden.

Durch Vorstehendes ist der Magnetismus auf die Verdrehung der Urstoffe einer kreisförmigen Scheibe um die auf dieser Scheibe normal stehende Axe, welche zugleich die magnetische Axe ist, zurückgeführt, und für die Fortpflanzung dieser Verdrehungstendenz von Scheibe zu Scheibe ist die Adhäsion dieser Scheiben und bei Überwindung dieser Adhäsion der Widerstand gegen Torsion in Anspruch genommen; es ist also angenommen, dass nicht nur die Urstoffe in jeder Scheibe, sondern dass die Scheiben selbst sich aufeinander verdrehen. In einer einzelnen isolirten Scheibe von minimaler Dicke würde wohl eine Verdrehung der Urstoffe, aber keine Torsion zu Stande kommen können, und demzufolge würde auch bei einer isolirten Scheibe von keinem polaren Gegensatze zwischen der Vorder- und Hinterfläche die Rede sein können: erst der Zusammenhang mehrerer Scheiben in axialer Richtung und die Mitwirkung der Adhäsion könnte ihre Torsion bedingen. Wie diese Torsion der kreisförmigen Scheiben eines Zylinders aber die Polarität derselben, welche eine verstärkte Wirksamkeit der positiven Urstoffe in der einen Seitenfläche und eine verstärkte Wirksamkeit der negativen Urstoffe in der entgegengesetzten Seitenfläche voraussetzt, zu Stande bringen könne, ist nicht so ohne Weiteres ersichtlich. Ich bin der Ansicht, dass hierzu die Mitwirkung einer besonderen und zwar einer auf Affinität beruhenden Ursache erforderlich ist.

Während primäre Affinität auf der Neigung zur Mittelpunktsgemeinschaft beruhet, also Annäherung und Entfernung entgegengesetzter Urstoffe und damit den elektrischen Strom bedingt, sekundäre Affinität dagegen auf der Neigung der Urstoffradien in einer Kreisfläche zur Richtungsgemeinschaft beruhet, also Drehung dieser Radien nach entgegengesetzten Seiten um die Axe der Kreisfläche und damit den magnetischen Grundprozess bedingt; so kann der tertiären Affinität die Neigung zur Oberflächengemeinschaft der in einer Kugelfläche vorhandenen Urstoffe und damit die Fähigkeit zugeschrieben werden, Wälzungen der Urstoffmassen um alle möglichen Axen einer elementaren Kugel, insbesondere in einem stabförmigen Körper Wälzungen um die auf seiner Axe normal stehenden Linien, also um die Radien jedes scheibenförmigen magnetischen Elementes hervorzubringen. Wenn sich diese Wälzung mit der magnetischen Drehung und der elektrischen Scheidung vergesellschaftet, werden die durch primäre Affinität geschiedenen und durch sekundäre Affinität verdreheten Urstoffe durch die tertiäre Affinität dergestalt gewälzt werden, dass sich in jeder Querschicht eines Zylinders die positiven Urstoffe der einen Seitenfläche und die negativen Urstoffe der anderen Seitenfläche einer jeden Querschicht zuwenden und dass je zwei geschiedene Urstoffe eine schräge, dem Elemente einer Schraubenlinie entsprechende Richtung gegeneinander annehmen. Hierdurch erklärt sich die Polarität der beiden Grenzflächen jeder Querschicht und damit die Polarität des ganzen Magneten, sowie die schraubenförmige Fortpflanzung des magnetischen Prozesses ungezwungen als eine Zusammenwirkung der primären, sekundären und tertiären Affinität.

Die Selbstständigkeit dieser drei Affinitätsstufen und die Positivität und Negativität jeder einzelnen bedingt gewisse Besonderheiten der durch Kombination entstehenden Gesammtprozesse, insbesondere den positiven und negativen elektrischen Strom mit entgegengesetzten elektrischen Polen, den positiven und negativen magnetischen Prozess mit entgegengesetzt laufenden Schraubenlinien und entgegengesetzten magnetischen Polen. Die negative Wirkung der tertiären Affinität führt jeder Seitenfläche einer Querschicht des zylindrischen Stabes diejenigen Urstoffe zu, welche den durch die positive Wirkung zugeführten entgegengesetzt sind: können also die Pole eines gekrümmten Magneten in einem zwischen diese Pole gelegten Stabe nach der Beschaffenheit des Stoffgehaltes dieses Stabes eine negative tertiäre Wälzung in diesem Stoffe hervorrufen; so bedingt diess eine Umkehrung der Polarität jeder Querschicht des Stabes und eine entgegengesetzte magnetische Torsion, dem Nordpole des motorischen Magneten tritt also ein Nordpol des Stabes und dem Südpole des Magneten ein Südpol des Stabes gegenüber. In Folge dessen stossen sich die in Berührung gebrachten Grenzflächen des Magneten und des Stabes ab, der Stab verlässt bei der kleinsten Unregelmässigkeit die axiale Lage und nimmt, wenn er in einem Punkte festgehalten wird, die äquatoriale Lage an, er zeigt also eine Eigenschaft, welche Diamagnetismus heisst und nach Vorstehendem auf der negativen Wirkung der tertiären Affinität beruhet.

Für magnetische und diamagnetische Prozesse ist dem Menschen ebenso wenig wie für rein elektrische Prozesse ein Sinnesorgan gegeben; keiner dieser Prozesse, sondern nur der Voltasche Strom erzeugt eigentliche Erscheinungen (Geschmackserscheinungen). Hiermit sind jedoch andere, als sensuelle Wirkungen auf das Nervensystem, sowie Spaltungen jener Prozesse in äquivalente Prozesse, namentlich in Gefühls- und Assimilationsprozesse nicht ausgeschlossen.

75. **Der objektive Duft und der subjektive Geruch.** Formprozess ist Anordnungsprozess, hervorgebracht durch die Änderung des Zusammenhanges von Elementen nach einem gegebenen Abhängigkeitsgesetze, ein Vorgang, welcher die Variation eines erzeugenden Elementes ausmacht. Das Bestreben zur Anordnung nach einem Formgesetze ist Gestaltungstrieb. Ein einzelnes kugelschalenförmiges Element a, dessen Gestaltungstrieb in der Erhaltung der Kugelform besteht, stellt ein konstantes Objekt dar, welches, auch wenn es vermöge seiner Dehnungsfähigkeit in die unter Nr. 71 erwähnten Dehnungsschwingungen versetzt würde, doch immer seine Form behält und in dieser unveränderlichen Form einen Punkt darstellt. Der Formprozess oder die Variation erfordert daher mehrere Elemente: nur bei der Existenz mehrerer Elemente kann von einem Zusammenhange, einer Anordnung, einer Variation die Rede sein. Ein zweites Element b ermöglicht mit dem ersten die Bildung eines Linienelementes ab von gegebener, also konstanter Richtung, oder es ermöglicht die Variation in gerader Linie, oder die einförmige Variation, deren Resultat bei fortgesetzten Wiederholungen ein einförmiges Objekt ist. Ein drittes Element c ermöglicht die Variation der Richtung ab zwischen zwei benachbarten Elementen, oder die Drehung des in geradlinigem Abstande ab an

das erste Element a gereiheten Elementes b um den Endpunkt von $a\,b$. Die Zusammenwirkung dieser Drehung mit dem ersteren Fortschritte in konstant bleibendem Verhältnisse des Drehungswinkels zur Fortschrittslänge ergiebt die gleichförmige Variation, deren Resultat das kreisförmig gekrümmte Element und bei fortgesetzten Wiederholungen die Kreislinie ist. Ein viertes Element d ermöglicht die Wälzung der Elemente oder die Drehung der Bildungsebene $b\,c\,d$ um die Axe $b\,c$, mithin die Torsion oder die gleichmässig abweichende Variation, wodurch das Element einer Schraubenlinie und bei fortgesetzten Wiederholungen die Schraubenlinie erzeugt wird. Ein fünftes Element e macht die Verkürzung oder Verlängerung des Abstandes $d\,e$ gegen den vorhergehenden Abstand $c\,d$ und dadurch die Kontraktion oder Expansion des durch die drei Koordinatenrichtungen $a\,b$, $b\,c$, $c\,d$ bedingten Rauminhaltes möglich, bedingt also die steigende Variation und die Erzeugung der Spirale (logarithmischen Raumspirale oder Loxodrome), welche bei fortgesetzter Kontraktion die Stauchung darstellt.

Jeder durch positive Variation von begrenzter Stärke entstehende Prozess schliesst mit einer bestimmten Anordnung als Endresultat im Ruhezustande. Der Wechsel von positiver und negativer Variation, welcher durch geeignete äussere Impulse eingeleitet ist, bringt die Formschwingung, welche ich als physiometrische Schwingung bezeichnet habe, hervor. Eine solche Schwingung ist beharrlich, wenn sie nicht durch Widerstände zum Erlöschen gebracht oder auf adhärirende Objekte übertragen, also fortgepflanzt wird. Eine beharrliche physiometrische Schwingung zeigt z. B. ein Kreis, welcher abwechselnd erst in einer Abszissenaxe seinen Durchmesser vergrössert und in einer Ordinatenaxe seinen Durchmesser verkleinert, darauf aber den ersteren Durchmesser verkleinert und den letzteren vergrössert, indem seine Längenelemente fortgesetzt ihre Richtung nach der positiven und dann nach der negativen Seite variiren.

Formschwingungen, als alternirende Änderungen eines Anordnungsgesetzes, können in dem Gebiete jeder Grundeigenschaft eines Objektes vorkommen: vorstehend sind sie als rein räumliche oder geometrische Anordnungsprozesse aufgeführt; sie können aber ebenso gut als chronologische, mechanische, chemische und krystallinische Prozesse gedacht werden. Als Elementarprozesse kommen dieselben jedoch weder für das eine, noch für das andere dieser Grundgebiete des Mineralreiches, sondern für die Grundgebiete des Ätherreiches und zwar zunächst für das fünfte Grundgebiet, in welchem der ätherische Gestaltungstrieb herrscht, in Betracht. Damit soll nicht gesagt sein, dass die zu betrachtenden Objekte nothwendig reine Äthermassen oder Bestandtheile des freien Äthers sein müssen, sondern dass diese Objekte, wenn sie dem Mineralreiche angehören, in der Zusammensetzung ihrer Atome aus Ätherelementen betrachtet werden sollen. Der auf ätherischen Grundeigenschaften, insbesondere auf ätherischem Gestaltungstriebe beruhende Formprozess ist im Wesentlichen (s. Nr. 88) der Aggregationsprozess, welcher in positiver Richtung Kondensation des Gases zur Flüssigkeit und Erstarrung der Flüssigkeit zum starren Körper und in negativer Richtung Schmelzung oder Verflüssigung des starren Körpers und Verdunstung der Flüssigkeit heisst.

Für die Wahrnehmung des Formprozesses ist dem Menschen ein Sinnesorgan, die Nase, gegeben. Es ist möglich, dass wiederholte Niederschlagung gasförmiger Elemente auf die feuchte Schleimhaut der Nase eine Vorbedingung für die Hervorrufung des physiologischen Prozesses in den osmetischen Nerven oder für die Erscheinung ist, welche wir Geruch nennen: möglicherweise ist jedoch Kondensation der gasförmigen Riechstoffe keine solche Vorbedingung hierzu, es ist möglich, ja wahrscheinlich, dass das Dahinstreichen des Gases längs der Nasenschleimhaut ohne Kondensation genügt, um die osmetischen Nerven in einen durch die Konstitution der Gaselemente bedingte Formschwingung zu versetzen. Da man bei geschlossener Luftröhre nicht riecht, obwohl doch riechbares Gas in die Nase eintreten und sich dort kondensiren kann, und da sich in der Nase keine kondensirten Riechstoffmassen ablagern; so ist die Kondensation für den Geruchsprozess entweder unnöthig, oder sie erfordert für jeden osmetischen Nervenpunkt in der Nasenschleimhaut einen raschen Wechsel, welcher durch das Dahinstreichen des Gases in der Weise hervorgebracht würde, dass ein Gaselement von einem osmetischen Nervenelemente beim Kommen zur Kondensation und beim Gehen zur Verdunstung, überhaupt aber zu einer Aggregatoszillation genöthigt würde. Die physische Eigenschaft eines Objektes, welches den Geruch erzeugt, ist stets der Duft und sein Prozess die Verduftung. Dem Duftungsprozesse ist bis jetzt nur eine geringe Aufmerksamkeit Seitens der Naturforschung geschenkt worden. Ich hege die Vermuthung, dass die eigenthümlichen Beobachtungen von Nägeli über die Giftigkeit des Wassers und überhaupt über die „oligodynamischen" Prozesse, welche in den Flüssigkeiten durch unendlich geringe Dosen fremder Körper, namentlich Metalle, hervorgerufen werden, und welche sich weder auf elektrische, noch auf kalorische, noch auf optische Prozesse zurückführen lassen, vornehmlich auf Duftungsprozessen beruhen.

Auch diese Betrachtung über den subjektiven Geruch beschliesse ich mit der Bemerkung, dass unvollständige Organe Prozesse erzeugen können, welche von den Geruchsprozessen abweichen, z. B. Empfindungen des Ekels, dass jedoch alle diese Modalitäten das sensuelle osmetische System nicht beeinflussen, sondern dasselbe nur vervollständigen und die Gelegenheit darbieten, zu der Erkenntniss der wunderbaren Vielseitigkeit zu gelangen, mit welcher die Natur den Menschen mit der Natur in Wechselwirkung setzt.

76. **Die Grundeigenschaften der physischen und sinnlichen Gebiete.** Die im Vorstehenden geschilderten fünf äusseren physischen Prozesse, welchen fünf innere physiologische Prozesse entsprechen, basiren äusserlich auf Grundeigenschaften des Äthers oder auf den physischen Eigenschaften der Objekte und innerlich auf den untersten Grundeigenschaften des animalischen Wesens, nämlich auf dessen sensuellen oder Sinnesvermögen.

Diese fünf Prozesse sind äusserlich wie innerlich spezifisch verschiedene Vorgänge. Dass dieselben, weil sie auf Schwingungen oder alternirender Wiederkehr beruhen, gewisse allgemeine, dem Schwingungssysteme überhaupt zukommende Eigenschaften, wie Periodizität, Fortpflanzungsgeschwindigkeit, Wellenschlag und Wellenlänge zeigen, ist durchaus kein zulänglicher Grund, einige derselben, wie den optischen und elektrischen Prozess für identisch zu erklären.

Man hat immer das äussere Objekt, welches eine gewisse Eigenschaft besitzt, von dem Prozesse zu unterscheiden, in welchem es mit dieser Eigenschaft thätig ist, seinen Zustand ändert und durch Übertragung seiner Wirkung nach aussen einen Prozess hervorruft, welcher nicht das Objekt selbst, aber als Wirkungsresultat einen gleichwerthigen Stellvertreter an einem anderen Orte in's Dasein ruft. Ein äusseres Objekt wirkt also nicht unmittelbar, sondern durch einen von ihm ausgehenden und durch die Vermittlung einer Zwischensubstanz fortgepflanzten Prozess auf das menschliche Sinnesorgan und zwar auf das äussere oder peripherische Organ (Auge, Ohr, Haut, Zunge, Nase). Das Auge sieht im reflektirten optischen Strahle ein Objekt in der Richtung des einfallenden Strahles, also an einem Orte, wo sich das Objekt gar nicht befindet. Da die Fortpflanzung Zeit erfordert; so hat der Stern, den wir am Himmel erblicken, vielleicht schon längst seinen Ort verändert, er ist vielleicht schon längst erloschen. Der Gesichtseindruck stimmt also mit dem gesehenen Objekte nicht überein; Das, was man zu sehen meint, die Erscheinung, existirt gar nicht als äusseres Objekt; die Gesichtserscheinung ist vielmehr ein innerer Zustand, welcher sich aus dem Eindrucke bildet, den das Auge von dem einfallenden Strahle empfängt. Dieser innere Zustand, als Zustand eines inneren oder Zentralorganes, wird wiederum durch einen Prozess, nämlich den physiologischen Sehprozess erzeugt, den das peripherische Gesichtsorgan in den optischen Nerven hervorruft und zu einem inneren Organe, dem Sensorium, fortpflanzt. Der hieraus hervorgehende Zustand des Sensoriums ist die Lichterscheinung, bezw. die Schall-, Gefühls-, Geschmacks-, Geruchserscheinung.

In einem physischen und dem korrespondirenden physiologischen Prozesse treten manche Vorgänge auf, welche zur Erhaltung und Fortpflanzung eines solchen Prozesses nothwendig sind, aber das Wesentliche dieses Prozesses und der denselben hervorrufenden Kräfte nicht erkennen lassen, Vorgänge, welche in verschiedenartigen Prozessen vorkommen können, welche also, wenn man darin das Charakteristische eines Prozesses und der denselben erzeugenden Kraft erblickt, grosse Täuschungen über das eigentliche Wesen dieser Prozesse und der sie erzeugenden Eigenschaften der Objekte, sowie über die von ihnen erzeugten Sinneseindrücke herbeiführen können. So ist z. B. die Schwingungszahl jedes physischen Prozesses für das wahrnehmende Sinnesorgan etwas ganz Irrelevantes; denn keines dieser Organe ist ein Zählapparat, am wenigsten für Billionen von Schwingungen in einer Sekunde. Die Schwingungszahl bedingt aber im optischen Prozesse die Erhaltung einer bestimmten

Spannung in einer bestimmten transversalen Richtung einer optischen Nervenfaser, und diese Spannung giebt uns durch ihre Stärke den Eindruck von der Intensität und durch ihre Richtung den Eindruck von der Farbe einer Lichterscheinung, während die Transversalität der Spannung das wesentliche Merkmal für die Erscheinung des Lichtes überhaupt ist.

Insbesondere charakterisire ich das Wesen und die Grundeigenschaften in den fünf physischen Gebieten durch folgende Bemerkungen.

Die optische Eigenschaft eines jeden physischen Objektes ist die Fähigkeit, eine gegebene Begrenzung aufrecht zu erhalten oder darin zu verharren. Der optische Prozess, welcher durch einen Dehnungsimpuls hervorgerufen wird, beruhet auf der durch die optische Eigenschaft begründeten Tendenz zur Rückkehr in den ursprünglichen Begrenzungszustand, äussert sich also durch abwechselnde Erweiterung und Verengung der Grenze oder durch eine Dehnungsschwingung in einer bestimmten Richtung. Im menschlichen Sehnerven entspricht dieser Prozess der abwechselnden Verstärkung und Schwächung einer Spannung in einer bestimmten Richtung, und es leuchtet ein, dass, wenn hierdurch die Erscheinung eines beständigen Zustandes oder eine dauernd gleiche Lichterscheinung hervorgerufen werden soll, die Dehnungsschwingungen nur höchst minimale und ungemein rasche sein müssen, da grosse und langsame Schwingungen mit fortwährenden Veränderungen oder Unterbrechungen der Erscheinung verbunden sein würden, dass aber die Anzahl der Schwingungen, wenn sie auch den Prozess mitbedingt, von dem Sinnesorgane nicht erkannt oder gezählt zu werden braucht, vielmehr in der Intensität und Richtung der Schwingungen empfunden werden kann.

Wenn n Ätherelemente in derselben Weise zugleich schwingen; so ergiebt Diess eine n-mal so grosse Lichtquantität, als wenn nur ein Element schwingt, und wenn ein Element mit n-facher Kraft oder mit n-mal so grosser Amplitude schwingt; so ergiebt Diess eine Lichterscheinung von n-facher Intensität. Beide Prozesse erzeugen den Eindruck der Helligkeit.

Die Lichtverhältnisse oder Farben beruhen meines Erachtens auf der Verschiedenheit der Richtungen der optischen Schwingungen, und die Drehung der Richtungslinie ist bedingt durch die Veränderung des Verhältnisses der Schwingungszahlen in der Zeiteinheit. Das optische Nervenelement bildet daher nach meiner Annahme (s. meine Theorie des Lichtes) in dem normal gebaueten Auge einen Kegel um die Axe des Nervenfadens und zwar einen Kegel, in dessen Umfange von der Spitze a aus drei rechtwinklig aufeinander stehende Linien ab, ac, ad liegen. Um diesen Kegel windet sich von der Spitze aus eine Loxodrome oder Schneckenlinie, in welcher die Radien ab, ac, ad mit den entsprechend anwachsenden Längen endigen. (Möglicherweise ist diese Schneckenlinie in derselben Kegelfläche unendlich vervielfältigt, wie es geschehen kann, wenn diese Fläche bei festgehaltener Spitze um die Axe des Kegels verschroben wird). Jeder in dieser Schneckenlinie endigende Radius ax ist die Schwingungsrichtung für eine bestimmte einfache

Farbe; nur dieser Radius ist empfänglich für die Dehnungsschwingung der betreffenden Lichtfarbe, indem seine natürliche Spannung eine bestimmte, von der Spannung der übrigen Radien sich unterscheidende ist. Die Schwingungen in den drei rechtwinklig aufeinander stehenden Radien *a b*, *a c*, *a d* erzeugen die Erscheinung der drei Grundfarben Roth, Gelb und Blau. Die dazwischen liegenden Radien entsprechen den übrigen sichtbaren einfachen Farben, insbesondere auch dem Orange, Blau und allen sonstigen einfachen Farben, aber auch den nach beiden Seiten über das reine Roth und das reine Blau hinaus gehenden Farben, insbesondere dem Violet. In jedem Radius können starke und schwache Schwingungsprozesse nach Quantität und Intensität stattfinden. Die Natur begrenzt die Fähigkeit des Sehnerven zur Wahrnehmung von Lichterscheinungen sowohl hinsichtlich der Intensität, als auch hinsichtlich der Erstreckung der erwähnten Schneckenlinie, welche Beide doch an die Kraft und Grösse des Nervenelementes gebunden sind, auf ein Maximum und ein Minimum sodass die darüber hinausgehenden Intensitäten und Farben nicht sichtbar sind, obwohl sie in dem äusseren physischen Prozesse bis auf weitere, durch die strahlende Substanz bedingte Grenzen hinaus gehen können.

Die zuerst erwähnte Quantitätsverstärkung des Lichtes durch Vereinigung schwingender Elemente ist optische Numeration. Die Intensitätsverstärkung dagegen ist optischer Verhältnissprozess oder optische Multiplikation und zwar primäre Multiplikation (entsprechend der mathematischen Multiplikation mit numerativen Faktoren). Die zuletzt besprochene Färbung des Lichtes ist ebenfalls optische Multiplikation, aber sekundäre (entsprechend der mathematischen Multiplikation mit Richtungskoeffizienten). Der Multiplikation muss in meinem Grössensysteme die Addition vorangehen: wenn ich dieselbe erst hinterher nenne; so geschieht es, weil die Anreihung, worauf die Addition beruhet, in ihrer allgemeinen Bedeutung, welche die Aneinanderreihung beliebig gerichteter Linien fordert, leichter zu veranschaulichen ist, wenn das Wesen der Richtung bereits erörtert ist. Die Anreihung optischer Strahlen ist, ähnlich der mechanischen Komposition von Kräften, eine Zusammensetzung beliebig gerichteter oder gefärbter Strahlen, welche im physischen Reiche Mischung heisst. Die Mischung, als Anreihung eines zweiten Strahles an einen ersten, setzt voraus, dass im Augenblicke der Verbindung der zweite Strahl sich in einem Schwingungszustande oder einer Phase befinde, welche sich mit der Phase des ersten Strahles verknüpfen lässt. Unter allen Phasen des zweiten Strahles wird sich eine befinden, welche der Mischung die grösstmögliche Stärke verleihet (da die gemischten Strahlen sich vermöge der Kombination ihrer Schwingungssysteme hinsichtlich der Gesammtstärke jedenfalls in einer von dem Phasenunterschiede abhängigen Weise beeinflussen). Zwei einfache Lichtstrahlen von gegebener Farbe und Stärke liefern durch Mischung eine Summe, welche der Resultante zweier nach Richtung und Stärke gegebenen Komponenten entspricht. Diese Resultante nimmt eine bestimmte Richtung und Länge in dem räumlichen

Nervenkegel ein, in dessen Oberfläche die erwähnte Schneckenlinie liegt, und bezeichnet durch diese Richtung und Länge eine Mischfarbe von bestimmter Stärke. Fällt die Resultante in die Axe des Kegels, so heisst diese Mischfarbe Weiss. Viel und wenig Farbenstrahlen mit mannichfaltigen Stärkegraden können eine in die Kegelaxe fallende Resultante haben, also weisses Licht erzeugen. Mindestens aber sind zwei einfache Farben hierzu erforderlich, welche alsdann in einer durch die Kegelaxe gehenden Ebene liegen, also gegen die Axe gleiche, aber entgegengesetzte Winkel bilden und gleiche Stärke haben müssen. Zwei solche einfache Farben wie Roth und Grün, Gelb und Violet, Blau und Orange sind einfache Komplementärfarben, wiewohl im Allgemeinen zwei beliebige zusammengesetzte Farben, welche sich zu weissem Lichte mischen, als komplementäre bezeichnet werden. Dass sich in einem nicht normal gebauten Auge, vielleicht auch in dem Auge jedes Europäers oder jedes Erdenbewohners die Farbenrichtungen mehr oder weniger verschieben und in den Komplementärverhältnissen Abweichungen von den vorstehenden Grundlagen hervorbringen werden (was schliesslich zur Farbenblindheit und überhaupt zur Blindheit führen kann), ist selbstverständlich, solche Abweichungen beweisen Nichts gegen die auf rationelle Auffassung sich stützende Regel.

Weisses Licht kann hiernach niemals einfaches, sondern nur gemischtes Licht sein. Schwarz dagegen ist Lichtmangel und zugleich Farblosigkeit: denn die Amplitude der Schwingung und die Anzahl der schwingenden Elemente bedingen die Intensität und Quantität des Lichtes, die Schwingungszahl dagegen bedingt die Farbe. Offenbar muss jede Schwingung einen bestimmten Ausschlag haben, eine bestimmte Anzahl Elemente umfassen und eine bestimmte Schwingungszahl haben, jedes Licht muss also eine bestimmte Intensität, Quantität und Farbe haben, und es liegt auf der Hand, dass der Nullwerth einer dieser Grössen den Nullwerth der übrigen nach sich zieht. Das lichtlose, nicht leuchtende Objekt hat daher zugleich den Nullwerth der Farbe, also keine Farbe: es ist für unser Auge nicht nur wegen des Mangels an Licht unsichtbar, sondern auch in seiner Färbung schwarz, und umgekehrt, ist ein schwarzes Objekt lichtlos und daher unsichtbar. (Ein schwarzer Ofen ist nur deshalb sichtbar, weil er nicht in allen Punkten absolut schwarz, sondern mehr oder weniger grau ist, weil er ausserdem in einer von seiner Form abhängigen Weise Licht reflektirt und weil die Umgebung unser Auge in eine Thätigkeit versetzt, die auch dem nicht leuchtenden Objekte durch Kontrastwirkung eine scheinbare oder subjektive Farbe verleihet). Dass einzelne Nervenfasern ruhen und andere thätig sein können, dass wir also vermöge der in der Netzhaut des Auges endigenden zahlreichen optischen Nerven zugleich farbige und schwarze Objekte sehen oder dass wir mit manchen optischen Nerven sehen und mit anderen nicht sehen können, ist selbstverständlich.

Der dritte optische Grundprozess ist die optische Potenzirung oder Dimensionirung. Nennen wir eine einzelne optische Schwingung oder ein Strahlelement undimensionales oder punktuelles Licht; so ist ein dauernder einfacher Strahl oder eine strahlende Linie eindimensionales oder lineares Licht; dasselbe entspricht einem aus vereinzelten Linien gebildeten Spektrum, welches ein diskretes heissen mag. Eine Gemeinschaft von zusammengereiheten Strahlen oder eine strahlende Fläche ergiebt zweidimensionales oder flächenhaftes Licht, welchem ein stetiges Spektrum entspricht. Eine Gemeinschaft von zweidimensionalen Lichtschwingungen oder ein strahlender Körper liefert das dreidimensionale oder kubische Licht, welchem ein Spektrum entspricht, das von lauter stetigen, aufeinander gelagerten oder sich überdeckenden Spektraltheilen gebildet ist.

Der fünfte optische Grundprozess ist die optische Variation oder Formbildung, welche ihren Ausdruck in der Gestaltung des Spektrums, also in der Anordnung von Lichtstrahlen von verschiedener Stärke, Mischung, Farbe und Dimensität nach einem gegebenen Abhängigkeitsgesetze, findet. Im physischen Lichtstrahle macht sich die Variation durch die Form der Schwingungskurve geltend, wie sie z. B. der geradlinig und der cirkular polarisirte, namentlich aber der von verschiedenen chemischen, vegetabilischen und animalischen Stoffen ausgehende Strahl zeigt: sie verleihet der Lichterscheinung einen Charakter, wovon der Glanz eine Spezialität ist.

Die fünf Grundeigenschaften des Lichtes sind hiernach die Quantität, die Phase, das Lichtverhältniss, die Dimensität der Strahlen und die Form der Strahlung, welche letzteren Beiden in der Dimensität und Gestaltung des Spektrums ihren Ausdruck finden. Im Sehprozesse entsprechen den fünf physischen Grundeigenschaften die Helligkeit, die Mischbarkeit, die Farbe, die Lichtqualität und der Charakter der Lichterscheinung. Die drei Grundfarben bringen die drei Neutralitätsstufen des Lichtes zur Erscheinung. Was die beiden Kontrarietätsstufen betrifft; so entsprechen sie zwei entgegengesetzten, sonst aber gleichen Schwingungen oder der Wirkung zweier entgegengesetzten Phasen, welche in ihrer Zusammenwirkung den Lichtstrahl auslöschen. Im physischen Gebiete stehen sich also auch Erzeugung und Absorption von Licht als zwei entgegengesetzte Prozesse gegenüber, welchen im physiologischen Gebiete Erleuchtung und Verdunkelung entsprechen.

Wegen weiterer Ausführung der optischen Gesetze verweise ich auf meine „Theorie des Lichtes" und auf die „Naturgesetze" und bemerke hier nur noch, dass die optischen Nerven zwar die einzigen Apparate zur Hervorbringung einer Lichterscheinung sind, dass aber alle Elemente des menschlichen Körpers auf den äusseren Lichtstrahl reagiren, indem sie durch diesen Strahl zu einer besonderen Thätigkeit veranlasst werden.

In Betreff des akustischen Prozesses hebe ich hervor, dass nach der letzten Betrachtung in Nr. 72 nicht ein fester Zustand, sondern der Zustandswechsel oder vielmehr die Wiederkehr einunddesselben Bewegungszustandes in einer Strömung das Wesentliche ist, das durch das Gehör zur Wahrnehmung gebracht werden soll. Es leuchtet ein, dass ein rapider Wechsel den Unterschied zwischen dem Bestehen und der Wiederkehr eines Zustandes zum Verschwinden bringt, dass also die

Erkenntniss einer Wiederkehr einen Wechsel von mässiger Schnelligkeit erfordert. Nun gestattet der reine Äther wegen seines ungeheueren Elastizitätsmodels keine langsamen Fortpflanzungsprozesse: der akustische Strahl, welcher dem Ohre einen hörbaren Schall zutragen soll, muss daher in einer Äthermasse gebildet und fortgepflanzt werden, in welcher die Ätherelemente durch irgend welche Hindernisse ihrer ungezwungenen Beweglichkeit beraubt sind. In einem solchen Zustande befinden sich die Ätherelemente, welche ein Mineralatom bilden, und hierin liegt meines Erachtens der Grund, welcher die akustische Eigenschaft in die Mineralatome verlegt. Dessenungeachtet bin ich der Ansicht, dass die longitudinalen Schwingungen der Ätherelemente, nicht die der ganzen Atome es sind, welche den Gehörprozess hervorrufen, und dass die materiellen Schwingungen und mechanischen Dichtigkeitsänderungen, welche hierbei in der mineralischen Substanz auftreten, für das Ohr ganz unwesentliche Dinge sind, dass sie auch in der gasförmigen Luft, welche der gewöhnliche Vermittler der Schallerscheinungen ist, sehr unbedeutend sind. Für den physiologischen Gehörprozess ist also der Wechsel in der Stellung des Trommelfelles oder die Wiederkehr derselben Stellung, nicht der mechanische Zug und Druck das Entscheidende: eine starke Druckspannung würde einen Gefühlseindruck, aber keinen Schall hervorrufen. Mechanische Erschütterungen irgend eines Elementes des menschlichen Körpers durch äussere Stosskräfte oder Reibungen erzeugen eine Schallerscheinung nur dadurch, dass sie sich auf das Gehörorgan fortpflanzen und dort den physiologischen Gehörprozess hervorrufen. Wenngleich nun die Wiederkehr von Zuständen das Wesentliche im Gehörprozesse ausmacht; so ist doch das Ohr, gleichwie das Auge, kein Zählapparat für die zwar viel geringere, aber doch immer noch sehr grosse Anzahl von akustischen Schwingungen in der Zeiteinheit. Diese Anzahl wird meines Erachtens vertreten durch eine entsprechende Spannung in den Gehörnerven.

Das Gehörorgan ist thatsächlich schneckenförmig gebauet, sodass jedes in der Schneckenlinie liegende Element für eine bestimmte Schallstärke empfänglich ist, wie ich es im Obigen für jeden einzelnen Sehnerven postulirt habe. (Über die Bogengänge im Ohre werde ich mich weiter unten in Nr. 87 äussern).

Die akustischen Grundeigenschaften und Grundprozesse entwickeln sich sowohl im physischen, wie im physiologischen Gebiete nach denselben Prinzipien wie die optischen. An die Stelle der Farbe als dritter und Charakter als fünfter optischer Grundeigenschaft treten die Namen Tonhöhe und Klang für die akustischen Eigenschaften. Die Zurückführung des Klanges auf Kombination von Tönen, also auf den zweiten oder den Mischungsprozess, anstatt auf den selbstständigen Formprozess halte ich für einen Irrthum und den Ausdruck Klangfarbe, abgesehen von der Entlehnung eines Namens aus dem optischen Gebiete, für eine Konfundirung der fünften mit der dritten Grundeigenschaft.

Im Bereiche der dritten akustischen Grundeigenschaft, also im Bereiche des Tones, hat man sich den Ton (ebenso wie im optischen

Gebiete die Farbe) nicht nur an eine Schwingungszahl, sondern auch an eine Schwingungsrichtung gebunden zu denken. Das primäre Verhältniss stellt sich als Schallstärke, das sekundäre Verhältniss aber als akustisches Richtungsverhältniss oder als Tonverhältniss dar. Indem sich diese Verhältnisswerthe (in Oktaven) wiederholen, kehren auch die in jeder Oktave liegenden Neutralitätsverhältnisse wieder, und da es für das Grundverhältniss keine absolute Einheit giebt; so beruhen auch die Neutralitätsverhältnisse der Töne auf relativen Verhältnissen zu einem beliebigen Grundtone, und es können innerhalb jeder Oktave drei neutrale Tonverhältnisse (entsprechend den optischen Grundfarben) in mehrfacher Weise gebildet werden. Ihr Zusammenklang entspricht einem Akkorde.

Hinsichtlich der Kombination von Tönen ist noch hervorzuheben, dass das Ohr nur Töne mit rationalen Schwingungsverhältnissen, in welchen ein gemeinschaftlicher Schwingungszustand in kurzer Zeit wiederkehrt, als Konsonanzen gut kombinirt, die übrigen Tonverhältnisse jedoch als Dissonanzen unverbunden lässt.

Weiteres über Akustik findet sich in den „Naturgesetzen".

Die Wärme zeigt im physischen Gebiete nicht nur die ersten drei, sondern, wie das Wärmespektrum beweis't, auch die vierte und fünfte Grundeigenschaft. Das sensuelle Gefühlsorgan bringt jedoch in deutlich erkennbarer Weise nur die Intensität als Temperatur und die oberhalb und unterhalb eines bestimmten Temperaturgrades liegenden Gegensätze als Wärme und Kälte zur Erscheinung. Das Nämliche gilt von dem Tastgefühle, wiewohl die Gefühlsnerven ausser der Intensität der ästhematischen Spannung auch manche auf Raum- und Zeitprozessen beruhenden Besonderheiten, als Reibung, Kitzel u. s. w. zur Erscheinung bringen. Die Wärme kann im reinen Äther und in Mineralkörpern, die Druckspannung nur durch mineralische Objekte oder Elemente vermöge der denselben zukommenden Elastizität fortgepflanzt werden: immer bleibt jedoch die ätherische Pendelschwingung und der ätherische Dichtigkeitsprozess in den zu Mineralatomen zusammengesetzten Ätherelementen das Wesentliche für die Gefühlsempfindungen. Die Schwingungszahl, welche den verschiedenen Temperaturgraden und Druckintensitäten zukömmt, wird auch von den Gefühlsorganen nicht durch Abzählung erkannt, sondern durch die damit verbundene Spannung empfunden. Die Wärmeschwingungen erzeugen in einem Nervenelemente allseitige, zentrale Spannungen, die Dichtigkeitsschwingungen dagegen einfache, lineare Spannungen. Eine jede von ihnen kann durch hinreichende Steigerung, also durch Hitze und starken Druck den konstitutionellen Zusammenhang der Elemente des menschlichen Körpers sprengen: das Nämliche kann gesteigerter Zug und gesteigerte Kälte oder Wärmeentziehung durch Verminderung der zum konstitutionellen Bestande erforderlichen Spannung bewirken. Einen solchen, der Zerstörung der Konstitution sich nähernden ästhematischen Zustand nennt man Schmerz.

Von den Grundeigenschaften der Geschmacks- und der Geruchsobjekte gilt im Allgemeinen Dasselbe wie von denen der Gesichts-,

Gehör- und Gefühlsobjekte. In den physiologischen Geschmacks- und Geruchsprozessen treten von den Grundeigenschaften die Qualität und der Charakter in den Vordergrund, es machen sich jedoch auch Gegensätze wie sauerer und basischer, süsser und bitterer, angenehmer und unangenehmer Geschmack, Wohlgeruch und Gestank, sowie Neutralitäten geltend.

Von allen fünf physischen und physiologischen Prozessen muss übrigens gesagt werden, dass, wenngleich sie aus ätherischer Substanz entspringen, doch die mineralische Substanz, da deren Atome aus Ätherelementen und die sensuellen Nerven aus Atomen bestehen, die Rolle eines Vermittlers spielt. Das Licht, der Schall, die Wärme, der Duft wird dem Auge, dem Ohre, der Haut, der Nase im Allgemeinen durch die Luft, die ästhematische Spannung wird der Haut durch materielle Körper, der Geschmack wird der Zunge durch chemische Stoffe zugetragen, und der Geruch wird in der Nase durch die Kondensation von Gasen hervorgebracht, und wenn auch rein ätherische Transversal- und Pendelschwingungen die Licht- und Wärmeerscheinung erzeugen könnten; so geht doch der Lichtstrahl durch die Kornea, die Augenflüssigkeit, die Linse und den Glaskörper in die optischen Nerven der Netzhaut und die Wärmeschwingung durch die Epidermis in die Gefühlsnerven ein.

77. **Die Grundfesten des physischen Reiches.** Jedes Ätherobjekt, als Bestandtheil des Ätherreiches, gehört allen fünf ätherischen Grundgebieten zugleich an, es besitzt also ein optisches, ein akustisches, ein kalorisches (allgemeiner, ein ästhematisches), ein galvanisches (in physiologischer Bedeutung ein gustisches) und ein Duftungs- (in physiologischer Bedeutung ein osmetisches) Vermögen und bethätigt diese Vermögen unter gegebenen, als geeignete Impulse auftretenden Umständen. Es giebt kein Ätherobjekt, welches nur ein einziges oder einzelne jener Vermögen in sich trüge. Entsprechend diesen fünf ätherischen Vermögen sind dem Menschen zur Wechselwirkung mit den Ätherobjekten die fünf Sinne gegeben, welche im Sensorium ihren gemeinschaftlichen Sitz haben oder fünf Grundgebiete des Sinnesvermögens ausmachen. Da ein Sinnesorgan ein Bestandtheil des menschlichen, also des von Geisteskraft beherrschten Organismus ist; so können sensuelle Kräfte und Prozesse mit ätherischen Kräften und Prozessen nicht identisch sein, sondern nur in naturgesetzlicher Korrespondenz stehen, sodass die ätherischen oder physischen Prozesse nur unter geeigneten Umständen die Sinnesorgane affiziren, also nur dann, wenn sie in gewissen Graden, Richtungen, Formen u. s. w. gegen den menschlichen Körper auftreten, mehr oder weniger deutliche Erscheinungen hervorbringen. Die Getrenntheit der Sinnesorgane macht es möglich, dass der Mensch jede einzelne physische Eigenschaft gesondert auf sich kann wirken lassen, dass er z. B. sehen kann, ohne zugleich zu hören. Andererseits leuchtet ein, dass das Sensorium, als Untergebener der Geisteskraft, auch ohne äussere physische Anregung von innen heraus durch die Impulse der

höheren Geistesvermögen muss in Zustände und Thätigkeiten versetzt werden können, welche den sogenannten subjektiven Sinneserscheinungen entsprechen. Die Zugehörigkeit zum animalischen Gesammtwesen nöthigt ferner zu der Annahme, dass das Sensorium nicht thätig sein kann, ohne zugleich dieses Gesammtwesen, also auch die höheren Geistesvermögen in Mitthätigkeit zu versetzen, und dass durch diese Inanspruchnahme des Gesammtgeistes ein Sinneseindruck zu einem geistigen Zustande wird, den ich Erscheinung nenne. Insofern also der Mensch ein Erkenntnissvermögen hat, wird ein Sinneseindruck von ihm auch erkannt und bildet in dieser Mitwirkung des Erkenntnissvermögens eine erkannte oder erkennbare Erscheinung, einen Beobachtungsgegenstand; insofern er ein ästhetisches Vermögen hat, kann die Sinneserscheinung den Eindruck des Schönen oder Hässlichen machen u. s. w. Immer unterscheiden wir das primitive Sinnesvermögen von den mitwirkenden höheren Geistesvermögen. Ganz ebenso ist das Ätherreich von den höheren Naturreichen zu unterscheiden, wennauch die Ätherprozesse die höheren Naturkräfte nach der vorigen Nummer in Mitleidenschaft ziehen.

Das Ätherreich ist in jedem seiner fünf Grundgebiete dem Naturgesetze unterworfen, welches ich unter dem Namen des physischen Gesetzes verstehe. Das allgemeine physische Gesetz spaltet sich, indem das Ätherreich sich in die fünf physischen Grundgebiete zerlegt, in das physische Gesetz des Lichtes, des Schalles, der Wärme, des Galvanismus und des Duftes. In jedem dieser Gebiete haben wir fünf Grundeigenschaften und fünf Grundprozesse, ferner Primitivitäten (ursprüngliche Bestände), Gegensätze oder Kontrarietäten, sowie Neutralitäten, also Grundprinzipien nachgewiesen, und wenn Heterogenitäten und Alienitäten auch nicht in jedem physischen Grundgebiete durch das betreffende Sinnesorgan deutlich erkennbar sind; so beweisen doch die Licht- und Wärmespektren ihre Existenz.

Was die physischen Apobasen betrifft; so zeigt jedes Gebiet Identitäten, ferner Gleichheiten, als Übereinstimmungen im Endresultate von Prozessen, ferner Wirkungen zweier Objekte durch Vermittlung eines dritten, also gesetzliche Folgen, sodann Zusammenfassungen unendlich vieler Elementarprozesse zu einem Gesammtprozesse, also Insumtionsprozesse und endlich alle möglichen, von gegebenen Bedingungen abhängigen Übergänge zwischen Form- oder Variabilitätsstufen, also Involvenzen.

Die physischen Grundsätze sind die Grundlagen der physischen Gesetzmässigkeit oder des physischen Natursystems, welche sich nach dem Zeugnisse unserer Sinne oder auf Grund der Beobachtung als unerschütterlich erweisen und dadurch den Charakter von Grundsätzen annehmen.

Hiernach bestätigt jedes der fünf physischen Grundgebiete unsere Theorie von den fünf Grundfesten eines Gebietes. Da die Idee der sensuellen Grundfesten auf geistiger Vorstellung beruhet, die Grundfesten des Äthers aber Eigenschaften einer Weltsubstanz sind; so beweis't die wirkliche Existenz der Objekte, welche subjektiven Vorstellungen entsprechen, dass der menschliche Geist im Sinnesbereiche ebenso organisirt ist, wie die ätherische wirkliche Welt. Demgemäss kann man ebenso gut sagen: der Mensch erkennt mittelst der Sinne die physischen Eigenschaften der Welt dadurch, dass die physischen Objekte auf den Menschen wirken, als auch: die physischen Eigenschaften der Welt sind diejenigen, welche den Sinnesvermögen des Menschen entsprechen oder welche er mit den Sinnen wahrzunehmen vermag. Im ersten Falle erscheint die wirkliche ätherische Welt als der maassgebende Motor und der menschliche Geist als der empfangende Rezeptor; im zweiten Falle dagegen erscheint der Geist als das maassgebende Subjekt und die physische Wirklichkeit als die sensuell erkennbare oder dem Geiste zugängliche Welt: in Wahrheit aber sagen beide Auffassungen, dass der Geist, als eine Weltkraft, in seinen sensuelleu Gesetzen mit den physischen Weltgesetzen übereinstimmt.

V. Das Mineralreich und die Anschauungsvermögen.

78. **Die fünf Grundgebiete des Mineralreiches.** Aus der Zusammenfassung unendlich vieler (oder doch zahlloser, unzählbarer, ungezählter) Ätherelemente zu einem endlichen, d. h. fest begrenzten, messbaren Ganzen durch eine höhere Naturkraft, die Mineralkraft, also durch Beugung einer Gemeinschaft von Ätherelementen unter die Herrschaft der Mineralkraft, entsteht das Atom, als das Element eines Mineralkörpers. In dem Atome, als endlicher Gemeinschaft von Ätherelementen, herrscht also, als einigende Kraft, die Mineralkraft, nicht die ätherische oder physische Kraft. Als Bestandtheile eines Atoms haben die Ätherelemente keine Selbstständigkeit, sondern sind der Mineralkraft unterthan: nur wenn oder soweit sich bei einem Prozesse die mineralisirenden Bande zwischen den Ätherelementen lockern, äussern sie die ihnen als selbstständigen Ätherelementen innewohnenden physischen Kräfte. Eine solche Lockerung tritt bei jedem mineralischen Prozesse ein, da derselbe eine Änderung des bestehenden Zustandes, also irgend eine Lösung des Zusammenhanges erfordert. Sie tritt aber auch bei der Einwirkung eines physischen Prozesses ein, indem derselbe unmittelbar auf die Ätherelemente wirkt, also ihren Zusammenhang zu lockern strebt und dadurch gegen den Zwang der Mineralkraft ankämpft. Es verknüpfen sich also stets physische und mineralische Prozesse, ohne ihre spezifische Eigenart zu beeinflussen: wir betrachten aber, trotz der Zusammenwirkung Beider, nachstehend nur die mineralischen Eigenschaften und Prozesse.

Das Mineralreich zerfällt, wie das Ätherreich, in fünf Grundgebiete: den wirklichen Raum, die wirkliche Zeit, das Gebiet der wirklichen Materie, das Gebiet des wirklichen Stoffes und das Gebiet des wirklichen Krystalles; ich nenne diese Gebiete ausdrücklich wirkliche Gebiete, um sie dadurch von den korrespondirenden geistigen

Vorstellungen, welche unwirkliche Gebiete sind, zu unterscheiden. Die Ausdrücke äusseres und inneres Gebiet sagen Dasselbe, wenn man unter Innerlichkeit das geistige Wesen und unter Äusserlichkeit das aussergeistige Wesen versteht. Jedes Mineralobjekt gehört, als Bestandtheil des Mineralreiches, allen fünf mineralischen Grundgebieten zugleich an; es ist zugleich Raumgrösse, Zeitgrösse, Materie, Stoff und Krystall, und es kann kein Mineral geben, welches nur einem einzigen oder einzelnen dieser Gebiete angehörte. Daraus folgt, dass jedes Mineral, weil seine Atome aus Ätherelementen bestehen, alle mineralischen und alle physischen Eigenschaften zugleich besitzt.

Zur Wechselwirkung mit den fünf mineralischen Grundgebieten sind dem Menschen fünf gesonderte Vermögen gegeben, welche ich die Anschauungsvermögen nenne. Dieselben haben ohne Frage in gesonderten Organen ihren Sitz. Sie bilden, erstens, das Raumanschauungsvermögen, zweitens, das Erneuerungs- oder Zeiterfahrungsvermögen, drittens, das motorische Vermögen, viertens, das Assimilations- oder Ernährungsvermögen, fünftens, das Konstituirungs-, Organisations- oder Gestaltungsvermögen. Insofern nicht die Eigenschaften und Thätigkeiten dieser Vermögen selbst, sondern nur die Erkenntniss derselben durch das für die Erkenntnissthätigkeit bestimmte Vermögen in Betracht gezogen wird, benennen wir die Objekte der fünf Anschauungsgebiete mit den Namen Raumgrösse, Zeitgrösse, Materie, Stoff und Krystall. Unter diesem Gesichtspunkte bilden die Naturgesetze des wirklichen Mineralreiches die mathematischen Gesetze des geistigen Anschauungsvermögens oder die anschaulichen mathematischen Gesetze, deren Hauptmerkmal oder Hauptkennzeichen die Messbarkeit oder Bestimmbarkeit durch abgemessene, fest begrenzte Eigenschaftswerthe ist. Für die einzelnen Anschauungsgebiete heissen diese mathematischen Gesetze die geometrischen, die chronologischen, die mechanischen, die chemilogischen und die physiologischen oder Krystallisationsgesetze.

Die fünf Anschauungsvermögen des Menschen stehen unter einander in demselben Zusammenhange wie die fünf mineralischen Grundgebiete, ihre Prozesse kombiniren sich, ihre Kräfte wirken aufeinander, ihre Zustände bedingen sich, da sie aber gesonderte Organe im menschlichen Körper haben; so kann ein äusseres mineralisches Objekt nur unter gewissen Bedingungen auf das eine oder das andere Anschauungsorgan wirken. So kann z. B. ein Stoff durch Lichtstrahlung auf unser Auge und von dort auf unser Raumanschauungsvermögen wirken, er kann aber nicht anders auf unsere Zunge wirken, als bis er in den Mund gebracht ist, und er kann nicht anders auf unser Assimilationsvermögen wirken, als bis er in den Magen geführt ist. Die Sonderung der Anschauungsorgane macht es daher möglich, die einzelnen Grundvermögen des Minerals gesondert auf uns wirken zu lassen, also dieselben zu unterscheiden und in ihrer Selbstständigkeit und Eigenart zu erkennen, gleichwie die Sonderung der Sinnesorgane Diess für die physischen Eigenschaften der Objekte möglich macht.

Hiernach will ich die Übereinstimmung des Systems in jedem der fünf anschaulichen Gebiete des Mineralreiches, sowie die Übereinstimmung jedes äusseren oder wirklichen Gebietes mit dem betreffenden inneren mathematischen Anschauungsvermögen durch Vorführung der Grundfesten jedes Gebietes zeigen. Dabei wird es Entschuldigung finden, wenn ich theils der Kürze wegen, theils in Folge der mit der bisherigen ungenügenden wissenschaftlichen Erkenntniss Hand in Hand gehenden Mangelhaftigkeit der Sprache hinundwieder dieselben Namen für äussere Objekte und innere Anschauungen (z. B. das Wort Raum für das äussere Ausdehnungsgebiet und das innere Anschauungsgebiet) gebrauche. Da es sich bei dieser Vorführung weniger um Begründung, als um Zusammenstellung handelt; so schreibe ich die in meinen früheren Schriften schon oft erwähnten und erklärten Grundeigenschaften und Grundprozesse jedes Gebietes mit einigen Erläuterungen ohne Weiteres nebeneinander, führe von den Grundprinzipien die Primitivität nur mit ihrem generellen Namen und von den übrigen Grundprinzipien nur einige Stufenfolgen mit ihren speziellen Namen auf, erläutere die Apobasen, indem ich die Identität nur allgemein nenne, mit wenigen Beispielen und wiederhole für jedes Gebiet einige Grundsätze, nämlich die in Nr. 60 unter (20), (21) und (22) aufgeführten drei Grundsätze, in den diesem Gebiete entsprechenden Bedeutungen.

Ausserdem schicke ich voraus, dass jedes Grundgebiet theils in seiner Reinheit, theils aber auch in Verbindung mit den subordinirten Gebieten, also der Raum, als das mit Ausdehnung Begabte, in seiner Reinheit, die Zeit, als das mit Erneuerungsfähigkeit oder Sukzessionsvermögen Begabte, im Raume (also die zeitlichen Veränderungen im Raume oder die räumlichen Veränderungen in der Zeit), die Materie, als das mit bewegender Kraft Begabte oder das Bewegbare, in Raum und Zeit, der Stoff, als das mit Affinität Begabte, in Raum, Zeit und Materie, der Krystall, als das mit Gestaltungstrieb Begabte, in Raum, Zeit, Materie und Stoff vorgeführt werden soll, wobei die subordinirten Gebiete jedoch nur so weit in Betracht kommen, als sie wegen der Zugehörigkeit des Objektes zu diesen Gebieten zur Mitbestimmung der Prozesse in dem Hauptgebiete dienen.

79. **Der Raum,** als das erste anschauliche Grundgebiet, welchem kein subordinirtes Gebiet vorangeht, lässt sich in aller Reinheit durch folgende Grundfesten kennzeichnen.

I. Die Grundeigenschaften. 1. Ausdehnung (Weite, Quantität), 2. Ort, 3. Verhältniss (primäres Verhältniss oder Vielfachheit, sekundäres Verhältniss oder Richtung), 4. Dimensität, 5. Form (Figur).

II. Die Grundprozesse. 1. Erweiterung (Vergrösserung), 2. Fortschritt (bezw. Anreihung und Verschiebung), 3. Verhältnissprozess (primärer = Vervielfältigung, sekundärer = Drehung), 4. Dimensionirung (Vermehrung der Dimensionen), 5. Gestaltung (Formbildung, Variation).

III. Die Grundprinzipien. 1. Primitivität, 2. Kontrarietät (z. B. Grösseres und Kleineres, vorwärts und rückwärts liegender Ort,

Fortschritt und Rückschritt, Rechtsdrehung und Linksdrehung, Konvexität und Konkavität), 3. Neutralität (z. B. Fortschritt in der Grundrichtung, in der Seitenrichtung und in der Höhenrichtung, Vielfachheit, Deklination und Inklination, Länge, Breite und Höhe, Figur in der Grundebene XOY, in der sekundären Ebene YOZ und in der tertiären Ebene ZOX), 4. Heterogenität (Punkt, Linie, Fläche, Körper), 5. Alienität (z. B. konstante Länge, gerade Linie, Kreislinie, Schraubenlinie, Loxodrome).

IV. Die Apobasen. 1. Identität, 2. Gleichheit (z. B. der Linien, welche denselben Anfangs- und Endpunkt haben, oder der Flächen, welche denselben Inhalt haben), 3. Folgerung (z. B. aus Linienzügen, welche einen oder mehrere Punkte mit einander gemein haben, oder aus Flächen, welche Seiten oder Winkel mit einander gemein haben), 4. Insumtion (Verallgemeinerung eines geometrischen Lehrsatzes, z. B. des Pythagoräischen Lehrsatzes), 5. Involvenz (allgemeiner gesetzlicher Zusammenhang der Bestandtheile eines räumlichen Grössensystems, also allgemeine geometrische Theorie).

V. Die Grundsätze, z. B. (20), Fortschritt und Rückschritt heben sich auf, oder (21), Verlängerung, Drehung und Wälzung beeinflussen sich nicht, oder (22), vor der Fläche verschwindet der Punkt.

80. **Die Zeit.** Viele Gesetze des Zeitverlaufs im Raume gewinnen an Deutlichkeit durch Bezugnahme auf die der Zeit zum Maassstab dienende Uhr, welche sich auf die Umdrehung der Erde stützt. Wenn a ein Ort in einem Breitenkreise ist; so haben alle Orte dieses Kreises verschiedene reelle oder primäre Zeit t, und zwar die Zeit, welche dem Orte A des Äquators zukömmt, in welchem dieser von dem durch a gehenden Meridiane geschnitten wird: die Uhr der nach Osten gelegenen Orte zeigt spätere oder für a zukünftige Zeit, die Uhr der nach Westen gelegenen Orte zeigt frühere oder für a bereits vergangene Zeit. Von irgend einem Ereignisse in einem bestimmten Orte des Äquators beginnt die reelle Zeitrechnung. Alle Orte in dem durch a gehenden Meridiane Aa haben dieselbe reelle Zeit, also im Vergleich zur Zeit des Ortes a eine imaginäre oder sekundäre Zeit oder Mitzeit $t_1 i$, und zwar haben die nach Norden gelegenen positive und die nach Süden gelegenen negative imaginäre Mitzeit. In jedem anderen Meridiane haben die Orte die reelle Zeit, welche dem Anfangspunkte des Meridians im Äquator entspricht, und die imaginäre Zeit, welche ihrem Breitenkreise entspricht, also komplexe Zeit von der Form $t + t_1 i$. Die Kugelflächen, deren Radius grösser oder kleiner als der Erdhalbmesser ist, haben mit den in demselben Radius liegenden Orten gleiche komplexe Zeit $t + t_1 i$, aber verschiedene überimaginäre oder tertiäre Zeit $t_2 i i_1$, also die überkomplexe oder triplexe Zeit $t + t_1 i + t_2 i i_1$. Die absoluten Werthe der Faktoren t, t_1, t_2 sind durch die Umdrehungsgeschwindigkeit der Erde und durch die Geschwindigkeit der Erneuerungswechsel des Ereignissobjektes bestimmt: diese drei Faktoren haben reelle Zahlwerthe.

Das eigentliche Zeitobjekt ist das Ereigniss, wenn man darunter den auf Erneuerung des Daseins beruhenden Eintritt in einen nachfolgenden Zustand oder das in dem Auftreten eines neuen Zustandes liegende Entstehen oder Werden versteht. Die Zusammenfassung elementarer Ereignisse von gleichem Zeitwerthe ergiebt das Alter, die Aufeinanderfolge von Ereignissen, welche mit grösserer oder kleinerer Schnelligkeit vor sich gehen kann, ergiebt die Zeitreihe oder auch den Zeitverfluss, die Sukzession, welche mit einer Epoche endigt. Die Sukzession ist ein Zustandswechsel, ein Eintritt in einen neuen Zustand und ein Verlassen des alten Zustandes; der neue Zustand tritt, vorwärts schreitend, aus der Gegenwart ein in die Zukunft, der alte tritt, rückwärts schreitend, ein in die Vergangenheit; auf ein Entstehen folgt ein Vergehen und auf dieses wieder ein Entstehen. Die mit der Zeit etwa eintretende Veränderung eines Objektes oder das Ereigniss in allgemeinerer Bedeutung ist nicht das Resultat eines reinen Zeitprozesses, sondern einer Kombination von zeitlichen und anderen Prozessen.

Die anschauliche Welt dauert durch fortgesetzte Erneuerung ihres Daseins in inneren Impulsen oder primitiven Ereignisselementen oder Augenblicksereignissen, welche unendlich rasch oder stetig mit gleichmässiger, konstanter Geschwindigkeit aufeinander folgen. Die als Alter oder Dauer sich darstellende Summe von primitiven Ereignisselementen nenne ich jetzt absolute oder primitive Zeit oder Zeitinhalt. Ein absoluter Zeitwerth t hat, wie jeder absolute Zahlwerth, kein Richtungszeichen, er ist für alle Objekte eben nur eine Zeitquantität. Erst durch Anreihung von Zeitgrössen oder durch Sukzession entsteht die Zeitreihe oder der Zeitverfluss oder die primäre Zeit und zwar die reelle positive oder Zukunftsreihe $+t$ und die reelle negative oder Vergangenheitsreihe $-t$, in welchen der gedachte Zeitverlauf mit einer bestimmten, der wirkliche Ereignissverlauf jedoch mit irgend einer gegebenen Geschwindigkeit vor sich geht. Die Vereinigung undimensionaler Zeitelemente zu endlichen Grössen liefert die eindimensionalen Zeitwerthe eines bestimmten, konkreten, aus unendlich vielen Elementen zusammengesetzten Objektes, welche durch irgend eine angenommene Zeiteinheit, z. B. durch die Stunde gemessen wird. Die Zusammenfassung endlicher, auf natürlicher Daseinserneuerung beruhender Zeitwerthe von dem Augenblicke des Auftretens eines Objektes ergiebt das Alter desselben, welches einen positiven Werth und für jedes Objekt einen besonderen Anfangspunkt hat. Alle anschaulichen Weltobjekte altern zugleich und gleichmässig mit identischen absoluten, aber verschiedenen primären Zeitwerthen, indem sie spezielle Fälle der allgemeinen Weltzeit mit besonderen Anfangspunkten und Grundrichtungen darstellen.

Zur Messung der Weltzeit kann man sich den Weltraum als unendliche Kugel mit einem angenommenen Mittelpunkte, z. B. dem Mittelpunkte der Erde, mit einer Grundaxe von beliebiger Richtung vorstellen, auf welcher die Äquatorialebene senkrecht steht und in einer beliebig angenommenen Radialentfernung einen Äquator bildet, in welchem die reelle Zeit nach der Zahl der Erneuerungsimpulse gezählt wird, während die imaginäre Zeit den Erneuerungen in den verschiedenen Breitenkreisen der um diesen Äquator gelegten Kugelfläche und die überimaginäre Zeit den Erneuerungen in den Kugelflächen von verschiedener Halbmesserlänge entspricht. Für die verschiedenen Breitenkreise würde entweder eine von ihrem Radius und ihrer Axenlänge abhängige Geschwindigkeit der Erneuerungsimpulse oder, bei gleicher Geschwindigkeit, eine verschiedene Verdichtung oder Ineinanderlagerung dieser Impulse anzunehmen sein. Für jedes endliche Weltgebiet, welches in unendlicher Entfernung von dem Weltmittelpunkte liegt, verschwindet die eben erwähnte örtliche Verschiedenheit der natürlichen Zeitgeschwindigkeit: man kann sich jedes endliche Gebiet als Würfel mit einem bestimmten Mittelpunkte O, einer primären oder Grundaxe OX, einer sekundären Axe OY, einer tertiären Axe OZ, einer primären oder Grundebene XOY, einer sekundären Ebene YOZ und einer tertiären Ebene ZOX vorstellen, in welcher die reelle Zeit aller Objekte nach der konstanten Erneuerungsgeschwindigkeit gemessen wird, welche in der Grundaxe OX stattfindet.

Denkt man sich den Raum als ruhend; so erscheint die Zeit als ein Strom, welcher sich über den Raum ergiesst: denkt man sich den Raum als fortschreitend; so erscheint die Zeit als ein stillstehendes Gebiet, in welchem der Raum seine Ortslage ändert. Kombinirt sich bei der letzteren Auffassung mit der natürlichen Erneuerungsgeschwindigkeit, welche allen Raumpunkten gemein ist und ein gleichmässiges Altern aller Raumobjekte bedingt, eine individuelle Zustands- oder Ortsänderung, welche einem konkreten Objekte eigen ist; so verstärkt oder schwächt sich die Fortschrittsgeschwindigkeit dieses Objektes, wenn die hinzutretende relative Ortsveränderung eine reelle positive oder negative ist, d. h. das Objekt eilt dem seinem Altern entsprechenden Orte nach der Weltuhr voraus oder bleibt hinter diesem Orte zurück; es tritt in eine weiter voraus oder zurück liegende Zeitepoche ein, welche der Endpunkt einer Reihe vergrösserter oder verkleinerter Zeitelemente ist. Wenn die hinzutretende relative Ortsveränderung keine reelle ist, d. h. wenn sie nicht in der Richtung des Erneuerungsprozesses, sondern in der normalen Seitenrichtung liegt, also eine gegen die Daseinserneuerung sich neutral verhaltende Beschaffenheitsänderung des Objektes, d. h. eine seitliche Abweichung des Raumobjektes von der zeitlichen Grundaxe OX darstellt; so gesellt sich zu dem Altern des Objektes eine gleichzeitige Änderung, welche die reelle Zeitreihe ungeändert lässt und derselben eine imaginäre Zeitreihe hinzufügt, also der Ausdruck für die Mitzeit oder Kontemporanität ist.

Imaginärer oder sekundärer Ereignissgang ist also zunächst Zustandsänderung des Objektes und, wenn ein sich änderndes Objekt als ein anders werdendes Objekt aufgefasst wird, auch Zeit eines anderen Objektes, ausgedrückt durch ti, worin sich der absolute Zeitwerth t auf das ursprüngliche Objekt bezieht. Die Formel für komplexe Zeit $te^{\alpha i}$

$= t \cos \alpha + t \sin \alpha . i = t_1 + t_2 i$ sagt, dass das gegebene Objekt in der absoluten Zeit t die primäre oder reelle Zeit $t_1 = t \cos \alpha$ und die sekundäre oder imaginäre Zeit $t_2 = t \sin \alpha$ durchlaufen, also eine gewisse Zustandsänderung erfahren habe. Wird der Vorgang durch die in der Grundrichtung verlaufende allgemeine oder Weltzeit gemessen; so sagt diese Formel, dass ein Objekt während der reellen Zeit $t_1 = t \cos \alpha$ gedauert hat und daneben sich um den imaginären Zeitwerth $t_2 i = t_2 \sin \alpha . i$ geändert hat, sodass sein Gesammtweg $t e^{\alpha i}$ den in der Richtung $e^{\alpha i}$ liegenden absoluten Zeitwerth $t = \sqrt{t_1^2 + t_2^2}$ hat.

Diese Zusammensetzung von reeller und imaginärer Zeit setzt eine Zeitwirkung oder ein Zeitverhältniss voraus, welches auf der Geschwindigkeit des Ereignisswechsels beruhet. Die Geschwindigkeit des individuellen Veränderungsprozesses kann jeden speziellen Werth haben, also das Objekt in gegebener, seinem Altern oder Dauern entsprechender Weltzeit mehr oder weniger weit von der durch dieses Altern bedingten Epoche vorwärts, rückwärts, seitwärts führen. Wenn sich ein Objekt mit der Geschwindigkeit v während der absoluten Zeit t in einer Richtung bewegt, welche sich unter dem Winkel α gegen die positiv reelle Zeit OX (die Uhrenzeit) neigt, also den Weg $v t e^{\alpha i}$ beschreibt; so gelangt es an denselben Ort, alswenn es während dieser Zeit mit der Geschwindigkeit $v_1 = v \cos \alpha$ in der reellen Zeitrichtung den Weg $v_1 t = v \cos \alpha . t$ und gleichzeitig mit der Geschwindigkeit $v_2 = v \sin \alpha$ in der sekundären Zeitrichtung den Weg $v_2 t i = v_2 \sin \alpha . t$ zurücklegt. Ein Objekt, welches den absoluten Zeitwerth t mit der Geschwindigkeit v überdauert, indem es seine Zustände mit der Geschwindigkeit v_1 erneuert und sich gleichzeitig mit der Geschwindigkeit v_2 ändert, repräsentirt einen komplexen Ereignissverlauf $v_1 t + v_2 t i = v t e^{\alpha i}$, worin die Geschwindigkeitsverhältnisse $\frac{v_1}{v} = \cos \alpha$ und $\frac{v_2}{v} = \sin \alpha$ bestehen, denen die Zeitwirkungen $v_1 t$, $v_2 t i$ entsprechen. Das Gebiet in welchem die reelle Zeit t_1 und die imaginäre Zeit $t_2 i$ liegen, ist die Zeitebene der primären und sekundären Zeitprozesse. Überimaginär ist der Zeitwerth $t_3 i i_1$, welcher in den dreidimensionalen Zeitraum führt und die überkomplexe Zeitgrösse $t_1 + t_2 i + t_3 i i_1 = t e^{\alpha i} e^{\beta i_1}$, erzeugt.

Jenachdem man die imaginäre Zeitgrösse $v t i$ als das Produkt $v(t i)$, oder als das Produkt $t(v i)$, oder als das Produkt $(v t) i$ auffasst, erscheint sie im ersten Falle als eine reelle Sukzession in imaginärer Zeit, im zweiten Falle als eine imaginäre Sukzession in reeller Zeit, im dritten Falle als ein imaginärer Zeitinhalt.

Hierdurch sind die Grundlagen für die ersten drei chronologischen Grundeigenschaften Alter, Epoche und Zeitwirkung sowohl in reeller, als auch in imaginärer und überimaginärer Bedeutung (als reelle Sukzession und mitzeitliche Veränderung) gegeben. Hinsichtlich der vierten Grundeigenschaft, der Zeitdimensität, ist nur zu erwähnen, dass das Augenblicksereigniss, entsprechend dem räumlichen Punkte, die undimensionale Zeitgrösse darstellt, während die Zeit eines einheitlichen, endlichen, einfachen Ganzen oder Einzelwesens die eindimensionale Zeitgrösse oder die Objektszeit, ferner die Zeit einer Gattung von unendlich vielen Ganzen die zweidimensionale Zeitgrösse oder die Gesellschaftszeit, die Zeit einer Gemeinschaft von Gesellschaften die dreidimensionale Zeitgrösse oder die Gesammtheitszeit darstellt.

Die fünfte chronologische Grundeigenschaft, die Ereignissform oder der geschichtliche Verlauf, beruhet auf der Variabilität der Ereignisse nach dem zwischen den chronologischen Elementen bestehenden gesetzlichen Zusammenhange.

Für die reine oder abstrakte, vom Raume gänzlich losgelös'te Zeit, namentlich für die imaginäre und für die Gesellschaftszeit, gestatte ich mir noch folgende Bemerkungen. Reelle Sukzession oder Erneuerung ist zwar Eintritt in einen neuen, also in einen anderen Zustand, jedoch in einen von dem verschwindenden abhängigen, nämlich durch das natürliche Beharrungsvermögen des Objektes oder durch seine selbstständige innere Ereignisskraft bedingten Zustand. Imaginäre Sukzession, welche man Adjunktion nennen könnte, ist dagegen Eintritt in einen veränderten Zustand, welcher nicht durch das selbstständige Vermögen des Objektes allein, sondern durch äussere Ereignisse mitbedingt ist, ein Vorgang, welcher sich gleichzeitig mit der reellen Dauer des Objektes einstellen kann, also die Kontemporanität ausmacht. Wenn eine solche Zustandsänderung von endlichem Werthe eintritt, ohne dass die reelle Dauer des Objektes einen Fortschritt macht, wenn also eine endliche Veränderung augenblicklich oder momentan eintritt, ist sie eine plötzliche Änderung, d. h. eine Änderung, welche einen endlichen reellen Zeitwerth erfordern würde, wenn sie sich als eine reelle Erneuerung vollziehen könnte. Das Objekt kann also aus dem Gegenwartsaugenblicke, welcher den reellen Zeitwerth 0 hat, plötzlich in einen Zustand überspringen, welcher im reellen Verlaufe die Zeit t erfordern würde, thatsächlich aber keine reelle Zeit, sondern die imaginäre Zeit ti oder vti erfordert. Vollzieht sich die Änderung in der Mitzeit stetig mit der reellen Dauer; so entsteht die komplexe Zeitgrösse $vt + v_1 t i_1 = t\sqrt{v^2 + v_1^2}\, e^{\alpha i}$, welche eine stetig verlaufende Kombination von reellem und imaginärem Zeitverlaufe oder von Sukzession und Adjunktion darstellt und als ein stetiger Verlauf in einer Zeitrichtung $te^{\alpha i}$ angesehen werden kann, welche von der reellen Zeitrichtung in dem durch $e^{\alpha i}$ bezeichneten Verhältnisse abweicht.

Die imaginäre Zustandsänderung ist an eine bestimmte Voraussetzung gebunden, nämlich nicht an die allgemeine Bedingung, dass sie schlechthin gleichzeitig mit der reellen Sukzession unter dem Einflusse äusserer Ereignisse erfolge oder dass sie sich schlechthin neutral zu der reellen Erneuerung verhalte, sondern an die spezielle Bedingung, dass diese Neutralität in dem Bereiche einer Gemeinschaft oder Gattung von Objekten oder Ereignissmöglichkeiten liege, durch welche diese Objekte in einer unmittelbaren Beziehung zueinander stehen und sich direkt zu beeinflussen vermögen, dass also die Adjunktion in der Neutralitätsrichtung einer zweidimensionalen Gemeinschaft oder Gesellschaft vor sich gehe. Wie eine solche Zustandsveränderung beschaffen sei, ob z. B. das Objekt gleichzeitig mit der Erneuerung grösser oder kleiner oder schöner oder gesunder oder leuchtender oder schneller laufend oder chemisch gemischter wird, ist für die chronologische Adjunktion unwesentlich, da es sich bei diesen Vorgängen nicht um rein chronologische, sondern um Prozesse handelt, welche ganz anderen Gebieten angehören.

Wird schliesslich die Aussenwelt als eine dreidimensionale Gesammtheit aufgefasst, in welcher zweidimensionale Gattungen von Ereignisskräften zusammenwirken, also Änderungen des gegebenen Objektes von dritter Dimension hervorbringen können; so entsteht die überimaginäre Sukzession, welche man allenfalls Kojunktion nennen könnte.

Die einfachste Veranschaulichung findet die chronologische Sukzession, Adjunktion und Kojunktion in ihrer Anwendung auf das Ereignen im Raume. Hier ist die reelle Sukzession durch den Fortschritt eines Punktes in der Grundaxe OX, die Adjunktion durch den Fortschritt in der Neutralitätsrichtung OY der äusseren zweidimensionalen Gemeinschaft der in der Grundebene XY liegenden Punkte und die Kojunktion durch den Fortschritt in der Neutralitätsrichtung OZ der dreidimensionalen Gesammtheit der in dem Raume XYZ liegenden Punkte vertreten.

Hiernach ergeben sich die Grundfesten der Zeit in folgender Zusammenstellung.

I. Die Grundeigenschaften. 1. Alter (Dauer), 2. Epoche (Intervall, Sukzessionsinhalt), 3. Zeitverhältniss (Zeitrichtung), 4. Zeitdimensität, 5. Zeitform (Ereignissvariabilität, Geschichtsverlauf).

II. Die Grundprozesse. 1. Altern (Dauern, Erneuern), 2. Verfliessen (Sukzediren) 3. Zeitwirkung (als Änderung des Zeitverhältnisses), 4. chronologische Dimensionirung (Bildung von Zeitdimensitäten oder Zeitqualitäten), 5. Geschehen (Variiren in der Zeit).

III. Die Grundprinzipien. 1. Primitivität (absoluter Zeitwerth), 2. Kontrarietät (z. B. hohes und niedriges Alter, Zukunft und Vergangenheit, rasche und langsame Ereignissfolge, Entstehen und Verschwinden), 3. Neutralität (z. B. reelle, imaginäre und überimaginäre Zeit oder primäre, sekundäre und tertiäre Zeit, Sukzession, Adjunktion und Kojunktion, Zeitlichkeit, Kontemporanität und Überkontemporanität), 4. Heterogenität (Augenblick oder Gegenwartszeit, Zeit des absoluten Einzelwesens oder des absolut einfachen Elementes, Zeit der Gattung oder Gesellschaft von Einzelwesen oder einfachen Elementen, Zeit der Gesammtheit von Einzelwesen), 5. Alienität (Konstanz oder chronologischer Stillstand im Augenblicke, oder in der Gegenwart, oder in einer bestimmten Epoche, einförmige Sukzession, gleichförmiger Verlauf, als gleichmässig fortschreitende Veränderung in einer gegebenen Gemeinschaft von Zuständen, gleichmässige Abweichung von dem Gemeinschaftsverbande, gleichmässige Verstärkung aller Abweichungen und Zeitverhältnisse).

IV. Die Apobasen. 1. Identität, 2. Gleichheit (z. B. Gleichheit zweier Zeitprozesse, welche von demselben Anfangspunkte gleichzeitig in denselben Endpunkt führen, oder Gleichheit zwischen einem komplexen Zeitprozesse $t + t_1 i$ und einer Zeitwirkung $a e^{\alpha i}$), 3. Folgerung (aus Zeitprozessen mit einer vermittelnden Zeitgrösse [z. B. wenn im gegenwärtigen Augenblicke A um 10 Jahr älter als B und wenn B im Jahre 1830 geboren ist; so ist A im Jahre 1820 geboren]), 4. Insumtion (Verallgemeinerung der chronologischen Lehrsätze), 5. Involvenz (allgemeine chronologische Theorie).

V. Die Grundsätze, z. B. (20), Eintritt von der Gegenwart in die Zukunft und in die Vergangenheit heben sich auf, (21), primäre und sekundäre Zeitwirkungen, auch reelle und imaginäre Sukzessionen beeinflussen sich nicht, (22), vor einer Gattung von unendlich vielen Individuen verschwindet die Zeit des Einzelnen.

Ich füge die Bemerkung hinzu, dass, insofern das zeitliche Dauern eines materiellen Objektes oder seine Erneuerung auf inneren Impulsen beruhet, hiermit eine Leistung oder eine Arbeit verbunden ist, welche die in dem Objekte enthaltene Daseinsenergie vermindert (an den Äther, aus welchem das Objekt stammt, abgiebt). Ob solche Energie durch äussere Einwirkungen mehr oder weniger ersetzt werden kann, bleibt dahin gestellt: jedenfalls kömmt jedem materiellen Objekte in jedem Augenblicke Dauerhaftigkeit zu, welche unter der Voraussetzung, dass äussere Einflüsse weder stärkend, noch schwächend, also überhaupt nicht mitwirken, einen bestimmten, mit zunehmendem Alter sich ununterbrochen vermindernden Werth hat.

Ausserdem muss hervorgehoben werden, dass identische Erneuerung eine geistige Abstraktion von dem zeitlichen Ereignissprozesse ist, welche in der Wirklichkeit nicht vorkömmt, sondern hier stets von einer Veränderung des Objektes begleitet ist (selbst wenn diese Veränderung nur in der Veränderung der Dauerhaftigkeit bestehen sollte).

81. **Die Materie.** Unter der Materie verstehe ich ausschliesslich das mit bewegender Kraft Begabte oder das Bewegbare und Bewegende, und wenn man darauf die allgemeinere Bezeichnung des Wirksamen anwendet, so darf damit doch nur das Bewegung Bewirkende gemeint sein.

Die Masse eines materiellen Körpers besteht aus zahllosen Elementen von äusserster Kleinheit, welche ich materielle Atome nenne. Ein jedes solches Atom ist eine Summe von Ätherelementen. Die Masse ist der Anzahl der materiellen Atome proportional. Der Bewegungszustand ist die mit einer bestimmten Geschwindigkeit in Bewegung begriffene Masse, welcher also durch die Bewegungsgrösse oder Bewegungsquantität gemessen wird. Die einem Körper innewohnende oder primitive Kraft oder Bewegungstendenz äussert sich auf das gesammte ihn umgebende und durchdringende substanzielle Weltgebiet. Diese Kraft pflanzt sich von jedem materiellen Atome aus nach allen Seiten durch den unbewegbaren Äther als Spannung fort und erscheint, wenn sie einen anderen materiellen freien Körper trifft, in der Gegenwirkung desselben als Anziehung oder Gravitation. Die Gegenwirkung, als eine in entgegengesetzter Richtung wirkende Kraft, ist Widerstand. Auf unfreie oder behinderte Körper macht sich die bewegende Kraft als Druck geltend, welcher den Gegendruck bedingt. Alle bewegenden Kräfte entspringen aus der Gravitation unter der Mitwirkung von Hindernissen oder Widerständen, wie sie z. B. durch Kohäsion, Adhäsion, Elastizität hervorgerufen werden. Die Wirkung einer bewegenden Kraft auf eine freie Masse erscheint als lebendige Kraft, der Wirkungsprozess als Beschleunigung, die Kraft selbst als Beschleunigungstendenz. Die Wirkung auf eine mit gleicher Stärke widerstehende Masse oder die Überwindung einer gleichen, entgegengesetzten Kraft erscheint als Arbeit, der betreffende Prozess als Arbeitsprozess, die Kraft selbst als Arbeitstendenz, welche der Beschleunigungstendenz äquivalent, aber nicht mit ihr identisch ist. Die Dimensionirung einer Masse, einer Kraft, eines Bewegungszustandes besteht in der Erhebung eines Elementes von Masse, Kraft, Bewegungsgrösse durch unendliche Anhäufung zu der Masse, der Kraft, der Bewegungsgrösse einer Linie, einer Fläche, eines Körpers, überhaupt in der Zusammenfassung elementarer Bestandtheile zu endlichen Gemeinschaften. Das mechanische System endlich ist der Ausdruck der gesetzlichen Abhängigkeit zusammenwirkender Massen, Kräfte, Bewegungen und der betreffende Prozess die Variation von Massen, Kräften, Bewegungen nach räumlichen, zeitlichen, materiellen oder mechanischen Beziehungen. Immer ist die Materie als Wirksamkeitssubstanz die Grundlage der Masse, des Bewegungszustandes, der bewegenden Kraft (als einer der Materie innewohnenden Bewegungstendenz), der dimensionirten mechanischen Grösse jeder Art und jedes mechanischen Systems.

Hieraus ergeben sich folgende Grundfesten des materiellen Gebietes.

I. Die Grundeigenschaften. 1. Masse, 2. Geschwindigkeit (Bewegungszustand), 3. Kraft (Bewegungstendenz), 4. Dimensität der Kraft oder der Bewegung, 5. Kräfte- oder Bewegungssystem.

II. Die Grundprozesse. 1. Massenvermehrung, 2. Bewegung (Ertheilung von Geschwindigkeit), 3. Wirkung (Arbeit), 4. Dimensionirung der Kraft oder der Bewegung„ 5. Variation der Kraft oder der Bewegung.

Ich hebe ausdrücklich hervor: Geschwindigkeit ist kein mechanischer Grundprozess, sondern eine mechanische Grundeigenschaft, welche auch als Bewegungszustand aufgefasst werden kann. Erst die Geschwindigkeitsänderung (wie Beschleunigung und Verzögerung), sowie auch die Ertheilung von Geschwindigkeit, also die Änderung des Bewegungszustandes, sind eigentliche mechanische Prozesse.

Ferner bemerke ich, dass die dritte Grundeigenschaft der Materie oder die Kraft im eigentlichen Sinne des Wortes das als Gravitation oder Anziehung auftretende Bewegungsvermögen der Materie oder ihre Tendenz zur Erzeugung von Bewegung ist, dass aber Druck im Allgemeinen das Resultat sehr verschiedener Ursachen sein kann, also keine einfache Grundeigenschaft der Materie bezeichnet. Ein schwerer Körper äussert auf einen darunter ruhenden Körper Druck in Folge seiner Gravitation mit der Erde: dieser Gravitationseffekt bewirkt vermöge des Widerstandes des gedrückten Körpers eine Kompressionstendenz in beiden Körpern, welche für jeden als äusserer Druck erscheint. Der Druck der menschlichen Hand ist eine Wirkung des motorischen Vermögens eines animalischen Wesens und zugleich ein Äquivalent für die Mitthätigkeit des Willens und anderer animalischen Vermögen.

Arbeit oder mechanische Wirkung ist Austausch von Kraft oder Wirkungsvermögen zwischen den aufeinander wirkenden materiellen Objekten.

III. Die Grundprinzipien. 1. Primitivität, 2. Kontrarietät (Zug und Druck, Beschleunigung und Verzögerung, Wirkung und Gegenwirkung, Kraft und Widerstand), 3. Neutralität (Fortschrittskraft, Zentrifugalkraft, Gyralkraft, indem ein Körper mit beliebiger Geschwindigkeit fortschreiten und mit beliebiger Geschwindigkeit um eine Axe rotiren und mit beliebiger Geschwindigkeit gyriren kann), 4. Heterogenität (Elementarkraft, eindimensionale oder lineare Kraft, zweidimensionale Kraft, dreidimensionale Kraft), 5. Alienität (konstante Bewegung ohne Kraftentwicklung, einförmige Kraftwirkung oder einförmig beschleunigte Bewegung, gleichförmige Kraftwirkung als einförmig ablenkende oder Rotationskraft, gleichmässig ablenkende Kraftwirkung bei der Bewegung in der Schraubenlinie, steigend variirende Kraftwirkung bei der Bewegung in einer Loxodrome).

IV. Die Apobasen. 1. Identität, 2. Gleichgewicht, 3. Wirkung durch Vermittlung oder Übertragung, 4. Verallgemeinerung der mechanischen Lehrsätze, 5. Entwicklung der mechanischen Gesetze.

V. Die Grundsätze, z. B. (20), Verdichtung und Verdünnung, Druck und Gegendruck, Beschleunigung und Verzögerung heben sich auf, (21), Fortschritts-, Zentrifugal- und Gyralkraft beeinflussen sich nicht, (22), vor der zweidimensionalen Kraft einer materiellen Ebene verschwindet die eindimensionale Kraft einer materiellen Linie von gleicher Dichtigkeit.

Zur Erläuterung der mechanischen Grundprinzipien und der auf Kombination derselben beruhenden Eigenschaften und Prozesse gestatte ich mir noch folgende Bemerkungen. Jede mechanische Grösse kann als undimensionale oder elementare, als eindimensionale oder lineare, als zweidimensionale oder flächenhafte und als dreidimensionale oder voluminöse in Betracht gezogen werden. Als mechanische Grösse kann eine Masse, ein Bewegungszustand, eine Kraft angesehen werden. Eine jede mechanische Grösse kann nach ihrer Quantität, ihrer Stelle, ihrer Richtung, ihrer Dimensität und ihrer Abhängigkeit (als konstante, einförmig variabele, gleichförmig variabele) in Erwägung genommen werden. Beschränken wir uns auf das Wesen einer Kraft oder Bewegungstendenz und fassen wir zunächst die eindimensionalen oder linearen Kräfte ins Auge: so erscheinen als drei Neutralitätsstufen, erstens, die Fortschrittskraft oder reelle (in der Bewegungsrichtung wirkende) Kraft p (welche ohne Widerstand eine Beschleunigungskraft und mit Widerstand eine

Pressungskraft ist) von beliebiger Intensität, Angriffsstelle, Richtung und Variabilität, zweitens, die Zentrifugalkraft oder imaginäre (normal gegen die Bewegungsrichtung wirkende) durch den komplexen Ausdruck $pe^{\alpha i}$ dargestellte Arbeitskraft, drittens, die Gyralkraft oder überimaginäre Arbeitskraft (kippend um eine Axe wirkende Kreiselkraft), welche durch den triplexen Ausdruck $pe^{\alpha i}e^{\beta i_1}$ dargestellt ist. Die Kombination der beiden Gegensätze von positiver und negativer Fortschrittskraft in derselben Axenrichtung ergiebt die Spannkraft oder Extensions-, bezw. Kompressions- oder Elastizitätskraft. Die Kombination der positiven und negativen Fortschrittskraft mit normal gegen eine Axe wirkenden Richtungen ergiebt bei fortschreitender Deklination der Kraftrichtungen die Drehkraft eines Kräftepaares oder die Rotation zweier Punkte um einen Mittelpunkt (etwa als Drehung in der Ebene XY um die Axe OZ). Die Kombination der positiven und negativen Fortschrittskraft bei fortschreitender Inklination und konstanter Deklination der Kraftrichtungen ergiebt die Wälzkraft oder Schleuderkraft (etwa als Wälzung um die Axe OX). Wenn in letzterem Falle Inklination und Deklination der Kraftrichtungen zugleich variiren, ergiebt sich die Spiralkraft.

Durch Substitution von Flächengrössen für die eben betrachteten linearen Grössen entweder als ebene Quadrate oder Rechtecke oder Kreisflächen oder als beliebig gekrümmte und gerichtete Flächengrössen erhält man die zweidimensionalen Fortschritts-, Zentrifugal-, Gyral-, Spann-, Drehungs-, Wälzungskräfte. So ist die in allen zu OX und allen zu OY parallelen Linien nach entgegengesetzten Seiten wirkende Fortschrittskraft einer in der Ebene XY liegenden Fläche oder eine in allen Radien einer Kreisfläche wirkende Fortschrittskraft je nach der Kohäsion der Flächenelemente eine zweidimensionale Beschleunigungs- oder eine zweidimensionale Spannungstendenz. Die zweidimensionale Zentrifugalkraft ist die Kraft, welche normal zu der Bewegungsrichtung aller Elemente einer um ihren Mittelpunkt kreisenden Fläche wirkt. Die zweidimensionale Gyralkraft ist die Kraft, welche eine Fläche um eine Axe stetig kippt. Die zweidimensionale Drehkraft, als Drehungstendenz aller Radien einer Fläche, ist Rotationskraft einer Fläche, die zweidimensionale Wälzkraft ist Wälzungstendenz einer Fläche.

Durch Dimensionirung der Flächen zu körperlichen Volumen ergeben sich die dreidimensionalen mechanischen Grössen.

Die Konstanz und die verschiedenstufige Variabilität der Massen, Bewegungen und Kräfte nach ihren räumlichen, zeitlichen, mechanischen Eigenschaften bezeichnet die Kombinationen der fünften Grundeigenschaft, nämlich des Formprinzipes, mit den übrigen Grundeigenschaften.

Insofern die Objekte des Pflanzen- und des Thierreiches aus materiellen Elementen bestehen, haben sie auch materielle Eigenschaften, welche als Komplikationen der Grundeigenschaften der mineralischen Materie anzusehen sind und mit gewissen höheren (vegetabilischen und animalischen) Vermögen ausgestattet sind. Diese höheren Vermögen sind kein Gegenstand unserer gegenwärtigen Betrachtung, welche sich lediglich auf die rein materiellen Eigenschaften bezieht, also die rein materiellen Eigenschaften der Elemente der Pflanzen- und Thierkörper mit einschliesst.

Die Frage: was ist Kraft? findet im Vorstehenden für das mechanische oder materielle Gebiet ihre vollständige Beantwortung, woraus sich auch ihre Verallgemeinerung leicht ergiebt. Zunächst ist in verallgemeinerter Auffassung Kraft die dritte der fünf Grundeigenschaften, welche jedes einem Gebiete angehörige Objekt besitzt. Die Besonderheit des Gebietes verleihet dem Begriffe von Kraft selbstverständlich eine besondere Bedeutung, welche durch die Vorstellung von primärer, sekundärer, tertiärer Kraft weitere Modifikationen erleidet; die besondere Bedeutung wird in der Regel auch durch ein besonderes Wort ausgedrückt. Im Raumgebiete ist primäre Kraft durch Vielfachheit, sekundäre Kraft durch Richtung vertreten. Im Zeitgebiete tritt dafür Zeitverhältniss und Zeitrichtung an die Stelle. Im mechanischen Gebiete, welchem das Wort Kraft eigentlich angehört, ist Kraft die Tendenz oder das Streben nach Bewegung, sodass man in logischer (für Begriffsobjekte verallgemeinerter) Ausdrucksweise die mechanische Kraft auch die Ursache der Bewegung nennen kann. Die Tendenz zur Erzeugung von Bewegung setzt die Fähigkeit hierzu oder das Bewegungsvermögen voraus: das mit Kraft begabte Objekt besitzt also ein Bewegungsvermögen, welches mit der Kraft selbst im Wesentlichen gleichbedeutend ist.

In allgemeinerer Auffassung ist Kraft das Vermögen und die Tendenz zu wirken, also Wirkungsvermögen, und daher auch die Ursache von Wirkungen. Unter Wirkungsprozess aber ist der Austausch von Wirkungsvermögen zwischen den aufeinander wirkenden, einem gegenseitigen Kraftäusserungsprozesse unterworfenen Objekten, dem Motor und dem Rezeptor, zu verstehen, in Folge dessen das eine dieser beiden Objekte den Antheil von Wirkungsvermögen aufnimmt, welchen das andere Objekt abgiebt oder verliert, sodass durch einen Wirkungsprozess das Gesammtwirkungsvermögen der beiden, bezw. aller zusammenwirkenden Objekte nicht geändert wird. So ist es bei der Gravitation zweier Körper; so ist es bei dem Zusammenstosse zweier Körper; so ist es bei der Arbeit eines Körpers; so ist es bei der Entlassung des Dampfes aus einem durch diesen Dampf gespannten Gefässe, indem die Spannung, welche das Gefäss hierbei verliert, in der lebendigen Kraft des ausströmenden Dampfes zu Tage tritt; so ist es in allen Fällen.

Ob man das Wirkungsvermögen Energie nennt und nach potentieller und kinetischer Energie unterscheidet, ist unwesentlich (s. die Äquivalenz der Naturkräfte und das Energiegesetz als Weltgesetz Nr. 19, III, sowie Nr. 59, 78 und 90).

82. **Der Stoff.** Den Stoff, als das mit Neigung zur Gemeinschaft oder mit Affinität Begabte, unterscheide ich streng von der Materie, als dem mit bewegender Kraft Begabten (sodass ich niemals die Worte

Stoff und Materie als synonym gebrauche). Das Element des Stoffes ist das chemische Atom (nicht das viel kleinere materielle Atom). Das Atom eines chemisch einfachen oder eines Grundstoffes (welchen die Chemiker ein chemisches Element nennen, welchen ich jedoch nicht mit diesem Namen belege) besteht meines Erachtens aus zahllosen Ätherelementen, welche durch die Mineralisirungskraft eine mannigfaltige Änderung der kosmetischen Affinität ihrer beiden Urstoffe erlitten haben und nur in Folge dieser Differentiation ihrer kosmetischen Affinität eine fest zusammenhaltende Gemeinschaft, ein Atom, bilden. Da die materielle oder bewegende Kraft nur von der Substanzmenge, nicht von der Affinität der Elemente abhängt; so ist diese Differentiation der kosmetischen Affinität der Ätherelemente für die materiellen Eigenschaften gleichgültig, das materielle Atom wird dadurch nicht bedingt, sondern nur das chemische Atom. Durch den Mineralisirungsprozess haben also Atome oder, besser, Stoffeinheiten eine gewisse Qualität oder Eigenart erhalten, welche sich als Neigung zur Gemeinschaft mit anderen ungleichartigen Stoffeinheiten oder als Affinität geltend macht. Als einen charakteristischen Unterschied zwischen mechanischer Gravitationskraft und chemischer Affinität hebe ich sogleich hervor, dass das kugelförmige Massenelement mit allen seinen Ausschnitten von gleicher Winkelgrösse zugleich und gleich stark nach aussen wirkt, wogegen die Stoff- oder Valenzeinheit ihre Neigung zur Gemeinschaft nur im Ganzen und nur auf eine andere Stoffeinheit, nicht zugleich auf mehrere zur Geltung bringen kann.

Da ein Mineralkörper nicht ausschliesslich chemischer Stoff sein kann; so kombiniren sich mit den rein chemischen Grundeigenschaften die räumlichen, zeitlichen, mechanischen und krystallinischen, oder die ersteren werden zum Theil von den letzteren mitbedingt. Aus diesem Grunde muss man gleich von vorn herein zwischen der eigentlichen chemischen Affinität, welche auf der Neigung ganzer Valenzeinheiten zur Gemeinschaft mit ungleichartigen ganzen Valenzeinheiten beruhet, und denjenigen Neigungen und Vereinigungsbestrebungen unterscheiden, welche auch zwischen gleichartigen Valenzeinheiten in Folge ihrer Zusammensetzung aus verschiedenen Grundelementen bestehen und welche ich innere Affinität nenne. Auch die innere Affinität zerfällt noch in besondere, durch Kombination mit den übrigen Naturkräften bedingte Abtheilungen, welche ich zum Verständnisse der echt chemischen Kräfte zunächst erörtern muss.

Elektrizität ist ätherische Gemeinschaftsbegierde, oder ätherische Affinität, d. h. die zwischen den ätherischen Urstoffen oder den positiv und negativ elektrischen Ätherelementen bestehende Zuneigung, welche für zwei positive und für zwei negative Elemente als Abneigung auftritt. Eine Stoffeinheit oder die Valenzeinheit eines chemischen Atoms besteht aus zahllosen Ätherelementen von positiver und negativer Elektrizität, kann also elektrische Prozesse hervorrufen; sie bildet aber, auch wenn sie nicht elektrisch thätig ist, sondern sich im Ruhezustande befindet, ein System von positiven und negativen elektrischen Ätherelementen, welches als die Verbindung eines positiven Systems mit einem negativen Systeme erscheint. Hiernach kann jede Valenzeinheit, also ein einwerthiges chemisches Atom, z. B. ein Wasserstoffatom, als eine ätherische Verbindung zweier entgegengesetzter Stoffbestandtheile $+ a$ und $- a$ aufgefasst werden, eine Verbindung, welche weder durch mechanische, noch durch chemische Kräfte aufgelös't, sondern nur durch elektrische Kräfte zeitweise sehr wenig gestört werden kann, um bald möglichst in den früheren Gleichgewichtszustand zurückzukehren.

Zwei einwerthige Atome ($+ a_1$, $- a_1$) und ($+ a_2$, $- a_2$) einunddesselben Stoffes a werden wegen ihrer Zusammensetzung aus entgegengesetzten Systemen sich nicht neutral gegeneinander verhalten. Werden dieselben nach Figur 21 nebeneinander gestellt; so überwiegt die Abstossung zwischen $+ a_1$ und $+ a_2$ und die Abstossung zwischen $- a_1$ und $- a_2$ die Anziehung zwischen $+ a_1$ und $- a_2$ und die Anziehung zwischen $- a_1$ und $+ a_2$, weil die Mittelpunktsabstände der ersteren kleiner sind, als die der letzteren: es kann also keine Vereinigung, sondern nur eine Abstossung zu Stande kommen. Werden die Atome aber nach Figur 22 nebeneinander gestellt; so überwiegt die Anziehung, es bildet sich also eine Verbindung zweier gleichen Atome, welche ein Molekül des Stoffes a genannt zu werden pflegt. Es ist nicht ausgeschlossen, dass sich durch Vor- und Nebeneinanderlagerung vier Atome, ja, durch Vor-, Neben- und Übereinanderlagerung acht Atome zu einem zusammengesetzten Moleküle vereinigen, wennauch in der Natur für die meisten Grundstoffe das nach Figur 22 aus zwei Atomen bestehende Molekül zu Stande kommen wird. Ebensowenig ist für gewisse Stoffe das nach Figur 21 aus einem Atome bestehende einfache Molekül ausgeschlossen. Immer beruhet der Vorgang auf einer Kombination mit einem räumlichen, mechanischen und krystallinischen Prozesse.

Chemische Verbindung beruhet nämlich auf der Neigung zweier Stoffe, eine Gemeinschaft in demselben Volum, also ohne Expansion der Bestandtheile, zu bilden. Im vorliegenden Falle der Molekülbildung handelt es sich aber nicht um eine eigentliche chemische Verbindung, sondern um eine Wirkung einer Kraft, welche man physische Affinität nennen kann. Demzufolge vereinigen sich die Atome des zusammengesetzten Moleküls nicht in dem Raume jedes einzelnen oder in dem Atomvolum, sondern in dem Raume, welcher das Molekularvolum heisst. Sie dringen mehr oder weniger ineinander ein, oder überschneiden sich, indem sie sich dabei erweitern, d. h. ihre Mittelpunkte behalten bei der Molekülbildung ihren Abstand unverändert bei (soweit nicht äussere mechanische, kalorische, kondensirende, krystallinische und sonstige Kräfte einen Einfluss ausüben). Die Molekülbildung beruhet also nicht auf echt chemischer, sondern auf physischer Affinität unter der Mitwirkung mechanischer Kräfte. Hätten alle Stoffe gleiches Atomvolum; so würden meines Erachtens ihre Molekularvolumen verschieden sein: haben aber nicht alle

Stoffe gleiches Atomvolum; so können alle Molekularvolumen gleich sein. Weiter unten werde ich zum Atom- und Molekularvolum die nähere Erläuterung geben.

Beliebig viel Moleküle voreinander, nebeneinander, übereinander gelegt, bilden eine endliche Stoffmasse oder einen Körper, wobei jedoch weder chemische, noch physische Affinität, sondern nur mechanische Raumerfüllungstendenz wirksam ist: die nebeneinander gelagerten Moleküle überschneiden sich in der Längen-, Breiten- und Höhenrichtung, indem sie sich erweitern, aber ohne ihre Mittelpunktsabstände zu ändern. Demzufolge ist ein aus Molekülen bestehender Körper auch durch mechanische Kraft trennbar oder zerreissbar. Das Molekül selbst ist nicht mechanisch zerreissbar, aber chemisch trennbar. Das einwerthige Atom ist weder mechanisch, noch chemisch in seine entgegengesetzten Grundbestandtheile scheidbar, sondern nur auf elektrischem Wege zerstörbar.

Die Natur bildet ausser den einwerthigen, aus zwei entgegengesetzten Bestandtheilen $+a$ und $-a$ bestehenden Atomen auch mehrwerthige, d. h. solche Atome, in welchen mehrere einfache Gegensatzsysteme vereinigt sind, indem nämlich das Atom eines solchen Stoffes aus Ätherelementen besteht, welche mehrere solche Systeme darstellen. Wegen dieses Ursprunges aus Ätherelementen ist nicht nur jede Valenzeinheit eines Atoms eine untrennbare Vereinigung von $+a$ und $-a$, sondern es ist auch der Valenzzusammenhang eines mehrwerthigen Atoms oder die Quantivalenz eines Atoms unveränderbar.

Die in der Affinität liegende Neigung zur Gemeinschaft wird durch die Verbindung befriedigt, die verbundenen Stoffe sind gesättigt: es kömmt aber die Sättigung der äusseren und der inneren Affinität für sich in Betracht. Im mehrwerthigen Atome ist die innere Affinität aller Valenzeinheiten befriedigt, die äussere Affinität derselben aber unbefriedigt. Durch Verbindung einer Valenzeinheit eines mehrwerthigen Atoms mit einer verschiedenartigen Valenzeinheit wird jene Valenzeinheit vollständig, d. h. äusserlich und innerlich gesättigt, wogegen die übrigen Valenzeinheiten des ersteren Atoms nun nicht bloss äusserlich ungesättigt bleiben, sondern auch innerlich aus dem Sättigungsverbande gerissen, also fähig geworden sind, sich nicht nur mit verschiedenartigen, sondern auch mit gleichartigen Einheiten zu verbinden.

Die Valenzeinheit oder das einwerthige Atom erscheint hiernach als die Grundeinheit der ersten chemischen Grundeigenschaft, nämlich derjenigen Eigenschaft, welche für abstrakte Gebiete Quantität heisst. Die Quantivalenz der mehrwerthigen Atome bildet eine Zusammensetzung aus Valenzeinheiten. Da der Stoff zugleich Materie ist; so hat die Valenzeinheit eines Grundstoffes eine bestimmte Masse oder ein bestimmtes Gewicht, das Äquivalentgewicht, sodass man, wenn man will, auch diese Gewichtsmenge als Ausdruck der Quantitätseinheit ansehen kann. Übrigens ist wohl zu beachten, dass die letztere Auffassung sich auf eine Kombination von chemischen und mechanischen Grundeigenschaften stützt: unter rein chemischem Gesichtspunkte kömmt die Masse des Atoms gar nicht in Betracht; alle Valenzeinheiten sind chemisch äquivalente Grundeinheiten.

Wegen ihrer Zugehörigkeit zum Raumgebiete erfüllt auch die Valenzeinheit oder das Atom eines Stoffes im völlig freien, nämlich im gasförmigen Zustande einen bestimmten Raum, das Atomvolum. Ich bemerke hierzu, dass das Atom eines Grundstoffes meines Erachtens keine unbestimmte, unendlich kleine, sondern nach Masse und Raumerfüllung eine ganz bestimmte, endliche, wennauch sehr kleine Grösse ist.

Wenn man nicht die chemische Quantitätseinheit, sondern die Quantität schlechthin ins Auge fasst; so stellt dieselbe die in einem Körper enthaltene, zu einem Stoffganzen vereinigte Menge gleichartiger Atome dar, ganz entsprechend der aus materiellen Elementen bestehenden mechanischen Masse. Eine solche Vereinigung ist keine Verbindung, sie erfolgt nicht in demselben Volum: n gleichartige Atome nehmen unter gleichen Umständen das n-fache Volum eines Atoms ein.

Um zur zweiten chemischen Grundeigenschaft überzugehen, so betrachte ich jetzt die Valenzeinheit nicht als die Analogie zu dem undimensionalen räumlichen Punkte, sondern zu der eindimensionalen räumlichen Linie. Das Analogon eines Punktes erscheint nun als der physische oder ätherische Bestandtheil einer Valenzeinheit, die Letztere aber als ein unmessbar grosser Inbegriff solcher Bestandtheile, entsprechend einer aus unzähligen Punkten oder Längenelementen bestehenden Linie. Alle Atome sind hiernach eindimensionale chemische Grössen, und ihre rein chemischen Wirkungen vollziehen sich nach den Gesetzen eindimensionaler Grössen, welche durch Linienfiguren im Raume symbolisirt werden können. Hiernach rede ich von dem chemischen Gebiete als von dem chemischen Raume lediglich zur Versinnlichung der chemischen Gesetze, was selbstverständlich die Identifikation mit dem geometrischen Raume ausschliesst.

Jeder Grundstoff nimmt in dem chemischen Raume einen bestimmten Ort ein. Dieser Ort ist der Ausdruck seiner besonderen Beschaffenheit, durch welche er sich von anderen Grundstoffen unterscheidet. Die Entfernung zweier Grundstoffe voneinander, ihr geradliniger Abstand im chemischen Raume, ist der Ausdruck für die Verschiedenheit zweier Grundstoffe und für das Maass der Begierde, mit welcher sie ihr Streben nach Gemeinschaft bekunden, eine Begierde, welche ich als Vivazität bezeichnet habe, wofür man aber auch Assoziationstrieb setzen könnte. Die Erfüllung dieses Triebes ist die Sättigung der Atome. Der Quantitätsprozess oder die Vereinigung gleichartiger Atome zu einem Körper involvirt ebenfalls die Befriedigung eines Triebes, also eine spezielle Art von Sättigung: die jetzt in Betracht kommende Sättigung verschiedenartiger Atome in Äquivalentmengen oder nach Äquivalentverhältnissen ist jedoch anderer Art und vollzieht sich in demselben Volum.

Wenn O der chemische Nullpunkt, $OA = a$ der Abstand des Stoffes A von diesem Nullpunkte, ferner $OB = b$ der Abstand des

Stoffes B vom Nullpunkte O in algebraischer Ausdrucksweise nach Grösse und Richtung ist; so bestimmt die Differenz $a - b$ das Verhalten der beiden Stoffe A und B gegeneinander, und zwar misst der absolute Werth dieser Differenz die Stärke der Vivazität, womit diese Stoffe nach Gemeinschaft streben. Wenn beide Stoffe in der chemischen Grundaxe OX liegen, sind a und b reelle Grössen; wenn die Stoffe irgendwo in der chemischen Grundebene XOY liegen, ist $a = a_1 + a_2 i$ und $b = b_1 + b_2 i$, also $a - b = (a_1 - b_1) + (a_2 - b_2) i$; wenn die Stoffe irgendwo im chemischen Raum liegen, ist $a = a_1 + a_2 i + a_3 i i_1$ und $b = b_1 + b_2 i + b_3 i i_1$, also

$$a - b = (a_1 - b_1) + (a_2 - b_2) i + (a_3 - b_3) i i_1$$

Der absolute Werth $\sqrt{(a_1 - b_1)^2 + (a_2 - b_2)^2 + (a_3 - b_3)^2}$ misst stets die Vivazitätsintensität. Die Differenz der in die Grundaxen fallenden Koordinaten, also die Grösse $a_1 - b_1$, entspricht der sogenannten elektrischen Spannung, und wenn man will, kann man die ganze Vivazität chemische Spannung nennen.

Wenn sich dem Stoffe A mehrere andere Stoffe $B, C, D \ldots$ unter gleich günstigen Bedingungen zur Gemeinschaft oder als Sozien darbieten; so entscheidet der grösste Werth der Spannungen $a - b$, $a - c$, $a - d \ldots$ über die Wahl des Sozius: man kann daher das Wesentliche der Vivazität oder Spannung in dem Wahlvermögen oder in dem Assoziationsvermögen der Stoffe erblicken. Der zweite Grundprozess erscheint alsdann einerseits als die Lebhaftigkeit, womit ein Stoff die Assoziation mit einem anderen Stoffe anstrebt, und andererseits als die Auswahl, welche er zwischen mehreren gegebenen Stoffen trifft, oder als der Vorzug, welchen er einem dieser Stoffe gewährt.

Durch das Wahlvermögen unterscheidet sich der Stoff ganz wesentlich von der Materie. Ein materielles Element gravitirt unausgesetzt mit jedem seiner Kugelausschnitte von gleicher Winkelgrösse mit gleicher und konstanter Kraft: eine chemische Valenzeinheit verliert aber, wenn sie einen Sozius gewählt hat, die Spannung gegen alle übrigen Stoffe.

Eine Valenzeinheit eines Stoffes wird durch eine Valenzeinheit eines anderen Stoffes vollständig gesättigt. Der gesättigte Stoff nimmt im chemischen Raume den Ort ein, welchen ich den chemischen Schwerpunkt der verbundenen Stoffe nenne. Bei dieser Schwerpunktsbestimmung gelten die Valenzeinheiten gleichartiger und verschiedenartiger Stoffe nur als äquivalente Einheiten, ihr Äquivalentgewicht kömmt dabei nicht in Betracht. Dieser Schwerpunkt liegt daher für zwei Valenzeinheiten in der Mitte ihres Abstandes von einander. Wenn beliebig viel Valenzeinheiten sich gegenseitig sättigen, entspricht ihr Schwerpunkt dem Schwerpunkte von ebensoviel gleichen Einheitswerthen, als Valenzeinheiten in ihren chemischen Örtern gegeben sind.

Diese Schwerpunktsbestimmung gilt auch für die vermöge innerer und physischer Affinität in eine Verbindung eintretenden gleichartigen Valenzeinheiten (indem zwei gleichartige Einheiten ihren Schwerpunkt nicht verändern können). Auch die Sättigung wird durch die gleichartigen Valenzeinheiten nicht beeinflusst: eine Valenzeinheit eines Stoffes kann nur eine einzige Valenzeinheit eines anderen Stoffes sättigen, mögen ihm gleichartige oder ungleichartige Stoffe in beliebiger Zahl dargeboten sein (die Verbindung in Multiplen ist doch immer eine Zusammensetzung aus je zwei Valenzeinheiten).

Ein *n*-werthiges Atom kann sich mit *n* verschiedenen Valenzeinheiten anderer Stoffe assoziiren: sind nicht alle Valenzeinheiten gesättigt; so nehmen die gesättigten den ihnen gebührenden Schwerpunkt ein, während die ungesättigten Valenzeinheiten in ihren Örtern verharren. Die Gemeinschaft des Ortes, welchen der Schwerpunkt für alle darin vereinigten Valenzeinheiten darbietet, legt Zeugniss davon ab, dass diese Valenzeinheiten gesättigt sind und keine Affinität mehr äussern können. Die in ihren Örtern ungesättigt verharrenden Valenzeinheiten besitzen das diesen Örtern entsprechende Vermögen, sich mit anderen ungesättigten Valenzeinheiten, deren Örter sich also von den ihrigen unterscheiden, zu assoziiren. Dieses Assoziationsvermögen betrifft die äussere Affinität. Besteht nun ein Atom aus mehreren, wie z. B. das Sauerstoffatom O aus zwei Valenzeinheiten, und ist eine dieser Einheiten mit einer Valenzeinheit irgend eines anderen Stoffes, z. B. mit einem Atome des einwerthigen Wasserstoffes H verbunden; so bildet das Hydroxyl OH eine ungesättigte Verbindung, worin $O_{1/2}H$ gesättigt und auf dem gemeinschaftlichen Schwerpunkte konzentrirt ist, während eine Valenzeinheit $O_{1/2}$ im Orte des Sauerstoffes ungesättigt geblieben ist. Dieselbe kann sich mit einer Valenzeinheit eines anderen Stoffes, z. B. mit einem Atom Wasserstoff verbinden, wodurch die gesättigte Verbindung OH_2 oder Wasser entsteht. Da aber der Sauerstoff zweiwerthig ist, also die in der Verbindung OH durch den Wasserstoff gesättigte Valenzeinheit $O_{1/2}$ die zweite Valenzeinheit $O_{1/2}$ sowohl äusserlich, als auch innerlich in Freiheit (d. h. in ungehinderte äussere und innere Thätigkeit) gesetzt hat; so ist in dieser zweiten Valenzeinheit $O_{1/2}$ nicht nur das äussere Assoziationsvermögen vorhanden, sondern es ist auch das innere Assoziationsvermögen oder die Neigung zur Assoziirung mit einer gleichfalls freien zweiten Sauerstoffeinheit erwacht. Demzufolge kann sich die ungesättigte Sauerstoffeinheit in dem Stoffe OH auch mit einer anderen Sauerstoffeinheit verbinden, es kann sich also der Stoff O_2H und, wenn sich die letzte ungesättigte Sauerstoffeinheit mit einem Wasserstoffatome verbindet, der gesättigte Stoff O_2H_2 (das Wasserstoffdioxyd) bilden, in welchem Sauerstoff an Sauerstoff gebunden ist.

Die innere Affinität bedingt hiernach einerseits die Quantivalenz und andererseits das Gesetz der Multiplen.

Die primäre, sekundäre und tertiäre Axe des chemischen Raumes nenne ich die elektrische, die metallische und die organidische Axe. Da es in der Wirklichkeit nicht alle möglichen, sondern nur eine bestimmte Anzahl von Grundstoffen giebt; so ist es möglich, dass keiner dieser Grundstoffe in der absoluten chemischen (oder vielmehr chemilogischen) Grundaxe liegt, dass also durch zwei wirkliche Stoffe nur eine Axenrichtung bezeichnet werden kann, welche der chemilogischen

Grundaxe nahe liegt. Wie es scheint, sind Sauerstoff und Wasserstoff zwei solche Stoffe und daher die Wasserlinie die in der Wirklichkeit unserer Erde in Betracht kommende chemische Grundaxe. Ebenso bezeichnet Chlor und Natrium oder die Kochsalzlinie nahezu die sekundäre Axenrichtung und Kohlenstoff und Stickstoff oder die Zyanlinie nahezu die tertiäre Axenrichtung. Der absolute Nullpunkt in der primären Axe ist vielleicht durch keinen wirklichen Stoff vertreten, er muss aber als ein nothwendiger Bestandtheil des chemischen Raumes angesehen werden, wodurch sich dieser von dem geometrischen Raume, der keinen festen oder absoluten Nullpunkt hat, wesentlich unterscheidet. Ich betone bei dieser Gelegenheit nochmals die Verschiedenheit des chemischen und des geometrischen Raumes, indem ich bemerke, dass die chemischen Verbindungen der Stoffe, welche verschiedene Örter im chemischen Raume einnehmen, doch in demselben Volum vor sich gehen, indem die auf chemischer Ortsverschiedenheit beruhende chemische Spannung zweier Valenzeinheiten der mechanischen Expansionstendenz, welche sich bei der Durchdringung dieser Valenzeinheiten in demselben Volum etwa äussern sollte, entgegenwirkt und demgemäss eine Verbindung in demselben Volum möglich macht. Die chemischen Raumverhältnisse dienen nur zur Veranschaulichung der chemischen Eigenschaften.

Als dritte chemische Grundeigenschaft schreibe ich den Stoffen Affinität zu, indem ich darunter die Intensität verstehe, mit welcher sich die Neigung zur Bildung einer eigenartigen Gemeinschaft geltend macht. Das Wirkungsresultat der Affinität ist die Verbindung, welche sich stets in demselben Raume oder ohne Volumänderung vollzieht, aber mit einer gewissen Kraft erfolgt, welche der Verbindung eine gewisse Kohäsion verleihet. Dieser Prozess beruhet auf der Zusammenwirkung der ätherischen Elemente der durch Wahlverwandtschaft zusammentretenden Atome, ist also von dem Wahlvermögen dieser Atome ganz unabhängig; Affinität oder Verbindungstendenz und Wahl- oder Assoziationsvermögen sind zwei ganz verschiedene Eigenschaften: das Wahlvermögen ist eine Assoziationsspannung zwischen ganzen Atomen, die Verbindungstendenz dagegen eine Relation zwischen den ätherischen Elementen der wahlverwandten Atome. Zwei verschiedene Atome können daher schwaches Assoziations- und starkes Verbindungsvermögen haben (stark haftende Verbindungen erzeugen), sie können aber auch starkes Assoziationsvermögen haben und doch schwach haftende Verbindungen erzeugen. Die Zusammenwirkung der Elemente der Atome bedingt zugleich ihre Anordnung in der Verbindung, zieht also eine Änderung der Eigenart der sich verbindenden Atome oder eine Qualitätsänderung nach sich.

Wie in der Mechanik und in der Geometrie stuft sich der Wirkungsprozess in einen primären, sekundären und tertiären ab. Primäre oder reelle Verbindung ist die Verbindung zweier in der chemischen Grundaxe liegenden Atome. Sekundäre oder imaginäre Verbindung ist die Verbindung zweier in der sekundären Axe liegenden Atome und wird, wenn es sich lediglich um zwei Metalle handelt, Legirung genannt. Tertiäre oder überimaginäre Verbindung ist die Verbindung zweier in der tertiären Axe liegenden Atome, welche man Allegirung nennen könnte. Die primäre Verbindung zeigt sich als eine Vereinigung von je zwei, die Legirung der Metalle als eine Vereinigung rationaler Mengen, die Allegirung organischer Stoffe als eine Vereinigung irrationaler Mengen von Valenzeinheiten: ich bin jedoch der Ansicht, dass das Wesen dieser Neutralitätsstufen der Verbindung und die dadurch bedingten komplexen Verbindungen in wesentlich anderen Zuständen zu suchen ist.

Eine Valenzeinheit ist eine durch innere und physische Affinität verbundene und geordnete Masse von ätherischen Elementen: bei ihrer Vergesellschaftung mit einer anderen ungleichartigen Einheit kommen daher mehrere Vorgänge in Betracht. Eine Valenzeinheit A in Figur 23 kann ihre Affinität in jeder Richtung geltend machen: indem sie die Valenzeinheit B zum Sozius erwählt, verlegt sie ihre Spannung in die Richtung der geraden Linie ab, welche die Mittelpunkte von A und B verbindet. Das Nämliche thut die Valenzeinheit B, die Einheit A wirkt also nun durch den gegen B gerichteten Radius aa', während die Einheit B durch den gegen A gerichteten Radius bb' wirkt. Die Stärke der Spannung ist proportional der Länge der Linie ab. Dieses Verhalten der Stoffe A und B ist von den Örtern, welche sie im chemischen Raume einnehmen, ganz unabhängig: alle Stoffe, auch zwei Metalle, müssten sich danach in Äquivalentverhältnissen verbinden. Wenn sie es nicht thun, sondern Legirungen zulassen; so könnte Diess möglicherweise darin beruhen, dass die Metalle sich unserer Beobachtung in einer Temperatur darbieten, die ungeheuer tief unter ihrem noch ganz unbekannten Siedepunkte liegt. Da nämlich die chemische Affinität eines Stoffes erst bei einer gewissen Temperatur wirksam wird oder eine gewisse Zentrifugalkraft erforderlich ist, um die mechanische Kontraktion soweit zu ermässigen, dass die Neigung zur Verbindung mit einem anderen Stoffe sich bethätigen kann (während die Überschreitung einer gewissen Maximaltemperatur eine vorhandene chemische Verbindung in Folge zu starker Zentrifugalkraft sprengt oder dissoziirt); so könnte diejenige Temperatur, unter welcher Metalle starr oder flüssig sind, so tief liegen, dass ihre chemische Verbindung zwar im gasförmigen Zustande, nicht aber im starren oder flüssigen Zustande möglich ist, sondern sich in diesen Zuständen als eine Mischung zeigt.

Obgleich Diess eine Erklärung für die Legirung der Metalle enthalten, vielleicht auch die Allegirung der mit dem unschmelzbaren und unverdampfbaren Kohlenstoffe zusammengesetzten organischen Verbindungen erklären könnte; so bedarf doch die Eigenschaft, welche die Verschiedenheit des Ortes im chemischen Raume rechtfertigt, einer Erläuterung, welche möglicherweise auch die Legirung und Allegirung im Gefolge haben könnte. Ohne Frage beruhet die durch den chemischen Ort veranschaulichte Eigenschaft auf einer besonderen Beschaffenheit des

Systems der physischen Elemente, aus welchem die Valenzeinheit besteht. Angenommen, der Ort in der Grundaxe OX bezeichne die Fähigkeit des Elementarsystems einer Valenzeinheit, sich als ein Ganzes an eine andere Valenzeinheit hinzugeben; ein Ort in der Grundebene XY, welcher einen normalen Abstand von der Grundaxe hat, bezeichne dagegen eine Eigenartigkeit des Elementarsystems, wodurch die einzelnen physischen Elemente desselben eine gewisse Selbstständigkeit erlangen. Nehmen wir dann an, der positiv normale Abstand von der Grundaxe bedinge eine grössere Freiheit der physischen Elemente zur Zusammenwirkung mit anderen physischen Elementen; so erhalten wir einen guten elektrischen Leiter, welcher seine physischen Elemente mit anderen leicht austauscht. Nehmen wir ferner an, der negativ normale Abstand von der Grundaxe bedinge eine grössere Haftbarkeit der physischen Elemente unter sich, also eine grössere Widerstandsfähigkeit gegen den Austausch; so erhalten wir einen schlechten elektrischen Leiter. Der erstere entspricht einem Metalle, der letztere einem Ametalle. Zwei Ametalle werden sich vermöge der sekundären Affinität nur umso fester nach Äquivalentverhältnissen verbinden; ein Ametall kann mit einem Metalle ebenfalls nur eine solche Verbindung eingehen, da seine Elemente untereinander fest haften. Zwei Metalle dagegen könnten in Folge der grösseren Selbstständigkeit ihrer physischen Elemente ebensowohl Verbindungen nach Äquivalentverhältnissen, als auch Legirungen eingehen. Das straffere Zusammenhalten der physischen Elemente eines Ametalles begünstigt die Fortpflanzung optischer Schwingungen als Volumschwingungen, indem sich die Expansionen und Kontraktionen der Elemente energischer abwälzen; der schlaffere Zusammenhang dieser Elemente eines Metalles hindert diese Fortpflanzung, nöthigt also zur Reflexion des einfallenden Lichtes: demzufolge ist das Ametall im Allgemeinen durchsichtig, das Metall dagegen undurchsichtig. Für die Pendelschwingungen der Elemente ist der straffere Zusammenhang der Elemente ein Hinderniss für die Fortpflanzung, das Ametall ist daher im Allgemeinen ein schlechter, das Metall dagegen ein guter Wärmeleiter. Nach den Ausführungen in Nr. 47 und 67 der „Äquivalenz der Naturkräfte" kommen dem Metalle als Ausfluss der vorstehenden Grundeigenschaft im Allgemeinen folgende Eigenschaften zu: gute Elastizität, gutes Schallstrahlungsvermögen, gute elektrische Leitungsfähigkeit, schlechte Lichtstrahlungs-, gute Lichtreflexionsfähigkeit, schlechte Durchsichtigkeit, schlechte Wärmestrahlungs-, gute Wärmeleitungsfähigkeit, starke Widerstandsfähigkeit gegen die Auflösung durch kalorische Pendelschwingungen, mithin hoher Siedepunkt. Dem Ametalle dagegen kommen die entgegengesetzten Eigenschaften zu.

Die Selbstständigkeit der physischen Elemente einer Valenzeinheit, welche die Legirung ermöglicht, würde so zu denken sein, dass diese Elemente in einem der chemischen Grundaxe angehörigen Stoffe mit einer bestimmten Spannung aneinander haften und dass diese Spannung sich bei wachsendem positiven Abstande von der Grundaxe vermindert, bei wachsendem negativen Abstande dagegen sich vermehrt. Ausserdem aber müsste die sekundäre Affinität als die Fähigkeit eines Stoffes aufgefasst werden, mit Theilen seiner Valenzeinheit, welche unter sich an Masse gleich und durch Ebenen parallel zur Grundebene XY begrenzt sind, auf die äquivalenten Theile eines anderen Stoffes ebenso zu wirken, wie die primäre Affinität mit ganzen Valenzeinheiten wirkt, dass also nach Figur 24 die Valenzeinheit A sich mit den drei Valenzeinheiten B_1, B_2, B_3 des Stoffes B in der Weise legirt, dass sich jede Valenzeinheit in drei unter sich gleiche Theile spaltet, welche in A mit 1, 2, 3, in B_1 mit 1, 4, 5, in B_2 mit 6, 2, 5, in B_3 mit 6, 4, 5 bezeichnet sind, und dass nun die sekundäre Affinität sich zwischen den Theilpaaren 1, 1; 2, 2; 3, 3; 4, 4; 5, 5; 6, 6 äussert. Die Legirung von zwei Valenzeinheiten A mit drei Valenzeinheiten B würde eine Spaltung einer jeden in sechs gleiche Theile erfordern. Die Legirung von m Valenzeinheiten A mit n Valenzeinheiten B würde eine Spaltung jeder der $m+n$ Valenzeinheiten in $m.n$ gleiche Theile erfordern, und es würde sich jedes A durch n Theile mit allen B oder jedes B durch m Theile mit allen A verbinden, sodass mn Theile des einen Stoffes mit mn Theilen des anderen Stoffes, entsprechend einer Valenzmasse A mit einer Valenzmasse B, in Verbindung treten, während die übrigen Theile der A sich untereinander und ebenso die übrigen Theile der B sich untereinander verbinden und dadurch eine allgemeine Assoziation aller Theile herbeiführen. Wenn mehr als zwei Stoffe zusammenwirken; so müssen darunter mehrwerthige vorkommen: die Verbindung und auch die Legirung kann jedoch immer auf die Zusammenwirkung auf je zwei Valenzeinheiten, bezw. auf Theile solcher Einheiten zurückgeführt werden. Es leuchtet ein, dass die Legirung auf diese Weise nur nach rationalen Valenztheilen vor sich gehen kann (welche möglicherweise irrationale Gewichtsmassen enthalten).

Während die primäre Affinität durch ganze Valenzeinheiten, also durch Stoffe wirkt, welche dreidimensionale Raumobjekte darstellen, wirkt die sekundäre Affinität durch aliquante Valenztheile, welche zweidimensionale, parallel zur Grundebene XY begrenzte Raumobjekte darstellen, und die tertiäre Affinität wirkt durch Valenztheile, welche eindimensionale oder lineare, der Grundaxe OX parallele Raumobjekte darstellen. Die tertiäre Affinität äussert sich als Allegirung, welche zwischen irrationalen Bestandtheilen vor sich geht. Mischung wird man auf eine Zusammenwirkung undimensionaler oder punktueller Bestandtheile, welchen überhaupt keine chemische, sondern nur physische Affinität zukommen kann, zurückführen können.

Positiv heisst die primäre, sekundäre und tertiäre Affinität als Neigung zur Herstellung der betreffenden drei-, zwei- und eindimensionalen Gemeinschaft. Negativ primäre Affinität ist die Abneigung zur Verbindung, welche den Scheidungsprozess hervorbringt. Negativ sekundäre und negativ tertiäre Affinität erscheint als Widerstand gegen die rationale oder irrationale Spaltung, also als ein Hinderniss für Legirung und Allegirung.

Jede Affinität eines Stoffes wird erst durch das Auftreten eines anderen Stoffes geweckt, da das Streben nach Gemeinschaft nothwendig einen Sozius voraussetzt. Die Existenz irgend einer der gedachten drei Affinitätskräfte, als ein auf der Eigenart eines Stoffes beruhendes Vermögen, gestattet die Existenz der übrigen Kräfte: Stoffe können sich zugleich verbinden, legiren und allegiren. Diese Prozesse sind in gewissem Maasse durch die Anzahl der sich durchdringenden Valenzeinheiten bedingt, welche es z. B. ermöglicht, dass sich m Valenzeinheiten des Stoffes A mit n Valenzeinheiten des Stoffes B legiren können. Demnach kann sich auch eine Einheit von A mit einer Einheit von B und überhaupt können sich m Einheiten von A mit ebensoviel Einheiten von B legiren. Legirungen der letzteren Art, also Legirungen nach Äquivalentgewichten, stehen hinsichtlich der Selbstständigkeit ihrer Qualität den Verbindungen sehr nahe: sie unterscheiden sich von den anderen dadurch, dass in ihnen nur solche Theile zusammenwirken, welche sowohl in A, als auch in B einunddderselben Valenzeinheit angehören, während bei jeder anderen Legirung, wie Figur 24 zeigt, auch Wirkungen wie die 4, 4; 5, 5; 6, 6 vorkommen, welche Theilen gleichartiger Einheiten des Stoffes B angehören.

Die Gesammtkraft, welche eine chemische Gemeinschaft in Form einer Verbindung, einer Legirung oder einer Allegirung zu Stande bringt, ist von der darin sich bethätigenden Spaltung unabhängig und lediglich durch die Anzahl der Valenzeinheiten, welche auf verschiedenartige Valenzeinheiten oder Valenztheile wirken, bestimmt. Der chemische Arbeitsweg wird durch die Länge des Abstandes gemessen, welchen die verschiedenartigen Theile im chemischen Raume voneinander einnehmen. Die chemische Gesammtarbeit oder Gesammtwirkung ist daher ebenfalls von der Verbindung, Legirung oder Allegirung unabhängig.

Die Verbindung gleichartiger Valenzeinheiten oder Valenztheile, z. B. die Verbindungen 4, 4; 5, 5; 6, 6 bei der in Figur 24 dargestellten Legirung, erfordert keine chemische Arbeit, weil solche Theile keinen chemischen Abstand haben. Die dabei in Betracht kommende Arbeit der physischen Affinität wird durch die mit dieser Verbindung vergesellschaftete physische Scheidungsarbeit ausgeglichen. Es ist nämlich beachtenswerth, dass aus irgend einer gegebenen Verbindung oder Gemeinschaft keine neue Verbindung ohne Scheidung zu Stande kommen kann, und dass Diess auch von den auf Angliederung gleichartiger Valenzeinheiten beruhenden Multiplenverbindungen gilt. Um aus Wasserstoffoxyd H_2O Wasserstoffdioxyd H_2O_2 zu erzeugen, kann nicht an H_2O ohne Weiteres ein Sauerstoffatom O angegliedert werden, es muss vielmehr von den beiden Valenzverbindungen $HO_{1/2}$ und $HO_{1/2}$ aus welchen H_2O besteht, nothwendig erst die eine geschieden und eine neue Verbindung zwischen dem geschiedenen H und einem ganz anderen $O_{1/2}$, sowie zwischen dem geschiedenen $O_{1/2}$ und einem ganz anderen $O_{1/2}$ hergestellt werden, wie es Figur 25 zeigt.

Hiernach würde eine Legirung von m Valenzeinheiten A und n Valenzeinheiten B ebensoviel chemische Arbeit α in sich aufspeichern, wie eine Verbindung von einer Valenzeinheit A mit einer Valenzeinheit B. Wenn aber a und b die Gewichte der Valenzeinheiten A und B sind; so würde die Gewichtseinheit der Verbindung $A + B$ die Arbeitsmenge $\frac{\alpha}{a+b}$, die Gewichtseinheit der Legirung $mA + nB$ dagegen die Arbeitsmenge $\frac{\alpha}{ma + nb}$ enthalten oder $ma + nb$ Gewichtseinheiten der Legirung würden dieselbe Arbeit wie $a + b$ Gewichtseinheiten der Verbindung enthalten.

So leicht sich nun im Vorstehenden die Erscheinungen der Verbindung, der Legirung und der Allegirung hinsichtlich der Vielheit ihrer Bestandtheile aus den aufgestellten Hypothesen ergeben; so liegt doch die für die sekundäre und tertiäre Affinität gemachte Annahme eines Spaltbarkeitsvermögens für die positive Kraft und eines Widerstandes gegen Spaltbarkeit für die negative Kraft zu sehr auf dem mechanischen Gebiete, um nicht eine auf die Neigung zur Gemeinschaft gestützte nähere Begründung herauszufordern.

Zu diesem Ende sei die primäre Affinität einer Valenzeinheit A (Figur 26) durch eine Kugel symbolisirt, deren Radius a dem Abstande OA des in der chemischen Grundaxe OX liegenden Stoffes A vom chemischen Nullpunkte O proportional oder gleich ist. Der dem Nullpunkte O angehörige Stoff entspricht der Kugel mit dem Radius null. Dieses Symbol A sagt, dass der Stoff A die Neigung besitze, mit dem im Nullpunkte liegenden Stoffe O, sobald ein solcher mit dem Stoffe A in denselben Raum tritt, eine Gemeinschaft zu bilden, indem der Stoff A auf O mit der Intensität a von der einen Seite und der Stoff O auf A mit derselben Intensität von der anderen Seite wirkt. Das Resultat eines solchen positiven primären Affinitätsprozesses ist die in Figur 27 durch einen punktirten Umfang dargestellte Kugel, deren Radius $^1/_2\, a = {}^1/_2\,(a - o)$ ist, eine Kugel, welche entsteht, indem sich der Umfang der Kugel A um ebensoviel zusammenzieht, wie der Umfang der Kugel O sich ausdehnt. Die positiv primäre Affinität erscheint daher als die Neigung zur Ausgleichung der Volumunterschiede der beiden Sozien (entsprechend der Ausgleichung des Ortsunterschiedes der Sozien im chemischen Raume durch gemeinschaftlichen Eintritt in den chemischen Schwerpunkt). Ein zweiter, in der Entfernung $OB = b$ in der Grundaxe liegender Stoff entspricht der Kugel vom Radius b. Derselbe strebt mit der Kraft b zur Gemeinschaft mit dem Stoffe O: wenn er in seinem Volum den Stoff A findet, äussert er gegen diesen die relative Affinität $b - a$, entsprechend dem relativen Ortsabstande AB. Das Resultat der Verbindung Beider ist die in Figur 28 in punktirtem Umrisse dargestellte Kugel, deren Umfang in der Mitte der beiden

Umfänge von A und B liegt, in welcher also diese beiden Stoffe ihre Umfänge ausgleichen.

Ein in der Grundaxe links von O liegender Stoff $-A$ erscheint, weil er in einer entgegengesetzten Richtung als der Stoff $+A$ gegen den Nullstoff O strebt oder weil er diesen Stoff in entgegengesetzter Richtung wie $+A$ anzieht, mithin den Stoff O von A zu scheiden sucht, als ein mit negativer Affinität $-a$ behafteter Stoff. Ebenso hat der Stoff $-B$ die negative Affinität $-b$, die relative Affinität zwischen $-B$ und $-A$ ist $-b-(-a) = -(b-a)$. Die relative Affinität zwischen $+B$ und $-A$ ist $b-(-a) = b+a$, immer also bezeichnet der relative Abstand der Örter im chemischen Raume oder der Umfänge der Affinitätskugeln die Stärke der primären Affinität, womit zwei Valenzeinheiten sich zu verbinden und in räumliche Gemeinschaft zu treten streben.

Wenn mehr als zwei Valenzeinheiten A, B, C in demselben Raume zusammentreten, wählt A die C zu ihrem Sozius nicht aus Laune, sondern aus Naturdrang, um das Maximum $c-a$ an chemischer Energie, welches $> b-a$ und $> c-b$ ist, in der entstehenden Gemeinschaft zu verwirklichen, falls nicht besondere Kräfte zu der Gemeinschaft AB oder BC nöthigen, sodass dann die schwächere chemische Leistung mit der Leistung der Nebenkraft das Wirkungsmaximum darstellt.

In Betreff der sekundären Affinität ist zuvörderst hervorzuheben, dass jeder in einem festen Bestande existirende Stoff aus gleich viel positiven und negativen Elementen besteht und dass diese Elemente bald als punktförmige, bald als lineare, bald als flächenhafte Grössen erscheinen. So ist in der primären Affinitätskugel jeder Radius als die Verbindung einer positiven und einer negativen Linie und jede unendlich dünne Querschicht als die Verbindung einer positiven und einer negativen Fläche aufzufassen. Nehmen wir nun an, bei der Entstehung der Valenzeinheit eines Stoffes A finde in allen parallelen Schichten der primären Kugel, also in allen Schichten, welche auf jeder beliebigen, vom Mittelpunkte der Kugel errichteten Axe normal stehen, in den oberen Flächen eine Drehung der positiven Radien nach rechts und der negativen nach links um einen bestimmten Winkel α statt und hierdurch werde ein Stoff erzeugt, welcher ausser der primären Affinität a die sekundäre Affinität α habe, welcher also im chemischen Raume einen Ort in der Grundebene XY einnimmt, der in dem rechtwinkligen Abstande α von der Grundaxe OX liegt oder die imaginäre Ordinate αi parallel zur sekundären Axe OY hat. Ist der Winkel α negativ, sind also die positiven Radien nach links und die negativen nach rechts gedrehet; so hat der Stoff die negativ imaginäre Ordinate $-\alpha i$. Dem Stoffe A kömmt also die Abszisse a und die Ordinate αi zu. Liegt dieser Stoff in der sekundären Grundaxe OY; so ist die Abszisse a oder der Radius der Affinitätskugel null, während die Ordinate gleich αi oder der Deklinationswinkel der Elemente gleich α ist.

Die sekundäre Wirkung zweier Stoffe mit den Drehungswinkeln α und α_1 oder den rechtwinkligen Abständen αi und $\alpha_1 i$ von der Grundaxe, also mit dem relativen Sekundärabstande $(\alpha_1 - \alpha) i$, besteht dann darin, dass die Drehungswinkel α und α_1 sich ausgleichen, dass sich mithin die verdreheten Radien unter dem gemeinsamen Drehungswinkel $\frac{1}{2}(\alpha_1 - \alpha)$ vereinigen, indem sie die sekundäre Affinität von der Intensität $\alpha_1 - \alpha$ entwickeln. Figur 29 zeigt einen Stoff mit der Affinität αi oder dem Drehungswinkel $Yo\alpha = Yo\alpha' = \alpha$, Figur 30 dagegen das Resultat der Verbindung der beiden Stoffe $\alpha_1 i$ und αi als denjenigen Stoff, welcher die Verdrehung $Yo\beta = \frac{1}{2}(\alpha_1 - \alpha)$ aufweis't.

Sowohl die positive, als auch die negative Drehung erzeugt zunächst eine Spannung zwischen den verdreheten Linien und deren zusammengehörigen punktuellen Elementen. Verschwindet nun diese Spannung bei der positiven Drehung dadurch, dass die Elemente eine grössere Selbstständigkeit oder Freiheit erlangen; so ergiebt sich ein Stoff mit gelockerteren oder leichter spaltbaren Elementen, also ein zur Legirung befähigter Stoff, welcher zugleich ein besserer elektrischer Leiter ist; die positive Verdrehung erscheint mithin als ein Förderniss der Legirung und der Leitungsfähigkeit. Verschwindet aber jene Spannung bei der negativen Drehung nicht, bleibt sie vielmehr bestehen; so haften die Elemente stärker aneinander, werden nicht so leicht spaltbar, also zur Legirung weniger oder gar nicht fähig; die negative Drehung erscheint mithin als ein Hinderniss für die Legirung und die Leitungsfähigkeit.

Wenn die punktuellen Elemente bei der Drehung eine Drehung um sich selbst erfahren, was nicht für jeden Stoff in gleichem Maasse nöthig ist; so wird der Stoff dadurch auch zugänglich für den magnetischen Prozess, bezw. ein Magnet, da der Magnetismus nach meiner Auffassung auf der Verdrehung der Urstoffe (der physischen oder ätherischen Grundelemente) beruhet.

Zur Erklärung der tertiären Affinität kann man annehmen, dass ein Stoff, dessen Ort im chemischen Raume in der Höhe β über der Grundebene XY liegt, dadurch entstehe, dass alle aus positiven und negativen Ebenen bestehenden kreisförmigen Querschichten einer Kugel geschieden oder um den Winkel β nach rechts und nach links um jede Axe gewälzt werden. Die entgegengesetzte Wälzung $-\beta$ erzeugt dann den in der Tiefe $-\beta$ unter der Grundebene liegenden Stoff. Neben dieser Flächenwälzung, welche dem Stoffe die zur tertiären Axe OZ parallele Koordinate $\beta i i_1$ verleihet, kann der Stoff die primäre Abszisse a und die sekundäre Abszisse αi haben, also ein triplexer Stoff $a + \alpha i + \beta i i_1$ sein. In dieser Verwälzung müsste dann der Grund zur Spaltbarkeit der positiv tertiären und zur Unspaltbarkeit der negativ tertiären Stoffe, sowie auch die Anlage zum Diamagnetismus erblickt werden.

Die Verbindung zweier tertiären Stoffe $\beta i i_1$ und $\beta_1 i i_1$ bewirkt die Ausgleichung der Wälzungswinkel, ergiebt also einen Stoff $(\beta_1 - \beta) i i_1$ mit dem Winkel $\beta_1 - \beta$ oder mit dem Ortsabstande $\beta_1 - \beta$ von der chemischen Grundebene XY, gleichviel, ob β oder β_1 positiv oder negativ ist.

Zwei triplexe Stoffe $a + \alpha i + \beta i i_1$ und $a_1 + \alpha_1 i + \beta_1 i i_1$ verbinden sich zu dem triplexen Stoffe $(a_1 - a) + (\alpha_1 - \alpha) i + (\beta_1 - \beta) i i_1$, worin man die Koeffizienten a, α, β, a_1, α_1, β_1, $a_1 - a$, $\alpha_1 - \alpha$, $\beta_1 - \beta$ ebensowohl auf den primären, sekundären und tertiären Ortsabstand, als auch auf die Länge des Radius der Affinitätskugel, die Grösse des Drehungswinkels und die Grösse des Wälzungswinkels beziehen kann. Dass man diese Ortsabstände nicht den genannten Längen- und Winkelgrössen absolut gleich, sondern nur ihnen proportional zu setzen braucht, ist selbstverständlich: die Proportionalität muss jedoch für die primären, sekundären und tertiären Grössen dieselbe sein.

Die der mathematischen Multiplikation oder Verhältnissbildung und der mechanischen Wirkung entsprechende chemische Verbindung zieht auch gewisse nicht auf Äquivalentverhältnissen, sondern auf Richtungsverhältnissen beruhende Vorgänge nach sich. Wenn sich das zweiwerthige Atom A in Figur 31 mit den beiden einwerthigen Atomen B und C, welche verschiedene Örter im chemischen Raume einnehmen, verbindet; so äussern die beiden Valenzeinheiten von A ihre Affinität in zwei verschiedenen Richtungen AB und AC, die Verbindung $A_{1/2}B$ tritt also zu der Verbindung $A_{1/2}C$ in ein durch den Winkel BAC gemessenes Richtungsverhältniss. Liegt AC in der chemischen Grundaxe; so heisst die Verbindung CAB, wenn der Winkel CAB positiv ist, eine Base, und wenn er negativ ist, eine Säure. Ein Basenradikal steht zu einem Säureradikale in dem durch die Winkelsumme ausgedrückten Verwandtschaftsverhältnisse. Da die Verwandtschaft zwischen dem in den Richtungen AB und AC liegenden Basen- und Säureradikale stärker ist, als die zwischen jedem dieser Radikale und dem in der Grundaxe liegenden Radikale; so verbinden sich Basen- und Säureradikal unter Ausscheidung des in der Grundaxe liegenden Radikals zu einem Körper, welcher ein Salz oder ein salinischer Körper heisst. (Häufig wird der in der Grundaxe OX liegende Bestandtheil Base und die vorstehend als Base bezeichnete Verbindung Alkali oder Lauge genannt). Durch Vertauschung der Grundaxe mit einer ihr nahe liegenden Linie als salinischer Grundaxe verallgemeinert sich der Begriff des salinischen Körpers.

In einem echten Salze cad (Figur 32), welches durch die Verbindung der Base cab mit der Säure dab unter Ausstossung des Stoffes b entsteht, ist a ein dem Sauerstoffe O und b ein dem Wasserstoffe H naheliegender Stoff, also ab eine nahezu in der Wasserlinie oder in der elektrischen Axe liegende Linie, c ist ein Metall, z. B. Natrium Na, und d ein Ametall, z. B. Chlor Cl, und zwar sind die Winkel cab und dab nahezu gleich und cd eine nahezu in der Kochsalzlinie oder in der metallischen Axe liegende Linie. Jemehr die Richtungen der Linien ab, ac, ad, cd von den eben genannten abweichen, desto mehr entfernen sich die Eigenschaften der Stoffe cab, dab, cad von denen einer echten Base, Säure und eines echten Salzes. Die Linie cd ist der algebraischen Summe der beiden Linien da und ac gleich oder stellt eine Resultante der beiden Affinitätsverhältnisse dar.

Ebenso ist bc die Resultante von ba und ac, ferner bd die Resultante von ba und ad. Hierauf wird es beruhen, dass wenn cab = NaOH eine Base (Ätznatron), dab = ClOH eine Säure (ClO_3H die Chlorsäure) und cad = NaOCl ein Salz (das unterchlorigsauere Natron) darstellt, auch cb = NaH (der noch nicht dargestellte Natriumwasserstoff) eine Base, db = ClH eine Säure (den Chlorwasserstoff) und cd = NaCl ein Salz (das Kochsalz) darstellt.

Im Übrigen bestimmen die Richtungen der binären Verbindungen nicht allein den Charakter der daraus hervorgehenden ternären und übrigen Verbindungen: die Lage des chemischen Schwerpunktes der Gesammtverbindung gegen die Schwerpunkte der binären Verbindungen ist mitentscheidend. Für das einwerthige H, Cl und Na und das zweiwerthige O liegt der Schwerpunkt von OH_2 und der von $O_{1/2}H$ in der Mitte b' von ab, der von $O_{1/2}Na$ und der von $O_{1/2}Cl$ in der Mitte c' von ac und in der Mitte d' von ad, also der von NaOCl in der Mitte der Linie $c'd'$, der von ClOH in der Mitte e' der Linie $d'b'$, der von ClO_3H dagegen rückt in die Mitte der Linie ae' (weil für ClOH in dem Punkte b' und d' je zwei, bei e' also vier Valenzeinheiten wirken, welche für ClO_3H mit den in O_2 enthaltenen vier Valenzeinheiten zusammenwirken). In §§. 286 bis 295 der „Naturgesetze“ habe ich auf die Bedeutsamkeit des chemischen Schwerpunktes aufmerksam gemacht und gezeigt, dass derselbe dem mechanischen Schwerpunkte der gesättigt verbundenen Valenzeinheiten entspricht, wenn alle diese Einheiten von gleichem Gewichte gedacht werden. Denkt man sich in diesem Schwerpunkte die Gesammtzahl aller verbundenen äusseren Einheiten vereinigt und jede äussere Einheit mit irgend einer im Schwerpunkte liegenden inneren Einheit durch die ihrer Entfernung vom Schwerpunkte entsprechende Affinität in Wirksamkeit gesetzt; so bilden diese Affinitätskräfte ein Gleichgewichtssystem, mag man sie von aussen nach innen oder von innen nach aussen nehmen.

Die vierte chemische Grundeigenschaft ist die Dimensität oder Qualität der Gemeinschaft oder ihr Ordnungsgrad. Nach meiner jetzigen Auffassung stellt ein physisches Element eines Atoms eine undimensionale, eine Valenzeinheit dagegen eine eindimensionale Einheit dar. Die Verbindungen von Valenzeinheiten oder von Atomen sind also eindimensionale chemische Grössen, entsprechend den räumlichen Linienfiguren. Ganz zutreffend ist diese Vergleichung der chemischen und geometrischen Grössen nicht, da in der Veranschaulichung einer chemischen Verbindung durch eine Linienfigur die Längen dieser Linien nicht als chemische Quantitäten, sondern als chemische Kräfte in Betracht kommen und die eigentlichen chemischen Grössen in den Eckpunkten jener Linienfiguren als einfache oder zusammengesetzte Valenzmengen liegen. Auf die Auffassung einer chemischen Verbindung als Punktfigur stützte sich die in den „Naturgesetzen“ §. 279 enthaltene Auffassung der Valenzeinheiten als Analogien zu den räumlichen Punkten. Unter dem gegenwärtig aufgestellten Gesichtspunkte sind zur Bildung von zweidimensionalen Gemeinschaften Systeme von Atomen erforderlich wie sie unter Anderem die vegetabilische Zelle darbietet, zweidimensional sind also dann die Verbindungen, welche vornehmlich die vegetabilische Affinität erzeugt, welche jedoch auch im einfach chemischen Prozesse erzeugt werden können, mithin als Eigenschaften der chemischen Grundstoffe zu betrachten sind. Demgemäss erblicke ich das Wesen der zweidimensionalen Affinität in der Neigung zur Gemeinschaft, welche ungesättigte chemische Verbindungen, die in der Chemie Radikale genannt werden, gegeneinander äussern, indem sie sich wie Elemente gegeneinander verhalten, also sich in beliebig grosser Zahl mit einander und behuf der Sättigung mit einem oder mehreren Sättigungsstoffen verbinden, woraus also chemische Systeme von Radikalen hervorgehen. Derartige Systeme kommen vornehmlich im Pflanzenreiche durch die Vierwerthigkeit des Kohlenstoffes zu Stande, können also unter dem Namen der organischen Verbindungen begriffen werden, wiewohl sie in den Verbindungen ihrer Elemente, die stets aus ganzen Valenzeinheiten bestehen, dem rein chemischen Gebiete angehören und daher auch häufig durch rein chemische Prozesse zu erzeugen sind. Das vegetabilische Vermögen, insbesondere die vegetabilische Affinität der Pflanzenzelle, welche sie zu vegetabilischen Verbindungsprozessen (insbesondere zur Begattung) veranlasst, ist kein Gegenstand unserer jetzigen Betrachtung, welche sich lediglich auf die rein chemische Affinität der Elemente der Zelle bezieht.

In ähnlicher Weise liefert dann meines Erachtens die Affinität der organischen Verbindungen zueinander die dreidimensionalen Verbindungen, welche vornehmlich durch die organischen Prozesse der Verbindung von ungesättigten vegetabilischen Zellen zu thierischen Organen, also durch animalischen Prozess zu Stande kommen und sich vor den vegetabilisch organischen Verbindungen durch gesteigerte Anzahl der Elemente auszeichnen. Während der eindimensionale oder rein chemische Prozess auf der Verbindung von je zwei ungesättigten Einheiten beruhet, umfasst der zweidimensionale oder vegetabilisch chemische Prozess rationale Mengen von ungesättigten chemischen Verbindungen zu organischen Verbindungen und der dreidimensionale oder animalisch chemische Prozess beliebig viele, meistens unzählige oder irrationale Mengen von ungesättigten organischen Verbindungen.

Die Radikale der organischen Verbindungen erscheinen als Kohlenwasserstoffe nach der Formel $C_m H_n$ (man hat z. B. für die Azetylenreihe $C_m H_{2m-2}$, für die Äthylenreihe $C_m H_{2m}$, für die Glykolreihe $C_m H_{2m+1} O_2$, für die Akrylreihe $C_m H_{2m-2} O_2$, für die Oxalsäurereihe $C_m H_{2m-2} O_4$), man muss also sagen, der Kohlenstoff bethätigt in der Verbindung mit Wasserstoff zu ungesättigten Kohlenwasserstoffradikalen zweidimensionale Affinität, während er in den gesättigten Verbindungen mit einfachen Grundstoffen die eindimensionale Affinität zur Geltung bringt. In den durch animalische Prozesse erzeugten Verbindungen erscheint ebenfalls der Kohlen- und der Wasserstoff, ausserdem aber der Sauerstoff, der Stickstoff, der Schwefel und häufig der Phosphor; man muss daher schliessen, dass der Kohlenstoff dreidimensionale Affinität besitze welche sich jedoch erst in zusammengesetzten Radikalen geltend mache.

Wenn hiernach der Kohlenstoff als eine dreidimensionale Stoffqualität angesprochen zu werden verdient; so drängt sich die Frage nach denjenigen Grundstoffen auf, welche nur zweidimensionale, und nach denen, welche nur eindimensionale Qualität haben. Hierüber stelle ich folgende Betrachtung an.

Das in den Verbindungen häufig vorkommende Hydrat- oder Krystallwasser kann in den meisten Fällen mit den übrigen Stoffen nicht chemisch verbunden sein. Es ist unmöglich, den aus Anhydrid $CaSO_4$ durch Zusatz von zwei Wassermolekülen $2H_2O$ entstehenden Gips $CaSO_4 + 2H_2O$ als eine gesättigte eindimensionale chemische Verbindung $CaSH_4O_6$ erscheinen zu lassen: denn man mag die Valenzeinheiten miteinander verbinden, wie man will, immer entstehen zwei oder mehr gesättigte, also unverbundene Stoffe. Die ungesättigte Verbindung H_2O_2 oder auch das Hydroxyl HO (nicht das gesättigte Wasserstoffdioxyd H_2O_2) bethätigt also in den anorganischen Verbindungen die Eigenschaften eines Radikals ganz ähnlich dem Radikale $C_m H_n$ der organischen Verbindungen, und es scheint, dass man die Fähigkeit zur Bildung anorganischer Radikale dem Wasserstoffe in seiner Beziehung zum Sauerstoffe zuschreiben müsse, dass also der Wasserstoff als ein Grundstoff mit zweidimensionaler Affinität zu betrachten sei, welcher diese Affinität in den Radikalverbindungen mit dem eindimensionalen Sauerstoffe zur Geltung bringt.

Wenn die Hydrate und Krystalle wirklich Wasser enthielten, würde es einer besonderen Erklärung bedürfen, dass das Wasser in starrem Zustande auftreten könne, ohne Eis zu sein, und dass es überhaupt bei der Temperatur der Krystalle starr sein könne. Diess ist nur möglich, wenn bei der chemischen Verbindung zugleich eine nicht durch die Wärme, sondern durch andere Ursachen bedingte Umwandlung, namentlich eine Umwandlung zwischen Affinitäts- und Gestaltungskräften stattfindet. Fände eine solche Umwandlung nicht statt; so könnte es gar kein Hydratwasser geben, der Sauerstoff und Wasserstoff würde dann in den Hydraten gar nicht in der Verbindung H_2O, sondern nur als Hydroxyl oder ungesättigtes Radikal HO, welches sich durch die freie Sauerstoffeinheit mit anderen Stoffen verbindet, auftreten. Unter dieser Voraussetzung würde für die Hydrate die nachstehende Auffassung gelten. Während der wasserfreie Gips oder Anhydrid $CaSO_4$ eine einfache gesättigte Verbindung bildet, kann der Gips als Hydrat $CaSO_4 + 2H_2O$, wie schon erwähnt, keine gesättigte chemische Verbindung sein. Die Darstellung als Summe der beiden Theile $CaSO_4$ und $2H_2O$ lässt aber, selbst wenn man über die Sättigung jedes einzelnen Theiles fürerst hinwegsieht, ein gemeinschaftliches Band zwischen diesen beiden Theilen, welches durch Radikale gebildet sein könnte, vermissen; ja diese Theile enthalten noch nicht einmal den Wasserstoff als gemeinschaftliches Band. Anders gestalten sich die Sachen, wenn man den Gips als die aus vier Gliedern entspringende Summe

$$(CaHO_2 + HO) + (SHO_2 + HO) = CaH_2O_3 + SH_2O_3$$

auffasst. Die beiden Glieder auf der rechten Seite beruhen nach Ausweis der linken Seite auf der Affinität des Radikals HO zu anderen Stoffen, und die einzelnen Glieder auf der linken Seite haben den Wasserstoff als gemeinschaftliches Band, während die gewöhnliche Auffassung als Hydrat die Zerlegung

$$(CaO_2 + SO_2) + (H_2O + H_2O) = CaSO_4 + H_4O_2$$

voraussetzt, welche sich nicht auf die Affinität eines Radikals stützt und deren Glieder nicht den Wasserstoff als gemeinschaftliches Band besitzen.

Die gemachte Voraussetzung führt hiernach zu dem Schlusse: der Gips enthält kein Wasser, sondern Hydroxyle. Wenn er erhitzt wird, scheiden Hydroxyle aus, welche sich in der äusseren Luft zu Wasserdampf verbinden. Wenn dem Anhydrid Wasser zugeführt wird, scheiden die im Anhydrid enthaltenen Stoffe das Wasser und verbinden sich mit den Hydroxylen zu Gips.

Lässt man die andere Voraussetzung zu, dass der Aggregatzustand des Hydratwassers auf einem besonderen Umwandlungsprozesse beruhe; so könnte in dem Hydrate allerdings eine gesättigte Verbindung zu Wasser existiren, es käme dann nur auf den Nachweis eines solchen Prozesses an.

Wenngleich nun sowohl durch die eine, wie durch die andere dieser beiden Hypothesen die Hydrate hinsichtlich ihrer Bestandtheile ihre Erklärung finden; so ist damit doch noch nicht die Bindung dieser Bestandtheile, welche gesättigte Stoffe darstellen, also nicht durch Affinität verbunden sein können, erklärt. Man muss meines Erachtens immer annehmen, dass die Bindung dieser, wie überhaupt aller gesättigten Stoffe, wo sie vorkömmt, eine Wirkung der Gestaltungstriebe ist oder auf der durch das Krystallisationsvermögen bedingten Kohäsion beruhet.

Das Kalziumchloridhydrat $CaCl_2 + 6H_2O$ erscheint in dieser Formel nicht als ein Gebilde aus Radikalen. Diess geschieht aber durch die Zerlegung $(CaClH + OClH + H_{10}O_5)$. Das dritte Glied $H_{10}O_5$ kann ebensowohl als die Summe $5H + 5HO$ ungesättigter Stoffe, wie auch als die Summe $5H_2O$ des gesättigten Stoffes H_2O dargestellt werden, d. h. in dem gegebenen Körper könnten ungesättigte Hydroxyle und ungesättigte Wasserstoffelemente unter krystallinischer Fesselung, aber möglicherweise auch gesättigtes Wasser enthalten sein: solange der Körper starr ist, wird das Erstere, wenn er schmilzt, das Letztere stattfinden.

Die organischen Verbindungen bestehen wegen der Vierwerthigkeit des Kohlenstoffes fast immer aus ungesättigten Theilen, welche eine gesättigte Verbindung bilden. Hier tritt also die zuletzt erwähnte Mitwirkung der Krystallisationskraft zur Festhaltung eines Zusammenhanges nicht als eine Nothwendigkeit ein, und Diess umso weniger, als diese Verbindungen häufig flüssig oder gasförmig sind.

Ob es ausser dem Wasserstoffe noch andere Grundstoffe mit zweidimensionaler Affinität und ausser dem Kohlenstoffe noch andere mit dreidimensionaler Affinität giebt, lasse ich dahin gestellt sein, bemerke aber, dass die wirklich bestehenden chemischen Grundstoffe nicht nur nach ihrer Quantivalenz und nach ihrer Stellung im chemischen Raume, sondern auch als ein-, zwei- oder dreidimensionale Grundarten aus der Hand der Schöpfung hervorgegangen sein müssen, da diese Eigenschaften durch Naturprozesse nicht zu verändern sind, eine Erkenntniss von grosser Wichtigkeit, auf welche ich weiter unten zurückkommen werde.

Die eben in Rede gestellten Dimensitätsstufen betreffen die Qualität der chemischen Affinität, nicht das vorher besprochene primäre, sekundäre und tertiäre Wirkungsvermögen, dessen Neutralitätsstufen ja ebenfalls auf gewissen Dimensitätsverhältnissen beruhen (wie das ebene Polygon eine eindimensionale Linienfigur in zweidimensionaler Fläche ist, also ein- und zweidimensionale Beziehungen zum Ausdrucke bringt, wovon die ersteren die Qualität und die letzteren die Anreihung betreffen). Als besonders wichtig für den Qualitätsunterschied der physischen oder undimensionalen und der chemischen oder eindimensionalen Affinität hebe ich Folgendes hervor.

Eine sich selbst überlassene Valenzeinheit kann keine Affinität zu einer anderen Valenzeinheit, insbesondere nicht zu einer verschiedenartigen Einheit, also überhaupt keine eindimensionale oder chemische Affinität äussern, sie kann vielmehr nur vermöge ihrer physischen Elemente physische Affinität auf sich selbst äussern. Hierdurch ist eben ihr Bestand als geschlossene, unscheidbare Einheit eines Grundstoffes bedingt, welche bei der Anwesenheit einer zweiten gleichartigen Einheit zunächst das Molekül dieses Grundstoffes als eine Wirkung physischer Affinität hervorruft. Wie kann nun die blosse Anwesenheit einer ungleichartigen Valenzeinheit vermöge der nun in Beiden erwachenden Neigung zur Gemeinschaft die physischen Elemente Beider zwingen, ihre Umarmung, die doch mit so grosser Kraft und überhaupt unzerreissbar besteht, soweit zu ermässigen, dass die chemische Affinität zur Wirkung gelangen und aus den beiden selbstständigen Stoffen eine Gemeinschaft bilden kann? Man muss sagen, solange die beiden Valenzeinheiten in voller Ruhe ihrer Elemente bestehen, ist ihre Verbindung trotz der chemischen Affinität unmöglich, weil die innere oder physische Affinität zu mächtig auf Innehaltung der individuellen Selbstständigkeit wirkt: es ist noch eine Bedingung zu erfüllen, welche diesen Selbstständigkeitstrieb mässigt, und diese Bedingung wird durch Pendelschwingungen, welche Zentrifugalkraft erzeugen und dadurch die physischen Elemente auseinander treiben, mithin ihre physische Affinität schwächen, also durch Wärme (welche nach meiner Auffassung lediglich in Pendelschwingungen besteht), erfüllt. Es ist mithin für jeden Stoff ein gewisser Temperaturgrad erforderlich, um ihn chemisch aktiv zu machen. Unter einer gewissen Temperatur giebt es keine chemischen Verbindungen, und jede solche Verbindung lös't sich bei dem Herabsinken der Temperatur unter einen gewissen Grad auf: hinreichend starke Kälte bewirkt Dissoziation.

Von einem gewissen Temperaturgrade an, welcher von der Beschaffenheit der zu verbindenden Stoffe abhängt, wird die chemische Affinität dieser Stoffe wirksam: die physischen Elemente der Sozien können dann die einer gemeinschaftlichen Temperatur entsprechenden Pendelschwingungen gemeinsam, ohne Beeinträchtigung ihres Zusammenhanges, vollziehen. Diese Möglichkeit hört aber auf, sobald die Temperatur ein gewisses Maximum überschreitet, weil alsdann die Elemente der verschiedenartigen Stoffe mit so verschiedenen Geschwindigkeiten oder Ausschlägen zu schwingen streben, dass ihr Zusammenhang nicht mehr zu erhalten ist: hinreichend starke Wärme bewirkt also ebenfalls Dissoziation. Alle chemischen Verbindungen liegen zwischen einer unteren und einer oberen Temperaturgrenze: solange die Temperatur des Weltenraumes in einer Region über dem allgemeinen Maximum lag, können darin keine Stoffverbindungen bestehen, und wenn diese Temperatur unter das für die Stoffe dieser Region gültige Minimum herabsinkt, müssen alle Verbindungen verschwinden.

Die fünfte chemische Grundeigenschaft ist die Form oder Struktur, welche sich als gesetzliche Anordnung oder Abhängigkeit der Stoffbestandtheile oder auch als Variation der Affinität bei der Bildung eines Moleküls zu erkennen giebt. Der entsprechende Grundprozess ist das Verhalten der Stoffe bei der Verbindung.

Chemische Struktur darf nicht mit Krystallform verwechselt werden. Die lediglich auf der Abhängigkeit von Affinitätsverhältnissen beruhende, nach Gemeinschaft von Valenzeinheiten, nicht nach Anordnung von Massenelementen strebende chemische Struktur ist in allen Aggregatzuständen eines Stoffes dieselbe und tritt, wie die meisten chemischen Prozesse, am wirksamsten und deutlichsten im gasförmigen, also in demjenigen Zustande auf, wo das Krystallisationsvermögen gelähmt ist, also der Stoff amorph erscheint, mithin dem chemischen Verhalten und der Strukturbildung die grösstmögliche Freiheit gewährt ist.

Diese grösstmögliche Freiheit der Affinitätskräfte im gasförmigen Zustande bietet meines Erachtens zugleich die Erklärung für die Konstanz des Molekularvolums aller Stoffe im Gaszustande unter gleichem Drucke und gleicher Temperatur. In Nr. 26 der „Äquivalenz der Naturkräfte“ habe ich zwar die Konstanz des Molekularvolums für alle einfachen und zusammengesetzten Stoffe, wie sie der herrschenden Ansicht entspricht, für eine Unmöglichkeit erklärt, und thue Diess aus den dort angeführten Gründen auch noch: allein, dieser herrschenden Ansicht liegen die Voraussetzungen zu Grunde, dass das Molekül der Grundstoffe nebeneinander gelagerte Atome enthalte und dass das Atomvolum eine nicht für alle Stoffe gleiche Grösse habe, nämlich für Phosphor nur halb so gross und für Quecksilber doppelt so gross sei, als für die meisten übrigen Stoffe, sodass also im Phosphormoleküle vier nebeneinander gelagerte Atome und im Quecksilbermoleküle nur ein Atom enthalten sei. Wenn diese Voraussetzungen fallen, kann die

Annahme eines konstanten Molekularvolums der Wahrheit entsprechen, es können also die gegen die herrschende Ansicht erhobenen Bedenken verschwinden, wenn gewisse andere bestehende Grundanschauungen aufgegeben werden. Ich glaube, jetzt zu einer richtigen Erkenntniss der chemischen Gesetze, welche das Atom- und das Molekularvolum bedingen und in dieser Beziehung eine Modifikation der an der eben gedachten Stelle ausgesprochenen Behauptungen erfordern, gelangt zu sein, und gestatte mir, dieselbe durch folgende Sätze zu begründen. Dieselben tragen wie alle auf die Beobachtung von wirklichen Thatsachen gestützten allgemeinen Sätze den Charakter von Hypothesen, mir däucht jedoch, dass die Ergebnisse, zu welchen sie führen, ihre Bestätigung enthalten.

1. Die Quantivalenz eines Grundstoffes ist unveränderlich (der Phosphor kann nicht bald dreiwerthig, bald fünfwerthig sein). Das Atom eines Grundstoffes besteht also unveränderlich aus einer bestimmten Anzahl n ganzer Valenzeinheiten.

2. Das Äquivalent eines Grundstoffes, nämlich das Gewicht oder die materielle Masse einer Valenzeinheit, also auch sein Atomgewicht, ist unveränderlich.

3. Die Valenzeinheiten eines Atoms sind unscheidbar, sie durchdringen sich in dem Raume des Atoms, eine jede erfüllt daher das Atomvolum mit der ihr entsprechenden Dichtigkeit, welche $\frac{1}{n}$ der Dichtigkeit des Atoms ist.

4. Das Atom nimmt in freiem und isolirtem Zustande einen von äusseren Verhältnissen (Druck, Wärme, Aggregation u. s. w.) abhängigen Raum ein. Im gasförmigen Zustande unter bestimmtem Drucke und Temperatur hat dieser Raum für einen gegebenen Stoff eine bestimmte Grösse, welche sein natürliches Atomvolum heissen möge. Das natürliche Atomvolum ist nicht für alle Stoffe gleich, scheint jedoch nur in drei Werthen aufzutreten, welche für drei Stoffgruppen in den Verhältnissen 1, 2, 4 oder $^1/_2$, 1, 2 bestehen, indem das natürliche Atomvolum des Phosphors und Arsens halb so gross und das des Quecksilbers und Kadmiums doppelt so gross ist, als das der übrigen bis jetzt bekannten Grundstoffe.

5. Das natürliche Atomvolum ist bedeutungslos für die chemische Verbindung. Die Affinität kann die Verbindung zweier Valenzeinheiten nur herbeiführen, wenn sich dieselben in demselben Raume befinden oder sich in diesem Raume vollständig durchdringen. Nähmen sie verschiedene Räume ein; so müssten diese Räume entweder durch mechanische, kalorische oder sonstige nicht chemische Expansions- und Kontraktionskräfte ausgeglichen werden, oder die Affinität müsste sich in eine mechanische und in eine chemische Komponente spalten, wovon die erstere die Ausgleichung der Volumen und die letztere die Verbindung bewirkte. Das Volum, welches eine Valenzeinheit, also auch das Atom, im verbindungs-

fähigen Zustande annimmt, und welches das aktive Atomvolum heissen möge, ist für alle Grundstoffe gleich, was nicht ausschliesst, dass sich unter den sogleich zu bezeichnenden besonderen Umständen mit dem Verbindungsprozesse ein Expansionsprozess assoziirt.

6. In der Natur sind alle gasförmigen Grundstoffe bei völliger Freiheit in verbindungsfähigem Zustande, also in aktivem Atomvolum gegeben, indem sich darin für die obigen drei Gruppen bezw. 4, 2, 1 Atome durchdringen und eine scheidbare Assoziation von 4, 2, 1 Atomen bilden, welche ein Molekül darstellt. Hiernach nimmt das Molekularvolum einen für alle Grundstoffe gleichen Raum ein, und dieser Raum ist zugleich das aktive Atomvolum für alle Atome und alle Valenzeinheiten. Mit diesem Molekularvolum sind alle unverbundenen Grundstoffe in der Natur gegeben; sein Raumgehalt ist für die obigen drei Gruppen bezw. vier-, zwei-, einmal so gross, als das natürliche Atomvolum der betreffenden Gruppe, also, wenn V das natürliche Atomvolum der zweiten Gruppe, wozu der Wasserstoff gehört, bezeichnet, gleich $2V$. Alle Atome und alle Valenzeinheiten treten hiernach in der Natur mit dem Volum $2V$ auf, indem sie eine diesem Volum entsprechende Dichtigkeit zeigen: in Vergleichung mit der Dichtigkeit im natürlichen Atomvolum ist die Dichtigkeit der Atome im Molekularzustande für die obigen drei Gruppen bezw. $^1/_4$, $^1/_2$, 1. Der vergrösserte Raum und die verminderte Dichtigkeit lassen die Masse und das Gewicht eines Atoms und einer Valenzeinheit, also das Äquivalent, unberührt.

7. Chemische Verbindung ist gegenseitige Fesselung der Elemente der in demselben Raume sich durchdringenden Valenzeinheiten ohne Erzeugung mechanischer Spannung zwischen diesen Elementen, also Verdichtung der Masse ohne Hervorrufung von Expansionstendenz, indem eben die Affinität oder die Neigung zur Gemeinschaft als Fessel wirkt. Demnach verbinden sich die Atome verschiedener Stoffe in beliebiger Anzahl, da sie alle in verbindungsfähigem Molekularvolum gegeben sind, stets in diesem Volum ohne Expansionstendenz: es kann von keiner der Verbindung vorhergehenden Mischung mit darauf folgender Kondensation die Rede sein. Allerdings können zwei ungesättigte Stoffe gemischt werden, ohne sich zu verbinden, indem gewisse Widerstände gegen die Verbindung obwalten, und es kann gewisser Impulse bedürfen, um diese Widerstände zu beseitigen und die Verbindung zu ermöglichen: alsdann hat die Affinität, um die Deckung in gleichen Molekularvolumen herbeizuführen, gewisse Adhäsionskräfte zu überwinden, was eine Verminderung ihrer Energie zur Folge hat.

8. Chemisch nicht gebundene Elemente rufen bei ihrer Durchdringung die Expansionstendenz hervor, und endliche Stoffmengen, wovon eine jede aus aneinander gebundenen Elementen besteht, welche sich aber nicht selbst binden, werden durch die zwischen ihnen entstehende Expansionskraft (bei konstantem Drucke) nicht ausgedehnt, sondern in gleichen Volumen von der gegebenen Grösse auseinander geschoben.

9. Wird die Sättigung der eben erwähnten Verbindungen durch die innere Affinität gleicher Valenzeinheiten herbeigeführt (wie im Kohlenoxyd CO); so können derartige Verbindungen ausdehnend, nicht auseinander schiebend aufeinander wirken, sodass mehrere von ihnen ein vergrössertes Molekularvolum einnehmen. Diess geschieht, wenn die aus der Verdichtung entspringende Expansionstendenz stark genug ist, um von der Gesammtaffinität nicht vollständig überwunden zu werden.

10. Da die Stoffe im Molekularzustande gegeben sind und von jedem Stoffe beliebig viel Moleküle in Wirksamkeit treten können; so wird der Verbindungsprozess stets eine Anzahl gleicher Verbindungen erzeugen, welche nach dem vorstehenden Satze 8 auseinander treten, insofern sie sich nicht nach dem Satze 9 zu einem Mehrfachen des gegebenen Volums ausdehnen. Jede dieser Verbindungen stellt also eine durch die Verbindung erzeugte Stoffqualität dar, die wegen ihrer Zusammengesetztheit, und weil sie die kleinste in dieser Verbindung darstellbare Masse ist, ebenfalls Molekül heisst und im ersten Falle das konstante Molekularvolum $2V$, im zweiten Falle aber ein Vielfaches dieses Volums einnimmt. Alle gesättigten Verbindungen erscheinen hiernach in dem Molekularvolum $2V$ und unter Umständen in einem Vielfachen davon. Das Molekularvolum der Verbindungen ist daher nicht absolut konstant.

11. Wenn verbindungsfähige Valenzeinheiten im aktiven Volum und in vollständiger Durchdringung gegeben sind, erfolgt die Verbindung plötzlich; wenn diese Einheiten nicht alle im aktiven Volum oder in unvollständiger Durchdringung gegeben sind, bahnt sich das aktive Volum und die vollständige Durchdringung in diesem Volum allmählich an und die Verbindung erfolgt in einem Stetigkeitsverlauf. Ebendasselbe gilt von dem Scheidungsprozesse, also überhaupt von dem auf Verbindung und Scheidung beruhenden Umsetzungsprozesse.

13. Könnte das Wahl- oder Assoziationsvermögen eines Stoffes zu anderen Stoffen auf den Nullwerth herabsinken; so würde ein Atom dieses Stoffes sich auch nicht mit einem anderen Atome desselben Stoffes zu einem Molekül vereinigen: die Atome würden vielmehr isolirt bleiben und sich mit anderen Stoffen nur mischen, ohne sich chemisch zu verbinden. Nach den angeblichen Untersuchungen von Rayleigh soll die atmosphärische Luft einen solchen Stoff enthalten, welcher Argon genannt ist.

Zur Erläuterung der vorstehenden Sätze führe ich diejenigen zehn Grundstoffe und zwölf binär zusammengesetzten Stoffe vor, welche die Tabelle auf S. 103 der „Äquivalenz der Naturkräfte“ bilden, indem ich für jeden Stoff die Anzahl der Moleküle (𝔐.), welche zusammenwirken müssen, nenne und durch ebensoviel Atome von entsprechender Quantivalenz darstelle, auch den Verbindungsprozess durch Verbindungslinien darstelle und durch einen vertikalen Querstrich die Stelle bezeichne, wo ein Molekül nach der Verbindung die Scheidung erfährt. Rechts daneben ist für die aus der Verbindung und Scheidung der zusammengesetzten Stoffe hervorgehenden Bestandtheile das Äquivalentgewicht und durch Summirung das Molekulargewicht, darauf das Molekularvolum und zuletzt, als Quotient der letzten beiden Grössen, das spezifische Gewicht des Stoffes angegeben. Dieser Zusammenstellung habe ich noch das Eisen, sowie fünf zusammengesetzte Stoffe hinzugefügt.

Stoff				Molekulargewicht	Molekularvolum	Spezifisches Gewicht
Wasserstoff H	1 𝔐. H	=		2	2	1
Chlor Cl	1 𝔐. Cl	=		71	2	35,5
Sauerstoff O	1 𝔐. O	=		32	2	16
Schwefel S	1 𝔐. S	=		64	2	32
Stickstoff N	1 𝔐. N	=		28	2	14
Kohlenstoff C	1 𝔐. C	=		24	2	12
Phosphor P	1 𝔐. P	=		124	2	62
Arsen As	1 𝔐. As	=		300	2	150
Quecksilber Hg	1 𝔐. Hg	=		200	2	100
Kadmium Cd	1 𝔐. Cd	=		112	2	56
Eisen Fe	1 𝔐. Fe	=		112	2	56
Schwefeldioxyd SO_2	1 𝔐. S	=	32	64	2	32
	2 𝔐. O	=	32			
Chlorwasserstoff HCl	1 𝔐. H	=	1	36,5	2	18,[illegible]
	1 𝔐. Cl	=	35,5			
Wasser H_2O	2 𝔐. H	=	2	18	2	9
	1 𝔐. O	=	16			
Schwefelwasserstoff H_2S	2 𝔐. H	=	2	34	2	17
	1 𝔐. S	=	32			
Grubengas H_4C	4 𝔐. H	=	4	16	2	8
	1 𝔐. C	=	12			
Ammoniak H_3N	3 𝔐. H	=	3	17	2	8,[illegible]
	1 𝔐. N	=	14			
Phosphorwasserstoff H_3P	6 𝔐. H	=	3	34	2	17
	1 𝔐. P	=	31			
Arsenwasserstoff H_3As	6 𝔐. H	=	3	78	2	39
	1 𝔐. As	=	75			

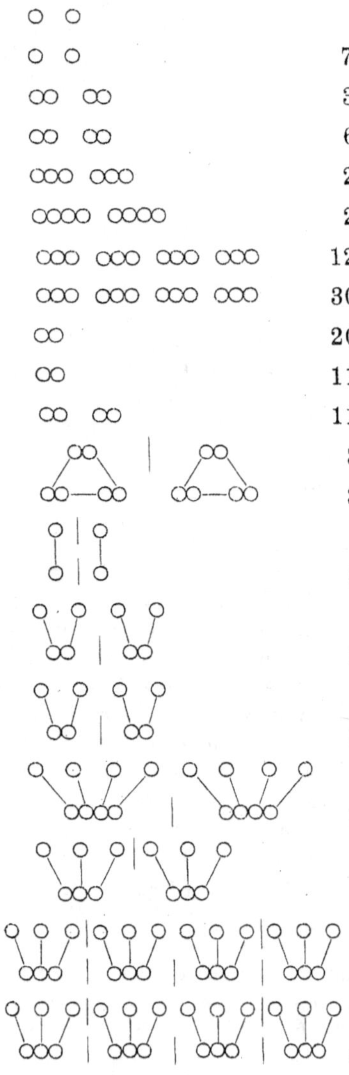

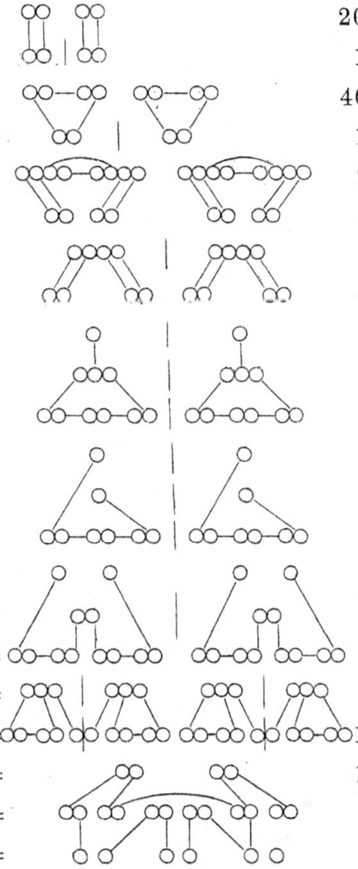

			Molekulargewicht	Molekularvolum	Spezifisches Gewicht
Quecksilberoxyd HgO	2 𝔐. Hg =	200	216	2	108
	1 𝔐. O =	16			
Quecksilberoxydul Hg_2O	4 𝔐. Hg =	400	416	2	208
	1 𝔐. O =	16			
Kohlenoxyd $2CO = C_2O_2$	2 𝔐. C =	24	56	4	14
	2 𝔐. O =	32			
Kohlendioxyd CO_2 (Kohlensäure)	1 𝔐. C =	12	44	2	22
	2 𝔐. O =	32			
Salpetersäure HNO_3	1 𝔐. H =	1	63	2	31,5
	1 𝔐. N =	14			
	3 𝔐. O =	48			
Chlorsäure $HClO_3$	1 𝔐. H =	1	84,5	2	42,2
	1 𝔐. Cl =	35,5			
	3 𝔐. O =	48			
Schwefelsäure H_2SO_4	2 𝔐. H =	2	98	2	49
	1 𝔐. S =	32			
	4 𝔐. O =	64			
Phosphorchlorid PCl_3	1 𝔐. P =	31	208,5	4	52,1
	10 𝔐. Cl =	177,5			
Ferridhydroxyd $2FeO_3H_3$	1 𝔐. Fe =	112	211	$\frac{211}{x}$	x
	3 𝔐. O =	93			
	3 𝔐. H =	6			

Die Verbindung eines Atoms des vierwerthigen Kohlenstoffes C mit einem Atome des zweiwerthigen Sauerstoffes O, also der gewöhnlich als Kohlenoxyd aufgeführte Stoff CO, existirt nicht als gesättigte Verbindung, es kann nur der Stoff $C_2O_2 = 2CO$ in gesättigtem Zustande bestehen: da aber diese Verbindung das chemische Äquivalentgewicht 56, in Wirklichkeit jedoch das spezifische Gewicht 14 hat; so muss sie das Volum $4V$, also das Doppelte des gewöhnlichen Molekularvolums einnehmen. Die ungesättigte Verbindung CO würde allerdings das Molekularvolum $2V$ haben: allein, die kleinste Stoffmenge, welche in dieser gesättigten Verbindung bestehen kann und welche nach der herrschenden

Definition das Molekül ausmacht, ist C_2O_2, und diese kann nur in dem Volum 4 *V* existiren.

Ein ähnliches Verhalten zeigt das Phosphorchlorid PCl_5, in welchem ich das Phosphor stets als dreiwerthig voraussetze. 1 𝔐. P. und 10 𝔐. Cl geben dann $4PCl_5$ mit dem Gesammtgewichte von $124 + 10 . 71 = 834$. Findet nun eine Scheidung der Moleküle bei den vertikalen Strichen statt; so entstehen vier gleiche Verbindungen PCl_5 mit dem Gewichte 208,5. Da das spezifische Gewicht von PCl_5 52,12 beträgt und 208,5 $= 4 . 52{,}12$ ist; so muss PCl_5 das Volum 4 *V* und das Molekül davon oder $2PCl_5$ das Volum 8 *V* haben.

Nach Vorstehendem ist dem Eisen in den Ferridverbindungen die nämliche Zweiwerthigkeit zuzuschreiben, welche es in den Ferroverbindungen besitzt. Das Ferridhydroxyd ergiebt sich dann aus der Verbindung der Atome, welche in einem Moleküle Eisen, drei Molekülen Sauerstoff und drei Molekülen Wasserstoff oder in $2FeO_3H_3$ enthalten sind, als einzige, vollständige Verbindung unter der Voraussetzung, dass die Wasserstoffmoleküle vermöge innerer Affinität zusammenhalten. Die Verbindung FeO_3H_3 besteht dann nicht als gesättigte, sondern nur als ungesättigte Verbindung. Die gesättigte Verbindung $2FeO_3H_3$ hat das Gewicht $2 . 56 + 6 . 16 + 6 . 1 = 211$. Wäre nun das spezifische Gewicht oder die Dampfdichte dieses Stoffes $= x$; so hätte sein Molekül das Volum $\frac{211}{x}$.

Schliesslich ist zu bemerken, dass, wenn die Stoffmasse, welche im gasförmigen Zustande ein Molekül bildet, bei der Kondensation des Gases zu einer Flüssigkeit und zu einem starren Körper stets ein Bestandtheil bleibt, an welchen sich gleiche Bestandtheile anlagern, das Volum dieses flüssigen oder starren Moleküls sich in dem Verhältnisse verkleinern muss, in welchem das spezifische Gewicht des Gases zu dem der Flüssigkeit oder des starren Körpers steht.

Aus den vorstehenden Grundlagen ergeben sich folgende Grundfesten des Stoffgebietes.

I. Die Grundeigenschaften. 1. Valenz (in der Bedeutung von Anzahl der Valenzeinheiten eines Moleküls, erkennbar an dem Gewichtsverhältnisse der vereinigten Atome, welches sich auf das Äquivalentgewicht der Valenzeinheiten stützt), 2. Assoziationstrieb oder Wahlvermögen (Verbindungsbegierde, Spannung, bedingt durch den chemischen Ort), 3. Affinität (Neigung zur Gemeinschaft, Verbindungsvermögen), 4. Affinitäts- oder Verwandtschaftsgrad (Qualität oder Eigenart eines Mineralstoffes, während Affinitätsdimensität die Qualität des Objektes als Bestandtheil des physischen, mineralischen, vegetabilischen, animalischen Reiches bezeichnet), 5. Struktur (Anordnung der Elemente).

Zusammengesetzte Eigenschaften sind das Atomvolum, als Kombination von Stoff und Raum, die Vivazität, als Kombination von Stoff und Zeit (manche Stoffe assoziiren sich langsam, manche rasch), das Äquivalentgewicht, als Kombination von Stoff und Materie.

II. Die Grundprozesse. 1. Valenzvermehrung, 2. Assoziirung (Befriedigung der Verbindungsbegierde durch Sättigung), 3. Verbindung, 4. Graduirung der Qualität, 5. Verhalten (Bildung eines Zusammenhanges der Elemente).

III. Die Grundprinzipien. 1. Primitivität, 2. Kontrarietät (z. B. Zuneigung und Abneigung, positive und negative Affinität, Verbindung und Scheidung), 3. Neutralität (z. B. primäre, sekundäre und tertiäre Affinität, auch Verbindung, Legirung und Allegirung), 4. Heterogenität (undimensionales Element, eindimensionale oder mineralische Verbindung, zweidimensionale oder vegetabilisch organische Verbindung, dreidimensionale oder animalisch organische Verbindung), 5. Alienität (konstantes oder unveränderliches Atom, einförmige Verbindung zweier Atome, gleichförmige Verbindung dreier Atome in salinischer Form, gleichmässig abgelenkte Verbindung, verstärkt variirende Verbindung).

IV. Die Apobasen. 1. Identität, 2. Gleichheit (Gleichwerthigkeit, Äquivalenz), 3. Folgerung, d. h. chemische Wirkung durch Vermittlung (namentlich bei Umsetzungen), 4. Insumtion (Verallgemeinerung der chemischen zu chemilogischen Lehrsätzen), 5. Involvenz (Darlegung der allgemeinen chemilogischen Gesetze).

V. Die Grundsätze. Z. B. (20), Zuneigung und Abneigung, Verbindung und Scheidung heben sich auf, (21), primäre, sekundäre und tertiäre Affinität beeinflussen sich nicht, (22), vor der Affinität eines unendlichen Systems verschwindet die Affinität der Elemente dieses Systems.

83. **Der Krystall.** Der Gestaltungstrieb erfordert zu seiner Befriedigung, welche Anordnung nach gegebenen Bedingungen ist, offenbar mehr als einen einzigen einfachen Bestandtheil, also eine gewisse Menge von Bestandtheilen und zwar von Bestandtheilen, welche eine gewisse Mannichfaltigkeit von Eigenschaften besitzen, die eine Abhängigkeit voneinander bedingen können. Mehrere ganz gleiche und durchaus einfache und einförmige kugelförmige materielle Elemente können daher keinen anderen Gestaltungstrieb als den des Amorphismus haben. Ein chemisches Atom dagegen, da es aus verschieden qualifizirten materiellen Elementen besteht, kann vermöge der Abhängigkeit zwischen diesen Elementen einen inneren Gestaltungstrieb haben, welcher diese Elemente in bestimmten Stellungen gegeneinander anordnet, sodass dieses Atom im freien Zustande nicht eine Kugel, sondern eine andere bestimmte Raumfigur bildet (der freie Zustand eines Formgebildes ist nicht der gasförmige und nicht der flüssige, sondern der starre Zustand: in den ersteren beiden Zuständen sind die Formtriebe nicht frei, sondern gebunden).

Indem ich mich auf die in der „Welt nach menschlicher Auffassung“ §. 32 vorgetragene Theorie der Krystallisation und auf die in der „Äquivalenz der Naturkräfte“ Nr. 28 enthaltenen Zusätze beziehe, bemerke ich hier nur Folgendes. Der endliche Krystall irgend eines einfachen oder zusammengesetzten Stoffes besteht aus lauter gleichen Formelementen, welche sich in Parallelstellung überschneiden, indem ihre Mittelpunkte in einer bestimmten Richtung des Raumes um dieselbe bestimmte Entfernung verschoben sind. In den verschiedenen Richtungen des Raumes sind diese Entfernungen und daher die Mittelpunktsabstände der Formelemente verschieden. Das Formelement hat einen Mittelpunkt und bildet für jede durch diesen Punkt gelegte Schnittfläche oder auch in Beziehung auf jede durch jenen Punkt gelegte Axe eine symmetrische Figur. Bei gleichmässigem Auswachsen des Krystalles durch Anlagerung von Formelementen in der jeder Wachsthumsrichtung entsprechenden Entfernung entsteht also ein Krystall, dessen Form, wenn er frei oder ungehemmt durch äussere Einwirkung auswächst, dem Formelemente geometrisch ähnlich ist. Durch ungleiches oder durch variabeles Auswachsen in den verschiedenen Richtungen können unsymmetrische Krystalle, namentlich durch den Stillstand oder durch das Latentwerden der Triebe in gewissen Richtungen nach erlangter Ausdehnung hemiedrische Krystalle gebildet werden. Letzteres kann aber auch, wie ich sogleich näher nachweisen werde, durch Zusammensetzung mehrerer Krystallsysteme oder Formelemente mit verschiedenen Mittelpunkten ohne Variabilität der Triebe herbeigeführt werden.

Das Formelement ist eine Assoziation einer gegebenen Anzahl von Grundtrieben von bestimmten Stärken, Ansatzpunkten und Richtungen. Zwischen den Werthen dieser Eigenschaften besteht ein gegebenes Abhängigkeitsverhältniss, welches in der Natur bei den mineralischen Objekten auf Relationen zwischen Linien, Flächen oder Körpern zurückgeführt werden kann und gewisse allgemeine oder konstante Bedingungen erfüllt. Zu diesen konstanten Bedingungen gehört unter Anderem, erstens, die Endlichkeit der Anzahl der Grundtriebe mit endlichen Stärke- und Richtungsverhältnissen, welche jedem eigentlichen Krystalle eine Figur von endlicher Eck-, Kanten- und Seitenzahl, sowie eine Figur mit ausschliesslich ebenen Seitenflächen verleihet und die Figuren mit gekrümmten Kanten und Seitenflächen ausschliesst, indem solche Figuren nur durch nach Stärke und Richtung stetig variabele Grundtriebe erzeugt werden könnten, was, wenn es eintritt, die Amorphie, d. h. die Kugel- oder Ringgestalt oder, allgemeiner, eine ellipsoidenähnliche Form herbeiführt, zweitens, die Rationalität gewisser Winkelverhältnisse der Kanten- und Seitenflächen, die, wie ich gezeigt habe, darauf zurückzuführen ist, dass die Stärke eines Grundtriebes eine mässige Summe ganzer physiometrischer Valenzeinheiten ist, und dass demzufolge auch die Neigungswinkel der Grundtriebe gegeneinander Drehungen entsprechen, welche mässige Summen einer bestimmten elementaren Winkelgrösse bilden, drittens, dass jeder Grundtrieb die Wachsthumstendenz nach zwei entgegengesetzten Richtungen bekundet und daher auch ein Wachsthum nach entgegengesetzten Seiten bewirkt, insofern Anlagerungsmassen daselbst vorhanden und keine Hemmungskräfte wirksam sind, ein Verhalten, auf welchem die Symmetrie der Krystallform beruhet, viertens, dass in der Zusammenwirkung aller Grundtriebe diejenige Masse ein Formelement bildet, welche von allen Grundtrieben gemeinschaftlich umfasst wird, ein Satz, worin das Abhängigkeitsgesetz der Grundtriebe und der Krystallelemente, wie ich sogleich näher erläutern werde, gipfelt, fünftens, dass ebenso, wie im endlichen Krystalle die Formelemente, so auch im Formelemente dessen Grundelemente sich überschneiden, sechstens, dass das Formelement, sowie der endliche Krystall durch mechanische Kräfte expandirt und komprimirt, jedoch nicht das Formelement, sondern nur der endliche Krystall durch solche Kräfte zerrissen werden kann, und dass diejenige Masse, in welcher zwei benachbarte Formelemente sich überschneiden oder in demselben Raume durchdringen, die Kohäsion dieser beiden Formelemente in der durch ihre Mittelpunkte gehenden Richtung misst, siebentens, dass zum Wachsthum eines Krystalles nach irgend einer Seite nicht nur krystallisirbarer Stoff vorhanden sein, sondern in den Krystall bis auf eine gewisse Tiefe eindringen muss, dass also der Krystall sich in einem Zustande befinden muss, welcher dieses Eindringen gestattet.

Die übrigen Eigenschaften des Krystalles, insbesondere seine Form, seine Axen, die Gleichheit der Kohäsion in parallelen Ebenen, die Variation der Kohäsion mit der Richtung der Schnittfläche, die Entstehung von Maximen und Minimen der Kohäsion, die Spaltbarkeit in gewissen Schnittflächen, des Elastizitätsellipsoid u. A. ergiebt sich aus den vorstehenden Voraussetzungen als nothwendige Konsequenz durch mathematische Rechnung, wie ich für verschiedene Eigenschaften in der „Welt nach menschlicher Auffassung“ gezeigt habe.

Aus den vorstehenden Voraussetzungen lassen sich nun die Krystallisationsgesetze folgendermaassen ableiten. Betrachtet man einen Grundtrieb, als die den materiellen Elementen des krystallisirenden Stoffes innewohnende Tendenz, rechts und links in einer gewissen Richtung neue gleiche Elemente anzugliedern und mit einer bestimmten Stärke oder Spannung in bestimmten Mittelpunktsentfernungen festzuhalten, sodass sich eine geradlinige Fiber bildet, welche an beiden Enden auswächst, indem die Endelemente nur nach aussen angliedern können, nach innen aber an den bereits erstarreten Elementen keine Änderung hervorbringen können. Jede Angliederung eines Elementes ist ein Impuls von bestimmter Intensität, je nach der Stärke des Grundtriebes bewirkt derselbe mit einem Schlage die Angliederung einer grösseren oder kleineren Anzahl von Elementen oder eine grössere oder kleinere Verlängerung der Fiber. Handelt es sich nur um einen einzigen Grundtrieb; so hat der entstehende Krystall die Form einer geradlinigen Nadel aOb (Figur 33), deren Ursprung O in der Mitte von ab liegt. Irgend eine Länge $a'b'$ ist das Maass für die Stärke dieses Triebes.

Handelt es sich um zwei Grundtriebe; so kann ihre Zusammenwirkung in mehrfacher Weise zur Anschauung gebracht werden. Ist O in Figur 34 der Ursprungspunkt des Krystalles; so hat in irgend einem Stadium der Krystallisation die durch den ersten Trieb allein gebildete Fiber die Länge und Richtung von ef und die durch den zweiten Trieb allein gebildete Fiber die Länge und Richtung von gh: das

Verhältniss der Längen $ef:gh$ bezeichnet also das Stärke- oder Spannungsverhältniss der beiden Grundtriebe. Da in jedem Punkte i, sobald derselbe augenblicklich ein Grenzpunkt des Krystalles ist oder in dessen Umfang fällt, die beiden Triebe wirksam sind; so muss der ohne Hindernisse wachsende Krystall ohne Frage die Form eines ebenen Parallelogrammes $abcd$ annehmen. Bei dem ferneren Auswachsen entsteht durch die Zusammenwirkung der beiden Triebe in jedem Punkte des Umfanges $abcd$ die der ersten ähnliche Figur $a'b'c'd'$, indem sich alle Seitenlinien und alle durch den Mittelpunkt O gehenden Radien in demselben Verhältnisse verlängern. Dasselbe Resultat ergiebt sich aber auch, wenn man die beiden Triebe ab und bc aneinander reihet, also in dem zweiten Triebe bc einen nach Länge und Richtung variirten Werth des in der Richtung ab wirksamen ersten Triebes, mithin in der gebrochenen Linie abc die Form des Gesammttriebes erblickt. Wegen der Zweiseitigkeit aller Triebe ist dann an den Endpunkt c die umgekehrte Form des Triebes abc, also die gebrochene Linie cda anzureihen, um die Gestalt die Krystalles $abcd$ darzustellen. Eine gleichmässige Variation des geformten Triebes veranschaulicht das Wachsthum des Krystalles $abcd$ ebenso genau wie die Längenvariation der gesonderten Triebe. Bei der ersten Auffassung messen die Längen der Linien ab und cd die unveränderlichen Stärken oder Spannungen der beiden Triebe, während die Abstände Oa und Ob die Örter der beiden Triebe und damit die Wachsthümer derselben messen. Verkleinert man die Krystallfigur $abcd$ bis auf dasjenige Minimalmaass, welches nach der Beschaffenheit des Stoffes möglich ist, welches also die kleinstmögliche Anzahl von Grundelementen enthält (und daher als ein physiometrisches Molekül angesehen werden kann); so stellt dasselbe das Formelement dar. Der endliche Krystall erscheint alsdann als eine Nebeneinanderlagerung von Formelementen in Parallelstellung nach den beiden Richtungen ef und gh.

Tritt zu dieden beiden Grundtrieben ein dritter, in derselben Ebene liegender Trieb, sodass es sich nach der zweiten der eben genannten beiden Auffassungen um die Anreihung der drei Grundtriebe ab, bc, cd (Figur 35) handelt; so stellt die gebrochene Linie $abcd$ die Form des Gesammttriebes und die symmetrische Figur $abcdefa$ die ebene Krystallform und auch das Formelement als ein Sechseck dar. Jede Seitenlinie wie bc erscheint hierbei als eine parallele Vorschiebung und Verlängerung in dem Winkel boc. Nach der ersten der fraglichen beiden Auffassungen, wobei die drei Triebe ab, bc, cd als selbstständige, nach Figur 36 einander durchdringende Triebe von gegebener Stärke und Richtung erscheinen, welche in jedem Punkte eine ihren Richtungen entsprechende Verlängerung hervorbringen, bildet sich dieselbe Gestalt nach Figur 37, indem man jede Seite des Krystalles $abcdef$ parallel mit sich soweit vorschiebt, dass die durch ihre Mitten gelegten Radien gh, ik, lm sich in gleichen Verhältnissen zu $g'h'$, $i'k'$, $l'm'$ verlängern. Werden die so erhaltenen neuen Grenzrichtungen bis zu den gemeinschaftlichen Durchschnittspunkten A, B, C, D, E, F aller verlängert; so zeigt sich der Krystall in der Form $a'b'c'd'e'f'$, welche den durch die beiden parallelen Linien FB und EC, ferner AC und FD, ferner BD und AE begrenzten Flächen gemeinschaftlich angehört und sich daher als das Resultat der gemeinschaftlichen Zusammenwirkung der drei Grundtriebe darstellt.

Fiele bei der letzteren Darstellung die einem Triebe entsprechende Grenzlinie, z. B. die Linie $c'd'$, über den Punkt C hinaus oder, was Dasselbe sagt, bildete die Aneinanderreihung der drei Triebe ab, bc, cd nach Figur 38 keine Figur mit lauter ausspringenden Winkeln, sondern eine Figur $abcd$ mit einspringenden Winkeln; so würde die allen drei Trieben gemeinschaftlich angehörige Figur das Parallelogramm $abhe$ sein (welches seiner Form nach, jedoch nicht seiner Dichtigkeit nach auch durch die beiden Triebe ab und bh gebildet werden würde). Dieser Fall würde sich aus Figur 36 ergeben, wenn man dort dem positiven Triebe od die entgegengesetzte Richtung oc' gäbe, also die drei positiven Triebe ob, oc, oc' annähme. Ein solcher Fall kömmt aber in der Wirklichkeit nicht vor, vielmehr reihen sich die in einer Ebene liegenden Grundtriebe stets so aneinander, dass die positiven Seiten der einzelnen Triebe sukzessiv grösser werdende Winkel gegen den ersten Trieb bilden, mithin immer eine Reihenfolge möglich ist, in welcher die grösste Winkelabweichung kleiner ist als 180 Grad. So würde, wenn die Reihenfolge ab, bc, cd in Figur 38 oder die Reihenfolge ob, oc, od in Figur 36 diese Bedingung nicht erfüllt, die Reihenfolge oc', ob, od in Figur 36 sie sicher erfüllen, indem sie nach Figur 39 vom Punkte a aus die Form $abcdef$ ergiebt, welche der in Figur 35 dargestellten entspricht.

Indem in Figur 35 die drei Triebe ab, bc, cd und die drei Triebe de, eb, ba in der Richtung der Buchstabenfolge wirken, sodass also die letzteren drei die entgegengesetzten Wirkungen der ersteren drei darstellen, alle sechs Triebe aber in den Richtungen wirken, welche dem Durchschreiten des Umfanges $abcdeba$ der ganzen Figur nach einundderselben Seite hin entsprechen, bezeichnet jeder durch zwei einander gegenüber liegende Eckpunkte wie a und d gezogener Radius ad als algebraische Summe der von dem ersten Eckpunkte a aus gemessenen Triebe ab, bc, cd die Resultante derselben, und die verlängerte Resultante ad' führt in den korrespondirenden Eckpunkt d' des vergrösserten Krystalles. Ebendasselbe gilt von den Radien be, cf, da, eb, fe: die neue Figur $a'b'c'd'e'f'a'$ erscheint daher auch als das Wirkungsergebniss der Resultanten ad, bc, cf, da, eb, fe der Grundtriebe. Diese Resultanten der drei Grundtriebe, wobei nachundnach der Anfangspunkt a, b, c des ersten, zweiten, dritten Triebes zum Ausgangspunkte genommen ist, bilden die durch den Mittelpunkt des Krystalles gehenden und homologe Ecken verbindenden Linien ad, bc, cf, welche ich seine Eckaxen nennen will. Ebendasselbe Resultat ergiebt sich, wenn man alle Triebe nach entgegengesetzten Seiten wirken lässt, also den Umfang der Figur nach entgegengesetzter Seite durchschreitet; es ergiebt sich aber auch, wenn man, wie es in Wirklichkeit der Fall ist, jeden Trieb zugleich nach beiden Seiten expandirend auf die betreffende Seitenlinie wirken lässt.

Indem sich an die letzten Formelemente einer linearen Triebfaser ab neue Formelemente in Parallelstellung nach aussen anreihen, verlängert sich die Faser, indem sich aber an jedes Formelement dieser Faser neue Formelemente in den Richtungen der übrigen Triebe cb und fa oder, was Dasselbe sagt, in den Richtungen cb und dc oder in den Richtungen dc und cb oder in der gemeinschaftlichen Richtung db anreihen, also die letzteren Triebe oder ihre Resultanten db in allen Punkten der Linie ab sich verlängern, entsteht eine Anlagerung ganzer Fasern ab nach aussen. Man kann daher die Krystallbildung ebensowohl als eine gemeinschaftliche Verlängerung aller Triebfasern, wie auch als eine Anlagerung ganzer Triebfasern nach gegebenen, durch die Stärke der Triebe bestimmten Verhältnissen ansehen. Durch den Verlängerungsprozess werden die Eckpunkte $a, b, c, d \ldots$ in der Richtung der Eckaxen $ad, be, cf, da \ldots$, durch den Anlagerungsprozess werden die Seitenlinien $ab, bc, cd \ldots$ in der Richtung ihrer normalen Abstände gg' hh', ii', welche ich die Normalaxen des Krystalles nenne, hinausgerückt: Beide liefern dasselbe Resultat. Sowohl die Verlängerungen der Seitenlinien, als auch die Erweiterungen der normalen Abstände dieser Linien stehen in den durch die Grundtriebe bedingten Verhältnissen, und man kann ebensowohl die Triebe oder die Kanten, als auch die Eckaxen, als auch die Normalaxen der Bestimmung der Krystallfigur zu Grunde legen; ja, man kann, wie es unter dem Namen der krystallographischen Axen geschieht, hierzu beliebige Richtungen, gegen welche die einzelnen Seitenlinien des Krystalles eine symmetrische Lage haben, unter Berücksichtigung der Neigungswinkel dieser Axen gegen die betreffenden Seitenlinien auswählen: für die rationellen Bestimmungsstücke halte ich nur die Grundtriebe oder die Normalaxen.

Die Anordnungen und Überschneidungen der Grundelemente sind von einer mechanischen Eigenschaft, der Kohäsion, begleitet, worunter die Kraft zu verstehen ist, welche erfordert wird, um eine Faser, wenn sie als ein Stab von gegebener Richtung und mit einer Querschnittseinheit gedacht wird, zu zerreissen. Die Abhängigkeit der Kohäsion von der Richtung liefert das Elastizitätsellipsoid, welches sich für die durch einen einzigen Grundtrieb bedingte Nadel als gerade Linie, für die durch beliebig viel in einer Ebene wirkenden Grundtriebe bedingte ebene Platte als Ellipse und für den durch beliebig viel im Raume wirkenden Grundtriebe bedingten körperlichen Krystall als Ellipsoid darstellt. Nach Maassgabe des Elastizitätsellipsoides und seiner Elastizitätsaxen ist die Nadel ein einaxiger, die Platte ein zweiaxiger, der räumliche Krystall ein dreiaxiger Krystall. Die Elastizitätsaxen haben mit den krystallographischen Axen, insbesondere mit den Normalaxen nichts Anderes gemein, als eine gesetzmässige Abhängigkeit, wovon ich die Grundzüge in der „Welt nach menschlicher

Auffassung“ entwickelt habe und worauf ich weiter unten zurückkommen werde.

Betrachten wir nunmehr das Gestaltungsgesetz eines körperlichen Krystalles. Dasselbe ergiebt sich aus dem Anlagerungsgesetze des ebenen Krystalles, wenn man an die Stelle der unbegrenzten Seitenlinien unbegrenzte ebene Seitenflächen setzt und die Raumfigur feststellt, welche allen zwischen diesen parallelen Flächenpaaren liegenden Räumen gemeinschaftlich zukömmt. So ist in Figur 40 das Parallelopipedum $abcda'b'c'd'$ die Krystallform, welche die drei Räume miteinander gemein haben, die von je zwei zu $abcd$ und $a'b'c'd'$, ferner zu $abb'a'$ und $dcc'd'$, ferner zu $add'a'$ und $bcc'b'$ parallelen Ebenen begrenzt werden. Dieser Krystall wächst, indem sich die durch seinen Mittelpunkt e gehenden Eckaxen ac', bd', ca', db' proportional verlängern, was eine proportionale Verlängerung aller Kanten und die Entstehung eines in allen Richtungen gleichmässig auswachsenden Krystalles, den wir einen normalen Krystall nennen wollen, zur Folge hat. Ganz dasselbe Resultat ergiebt sich, wenn man die Krystallbildung als die Zusammenwirkung der drei linearen Grundtriebe ab, ad, aa' auffasst: denn betrachtet man diese Bildung vom Mittelpunkte o aus; so entspringt aus der Wirkung der beiden Triebe ab und ad eine zur ebenen Seitenfläche $abcd$ parallele Fläche, welche durch die Wirkung des dritten Triebes aa' bis in die Grenzlagen $abcd$ und $a'b'c'd'$ verschoben wird. Betrachtet man diesen Krystall als das Resultat von Anlagerungen an die Seitenflächen; so wird derselbe durch die drei Normalaxen bestimmt, welche den Abstand von je zwei parallelen Seitenflächen darstellen. Das Formelement dieses normalen Krystalles ist die dem Krystalle geometrisch ähnliche Elementarfigur, aus welcher durch Anreihung in allen Richtungen oder durch Verlängerung seiner krystallographischen Axen von o aus der endliche Krystall hervorgeht. (Durch ungleichmässige Anlagerung der Formelemente in den verschiedenen Richtungen entsteht ein nicht normaler Krystall, welcher natürlich seinem Formelemente nicht geometrisch ähnlich ist).

Durch das Hinzutreten eines vierten Grundtriebes cf, welcher mit ab und bc in derselben Ebene liegt, entsteht nach Figur 41 der sechsaxige Krystall, welcher oben und unten durch eine sechseckige und sonst durch lauter viereckige Seitenflächen begrenzt ist und nur dreikantige Ecken hat.

Die in Figur 40 und 41 dargestellten Krystalle sind nicht nur symmetrische Raumfiguren, sondern haben auch symmetrische Seitenflächen. Letzteres ist nicht mehr der Fall in dem symmetrischen Sechsecke $abcdfg$ (Figur 42), indem dessen Seitenflächen Dreiecke, also unsymmetrische Figuren sind. Eine solche Figur kann durch die zuerst erwähnte Anlagerung von Seitenebenen sofort konstruirt werden, weil eine Seitenebene von der Form der betreffenden Seitenfläche ganz unabhängig ist: sie kann aber auch durch die Wirkung von Grundtrieben erzeugt werden. Während die Anlagerung vier parallele Ebenenpaare erfordert, welche den Krystall mit vier parallelen Seitenflächen erzeugt, bedarf die Wirkung der Grundtriebe sechs lineare Triebe ab, ac, ad, af, bc, cd, und zwar können von diesen sechs Trieben nur drei, nämlich die beiden bc, cd, welche das Parallelogramm $bcdf$ bedingen, und von den übrigen noch einer, z. B. ca, welcher den Eckpunkt a und mit bc, cd zusammen die Ecke bei c bedingt, nach Stärke und Richtung willkürlich gegeben sein, wogegen die übrigen drei, nämlich ab, ad, af nach Stärke und Richtung von jenen gegebenen abhängig sind, indem sie die dritte Seite der Dreiecke acb, acd, abf bilden müssen. Diese sechs Grundtriebe erzeugen die nämliche sechseckige Figur: eine jede Seitenfläche derselben, wie z. B. abf, reduzirt sich nämlich dadurch auf die Hälfte des den beiden Trieben ab und bf zukommenden Parallelogramms $abff'$, dass dieses Parallelogramm ebenso wie das homologe $gdcd'$ von dem Parallelogramme $acgf$, welches den beiden Trieben ac, af entspricht, in den Linien af und cg geschnitten wird, wodurch die Hälften aff' und gcd', als ausserhalb der Gemeinschaft liegend, von der Krystallfigur ausgeschlossen werden.

Als ein krystallographisches Grundgesetz gilt auch jetzt, dass nur solche Grundtriebe oder Seitenebenen einen Krystall bilden können, welche ein symmetrisches Polyeder mit lauter ausspringenden Drehungs- und Wälzungs- (Deklinations- und Inklinations-) Winkeln sowohl in den Seitenflächen, als auch in den körperlichen Ecken erzeugen, dass also in jeder körperlichen Ecke auch die Flächenwinkel lauter ausspringende sind. Verzeichnet man daher alle Grundtriebe nach ihren Richtungen als Radien, welche von demselben Punkte auslaufen (wie Figur 36 für ein ebenes System anzeigt); so gehören die in eine Ebene fallenden Triebe in der angezeigten Reihenfolge zu einer Seitenfläche, während die Ebenen, welche sich in einem gemeinschaftlichen Triebe schneiden, eine körperliche Ecke des Krystalls kennzeichnen. Aus der Anzahl der Triebe in jeder Ebene und aus der Anzahl dieser Ebenen erkennt man die Anzahl der Seitenflächen und der Seitenlinien jeder dieser Flächen, sowie die Anzahl der Ecken und der in jeder Ecke zusammenlaufenden Kanten des Krystalles und des Formelementes. Was vorhin von den Axen des ebenen Krystalles gesagt ist, gilt auch von den Axen des körperlichen Krystalles, dass nämlich die Krystallgestalt ebensowohl auf die relativen Verhältnisse der Grundtriebe oder Kanten, als auf die der Normalaxen oder anderer krystallographischen Axen bezogen und danach bestimmt werden kann. Im Übrigen werde ich alsbald auf Krystalle mit unsymmetrischen Seitenflächen und auf unsymmetrische Krystalle zurückkommen und ein besonderes Gesetz dafür aufstellen.

Die bisherigen Betrachtungen gehen von der Voraussetzung aus, dass der Krystall sich nach allen Seiten frei entwickeln könne. Wenn diese Voraussetzung nicht erfüllt ist, wenn also gewisse Grundtriebe durch Mangel an krystallisirbarem Stoffe oder durch feste Wände oder durch sonstige Ursachen im Wachsthume beschränkt oder ganz gehindert sind; so können sich auch unsymmetrische Krystalle bilden. Ein in der Natur häufig vorkommender Fall dieser Art ereignet sich bei dem Hervorwachsen eines Krystalles $abcda'b'c'd'$ (Figur 40) aus einer starren Grundfläche, welche die Ebene von $abcd$ ist. Alsdann können die Triebe ab, bc nach beiden Seiten frei wirken, wogegen der Trieb aa' nur nach oben zu wachsen vermag. Das Formelement wird durch die einseitige Beschränkung des Grundtriebes aa' nicht beeinflusst, es wird nur seine Anlagerung in dieser Richtung nach unten gehindert. Das Formelement hat also immer die Gestalt des ganzen (normalen) Krystalles, und es ergiebt sich aus der Figur $abcda'b'c'd'$ durch verhältnissmässige Verkleinerung aller Seiten auf ein unendlich kleines Maass. Im Formelemente fallen also alle parallelen Kanten aa', bb', cc', dd' nahezu ineinander, und da sie nach ihrer Länge die Stärke bezeichnen, womit der krystallisirbare Stoff in dieser Richtung anwächst; so muss diese Stärke für alle gleich sein, d. h. auch im endlichen Krystalle müssen die Kanten aa', bb', cc', dd' gleiche Länge haben. Eine Verschiedenheit der Länge dieser Kanten würde die offenbar absurde Voraussetzung fordern, dass der gegebene Stoff in derselben Richtung mit verschiedenen Triebstärken wirken könne. Hieraus folgt, dass der vollständige Krystall nicht durch jede beliebige, durch seinen Mittelpunkt o gelegte Ebene geschnitten werden kann, um in der über dieser Ebene liegenden Hälfte den Krystall darzustellen, welcher durch Hervorwachsen aus dieser zur festen Basis angenommenen Ebene entstehen könnte. Ist der vollständige Krystall prismatisch wie in Figur 40 oder 41 in einer bestimmten Richtung aa' durch lauter gleich lange Kanten und oben und unten durch eine ebene Seitenfläche begrenzt; so kann dieser Krystall nur aus einer ebenen Basis hervorwachsen, welche mit der oberen Fläche parallel ist oder, mit anderen Worten, aus einer ebenen Basis kann der gegebene Stoff nur in einer der Figur 40 oder 41 entsprechenden, also symmetrischen Form hervorwachsen. Übrigens kann die Kante aa' jede Richtung annehmen, welche mit der Grundfläche denselben Winkel bildet, es können also aus derselben ebenen Grundfläche gleichgeformte symmetrische Krystalle in verschiedenen Richtungen hervorwachsen.

Ist der Krystall in Figur 40 oben und unten nicht durch eine ebene Fläche, sondern durch eine beliebige Figur, z. B. durch eine vierkantige Pyramidenfläche mit einer ausspringenden Ecke begrenzt, jedoch so, dass $a'b'c'd'$ immer eine ebene Fläche bildet; so wird aus einer zu dieser Fläche parallelen Basis ein Krystall hervorwachsen, welcher die unsymmetrische Hälfte des vollständigen Krystalles, also einen hemiedrischen Krystall darstellt.

In jedem aus einer festen Ebene, sonst aber frei hervorwachsenden Krystalle bildet der Mittelpunkt der Grundfläche $abcd$ den Anfangspunkt der nach allen Eckpunkten führenden Axen, welche sich beim Wachsen des Krystalles proportional verlängern.

Fände der aus der festen Basis hervorwachsende Krystall, nachdem er die Grösse $abcda'b'c'd'$ (Figur 40) erreicht hat, bei $abb'a'$ und $dcc'd'$ feste Wände; so würde er nur nach oben und in der Richtung ab nach beiden Seiten weiter wachsen können. Hierbei würde sich, wenn die obere Fläche nicht eben wäre, sondern einen darüber liegenden Eckpunkt hätte, eine von diesem aufrückenden Eckpunkte auslaufende zu $a'b$ parallele Kante bilden.

Stellten sich auch bei $bcc'b'$ und $add'a'$ feste Wände ein; so würde der Krystall nur nach ob auswachsen, wobei die obere Grenzfläche ganz unverändert parallel zu aa' vorrückte.

Bei einem frei wachsenden Krystalle und bei einem sich frei bildenden Formelemente sind nicht die Seitenflächen und Axen, sondern die Grundtriebe die gegebenen wirksamen Grössen: es entstehen nicht die Grundtriebe aus den Seitenflächen, sondern die Seitenflächen aus den Grundtrieben. Hiernach ist die Bildung einer unsymmetrischen dreieckigen Platte nicht möglich, solange das den bisherigen Betrachtungen zu Grunde gelegte Gesetz in strenger Gültigkeit bleibt. Das Wesentliche dieses Gesetzes besteht darin, dass alle Grundtriebe eines Krystalles, z. B. in Figur 35 die drei Triebe ab, bc, cd, welche in Figur 36 durch ob, oc, od dargestellt sind, einen gemeinschaftlichen Mittelpunkt o haben, dass sie beliebige Stärken und Richtungen haben können, dass sie jedoch in einer solchen Reihenfolge aneinandergereihet werden, dass nur positive Triebrichtungen mit zunehmenden Neigungswinkeln aufeinander folgen, sodass in Figur 35 eine Figur $abcd$ mit ausspringenden Winkeln entsteht, welche die eine symmetrische Hälfte der Figur $abcdefa$ bildet, deren Mittelpunkt O der gemeinsame Mittelpunkt aller Triebe ist und stets die Mitte jeder Eckaxe wie ad, be, cf einnimmt.

Neben diesem krystallographischen Grundgesetze stelle ich nun die Annahme auf, dass auch Krystallbildungen aus mehreren Mittelpunkten möglich sind, dass also in dem unendlich kleinen Formelemente jeder Grundtrieb seinen besonderen Mittelpunkt hat, der in der Mitte der Linie liegt, welche nach ihrer Länge und Richtung die relative Stärke und die Wirkungsrichtung dieses Triebes darstellt. Die Anreihung der Triebe erfolgt auch jetzt mit zunehmenden Winkeln, sodass eine Figur mit ausspringenden Ecken entsteht, es werden jedoch nicht lediglich die positiven Triebrichtungen, sondern ohne Rücksicht auf die Positivität oder Negativität dieser Richtungen alle Triebe in derjenigen Folge, welche eine geschlossene Figur mit ausspringenden Ecken ergiebt, aneinander gereihet. Damit durch diese Anreihung eine gegeschlossene Figur entsteht, können die Stärken und Richtungen einer gewissen Anzahl der Triebe beliebige Werthe haben, die Stärke und Richtung einiger Triebe muss jedoch von der Stärke und Richtung der übrigen Triebe in der Weise abhängig sein, dass alle Triebe eine geschlossene Figur von der gedachten Eigenschaft bilden können.

Wenn also beispielsweise in der unendlich kleinen Figur 43 die durch die Linien ab, bc, ca in ihren Stärke- und Richtungsverhältnissen dargestellten Triebe gegeben wären; so müssen dieselben ein geschlossenes Dreieck abc formiren, in welchem die Mitten α, β, γ der Seiten ab, bc, ca die Mittelpunkte der drei Triebe bezeichnen, oder umgekehrt, das Dreieck abc wird durch die drei Triebe ab, bc, ca erzeugt, welche von den Punkten α, β, γ aus wirken. Es bedarf keiner näheren Erläuterung, um zu erkennen, dass ein gleichmässiges Wachsthum dieser Triebe von den festen Mittelpunkten α, β, γ aus lauter formgleiche Dreiecke wie $a'b'c'$ erzeugt, dessen Ecken a', b', c' in den Axen oa, ob, oc liegen.

Handelt es sich um einen tetraedrischen körperlichen Krystall $abcd$ (Figur 44); so erfordert derselbe sechs Grundtriebe ab, bc, ca, ad, bd, cd mit den sechs Mittelpunkten α, β, γ, δ, ε, η.

Das in Figur 42 dargestellte Oktaeder bildet eine symmetrische Form als Resultat der Wirkung von sechs Grundtrieben aus dem gemeinschaftlichen Mittelpunkte O, kann aber wegen der unsymmetrischen (dreieckigen) Seitenflächen auch als das Resultat von zwölf Trieben, welche aus zwölf verschiedenen Mittelpunkten wirken, angesehen werden.

Für die nicht auf symmetrische Formen zurückführbaren Gestalten ergiebt sich zwar aus dem Vorstehenden, dass die Gestalt des wachsenden Krystalles der Grundform ähnlich bleibt, es ergiebt sich jedoch daraus nicht das Verhältniss der Anlagerungen an die verschiedenen Seiten: man kann jeden beliebigen Punkt in einem unsymmetrischen ebenen Polygone oder in einem unsymmetrischen Polyeder als den krystallographischen Mittelpunkt ansehen, von welchem aus sich alle Radien, also auch alle Seiten proportional erweitern. Für ein Dreieck abc (Figur 43) zeigt sich zwar der Punkt O, in welchem sich die drei Linien $a\beta$, $b\gamma$, $c\alpha$ schneiden, als ein natürlicher Mittelpunkt; für ein Polygon von mehr als drei Seiten haben aber diese Linien keinen gemeinschaftlichen Durchschnittspunkt. Ich bin der Ansicht, dass der Schwerpunkt einer Figur, wobei dieselbe als eine homogene Masse betrachtet wird, als ihr natürlicher krystallographischer Mittelpunkt anzusehen sei, auch dass der Mittelpunkt des Formelementes mit dem Mittelpunkte des Elastizitätsellipsoides zusammenfällt.

Manche unsymmetrische ebene oder körperliche Figur mit ausspringenden Ecken stellt die Hälfte einer symmetrischen Figur mit ausspringenden Ecken dar. Wenn nun jede symmetrische Figur ein bestimmbares Elastizitätsellipsoid hat, und dieses Elastizitätsellipsoid jedem Theile des ganzen Krystalles angehört; so muss man schliessen, dass eine Figur, welche die Hälfte eines symmetrischen Krystalles darstellt, ein Elastizitätsellipsoid hat, welches dem des symmetrischen Krystalles gleich ist.

Im freien Zustande wird ein unsymmetrischer Krystall wie das Tetraeder (Figur 44) von seinem krystallographischen Mittelpunkte aus nach allen Seiten auswachsen: leistet aber eine feste Grundebene einen Widerstand in der durch die Spitze d gehenden Axe; so kann derselbe nur nach den Seiten und nach oben wachsen. Würde das Tetraeder an zwei Seiten abc und bcd, oder würde es an drei Seiten abc, bcd, abd gehemmt; so würde es nach den freien Seiten hin, stets unter Beibehaltung der ursprünglichen Form, auswachsen, indem die festen Flächen nur ein Vorschieben der krystallisirenden Masse in gewissen Richtungen bedingen.

Die Wirkung der Formtriebe aus verschiedenen Mittelpunkten kann als eine Zusammenlagerung von mehreren einfachen (geradlinigen) Krystallisationssystemen angesehen werden. Diese Auffassung führt dann zu der allgemeinen Zusammenwirkung von beliebigen Krystallisationssystemen. Wenn sich solche Systeme in der Stärke oder Richtung oder in der Anzahl der Triebe (durch Hervorrufung neuer oder Unterdrückung gegebener Triebe) gegenseitig beeinflussen, wird das Resultat der Zusammenwirkung eine eigenartige Figur sein.

Verschieden von der Zusammenwirkung mehrerer Krystallsysteme ist die Anlagerung selbstständiger, voneinander unabhängiger Systeme. So kann das Fünfeck $abcde$ in Figur 45 als die Aneinanderlagerung des Viereckes $abce$ und des Dreieckes ecd an der festen Linie ec, aber auch als die Aneinanderlagerung der drei Dreiecke eab, ebc, ecd an den beiden festen Linien eb und ec angesehen werden. Wie verschieden auch solche aneinandergelagerte Figuren sein mögen, immer wird man annehmen müssen, dass, wenn sie parallele Kanten haben, die durch diese Kanten vertretenen Grundtriebe einander an Stärke gleich sein müssen, weil es widersinnig erscheint, dass derselbe Stoff bei unendlicher Verkleinerung der Krystallfigur, wobei die parallelen Kanten in einunddieselbe Richtung fallen, in dieser Richtung Triebe von verschiedener Stärke äussern könnte. Wäre also bc parallel ae; so müsste auch $bc = ae$, mithin $abce$ ein Parallelogramm sein. Hieraus ergiebt sich, dass auch die Krystallisation in symmetrischen Gestalten auf die Wirkung von Grundtrieben mit verschiedenen Mittelpunkten zurückgeführt werden kann. (Das Parallelogramm $abce$ bildet sich nicht nur durch die zwei Triebe ab und bc mit einem gemeinschaftlichen Mittelpunkte o, sondern auch durch die vier Triebe ab, bc, ce, ea mit den vier verschiedenen Mittelpunkten α, β, γ, δ).

Wie die materiellen Elemente sich ordnen oder anreihen oder anlagern, um aus einem Stoffpunkte ein Formelement zu bilden, ebenso ordnen, reihen, lagern sich die Formelemente zusammen, um aus einem Formelemente einen endlichen Krystall zu bilden, insofern der Krystallisation keine Hindernisse entgegentreten und alle äusseren Einwirkungen konstant bleiben. Die bereits erzeugten Formelemente wirken also ziehend und richtend auf die entstehenden Formelemente: es fragt sich also, in welcher Stellung die ersten Formelemente auftreten. Offenbar hängt Diess von dem augenblicklichen Zustande der krystallisirenden Flüssigkeit ab, von welchem man annehmen muss, dass derselbe niemals in allen Punkten und Richtungen dauernd identisch ist, sondern Wechsel darbietet, welche an einer bestimmten Stelle momentan entweder nur ein einziges oder mehrere Formelemente in bestimmten Stellungen und Abständen erzeugen. Indem diese Formelemente aufeinander wirken, ordnen sie sich zu einer von ihren Stellungen und Abständen abhängigen Gesammtheit mit einer ihnen allen gemeinsamen Parallelstellung, welche dem auswachsenden Krystalle zur Grundlage dient.

Wenn sich während dieses Auswachsens die äusseren Umstände, also die Beschaffenheit und die Kräfte der krystallisirenden Flüssigkeit, ändern, kann auch der Krystallisationsprozess Änderungen erleiden, welche, wenn die Ursachen in allen Punkten der Flüssigkeit gleich sind, symmetrische Abweichungen herbeiführen werden, wie sie z. B. die Schneeflocken darbieten.

Ausserdem ist es möglich, dass einundderselbe chemische Stoff, wie z. B. der Kohlenstoff, der Schwefel, der kohlensauere Kalk ($CaCO_3$) Arragonit, unter wesentlich veränderten äusseren Umständen, also unter der Einwirkung äusserer Kräfte wie Wärme, Licht, Elektrizität u. s. w., verschiedene Formelemente erzeugt, also in verschiedenen Gestalten krystallisirt, dass mithin manche, wonicht alle Stoffe unter der Wirkung äusserer Kräfte polymorph sind und dass jeder Stoff, selbst wenn er in einem bestimmten Krystallsysteme, d. h. als eingestaltig oder unimorph, erscheint, doch in seinen Axen- und Winkelverhältnissen mehr oder weniger von den bei seiner Erzeugung herrschenden äusseren Kräften abhängt.

Umgekehrt, werden gewisse innere Kräfte, wenn sie gleiche Systeme bilden, in ungleichartigen Stoffen gewisse Übereinstimmungen in den Krystallformen herbeiführen und die Isomorphie bedingen können. Die chemische Struktur der Verbindungen scheint ein solches System von Affinitätskräften zu sein, welches die Krystallform stark beeinflusst, wie aus der Isomorphie des Natriumchlorids, des Natriumjodids und des Natriumbromids ($NaCl$, NaJ und $NaBr$), sowie des Natriumphosphats und des Natriumarsenats ($Na_2HPO_4 + 12H_2O$ und $Na_2HAsO_4 + 12H_2O$) und vieler anderer hervorgeht.

Ein Rückblick auf das Vorstehende bringt die fünf Grundeigenschaften des Krystalles zur Erkenntniss. Wenn in Figur 46 o der gegebene Mittelpunkt eines aus drei Grundtrieben gebildeten ebenen symmetrischen Formelementes $abcd$ ist; so stellt die Linie ab von gegebener Länge die Spannungs- oder Stärkenquantität als die erste Grundeigenschaft des ersten Grundtriebes dar. Der Abstand oa des Anfangspunktes a dieses Triebes vom Mittelpunkte o bezeichnet den Ort oder den Angriffspunkt, von wo aus dieser Trieb in Wirksamkeit tritt, als dessen zweite Grundeigenschaft. Da beim Wachsen des Krystalles die Linie ab in demselben Verhältnisse wie die Linie oa wächst; so bestimmt die Länge des Abstandes oa zugleich das Wachsthum der ersten Triebfaser als eine Anreihungstendenz. Wird oa doppelt so gross, also $oa' = 2.oa$; so wird auch ab doppelt so gross, die Figur $abcd$ geht also in $a'b'c'd'$ über: läge aber der Anfangspunkt des ersten Triebes in a' und wäre die Stärke $a'\alpha'$ dieses Triebes die frühere, also $a'\alpha' = ab = \frac{a'b'}{2}$; so würde erst die Verdoppelung von $oa' = 2.oa$, also der Abstand von o gleich $2oa' = 4.oa$, die Verdoppelung der ersten Faser mit sich bringen. Man muss daher sagen, die Faser ab wächst proportional mit dem Abstande oa, da aber das Wachsthum des Abstandes oa eine schrittweise Verlängerung um gegebene Längeneinheiten ist; so zeigt die erste Faser für gleiche

Abstände vom Mittelpunkte o eine Wachsthumstendenz, welche dem Abstande oa umgekehrt oder der Grösse $\frac{1}{oa}$ direkt proportional ist. So würde der in a' beginnende Trieb $a'\alpha'$ in dem Abstande oa die Länge $a\alpha = \frac{1}{2}a'\alpha'$ zeigen. Die Länge oa bestimmt und kennzeichnet die Wachsthumstendenz des Triebes ab zugleich als eine Anlagerungstendenz.

Die Richtung, welche der Trieb ab gegen eine gegebene Grundrichtung, z. B. gegen die Linie oa, annimmt, oder seine Abweichung von der Grundaxe stellt die dritte Grundeigenschaft dar. Wenn der Trieb ab nach Stärke und Richtung gegeben ist, kann auch statt der Entfernung oa seines Anfangspunktes a vom Mittelpunkte o der normale Abstand seiner Richtungslinie vom Mittelpunkte o zur Bestimmung seiner Wachsthums- und Anlagerungstendenz dienen. Bei körperlichen Krystallen liefern die Normalabstände der Seitenflächen diese Maassbestimmung. Wenn mehrere aneinandergereihete Grundtriebe wie ab, bc als Formtrieb abc aufgefasst werden, kann die Richtung dieses Formtriebes durch die Richtung der Resultante ac gemessen werden. Die Richtung eines Triebes stellt zugleich ein Abweichungsverhältniss dar, und die Richtung oder der Neigungswinkel des Triebes gegen irgend eine Grundrichtung ist das Maass für die Drehung des Triebes oder für sein Abweichen von einer Grundrichtung.

Die vierte Grundeigenschaft des Krystalles ist, wenn man den Krystall als Raumgrösse betrachtet, seine geometrische Dimensität, in Folge deren der Krystall ein undimensionales (unendlich kleines) Formelement, oder eine eindimensionale (gerade, gebrochene oder gekrümmte) Linie mit punktuellen Ecken, oder eine zweidimensionale (ebene) Fläche mit linearen Seitenlinien oder Kanten und punktuellen Ecken, oder ein dreidimensionaler (räumlicher) Körper mit Seitenflächen, linearen Kanten und punktuellen Ecken sein kann. Bezieht man jedoch die vierte Grundeigenschaft auf die Dimensität der erzeugenden Grundtriebe; so sind alle Krystalle eindimensionale Gebilde, weil die Grundtriebe für alle eindimensionale Linien sind. Zweidimensionale Krystallbildungen würden dann aus Systemen von mineralischen Atomen, also aus Zellen, hervorgehen können, also vegetabilische Grundformen darstellen, während dreidimensionale Krystallbildungen Systeme von Zellen erfordern würden, aus welchen die Konstitutionsformen der animalischen Grundorgane hervorgehen. Übrigens kömmt das Wesen und Vermögen der vegetabilischen Zellen und animalischen Organe hierbei nicht in Betracht, sondern lediglich der Zusammenhang mineralischer Elemente, welcher sich durch die komplizirte Zusammenwirkung der in zwei- und dreidimensionalen Systemen vereinigten mineralischen Elemente und Gestaltungstriebe ergiebt.

Als fünfte Grundeigenschaft des Krystalles erscheint dann der gesetzliche Zusammenhang oder die Variabilität der Grundtriebe, deren Resultat die Gestalt des Formelementes oder die Krystallform ist, z. B. die durch drei Triebe gebildete Form, wovon *abcd* die eine Hälfte darstellt. Übrigens tritt diese fünfte Grundeigenschaft in ihrer primitiven Bedeutung als Variabilität jedes einzelnen Grundtriebes *ab* auf. Jeder solcher Grundtrieb hat eine auf Variabilität seiner ätherischen Elemente beruhende spezifische Form: er kann eine gerade, eine in einer Ebene gekrümmte, eine im Raume geschrobene Linie darstellen, stellt aber im Mineralreiche stets eine gerade Linie dar, ist also hier von einförmiger Gestalt. Die Variabilität eines Grundtriebes kann eine beliebige sein, wenn dieser Trieb als ein selbstständig bestehendes Objekt gedacht wird: als ordnendes Glied eines Formganzen, nämlich des Formelementes, können die einzelnen Triebe nicht beliebig variabel sein, sondern müssen in einem gesetzlichen Zusammenhange stehen: diese Abhängigkeit der zu einem Formelemente gehörigen Grundtriebe macht die fünfte Grundeigenschaft des Formelementes aus.

Die Zusammenwirkung der fünf Grundeigenschaften im Formelemente und die Zusammenwirkung der Formelemente zu einem Krystalle bedingt gewisse Kombinationseffekte, welche leicht mit Grundeigenschaften verwechselt werden können. Nimmt man zur ersten Grundeigenschaft eines Grundtriebes seinen quantitativen Inhalt (Länge einer Linie, Flächeninhalt einer Fläche), zur zweiten Grundeigenschaft den Ort, als Abstand von einem Nullpunkte, als dritte Eigenschaft sein Verhältniss zu einer Grundaxe oder seine absolute Richtung, als vierte Eigenschaft seine Qualität oder Dimensität (als Punktgrösse, Liniengrösse, Flächengrösse, Körpergrösse) und als fünfte Eigenschaft seine Form (als gerade, krumme, torquirte Grösse); so ist die Anzahl von Grundtrieben, welche in einem Formelemente wirksam sind, ein Zusammensein von Quantitätsgrössen; die Zusammenstellung mehrerer Triebe mit ihren Stärken und Ortsabständen erscheint dann als eine Aneinanderreihung der Grundtriebe; die Neigungswinkel der Kanten des Formelementes sind dann die relativen Richtungsverhältnisse der Triebe gegeneinander; die Anlagerung an die Grundtriebe entspricht dem in Nr. 27 erörterten Prozesse und gehört nicht eigentlich in das Gebiet des Formelementes, sondern in das Gebiet des aus Formelementen sich bildenden Krystalles; der gemeinschaftliche Fortschritt im Quantitäts-, Anreihungs- und Verhältnissprozesse stellt einen Kombinationsprozess dar, welcher, wenn er die stärkere oder schwächere Anreihung der Formelemente in dieser und jener Richtung betrifft, als Wachsthum des Krystalles aufgefasst wird. Die Abhängigkeit der Grundtriebe untereinander behuf Bildung eines im Formelemente sich darstellenden gesetzlichen Systems ist ein allgemeiner Zusammenhang aller Grundtriebe eines Formelementes und gestaltet sich bei der Krystallisation zu der Variabilität der äusseren Ursachen, welche die Anlagerung der Formelemente bedingen. Hinsichtlich des allgemeinen Zusammenhanges der Grundtriebe hebe ich folgende Spezialitäten hervor.

Da in dem ebenen symmetrischen Krystalle (Figur 46) der Endpunkt *d* des letzten Triebes *cd* zugleich der Endpunkt der von *a* über *o* hinaus verlängerten Linie ad von der Länge $2 . oa$ sein muss; so können nicht alle Triebe willkürlich sein. Das Krystallisationsgesetz fordert nicht nur Anreihung der Grundtriebe, sodass der Anfangspunkt des nächstfolgenden Triebes in den Endpunkt des vorhergehenden rückt, sondern auch, dass der letzte Trieb cd im Punkte d endigt Geht man vom Mittelpunkte o aus; so muss für eine ebene symmetrische Krystallfläche offenbar die algebraische Summe der nach Länge und Richtung gemessenen Linien $(oa) + (ab) + (bc) + (cd) + (do) = o$ oder, da $(oa) = (do)$ ist, $2(oa) + (ab) + (bc) + (cd) = o$ sein. Sind also oa, ab, bc gegebene Grössen; so muss der letzte Trieb $(cd) = -\{2(oa) + (ab) + (bc)\}$ sein. Wären die drei Triebe ab, bc, cd gegeben; so könnte nicht zugleich der Mittelpunkt o gegeben sein: man hätte vielmehr, von a aus gemessen, $(ao) = \frac{1}{2}\{(ab) + (bc) + (cd)\}$. Jede Linie in einer Ebene ist nach Grösse und Richtung gegen eine bestimmte Grundrichtung in der Form $le^{\alpha i} = l \cos \alpha + l \sin \alpha . i$ darstellbar. Hierdurch wird jede der eben aufgeführten Gleichungen ein komplexer Ausdruck, der in zwei Gleichungen zerfällt, durch welche sowohl die Länge, als auch die Richtung der unbekannten Grösse zu bestimmen ist. Für räumliche Krystalle nehmen die Grundtriebe die Form $le^{\alpha i}e^{\beta i_1}$ an, welche triplex ist und eine Zerfällung der Endgleichungen, welche in mehrfacher Anzahl auftreten, in je drei Gleichungen zur Bestimmung der Länge, der Deklination und der Inklination der gesuchten Linien herbeiführt.

Die Grundfesten des Krystallgebietes sind hiernach die folgenden.

I. Die Grundeigenschaften. 1. Stärken- oder Spannungsquantität (der Grundtriebe in dem Formelemente und der Formelemente in dem Krystalle), 2. Wachsthums- (Anreihungs- und Anlagerungs-) Vermögen, 3. Richtung (auch Abweichungs- oder Drehungsvermögen), 4. Dimensität (als Anordnung ein-, zwei-, dreidimensionaler Elemente), 5. Form (des Grundtriebes, des Formelementes und des Krystalles, als Anordnung oder Variabilität nach einem Abhängigkeitsgesetze).

II. Die Grundprozesse. 1. Verstärkung, 2. Wachsthum (Anreihung), 3. Drehung (Abweichung gegen eine Grundrichtung oder Wirkung der Drehungstendenz), 4. Dimensionirung, 5. Krystallisation (Gestaltungsprozess).

III. Die Grundprinzipien. 1. Primitivität, 2. Kontrarietät (z. B. Verstärkung und Schwächung, Fortgang und Rückgang, Drehung nach links und Drehung nach rechts), 3. Neutralität (z. B. Längen-, Breiten-, Höhenrichtung), 4. Heterogenität (un-, ein-, zwei-, dreidimensionale Form), 5. Alienität (entsprechend den fünf geometrischen Formstufen, z. B. der Konstanz, der geradlinigen, krummlinigen Variation).

IV. Die Apobasen. 1. Identität, 2. Gleichheit (in der Hervorbringung gewisser Resultate, z. B. derselben Axe, derselben Resultante, derselben Form), 3. Folgerung, d. h. die durch Vermittlung hervorgebrachte krystallographische Wirkung, 4. Insumtion (Verallgemeinerung der beobachteten krystallographischen Spezialfälle zu physiometrischen

Lehrsätzen), 5. Involvenz, Darlegung der allgemeinen physiometrischen Gesetze.

V. Die Grundsätze, z. B. (20), Verstärkung und Schwächung eines Triebes, Linksdrehung und Rechtsdrehung heben sich auf, (21), Längen-, Breiten- und Höhenprozesse beeinflussen sich nicht, (22), vor dem Gestaltungstriebe eines unendlichen Systems von Grundtrieben verschwindet der Gestaltungstrieb der Elemente dieses Systems.

84. **Das Elastizitätsellipsoid.** Den vorstehenden Sätzen über die physiometrischen Eigenschaften der Krystalle füge ich folgende Bemerkungen über die mechanische Eigenschaft der Kohäsion oder Elastizität der Krystalle, insbesondere über das Elastizitätsellipsoid hinzu. Einige dieses Ellipsoid betreffende Sätze habe ich bereits in der „Welt nach menschlicher Auffassung“ §. 32 entwickelt. Bei jener Entwicklung bin ich von den auf den Seitenflächen des Krystalles normal stehenden Linien, welche man Anlagerungstriebe nennen kann, bei der vorstehenden Entwicklung dagegen von der Länge der Kantenlinien, welche man Verlängerungstriebe nennen kann, als den gegebenen Grundlagen der Krystallbildung ausgegangen. Da Anlagerung an eine Seite oder Seitenfläche und Verlängerung dieser Seite oder der Kanten dieser Seitenfläche stets Hand in Hand geht und in proportionalen Verhältnissen vor sich geht; so muss die eine wie die andere Betrachtungsweise zu denselben Resultaten führen: ich habe jedoch im Vorstehenden der zweiten den Vorzug gegeben, weil sich die Verlängerungstriebe (z. B. ab, bc, cd in Figur 35) aneinanderreihen lassen, wogegen die Anlagerungstriebe (Og, Oh, Oi in Figur 35) keine Anschaulichkeit darbieten.*)

Die nachstehenden Betrachtungen stützen sich auf zwei Hauptsätze. Der erste Satz, welchen ich in der „Welt nach menschlicher Auffassung“ § 32 Nr. 24 bewiesen habe, lautet: Ein trikliniseher Krystall, also ein durch drei beliebig geneigte Normalaxen oder durch drei Eckaxen bestimmter oder durch drei parallele Flächenpaare begrenzter symmetrischer Krystall, welcher durch die Zusammenwirkung von drei Anlagerungstrieben oder von drei in je vier Parallellinien wirksamen Verlängerungstrieben erzeugt wird, besitzt dasjenige Elastizitätsellipsoid, in welchem die drei Axen konjugirte Durchmesser oder die drei Seitenflächen konjugirte Durchschnitte bilden. Verschwindet eine Axe oder einer der drei Anlagerungs- oder der drei Verlängerungstriebe; so verbleibt eine ebene Platte in Form eines Parallelogrammes mit zwei

*) Ich benutze diese Gelegenheit zu folgenden Berichtigungen in der „Welt nach menschlicher Auffassung“.

S. 260 Z. 18 v. o. statt ma, ma_1, ma_2 ... lies ma, m_1a, m_2a ...,
„ 260 „ 35 „ „ hinter X ist zu setzen: und einem diametral gegenüber liegenden Punkte X'.
„ 260 „ 37 „ „ statt XR' lies $X'R'$.
„ 279 „ 13 „ u. statt $\xi \cos^2\alpha$ lies $\xi \cos^2\alpha_2$.

Normal- oder zwei Eckaxen oder zwei Seitenlinienpaaren ab cd (Figur 34), also eine durch zwei Triebe gebildete symmetrische Krystallplatte, deren Elastizitätsellipsoid die Ellipse ist, für welche die Linien ef und gh oder die Eckaxen ac und bd oder die von O auf die Seitenlinien gefällten Normalaxen oder die beiden Seitenlinien ab und bc oder bc und cd zwei konjugirte Durchmesser sind.

Zur Erläuterung des zweiten Satzes nenne ich den Punkt δ des Dreieckes abc (Figur 47), in welchem sich die drei von den Ecken nach den Mitten der gegenüberliegenden Seiten gezogenen Linien schneiden, seinen Mittelpunkt. Wenn in der von vier Dreiecken begrenzten schiefwinkligen Pyramide $abcd$ von den Ecken a, b, c, d nach den Mittelpunkten α, β, γ, δ der gegenüberliegenden Seitenflächen die Linien $a\alpha$, $b\beta$, $c\gamma$, $d\delta$ gezogen werden; so schneiden sich dieselben in einem Punkte O, welchen ich den Mittelpunkt der Pyramide nenne. Der zweite Satz besteht nur in der Behauptung dass das Elastizitätsellipsoid dieser unsymmetrischen Krystallpyramide, wenn dieselbe durch die Zusammenwirkung der sechs Verlängerungstriebe ab, bc, ca, ad, bd, cd oder der vier Anlagerungstriebe, welche die von den Ecken auf die gegenüberliegenden Seiten gefällten Normalen bilden, entsteht, dasjenige Ellipsoid ist, dessen Mittelpunkt in O liegt und welches die vier Seitenflächen berührt. Wenn der von der Spitze d ausgehende Anlagerungstrieb oder die drei Verlängerungstriebe ad, bd, cd verschwinden, die Pyramide sich also auf ein ebenes Dreieck abc reduzirt, welches durch drei Anlagerungstriebe oder durch drei Verlängerungstriebe ab, bc, ca erzeugt wird, so ist die Ellipse, deren Mittelpunkt der Mittelpunkt δ des Dreieckes ist und welche die drei Seiten desselben berührt, die Elastizitätsellipse der dreieckigen, also unsymmetrischen Krystallplatte, welche durch drei Triebe erzeugt ist.

Ob diese Behauptung gerechtfertigt ist, wird sich aus ihren Konsequenzen ergeben. Zunächst leuchtet ohne Weiteres ein, dass ein reguläres ebenes Polygon, welches durch die von seinen Seitenlinien vertretenen Verlängerungstriebe entstanden ist, nur einen Kreis, welcher alle Seiten berührt, und dass ein reguläres Polyeder, also ein Tetraeder, ein Hexaeder, ein Oktaeder, ein Dodekaeder und ein Ikosaeder nur eine Kugel, welche alle Seitenflächen berührt, zum Elastizitätsellipsoide haben kann. Für das gleichseitige Dreieck und das Tetraeder als gleichseitige Pyramide bestätigt sich also die vorstehende Behauptung. Wenn eine Seite eines Dreieckes oder wenn eine Fläche einer Pyramide sich auf einen Punkt reduzirt, also das Dreieck oder die Pyramide zu einer geraden Linie zusammenschrumpft, deren Elastizitätsellipsoid nur diese gerade Linie selbst sein kann, bewahrheitet sich die obige Behauptung ebenfalls. Wenn sich irgend eine der sechs Seitenlinien einer Pyramide, z. B. die Linie bc, auf einen Punkt b reduzirt, verwandelt sich die Pyramide in ein Dreieck abd, dessen Elastizitätsellipsoid das der reduzirten Pyramide ist und auch durch allmähliche Verkürzung der Seite bc entsteht. Die fragliche Behauptung trifft also auch für diesen Fall zu, gleichviel, welche Form die Pyramide $abcd$ haben möge, und gleichviel, welche ihrer Kanten zum Verschwinden gebracht werden möge.

Ein Elastizitätsellipsoid von gegebener Form und Lage zeigt durch die Verhältnisse seiner Durchmesser die Verhältnisse der Kohäsion des Krystalles in den Richtungen dieser Durchmesser an: dasselbe kann also durch verhältnissmässige Verlängerung oder Verkürzung seiner Durchmesser beliebig vergrössert oder verkleinert werden. Die absolute Grösse desselben, welche zugleich den absoluten Werth der Kohäsion in den verschiedenen Richtungen anzeigt, hängt von der physikalischen Beschaffenheit der Krystallsubstanz ab.

Jedes aus einem Krystalle mechanisch ausgeschnittene Stück hat dasselbe Elastizitätsellipsoid wie der ganze Krystall; die Figur eines solchen Stückes, z. B. die Figur eines aus einem Diamanten geschliffenen Brillanten, ist also für sein Elastizitätsellipsoid ganz bedeutungslos. Die Form eines solchen Krystallstückes ist weder die Krystallform, welche sich aus den gegebenen Krystallisationstrieben bildet, noch ist sie die Krystallform, welche durch die Kanten des Krystallstückes, wenn diese als Krystallisationstriebe gedacht werden, entstehen würde. Für einen Krystall sind also die gegebenen Triebe und keine anderen als Triebe gedachte Linien maassgebend: bestimmt man daher einen Krystall durch Verlängerungstriebe; so sind seine Seitenlinien oder Seitenflächen die allein maassgebenden Grössen. Hieraus folgt, dass das Parallelogramm $abcd$ (Figur 34) als Wirkung der zwei positiven und negativen Triebe ab, bc und $-ab = cd$, $-bc = da$ nicht zugleich die Wirkung der drei Triebe ab, bd, da und $-ab = cd$, $-bd = db$, $-da = bc$ sein kann: ein dritter Trieb bd spielt bei der Erzeugung des parallelogrammatischen Krystalles $abcd$ neben den beiden Trieben ab und bc durchaus keine Rolle. Dieser dritte Trieb bd kann mit den beiden Trieben ab und $da = -bc$ den dreieckigen Krystall abd bilden (Figur 48), und der negative Trieb $-bd = db$ kann mit den beiden Trieben $-ab = cd$ und $-da = bc$ den dreieckigen Krystall dbc bilden, die drei Triebe ab, bd, da oder ab, bd, $-bc$ oder dc, bd, cb oder dc, cb, bd können also mit ihren Gegensätzen die beiden Dreiecke abd und dbc bilden, welche in ihrer Aneinanderlagerung das Parallelogramm $abcd$, aber nicht den durch die zwei Triebe ab, bc mit ihren Gegensätzen erzeugten parallelogrammatischen Krystall darstellen. Im ersteren Falle ist abd kein ausgeschnittenes Stück des durch zwei Triebe erzeugten Krystalles $abcd$, hat also auch nicht das Elastizitätsellipsoid des Ganzen. Die beiden neben einander gelegten dreieckigen Krystalle abd und dbc haben einunddasselbe der Form und Lage nach gleiche Elastizitätsellipsoid, welches die drei Dreiecksseiten berührt: der durch zwei Triebe entstandene Krystall $abcd$ hat dagegen diejenige Ellipse, für welche ab und bc oder bc und cd konjugirte Durchmesser sind, zum Elastizitätsellipsoide. Die Formen und Lagen dieser beiden Ellipsoide weichen augenscheinlich sehr voneinander ab, und diese Ellipsoide können sich daher nicht decken, wenn beide durch verhältnissmässige Vergrösserung oder Verkleinerung ihrer Durchmesser soweit erweitert oder verengt werden, dass irgend ein Durchmesser von beiden mit einem Durchmesser des anderen zusammenfällt.

Dagegen wird ein symmetrisches Sechseck *abcdef* (Figur 49), welches die Wirkung der drei Triebe *ab*, *bc*, *cd* ist, die Wirkung von drei Trieben *ab*, *bO*, *Oa*, welche ein Dreieck bilden, darstellen, wenn *cd* gleich und parallel zu *bO* und *bc* gleich und parallel *Oa* (oder vielmehr gleich und parallel zu *aO*, also entgegengesetzt gerichtet wie *Oa*) ist, wenn also alle Seiten *ab*, *bc*, *cd* parallel zu den Eckaxen *fc*, *ad*, *be* und halb so lang als diese sind oder wenn das Sechseck *abcdef* ein solcher Ausschnitt eines beliebigen Dreieckes *mhk* ist, welcher sich ergiebt, wenn jede der drei Seiten *mh*, *hk*, *km* in drei gleiche Theile getheilt wird und die mittelsten Theile *bc*, *de*, *fa* zu Seiten des Sechseckes genommen werden. Legt man in das Dreieck *abO* um dessen Mittelpunkt eine Ellipse, welche die drei Seiten *ab*, *bO*, *Oa* berührt, und zieht man dann an diese Ellipse diametral zu diesen Dreiecksseiten Parallellinien; so bildet sich in dem Dreiecke *abO* ein symmetrisches Sechseck, welches dem Sechsecke *abcdef* ähnlich ist (weil das Sechseck aus sechs dem Dreiecke *abO* kongruenten Dreiecken besteht und daher alle von den Ecken *a*, *b*, *O* des Dreieckes *abO* durch seinen Mittelpunkt, welcher zugleich der Mittelpunkt der kleinen Ellipse ist, gezogenen Linien die gegenüberliegenden Seiten halbiren und durch diesen Mittelpunkt in dem Verhältnisse 1 : 2 getheilt werden, ein Verhältniss, welches auch für alle durch den Mittelpunkt *O* des Sechseckes *abcdef* gehenden, von den Ecken jedes der Dreiecke *lgi*, *mhk*, *gik* gezogenen, dreimal so langen Linien gilt). Eine der Ellipse des Dreieckes *abO* ähnliche Ellipse von gleicher Lage, beschrieben um den Mittelpunkt *O* des Sechseckes *abcdef*, berührt also alle Seiten des Letzteren und stellt zugleich das Elastizitätsellipsoid desselben dar.

Die Ableitung der Krystallisationseffekte im Dreiecke und in dem symmetrischen Sechsecke anstatt aus den drei Verlängerungstrieben aus den drei normalen Anlagerungstrieben ergiebt dasselbe Resultat.

Für den körperlichen Krystall ist zu erwägen, dass die Pyramide *abcd* in Figur 47 die Wirkung von sechs Verlängerungstrieben oder von vier Anlagerungstrieben ist und daher nur der Wirkung der zwölf Verlängerungstriebe oder der vier Anlagerungstriebe eines symmetrischen achtseitigen Polyeders gleich sein kann, und zwar eines Polyeders, welches aus vier der gegebenen Pyramide gleichen Pyramiden besteht, also eines achtseitigen Polyeders *abecdf* (Figur 50), in welchem das Parallelogramm *abec* die Verdoppelung des Dreieckes *abc* der Pyramide in Figur 47 ist, in welcher die obere Ecke *d* in der durch die Mitte von *bc* gehenden, auf der Ebene *abc* normal stehenden Linie liegt, sodass also auch in dem Polyeder die Axe *fOd* auf der Ebene *abec* normal steht. Das Elastizitätsellipsoid der stets unsymmetrischen viereckigen Pyramide von gewisser Form ist daher auch das Elastizitätsellipsoid eines bestimmten symmetrischen achtseitigen Polyeders, und dasselbe berührt alle Seiten der Pyramide und des Polyeders.

Betrachten wir jetzt das symmetrische Sechseck $a\,i\,k\,c\,i'\,k'\,a$ (Figur 51), welches aus dem Parallelogramme $a\,b\,c\,d$ dadurch hervorgeht, dass eine zu $a\,c$ parallele Linie von b und d gegen den Mittelpunkt O vorrückt, also in dem Abstande $O\,u = O\,u'$ das genannte Sechseck bildet. Zunächst nehmen wir an, der Winkel $a\,b\,c$ sei $= 60^0$, sodass also, wenn der Abstand der gedachten Parallelen $O\,s = {}^1\!/_2\,O\,b$ ist, diese Parallele $e\,f = a\,e = f\,c$, mithin das Sechseck $a\,e\,f\,c\,e'\,f'\,a$ ein reguläres Sechseck wird. Die Figur $a\,i\,k\,c\,i'\,k'\,a$ wird durch die drei Triebe $a\,i$, $i\,k$, $k\,c$ erzeugt, und wir fragen nach der Elastizitätsellipse dieser Figur.

Wenn der allmählich vorgeschobene, zu $a\,c$ parallele Trieb durch den Punkt b geht, also den Abstand $O\,b$ hat, ist die Elastizitätsellipse $t'\,e\,s\,f\,t\,\ldots$ diejenige um den Mittelpunkt O beschriebene, welche die Linien $a\,b$ und $b\,c$ in deren Mitten e und f berührt. Ihre grosse Axe $s'\,s$ liegt in der Linie $d\,b$ und ihre kleine Axe $t'\,t$ in der Linie $a\,c$, und man findet, wenn man $O\,r = r$, $O\,s = a$, $O\,t = b$ setzt, für diese Halbaxen $a = r\sqrt{2}$, $b = r\sqrt{{}^2\!/_3}$. Die Linie $O\,s = a$ ist zugleich der Abstand der zu $a\,c$ parallelen Tangente $g\,h$, welche die letztere Elastizitätsellipse im Punkte s berührt. Diese Ellipse entspricht dem aus z w e i Trieben $a\,b$ und $b\,c$ erzeugten Parallelogramme $a\,b\,c\,d$ und zugleich dem aus d r e i Trieben $a\,b$, o, $b\,c$ erzeugten Sechsecke $a\,b\,c\,d$, in welchem der zu $a\,c$ parallele Trieb gleich null ist.

Rückt der zu $a\,c$ parallele Trieb bis $e\,f$ vor; so hat er die Länge $e\,f = a\,c = f\,c$, das symmetrische Sechseck wird zum regulären Sechseck $a\,e\,f\,c\,\ldots$, dessen Elastizitätsellipse der Kreis $i\,r\,k\,\ldots$ ist, welcher die Seiten $a\,e$, $e\,f$, $f\,c$ in der Mitte bei i, r, k berührt. Für diese Ellipse ist also der mittlere Trieb $e\,f$ selbst die Tangente.

Rückt der zu $a\,c$ parallele Trieb bis in die Linie $a\,c$ selbst vor; so verschwinden die anderen beiden Triebe: das symmetrische Sechseck reduzirt sich auf das aus dem einen Triebe $a\,c$ erzeugte, mit der geraden Linie $a\,c$ zusammenfallende Zweieck, dessen Elastizitätsellipse die Linie $a\,c$ ist, die diese Ellipse zugleich im Punkte O berührt.

Wenn also der zu $a\,c$ parallele Trieb die Werthe 0, ${}^1\!/_2\,a\,c$, $a\,c$ oder $0\,.\,a\,c$, ${}^1\!/_2\,.\,a\,c$, $1\,.\,a\,c$ in den Abständen $1\,.\,O\,b$, ${}^1\!/_2\,.\,O\,b$, $0\,.\,O\,b$ durchschreitet, tritt die zu $a\,c$ parallele Tangente der Elastizitätsellipse in den Abstand $O\,s$, $O\,r$, $O\,O = r\,.\sqrt{2}$, $r\,.\,1$, $r\,.\,0$ ein. Diese drei Abstände verhalten sich wie die Zahlen $\sqrt{2}$, 1, 0 oder auch wie 1, $\sqrt{{}^1\!/_2}$, 0 oder wie $\sqrt{1}$, $\sqrt{{}^1\!/_2}$, $\sqrt{0}$, also auch wie die Grössen $\sqrt{\frac{O\,b}{O\,b}}$, $\sqrt{\frac{O\,r}{O\,b}}$, $\sqrt{\frac{O\,O}{O\,b}}$, welche lediglich durch die Abstände der gegebenen Triebe vom Punkte O bestimmt sind. Ist also $O\,v = v$ der Abstand irgend eines zu $a\,c$ parallelen Triebes vom Punkte O; so hat man, da $O\,b = 2\,r$ ist, für den Abstand $O\,w = w$ der Tangente, welche die Elastizitätsellipse berührt, $w = r\sqrt{2}\sqrt{\frac{O\,v}{O\,b}} = r\sqrt{2}\sqrt{\frac{v}{2\,r}} = \sqrt{v\,r}.$

(In der That, giebt diese Formel für die drei Triebe, welche den Abstand

$v = 2r$, r, 0 haben, die drei Werthe $w = \sqrt{2r \cdot r} = r\sqrt{2}$, $\sqrt{r \cdot r} = r$, $\sqrt{0 \cdot r} = 0$, wie verlangt wird).

Die Elastizitätsellipsen für diese drei Werthe des mittleren Triebes berühren zugleich die Linie ab (in den Punkten e, i, a); es ist daher anzunehmen, dass die Ellipse jedes der in Rede stehenden Sechsecke die Linie ab (sowie die Linie cb) berühre. Durch die Bedingung, dass die Ellipse, welche dem zu ac parallelen Triebe vom Abstande v entspricht, den Mittelpunkt O habe und die Linie ab, sowie die zu ac parallele, in der Entfernung w liegende Tangente berühre, ist diese Ellipse genau bestimmt, kann also für jedes symmetrische Sechseck, in welchem die beiden Seiten ab und cb den Winkel abc von 60^0 bilden und die Seite ik zu ac parallel ist, konstruirt werden. Wenn der zu ac parallele Trieb rechts von ef liegt, also $v > r$ ist, ist $w < v$, die Tangente der Ellipse liegt also näher an O, als dieser Trieb. Wenn dagegen $v < r$ ist, ist $w > v$, die fragliche Tangente liegt mithin weiter von O hinweg, als der Trieb: ist z. B. für den Trieb ik der Abstand $v = Ou = {}^1/_2\, Or = {}^1/_2\, r = 0{,}5\, r$; so ist $w = r\sqrt{{}^1/_2} = 0{,}707\, r = Ow$, die Elastizitätsellipse des Sechseckes $aikc$ ... berührt also die Linien ab und cb in den Punkten p und q und die zu ac parallele Tangente im Punkte w.

Da man für die Abstände v, v_1 zweier Triebe und für die Abstände w, w_1 der beiden zugehörigen Tangenten $\frac{w}{w_1} = \sqrt{\frac{v\,r}{v_1 r}} = \sqrt{\frac{v}{v_1}}$ hat; so verhalten sich die Abstände der Tangenten wie die Quadratwurzeln der Abstände der Triebe.

Wenn der Winkel abc nicht gleich 60^0 ist, sondern einen beliebigen Werth φ hat, die beiden Linien ab und cb aber gleiche Länge besitzen, also ac normal auf Ob steht, behält der Punkt r, welcher den Abstand Or des Triebes von der Grösse $ef = {}^1/_2\, ac$ bestimmt, seinen Ort in der Mitte der Linie Ob, man hat also $Or = r = {}^1/_2\, Ob$. In der Ellipse, welche die beiden Seiten ab und bc in ihren Mitten e und f berührt, die also die Elastizitätsellipse des Viereckes $abcd$ oder des Sechseckes mit dem durch b gehenden mittleren Triebe vom Werth null ist, hat die eine Halbaxe die Länge $Os = a = r\sqrt{2}$ und die andere Halbaxe die Länge $Ot = b = a \operatorname{tang} \varphi = r \operatorname{tang} \varphi \sqrt{2}$, und das Verhältniss beider ist $\frac{b}{a} = \operatorname{tang} \varphi$. Die Axe $s's$ dieser Ellipse behält also für jeden Winkel φ dieselbe Länge, wenn r oder wenn Ob oder wenn db dieselbe Länge hat, wogegen die Axe $t't$ sich mit dem Winkel φ ändert. Lässt man nun einen zu ac parallelen Trieb vom Werthe 0, welcher durch b geht, bis zum Werthe ac, welcher durch O geht, allmählich anwachsen; so muss die Ellipse, welche fortwährend die Seiten ab und cb berührt, von der Axe $s's'$ zur Axe $OO = 0$ allmählich, d. h. in einem stetigen Formänderungsprozess, übergehen, zwischen den Abständen dieses Triebes und den Abständen der zu ac parallelen Tangente muss mithin ein bestimmtes Funktionsgesetz bestehen, welches man nach den die Änderung beherrschenden Prinzipien und den vorstehenden Grenzfunktionen für Os und für OO, welche den früheren gleich sind, auch dem früheren, für $\varphi = 60^0$ gültigen Gesetze gleich setzen kann. Demzufolge setze ich, indem v, w, r die obigen Bedeutungen behalten, allgemein für jeden Werth von φ $w = \sqrt{vr}$ und $\frac{w}{w_1} = \sqrt{\frac{v}{v_1}}$.

Den weiteren Untersuchungen über das Elastizitätsellipsoid schicke ich folgende Betrachtung über den Übergang eines gegebenen Ellipsoides in ein anderes gegebenes Ellipsoid voraus. Angenommen, es sei die Aufgabe gestellt, die Ellipse $E = aba'b'$ in Figur 52 unter Beibehaltung ihres Mittelpunktes O durch das allmähliche Vorrücken der Tangente cd, welche einer gegebenen Richtung parallel ist und bleibt, allmählich in die Ellipse $E_1 = iki'k'$ überzuführen. Wenn diese Formverwandlung die Wirkung der Kompression der ersten Ellipse E in der Richtung des Durchmessers $b'b$, welcher durch die Berührungspunkte b' und b der Tangenten $c'd'$ und cd bestimmt ist, und der gleichzeitigen Expansion in der Richtung des zu cd parallel gezogenen Durchmessers aa' (welcher zu $b'b$ konjugirt sein wird) ist und demgemäss als eine mit dem Vorrücken der Tangente cd in einem gegebenen Verhältnisse vor sich gehende Verkürzung der zu $b'b$ parallelen Linien und als eine mit dem Vorrücken der Tangente $d'c$ in einem gegebenen Verhältnisse vor sich gehende Verlängerung der zu aa' parallelen Linien aufgefasst wird; so ergiebt sich für jedes Stadium, in welches die vorrückende Tangente cd eintritt, nach bekannten Regeln eine bestimmte Ellipse. Zieht man an die zweite gegebene Ellipse E_1 parallel zu cd und dc' die Tangenten gh und hg' und nimmt die eben erwähnten beiden Fortschrittsverhältnisse der Tangenten cd und dc' so, dass cd in gh und dc' in hg' übergeht; so sei für irgend ein Fortschrittsstadium die erzeugte Ellipse $= E_u$. Für das Endstadium sei diese Ellipse $= E_2 = efe'f'$. Dieselbe wird nun zwar dieselben Tangenten gh und hg' wie die zweite gegebene Ellipse $E_1 = iki'k'$ haben, sie wird ihr aber keineswegs gleich sein: denn für E_2 und E sind jene Tangenten konjugirt, für E_1 jedoch nicht. Damit also durch den allmählichen Änderungsprozess die Ellipse E_1 entstehe, muss die erzeugte E_2 noch in diejenige übergeführt werden, welche zwischen denselben Tangenten gh und hg' liegt, aber irgend einen Punkt mit der gegebenen E_1 gemein hat. Schneidet die Linie $b'b$ die Ellipse E_2 im Punkte m und die gegebene Ellipse E_1 im Punkte l; so muss E_2 in diejenige Ellipse übergeführt werden, welche die Tangenten gh und hg' behält, während der Durchmesser $m'm$ in $l'l$ übergeht. Diese letztere Ellipse kann nach bestimmten Formeln aus E_2 konstruirt werden, und diese Konstruktion würde die Ellipse E_1 erzeugen, wenn E_1 nicht schon gegeben wäre.

Nimmt man nun an, dass in demselben Verhältnisse wie die beiden Tangenten sich verlängern oder verkürzen, auch der in der Richtung $b'b$ liegende Durchmesser, welcher für die erste Ellipse $b'b$ ist und keine

Längenänderung erfordert, für die Ellipse E_3 aber die Änderung ml erleidet, für die einem beliebigen Stadium angehörige Ellipse E_x eine verhältnissmässige Änderung erfahren müsse, ohne dass die beiden Tangenten sich ändern; so kann aus E_u die Ellipse E_v hergestellt werden, welche dem wirklichen Übergange von E zu E_1 in dem gedachten Stadium entspricht. Rückt also bei dem Übergange von der Ellipse E zur Ellipse E_1 die Tangente cd nach links oder rechts bis gh um die längs bO gemessene Länge a (oder auch um den normalen Abstand a), ferner die Tangente dc' nach oben oder unten bis hg' um die längs Oa' gemessene Länge b (oder auch um den normalen Abstand b), endlich der dem Punkte b entsprechende Punkt nach links oder rechts um den längs bO gemessenen Abstand $ml = d$ vor; so muss, wenn n eine beliebige Zahl zwischen 0 und 1 bedeutet, zur Herstellung der diesem Werthe n entsprechenden Ellipse E_u und E_v, sobald die Tangente cd um $n \,.\, a$ vorrückt, die Tangente dc' um $n \,.\, b$ und der dem Punkte m analoge Punkt der Ellipse E_u um den Abstand $n \,.\, d$ in die Ellipse E_v vorrücken, und hierdurch ist für jedes durch n bezeichnete Stadium nicht nur die Ellipse E_u, sondern auch E_v fest bestimmt.

An diese, die Verwandlung einer Ellipse betreffenden Sätze schliesse ich sofort die entsprechenden, den Übergang eines gegebenen körperlichen Ellipsoides E in ein anderes gegebenes Ellipsoid E_1 betreffenden Sätze an. Wenn in Figur 52 die Ellipse $aba'b'$ eine durch den Mittelpunkt O des gegebenen Ellipsoides E gelegte Durchschnittsfläche bildet, ferner die zu aa' parallele Tangente cd die Tangentialfläche von E im Punkte b, ferner dc' die Tangentialfläche von E im Punkte a' vertritt und wenn parallel zur Ebene $cdc'd'$ eine Tangentialebene auf E gelegt ist, welche dieses Ellipsoid in einem Punkte p berühren möge; so bilden diese drei Tangentialebenen konjugirte Ebenen von E, während aa', bb', pp' konjugirte Durchmesser sind. Ist $iki'k'$ ein zweites gegebenes Ellipsoid E_1, in welches E allmählich übergeführt werden soll; so seien an E_1 parallel zu den gedachten drei Ebenen Tangentialebenen gelegt (welche im Allgemeinen keine adjungirten Ebenen von E_1 sein werden). Konstruirt man zunächst das Ellipsoid E_2, indem man die Linien Oa, Ob, Op oder auch die normalen Abstände der drei Tangentialebenen von E_1 sukzessiv verhältnissmässig ändert, sodass sie im letzten Stadium mit den Tangentialebenen von E_1 zusammenfallen; so wird der in der Linie $b'b$ liegende Punkt m des konstruirten Ellipsoides E_2 nicht mit dem Punkte l des gegebenen Ellipsoides E_1 zusammenfallen; das Ellipsoid E_2 muss also noch so geändert werden, dass m in l oder die Linie $m'm$ in $l'l$ übergeht, ohne dass die drei Tangentialebenen geändert werden. Hieraus ergiebt sich sofort wie vorstehend für die Ellipse, wenn der Abstand der rechts liegenden Tangentialflächen cd und gh mit a, der vorn liegenden Flächen dc' und hg' mit b, der oben liegenden Flächen mit c und endlich der Abstand der Punkte ml mit d bezeichnet wird, dass, wenn eine Tangentialebene wie cd um $\frac{1}{n} a$ verschoben wird, gleichzeitig die vier Grössen a, b, c, d in na, nb, nc, nd übergeführt werden müssen, um das dem Stadium n entsprechende Ellipsoid E_v zu erzeugen.

Man erkennt, dass das durch diese stetigen Formprozesse erzeugte Ellipsoid E_v eine bestimmte, berechenbare Funktion der vier Grössen a, b, c, d ist. Diess gilt von allen Linien und Flächen von E_v, also auch von den drei Tangentialflächen. Demzufolge ist das Ellipsoid E_v eine bestimmte, berechenbare Funktion von jeden beliebigen drei seiner Tangentialflächen und der Grösse d. Diese Grösse d kann bestimmt werden, wenn die beiden Ellipsoide E und E_1 bekannt sind, wenn also gesagt werden kann, das Ellipsoid E_v sei durch Vorschiebung der Tangentialfläche cd in das Ellipsoid E_1 übergegangen.

Die Tangenten ebener Ellipsen dürfen nicht mit linearen Trieben und die Tangentialflächen der Ellipsoide nicht mit Triebflächen verwechselt werden. Vorstehend ist nur von Tangenten und Tangentialflächen, nicht von Trieben und Triebflächen die Rede gewesen. Nun sind aber ohne Frage die den Trieben parallel an das Elastizitätsellipsoid gelegten Tangenten nach ihren Abständen vom Mittelpunkte bestimmte, wennauch aus dem Bisherigen noch nicht allgemein zu folgernde Funktionen der gegebenen Triebe, und hieraus ergiebt sich, dass das Elastizitätsellipsoid jedes durch Triebe erzeugten symmetrischen Krystalles eine bestimmte Funktion der Triebe, insbesondere der Abstände dieser Triebe vom Mittelpunkte und selbstverständlich der Richtungen dieser Abstände ist, und dass diese Funktion durch den Rückblick auf einfachere Krystallformen, nämlich auf solche, welche aus einer kleineren Anzahl von Trieben gebildet sind (wie z. B. durch den Rückblick auf den Krystall $aba'b'$, welcher dem zur Tangente cd parallelen Triebe vom Werthe null entspricht) wird abgeleitet werden können, wie sogleich näher gezeigt werden wird.

In der Anwendung dieses Umwandlungsgesetzes auf die Elastizitätsellipsoide von Krystallformen stelle ich die Voraussetzung an die Spitze, dass der Übergang der dem Ellipsoide E zugehörigen Figur in die dem Ellipsoide E_1 zugehörige Figur durch Parallelverschiebung eines linearen, bezw. flächenhaften Triebes herbeigeführt sei.

In Figur 53 sei $abcdef$ die Hälfte eines symmetrischen ebenen $2n$-eckes F, welches die durch n Triebe ab, bc, cd, de, ef erzeugte Krystallform darstellt, deren Elastizitätsellipse bestimmt werden soll. Rückt man irgend eine Seitenlinie de parallel mit sich so weit nach aussen, dass sie durch den Schnittpunkt g der beiden anliegenden Seiten cd und fe geht; so ergiebt sich ein symmetrisches $2(n-1)$-eck, $F_1 = abcgf \ldots$, welches durch die $n-1$ Triebe ab, bc, cg, gh erzeugt wird, indem der zu de parallele Trieb gleich null geworden ist. Rückt man dieselbe Seitenlinie de in Parallelstellung so weit nach innen, bis sie durch den Endpunkt einer der beiden Nachbarseiten, also durch e oder f geht; so ergiebt sich, wenn e der zuerst erreichte dieser beiden Punkte ist, ein symmetrisches $2(n-1)$-eck $F_2 = abchf \ldots$, welches durch die $n-1$ Triebe ab, bc, ch, hf erzeugt wird, indem der zu ed parallele Trieb gleich null geworden ist. Kann man nun die Elastizitätsellipse eines $2(n-1)$-eckes konstruiren; so kann sowohl die Ellipse der Figur F_1, als auch die der Figur F_2 konstruirt werden, und der vorstehende Satz über die allmähliche Umwandlung einer gegebenen Ellipse in eine andere gegebene Ellipse ergiebt alsdann die verlangte Elastizitätsellipse des $2n$-eckes F.

Wäre in einem speziellen Falle der Trieb de parallel zu cf; so wäre die durch die Verschiebung nach innen entstehende Figur $abcf\ldots$ ein $2(n-2)$-eck.

Die Elastizitätsellipse des $2(n-1)$-eckes führt hiernach zur Kenntniss der Ellipse des $2n$-eckes. Da nun die Elastizitätsellipse des $2.2 = 4$-eckes, nämlich des Parallelogrammes (und für den zuletzt erwähnten speziellen Fall die des $2.3 = 6$-eckes) aus dem Vorhergehenden bekannt ist; so folgt hieraus die Darstellbarkeit der Elastizitätsellipse des 6-, 8-, 10- ... und jedes beliebigen symmetrischen $2n$-eckes.

Wenden wir uns jetzt zu den körperlichen Krystallen. Wenn ein solcher Krystall nach Figur 54 eine $2n$-seitige Figur bildet, welche über und unter einem regulären n-ecke, z. B. über dem regulären Fünfecke $abcde$, die beiden Eckpunkte f und f' in einer durch seinen Mittelpunkt gehenden Normalen ff' besitzt; so wird das Elastizitätsellipsoid dieses Krystalles ohne Frage ein Umwälzungsellipsoid sein, welches alle Seitenflächen berührt und eine in der Normalen ff' liegende Axe gg' hat, welches also in der Ebene $abcde$ einen Kreis von einem bestimmten Radius r bildet und in einer bestimmten Höhe $Og = s$ eine zu der Ebene $abcde$ parallele Ebene berührt. Die Grössen r und s sind bestimmte Funktionen der Grösse $ab = a$ und $Of = h$.

Man kann immer die Höhe h' bestimmen, für welche das Elastizitätsellipsoid die Kugelform annimmt. Denn wenn man an irgend eine um den Mittelpunkt O beschriebene Kugel von irgend einem in der Normalen Of liegenden Punkte f, welcher eine beliebige Höhe $Of = h'$ einnimmt, n Tangenten zieht, welche gleiche Winkel miteinander bilden; so schneiden diese Tangenten die Grundebene in den n Ecken eines regulären n-eckes, dessen Seitenlänge a' zu h' in einem bestimmten Verhältnisse steht. Das reguläre n-eck von der Seitenlänge, welche zu der Höhe des oberen Eckpunktes in dem Verhältnisse dieser Werthe von a' und h' steht, ist mithin die Krystallform, deren Elastizitätsellipsoid eine Kugel ist. Der Radius ϱ dieser Kugel und die Höhe $Og = s' = \varrho$, in welcher die Kugel die Axe ff' schneidet, stehen in bestimmten Verhältnissen zu der Höhe $Of = h'$ und zu der Seitenlänge a'. Der Radius r des Kreises, in welchem die Kugel die Grundfläche $abcde$ schneidet, ist jetzt dem Radius ϱ der Kugel gleich.

Wenn sich die Ecke f des Krystalles über die eben bezeichnete Höhe bis zu der Höhe h erhebt oder herabsenkt, geht die Kugel in ein Ellipsoid über, von welchem man annehmen kann, dass seine Höhe $Og = s$ zu der Höhe $Of = h$ in dem konstanten Verhältnisse von $\varrho : h'$ verbleibt, indem dasselbe die n Seitenflächen berührt, also in der Ebene $abcde$ einen Kreis bildet, dessen Radius r' zu dem Radius r

in einer bestimmbaren Beziehung steht. Wenn r'' den Abstand einer Seite ab vom Mittelpunkte O, also auch den Radius des in die Figur $abcde$ beschriebenen Kreises bezeichnet, wird auch zwischen r' und r'' eine bestimmbare Beziehung bestehen, welche dem Radius r' für eine unendlich grosse Höhe h den Werth r'' und für eine unendlich kleine Höhe h den Werth null verleihet. Hierdurch ist das Elastizitätsellipsoid für den Krystall mit regulärer Durchschnittsfläche von beliebiger Axe ff' bestimmt.

Wird jetzt für die reguläre Durchschnittsfläche $abcde$ irgend ein symmetrisches ebenes Polygon gesetzt; so liegt es auf der Hand, dass Diess für die Höhenaxe des Elastizitätsellipsoides ohne Einfluss ist, dass also $Og = s$ den eben bezeichneten Werth behält. Dieses Ellipsoid wird nicht mehr alle Seiten des Krystalles berühren, sein Querschnitt in der Grundebene wird aber die Figur der Elastizitätsellipse des symmetrischen Polygons abc ... haben, und es fragt sich nur, in welchem Verhältnisse diese Figur zu verkleinern ist, um den Querschnitt des Ellipsoides mit der Grundebene darzustellen. Offenbar wird diese Verkleinerung in demselben Verhältnisse vor sich gehen, in welchem sich in dem regulären Polygone der Radius r' zu r'' verkleinert: hierdurch und durch den Werth von s ist die Elastizitätsellipse des Krystalles mit beliebigem symmetrischen Querschnitte und von beliebiger Höhe der über dem Mittelpunkte des Querschnittes liegenden Eckpunkte bestimmt.

Wird der Eckpunkt f in irgend einer zur Grundebene parallelen Linie ff_1 nach f gerückt; so rückt auch der Punkt g parallel zu ff_1 nach g_1 in die Linie Of_1, während jeder zur Grundebene parallele Querschnitt des Ellipsoides ohne Form- und Grössenänderung in derselben Richtung seitwärts rückt und die Ellipse in der Grundebene, sowie das Verhältniss von Og_1 zu Of_1 dem Verhältniss von Og zu Of gleich bleibt. Hierdurch ist das Elastizitätsellipsoid jedes Krystalles bestimmt, dessen Querschnitt abc ... ein reguläres n-eck, oder ein symmetrisches $2n$-eck ist und welcher eine durch den Mittelpunkt O in irgend einer Richtung gehende Eckaxe ff' hat.

Dieser Krystall ist von lauter Dreiecken wie fab begrenzt. Für einen durch Vierecke begrenzten Krystall legen wir das Prisma zu Grunde, dessen Querschnitt $abcde$ ein beliebiges reguläres Polygon ist und dessen Seitenflächen normal auf dieser Grundebene stehen, welches also oben und unten durch Flächen von der Form und Grösse des Querschnittes begrenzt ist. Wenn der Abstand r der oberen Seitenfläche von O dem Abstande einer Seitenlinie ab von O in der Grundfläche gleich ist, hat dieses Prisma ein kugelförmiges Elastizitätsellipsoid, welches alle Seitenflächen und zwar die vertikalen Flächen in der Grundebene in den Mitten der Linien ab, bc ... berührt. Wird die obere und untere horizontale Seitenfläche aufwärts oder abwärts gerückt; so verwandelt sich die Kugel in ein Ellipsoid, welches alle Seitenflächen berührt, in welchem also nur die vertikale Axe eine Verlängerung oder Verkürzung erleidet.

Wird statt der regulären Figur des Querschnittes ein beliebiges symmetrisches Polygon gesetzt; so ist das Elastizitätsellipsoid offenbar dasjenige, welches den Abstand der beiden oberen Flächen zur Höhenaxe und die Elastizitätsellipse des Querschnittes zum Querschnitte in der Grundebene hat. Eine Verschiebung der oberen horizontalen Fläche in irgend einer horizontalen Richtung hat nur eine Verschiebung der horizontalen Querschnitte des Ellipsoides zur Folge, und daraus ergiebt sich, dass das Elastizitätsellipsoid jedes schiefwinkligen Prismas bestimmt werden kann, dessen Querschnitt ein beliebiges reguläres oder symmetrisches Polygon ist und dessen Axe eine beliebige Richtung hat.

Figur 55 stellt ein symmetrisches sechsseitiges Polyeder $P = a'b'c'd'abcd$ dar, dessen drei nicht parallele Seitenflächen beliebige Richtungen haben. Stumpft man die beiden diametral gegenüber liegenden Ecken b' und d durch Ebenen $e'f'g'$ und efg ab, welche der Fläche $a'c'b$ parallel sind und von b' und d gleichen Abstand haben; so ergiebt sich ein symmetrisches achtseitiges Polyeder Q, welches eine symmetrische körperliche Figur bildet, aber nicht lauter symmetrische Seitenflächen hat. Werden die Abstumpfungsflächen bis zu den Flächen $a'c'b$ und cad' vorgerückt; so ergiebt sich das symmetrische achtseitige Polyeder $R = ac'bcad'$, dessen Seitenflächen lauter Dreiecke sind und dessen Eckaxe $a'c$ durch den Mittelpunkt des symmetrischen Viereckes $d'c'ba$ geht. Da das Elastizitätsellipsoid E des Polyeders P, sowie das Elastizitätsellipsoid E_1 des Polyeders R nach Obigem bestimmt werden kann; so kann auch nach dem betreffenden früheren Satze über den Übergang von einem Ellipsoide zu einem anderen das Elastizitätsellipsoid des Polyeders Q bestimmt werden.

Wenn die Schnittfläche $e'f'g'$ nicht die eben bezeichnete, sondern eine beliebige Richtung hat; so wird durch Vorschiebung derselben endlich eine ganze Seitenfläche, deren Ecke b' ist, abgeschnitten, sei es nun, dass hierdurch zuerst der Punkt d' oder b oder a erreicht wird. Alsdann tritt die Schnittfläche an die Stelle der abgeschnittenen Seitenfläche, und es verbleibt ein symmetrisches sechsseitiges Polyeder R, dessen Elastizitätsellipsoid E_1 bestimmbar ist. Der Übergang von E zu E_1 ergiebt daher das Elastizitätsellipsoid Q des durch $e'f'g'$ und efg abgestumpften symmetrischen achtseitigen Polyeders.

Stumpft man statt der beiden Ecken b' und d zwei andere gegenüberliegende Ecken des gegebenen Polyeders ab; so findet man für das entstehende achtseitige Polyeder nach Vorstehendem das Elastizitätsellipsoid. Da dieses Polyeder ebenso wie das vorhergehende aus acht Seiten von beliebiger Richtung besteht; so müssen die Funktionen, durch welche das Elastizitätsellipsoid eines achtseitigen Polyeders aus der Länge und Richtung der Abstände der Seitenflächen vom Mittelpunkte bestimmt wird, übereinstimmen, und die eventuelle Übereinstimmung kann als eine Bestätigung der vorgetragenen Theorie angesehen werden.

Diese Theorie ergiebt hiernach das Elastizitätsellipsoid für jedes beliebige symmetrische achtseitige Polyeder, gleichviel, ob dasselbe dreieckige oder viereckige oder anders geformte Seitenflächen besitzt. Durch

Abstumpfung zweier gegenüberliegenden Ecken eines allgemeinen symmetrischen achtseitigen Polyeders mittelst beliebig gerichteter Abstumpfungsflächen findet sich sodann durch die vorstehende Regel das Elastizitätsellipsoid eines beliebigen symmetrischen zehnseitigen Polyeders und durch Fortsetzung des Verfahrens das Ellipsoid jedes beliebigen symmetrischen $2n$-seitigen Polyeders. Bei diesem Verfahren ist nur zu beachten, dass zur Bestimmung des Ellipsoides R die Abstumpfungsfläche nur so weit vorgeschoben werden darf, dass soeben eine einzige Seitenfläche des gegebenen, bezw. des zuletzt erzeugten Polyeders (nicht mehrere zugleich) verschwinden. Übrigens können manche Figuren auch durch das nachstehende, zuweilen einfachere Verfahren dargestellt werden.

Stumpft man in dem gegebenen sechsseitigen Polyeder P statt zweier gegenüberliegenden Ecken zwei gegenüberliegende Kanten $b'b$ und $d'd$ nach Figur 56 durch Ebenen $e'f'hg$ und $efh'g'$, welche diesen Kanten parallel sind, sonst aber eine beliebige Richtung haben können, gleich weit ab; so entsteht ein symmetrisches achtseitiges Polyeder Q, welches auch lauter symmetrische Seitenflächen besitzt. Werden die Abstumpfungsflächen so weit vorgeschoben, dass sie durch die Punkte a', c', a, c gehen; so entsteht ein symmetrisches sechsseitiges Polyeder R. Da die Elastizitätsellipsoide von P und R bestimmt sind; so lässt sich auch das von Q nach der obigen Regel feststellen. Dasselbe Ellipsoid lässt sich aber auch nach dem Vorhergehenden bestimmen, weil Q ein schiefwinkliges Prisma mit einem symmetrischen Querschnitte ist. Die Übereinstimmung dieser beiden Ellipsoide würde ebenfalls als eine Bestätigung der aufgestellten Theorie zu betrachten sein.

Wie die beiden Kanten $b'b$ und $d'd$, so können beliebig viel einander gegenüberliegende zu $b'b$ parallele Kanten der gegebenen und der daraus abgeleiteten Krystalle durch Ebenen von verschiedenen Richtungen, in welchen zu $b'b$ parallele Linien liegen, abgestumpft werden (es kann mithin eine Ecke auch mehrfach abgestumpft werden). Da hieraus immer ein Prisma mit symmetrischem Querschnitte entspringt; so kann sein Elastizitätsellipsoid bestimmt werden. Nachdem diese Abstumpfungen vollzogen sind, können die anderen Kanten $a'b'$ und cd, sowie $b'c'$ und ad in ähnlicher Weise beliebig vielmal durch Ebenen, welche diesen Kanten parallel sind, abgestumpft, und das Elastizitätsellipsoid der resultirenden Figur, welches übrigens schon durch die frühere Regel für symmetrische Figuren bestimmbar ist, festgestellt werden.

Die letzteren Untersuchungen betreffen symmetrische Krystalle. Ein Tetraeder und ein aus einem Doppeltetraeder bestehendes sechsseitiges Polyeder ist keine symmetrische Figur. Noch weniger ist ein sechsseitiges Polyeder, dessen mittlerer Querschnitt ein beliebiges Dreieck ist und dessen Höhenaxe durch den Mittelpunkt dieses Dreieckes geht, symmetrisch. Gleichwohl lässt sich sein Elastizitätsellipsoid bestimmen, da jedes Dreieck eine Elastizitätsellipse hat, deren Mittelpunkt der Mittelpunkt des Dreieckes ist und welche die drei Seiten berührt. Demzufolge ist das Elastizitätsellipsoid des gedachten sechsseitigen Polyeders ein Ellipsoid, dessen mittlerer Querschnitt die Form der eben gedachten Ellipse hat und welches alle Seiten des Polyeders, ausserdem aber eine zum mittleren Querschnitte parallele Ebene, deren Höhe durch die Höhe der oberen Ecke des Polyeders vorhin bei Figur 54 schon bestimmt ist, berührt.

Wenn die hier vorgetragene Theorie des Elastizitätsellipsoides der Krystalle nicht ganz zutreffend sein sollte, so liefert sie doch wegen der Stetigkeit der Formänderung bei dem Übergange zwischen zwei Krystallformen, worauf sie beruhet, ein gutes Näherungsverfahren: auf alle Fälle aber überhebt sie die Annahme, dass jeder Krystall ein bestimmtes Elastizitätsellipsoid habe, über jeden Zweifel.

Wenn nach Vorstehendem jeder Krystallform ein bestimmtes Elastizitätsellipsoid entspricht, wenn also zwischen diesen beiden Dingen ein gesetzmässiger Zusammenhang besteht; so muss auch einem jeden Elastizitätsellipsoide eine bestimmte Krystallform entsprechen, und die Formverwandlung, welche durch die Verschmelzung zweier oder mehrerer Krystalle erfolgt (insofern alle anderen mechanischen, chemischen und sonstigen Nebenwirkungen ausgeschlossen werden), wird auf die Umwandlung zurückzuführen sein, welche zwei oder mehrere Elastizitätsellipsoide durch ihre Verschmelzung zu einem einzigen Ellipsoide erleiden. Stellen wir uns vor, zwei Ellipsen E und E_1 von verschiedenen Axenlängen und Axenrichtungen werden in derselben Ebene mit ihren Mittelpunkten O zusammengelegt und zu einer einzigen Ellipse E_2 dadurch verschmolzen, dass ein Vektor r von E mit einem Vektor r_1 von E_1 sich zu einer Resultante r_2 vereinigt. Ist für irgend eine angenommene Grundaxe OX ϱ der Richtungskoeffizient von r, ferner ϱ_1 der von r_1 und ϱ_2 der von r_2; so ist die Resultante $\varrho_2 r_2$ sowohl nach Länge r_2, wie auch nach Richtung ϱ_2 durch bekannte mechanische Formeln zu bestimmen, d. h. r_2 und ϱ_2 ergeben sich als bestimmte, durch r, r_1, ϱ, ϱ_1 dargestellte Grössen. Da E und E_1 Ellipsen sind; so ist r eine bestimmte Funktion von ϱ und es ist r_1 eine bestimmte Funktion von ϱ_1, welche sich von jener nicht durch die Form, sondern nur durch Konstanten unterscheidet. Soll nun E_2 ebenfalls eine Ellipse sein; so muss r_2 eben dieselbe Funktion von ϱ_2 mit anderen Konstanten darstellen. Der durch Substitution der Werthe von r und r_1 in die mechanische Formel für r_2 sich ergebende Ausdruck muss mithin in der Form der Funktion erscheinen, welche r_2 von ϱ_2 als Vektor einer Ellipse anzunehmen hat. Hierdurch wird eine allgemeine Gleichung gewonnen, welche ϱ_1 als eine bestimmte Funktion von ϱ darstellt, welche also diejenigen Vektoren der beiden Ellipsen E und E_1 erkennen lässt, welche ihre Wirkung zu vereinigen haben, um durch die Gesammtwirkung wiederum eine Elastizitätsellipse hervorzubringen.

Für die Vereinigung von zwei räumlichen Ellipsoiden treten an die Stelle der Deklinationskoeffizienten ϱ, ϱ_1, ϱ_2 die allgemeinen Richtungskoeffizienten und an die Stelle der erwähnten Funktionen die einem Ellipsoide entsprechenden Funktionsformen, im Übrigen bleiben die Rechnungsprinzipien dieselben.

Bei der Vereinigung von n Elastizitätsellipsoiden würde man entweder erst die ersten beiden, darauf das hierdurch erzeugte mit dem dritten gegebenen Ellipsoide u. s. f. vereinigen können; man würde aber auch alle n Ellipsoide mit einem Male vereinigen können, indem man die Resultante von je n Vektoren darstellt, was offenbar zu demselben Ergebnisse führen muss, da die letztere Resultante derjenigen gleich ist, welche sich durch sukzessive Resultantenbildung ergiebt.

Hinsichtlich der Konstatirung eines Elastizitätsellipsoides durch praktische Dehnungsversuche muss ich folgende Warnung aussprechen.

Ein Krystall und jedes aus demselben geschnittene Stück hat in jeder beliebigen Linie die Kohäsion, welche der Länge des in der Richtung dieser Linie liegenden Durchmessers des Elastizitätsellipsoides entspricht. Um aber diese unbezweifelbare Wahrheit zu konstatiren, muss das ganze Krystallstück in seiner vollen Ausdehnung Dehnungskräften ausgesetzt werden, welche nach drei konjugirten Durchmesserrichtungen des Elastizitätsellipsoides und zwar in allen Linien dieser drei Richtungen den Längen a, b, c der drei konjugirten Durchmesser proportional sind. Nur unter diesen Umständen dehnt sich das Krystallstück ohne Formänderung seines Ellipsoides und zerreisst endlich in drei Richtungen zugleich. Wird dagegen der Krystall oder ein ausgeschnittenes Stück desselben einer einseitigen Expansionskraft, z. B. ein ausgeschnittener prismatischer Stab mit quadratischem Querschnitte einer Längenexpansion unterworfen; so kann er nicht die seiner Längenrichtung im Elastizitätsellipsoide entsprechende Kohäsion zeigen. Denn eine primitive Faser ab eines Stoffes besteht aus einer Reihe kugel- oder kugelschalen- oder ellipsoidenförmiger Elemente, welche sich in bestimmten Mittelpunktsabständen überschneiden. Die Überschneidungen oder die gemeinsame Raumerfüllung der Massentheile bedingt die Kohäsion oder den Widerstand gegen die Zerreissung. Die seitliche Zusammenlagerung solcher Primitivfasern, wobei sich die Fasern in seitlicher Richtung ebenfalls in Abständen überschneiden, welche im Allgemeinen mit der Seitenrichtung variiren, erzeugt einen prismatischen Stab des Stoffes von minimalem Querschnitte.

Wird ein solcher Stab durch die Kräfte $+p$, $-p$ lediglich in seiner Längenrichtung gedehnt; so expandiren sich nicht nur die in dieser Richtung liegenden Elemente und verändern ihre Überschneidungsflächen, sondern es ändern sich auch die Formen und Überschneidungen der seitwärts liegenden Elemente. Denn nach Figur 57 kann die Dehnung des Abstandes bc der beiden Elemente b und c nicht vor sich gehen, ohne dass b und c zugleich auf alle diejenigen seitwärts liegenden Elemente wie e und f, mit welchen sie durch Überschneidung in Zusammenhang stehen, hinwirkt. Die längs ce und cf wirkenden Zugkräfte zerfallen in je zwei Komponenten, bezw. parallel und rechtwinklig zu bc. Vermöge der letzteren wird der zu dehnende Stab in der auf seiner Axe ad normal stehenden Richtung ef kontrahirt und die hierzu erforderliche Kraft ist durch die Kohäsion bedingt, welche der Stab in dieser Seitenrichtung hat. Ebendasselbe gilt aber von allen

Primitivfasern, welche die Axe ad umlagern, und hieraus folgt, dass die zur Zerreissung des Stabes ad von gegebenem quadratischen Querschnitte erforderliche Kraft nicht von der Kohäsion der axialen Primitivfaser allein, sondern auch von den Kohäsionen, welche in den Seitenrichtungen bestehen, abhängt, dass sie also nicht dem in der Axenrichtung des Stabes liegenden Durchmesser des Elastizitätsellipsoides entsprechen kann und dass sie mit der Stellung oder Orientirung des quadratischen Querschnittes variiren muss. Eine solche Variation würde nicht stattfinden, wenn statt des Stabes mit quadratischem Querschnitte ein zylindrischer Stab mit kreisförmigem Querschnitte angewendet würde: allein, immer würde die Festigkeit eines solchen Stabes nicht die Kohäsion in der betreffenden Richtung des Elastizitätsellipsoides anzeigen, weil sich der quadratische Querschnitt bei der Dehnung des Stabes in einer von der Elastizität in allen Seitenrichtungen abhängigen Weise zu einem elliptischen Querschnitte kontrahiren muss.

Durch Vorstehendes werden die von Sella und Voigt gemachten, in den Nachrichten der Göttinger Gesellschaft der Wissenschaften von 1892 auf S. 494 beschriebenen und in der Naturwissenschaftlichen Rundschau von 1893 S. 81 besprochenen Beobachtungen über die Zerreissungsfestigkeit von Steinsalz ihre naturgemässe Erklärung finden, ohne dass es nöthig ist, besondere Hypothesen über die allmähliche Änderung der Spannung gleichgerichteter Flächen beim Eindringen in den Krystall zu Hülfe zu nehmen.

85. **Die zusammengesetzten Eigenschaften und Prozesse.** Die mathematischen Grössen der Geometrie, der Chronologie, der Mechanik, der Chemilogie und der Physiometrie (Krystallographie) sind gedachte Grössen oder Zustände des menschlichen Geistes, die mathematischen Operationen, Formeln und Gesetze sind Thätigkeiten, Vorstellungen und Gesetze unseres Geistes: in der wirklichen Welt bestehen sie nicht. Es giebt kein rein räumliches Objekt, kein rein chronologisches Ereigniss, keine rein mechanische Masse oder Materie, keinen rein chemischen Stoff, keinen rein physiometrischen Krystall. Jedes Mineral ist geometrisches, chronologisches, mechanisches, chemilogisches und physiometrisches Objekt zugleich, besitzt also alle Grundeigenschaften der fünf mineralischen Grundgebiete. Diese Grundeigenschaften, d. h. ihre speziellen Werthe, stehen in bestimmten naturgesetzlichen Beziehungen zu einander, es kann sich keine ändern, ohne zugleich eine Änderung der übrigen herbeizuführen; so ändert z. B. eine Kompressionskraft durch ihre in gegebener Zeit vor sich gehende Wirkung auf ein Mineral zugleich den Raum, das Alter, die Gravitation, die Affinität, die Krystallform und viele andere Eigenschaftswerthe. Dass von der Dichtigkeit, insbesondere von der Grösse der gravitirenden materiellen Elemente sowohl die Gravitation, als auch das chemische Verhalten und der Gestaltungstrieb abhängt, wennauch diese Abhängigkeit nicht immer von grosser Bedeutung ist, wird keines besonderen Nachweises bedürfen. Umgekehrt, leuchtet ein, dass die Gravitation nicht nur den Bewegungs-

zustand eines Körpers, sondern auch seine Spannung und Expansion in der Gravitationsrichtung beeinflusst (da die näher liegenden Punkte stärker als die entfernteren angezogen werden und anziehen, was, wenn der Körper flüssig ist, wie das Meer, die Verlängerung der Fluthaxe und die Verkürzung der rechtwinklig darauf stehenden Ebbendimension bewirkt). Hiernach kommen geometrische, chronologische, mechanische, chemilogische und physiometrische Formeln und Resultate niemals in der wirklichen Welt zur Erscheinung. Alle wirklichen Prozesse sind gemischte Prozesse, welche nur durch Kombination der rein geometrischen, chronologischen u. s. w. Gesetze und Formeln zur Darstellung kommen können. Alle Formeln, welche nicht Kombinationen aller wirklichen Grundprozesse sind, können nur als Näherungsformeln angesehen werden. So ist z. B. die mechanische Formel für die lebendige Kraft, welche eine gegebene Masse durch die gegebene Arbeit einer äusseren Kraft gewinnt, lediglich eine Näherungsformel, welche durch die zugleich erzeugte Dichtigkeits-, Affinitäts-, Krystallisationsänderung, namentlich aber durch den erzeugten Wärmeprozess zu ergänzen wäre.

Da jedes Mineral nicht nur vermöge seiner Zusammensetzung aus Atomen dem Mineralreiche, sondern auch vermöge der Zusammensetzung seiner Atome aus Ätherelementen dem Ätherreiche angehört; so hat dasselbe ausser den mineralischen auch die physischen Grundeigenschaften aller fünf physischen Grundgebiete, d. h. es ist zugleich optisches, akustisches, kalorisches (allgemeiner, ästhematisches), elektrisches (bezw. galvanisches) und osmetisches Objekt. Die speziellen Werthe der physischen Grundeigenschaften eines Objektes stehen nicht nur unter sich, sondern auch zu den mineralischen Eigenschaften des Objektes in bestimmten Beziehungen; es giebt daher im wirklichen Mineralreiche weder rein mineralische, noch rein physische, sondern nur gemischt mineralisch-physische Prozesse, und zwar nur solche, an welchen sich die Grundeigenschaften aller fünf mineralischen und aller fünf physischen Grundgebiete zugleich betheiligen. Jeder Prozess im Mineralreiche ist also eine Kombination von geometrischen, chronologischen, mechanischen, chemilogischen und physiometrischen, sowie von optischen, akustischen, kalorischen, elektrischen und osmetischen Prozessen. Die einem einzelnen dieser Gebiete angehörigen mathematischen Formeln und Operationen sind lediglich geistige Abstraktionen, welche in unserem Kopfe, aber nicht im wirklichen Mineralreiche existiren, welche also nur näherungsweise das Verhalten eines Minerals in solchen Fällen anzeigen, wo die Mitwirkung der übrigen Grundprozesse geringfügig ist.

Eine richtige Erkenntniss und Kombination dieser Grundgesetze würde das Verhalten eines Minerals in aller Vollständigkeit zum Ausdrucke bringen. Hierzu gehört, erstens, die Erkenntniss der physischen Grundeigenschaften der ätherischen Elemente, welche die Atome der verschiedenen Grundstoffe bilden, da anzunehmen ist, dass die reinen Ätherelemente, indem sie zu einem Atome vereinigt sind, eine gewisse

Veränderung ihrer rein ätherischen Eigenschaften (z. B. eine grössere oder kleinere Leuchtkraft und Farbe, ein grösseres oder kleineres kalorisches, elektrisches Vermögen u. s. w.) erlitten haben. Es gehört, zweitens, dazu die Erkenntniss der mineralischen Grundeigenschaften der Atome der verschiedenen Grundstoffe, drittens, die Erkenntniss der Abhängigkeit der physischen Eigenschaften voneinander, viertens, die Erkenntniss der Abhängigkeit der mineralischen Eigenschaften voneinander, fünftens, die Erkenntniss der zwischen den physischen und den mineralischen Eigenschaften bestehenden Abhängigkeiten. Erst wenn diese Erkenntnisse durch Beobachtung und Abstraktion gewonnen sind, kann von einer mathematischen Darstellung oder Berechnung der Naturprozesse im Mineralreiche die Rede sein: wenn sie aber dereinst gewonnen sein werden, sind sie bestimmend für alle Naturprozesse in diesem Reiche. Es wird sich dann aus der Erkenntniss des Atoms des Goldes ergeben, dass das Gold im Sonnenlichte dem menschlichen Auge gelb erscheint, dass die chemische Verbindung von Schwefel und Quecksilber zu Zinnober roth ist, dass bei der chemischen Verbindung von Kohlen- und Sauerstoff zu Kohlensäure eine ganz bestimmte Menge von Wärme und Licht erzeugt wird, es wird sich die Farbe, der Ton, die spezifische Wärme, das elektrische Vermögen jedes einfachen und zusammengesetzten, sowohl jedes wirklich existirenden, als auch jedes nach Weltgesetzen möglichen Mineralkörpers mathematisch bestimmen lassen.

Aber auch das Verhalten eines solchen Körpers gegen die Mitwelt, sowie die Veränderung, welche er unter der Einwirkung der Mitwelt erleidet und welche immer nur eine Änderung der speziellen Werthe seiner physischen und mineralischen Grundeigenschaften ist, findet dann eine strenge Bestimmung durch mathematische Formeln, d. h. es giebt eine mathematische Theorie des Äther- und des Mineralreiches. Die Kombinationen der physischen und mineralischen Prozesse sind sehr zahlreich und daher die Erscheinungen, welche sie hervorbringen, ungemein mannichfaltig. Ich kann mich hier nicht auf die Detaillirung aller dieser Prozesse einlassen und beschränke mich auf die Vorführung einiger derselben.

Die mathematische Theorie des Mineralreiches erbauet sich selbstverständlich auf gewissen naturgesetzlichen Grundprinzipien, zu denen die Äquivalenz der Naturgesetze, die Konstanz der Energie eines abgeschlossenen Systems von Objekten, aber auch der Satz gehört, dass jede Änderung vermöge der Äquivalenz der Prozesse als die Wirkung einer Ursache aufgefasst werden kann, dass also jede Änderung eine zulängliche Ursache haben muss, dass ohne eine solche Ursache ein Objekt unverändert in seinem Zustande verharret, ferner der Satz, dass in einem ätherischen und mineralischen Körper, in welchem sich alle Kräfte im Gleichgewichte, also alle Theile in Ruhe befinden (welcher also weder leuchtet, noch tönt, noch wärmt, noch elektrisch und osmetisch thätig ist), die eigenen Kräfte nicht die Ursachen zu Veränderungen sein können, dass die ändernden Ursachen also äussere sein müssen, dass z. B. ein solcher Körper nur durch äussere Kräfte bewegt, komprimirt, chemisch verändert, krystallinisch umgeformt werden kann, auch dass derselbe nicht von selbst anfängt zu leuchten, zu schallen, kalorisch, elektrisch, osmetisch thätig zu sein, ferner der Satz, dass eine bestimmte äussere physische oder mechanische Einwirkung und ein bestimmter innerer physischer und mechanischer Prozess einen fest bestimmten Verlauf nimmt, also fest bestimmte andere Zustände herbeiführt. Die gesetzliche Abhängigkeit der erzeugten Zustände von den ursprünglichen Zuständen und den wirkenden Ursachen macht es zur Unmöglichkeit, dass dieselben Zustände aus verschiedenen ursprünglichen Zuständen oder aus verschiedenen Ursachen oder aus verschiedenen Zuständen und Ursachen entspringen könnten: verschiedene gegebene Zustände und einwirkende Kräfte können zwar einzelne, nicht aber alle Zustände von gleichem speziellen Werthe hervorbringen. So kann z. B. eine gegebene Masse durch die Gravitation der Erde aus verschiedener Höhe oder aus verschiedenen räumlichen Örtern in dieselbe Geschwindigkeit versetzt werden: allein Diess wird, wenn die Höhen verschieden sind, in verschiedenen Zeiten, also in verschiedenen Altern, auch mit gewissen anderen verschiedenen physischen Prozessen, und wenn bei gleicher Höhe die Ortslage verschieden ist, mit einer Expansion der Masse in der gegen den Mittelpunkt der Erde zeigenden, also in verschiedenen Richtungen geschehen. Denkt man sich diese Masse bei verschiedener Ortslage, aber gleicher Höhe so gewälzt, dass sie dem Mittelpunkte der Erde gleiche Durchmesser darbietet; so wird zwar die Expansion in diesen verschiedenen Ortslagen ebenfalls dieselbe sein können: allein immer ist doch die Richtung, in welcher die Masse die Geschwindigkeit empfängt, eine andere und ausserdem ändert sich stets bei der Gravitation die Spannung und Form des Erdkörpers in anderer Weise.

Wenn sich ein Körper nicht in vollkommener Ruhe befindet, wenn also physische oder mineralische Schwingungen oder Prozesse darin vor sich gehen; so ändern sich allerdings seine Zustände, diese Änderung nimmt aber, wenn der Körper lediglich seinen eigenen Kräften überlassen ist, wenn also keine äusseren Kräfte mitwirken, einen ganz bestimmten Verlauf, welcher einer bestimmten Periodizität entgegenschreitet, wozu auch der unter Umständen eintretende Stillstand gehört. Da jedoch ein Körper immer ein Weltbestandtheil ist; so steht er stets mit äusseren Objekten in Beziehung, unterliegt also immer der Wechselwirkung mit der Aussenwelt und zwar theils der aktiven Einwirkung äusserer Kräfte auf ihn als passives Objekt, theils der passiven Mitwirkung äusserer Kräfte, wobei er selbst das aktive Objekt bildet.

Das Vermögen eines Körpers, in einem gegebenen Zustande zu beharren, solange keine äusseren Kräfte auf ihn wirken, bedingt die Widerstandsfähigkeit gegen die durch äussere Kräfte bedingte Zustandsänderung, also auch, nachdem durch äussere Kräfte ein Ruhezustand eingetreten ist, das Bestreben zur Rückkehr in den früheren Zustand, sobald die äusseren Kräfte schwinden.

86. **Zusammensetzung aus lediglich mineralischen Eigenschaften.** Wie schon gesagt, gehört jedes Mineral allen fünf physischen und allen fünf mineralischen Grundgebieten zugleich an, bildet also im freien, von aussen unbeeinflussten Ruhezustande ein System aller physischen und mineralischen Grundeigenschaften und verwirklicht bei jeder Änderung dieses Zustandes alle physischen und mineralischen Grundprozesse. Dem Verstande steht es frei, nicht nur einzelne dieser Grundeigenschaften und Grundprozesse, sondern auch einzelne Kombinationen derselben zu betrachten. So kann er z. B. von allen physischen Eigenschaften und Prozessen absehen und lediglich die mineralischen Eigenschaften und Prozesse oder gewisse Kombinationen derselben in Betracht ziehen. Die Ergebnisse dieser Betrachtung haben eine spezialwissenschaftliche Bedeutung, können aber keinen Anspruch auf Verwirklichung erheben: sie können für die Anwendung nur für solche Fälle als Näherungswerthe gelten, wo die vernachlässigten Eigenschaften und Prozesse von unerheblicher Bedeutung sind. Diese Sonderung und Zusammenfassung gewisser Eigenschaften und Prozesse ist ein gewöhnliches und für spezielle Zwecke auch rationelles Verfahren; man darf sich aber dadurch nicht täuschen lassen, die durch Kombination entstehenden Eigenschaften und Prozesse, welche ich zusammengesetzte Eigenschaften und Prozesse nennen werde, für einfache Grundeigenschaften und Grundprozesse zu halten. Einige Beispiele mögen Diess erläutern.

Lassen wir zunächst alle physischen Eigenschaften ausser Acht, indem wir annehmen, sie existiren nicht und thun daher auch keine Wirkung, beeinflussen also auch nicht die mineralischen Eigenschaften und Prozesse. Alsdann erfüllt eine gegebene Masse einen gegebenen Raum, hat also eine gewisse Dichtigkeit, und hieraus folgt, dass Dichtigkeit keine Grundeigenschaft, sondern eine durch mechanische und räumliche Grundeigenschaften bedingte zusammengesetzte Eigenschaft ist. Die gegebene Masse erfüllt wegen ihres Beharrungsvermögens ihren Raum mit einer bestimmten äusseren Kraft, sie leistet der Kompression und Expansion einen gewissen Widerstand, hat also eine bestimmte Kohäsion, und hieraus folgt, dass Kohäsion keine Grundeigenschaft, sondern eine durch äussere mechanische und innere räumliche Grundeigenschaften bedingte zusammengesetzte Eigenschaft ist. Die Tendenz zur Rückkehr eines durch äussere Kräfte angegriffenen materiellen Körpers in den früheren Zustand, sobald diese Kräfte schwinden, verleihet ihm die Elastizität: Elastizität ist also keine Grund-, sondern eine zusammengesetzte Eigenschaft. Die Rückkehr erfolgt durch einen Änderungsprozess, welcher, wenn die äussere Kraft nicht durch Gegenkraft vollständig vernichtet wird, sondern eine dauernde Wirkung in dem Körper zurücklässt, nicht mit dem Ruhezustande abschliessen, sondern nur ein dauernd periodischer, ein Schwingungsprozess sein kann: demnach ist Schwingung kein absolut einfacher, sondern ein zusammengesetzter

Prozess. (Auch in den physischen Schwingungen, also im optischen, akustischen, kalorischen u. s. w. Prozesse bildet der Fortschritt eines Elementes, also die einfache Bewegung desselben mit bestimmter variabeler Geschwindigkeit, welche den periodischen Stillstand und Rückgang nach Grösse oder Ausschlag und Zeitverlauf oder Schwingungszahl zur Folge hat, die einfachen Grundlagen der Schwingung).

Dass Druck keine Grundeigenschaft der Materie ist, ist schon in Nr. 81 erwähnt worden. Ich füge hinzu, dass Widerstand durch Druck hervorgerufen wird, also ein Resultat des allgemeinen Beharrungsvermögens ist.

Ein chemisches Atom hat, weil es zugleich materiell ist, ein bestimmtes Gewicht: das Äquivalentgewicht ist daher keine einfache chemische Grundeigenschaft, sondern eine zusammengesetzte chemisch-mechanische Eigenschaft. Das Atom erfüllt einen bestimmten Raum: das Atomvolum ist daher ebenfalls keine einfache chemische, sondern eine chemisch-geometrische Eigenschaft. Die Kohäsion eines chemischen Stoffes, als Widerstandsfähigkeit gegen äussere Kräfte ist ausserdem nach Vorstehendem eine besondere zusammengesetzte mechanisch-geometrische Eigenschaft. In der chemischen Verbindung haften die verbundenen Atome mit bestimmter Kohäsion in einem bestimmten Volum oder mit bestimmter Dichtigkeit: die chemische Verbindung ist daher keine ausschliessliche Bethätigung der Affinität, sondern ein chemisch-mechanisch-geometrischer Prozess, zu welchem sich noch ein chronologischer und ein physiometrischer (Gestaltungs-)Prozess gesellt.

In einem Krystalle bezeichnen Grösse, Ort, Stellung, Dimensität und Form die Grundeigenschaften, welche ihm als Raumobjekt zukommen, oder seine geometrischen Grundeigenschaften. Alter, Gewicht, Stoffgehalt sind seine chronologischen, mechanischsn, chemischen Eigenschaften, wogegen die rein physiometrischen Eigenschaften und Prozesse in dem Wesen und Verhalten seiner Gestaltungstriebe liegen. Die Kohäsion oder die Elastizität eines Krystalles und das Elastizitätsellipsoid, dem die obige Nr. 84 gewidmet ist, bezeichnen besondere mechanisch-geometrische Eigenschaften des Krystalles.

Wenn vorstehend die Kohäsion desshalb eine besondere mechanisch-geometrische Eigenschaft genannt ist, weil die Materie den Raum mit einer bestimmten Kraft erfüllt; so ist die Ursache dieser Raumerfüllung und dieses Kraftbesitzes nicht näher in Betracht gezogen und darum die Eigenschaft als eine besondere bezeichnet. Nun liegt diese Ursache aber darin, dass die Elemente eines kohärirenden Körpers in bestimmten Mittelpunktsabständen sich überschneiden, dass also Theile von ihnen denselben Raum einnehmen und auf diese Weise eine Gemeinschaft bilden, in welcher sie durch gegenseitige Kräfte erhalten werden. Was ist nun der Grund dieser Gemeinschaft? Meines Erachtens ein den Elementen innewohnender Anordnungs- oder Gestaltungs- oder Krystallisationstrieb. Nur vermöge eines physiometrischen oder Gestaltungstriebes bilden materielle Elemente, chemische Atome, krystallinische Formelemente einen ganzen Mineralkörper von endlichen Dimensionen: ohne jene Anordnungstendenz könnte kein Inbegriff von materiellen Elementen ein chemisches Atom, kein Inbegriff von Atomen einen Krystall, keine Summe von gleichen materiellen Elementen eine starre Masse mit Expansions-, Kompressions-, Biegungs-, Torsionswiderstand, keine Summe von Elementen eine Flüssigkeit mit Kompressionswiderstand und Adhäsion, keine Summe von Elementen ein Gas mit Kompressionswiderstand bilden. Die Kohäsion ist daher nicht nur durch mechanische und räumliche, sondern auch durch physiometrische Grundeigenschaften bedingt.

Hinsichtlich der Zusammenwirkung der Zeit mit den übrigen Grundeigenschaften bemerke ich noch, dass es in der Wirklichkeit keinen reinen Zeitverlauf giebt, ebenso wenig wie es keine rein räumliche, mechanische, chemische, physiometrische Eigenschaften giebt. Kein Objekt ist absolut selbstständig, bildet keine abgeschlossene Welt für sich, sondern ist immer ein Bestandtheil der Gesammtwelt, unterliegt also immer der Mit- oder Wechselwirkung äusserer Kräfte. Demzufolge erneuert sich kein Objekt genau in demselben Zustande während der Zeit, sondern ändert sich. Änderung ist also immer ein Resultat von chronologischen und anderen Kräften. Jedes Ereigniss und überhaupt das Ereignen ist daher ein mit chronologischen Eigenschaften und Prozessen gemischter Zustand, bezw. Prozess, und, da alle Prozesse bestimmten Naturgesetzen unterliegen, giebt es keinen Zufall im Mineralreiche (auch nicht in den übrigen Reichen), d. h. kein Ereigniss, welches nicht seine naturgesetzlichen Ursachen hätte. Auch die Dauerhaftigkeit, als die bestimmte Zukunftszeit, welche ein gewisser Zustand unter der Wirkung gegebener Kräfte bestehen kann, setzt sich aus verschiedenen Eigenschaften zusammen.

87. **Zusammensetzung mineralischer mit physischen Eigenschaften.** Diese Zusammensetzungen bieten besondere Eigenthümlichkeiten dar. Ein nicht selbst leuchtender Körper reflektirt von dem ihn bestrahlenden Lichte einen Theil und nimmt den anderen Theil durch Refraktion auf. Der erste Theil äussert, indem die Körperelemente durch die Reflexion erschüttert werden, gewisse Wirkungen auf den Körper, welche theils in physischen, theils in mineralischen Prozessen bestehen. Der zweite Theil, das gebrochene Licht, wird zum Theil absorbirt, d. h. es wird in äquivalente Prozesse, z. B. in Schall, Wärme, elektrischen Strom, osmetischen Prozess umgewandelt, zum Theil wird er von dem Körper ausgestrahlt oder diffundirt, indem er die Elemente des Körpers in die ihrer Konstitution entsprechenden optischen Schwingungen versetzt. Dieser letzte Vorgang ist es, welcher dem Körper, wenn er vom Sonnenlichte bestrahlt wird, seine natürliche Farbe giebt. Diese natürliche Farbe ist daher eine aus konstituirenden und optischen Prozessen zusammengesetzte Eigenschaft. Das absorbirte Licht ist durch seine Umwandlung in andere Prozesse die Ursache mannichfaltiger Erscheinungen, namentlich elektrischer, chemischer und gestaltender Prozesse.

Zu ähnlichen Kombinationen giebt die Mitwirkung der übrigen physischen Prozesse Veranlassung: besonders stark treten hierbei die auf der Mitwirkung kalorischer Prozesse beruhenden Erscheinungen hervor. Indem sich mechanische Arbeit in Wärme umwandelt, ist sie die Ursache der Erwärmung eines Körpers bei der Kompression und der Abkühlung desselben bei der Expansion, sowie der Ausdehnung desselben bei der Erwärmung und der Zusammenziehung bei der Abkühlung. Da bei jedem Prozesse alle physischen und mineralischen Grundeigenschaften in Betracht kommen und Änderungen erleiden; so findet bei der Erwärmung oder Abkühlung nicht nur eine Umwandlung in positive oder negative mechanische Arbeit oder Expansion und Kontraktion, sondern auch ein Formprozess oder eine Erregung von Gestaltungstrieben statt. Überwiegt bei zunehmender Erwärmung oder Abkühlung endlich die Umwandlung der Wärme in Formprozesse die Umwandlung in Arbeit; so kann die mechanische Wirkung trotz der zunehmenden Wärmewirkung schwächer werden oder zurückgehen, indem dann stärkere Gestaltungseffekte hervortreten. Hierin liegt meines Erachtens die Erklärung, dass das fortgesetzt abgekühlte Wasser bei der Temperatur von 4 Grad seine grösste Dichtigkeit erreicht und sich bei fernerer Abkühlung ausdehnt, indem es nun in raschen Schritten dem Gefrierpunkte entgegenschreitet, also schnell zunehmende Änderungen seiner Gestaltungstriebe erleidet, die Abgabe an Wärme mithin zu einem grösseren Theile die Wirkung der Formtriebe und zu einem kleineren Theile die Wirkung der Kontraktionstendenz begünstigt.

Übrigens ist ohne Frage für jede flüssige, gasförmige und starre Substanz die bei der Variation der Wärme vor sich gehende Variation der Dichtigkeit eine Funktion aller übrigen Grundeigenschaften, also auch eine Funktion des Abstandes vom Kondensations- und vom Schmelzpunkte, bezw. vom Verflüchtigungs- und vom Gefrierpunkte, und wennauch nicht jeder Stoff bei der Annäherung an einen solchen Punkt einen Rückgang der Dichtigkeit zeigt; so wird die Variation seiner Dichtigkeit in jener Gegend doch im Allgemeinen eine Verstärkung zeigen, da der Eintritt in diesen Punkt einen plötzlichen Sprung oder eine endliche Änderung in unendlich kleiner Zeit darstellt, auf welchen ich weiter unten zurückkommen werde.

Die Begünstigung der Wirkung anderer Kräfte eines Objektes bei Entziehung von Wärme beruhet ganz wesentlich auf dem Wesen der Wärme, welches die heutigen Naturforscher noch glauben ignoriren und durch die Beobachtung der Äquivalenz zwischen Wärme und Arbeit ersetzen zu können, obwohl diese Beobachtung doch den Thatsachen nur näherungsweise und nur in gewissen Fällen entsprechen kann, indem niemals eine Umwandlung von Wärme in Arbeit oder Arbeit in Wärme, sondern nur eine Umwandlung von Wärme in Arbeit und in alle möglichen anderen Prozesse oder eine Umwandlung von Arbeit in Wärme und in alle möglichen anderen Prozesse vorkommen kann. Ausserdem kann eine Beobachtung, selbst wenn sie ganz zutreffend wäre, nur konstatiren, dass eine spezielle Thatsache wirklich besteht, nicht, dass sie nothwendig bestehen muss, sie kann also nur die Grundlage einer auf unerwiesenen Hypothesen erbaueten Entwicklung, keiner rationellen Theorie sein, wird vielmehr in ihrem Entwicklungsgange, wie es auch die mechanische Wärmetheorie thut, noch mehrfache unerwiesene spezielle Hypothesen aufstellen müssen.

Die Pendelschwingung ist meines Erachtens der einzig mögliche Wärmeprozess oder diejenige Hypothese, welche sich in allen denkbar möglichen Naturerscheinungen bewähren wird und demzufolge den Anspruch auf eine bewiesene, einwandsfreie Hypothese wird erheben können. (Weder Transversal-, noch Longitudinal-, noch Dehnungs-, noch Dichtigkeits-, noch Formschwingungen können, wie ich in den „Naturgesetzen" gezeigt habe, die kalorischen Effekte hervorbringen). Die Pendelschwingung, da sie Zentrifugalkraft, also Spannung erzeugt, wird da, wo es die Überwindung gewisser Kräfte gilt, zu dieser Überwindung beitragen. Nun sind in jedem Prozesse, welcher die Wirkung einer Kraft darstellt, Widerstände zu überwinden: denn Wirkung ist eben Überwindung einer Gegenkraft oder eines Widerstandes. Zu der eigentlichen Gegenkraft gesellen sich aber immer noch die Widerstände aller übrigen Grundvermögen, welche ebenfalls zu überwinden sind, um gewisse Effekte hervorzubringen. Wenn die beiden aufeinander wirkenden Objekte als Theile eines Ganzen aufgefasst werden, was ja dem abstrahirenden Verstande zusteht; so erscheint die wirkende Kraft und ihre Gegenkraft als innere Kräfte des Gesammtobjektes, und es leuchtet ein, dass die neben der zu überwindenden Gegenkraft noch zu besiegenden Widerstände oder inneren Hindernisse unter Umständen einer besonderen äusseren Kraft zu ihrer Überwindung bedürfen, welche häufig durch Wärme vertreten werden kann. So sind z. B., damit die Affinität zweier chemischen Atome ihre Verbindung herstellen oder ihre chemische Wirkung (welche in der Herbeiziehung jedes Atoms in den gemeinschaftlichen chemischen Schwerpunkt besteht) vollbringen kann, die durch die Durchdringung in einem gemeinschaftlichen Raume bedingten mechanischen Widerstände zu besiegen: hierzu verhilft die Zuführung von Wärme durch die von den Pendelschwingungen erzeugte, jenen Widerständen entgegengesetzte mechanische Arbeit; eine gewisse Wärme ist daher zur Stiftung einer chemischen Verbindung zweier Stoffe erforderlich. Durch Steigerung der Wärme wird aber die dadurch erzeugte Spannung so mächtig, dass sie mancher Kraft, welcher sie zu ihrer Wirkung verholfen hat, ein Hinderniss bereitet oder sich zu einer Gegenkraft gegen dieselbe gestaltet, also schliesslich diese Kraft überwältigt und deren Wirkung aufhebt. In diesem Effekte besteht die Dissoziation der Wärme: ein gewisses Maass von Wärme scheidet die chemisch verbundenen Stoffe, indem sie ihre Affinität überwältigt, nachdem ein geringeres Maass von Wärme die Bildung der Verbindung begünstigt hatte.

Sehr einleuchtend ist die aus unserer Theorie hervorgehende unmittelbare und berechenbare Abhängigkeit zwischen dem mechanischen Dichtigkeits- und dem chemischen Verbindungsprozesse einerseits und dem kalorischen und optischen Prozesse andererseits. Die mechanische

Kompression eines in Pendelschwingungen begriffenen Körpers muss diese Schwingungen nothwendig verstärken, also Wärme erzeugen, während die mechanische Expansion diese Schwingungen nothwendig schwächen, also Wärme absorbiren muss. Dagegen wird ein mit mässiger Geschwindigkeit und stetig verlaufender mechanischer Dichtigkeitsprozess keine optischen Schwingungen hervorrufen, weil derselbe keine oszillirenden Vergrösserungen und Verkleinerungen der Elemente zur Folge hat.

Bei der chemischen Verbindung werden verbundene Elemente geschieden und geschiedene verbunden; jedes Element wird also plötzlich frei und sofort wieder gebunden, es muss sich also abwechselnd ausdehnen und kontrahiren, mithin eine optische Schwingung vollziehen: die chemische Verbindung wird daher, besonders wenn sie selbst eine oszillirende ist, Licht erzeugen. Die Scheidung sich überschneidender und in den sich schneidenden Linien kohärirender Elemente bringt eine momentane Verkleinerung der Kohäsionslinie, die Verbindung dagegen eine Vergrösserung dieser Linie mit sich, eine Scheidung und eine Verbindung bedingt daher eine abwechselnde Verschiebung der Kohäsionspunkte in entgegengesetzten Richtungen und Diess zieht nothwendig Pendelschwingungen nach sich. Die chemische Verbindung erzeugt daher auch Wärme (insoweit dieselbe nicht durch andere Ursachen wieder absorbirt wird).

Da der elektrische Prozess auf Scheidung und Verbindung beruhet; so bringt auch dieser Wärme und Licht hervor. Im elektrischen, wie im chemischen Prozesse erscheinen aber Licht und Wärme als zwei selbstständige, auf ganz verschiedenen Ursachen beruhende Prozesse.

Da die materiellen Atome aus physischen Elementen bestehen; so kombiniren sich auch im animalischen Wesen stets physische und materielle Prozesse oder Sinneserscheinungen und Anschauungen, z. B. Lichterscheinungen und Raumanschauungen, Schallerscheinungen und Zeitanschauungen, Gefühlserscheinungen und mechanische Bewegungen, Geschmackserscheinungen und chemische Prozesse, Geruchserscheinungen und Formbildungen. Denn die Vertheilung der optischen Nervenelemente über eine räumlich ausgedehnte Netzhaut macht das Auge zugleich zu einem Raummesser (für räumliche Weite, Ortslage, Richtung u. s. w.), das System der Augenmuskeln macht das Auge zu einem motorischen Apparate, welcher mechanische Bewegungen leuchtender Objekte zur Anschauung bringt. Das Fortrücken und das Verschwinden von Schwingungen oder die Fähigkeit der Nervenelemente, bei Stössen oder Erschütterungen in den ursprünglichen Zustand zurückzukehren, macht das Auge und Ohr zugleich zu einem Apparate, welcher auf die Wiederkehr von Schwingungen zu reagiren vermag. Da für das menschliche Ohr nur langsame Longitudinalschwingungen hörbar sind, solche Schwingungen aber nicht von freien Ätherelementen, sondern nur von den Atomen des Ponderabelen hervorgebracht werden können (indem diese die Ätherelemente mit sich ziehen und zu Schallschwingungen nöthigen); so erscheint das Ohr zugleich als ein Messapparat für endliche oder messbare Wiederkehren, d. h. als ein chronologischer Apparat oder Zeitmesser, was sich von dem Auge wegen der ungeheuer raschen Fortpflanzung der optischen Schwingungen nicht sagen lässt. Die Fähigkeit des Ohres zur sensuellen Wahrnehmung der Schallerscheinungen und zur anschaulichen Wahrnehmung der Zeitgrössen liegt vornehmlich in der Schnecke. Zu der anschaulichen Wahrnehmung der Richtung eines Schallstrahles scheint ein Nebenapparat in Form der drei Bogengänge mit den Ampullen und bei wirbellosen Thieren in Form des Otolithen im Auge aufgebauet zu sein. Die Physiologen haben nämlich erkannt, dass die in drei rechtwinkligen Ebenen liegenden Bogengänge auf die Schwingungen gewisser Theile des menschlichen Körpers, namentlich des Kopfes, reagiren, sodass der Ruhezustand dieses Apparates mit einem Gleichgewichtszustande des Körpers, ein bestimmter Spannungszustand des Apparates mit einer bestimmten Stellung des Körpers und ein bestimmter Schwingungszustand mit bestimmten periodischen Bewegungen des Körpers verknüpft ist. Aus diesen lediglich dem Anschauungsgebiete angehörigen Beobachtungen ist der ganz irrthümliche Schluss gezogen, dass dem Ohre noch ein neuer Sinn innewohne, welcher bald Rotationssinn, bald Raumsinn, bald Gleichgewichtssinn genannt ist, aus welchen Benennungen zu erkennen ist, dass die Physiologie dem Begriff eines Sinnes oder sensuellen Vermögens oder physischen Erscheinungsvermögens mit dem Begriffe eines mathematischen Anschauungsvermögens konfundirt.

Obwohl die Bogengänge auch rein mechanische Anschauungen zur Erkenntniss bringen können; so scheinen sie doch wegen ihrer unmittelbaren Verbindung mit dem Ohre vornehmlich zur Erkenntniss der räumlichen Eigenschaften der Schallstrahlen oder zur Erkenntniss der Ortslage des schallenden Körpers bestimmt zu sein und diese Bestimmung durch Vermittlung der Erschütterungen zu erfüllen, welche der Kopf durch den äusseren Schallstrahl erleidet.

Die Nichtanerkennung der Subordination zwischen Erscheinungen und Anschauungen beweis't die Physiologie auch durch die Annahme, dass die Variationen, welche der Gefühlsprozess der Hautnerven bei dem Eintritte in verschiedene Körpertheile in Folge der Kombination von sensibelen mit materiellen Prozessen erleidet, lauter neue Sinne anzeigen, welche als Muskel-, Gelenk-, Sehnenempfindungen aufgeführt werden.

Dass auch die Theilung des Gefühls in zwei Sinne als Wärmegefühl und Druckgefühl irrthümlich ist, dass vielmehr diese beiden Gefühlsarten nur zwei Stufen in einunddemselben physischen Gebiete anzeigen, ist schon in Nr. 73 erwähnt.

88. **Der Aggregatzustand.** Von besonderer Wichtigkeit ist die Zusammenwirkung der Wärme mit den Gestaltungstrieben. Im starren Körper bildet jedes Element eine kohärirende Masse von bestimmter Form auf Grund der ihm innewohnenden Kräfte, ausser-

dem aber kohärirt dasselbe mit den Nachbarelementen auf Grund der zwischen diesen Nachbaren bestehenden, also auf Grund äusserer Kräfte; der starre Körper besitzt daher innere und äussere Kohäsion seiner Elemente. Im flüssigen Körper haben die Elemente innere, aber keine äussere Kohäsion (oder doch nur minimale äussere Kohäsion, welche Adhäsion heisst). Im gasförmigen Körper haben die Elemente keine innere und keine äussere Kohäsion, durchdringen sich oder diffundiren daher. Gleichwohl haben sie in allen diesen Zuständen eine unveränderliche materielle Beschaffenheit (Masse, Gravitationskraft u. s. w.), sowie eine unveränderliche Qualität oder chemische Beschaffenheit (Affinität) und unveränderliche krystallinische Grundeigenschaften oder Gestaltungskräfte, bilden also stets ein bestimmtes Abhängigkeitssystem, welches nur in der Zusammenwirkung der ätherischen Grundelemente eine gewisse, durch äussere Einflüsse bedingte Modifikation erlitten hat, eine Modifikation, deren Effekt gerade so lange anhält, als die äusseren Kräfte wirksam sind. Zu diesen, die Systemänderung bedingenden äusseren Kräften gehört vornehmlich die Wärme; das Resultat der Zusammenwirkung der Wärme mit den Gestaltungskräften ist bei der Erreichung eines gewissen Grenzwerthes der neue Aggregatzustand und dieser erscheint daher nicht als eine einfache mineralische Grundeigenschaft, sondern als eine Kombination von Grundeigenschaften.

Die durch Beobachtung festgestellten Thatsachen, dass durch Erwärmung die meisten starren Körper flüssig und die flüssigen gasförmig, sowie dass durch Abkühlung die gasförmigen Körper flüssig und die flüssigen starr werden, genügen nicht zur Erklärung dieser Vorgänge. Diese Erklärung fordert zunächst die Anerkennung der dissoziirenden Wirkung der Wärme, welche lediglich durch die Zurückführung des kalorischen Prozesses auf Pendelschwingungen begründet werden kann. Die Verstärkung und die Schwächung der Pendelschwingungen bringt mehrere verschiedene, aber bestimmte und unausweichliche Wirkungen hervor: sie bewirkt, wie leicht zu erachten, räumliche Expansion und Kontraktion mit der sie begleitenden Kontraktions- und Expansionsspannung, Verkleinerung und Vergrösserung der Dauerhaftigkeit gegebener Zustände, positive und negative mechanische Wirkung oder Arbeit, chemische Scheidung und Verbindung, positive und negative Variation oder krystallinische Gestaltung. Bei der Aggregatverwandlung kömmt vornehmlich die Beziehung der Wärme zum mechanischen und zum Gestaltungsvermögen in Betracht.

Beginnen wir die Betrachtung bei dem starren Körper; so ist ein System von Formelementen gegeben, welche bestimmte kantige Figuren (entweder einfache, oder chemisch verbundene Figuren) bilden, die sich in gegebenen Mittelpunktsabständen überschneiden und in den sich überschneidenden Theilen mit bestimmter Kraft kohäriren. In diesem Zustande zeigen die Gestaltungstriebe ihre grösste Freiheit und Wirksamkeit, sind am wenigsten in der Entfaltung ihrer Kräfte gehindert, erfordern aber die Mitwirkung oder Unterstützung durch Pendelschwingungen von gewisser Stärke, welche die Temperatur des starren Körpers ausmachen. Ohne diesen Temperaturgrad kann sich die Wechselwirkung, welche die Kohäsion und auch die chemische Verbindung bedingt, nicht erhalten. Sinkt die Temperatur des starren Körpers unter ein gewisses Maass herab; so entsteht eine Auflösung in Elemente, also ein Zustand, welchen ich der Kometenmaterie zuschreibe und darum den kometarischen nenne. Erhebt sich dagegen die Temperatur; so tritt zunächst eine stetige Volumerweiterung und Gestaltänderung ein, welche einen gewissen Grenzwerth erreicht, um alsdann eine plötzliche Umwandlung zu erleiden. Diese Umwandlung besteht darin, dass die linearen, unter bestimmten Winkeln oder Richtungen gegen die Radien eines Formelementes wirkenden Gestaltungstriebe vermöge der intensiveren, um alle Radien des Formelementes erfolgenden kalorischen Schwingungen aus jenen bestimmten Richtungen getrieben und zu rechtwinkligen, überall gleichen Stellungen gegen die Radien des Formelementes genöthigt werden und dass zugleich die kohärirenden Elemente der sich überschneidenden Formelemente aus dem Kohäsionszusammenhange gerissen werden. Die Formelemente werden also kugelförmig oder amorph und verlieren die Kohäsion untereinander, der Körper wird flüssig. Dieser Übergang vom starren zum flüssigen Zustande ist aber, da die diskreten, geradlinigen, in bestimmter Anordnung und Richtung wirkenden Gestaltungstriebe von bestimmten Stärken in stetige, kreisförmig aneinander gereihete Elementartriebe übergehen müssen und die kohärirenden Massen je zweier Formelemente sich scheiden müssen, mit einer krystallinischen Umgestaltung (Systemverwandlung) begleitet, welche ein entschiedener Hemmungsprozess ist und nur durch ein Opfer an Wärme oder durch einen Temperaturverlust hervorgebracht werden kann. Dieser Umwandlungsprozess, welcher das Entstehen eines Gestaltungshindernisses und das Verschwinden von Wärme darstellt und dessen zweiten Theil man das Latentwerden von Wärme beim Schmelzprozesse nennt, werden wir in Nr. 92 vom Standpunkte der Umwandlung näher beleuchten. Das amorphe Flüssigkeitselement besitzt keine äussere Kohäsion mit Nachbarelementen, wohl aber eine energische innere Kohäsion seiner eigenen physischen Elemente.

Eine Erwärmung der Flüssigkeit bis zu einem gewissen Maximum zieht einen ähnlichen Hemmungsprozess nach sich. Die kreisförmig stetig geordneten elementaren Gestaltungstriebe des amorphen Formelementes der Flüssigkeit werden durch hinreichend starke Pendelschwingungen an der Erhaltung dieser peripherischen Gestaltungstriebe und deren Kohäsion gehindert, lösen daher plötzlich ihren peripherischen Zusammenhang und gestalten sich zu radialen Linien, welche in dem hierdurch bedingten gasförmigen Zustande wegen Mangels der peripherischen Kohäsion den nachbarlichen Formelementen, sowie den Formelementen jedes anderen Gases die Durchdringung oder Diffusion gestatten, ausserdem aber sich in Folge des Mangels an peripherischer Kohäsion in allen radialen Richtungen bedeutend expandiren. Dieser

Umgestaltungsprozess bei der Verdunstung erfordert ebenfalls ein Opfer an Wärme.

Im ungekehrten Verlaufe wird bei der Kondensation des Gases das in den starken kalorischen Schwingungen liegende Gestaltungshinderniss durch Wärmeentziehung beseitigt: es muss Wärme austreten, d. h. die kalorischen Schwingungen des Gases müssen geschwächt werden, um die Gestaltungstriebe in höherem Maasse wirksam zu machen und die Flüssigkeit zu erzeugen. Dasselbe gilt von der Erstarrung der Flüssigkeit durch Freimachung oder Abführung von Wärme, was so viel wie Schwächung der Pendelschwingungen der Flüssigkeit bedeutet. Der Übergang in den höheren Aggregatzustand, welcher die Vernichtung eines Hindernisses erfordert, bedingt aber die Umwandlung dieses Hindernisses in einen kalorischen Prozess, also das Verschwinden eines Gestaltungshindernisses und das Entstehen einer Wärmemenge, welche die bei der Kondensation und Erstarrung frei werdende Wärme darstellt.

Man kann und muss hiernach behaupten, dass dieselben Gestaltungstriebe eines Körpers ihrem Wesen nach im starren, flüssigen und gasförmigen Zustande unveränderlich verharren, jedoch in ihren speziellen Werthen mehr oder weniger durch Wärme beeinflusst, modifizirt werden, dass also ihr Wesen durch die Aggregatverwandlung nicht geändert wird, dass aber der Aggregatzustand selbst keine einfache Grundeigenschaft, sondern eine zusammengesetzte, durch kalorischen Prozess mitbedingte Eigenschaft ist.

Da die Pendelschwingung unvermeidlich mit einer abwechselnden Expansion und Kontraktion des pendulirenden Elementes, also mit einer optischen Vibration verknüpft ist; so muss hinreichend gesteigerte Wärme jeden Körper zu einem für das menschliche Auge sichtbaren Leuchten bringen. Nun liegt es aber auf der Hand, dass die Pendelschwingungen eines starren Körpers, welche auf die Schwingungen geschlossener Flächentheile (Kugelflächen) zurückzuführen sind, die stärksten optischen Effekte hervorbringen werden, dass gleich starke Pendelschwingungen eines flüssigen Körpers, welche auf Schwingungen geschlossener Linien (Kreislinien) zurückzuführen sind, viel schwächere optische Effekte bedingen und dass starke Pendelschwingungen eines Gases, welche auf Schwingungen verschwindend kleiner (in geraden Linien nebeneinander liegender) Elemente zurückzuführen sind, nur ein äusserst schwaches, für menschliche Augen vielleicht gar nicht wahrnehmbares Leuchten zu erzeugen vermögen. Demzufolge wird starres Eisen bei starker Erwärmung lebhaft rothglühend, wogegen geschmolzenes Eisen bei derselben Temperatur nur schwach leuchtet und ein Gas bei höchster Erhitzung doch nicht sichtbar leuchtet. Die Beobachtungen von Pringsheim über das Nichtleuchten erhitzter Gase finden durch Vorstehendes ihre Erklärung und liefern in dieser Hinsicht eine Bestätigung meiner kalorischen und optischen Theorie.

Ich hebe noch hervor, dass bei jeder Volumänderung zunächst zwei verschiedene Prozesse in Betracht kommen: die Veränderung des Mittelpunktsabstandes a der sich überschneidenden Nachbarelemente, und die Veränderung des Radius r dieser Elemente. Der erste Prozess bedingt, wenn keine sonstigen Prozesse in Frage kommen, die Volumänderung; der zweite Prozess ist ohne Einfluss darauf: beide Prozesse zusammen nebst den übrigen etwa auftretenden chemischen, krystallinischen und sonstigen Prozessen bedingen die Kohäsion des Körpers und daher seinen Elastizitätsmodel. Bei normalem Verlaufe und wenn nur von aussen wirkende mechanische und von innen wirkende kalorische Kräfte auftreten, ändern sich a und r in nahezu gleichem Verhältnisse, sodass der Elastizitätsmodel nahezu konstant bleibt: wenn dagegen andere Prozesse mitwirken, z. B. chemische Verbindungs- oder Scheidungsprozesse, oder positive oder negative Krystallisationsprozesse auftreten (erweckt oder latent werden), kann das Verhältniss von a zu r verschiedentlich variiren.

Wenn etwa bei der Erwärmung eines Körpers die Radien r sich vergrössern und ein Theil der Wärme zur Erweckung krystallinischer Prozesse verbraucht wird, können die Mittelpunktsabstände a, also das Volum des Körpers konstant bleiben und der Körper kann vermöge eintretender Krystallisation bei der Erwärmung erhärten. Eine alsdann erfolgende Abkühlung kann dann eine Verkleinerung von r bei konstantem a hervorbringen, ohne dass doch nothwendig die erzeugten krystallinischen Kräfte wieder aufgehoben würden. Ein solcher Fall scheint bei der Erwärmung der Eiweisskörper vorzuliegen, welche durch Erwärmung erstarren und durch spätere Abkühlung nicht wieder flüssig werden. Übrigens können hierbei auch chemische und andere, z. B. optische Prozesse, wie sie durch die Veränderung der Farbe dieser Körper angedeutet werden, mitwirken.

Das Kryostaz bietet ähnliche Erscheinungen dar, welche sich jedoch von den vorstehenden dadurch unterscheiden, dass das flüssige Kryostaz bei der Erwärmung erstarret und bei der späteren Abkühlung wiederum flüssig wird, woraus zu schliessen ist, dass bei der Erwärmung Formtriebe frei werden, welche bei der späteren Abkühlung wieder latent werden.

Es ist beachtenswerth, dass ein starrer Körper nicht nur durch die Wärme, also durch die Pendelschwingung, sondern auch durch die von einem auflösenden Stoffe in dem Körper erzeugte Spannung in den flüssigen Zustand versetzt werden kann. Der auf diese Weise gelös'te Körper dehnt sich durch die in ihm erzeugte Spannung in dem lösenden Stoffe aus oder mischt sich mit demselben, wobei seine frei gewordenen Elemente den sogenannten osmotischen Druck äussern, er zeigt also Eigenschaften, welche der Expansionstendenz eines Gases verwandt sind. In diesem Falle tritt jedoch zu der Wirkung der Wärme und des Gestaltungstriebes noch die Wirkung der Affinität zwischen dem lösenden und dem gelös'ten Körper.

Die Grundbestandtheile der starren, flüssigen und gasförmigen Körper sind für Grundstoffe die chemischen Atome oder vielmehr die aus zwei Atomen bestehenden Moleküle. Die Atome sind unzerstörbar, behalten also auch im gasförmigen Zustande ihre Eigenart und scheinen nur in ihrem Molekularzusammenhange geschwächt zu werden.

Mir scheint die vorstehende Erklärung der Aggregatzustände, also auch des gasförmigen Zustandes so einfach, ungekünstelt und rationell zu sein, dass ich die Zähigkeit nicht begreife, womit die neuere Naturwissenschaft an der kinetischen Theorie der Gase, welche das Gas aus springenden, stossenden Elementen zusammensetzt und die Ursache der Wärme der Gase in Stosseffekten geschleuderter Elemente findet, festhält, an einer Theorie, deren Unmöglichkeit ich in dem ersten Supplemente der „Naturgesetze“ über Wärme und Elastizität Nr. 24 und 27 nachgewiesen habe, und deren Unwahrheit nicht dadurch zur Wahrheit wird, dass man daraus gewisse Resultate ableiten kann, welche der wirklichen Erscheinung äusserlich entsprechen: die mechanische Wärmetheorie liefert ja auch solche Resultate, ohne sich überall um das Wesen des kalorischen Prozesses zu kümmern, lediglich sich stützend auf den Satz „Wärme und Arbeit sind äquivalent“, an dessen Stelle man für die kinetische Gastheorie den Satz stellen kann „Stoss und Expansionstendenz sind äquivalent“, aus welchem aber der ganz falsche Schluss gezogen wird, dass Wärme mit einfacher, geradlinig wirkender lebendiger Kraft identisch sei.

Die Unzulänglichkeit der mechanischen Wärmetheorie zeigt sich auch daran, dass sie nöthig hat, für das Wärmegesetz einen besonderen Grundsatz aufzustellen, welcher sagt, dass von einem kälteren Körper keine Wärme unmittelbar in einen wärmeren übergehen könne. Dieser Satz ergiebt sich aus meiner Theorie als eine einfache Schlussfolgerung. Denn, wenn zwei sich überschneidende materielle oder, besser, zwei physische oder ätherische Elemente von minimalem Mittelpunktsabstande isochrone und parallele Pendelschwingungen vollziehen, wirken ihre gleich liegenden Punkte nicht aufeinander, sondern bewegen sich gemeinschaftlich in derselben Richtung und mit derselben Geschwindigkeit, beharren also in diesem Schwingungszustande (soweit derselbe sich nicht durch Strahlung, Leitung oder andere Ursachen gemeinschaftlich ändert). Wenn aber das eine Element stärker schwinget, als das andere und demzufolge auch wegen der stärkeren Zentrifugalkraft ein grösseres Volum einnimmt, wirken diese Elemente aufeinander: das rascher schwingende findet an dem langsamer schwingenden einen Widerstand, wird also zu einem Motor, während das langsamer schwingende als Rezeptor erscheint. Es liegt auf der Hand, dass alsdann die Schwingung des ersteren geschwächt und die des letzteren verstärkt wird, oder dass Wärme von jenem auf dieses übergeht. Dieser Übergang beruhet auf einer gemeinschaftlichen Thätigkeit beider, auf Druckwirkung des einen und Widerstandswirkung des anderen: das erstere beschleunigt das letztere und dieses verzögert jenes. Der Vorgang ist nichts Anderes, als die in allen Gebieten bestehende Beziehung zwischen Wirkung und

Gegenwirkung: derselbe tritt auch ein, wenn die pendulirenden Elemente nicht unmittelbar, sondern durch Vermittlung eines Zwischenmediums aufeinander wirken.

Ferner erweis't sich die mechanische Wärmetheorie darin als unzulänglich, dass sie zu einer ganz anderen Vorstellung vom Wärmeprozesse in Flüssigkeiten und starren Körpern, als in Gasen nöthigt.

Endlich aber wird sie dadurch hinfällig, dass Wärme keineswegs ausschliesslich durch mechanische, sondern auch durch andere Kräfte, durch chemische, krystallinische, optische, elektrische und andere Kräfte erzeugt werden kann. Diess beweis't deutlich, dass Wärme allen übrigen Naturprozessen äquivalent, und keinem derselben, auch nicht dem mechanischen Prozesse gleich oder mit ihm identisch, sondern dass sie ein selbstständiger, eigenartiger Grundprozess oder dass das kalorische Vermögen eine besondere und zwar eine physische, keine mineralische und keine materielle Grundeigenschaft ist. Dass man gleichwohl auch materielle Elemente in Pendelschwingungen versetzt denken, also die Pendelschwingung in allgemeiner Form betrachten kann, habe ich in Nr. 40 der „Äquivalenz der Naturkräfte" gezeigt.

Aus der vorstehenden Auffassung der Aggregatzustände folgt, dass bei der Durchschneidung eines starren, flüssigen oder gasförmigen Körpers nur ganze Grundbestandtheile getrennt werden können, dass also der Schnitt mittelst einer durch mechanische Kraft vorgetriebenen Fläche einen Theil der Grundbestandtheile auf die eine Seite und den anderen Theil auf die andere Seite drängt, was bei dem allmählichen Vordringen der Schnittfläche ein Gleichgewicht der Kompression erhalten kann und wird.

Ausserdem folgt aus der Überschneidung der Grundbestandtheile und der Elemente eines Körpers in bestimmten Mittelpunktsabständen, dass es keine absolut glatte Oberfläche eines starren, flüssigen oder gasförmigen Körpers geben kann, dass also jede Oberfläche eines Körpers für das Gleiten eines anderen Körpers reibungsfähig ist, und dass die Reibung ein mechanischer Arbeitsprozess ist, welcher die Oberflächenbestandtheile theils zu kalorischen Pendelschwingungen, theils zur Verdichtung, theils zur Verschiebung, theils zur Abschleifung oder Ausscheidung, theils auch zu elektrischen und anderen Prozessen nöthigt, also überhaupt sich in äquivalente Prozesse umsetzt.

Es ist noch zu bemerken, dass der Zusammenhang der Elemente nicht ausschliesslich auf krystallinischen oder anordnenden, sondern auch auf Kohäsionskräften, auf Reibungswiderständen und auf chemischen Affinitäten beruhet, dass also jeder Aggregatzustand, gewisse Besonderheiten annehmen kann, welche ihm den Anschein eines Überganges zu einem anderen Aggregatzustande geben können: namentlich gilt Diess von den Übergängen zwischen dem starren und flüssigen Zustande. Es giebt überhaupt keinen absolut starren, flüssigen oder gasförmigen Zustand: die Elemente des starren Körpers sind mehr oder weniger verschiebbar, die des flüssigen Körpers adhäriren mehr oder weniger, der starre Körper hat also etwas mit dem flüssigen und der flüssige etwas mit dem starren gemein. Da durch Druck und Biegung alle eben genannten Kräfte eines starren Körpers geändert werden; so kann er durch geeignete Einwirkung von aussen immer in einen Zustand versetzt werden, aus welchem er bei dem Erlöschen der äusseren Zwangskräfte nicht wieder in den früheren Zustand zurückzukehren vermag.

Alle diese Erscheinungen erklären sich aus der Zusammenwirkung verschiedenartiger Kräfte, ohne das Grundwesen des Aggregatzustandes zu beeinflussen.

89. **Der vierte Aggregatzustand und die Kometentheorie.** Ich bin der Ansicht, dass ausser den vorstehenden drei noch ein vierter Aggregatzustand besteht. Derselbe entwickelt sich nicht aus dem gasförmigen Zustande durch Vermehrung der Wärme, sondern aus dem starren Zustande durch Verminderung der Wärme. Wenn diese Verminderung allgemein, oder doch für gewisse Stoffe eine solche Kontraktion der Grundbestandtheile und eine solche Verkürzung des Mittelpunktsabstandes zur Folge hat, dass die Erstere die Letztere übertrifft; so muss endlich eine Isolirung der Grundbestandtheile eintreten. Dieselben werden ein stark verkleinertes Volum einnehmen und nur durch ihre gegenseitige Gravitation in Berührung gehalten werden. Der in diesen Zustand eintretende Körper wird also ein verhältnissmässig kleines Volum haben und aus starren Elementen bestehen, welche nicht durch Kohäsion, sondern durch Gravitation zusammengehalten werden. Um einen solchen Körper auf ein Volum von mässiger Grösse zu bringen, ist also eine äussere Expansiv- oder Zugkraft erforderlich, wogegen der gasförmige Körper zu diesem Zwecke eine äussere Kompressions- oder Druckkraft erfordert. In diesem Zustande erblicke ich den vierten Aggregatzustand und glaube, dass derselbe dem Zustande entspricht, in welchem sich die Materie der Kometen befindet, wesshalb ich ihn auch als den kometarischen Zustand bezeichnet habe.

Zur Begründung der letzteren Annahme vergegenwärtige man sich zwei materielle Elemente von der Masse m und dem Abstande a. Dieselben äussern vermöge der Gravitation die Anziehung $\varkappa \frac{m^2}{a^2}$ auf einander. Wirkt auf diese Elemente durch Gravitation eine Masse M, welche in der Verlängerung des Abstandes a liegt, aus der Entfernung x von dem zunächst liegenden Elemente; so wird dieses Element mit der Kraft $\varkappa \frac{m M}{x^2}$ und das entferntere Element mit der Kraft $\varkappa \frac{m M}{(x+a)^2}$ gegen M hin angezogen; die Gravitation der Masse M ruft also zwischen den beiden Elementen die Abstossungskraft $\varkappa m M \left(\frac{1}{x^2} - \frac{1}{(x+a)^2}\right)$ hervor, welche, wenn x sehr gross gegen a ist, nahezu den Werth $\frac{2 \varkappa m M a}{x^3}$ hat. Ist dieser Werth grösser als die Anziehung $\varkappa \frac{m^2}{a^2}$

oder ist $\sqrt[3]{\frac{2M}{m}} > \frac{x}{a}$ oder ist die Entfernung x kleiner als $a\sqrt[3]{\frac{2M}{m}}$; so entfernen sich die beiden Elemente weiter voneinander, während sie im umgekehrten Falle sich einander nähern. Hat die Masse M ein grosses Volum und liegen ihr im Abstande x eine Menge isolirter materieller Elemente m, welche einen Körper K im vierten Aggregatzustande bilden, gegenüber; so werden die sich entfernenden Elemente des Körpers K in dem kegelförmigen Raume, welchen alle von K an die Masse M gelegten Tangenten in ihrer Verlängerung über K hinaus bilden, hinausgetrieben werden, also sich von den vorderen Elementen und zugleich seitwärts voneinander entfernen, d. h. es wird sich ein der Masse M abgewandter, nach aussen sich erweiternder und verdünnender Schweif bilden, während die gegen M hin getriebenen Elemente einen verdichteten Kern darstellen, es wird sich also die Erscheinung ergeben, welche ein Komet bei der Annäherung an die Sonne, nämlich bei der Verkürzung von x darbietet. Bei der Verlängerung von x, also bei der Entfernung von der Sonne, tritt der umgekehrte Prozess, die Einziehung des Schweifes, ein.

Ist die Kometenmasse nicht ganz homogen; so können Theile derselben im vierten, andere Theile aber auch in einem anderen Aggregatzustande sich befinden, oder doch mehr oder weniger stark aneinander haften, sodass sie der Ausstossung der am wenigsten gehinderten Elemente einen Widerstand entgegensetzen oder eine Ablenkung derselben veranlassen. Diess kann die Ursache der zuweilen vorkommenden Bildung mehrerer Kometenschweife in abweichenden Richtungen sein. Dass ein Körper mit isolirten Elementen das Licht nicht bricht, also auch in dieser Hinsicht der Kometenmasse entspricht, leuchtet ein.

In allen Fällen ist nicht die Wärme und nicht das Licht, sondern die Gravitation der Sonne die Ursache der Schweifbildung. Das Leuchten des Kometen wird nur auf Reflexion und Diffusion des Sonnenlichtes beruhen.

Wenn ein Körper durch fortgesetzte Abkühlung plötzlich in den kometarischen Zustand versetzt wird, kann die Gravitation der frei werdenden Elemente eine allgemeine Erschütterung herbeiführen, welche eine nach Intensität und Richtung bestimmte Resultante hat, also dem Körper eine Geschwindigkeit in einer gewissen Richtung ertheilt. Von dieser Geschwindigkeit und Richtung hängt die Bahn ab, welche der Körper K unter der Gravitation eines Zentralkörpers M einschlägt. Der Körper K kann eine elliptische, also wiederkehrende Bahn einschlagen, er kann aber auch eine parabolische, also nicht wiederkehrende Bahn verfolgen. Dem Erdenbewohner können nur wiederkehrende oder solche nicht wiederkehrende Kometen, welche erst auf ihrem Ankunftswege entstanden sind, erscheinen: aus dem eben Gesagten erklärt sich aber die sehr mannichfaltige Form und Ebene der Kometenbahnen, welche für die Planeten und Trabanten zwar aus denselben Ursachen ebenfalls, jedoch wohl desshalb nicht so stark variiren, weil die Übergänge vom gasförmigen zum flüssigen und vom flüssigen zum starren Zustande mehr stetig als plötzlich vor sich gehen. Die im Allgemeinen sehr lang gestreckte elliptische Bahn und der geringe Massengehalt der Kometen haben vielleicht ihren Hauptgrund in dem Umstande, dass der vierte Aggregatzustand, welcher die Ausstrahlung fast aller Wärme voraussetzt, leichter bei kleinen, als bei grossen Massen eintritt, indem die Erstarrung der Aussenschicht einer grossen Kugel die Abkühlung des Innern sehr erschwert, dass ferner eine solche Ausstrahlung vornehmlich in grosser Entfernung von der Wärme spendenden Sonne stattfindet, und dass eine kleine Masse, wenn sie in grosser Entfernung von der Sonne plötzlich eine derartige Geschwindigkeitsänderung erleidet, welche sie der Sonne näher führt, nothwendig die Bahn einer lang gestreckten Ellipse annehmen muss.

Da nach meiner Ansicht die Materie keine unendliche, sondern eine endliche Dauerhaftigkeit hat, also in ferner Zeit einmal in ihre ätherischen Elemente zerfällt; so würde der kometarische Zustand, in welchem die mineralischen Atome bereits isolirt sind, sich als ein geeigneter Vorläufer für die Auflösung zunächst der Atome in materielle Elemente und sodann dieser in Ätherelemente darstellen.

Dass der starre, der flüssige und der gasförmige Zustand durch die thatsächliche Zusammenwirkung der Wärme mit dem Gestaltungstriebe hervorgebracht wird, ist meines Erachtens keinem Zweifel unterworfen. Wenn man annehmen darf, dass die zur Gestaltung eines Körpers erforderliche Variation der Atome, sowie die Aufrechterhaltung dieser Gestalt nothwendig einer Mitwirkung der Wärme bedarf (wie ja auch die Erzeugung und Erhaltung einer chemischen Verbindung nothwendig eines zwischen einem Maximum und Minimum liegenden Wärmemaasses bedarf); so folgt daraus, dass ein vierter Aggregatzustand nicht nur bestehen kann, sondern bestehen muss, weil bei dem Herabsinken der Wärme auf ein gewisses Minimum die Atome des erkaltenden Körpers nicht mehr zusammen zu halten sind, der Körper sich also in eine Masse isolirter Atome auflösen wird.

Gleichwie nach Vorstehendem die Wärme durch ihre Pendelschwingungen alle mineralischen Eigenschaften eines Körpers affizirt, indem sie ihn räumlich ausdehnt, seine zeitliche Dauerhaftigkeit ändert, seine Kohäsion und auch seine Gravitation beeinflusst (da der expandirte Körper anders gravitirt als der kontrahirte), seine chemische Neigung zur Verbindung und seinen Gestaltungstrieb ändert, ebenso affiziren die übrigen physischen Kräfte alle mineralischen Eigenschaften, wenngleich sich diese Affektionen nicht immer in sprungweisen Änderungen wie die Aggregatverwandlungen äussern. Die Wirkungen der Elektrizität machen sich besonders geltend, aber auch die des Lichtes äussern sich sehr wahrnehmbar in der sogenannten Lichtempfindlichkeit der verschiedenen chemischen Stoffe, welche in den photographischen Prozessen zu Tage tritt. In diesen Erscheinungen liegt lediglich eine Kombination und naturgesetzliche Zusammenwirkung von physischen und mineralischen Eigenschaften vor: da jedoch in allen diesen Prozessen, wie bei der vorstehenden Zusammenwirkung von Wärme und Gestaltungstrieb, stets Umwandlungen eintreten; so können diese Prozesse und ihre Gesetze nicht aus reiner Abstraktion bestimmt, vielmehr nur aus Beobachtungen abgeleitet werden (s. Näheres in Nr. 153a).

90. **Die Gletscherbildung.** Eine interessante, auf der Zusammenwirkung verschiedener Prozesse, namentlich mechanischer, kalorischer und Aggregationsprozesse beruhende Naturerscheinung ist die Gletscherbildung. Der Gletscher entsteht durch Schneefall auf den über den Schneegrenzen liegenden Gebirgshöhen. Zwischen der oberen und unteren Schneegrenze schmilzt der Schnee bei geeigneter Erwärmung und gefriert bei niedriger Temperatur zu Eis, welches unterhalb der unteren Schneegrenze als Gletscher erscheint. Ein Theil des geschmolzenen Schnees dringt als Wasser in den Gletscher ein. Der Gletscher sinkt zu Thal und schiebt seinen Fuss vor: die Erd- und Sonnenwärme schmelzen den Fuss ab, und jenachdem der Nachschub oder die Abschmelzung überwiegt, rückt der Gletscher vor, oder zieht sich zurück. Das sinkende Eis reisst von den untern liegenden Gebirgen Gesteine ab und transportirt diese, sowie die sonst in sein Bereich fallenden Körper abwärts. Die vor seinem Fusse ausgeschiedenen Gesteine bilden eine Moräne. Die Moräne wird, wenn der Fuss vorrückt, vorgeschoben; wenn der Fuss sich zurückzieht, bleibt sie liegen, wird aber stets von dem Gletscherstrome, soweit sie von demselben getroffen wird, durchdrungen, getheilt und theilweise fortgewälzt.

Der Transport in und auf dem Gletschereise kann nur eine geringe Abschleifung der Kanten der Gesteine veranlassen. Das Vorschieben der Moräne und auch das Vorschieben auf dem Gletscherboden kann hierin stärker wirken, immer bleibt aber die Abschleifung der Kanten in einer trocken vorgeschobenen Masse nahezu dem durchlaufenen Wege proportional. Ganz anders wirkt die Fluth auf das Gestein: sie rollt dasselbe nicht nur vorwärts, sondern erhält es in dauernder schaukelnder Bewegung auf dem Boden des Flussbettes und gegen die Nachbargesteine, schleift es also in einem Maasse ab, welches mit dem durchlaufenen Wege in keinem Verhältnisse steht, und erzeugt daraus vollständig abgerundete Geschiebe. Diese Wirkung des Stromes geht vor unseren Augen in den Gebirgsflüssen vor sich. Ein scharfkantiges Geschiebe spricht daher für den Gletschertransport, ebenso die Ablagerung schwerer Gesteine auf Höhen; die grossen Geröllberge sprechen für die Vorschiebung durch Gletscherkraft; die gut abgerundeten Geschiebe weisen aber auf die Mitwirkung des Wasserstromes hin.

Aus der grossen Entfernung, dem Lagerungsgebiete und der Höhenlage der aus den skandinavischen und schweizerischen Alpen stammenden erratischen Blöcke, wovon die ersteren sich in einem um Skandinavien beschriebenen Kreise in Schottland, Norddeutschland und Russland finden und die letzteren sich nach allen Seiten weit um die Schweiz verbreiten und oftmals hochgelegene Orte einnehmen, schliesst man mit Recht, dass in früheren Zeiten einmal ungeheuer weit ausgebreitete Gletscher bestanden haben; man schliesst aber meines Erachtens mit Unrecht, dass solche Gletscherbildung einmal wiederkehren könne. Offenbar ist die durchschnittliche Grösse eines Gletschers, nachdem die Bergeshöhe dauernd gegeben war, durch die mittlere Masse des jährlichen Schneefalles in dieser Höhe bedingt; dieser Schneefall aber hängt von dem Feuchtigkeitsgehalte der atmosphärischen Luft ab, und dieser Gehalt wird durch die Verdunstung des Wassers auf der ganzen Erde, namentlich der Meere gebildet, steht also mit der in der Oberfläche der Erde herrschenden Wärme in direktem Verhältnisse. Diese Wärme ist theils das Resultat der Zustrahlung von der Sonne, theils der Zuleitung vom heissen Erdinnern, vermindert um die Ausstrahlung der Erde. Die Zustrahlung von der Sonne kann als ein nahezu konstant bleibender jährlicher Gewinn angesehen werden, welcher wegen seiner Konstanz keine wesentlichen Veränderungen in den Verdunstungsprozessen hervorbringen kann: die Ausstrahlung der Erde dagegen vermindert die eigentliche Erdwärme unausgesetzt, und die hieraus entspringenden Veränderungen sind umso grösser, je höher die Erdtemperatur ist: sie sinken in kalorischen Zuständen wie die heutigen auf ein Minimum herab.

Da die Erde ohne Frage aus einem flüssigen Zustande durch allmähliche Abkühlung in den jetzigen, äusserlich starren Zustand übergegangen ist; so muss sie in den Zeiten, wo die dünne Erdrinne die Bildung von Gebirgen gestattete, erheblich wärmer gewesen sein, als gegenwärtig und diese hohe Erdwärme der Vorzeit, welche eine weit stärkere Verdunstung des Wassers und einen verstärkten Schneefall auf den Gebirgen nach sich zog, scheint mir die Ursache der damaligen ausgedehnten Gletscher und der mächtigeren Gletscherströme zu sein. Die fortgesetzte Abkühlung der Erde machte die Gletscher kleiner und führte sie allmählich in den jetzigen Bestand über. Eine Rückkehr zu der alten Grösse oder eine Wiederholung der diluvianischen Eiszeit ist daher nicht wahrscheinlich. Allerdings wird die fortgesetzte Abkühlung der Erde, wenn die Zustrahlung der Sonnenwärme die Ausstrahlung der Erde nicht mehr decken sollte, ein allmähliches Gefrieren der Erde mit dem Meere und der Atmosphäre, also ein Vorrücken des Polareises über die ganze Erde zur Folge haben: allein Diess ist keine Gletscherbildung, sondern ein Erfrieren, welches dem Tode des Erdkörpers vorangeht und mit Verkleinerung der Gletscher verbunden ist, da, wenn wenig Wasser verdunstet, auch nur wenig Schnee fallen, der Gletscher also nur sinken und allmählich verschwinden kann.

Die auf das Vorkommen von Mammuthleichen im sibirischen Eise gestützte, an und für sich höchst unwahrscheinliche Hypothese von der einstmaligen Veränderung der Erdaxe kann wohl als abgethan gelten, nachdem erkannt ist, dass die Mammuthe zum Leben in nördlichen Gegenden organisirt waren, in den weiten Ebenen hinreichendes vegetabilisches Futter finden konnten und wahrscheinlich durch Schneestürme verschüttet und so in Eis vergraben sind.

(Die Meinung einiger Geologen, dass die Eiszeit ihre Entstehung der Abnahme der Erdwärme verdanken, also auf einer ehemaligen starken Kältetemperatur beruhen könne, ist von anderen verworfen und erscheint auch thatsächlich weder als ein zutreffender Erklärungsgrund für die Gletscherbildung, noch als eine zulässige Hypothese, da eine Wiedererwärmung der abgekühlten Erde bis zur heutigen Temperatur nicht wohl denkbar ist).

91. **Der Erdmagnetismus.** Eine andere auf zusammengesetzten Prozessen beruhende Naturerscheinung ist der Erdmagnetismus. Wegen der Wirkung des Erdkörpers auf eine Magnetnadel macht Ersterer den Eindruck eines natürlichen Magneten, ist aber keiner. Denn besässen die Elemente des Erdkörpers magnetische Kraft; so würde seine magnetische Axe irgend eine von der Lagerung dieser Elemente abhängige Richtung und Krümmung haben, worin die Pole irgend welche Örter einnähmen, und es wäre als ein Wunder zu betrachten, dass die magnetische Axe mit der Umdrehungsaxe nahezu zusammenfiele und die magnetischen Pole den Erdpolen nahe lägen. Diese Übereinstimmung mit der Umdrehungsaxe lehrt, dass der Erdmagnetismus mit der Umdrehung der Erde in unmittelbarem ursächlichen Zusammenhange steht, also kein natürlicher Magnetismus sein kann.

In Folge der Rotation der Erde von West nach Ost erzeugt die Sonne einen von Ost nach West laufenden kalorischen Prozess und dieser bedingt einen galvanischen oder einen thermo-elektrischen Strom, welcher in nahezu äquatorialer Richtung die Erde umkreis't, also bekanntlich durch Induktion Anziehungen und Abstossungen auf Magnetnadeln hervorbringt, wie es ein natürlicher Magnet thun würde, dessen Axe auf der Stromebene normal steht, also in der Erdaxe liegt. Man könnte daher den Erdkörper nur einen Elektromagneten nennen.

An diesem Prozesse betheiligt sich die Sonne unverkennbar durch ihre Wärmestrahlung. Möglicherweise könnte sie sich auch durch andere Kräfte, insbesondere durch ihre Gravitation, durch ihre optische und akustische Strahlung, durch elektrische Induktion und durch osmetische Strahlung daran betheiligen. Denn so gut Mond und Sonne durch ihre Gravitation die Atmosphäre und das Meer zu Fluth und Ebbe nöthigen, zwingen sie auch die starre Erdrinde und das Erdinnere zu Fluth und Ebbe. Jeder Meridiankreis der Erde wird durch diese Gravitation expandirt, während der um 90 Grad davon abstehende Kreis sich kontrahirt und hieraus könnte sich ein elektrischer Strom ergeben, welcher den thermo-elektrischen Strom verstärkt oder schwächt. Wenn Diess aber in einem nennenswerthen Grade geschähe, müsste die Magnetnadel, weil der Mond wegen seiner grösseren Nähe stärker wirkt, als die Sonne, bemerkbare monatliche Schwankungen aufweisen, was nicht der Fall zu sein scheint. Eben dasselbe gilt von den übrigen eben genannten Prozessen mit Ausnahme des kalorischen Prozesses, da die Wärmestrahlung des Mondes eine minimale ist. In allen Fällen würden sich aber alle diese Wirkungen wegen der Rotation der Erde zu einer ost-westlichen Strömung zusammensetzen, ohne den Erdball zu einem natürlichen Magneten zu gestalten.

Der thermo-elektrische Erdstrom scheint zur Erklärung der magnetischen Erscheinungen auf der Erde völlig ausreichend zu sein und nicht die Inanspruchnahme anderer Kräfte zu bedürfen, wie es Lord Kelvin nach seinem Vortrage in der Royal Society vom 30. November 1892, worüber die Naturwissenschaftliche Rundschau von 1893 in Nr. 6 berichtet, ohne den Nachweis zwingender Gründe für erforderlich hält. Zunächst kömmt in Betracht, dass dieser Strom in einem bestimmten Breitenkreise keine gleichmässige Intensität haben kann, sondern in dem Punkte, wo der soeben im Nadir der Sonne liegende Meridian ihn schneidet, die stärkste Intensität haben muss, dass also bei der Umdrehung der Erde die magnetische Erdaxe eine kleine Kegelfläche um eine mittlere Axenrichtung beschreibt, in Folge dessen die Magnetnadel in jedem Orte eine tägliche Schwankung erleidet, welche eine Variation der Deklination und der Inklination darstellt. Diese mittlere Axenrichtung bestimmt sich durch die Form des elektrischen Stromes. Da die Stellung der Sonne zur Erde sich im Laufe des Jahres stetig ändert; so kann der Strom nicht aus Kreislinien bestehen, welche dem Äquator und den Breitenkreisen parallel sind, sondern muss aus Schraubenlinien bestehen, welche sich gegen den Äquator ein wenig neigen. Die Axe dieses Schraubenliniensystems, welche die magnetische Axe darstellt, kann daher nicht mit der Umdrehungsaxe zusammenfallen, sondern muss einen Winkel gegen dieselbe bilden, in Folge dessen die magnetischen Pole von den Erdpolen seitwärts abweichen. Die Sonne schreitet im Jahre abwechselnd gegen den Nordpol und gegen den Südpol vor, und hieraus muss eine jährliche Variation der magnetischen Axe und der magnetischen Pole hervorgehen; namentlich müssen beide Pole zugleich in dem einen Halbjahre gegen Norden und in dem anderen Halbjahre gegen Süden vorrücken, was vornehmlich eine jährliche Inklinationsschwankung der Magnetnadel bedingt, zu welcher sich wegen der Variation der Axenrichtung auch eine Deklinationsschwankung gesellt.

Das stetige Vorrücken der Tag- und Nachtgleiche und die Nutation der Erdaxe bedingt eine allmähliche Wälzung des schraubenförmigen Erdstromes um eine feste Axenrichtung, erzeugt also eine Wälzung der magnetischen Axe um die Umdrehungsaxe und demzufolge eine säkulare Schwankung der Magnetnadel. Alle diese Schlussfolgerungen aus der einfachen Voraussetzung des thermo-elektrischen Stromes werden durch die Beobachtung bestätigt; ich hebe aber nachdrücklich hervor, dass diese Schwankungen der Magnetnadel weder die Folgen einer Veränderung ihrer eigenen magnetischen Kraft, noch der unmittelbaren Einwirkung äusserer magnetischer oder elektrischer Kräfte auf die Nadel, sondern lediglich die Folgen der Variation der magnetischen Erdaxe vermöge der Variation des Erdstromes sind, welche letztere durch den veränderten Stand der Erde gegen die Sonne bedingt ist.

Zu diesen regelmässigen und gesetzmässigen Störungen können sich selbstverständlich auch unregelmässige gesellen. Insofern die Wärmestrahlung der Sonne bei der Entstehung von Sonnenflecken eine Änderung erleidet, kann die Intensität und Richtung des Erdstromes und des Erdmagnetismus eine vorübergehende Störung erleiden. Von grösserer Bedeutung sind jedoch Prozesse, welche im Erdkörper selbst vor sich gehen. Dieser Körper ist ein guter elektrischer Leiter: Das beweisen die Telegraphenanlagen, welche sämmtlich die Erde als Leiter benutzen. Demzufolge dringt der von der Sonnenwärme an der Oberfläche der Erde erzeugte elektrische Strom tief in die Erde ein, hat jedoch in der Nähe der Oberfläche die stärkste Intensität. Ein auf grosse Tiefe um die Erde brausender, in seiner Richtung variabeler Strom kann auf mancherlei Hindernisse stossen. Weniger gut leitende Gesteinmassen, wenn sie von intensiveren Stromlinien getroffen werden, Erstarrungsprozesse, kalorische Prozesse, Zu- und Ableitung von Wasser und andere Vorgänge können als elektrische Widerstände in den intensiveren Linien und ihre Gegensätze können wie Widerstände in Nebenlinien wirken. Tritt ein solcher Widerstand rasch oder plötzlich auf; so entsteht ein mechanischer Stoss, welcher das Gestein, das Wasser, die Luft erschüttert und in Wellenbewegung setzt, ja sogar unter Umständen zerreisst (wie der Blitzschlag beweis't). Eine solche Erschütterung ist nach meiner Ansicht das Erdbeben. Wegen der guten Leitungsfähigkeit des Erdkörpers kann es sich in der Tiefe äussern, wegen der grösseren Intensität des Erdstromes an der Oberfläche wird es jedoch vornehmlich in den oberen Schichten wirksam sein, was demzufolge von dem Bergmann in tiefen Bergwerken als ein über ihm, nicht unter ihm tobender Sturm empfunden wird.

Die gute Leitungsfähigkeit des Erdkörpers bedingt eine Übertragung der Wirkung des Erdbebens auf alle Örter der Erde, also, da dieses Beben aus einer Störung des Erdstromes entspringt und daher eine Schwankung der magnetischen Erdaxe zur Folge hat, eine Ablenkung aller Magnetnadeln auf der Erde.

Diese gute Leitungsfähigkeit des Erdkörpers hat aber noch andere Wirkungen. Ein in Rede stehender Widerstand lenkt gewisse Stromfäden ab, nöthigt sie zur Einschlagung anderer Richtungen nach unten, nach oben, seitwärts gegen die Pole oder auch gegen den Äquator. Ein nach unten dringender stärkerer Strom kann auf das flüssige Erdinnere drückend wirken und an den noch offenen Stellen der Erdrinde einen vulkanischen Ausbruch hervorrufen: Erdbeben, Eruptionstendenz und magnetische Variation werden daher immer miteinander vergesellschaftet sein, wenngleich unter Umständen das Erdbeben kaum wahrnehmbar ist und die Eruptionstendenz nicht zur Wirkung gelangt.

Die nach dem benachbarten Pole hin abgelenkten Stromfäden treten mit einer bestimmten, ihrem ursprünglichen Breitenkreise entsprechenden Umlaufs- oder Strömungsgeschwindigkeit in langsamer rotirende Massen ein, erzeugen also in diesen Massen rasch eine elektrische Spannung in der Richtung der Breitenkreise. Ausserdem werden sie bei der

Annäherung an den Pol zu verstärkter Umbiegung in der Meridionalebene genöthigt, erzeugen also auch eine elektrische Spannung nach aussen. Es ist begreiflich, dass diese beiden Spannungen einen Austritt von elektrischer Strömung an den Polen zur Folge hat. Hätte eine solche austretende Strömung hinreichende Intensität; so würde sie als leuchtende Linie oder als ein System leuchtender Linien, ähnlich der Erscheinung des übergehenden elektrischen Stromes erscheinen: da sie Diess nicht thut, müssen wir schliessen, dass die Intensität dieser austretenden Linien schwach ist oder dass noch eine andere Kraft zum Leuchten erforderlich ist. Jeder in der Nähe des Poles austretende Stromfaden erweitert sich und biegt sich gegen den Äquator hin um, seine Intensität vermindert sich also mit der Höhe und der Entfernung vom Pole. Die Erweiterung seines Querschnittes ist mit einer transversalen Expansion seiner Elemente verknüpft, und diese nimmt zu, während die Intensität abnimmt. Insofern nun die transversale Expansion Lichtschwingungen erzeugen kann, werden dieselben auf derjenigen Strecke vom Austrittspunkte ein Wirkungsmaximum haben, wo die Intensität des Fadens noch nicht unter eine gewisse Grenze herabgesunken ist. Wahrscheinlich bewirkt der Stromfaden aber auch an dieser Stelle eine Kondensation des Wasserdunstes zu flüssigen Elementen, und erst in diesen äussern sich die Transversalschwingungen als sichtbares Licht, nämlich als das meistens in leuchtenden Wolkenmassen auftretende Nordlicht, bezw. Südlicht. Der Austritt von Stromfäden muss die magnetische Axe ablenken, also alle Magnetnadeln affiziren, und es liegt auf der Hand, dass Erdbeben, vulkanische Ausbrüche, Polarlichter und Variationen der magnetischen Axe der Erde und demzufolge Schwankungen der Magnetnadel sich gegenseitig bedingen.

Einwirkungen der Sonne, welche sich durch die Sonnenflecke zu erkennen geben, sind hierdurch nicht ausgeschlossen, und es ist möglich, dass die scheinbar elfjährige Wiederkehr der Maximen und Minimen der Sonnenflecke gewisse klimatische Vorgänge, sowie die Intensität und Häufigkeit der Nordlichter in irgend einem Grade beeinflusst, ohne doch die eigentliche oder ausschliessliche erzeugende Ursache derselben zu sein.

92. **Das Latent- und das Freiwerden von Naturkräften.** Man redet von latenter und von freier Wärme, man redet aber nicht von latentem und freiem Licht, Schall, Elektrizität, Raum, Zeit, Druck, Affinität, Krystallisationsvermögen und irgend einem anderen Vermögen. Demnach muss wohl Mancher der Wärme eine ganz absonderliche Eigenschaft zuschreiben, welche sie befähigt, eine Art Versteckspiel zu treiben, sich zu verbergen, also zu existiren, ohne doch fühlbar, strahlbar, leitbar zu sein. Eine solche Wärme kann es nicht geben. Jede Wärme ist leitbar und daher für unser Thermometer und für unsere sensibelen Nerven fühlbar (wenn wir auch den Körper, dessen Temperatur unsere augenblickliche Hauttemperatur überschreitet, einen warmen, und denjenigen, welcher diese Temperatur unterschreitet, einen kalten nennen,

also den physiologischen Eindruck von Wärme und Kälte nach einem für unsere Körperkonstitution geeigneten Nullpunkte bezeichnen). Wenn nun auch Mancher den hergebrachten Standpunkt der latenten Wärme verlassen und mit dem auf dem Äquivalenzgesetze beruhenden Standpunkte der Umwandlung der Wärme in äquivalente Prozesse vertauscht haben mag; so ist doch der Vorgang immer noch in so weit in Dunkel gehüllt, dass die Verwandlung lediglich als ein Faktum, ohne Erläuterung des darin verlaufenden Prozesses dasteht. Man fragt bei diesem wie bei jedem anderen Umwandlungsprozesse: welche Kräfte verschwinden denn eigentlich und welche treten dafür auf? Verschwinden überhaupt Grundeigenschaften oder etwa davon abhängige Zustände? Ist die Umwandlungsfähigkeit für jeden Körper ein demselben aus unbekannten Ursachen verliehenes oder ein allgemein naturgesetzliches Vermögen, welches in jedem Wirkungsprozesse nur ganz bestimmte Umwandlungen hervorbringen kann? Ich beschränke mich hier auf folgende Spezialitäten.

Zunächst braucht wohl kaum gesagt zu werden, dass Latentwerden oder Bindung einer Eigenschaft oder ihre Umwandlung in eine andere ungleichartige, aber äquivalente Eigenschaft nichts Anderes als Verschwinden derselben oder vollständige Vernichtung, Freiwerden oder Entbindung dagegen Erzeugung und zwar Erzeugung durch Naturkräfte (nicht durch Schöpfungskräfte) bezeichnen kann, dass jedoch Grundeigenschaften, als allgemeine Eigenschaften eines Grundgebietes und jedes diesem Gebiete angehörigen Objektes, unwandelbar sind, also nicht verschwinden können, dass vielmehr nur spezielle Werthe der Grundeigenschaften oder spezielle Zustände der Objekte verschwinden und verwandelt werden können. Jedes Objekt behält stets räumliche Ausdehnbarkeit, zeitliche Erneuerungsfähigkeit oder Dauerbarkeit, mechanische Wirksamkeit, chemische Verbindbarkeit und krystallinische Gestaltbarkeit: nur spezielle Werthe dieser Grundeigenschaften, also spezielle Volumgrösse, spezielle Dauerhaftigkeit, spezielle Wirksamkeit, spezielle Neigung (durch Wahl eines anderen Sozius), spezielle Gestalt können verschwinden und verwandelt werden. Sodann ist als gewiss anzunehmen, dass bei jedem Prozesse alle fünf physischen und alle fünf mineralischen Grundeigenschaften eines Mineralkörpers eine Umwandlung in äquivalente Werthe erfahren und dass diese Umwandlung einem bestimmten allgemeinen Naturgesetze unterliegt, wobei in besonderen Fällen gewisse Veränderungen so sehr überwiegen und die übrigen Veränderungen so geringfügig sind, dass man diese in Näherungsformeln gegen jene vernachlässigen kann.

Wird einem Gase Wärme zugeführt; so erhöhet sich nicht nur seine Temperatur, sondern die verstärkten kalorischen Pendelschwingungen bewirken zugleich eine Ausdehnung seiner Elemente, also des ganzen, unter gleichem Drucke gehaltenen Gases; es tritt also ein, erstens, Erwärmung des Gases oder Übergang der von aussen zugeführten kalorischen Schwingungen in die Gaselemente ohne Umwandlung, zweitens, Volumvergrösserung, also Erzeugung räumlicher Zustände, welche vorher nicht existirten, drittens, ein von der Geschwindigkeit des Eindringens und der kalorischen Leitungsfähigkeit des Gases abhängiger Verlauf in der Zeit, also die Erzeugung eines Alters, viertens, Überwindung eines äusseren Druckes, also Erzeugung einer mechanischen Arbeit. Alle übrigen Wirkungen mögen unbeachtet bleiben. Für die letzten drei Prozesse verschwindet ein äquivalenter Theil der in das Gas eintretenden Wärmeschwingungen, dieser Theil wird also latent, d. h. in die genannten Prozesse umgewandelt.

Wird eine Flüssigkeit erwärmt; so ergeben sich zunächst den vorstehenden ganz ähnliche Prozesse, es erscheint ein Theil der zugeführten Wärme als freie, wirksame Wärme, während ein anderer Theil latent wird oder verschwindet. Die Wärmeschwingungen beeinflussen nun aber auch die Gestaltungstriebe, indem sie der Koerzitivkraft derselben durch die mit den Pendelschwingungen verbundene Zentrifugalkraft entgegenwirken. Sobald die letztere Kraft in einem flüssigen Elemente einen bestimmten Grad erreicht, tritt sie mit jenem Gestaltungstriebe, welcher nach Nr. 88 in der Tendenz zur Anordnung der Grundbestandtheile in Kugelschalenform besteht, ins Gleichgewicht. Dieser Gleichgewichtszustand besteht fort, denn er kann nicht beseitigt werden, ohne gewisse Widerstände zu überwinden; die Flüssigkeit bleibt also trotz der Erwärmung auf die Siedetemperatur flüssig, bis ein Überschuss von Wärme zugeführt wird. Eine Überschreitung der kalorischen Kraft durch einen solchen Überschuss hebt die gedachte Gestaltungskraft, insbesondere den kugelschalenförmigen Zusammenhang der Grundbestandtheile auf und reihet die frei werdenden Theile in radialen Richtungen unter Vergrösserung der Radien aneinander. Dieser Überschuss von Wärme, welcher zur Überwältigung von Gestaltungstrieben und mechanischen Widerständen dient, bewirkt, wie schon in Nr. 88 erwähnt ist, den Übergang vom flüssigen zum gasförmigen Zustande, und dieser Überschuss ist es, welchen man unter dem Ausdrucke der bei der Verdampfung latent werdenden Wärme zu verstehen beliebt, wiewohl gleichzeitig noch andere Theile der zugeführten Wärme verschwinden.

Bei der Erwärmung eines starren Körpers ergeben sich zuvörderst Umwandlungsprozesse der zuerst genannten Art. Wenn die Temperatur denjenigen Grad erreicht, welcher zur Überwindung der den starren Zustand charakterisirenden Gestaltungs- oder Krystallisationstriebe erforderlich ist, wenn sie also die Schmelztemperatur erreicht, ändert sich der starre Zustand noch nicht, weil eine solche Änderung die Überwindung gewisser Widerstände, also eine mechanische Arbeit erfordert. Erst ein Überschuss von Wärme ermöglicht das Verlassen der Krystallform, indem er zu dieser Arbeit verbraucht wird. Die Grundbestandtheile werden durch den nächst folgenden Aggregationsprozess dem Gestaltungstriebe noch nicht vollständig entrückt, sondern bleiben dem Triebe zur Anordnung in Kugelschalenform unterworfen; die Kohäsion zwischen den benachbarten Formelementen wird aufgehoben, und es erfolgt der Umschwung in die flüssige Form unter Überwindung der dabei auftretenden Widerstände. Die zu dieser Überwindung erforderliche Arbeit, also den Übergang vom starren zum flüssigen Zustande, leistet der erwähnte Überschuss von Wärme, welcher verschwindet, indem er sich in diese Wirkungsgrösse umwandelt, und welcher gewöhnlich die beim Schmelzen latent werdende Wärme genannt wird. Da das Schmelzen im Wesentlichen nur ein Umlagerungsprozess der Formelemente und eine Freimachung der Formelemente ohne erhebliche Volumänderung ist; so nimmt die Flüssigkeit unter gleichem äusseren Drucke nahezu dasselbe Volum ein wie der starre Körper, manche Flüssigkeit, wie das Wasser, vermindert sogar ihr Volum.

Das Gas hat durch den Verdampfungsprozess, die Flüssigkeit durch den Schmelzprozess an Energie gewonnen, das umgebende Medium, welches die Wärme hierzu hergegeben hat, hat an Energie, die der latent gewordenen Wärme äquivalent ist, ebensoviel verloren.

Wenn, im umgekehrten Prozesse, ein kleines Gasvolum abgekühlt wird, verkleinert es sein Volum und kontrahirt sich, indem durch diese Prozesse etwas Wärme erzeugt wird, welche einen Theil der abgeführten Wärme ersetzt. Sobald die Kondensationstemperatur erreicht ist, wird das Gas noch nicht flüssig: denn bei der kleinsten Überwindung dieses Gleichgewichtszustandes würde Wärme erzeugt werden, welche mit der in dem Gase vorhandenen Wärme die Kondensationstemperatur überschritte, also die Kondensirung, überhaupt den letzteren Wirkungsprozess unmöglich macht. Es muss also nothwendig die bei diesem Prozesse entstehende Wärme nach aussen abgeführt werden, oder das umgebende Medium muss dem Gase nothwendig Wärme entziehen, um den Kondensationsprozess zu ermöglichen. Diese austretende Wärme, welche durch den Kondensationsprozess erzeugt wird, ist die sogenannte frei werdende Wärme.

Ist das gegebene Gasvolum gross; so kann dasselbe nicht leicht gleichmässig abgekühlt werden: es findet daher in der Regel eine tropfenweise Kondensation statt, indem die umgebenden Elemente die von dem Tropfen ausgeschiedene Wärme aufnehmen. Auf diese Weise bilden sich in der Atmosphäre die Wolken und der Regen, als Kondensation des Wasserdunstes.

Ganz ähnlich ist der Vorgang bei der Erstarrung oder Gefrierung einer Flüssigkeit. Auch hier muss nach Erreichung der Gefriertemperatur aus den angegebenen Gründen nothwendig Wärme nach aussen abgeleitet werden, um die Erstarrung zu ermöglichen. Eine Wassermasse kann in einem ruhig stehenden Gefässe unter geeigneten Umständen tief unter den Gefrierpunkt abgekühlt werden, ohne zu erstarren, und es kann eine mechanische Erschütterung genügen, um die Erstarrung mit einem Schlage herbeizuführen, indem die Erschütterung die Ableitung der Wärme durch Konvektion (Strömung der Wasserfäden) erleichtert. Die Erwärmung der Nachbarelemente durch die aus den gefrierenden Elementen austretende Wärme nöthigt häufig die Flüssigkeit, in gewissen Figuren zu erstarren (Eisnadeln zu bilden).

Die Flüssigkeit hat durch den Kondensationsprozess, der starre Körper durch den Gefrierprozess an Energie verloren, das umgebende Medium, welches die ausgeschiedene Wärme aufgenommen hat, hat an Energie ebensoviel gewonnen.

Wie die positive Wärme durch ihre Expansivkraft die Schmelzung und Verdampfung und die Kälte, als negative Wärme oder Wärmeentziehung, durch die hierdurch bedingte Kontraktion die Kondensation und Gefrierung herbeiführt, so kann der eine und andere dieser Prozesse auch durch mechanische Extension oder Kompression hervorgerufen werden. Namentlich können Gase durch Kompression kondensirt werden, weil die Kompression diejenige Wärme erzeugt, welche nothwendig abgeführt werden muss, wogegen ein starker Druck auf Flüssigkeiten wohl diese Wärme erzeugen, aber doch zugleich ein Hinderniss für die zum Gefrieren und Krystallisiren erforderliche Wirksamkeit der Gestaltungstriebe sein kann. Expansion kann auf Flüssigkeiten überhaupt nicht wirksam angewendet werden, und würde in einem starren Körper die Wärme vermindern, ohne ihm die zum Schmelzen erforderliche Wärme von aussen zuzuführen.

Die durch Wärme erzeugten mechanischen, bezw. krystallinischen Arbeitseffekte und die durch mechanische, bezw. krystallinische Arbeit verursachten kalorischen Effekte sind durch folgende kurz gefasste Zusammenstellung verdeutlicht, wobei der Übergang vom gasförmigen zum starren Zustande als positive und der Übergang vom starren zum gasförmigen Zustande als negative Krystallisation bezeichnet ist.

Wärme	Arbeit
Zuführung a	entsprechende Wirkung b, als Expansion
wird latent a'	wird frei b' als Expansion, bezw. negative Krystallisation
Erscheinung $a - a'$	Erscheinung $b + b'$
Abführung a	entsprechende Wirkung b als Kontraktion
wird frei a'	wird latent b' als Kontraktion, bezw. positive Krystallisation
Erscheinung $a + a'$	Erscheinung $b - b'$
Arbeit	**Wärme**
Extension b	entsprechende Wärmevermehrung a
wird frei b' als Extension, bezw. negative Krystallisation	wird latent a'
Erscheinung $b + b'$	Erscheinung $a - a'$ als Temperaturzunahme
Kompression b	entsprechende Wärmeerniedrigung a
wird latent b' als Kompression, bezw. positive Krystallisation	wird frei und abgeführt a'
Erscheinung $b - b'$	Erscheinung $a + a'$ als Temperaturabnahme.

Nicht bloss im mechanischen, sondern in allen Naturprozessen wird Wärme frei oder gebunden, d. h. erzeugt oder vernichtet. Bei der chemischen Verbindung gasförmiger Atome wird in der Regel (nicht immer) Wärme erzeugt, wodurch der verbundene Stoff an Energie gegen die frühere Energiesumme seiner Atome eine Einbusse erleidet. Bei der Scheidung dieser Verbindung muss dieselbe Wärmemenge vernichtet werden und als Energie in die Atome zurückkehren.

Ähnliches findet bei der Krystallisation der Flüssigkeiten statt. Verbindung und Krystallisation wirken also auf die Wärmeerzeugung ähnlich wie Kondensation und Erstarrung. Es liegt auf der Hand, dass in diesen Fällen weder die chemische Verbindung, noch die Krystallisation zu Stande kommen kann, wennnicht die erzeugte Wärme bis zu demjenigen Betrage abgeführt wird; welchen der entstehende Körper ohne Veränderung seines Aggregatzustandes ertragen kann. Hiervon hängt es auch ab, ob eine chemische Verbindung gasförmiger Atome sich in Gasform, oder in flüssiger, oder in starrer Form niederschlägt, und die Ableitung der in den einzelnen Molekülen erzeugten Wärme auf die Nachbarmoleküle ist die Ursache, dass die chemischen Verbindungen überhaupt Niederschläge in kleinen Massen zu bilden pflegen.

Wenn eine chemische Verbindung flüssiger Atome zu Stande kömmt; so kann dabei immerhin so viel Wärme erzeugt werden, dass die Verbindung in Gasform erscheint, und wenn diese Wärme stark genug ist, verwandelt sie sich zum Theil in optische Schwingungen: das erzeugte Gas ist dann warm und leuchtend, bildet eine Flamme, wie z. B. bei der Verbindung von Kohlenstoff und Sauerstoff zu Kohlensäure.

Die bei der chemischen Verbindung in Gasform erzeugte Wärme muss abgeleitet werden, nicht um Gestaltungstriebe, sondern um Affinitätskräfte in den Stand zu setzen, ihre Wirksamkeit zu bethätigen, also die der Verbindung entgegenstehenden Widerstände zu besiegen.

Gleichwie Wärme entsteht und verschwindet; so entsteht und verschwindet Licht, Schall, elektrischer Strom, Formschwingung, räumlicher, mechanischer, chemischer, physiometrischer Prozess, sowie chronologische Wirkung. Die Wärme hat in dieser Hinsicht vor den übrigen Prozessen Nichts voraus, auch die mechanische Wirkung nicht: mechanische Wärmetheorie, wie überhaupt jede Verquickung der Wärme mit einem anderen Naturprozesse in der Meinung, dass sich hierin ein allgemeines Naturgesetz bekunde, ist eine irrige Vorstellung.

Aus allem Vorstehenden geht hervor, dass das Latent- oder Gebundenwerden ein Umwandlungsprozess ist, wodurch die latent werdende Kraft in ihrer Form verschwindet, d. h. die Fähigkeit, sich in der ursprünglichen Weise zu manifestiren, verliert, aber in anderer Form auftritt, dass also mit jenem Prozesse immer äquivalente Freiwerdungsprozesse anderer Kräfte verbunden sind, welche entweder in dem Auftreten neuer Eigenschaften, oder in der Modifikation bereits vorhandener Eigenschaften bestehen, ferner, dass ein Befreiungsprozess stets äquivalente Bindeprozesse, bezw. Modifikationsprozesse nach sich zieht. Beim Schmelzen und Vergasen des Minerals wird Wärme gebunden und es werden durch Umwandlung der Wärme Gestaltungstriebe, auch Kohäsionskräfte modifizirt, insbesondere von gewissen Zwangskräften und Abhängigkeitsbedingungen befreiet: bei der Kondensation und Erstarrung dagegen werden Gestaltungstriebe und Kohäsionskräfte gebunden und durch Umwandlung dieser Kräfte wird Wärme frei.

93. **Allmählicher und plötzlicher Verlauf.** Die einfachen und die zusammengesetzten Prozesse beginnen ihren Verlauf in einer stetigen Reihenfolge von Zuständen, welche ihre speziellen Werthe allmählich ändern. Diese Stetigkeit findet auch dann noch statt, wenn der Prozess Umwandlungen enthält, d. h. Bindung und Entbindung (z. B. die bei fortschreitender Kompression frei werdende Wärme) schreitet stetig vor, bis der spezielle Werth dieser oder jener Grundeigenschaft ein gewisses Maximum erreicht. In diesem Augenblicke muss nothwendig ein anderer Eigenschaftswerth ein Minimum in Gestalt eines Nullwerthes erreichen, welcher einen weiteren Fortschritt unmöglich macht und demzufolge zu einer plötzlichen Zustandsänderung nöthigt. Insofern diese Änderung eine qualitative Umwandlung in einen andersgearteten äquivalenten Zustand ist, stellt sie einen Bindungs- und Entbindungsprozess von endlichem Werthe dar. Es liegt auf der Hand, dass eine Bindung oder Latenz nicht ohne eine gleichzeitige äquivalente Entbindung oder Freiwerdung und, umgekehrt, die letztere nicht ohne die erstere eintreten kann, mag es sich um stetige oder um diskrete Prozesse handeln. Ausserdem aber ist aus dem Obigen ersichtlich, dass sich alle möglichen physischen und mineralischen Prozesse kombiniren, um einen Gesammtprozess zu ergeben, welcher in gewissen Theilen stetig, in anderen Theilen aber in gewissen Augenblicken diskret oder sprungweise verläuft. Diese Prozessgesammtheit steht in gewissen allgemeinen gesetzlichen Beziehungen ihrer Bestandtheile, welche ich in den späteren Nummern näher erörtern werde. Für jetzt beschränke ich mich auf die Anführung einiger einfachen Fälle von Plötzlichkeitsprozessen.

Es gehört hierzu die durch maximale Expansion oder Biegung entstehende Zerreissung, bezw. Zerbrechung. In Folge dessen erlischt bei der Erreichung der Festigkeitsgrenze die Kohäsion der Elemente an der schwächsten Stelle des Körpers und es entstehen zwei nicht kohärirende, also isolirte Körper. Gleichwohl besass der kohärirende Körper schon vorher die Isolirbarkeit seiner Theile, und die abgerissenen Körpertheile besitzen trotz der Isolirung die Kohäsionsfähigkeit: es haben sich also nicht Grundeigenschaften, sondern nur spezielle Werthe derselben geändert.

Zu den Zerreissungen durch Wärme gehört auch die Explosion. Die explodirten Elemente können wieder in Zusammenhang treten.

Aggregatverwandlung ist der in Nr. 88 besprochene plötzliche Gestaltungsprozess, in welchem die Körper sowohl bei der auf-, wie bei der absteigenden Aggregation doch immer die primitiven Gestaltungstriebe behalten.

Chemische Verbindung und Scheidung ist ebenfalls ein plötzlicher Affinitätsprozess, in welchem Stoffe durch Aufgebung ihrer eben noch bestehenden Neutralität, d. h. durch Erlöschen der ihrer Affinität durch andere Kräfte auferlegten Fessel, ihre Affinität durch Stiftung, oder durch Trennung einer Gemeinschaft zur Geltung bringen, ohne ihre chemischen Grundeigenschaften zu verlieren oder zu ändern.

Von besonderem Interesse sind die in der nächsten Nummer zu betrachtenden Kombinationen der Elektrizität mit anderen Kräften.

94. **Elektrische Bindung und Entbindung.** Das Wesen des elektrischen Isolators oder Nichtleiters ist meines Erachtens die Fähigkeit eines Körpers, positive, sowie negative elektrische Elemente, also überhaupt Urstoffe festzuhalten, und dieses Vermögen beruhet auf positiver kosmetischer Affinität oder Neigung zur Verbindung zwischen rein ätherischen Elementen und den physischen Elementen des gegebenen Körpers.

Das Wesen des elektrischen Leiters dagegen ist die Unfähigkeit eines Körpers zur Festhaltung von Urstoffen, ein Vermögen, welches auf negativer kosmetischer Affinität oder auf Abneigung zur Verbindung, also auf Neigung zur Scheidung zwischen ätherischen und physischen Elementen beruhet. Der Isolator fesselt daher eingeführte Urstoffe an seine Elemente oder vertheilt sie über seine Masse: der Leiter dagegen lässt die eingeführten Urstoffe frei, in Folge dessen sie in elektrischen Strömungen nach seinem Umfange drängen.

Werden zugleich positive und negative Urstoffe in gleichen Quantitäten einem Isolator zugeführt; so verbinden sie sich in jedem Elemente miteinander, erzeugen also einen neutralen Körper. Überwiegt die eine Urstoffquantität die andere, ist also $m(+E)$ und $n(-E)$ zugeführt, und ist $m > n$; so verbinden sich $n(+E)$ und $n(-E)$ und der Körper erscheint mit gebundener $(m-n)(+E)$ geladen. Ist $n > m$; so erscheint der Körper mit gebundener $(n-m)(-E)$ geladen.

Würden zugleich $m(+E)$ und $m(-E)$ in einen Leiter geführt; so verbinden sich am Umfange die dorthin strömenden Urstoffe, und der Körper erscheint ebenfalls neutral. Ist jedoch $m > n$; so bleibt am Umfange $(m-n)(+E)$ frei. Ist $n > m$; so bleibt am Umfange $(n-m)(-E)$ frei. Der Leiter erscheint daher in diesen Fällen mit freier Elektrizität geladen.

In der Wirklichkeit giebt es weder einen vollkommenen Leiter, noch einen vollkommenen Isolator (ausser dem reinen Äther, welcher in seinen Elementen ein absoluter Isolator ist, weil er den Urstoffen den Austritt aus einem Elemente nicht gestattet, welcher diesen Urstoffen aber Verschiebungsfähigkeit in jedem Elemente gestattet, also in jedem Elemente zugleich ein absoluter Leiter ist). Jeder wirkliche Stoff ist mehr oder weniger Leiter und Isolator zugleich. Diese Eigenschaft, insbesondere der Grad der Leitungs- und der Isolirungsfähigkeit ist durch die chemische Beschaffenheit des Stoffes bedingt und wird durch Wärme und alle übrigen physischen und mineralischen Kräfte beeinflusst. Immer kann das elektrische Vermögen eines Körpers folgendermaassen bestimmt werden.

Angenommen, der Körper habe für die in einer physischen Elementareinheit 1 enthaltene positive Elektrizität m das Bindungsvermögen $m(+E)$ und demnach das Freilassungsvermögen $(1-m)(+E)$. Derselbe habe ferner für negative Elektrizität das Bindungsvermögen $n(-E)$ und das Freilassungsvermögen $(1-n)(-E)$. Ist $m>n$; so werden sich in den Elementen des Körpers die entgegengesetzten Elektrizitäten $n(+E)$ und $n(-E)$ verbinden, also die positive Elektrizität $(m-n)(+E)$ in den Elementen festhalten. Ausserdem werden sich am Umfange die entgegengesetzten Elektrizitäten $(1-m)(+E)$ und $(1-m)(-E)$ verbinden, also die negative Elektrizität $((1-n)-(1-m))(-E)$ $=(m-n)(-E)$ am Umfange frei bleiben. Wäre $n>m$; so würde die negative Elektrizität $(n-m)(-E)$ im Innern festgehalten werden und die positive Elektrizität $(n-m)(+E)$ nach dem Umfange strömen. In dem ersten Falle findet dauernde positive Ladung und negative Ausströmung, im zweiten Falle dagegen dauernde negative Ladung und positive Ausströmung statt, in beiden Fällen aber mit gleichen Elektrizitätsquantitäten, sodass die innerlich festgehaltene Elektrizität der Menge nach stets der nach aussen getriebenen gleich ist.

Da es sich im Vorstehenden um eingeführte Elektrizität handelt; so hängt es von der Willkür des Experimentators oder von gegebenen äusseren Verhältnissen ab, ob $m>n$, oder $n>m$ wird. Jeder Körper kann also ebensowohl positiv, wie negativ geladen werden.

Wenn es sich jedoch nicht um eingeführte, sondern um innerlich frei gemachte, aus den einzelnen Elementen des Körpers entbundene und geschiedene Elektrizität handelt, sodass aus jedem Elemente gleich viel positiver wie negativer Urstoff nach entgegengesetzten Seiten austritt; so bedingt lediglich die chemische und sonstige Beschaffenheit des Körpers, ob er positive Elektrizität festhält, um sich damit beharrlich zu laden, und negative Elektrizität in Strömung gegen die Oberfläche hinführt, also abzustossen sucht, oder ob er negative Elektrizität anhält, um sich damit beharrlich zu laden, und positive Elektrizität in Strömung nach aussen treibt. Da aber diese Entbindung von Elektrizität in einem Körper A eine äussere Ursache, also die Mitwirkung eines zweiten Körpers B erfordert; so beruhet der eintretende Zustand im Allgemeinen auf der Beschaffenheit und Zusammenwirkung Beider. Demgemäss ladet sich der mit Seide geriebene Glaskörper mit positiver und der mit Pelzwerk geriebene Schellak mit negativer Elektrizität, indem das Glas die negative und der Schellak die positive Elektrizität abstösst. Man muss hiernach sagen, nicht die absolute Beschaffenheit von A und B, sondern ihre relative, also die Affinität zwischen A und B entscheidet über die Vertheilung der durch Zusammenwirkung entbundenen Elektrizität.

Es scheint, dass atmosphärische Luft in der Wechselwirkung mit dem Erdkörper und dem Pflanzen- und Thierreiche zum Festhalten der negativen Elektrizität inklinire. Demzufolge muss sich die negative Elektrizität, wenn auch mit zunehmender Verdünnung nach oben, durch die ganze Atmosphäre ausbreiten, während eine gleich grosse Menge positiver Elektrizität in den übrigen Bestandtheilen der Erde verbreitet ist. Wäre der Erdkörper im Innern ein guter Leiter; so könnte die positive Elektrizität in der Tiefe an Dichtigkeit zunehmen.

Wegen der Unvollkommenheit der Isolirungs- und der Leitungsfähigkeit der wirklichen Körper wird kein geladener Nichtleiter die Ladung ganz gleichmässig über sein Volum vertheilen und kein Nichtleiter kann eine Ladung immerwährend festhalten, er wird sich vielmehr allmählich in das umgebende Medium entladen, ausserdem wird kein Leiter die frei werdende Elektrizität in einem Strome von konstanter Intensität, sondern in einem allmählich schwächer werdenden Strome entlassen.

Nach Vorstehendem muss man einerseits unterscheiden die Leitungs- und Isolirungsfähigkeit oder die Festhaltung und Freilassung eingeführter Elektrizität und andererseits die auf relativer Affinität beruhende Neigung zum Festhalten und Freilassen oder die Neigung und Abneigung zum Festhalten oder die Abneigung und Neigung zum Freilassen einer bestimmten Elektrizitätsart bei der Scheidung der Elektrizitäten in den Elementen. Man könnte die erstere Fähigkeit absolutes und die letztere Neigung spezifisches Elektrizitätsvermögen nennen.

Für die Entbindung (Freimachung) und die Bindung von Elektrizität kann man die Sätze aufstellen und begründen: durch Reibung, Kompression, Kondensation, Erwärmung, Belichtung wird Elektrizität entbunden, durch Extension, Verdunstung, Abkühlung, Lichtentziehung wird die Entbindung von Elektrizität gehemmt oder gehindert, also die Bindung begünstigt, freie Elektrizität stärker angehalten. Die ersteren Prozesse begünstigen die Bildung von Leitern, die letzteren Prozesse dagegen die Bildung von Isolatoren oder Nichtleitern (sowohl der absoluten, als auch der spezifischen). Der flüssige Zustand liefert im Allgemeinen bessere Leiter, als der gasförmige Zustand, Wasserdampf leitet besser als Luft, feuchte Luft besser als trockene.

Regen. Bei der mannichfaltigen, durch chemische Stoffe, Wasserdampf, Wärme, Licht u. s. w. bedingten Beschaffenheit irgend eines Bezirkes der Atmosphäre können die bei der Kondensation durch Abkühlung entstehenden Wassertropfen schlechte Leiter sein. In diesem Falle werden die in den Elementen entbundenen, aber festgehaltenen Elektrizitäten sich wiedervereinigen, also neutrale, ungeladene Tropfen, Regentropfen, bilden.

Gewitter. Der Wassertropfen kann aber auch ein guter Leiter von spezifischem elektrischen Vermögen werden; er wird alsdann einen Theil der entbundenen positiven, oder negativen Elektrizität anhalten, also damit geladen werden, während er die entgegengesetzte Elektrizität frei lässt. Diese freie Elektrizität erzeugt einen gegen den Umfang gerichteten Strom, welcher in das äussere Medium, wenn dasselbe einige Leitungsfähigkeit hat, eintritt und sich darin nach allen Seiten mit abnehmender Intensität fortpflanzt, bis er auf einen schlecht leitenden Stoff trifft, welcher ihn aufnehmen und festhalten, sich also mit ihm laden kann. Alsdann sind die Tropfen des ersten Bezirkes mit der einen und die des zweiten Bezirkes mit der entgegengesetzten Elektrizität geladen (die ersten Tropfen werden augenblicklich stärker geladen sein als die zweiten, weil ein Theil der von jenen ausgestossenen Elektrizität im Zwischenmedium vertheilt ist und sich darin durch entgegengesetzte Prozesse des zweiten Bezirkes mehr oder weniger neutralisirt). Die entgegengesetzt geladenen Wassertropfen bilden Gewittertropfen in zwei Wolken, welche vermöge dieser Ladungen aufeinander oder auf andere Wolken oder auf den Erdkörper oder auf Bestandtheile der Atmosphäre induktorisch wirken. Dass sich Gewitter leichter bei warmer, feuchter und belichteter, als bei kalter, trockener und dunkeler Luft, also leichter im Sommer und bei Tage, als im Winter und bei Nacht bilden, ergiebt sich aus dem Obigen.

Hagel. Der Tropfenbildung geht eine Bläschenbildung voran, d. h. ehe die Luft sich zu einer Kugel kondensirt, ordnen sich die Kondensationselemente in einer Kugelschale, welche durch Wärme mehr oder weniger ausgedehnt ist, also leichter sein kann als Luft und daher zu schweben vermag. Wenn das Bläschen, sei es durch die Expansion der Wärme, sei es aus Gestaltungstrieb, zerplatzt, fallen die peripherischen Elemente zu einem Tropfen zusammen, welcher schwerer sein wird als Luft, folglich zu Boden sinkt. Dieses Zerplatzen ist wie das Zerreissen mit Wärmebindung oder Abkühlung begleitet: wenn diese Abkühlung stark genug ist, kann sie die Erstarrung des Tropfens zu einem Eis- oder Hagelkorn zur Folge haben. Wenn der erstarrende Tropfen nicht sofort in Kugelform, sondern in Form einer Kugelschale erstarret, kann er leichter sein als Luft, also schweben. Mehrere Kondensationen in dieser Form werden konzentrische Schalen und endlich ein sinkendes Hagelkorn ergeben.

Der Blitz. Wenn die im Gewitter auftretenden elektrischen Ladungen der von einem schlecht leitenden Medium umgebenen Wolken und die Induktion zwischen diesen und entgegengesetzt geladenen Massen genügende Stärke erlangen, erfolgt der Durchbruch des Mediums in Form einer Explosion der gebundenen Elektrizität oder als Blitz. Je nach der mehr nach diskreten Bezirken oder mehr in stetiger Folge sich aneinander reihenden verschiedenen Beschaffenheiten der Atmosphäre nimmt der Blitzstrahl die Zickzack- oder die Schlangenform an. Im gut leitenden Wasser verschwindet der Blitz in Folge der allmählichen Vertheilung nach allen Seiten anstatt der in der schlecht leitenden Luft vor sich gehenden eruptiven Fortpflanzung, welche zwischen schlecht leitenden Luftelementen nur stossweise wirken kann.

Wegen dieser Wirkung in der Luft, sowie auch in schlecht leitenden starren Körpern zeigt der Blitz alle möglichen äquivalenten Wirkungen. Er wirkt physisch: erstens, lichterzeugend, leuchtend; zweitens, schallerzeugend, donnernd; drittens, wärmeerzeugend, erhitzend, verbrennend; viertens, galvanisch zersetzend, nervenlähmend; fünftens, dufterzeugend. Er wirkt mineralisch: erstens, expandirend; zweitens, zerreissend; drittens, mechanisch bewegend, schleudernd; viertens, chemisch scheidend, auflösend; fünftens, aggregatverwandelnd, insbesondere schmelzend und vergasend.

Der Kugelblitz. Der Kugelblitz oder die Feuerkugel ist meines Erachtens nichts Anderes, als eine schlecht leitende, gut isolirende, mit positiver oder mit negativer Elektrizität geladene Luftmasse, welche natürlich auch Wasserdunst und andere Gase enthalten kann. Da sie nur wenig schwerer oder leichter ist als die Luft, in welcher sie sich soeben befindet; so kann sie abwechselnd sinken, steigen, horizontal fortschreiten, still stehen, vom Winde getrieben werden, sich langsam und unter elektrischer Induktion ungleich- oder gleichgeladener Körper sich rasch gegen diese Körper oder rasch von diesen Körpern hinweg bewegen, oder zurückprallen. Sie kann um sich selbst rotiren. Sie kann unter Druck leicht ihre Form ändern, durch enge Spalten dringen und auch starre Körper durchdringen. Zur Erklärung des letzteren Vorganges muss man sich vergegenwärtigen, dass ein nicht leitender starrer Körper, mit welchem der Kugelblitz in Berührung tritt, jedem berührenden geladenen Elemente des Blitzes ein entgegengesetztes elektrisches Element gegenüberstellt und das gleichnamige Element ein wenig in der Eindringungsrichtung vorschiebt. Sowie der Blitz vermöge der Anziehung der entgegengesetzten Elemente um eine Elementarlänge in den starren Körper eindringt, verbinden sich sofort die beiden momentan geschiedenen elektrischen Elemente dieses Körpers mit sich, nicht mit dem Blitze; der Blitz ist also ohne Änderung seiner und des Körpers Beschaffenheit ein wenig vorgeschritten. In diesem und jedem späteren Stadium wiederholt sich derselbe Vorgang, der Kugelblitz durchdringt daher den nicht leitenden starren Körper und tritt auf der anderen Seite wieder aus. In der Wechselwirkung mit dem umgebenden Medium und dem zu durchdringenden Körper kann der Kugelblitz je nach der Beschaffenheit und Leitungsfähigkeit Beider mannichfaltige Wirkungen hervorbringen, er kann leuchten, schallen, brennen, zerreissen u. s. w. und sich dabei schwächen. Er kann auch explodiren und im Wasser durch allmähliche Entladung wirkungslos verschwinden.

Die Trombe oder Wasserhose, auch die Wetterhose, ist das Ergebniss der Induktion, welche entgegengesetzte elektrische Kräfte in den oberen Luftschichten auf tiefere Schichten, sowie auf das Wasser und die lockeren, staubigen Bestandtheile des Erdbodens und der Luft ausüben, insofern diese Massen gegen die Erde gravitiren, also der Anziehung der oberen Schichten entgegenwirken, mithin eine Massenerhebung von starren Bestandtheilen des Bodens nach oben und eine Herabsenkung relativ leichter, geladener Bestandtheile der Atmosphäre nach unten herbeiführen. Die Gewitterluft ist daher ein gewöhnlicher Vorläufer der Trombe, und das Gewitter und die Trombe sind gewöhnliche Vorläufer des Kugelblitzes. Die Trombe, wie der Kugelblitz und der Gewittertropfen können in schlecht leitender Luft explodiren und in gut leitender Luft, sowie im Wasser allmählich verschwinden. Da die elektrische Anziehung durch die Gravitation in senkrechter Richtung im Gleichgewichte gehalten wird; so wird die Trombe nur langsam steigen und fallen: da aber die Richtung der elektrischen Anziehung von der augenblicklichen Ortslage der sich anziehenden Elemente abhängt; so wird sie im Allgemeinen in schrägen Richtungen wirken, also horizontale Komponenten haben, welche nicht durch mechanische Kräfte im Gleichgewichte gehalten werden. Diese horizontalen Kräfte werden der Trombe in der Regel eine starke Rotationsbewegung um eine vertikale Axe verleihen.

Schliesslich möchte ich meinen Ausführungen über elektrische Wellen in Nr. 65 der „Äquivalenz der Naturkräfte“ S. 309 noch folgende Bemerkungen hinzufügen. Es liegt auf der Hand, dass rasch wechselnde Ströme, also starke Wechselströme durch Ausgleichung verhältnissmässig langsame elektrische Wellen erzeugen können und dass solche Wellen sich sogar und vornehmlich durch schlechte elektrische Leiter fortpflanzen können, da es absolute Nichtleiter überhaupt nicht giebt und der Widerstand schlechter Leiter durch starke Ströme zu überwinden sein wird, während in guten Leitern die Ausgleichung nicht so leicht oder gar nicht zu Stande kömmt, die Ströme vielmehr mit ihrer ursprünglichen Geschwindigkeit sich durchdringen.

95. **Die Grundgesetze.** Ein Objekt eines Grundgebietes ist ein bestimmtes System von Elementen dieses Gebietes, also auch von speziellen Werthen der Grundeigenschaften dieses Gebietes; sein Verhalten ist ein System von speziellen Grundprozessen unter der Wirkung der Grundprinzipien und Apobasen nach Grundsätzen, also ein System spezieller Werthe der Grundfesten des fraglichen Gebietes. Da ein Objekt allen fünf Grundgebieten des Grundreiches zugleich angehört; so stellt sein Wesen und Verhalten eine Kombination von fünf der eben bezeichneten Systeme dar. Nennen wir ein Grundgebiet ein Grundvermögen des Grundreiches; so ist jedes Objekt mit den speziellen Werthen von fünf Grundvermögen ausgerüstet, welche ebensoviel Grundsysteme bilden und miteinander in einem gesetzlichen Zusammenhange stehen. Dieser Zusammenhang stellt sich in fünf Grundgesetzen dar, welche, erstens, das Bestehen oder Sein, zweitens, das Entstehen oder Werden, drittens, das Wirken, viertens, die Bildung einer Gemeinschaft oder Eigenart oder Qualität, fünftens, die Anordnung betreffen und sich folgendermaassen charakterisiren lassen.

96. **Das Beharrungs-** oder **Bestandes-** oder **Daseinsgesetz** sagt, dass jedem Objekte eines Grundreiches Spezialwerthe aller fünf Grundeigenschaften jedes Grundgebietes, ferner die Fähigkeit zur Vollführung

aller Grundprozesse und zur Bethätigung aller Grundfesten in bestimmter Abmessung jederzeit und unveränderlich zukommen, solange sein System nicht durch irgend welche Ursache eine Änderung erfahren hat, dass es also seinen Zustand nicht ohne besondere Ursache ändert.

97. **Das Änderungs-** oder **Sukzessions-** oder **Erneuerungs-** oder **Fortschrittsgesetz** sagt, dass das Objekt die Fähigkeit zur stetigen Erneuerung seiner Zustände hat, soweit dieselben nicht durch besondere Ursachen zugleich eine Änderung erfahren, in welchem Falle das Objekt die Fähigkeit zum Eintritte in bestimmt veränderte neue Zustände bekundet. Wenn man den Eintritt in den neuen Zustand eine Entstehung und demnach das Gesetz ein Entstehungsgesetz nennt; so ist unter dieser Entstehung eine gesetzmässige Aufeinanderfolge von Zuständen oder eine Zustandsänderung lediglich durch die Thätigkeit der dem betreffenden Reiche innewohnenden Kräfte vermittelst der denselben entsprechenden Prozesse, nicht aber eine Entstehung durch Schöpfungskräfte oder durch Kräfte höherer Reiche zu verstehen. Aus diesem Gesetze folgt, dass durch Aufhebung der Änderungsursachen mittelst entgegengesetzter Wirkungen eine Wiederherstellung des früheren Zustandes erfolgt, oder dass jedes Objekt unter denselben Umständen in denselben Zustand mit einer entsprechenden Alterserhöhung (da die verflossene Zeit nicht rückgängig gemacht werden kann) zurückkehrt, dass aber, wenn die früheren Umstände nicht in allen Elementen und in allen Beziehungen mit vollkommener Genauigkeit wiederhergestellt werden, der neue Zustand immer von dem alten abweichen wird.

98. **Das Wirkungs-** oder **Energiegesetz** sagt, dass ein einfaches Objekt (oder Objektselement) irgend eines physischen oder mineralischen Grundgebietes sich nicht durch sich selbst ändert, dass vielmehr jede Änderung eines Objektes eine Ursache hat, welche ausser ihm, also in seinem Aussengebiete liegt, und dass dieses Aussengebiet stets eine Ursache zur Veränderung eines Objektes darstellt, oder dass stets eine Wechselwirkung zwischen Objekt und Aussengebiet, gestützt auf Gegenseitigkeit, stattfindet, welche auch einen Austausch von Wirkungsresultaten herbeiführt, dergestalt, dass Das, was das Objekt in dieser Wechselwirkung gewinnt, von dem Aussenbereiche verloren wird, und umgekehrt, sodass für das Gesammtbereich durch den Wirkungsprozess nur eine veränderte Vertheilung, aber kein Gewinn oder Verlust entsteht. Wenn man das Wirkungsvermögen Energie nennt; so kann man zwischen realisirter oder kinetischer Energie und noch nicht realisirter, aber realisirbarer oder potenzieller Energie unterscheiden, sodass für jedes Objekt eine ihm innewohnende Summe von kinetischer und potenzieller Energie als seine ganze Energie in Betracht kömmt und die Gesammtenergie des Grundgebietes einen unveränderlichen Werth hat (s. übrigens „Die Äquivalenz der Naturkräfte“ Nr. 19 und 59).

Zur Erläuterung mögen zunächst einige Fälle aus dem Raumgebiete dienen. Im Raume giebt es keine bewegende Kraft, sondern nur

Verhältnissvermögen mit den dem Verhältnissprozesse entsprechenden Veränderungen, also ein Vermögen oder eine Fähigkeit zur Vermehrung der Bestandtheile, zur Ortsveränderung oder zum Fortschritte, zur Verhältnissbildung und Drehung, zur Dimensionirung und zur Variation oder Formbildung. Betrachten wir beispielsweise die von einem Nullpunkte a in einer bestimmten Richtung vor sich gehende Längenbildung als einen sich realisirenden oder kinetischen Energieprozess. Der Punkt a hat noch keine Länge, seine kinetische Energie ist $E_k = 0$, da er aber durch Fortschritt eine unendliche Länge zu bilden vermag; so ist seine realisirbare oder potentielle Energie $E_p = \infty$, seine Gesammtenergie $E = E_k + E_p = \infty$. Vor dem Punkt a liegt die unendlich lange realisirte Linie, also eine Grösse mit der kinetischen Energie $E_k' = E_p = \infty$ und, da sie alle mögliche Ausdehnung in der gegebenen (positiven) Richtung erschöpft hat, mithin keine Energie mehr erzeugen kann, mit der potentiellen Energie $E_p' = E_k = 0$, also mit der Gesammtenergie $E' = E_k' + E_p' = E_p + E_k = E = \infty$. Wenn sich durch Fortschritt des Punktes a die Aussenlinie um die Länge l verkürzt, also die durch l gemessene kinetische Energie verliert, entsteht in der Innenlinie von a aus die Länge l, die Innenlinie; das eine Objekt gewinnt also an kinetischer Energie soviel, wie die Aussenlinie, als das andere Objekt oder das in der gegebenen Richtung liegende Aussengebiet an kinetischer Energie verliert; die kinetische Energie des Gesammtgebietes in dieser Richtung bleibt also konstant gleich $E_k + E_k' = \infty$. Indem das erste Objekt an Länge gewinnt, verliert es an Verlängerungsfähigkeit den Betrag l, seine potentielle Energie wird mithin um l kleiner $= E_p - l = \infty - l$, während das Aussenobjekt ebensoviel an Verlängerungsfähigkeit gewinnt, sodass seine potentielle Energie $E_p' + l = l$ wird. Das Gesammtgebiet hat also in diesem Zustande die potentielle Energie $(E_p - l) + (E_p' + l) = E_p + E_p' = \infty$, seine potentielle Energie bleibt daher ebenfalls konstant und demgemäss erleidet auch die Summe der kinetischen und potentiellen Energie, als die vollständige Energie des Gesammtgebietes

$$(E_k + E_k') + (E_p + E_p') = (E_k + E_p) + (E_k' + E_p') = E + E'$$

keine Änderung. Ausserdem bleibt die kinetische und potentielle Energie des ersten Objektes, indem sie $(E_k + l) + (E_p - l) = E_k + E_p = E$ wird, der ursprünglichen gleich, und Dasselbe gilt von dem Aussenobjekte.

Es ist leicht, diese auf einen Fortschrittsprozess bezügliche Schlussfolgerung auf Vereinigungs-, Drehungs-, Dimensitäts- und Variationsprozesse zu übertragen, da die Vermehrung der von einem Objekte in Anspruch genommenen Punkte durch die Verminderung der vom Aussengebiete in Anspruch genommenen Punkte bedingt ist, also z. B. eine Figur nach ihrem Variationsgesetze nicht variiren kann, ohne von dem Aussengebiete eine Grenzfigur zu okkupiren oder ihm eine solche zu überlassen.

Die vorstehende Zusammenwirkung endlicher wirklicher Raumgrössen mit unendlichen ideellen Bestandtheilen des Raumgebietes kann man fallen lassen und durch die Zusammenwirkung endlicher wirklicher Raumgrössen ersetzen, welche immer Bestandtheile des Raumgebietes bleiben und den Schluss auf den wirklichen Bestand aller Raumobjekte gestatten. So ist für jede aus zwei zusammenstossenden Strecken bestehende Linie die Verlängerung der einen Strecke durch die Verkürzung der anderen bedingt, die Verstärkung der kinetischen Energie der einen zieht daher die Schwächung der kinetischen Energie der anderen nach sich, und die Verlängerung auf die gegebene Gesammtlänge repräsentirt eine relative potentielle Energie dieser Strecken.

Für das Zeitgebiet bildet ein soeben entstehender Zustand oder ein Ereigniss ein Zeitobjekt, dessen realisirte Energie null ist, dessen realisirbare Energie aber irgend einen, durch seine Dauerhaftigkeit oder Erneuerungsfähigkeit bedingten Werth hat. Das chronologische Aussenobjekt ist die in der speziellen Zeitfolge jenes Objektes liegende Weltzeit, d. h. die Zeit, welche dem Aussengebiete nach Naturgesetzen als Zukunft zugemessen ist, eine Grösse, welche in diesem Augenblicke naturgesetzlich vollständig bestimmt und realisirt, also als kinetische Zeitenergie gegeben ist, sodass dieses Aussengebiet keine Zukunftszeit mehr zu realisiren vermag oder die potentielle Zeitenergie null hat. Indem das entstandene Objekt altert, gewinnt es Vergangenheit oder kinetische Energie, während das Aussengebiet ebenso viel an seiner Zukunft oder an kinetischer Zeitenergie verliert, sodass die kinetische Zeitenergie des Gesammtgebietes unverändert bleibt. Der Gewinn an Vergangenheit eines Objektes ist zugleich Verlust an Zukunft, also ein Verlust an seiner potentiellen Energie, und demzufolge bleibt auch seine Gesammtenergie, sowie die des Gesammtgebietes konstant. Auch für das Zeitgebiet kann die Beziehung zur Weltzeit ausgeschlossen und dafür die Beziehung des wirklichen Alters eines Objektes oder seines wirklich verlebten Zeitabschnittes zu der wirklichen Dauer desjenigen Zeitabschnittes, welcher die Zukunft jenes Objektes darstellt, in Betracht gezogen werden.

Im Gebiete der Materie, wenn wir die Materie als das in Raum und Zeit mit bewegender Kraft Bestehende betrachten, kombiniren sich in den mechanischen Prozessen Raum-, Zeit- und Kraftprozesse. Arbeit ist kinetische mechanische Energie als Wirkung der Kraft p im Raumwege a in der Zeit t, lebendige Kraft $^1/_2\, m v^2$ ist mechanisches Wirkungsresultat einer bewegenden Kraft auf Erzeugung von Geschwindigkeit in der Masse m, also kinetische Energie, welche die Masse m erlangt. Indem die Kraft p durch ihre Arbeit die lebendige Kraft der Masse m erzeugt, verschwindet ihre Arbeit und es tritt dafür die lebendige Kraft der Masse m an die Stelle, es findet im materiellen Gebiete eine Umwandlung und ein Austausch von Energie statt, sodass die Energie des Gesammtgebietes unverändert bleibt. Das, was ein Körper an Energie realisirt hat, kann er ferner nicht mehr realisiren, die von ihm realisirte und die noch realisirbare oder die kinetische und potentielle

Energie zusammengenommen bilden daher eine konstante Summe für jeden Körper und daher auch für das Gesammtgebiet. Die kinetische Energie für sich genommen, sowie die potentielle Energie für sich genommen, ist in jedem Körper veränderlich. Der Theil der realisirten Energie, welchen ein Körper in der Zusammenwirkung mit anderen Körpern ausgiebt, empfängt ein anderer Körper, dieser Verlust des Einen ist daher ein gleich grosser Gewinn des Anderen an Energie; die Energie des Gesammtgebietes wird also durch die Zusammenwirkung der Körper nicht geändert. Indessen kann der ausgegebene Theil von kinetischer Energie in dem empfangenden Körper ebensowohl als kinetischer, wie auch als potentieller Gewinn erscheinen, da die Umwandlung von potentieller Energie in kinetische auch die Rückverwandlung möglich macht. Bei dieser Auffassung der mechanischen Energie haben wir uns sofort auf den schon bei den räumlichen und zeitlichen Prozessen angedeuteten Standpunkt gestellt, welcher die Zusammenwirkung wirklicher Massen mit ideellen Weltmassen ausschliesst und nur die Zusammenwirkung wirklicher Massen in Betracht zieht.

Eine ähnliche Betrachtung führt zur Erkenntniss der Konstanz der Energie im chemilogischen und im physiometrischen Grundgebiete, indem hier an die Stelle des Hauptfaktors, welcher im Raumgebiete das Raumerfüllungs- oder Vereinigungsvermögen, im Zeitgebiete das Dauer- oder Erneuerungs- oder Sukzessionsvermögen und im materiellen Gebiete die bewegende Kraft oder die Bewegungstendenz ist, nunmehr die Affinität oder Neigung zur Gemeinschaft und der Gestaltungstrieb tritt.

Es muss hervorgehoben werden, dass die aus der Zusammenwirkung verschiedener Grundvermögen sich ergebende Verschiedenartigkeit der Wirkungsresultate, z. B. die Verschiedenartigkeit von Arbeit und lebendiger Kraft, sowie die Umwandlung der einen in die andere oder die Vertauschbarkeit derselben im Energieprozesse kein Gegenstand des reinen Wirkungs- oder Energiegesetzes, sondern des sogleich zu besprechenden vierten Gesetzes, nämlich des Äquivalenzgesetzes ist, dass eine solche Vertauschung also nur unter der Voraussetzung geschehen kann, dass die betreffenden Wirkungsgrössen äquivalent sind. Dass übrigens nicht nothwendig verschiedenartige Resultate wie Arbeit und lebendige Kraft im Energieprozesse ausgetauscht werden, dass sich vielmehr der Austausch oder der Gewinn und Verlust an Wirkungsgrössen auch zwischen gleichartigen Resultaten, wie z. B. zwischen Arbeit und Arbeit bei der Kompression und Expansion, oder wie zwischen lebendigen Kräften beim Stosse, vollziehen kann, ist selbstverständlich: die Art und Weise, wie er sich in einem gegebenen Falle vollzieht, ist weder Sache des Energie-, noch die des Äquivalenzgesetzes, sondern gehört vor das Forum des auf das vierte folgenden fünften Gesetzes.

99. **Das Umwandlungs- oder Äquivalenzgesetz.** Gleichheit kömmt nur in einunddemselben Grundgebiete in Betracht und bedeutet Übereinstimmung der Endresultate zweier Prozesse, welche gleichnamig und ungleichnamig, einfach und zusammengesetzt sein können. Das

Wesen eines Endresultates ist durch die Beschaffenheit der erzeugten Objekte bedingt: für Vereinigungen, Numerationen oder Zusammenzählungen bedeutet derselbe eine erzielte Quantität oder Menge; für Anreihungen oder Additionen bedeutet derselbe erreichte Grenzen (so sind zwei gerade, krumme oder gebrochene Linien gleich (algebraisch gleich), deren Anfangs- und deren Endpunkte zusammenfallen, zwei ebene, gekrümmte oder gebrochene Flächen sind gleich, welche in denselben Grenzlinien zusammentreffen, zwei Körper sind gleich, welche dieselben Grenzflächen haben); für Verhältnissprozesse oder Multiplikationen bedeutet derselbe einen erzielten Verhältniss- oder Produktwerth (eine reelle Grösse kann nur einer reellen, eine imaginäre nur einer imaginären, eine komplexe nur einer komplexen, eine triplexe nur einer triplexen gleich sein); für Dimensitätsprozesse oder Potenzirungen bedeutet derselbe einen erzielten Potenzwerth (ein Punkt kann nur einem Punkte, eine Linie nur einer Linie, eine Fläche nur einer Fläche, eine n-dimensionale Grösse nur einer n-dimensionalen gleich sein, ungleichartige Grössen können nicht gleich sein); für Variationsprozesse oder Integrationen bedeutet derselbe einen Funktionswerth (eine konstante Funktion kann nur einer konstanten, eine Funktion mit einer, zwei, ... n unabhängigen Variabeln kann nur einer eben solchen Funktion gleich sein).

Für ungleichnamige Prozesse setzt die Gleichheit eine Umwandlung dieser Prozesse in gleichnamige voraus. So ist ein Numerat einer Summe gleich, wenn die Bestandtheile eines einheitlichen, in gegebenen Grenzen eingeschlossenem Ganzen als aufeinander folgende, aneinander gereihete Glieder von selbstständiger Begrenzung gedacht werden, wodurch das Numerat in eine gegliederte Reihe oder in eine gleiche Summe umgewandelt erscheint, oder auch, wenn die selbstständig begrenzten Glieder der Summe als vereinigte, gemeinschaftlich begrenzte Bestandtheile eines einheitlichen Ganzen gedacht werden, wodurch die Summe in ein Numerat verwandelt erscheint. Ähnlich verhält es sich mit der Gleichheit zwischen Numeraten, Summen, Produkten, Potenzen und Integralen. So kann z. B. ein Integral als ein Numerat von unendlich vielen Differentialen aufgefasst, diese Differentiale können zu endlichen Gliedern, also zu einer endlichen Summe zusammengefasst werden, diese Summe kann, wenn sie als ein Verhältniss zur Einheit gedacht wird, in ein Produkt von Faktoren, und ein solches Produkt kann in eine Potenz verwandelt werden, indem jeder Faktor a und b des Produktes ab als ein Potenzwerth a', b' und als Potenz einundderselben Basis e dargestellt, also $a' = e^m$, $b' = e^n$, mithin $ab = e^{m+n}$ gesetzt wird.

Der allgemeine Begriff der Ausgleichung erhält hiernach für ungleichnamige Prozesse oder für ungleichartige Grössen, allgemein, im Bereiche der Qualität aller Gebiete die Bedeutung der Umwandlung, setzt also die Verwandelbarkeit der Qualitäten und der Qualitätsprozesse voraus, welche bei der Umwandlung von Wirkungen verschiedenartiger Naturkräfte Äquivalenz heisst (Umwandlung, als

Qualitätsprozess, darf nicht mit Umgestaltung, als Formprozess, verwechselt werden).

Beispielsweise verwandelt sich in der Gleichung $r e^{\alpha i} = r \cos \alpha + r \sin \alpha . i$ für das Raumgebiet das Produkt der Linie r und des Richtungskoeffizienten $e^{\alpha i}$ in die Summe einer reellen und einer imaginären Linie. In der Gleichung $a p = {}^1/_2\, v^2 m$ verwandelt sich im mechanischen Gebiete die Arbeit der Kraft p auf dem räumlichen Wege a in die lebendige Kraft der Masse m mit der Geschwindigkeit v, und in dem letzteren Beispiele liegt nicht nur eine Umwandlung einfacher materieller Grössen, sondern zusammengesetzter Grössen, nämlich Produkte von Kraft- und Raumgrössen in Produkte von Massen und Geschwindigkeiten.

Für das Stoffgebiet bemerke ich, dass die Valenzeinheiten und Atome verschiedener Grundstoffe, als qualitativ verschiedene oder ungleichartige Grössen wohl gleich wirksam und in dieser Beziehung äquivalent, jedoch nicht in jeder Beziehung einander gleich sein können, dass aber wohl chemische Prozesse zwischen ungleichartigen Stoffen (durch Verbindungen, Scheidungen, Umsetzungen) gleiche Verbindungen, also gleiche und sogar identische Resultate ergeben können.

Im Krystallgebiete können verschiedene Systeme von Gestaltungstrieben dieselbe Form, also gleiche Resultate liefern und demzufolge können verschiedene Grundstoffe gleiche Krystallform haben.

Das Äquivalenzgesetz setzt das Verhältniss fest, in welchem äquivalente Objekte oder Prozesse von verschiedener Qualität zu einander stehen. Die Menge der sich in einem mineralischen Prozesse umwandelnden Substanzen ist kein Gegenstand des Äquivalenz-, sondern des allgemeinen Entwicklungsgesetzes.

100. **Das Abhängigkeits-, Bildungs- oder Variationsgesetz.** Weder das Energie-, noch das Äquivalenzgesetz für sich oder in Gemeinschaft mit einander und mit dem Beharrungs- und Erneuerungsgesetze bestimmen die mit einem Objekte unter dem Einflusse des Aussengebietes vor sich gehende Veränderung: es gehört dazu wesentlich noch das Gesetz, welches die Abhängigkeit der speziellen Werthe der Grundeigenschaften voneinander oder die durch diese Abhängigkeit bedingte Variation derselben bei dem Änderungsprozesse ausdrückt, ein Gesetz, welches man das Abhängigkeits-, Bildungs- oder Variationsgesetz nennen kann und welches den gesetzlichen Verlauf bei der Anordnung der in Abhängigkeit oder im Zusammenhange stehenden Glieder eines Systems darstellt.

Dass alle Variationen von endlichem Resultate auf stetige Variationen zurückführbar, also durch Integrale darstellbar sind, leuchtet ein. Jede endliche Länge ist ein Inbegriff von Längenelementen, jeder endliche Winkel oder endliche Drehung ist ein Inbegriff von Winkelelementen, jedes endliche Produkt ist ein Inbegriff von wiederholten unendlich kleinen Verhältnissprozessen u. s. w. Ein gebrochener Linienzug besteht aus einer Aneinanderreihung von Linien, welche durch stetige Variationsprozesse erzeugbar sind, ein solcher Zug ist also eine

Zusammensetzung von stetigen Funktionen, welche untereinander in endlichen Abständen verbunden sind.

Da ein Objekt eines Grundgebietes immer ein Objekt dieses Gebietes bleibt, zwischen den speziellen Eigenschaftswerthen eines Objektes aber eine gesetzliche Beziehung oder Abhängigkeit besteht; so bedingt die Variation gewisser spezieller Eigenschaftswerthe eine bestimmte Änderung der übrigen speziellen Eigenschaftswerthe. So bedingt die Verlängerung einer einzelnen Seite eines Dreieckes für das entstehende Dreieck eine bestimmte Längenänderung einer zweiten Seite, sowie eine bestimmte Richtungsänderung dieser Seite. Der Zusammenhang zwischen den früheren und den späteren Eigenschaftswerthen zeigt das in Rede stehende Abhängigkeits- oder Bildungsgesetz an.

Wie das Energie- und Äquivalenzgesetz, so ist auch das Bildungsgesetz für jedes Grundgebiet ein ganz bestimmter Funktionszusammenhang, welcher nur durch die Anwendung auf spezielle Fälle in eine so grosse Anzahl von speziellen Formeln zerfällt. Im Nachfolgenden soll Diess für die fünf Grundgebiete näher erläutert werden.

101. **Für das Raumgebiet.** Fassen wir zunächst das Raumgebiet ins Auge und betrachten zuvörderst das Fortschrittsbereich in diesem Gebiete. Alle gerad- und krummlinig begrenzten Figuren mit gebrochenen oder nicht gebrochenen Seiten stellen die Gesammtheit der ringsum geschlossenen räumlichen Formen dar. Bezeichnen die Symbole (a), (b), (c) ... die aufeinander folgenden Seitenlinien eines solchen Polygons (eindimensionalen Raumgrösse) oder die Seitenflächen einer Flächenform (zweidimensionalen Raumgrösse) nach Quantität und Richtung in derjenigen Reihenfolge, welche von einem Anfangspunkte, bezw. einer Anfangslinie zu dieser Ausgangsstelle zurückführt (wobei manche Glieder überschlagen und manche mehrmals durchlaufen sein können); so wird das allgemeine Bildungsgesetz durch die Formel

$$(a) + (b) + (c) + \dots = 0$$

dargestellt. Handelt es sich um Linienfiguren; so sind (a), (b), (c) ... lineare Funktionen, und für die Klasse der geradlinig begrenzten Polygone haben alle Seitenlinien die Form $(a) = a e^{\alpha i}$, $(b) = b e^{\beta i}$, $(c) = c e^{\gamma i}$ u. s. w.; das Bildungsgesetz lautet also für diese Klasse

$$a e^{\alpha i} + b e^{\beta i} + c e^{\gamma i} + \dots = 0$$

Diese Formel, welche einen komplexen Werth hat, zerfällt in die beiden Gleichungen

$$a \cos \alpha + b \cos \beta + c \cos \gamma + \dots = 0$$
$$a \sin \alpha + b \sin \beta + c \sin \gamma + \dots = 0$$

Durch Elimination irgend einer der Grössen $a, b, c, \dots \alpha, \beta, \gamma \dots$ ergiebt sich eine Formel, welche anzeigt, dass auch ein Abhängigkeitsgesetz zwischen den übrigen Bestandtheilen besteht. Für ein Dreieck ist die Grundformel $(a) + (b) + (c) = 0$. Nimmt man für das Dreieck

ABC nach Figur 58 den Punkt A zum Ausgangspunkte und die Richtung der Seite $AB = (a)$ zur Grundaxe, auf welche die Neigungswinkel β, γ der anderen beiden Seiten bezogen werden, setzt also $\alpha = 0$; so hat man

$$a + b e^{\beta i} + c e^{\gamma i} = 0$$
$$a + b \cos \beta + c \cos \gamma = 0$$
$$b \sin \beta + c \sin \gamma = 0$$

Führt man statt der Aussenwinkel β und γ die Innenwinkel $ABC = \beta_1$ und $BAC = \gamma_1$ ein; so ergiebt sich

$$a - b \cos \beta_1 - c \cos \gamma_1 = 0$$
$$b \sin \beta_1 - c \sin \gamma_1 = 0$$

Die bekannten Fundamentalgleichungen für das Dreieck erscheinen also als spezielle Fälle des allgemeinen Bildungsgesetzes

$$(a) + (b) + (c) + \ldots = 0$$

Werden die Seiten des Dreiecks Fortschritts- oder Längenprozessen und Drehungsprozessen unterworfen; so entsteht vom Anfangspunkte A aus das Dreieck, wofür $(a') + (b') + (c') = 0$ ist. Hieraus und aus der Formel für das erste Dreieck folgt durch Addition und Subtraktion

$$\{(a') + (a)\} + \{(b') + (b)\} + \{(c') + (c)\} = 0$$
$$\{(a') - (a)\} + \{(b') - (b)\} + \{(c') - (c)\} = 0$$

es folgt auch durch Multiplikation

$$\{(a') + (b') + (c')\}\{(a) + (b) + (c)\} = 0$$

überhaupt ist für jede Funktionsform F

$$F((a') + (b') + \ldots) = F((a) + (b) + \ldots)$$

Die zweite dieser Gleichungen ergiebt für zwei Dreiecke, welche denselben Anfangspunkt oder Ort A im Nullpunkte des Koordinatensystems und dieselbe Richtung der ersten Seiten (a) und (a') in der Grundaxe haben,

$$\{a' - a\} - \{b' \cos \beta'_1 - b \cos \beta_1\} + \{c' \sin \gamma'_1 - c \cos \gamma_1\} = 0$$
$$\{b' \sin \beta'_1 - b \sin \beta_1\} - \{c' \sin \gamma'_1 - c \sin \gamma_1\} = 0$$

und wenn die zweite Seite b nur eine Längenänderung erleidet, also $\beta'_1 = \beta$ ist,

$$\{a' - a\} - \{b' - b\} \cos \beta_1 + \{c' \sin \gamma'_1 - c \cos \gamma_1\} = 0$$
$$\{b' - b\} \sin \beta_1 - \{c' \sin \gamma'_1 - c \sin \gamma_1\} = 0$$

und hieraus folgt, dass, wenn die Längenveränderungen $a' - a$ und $b' - b$ beliebig gegeben sind, da β_1, γ_1 und c gegebene konstante Werthe haben, dass die Länge c' der dritten Seite und ihr Neigungswinkel γ'_1 in dem neuen Dreiecke nicht mehr willkürlich sind, sondern zu den gegebenen Längenveränderungen von a und b in einer bestimmten Beziehung stehen, dass sich also die dritte Seite nach Länge und Richtung nach einem bestimmten Gesetze, dem Variationsgesetze des Dreiecks, ändern muss.

Liegt das durch $(a_1) + (a_2) + \ldots + (a_n) = 0$ dargestellte n-eck im Raume; so nehmen die Richtungskoeffizienten nur die aus Deklinations- und Inklinationskoeffizienten zusammengesetzte Form $e^{\alpha_1 i} e^{\beta_1 i_1}$ an, sodass man $(a_1) = a_1 e^{\alpha_1 i} e^{\beta_1 i_1}$, $(a_2) = a_2 e^{\alpha_2 i} e^{\beta_2 i_1}$ u. s. w. hat. Die hierdurch entstehenden triplexen Funktionen zerfallen in drei reelle Gleichungen, bei deren Darstellung die in Nr. 32 gegebenen Regeln zu beachten, auch die Fälle besonders zu behandeln sind, wo es sich entweder lediglich um die Darstellung eines anschaulichen (abgekürzten) Endresultates, oder um eine vollständige, zu allgemeinen Schlussfolgerungen geeignete Formel handelt.

Im Vorstehenden ist für Liniengebilde nur die Länge, als Fortschrittsresultat, und die Richtung, als Drehungsresultat, in Betracht gezogen. Wird auch die Quantität oder Vielheit, als Numerationsresultat, erwogen; so kann eine Linie von der Länge l auch als ein Inbegriff von beliebig viel Quantitätseinheiten (Punkten), also von gewisser Dichtigkeit d angesehen werden (sodass die Längeneinheit d Quantitätseinheiten enthält). Der vollständige Werth dieser Linie ist dann $l d$. Durch Anreihung der imaginären Linie $l_1 d_1 . i$ an die erstere entsteht das komplexe Aggregat oder die Summe $l d + l_1 d_1 i$. Die Formel $r e^{\varphi i} = r \cos \varphi + r \sin \varphi . i$ gilt nur für Linien $r e^{\varphi i}$, $r \cos \varphi$, $r \sin \varphi$ von gleichmässiger Dichtigkeit $d = d_1 = d_2 = 1$, man hat also stets $r e^{\varphi i} = r \cos \varphi + r \sin \varphi . i = l + l_1 i$ und daher $r = \sqrt{l^2 + l_1^2}$, man hat aber nicht $r e^{\varphi i} = l d + l_1 d_1 i$, vielmehr kann unter der Summe $l d + l_1 d_1 i$ nur eine Linie von der Länge und Richtung der r verstanden werden, welche eine gewisse Dichtigkeit d_2 hat, d. h. es muss $l d + l_1 d_1 = r d_2 = d_2 \sqrt{l^2 + l_1^2}$, folglich $d_2 = \dfrac{l d + l_1 d_1}{\sqrt{l^2 + l_1^2}}$ sein.

Ebenso wie von verdichteten Linien, kann man von verdichteten Winkeln reden.

Durch Vermehrung oder Verminderung der Glieder geht das m-eck in ein n-eck über, man hat immer

$$(a_1) + (a_2) + \ldots + (a_m) = (b_1) + (b_2) + \ldots + (b_n) = 0$$

Wenn man ausser Quantität, Länge und Richtung der Seitenlinien den Ort der ganzen Figur, also den Abstand (a) des Anfangspunktes A von einem Nullpunkte O des Koordinatensystems in Betracht zieht, ist das m-eck durch die Formel

$$_{\prime\prime}(a)_{\prime\prime} + (a_1) + (a_2) + \ldots + (a_m) = (a)$$

dargestellt.

Wird auch die Stellung der ganzen Figur in Betracht gezogen; so ergiebt sich das im Abstande (a) beginnende, durch den Richtungskoeffizienten ϱ gedrehete m-eck

$$_{\prime\prime}(a)_{\prime\prime} + \{(a_1) + (a_2) + \ldots + (a_m)\} \varrho = (a)$$

Wird die Form der Seitenlinien in Betracht gezogen, werden also gekrümmte und gebrochene Linien dafür zugelassen; so treten Integrale mit einer unabhängigen Variabelen x, also Grössen von der Form $\int\limits_{x_1}^{x_2} f(x)\partial x$ an die Stelle der geraden Linien a, welche nur vereinfachte Symbole für Integrale von der Form $\int\limits_{x_1}^{x_2} \partial x$ mit der konstanten Funktion $f(x) = 1$ sind.

Lässt man endlich auch die Dimensität der Seiten variiren, also die eindimensionalen Linien a oder $a\lambda'$ in undimensionale Punkte $a\lambda^0$ (mithin die ganze Figur in einen geformten Punkt), oder in zweidimensionale Flächen $a\lambda^2$, oder in dreidimensionale Körper $a\lambda^3$, oder in n-dimensionale Grössen $a\lambda^n$ übergehen; so treten n-fache Integrale von Funktionen mit n unabhängigen Variabelen, also für Flächen zweifache Integrale mit zwei Variabelen $\int\limits_{y_1}^{y_2}\int\limits_{x_1}^{x_2} f(x, y)\partial x \partial y$ an die Stellen der a. Diese Darstellung n-dimensionaler Grössen fusst auf der Erzeugung derselben aus eindimensionalen oder linearen Elementen. Wenn aber die n-dimensionalen Grössen als eigenartige, durch den Qualitätsfaktor λ^n gekennzeichnete Grössen von der Quantität a und der Richtung $e^{\alpha i} e^{\beta i_1}$ gedacht, also durch die einfache Formel $a e^{\alpha i} e^{\beta i_1} \lambda^n$ dargestellt werden; so befolgen sie Gesetze, welche formell denen der eindimensionalen Grössen analog sind, wie ich im „Situationskalkul" §. 50 gezeigt habe. Während die Linie um einen Nullpunkt O deklinirt und um eine Grundaxe OX inklinirt wird, wird die Fläche um eine Linie, die Grundaxe, deklinirt und um eine Grundfläche, die Grundebene, inklinirt, welche letztere Bewegung auch als Wälzung um eine auf der Grundebene normal stehende Axe anzusehen ist. Wie man aber für das Liniensystem einen beliebigen Nullpunkt und eine beliebige Grundaxe OX annehmen kann; so kann Diess auch für das Flächensystem geschehen. Im „Situationskalkul" habe ich als Grundaxe die Axe OZ und als Grundebene die Ebene YZ angenommen, sodass für Flächen wie für Linien OZ die Deklinations- und OX die Inklinationsaxe ist.

Die Gleichung $(a_1) + (a_2) + \ldots + (a_m) + (a_{m+1}) + \ldots + (a_n) = 0$ ergiebt durch Transposition die Gleichung

$$(a_1) + (a_2) + \ldots + (a_m) = (-a_n) + (-a_{n-1}) + \ldots + (-a_{m+1})$$

Dieselbe sagt, dass zwei Linienzüge, welche im Raume von einem Punkte A nach demselben anderen Punkte B führen, einander gleich sind, mögen diese Züge nun aus geradlinigen, oder gekrümmten gebrochenen Gliedern, oder aus einem einzigen stetig gekrümmten Zuge bestehen. Diese gleichen Züge haben unendlich verschiedene Längen: es fragt sich, welches ist der kürzeste von allen? Die von Manchem rasch gegebene Antwort „der gerade" beruhet auf der irrigen Meinung, dass der Satz „die gerade Linie ist der kürzeste Weg zwischen zwei Punkten" ein Grundsatz sei. Dass dieser Satz kein Grundsatz, sondern ein beweisbarer Lehrsatz ist, geht aus Folgendem hervor.

Durch Zerlegung der Richtungskoeffizienten $e^{\alpha_1 i} e^{\beta_1 i_1}$ in ihre drei triplexen Theile nach Nr. 27 erhält man als erste Gleichung

$$a_1 \cos \alpha_1 + a_2 \cos \alpha_2 + \ldots = a' \cos \alpha' + a'' \cos \alpha'' + \ldots$$

Diese Gleichung gilt, gleichviel, ob $a_1, a_2, \ldots a', a'' \ldots$ endliche oder unendlich kleine gerade Linien oder die stets geraden Elemente von Kurven darstellen. Da jeder Kosinus einen zwischen 0 und 1 liegenden Quantitätswerth hat; so ist, gleichviel, ob die Kosinus in der vorstehenden Formel positiv oder negativ sind, die Summe der Längen auf der linken Seite der vorstehenden Gleichung $a_1 + a_2 + \ldots$ oder die Länge irgend einer von A nach B führenden Linie grösser als der Quantitätswerth von $a_1 \cos \alpha_1 + a_2 \cos \alpha_2 + \ldots$ Sind aber auf der rechten Seite alle Winkel $\alpha', \alpha'' \ldots$ gleich null oder ihre Kosinus $= 1$, mithin $a' \cos \alpha' + a'' \cos \alpha'' + \ldots = a' + a'' + \ldots$ eine gerade Linie; so folgt, weil diese gerade Linie quantitativ der Linie $a_1 \cos \alpha_1 + a_2 \cos \alpha_2 + \ldots$ gleich ist, dass die Länge $a_1 + a_2 + \ldots$ grösser ist, als diese gerade Linie $a' + a'' + \ldots$, oder dass die gerade Linie der kürzeste Weg zwischen zwei Punkten ist.

Wenn in dem in der Grundebene liegenden Dreiecke ABC (Figur 58) β den äusseren Winkel bei B und γ_1 den inneren Winkel bei A bezeichnet; so hat man nach Obigem die beiden Gleichungen

$$a + b \cos \beta - c \cos \gamma_1 = 0$$
$$b \sin \beta - c \sin \gamma_1 = 0$$

Hieraus ergeben sich für bestimmte Werthe von a, β und γ_1 auch bestimmte endliche Werthe für b und c, solange nicht $\beta = \gamma_1$ ist. Zwei unter verschiedenen Winkeln β und γ_1 geneigte Linien treffen sich also in bestimmten endlichen Entfernungen b und c. Wenn $\beta = \gamma_1$ ist; so können die beiden Grundgleichungen, welche nothwendig bestehen müssen, nur auf zwei Weisen erfüllt werden: erstens, wenn $a = 0$ und $b = c$ ist, wenn also die beiden Linien (b) und (c) zusammenfallen; zweitens, wenn a nicht $= 0$, aber $b = c = \infty$ ist, wenn sich also die beiden Linien b und c in unendlicher Entfernung, also im Endlichen gar nicht treffen oder parallel sind. Die Quadrirung der beiden Gleichungen $c \cos \gamma_1 - b \cos \beta = a$ und $c \sin \gamma_1 - b \sin \beta = 0$ ergiebt allgemein

$$c^2 \cos^2 \gamma_1 + b^2 \cos^2 \beta - 2\,b\,c \cos \gamma_1 \cos \beta = a^2$$
$$c^2 \sin^2 \gamma_1 + b^2 \sin^2 \beta - 2\,b\,c \sin \gamma_1 \sin \beta = 0$$

durch Addition

$$b^2 + c^2 - 2\,b\,c(\cos \gamma_1 \cos \beta + \sin \gamma_1 \sin \beta) = a^2$$
$$b^2 + c^2 - 2\,b\,c \cos (\gamma_1 - \beta) = a^2$$

Sind also die beiden Linien parallel, oder treffen sie sich in unendlicher Entfernung, ist mithin $b = c = \infty$, folglich

$$2\,b^2 \{1 - \cos (\gamma_1 - \beta)\} = \infty \{1 - \cos (\gamma_1 - \beta)\} = a^2$$

so muss nothwendig $1 - \cos (\gamma_1 - \beta) = 0$, also $\cos (\gamma_1 - \beta) = 1$, d. h. $\beta = \gamma_1$ sein: parallele Linien bilden daher gleiche Neigungswinkel gegen a oder haben gleiche Richtung.

Hieraus ist ersichtlich, dass der elfte Euklidische Grundsatz kein Grundsatz, sondern ein beweisbarer Lehrsatz ist, welcher nur desshalb in der seitherigen Geometrie die Rolle eines Grundsatzes spielen muss, weil diese Geometrie die Richtung nicht als eine geometrische Grundeigenschaft kennt, also unvollständig ist.

Der Ausdruck für Parallelen „treffen in unendlicher Entfernung" ist als Negation des Treffens in endlicher (bestimmbarer) Entfernung und demnach als nichttreffen zu verstehen. In Wahrheit treffen sich parallele Linien auch nicht in unendlicher Entfernung, und unsere Formel drückt Diess dadurch aus, dass sie für $\beta = \gamma_1$ eine Unmöglichkeit verlangt. Parallelen behalten vielmehr in jeder Entfernung x gleichen Abstand: denn für das Viereck $(a) + (b) + (c) + (d) = 0$, in welchem b und d parallel sind, entgegengesetzte Richtung und gleiche Länge x haben, während c die entgegengesetzte Richtung von (a) hat, ist, wenn man (a) in der Grundaxe annimmt, $a + x e^{\beta i} - c - x e^{\beta i} = 0$, folglich $c = a$, d. h. für jeden Werth von x behält die zu a parallele Querlinie c die Länge a.

Für eine dreiseitige Figur im Raume, von welcher die erste Seite (a) in der Grundaxe, die zweite Seite $b e^{\alpha i}$ in der Grundebene und die dritte Seite $c e^{\beta i} e^{\gamma i_1}$ nicht in der Grundebene liegt, müsste, wenn die Figur eine geschlossene sein oder die erste und dritte Seite sich treffen sollten,

$$a + b e^{\alpha i} + c e^{\beta i} e^{\gamma i_1} = 0$$

mithin

$$\begin{aligned} a + b \cos \alpha + c \cos \beta &= 0 \\ b \sin \alpha + c \sin \beta \cos \gamma &= 0 \\ c \sin \beta \sin \gamma &= 0 \end{aligned}$$

sein: ist also β nicht $= 0$; so muss der Winkel $\gamma = 0$ sein, d. h. die dritte Seite muss ebenfalls in der Grundebene liegen. Ist Letzteres nicht der Fall; so können die Linien (a) und (c) sich nicht treffen, obwohl sie verschiedene Richtungen im Raume haben, also nicht parallel sind.

Dass es zwischen zwei Punkten A und B eine gerade Linie giebt, nämlich eine Fortschrittsgrösse, welche durch Aneinanderreihung von Längenelementen von gleicher Richtung entsteht, ist wohl einleuchtend, weil eine Variation dieser Längenrichtung vom Punkte A aus in jeden Punkt des Raumes führen muss: bestimmt wird jedoch diese gerade Linie $x e^{\varphi i} e^{\psi i_1}$ durch die Bedingung, dass B der Endpunkt der gegebenen triplexen Summe $a + bi + c i i_1$, dass also nach dem allgemeinen Bildungsgesetze

$$a + bi + c i i_1 = x e^{\varphi i} e^{\psi i_1} = x \cos \varphi + x \sin \varphi \cos \psi . i + x \sin \varphi \sin \psi \, i i_1$$

mithin $x \cos \varphi = a$, $x \sin \varphi \cos \psi = b$, $x \sin \psi \sin \psi = c$ sei, woraus φ, ψ und x zu bestimmen sind. Man kann hiernach sagen, zwischen zwei Punkten ist eine gerade Linie möglich und mathematisch bestimmbar; allein die Darstellung oder Verzeichnung dieser und jeder geraden Linie im wirklichen Raume, welche auf stetige Anreihungen unendlich kleiner

Längen- und Winkel- oder Richtungselemente hinausläuft, ist nicht näher zu beschreiben, bildet also ein Zugeständniss, eine Grundforderung oder ein Postulat.

Ganz anders liegen die Sachen im Flächengebiete. Eine Ebene ist das Resultat der zweiseitigen Aneinanderreihung von Flächenelementen von gleicher Richtung. Ein Flächenelement kann stets als ein ebenes Rechteck (auch als ein ebenes Quadrat) angesehen werden, indem für gekrümmte Flächen bei der unendlichen Kleinheit des Flächenelementes die etwaige Windschiefheit derselben ebenso verschwindet, wie für gekrümmte Linien im Linienelemente die Biegung verschwindet. Demzufolge ist ein Flächenelement von den Seitenlängen $\partial\xi$ und $\partial\eta$ inhaltlich oder quantitativ durch $\partial\xi\,.\,\partial\eta$ und nach Quantität und Richtung durch $e^{\varphi i}e^{\psi i_1}\partial\xi\,.\,\partial\eta$ dargestellt. Eine zwischen gegebenen Grenzlinien liegende Fläche, welche durch zweiseitige Aneinanderreihung solcher Elemente entsteht, ist eine Summe solcher Grössen mit variabelen Werthen von φ, ψ, ξ, η oder ein Integral des durch ein allgemeines Flächenelement dargestellten Differentials. Nach dem obigen Bildungsgesetze sind alle zwischen den gegebenen Grenzlinien liegenden möglichen Flächen einander algebraisch gleich. Dieselben haben aber sehr verschiedenen Flächeninhalt, welcher durch die Summe aller Werthe von $\partial\xi\,.\,\partial\eta$ dargestellt ist. Unter diesen Werthen muss es nothwendig Minimen geben; es fragt sich daher: erstens, giebt es nur ein, oder endlich viel oder unendlich viel Minimen? zweitens, sind dieselben von gleicher oder von ungleicher Grösse? drittens, befindet sich unter diesen Minimen eine ebene Fläche?

Wie eine Linie mit Hülfe linearer Abmessungen und linearer Deklinationen und Inklinationen (Linienwinkel) auf lineare oder eindimensionale Koordinaten bezogen wird; so ist eine Fläche mit Hülfe von zweidimensionalen Abmessungen (Flächeninhalten), Flächendeklinationen und Flächeninklinationen (Flächenwinkel) auf zweidimensionale Koordinaten, also auf eine Abszissenebene oder primäre Ebene, eine sekundäre Ebene oder erste Ordinatenebene und eine tertiäre Ebene oder zweite Ordinatenebene zu beziehen. Zur Darstellung der vorstehenden Fläche nehmen wir also eine Ebene XY zur Abszissenebene, in welcher alle Elemente den Inhalt $\partial x\,.\,\partial y$ und den Richtungskoeffizienten $e^{0i}e^{0i_1} = 1$ haben, die Ebene YZ kann die erste und die Ebene ZX die zweite Ordinatenebene sein. Alle Elemente der ersteren haben den Richtungskoeffizienten $e^{\frac{\pi}{2}i}e^{0i_1} = i$ und alle Elemente der letzteren haben den Richtungskoeffizienten $e^{\frac{\pi}{2}i}e^{\frac{\pi}{2}i_1} = ii_1$. Die von den Grenzlinien der gegebenen Fläche auf die Abszissen- oder Grundebene gefällten Perpendikel schneiden in der Grundebene eine ebene Figur mit Elementen $\partial x\,.\,\partial y$ ab; ihr Inhalt sei $= A$. Diese Perpendikel bilden zwischen sich Ebenen mit Richtungskoeffizienten $e^{\frac{\pi}{2}i}e^{\psi i_1} = ie^{\psi i_1}$. Die Summe dieser Ebenen stellt eine Mantelfläche dar, welche nach

Inhalt und Richtung durch (B) bezeichnet sei. Ist nun (C) die in Rede stehende Fläche nach Inhalt und Richtung; so hat man nach dem allgemeinen Bildungsgesetze $(C) = A + (B)$. Wegen der gegebenen Grenzlinien sind A und (B) konstante Grössen, und demnach muss die Fläche zwischen diesen Grenzlinien unveränderlich den Werth (C) nach Inhalt und Richtung behalten, wogegen ihr Inhalt für sich allein variiren kann. Dieser Inhalt, also die Summe aller $\partial \xi . \partial \eta$, ergiebt sich aber aus den Werthen von A und (B). Denn wenn für die unabhängig variabelen Linien x und y die Höhenlinie z die gegebene Funktion $z = f(x, y)$ ist; so liegt über jedem Flächenelemente $\partial x . \partial y$ der Grundfläche A ein Element der gegebenen Fläche, welches ein Rechteck von den Seiten $\sqrt{\partial x^2 + \left(\frac{\partial z}{\partial x}\right)^2 \partial x^2}$ und $\sqrt{\partial y^2 + \left(\frac{\partial z}{\partial y}\right)^2 \partial y^2}$, also vom Inhalte $\partial x \partial y \sqrt{1 + \left(\frac{\partial z}{\partial x}\right)^2} \sqrt{1 + \left(\frac{\partial z}{\partial y}\right)^2}$ darstellt. Ist die gegebene Fläche eine hinundher schreitende; so kann über einem Elemente der Grundfläche mehr als ein Element der gegebenen Fläche liegen: diese Fläche enthält also mindestens soviel Elemente als die Grundfläche, kann aber auch deren mehr, jedoch nicht weniger enthalten. Ist n die Anzahl der Elemente der Grundfläche; so ist $n + m$, worin m nicht negativ, aber $= 0$ sein kann, die Anzahl der Elemente der gegebenen Fläche. Der Inhalt der Letzteren ist daher die Summe von $n + m$ Werthen der eben entwickelten Form, wenn darin x und y zwischen den ihnen entsprechenden Grenzen variirt werden. Dieser Inhalt erreicht ein Minimum, wenn $m = 0$, also die Fläche keine rückkehrenden Theile hat, und wenn ferner (da ∂x und ∂y konstante Grössen sind) die Summe der variabelen Glieder zwischen den Grenzen von x und y

$$\Sigma \sqrt{1 + \left(\frac{\partial z}{\partial x}\right)^2} \sqrt{1 + \left(\frac{\partial z}{\partial y}\right)^2} = \Sigma \sqrt{1 + \left(\frac{\partial z}{\partial x}\right)^2 + \left(\frac{\partial z}{\partial y}\right)^2 + \left(\frac{\partial z}{\partial x}\right)^2 \left(\frac{\partial z}{\partial y}\right)^2}$$

ein Minimum wird. Diess erfordert, dass jedes variabele Glied, also auch, dass das Quadrat jedes dieser Glieder, mithin $\left[1 + \left(\frac{\partial z}{\partial x}\right)^2\right] \left[1 + \left(\frac{\partial z}{\partial y}\right)^2\right]$ ein Minimum werde. Diess tritt jedenfalls ein, wenn jeder Faktor dieses Produktes ein Minimum, also sein Differential gleich null, mithin $2 \frac{\partial z}{\partial x} \frac{{}^2\partial z}{\partial x^2} = 0$ und $2 \frac{\partial z}{\partial y} \frac{{}^2\partial z}{\partial y^2} = 0$ ist. Diesen Bedingungen wird durch $\partial z = 0$, also $z = a$ genügt, wenn die Grenzlinie der gegebenen Fläche in einer zur Grundebene parallelen Ebene liegt: die gesuchte Minimalfläche ist dann die Ebene der Grenzlinie. Wenn Diess nicht der Fall ist, wird ihnen genügt durch $\frac{{}^2\partial z}{\partial x^2} = 0$ und $\frac{{}^2\partial z}{\partial y^2} = 0$, also durch $z = a + bx + cy$, eine Funktion, welche realisirbar ist, wenn die Grenzlinie in einer schiefen Ebene liegt: die gesuchte Minimalfläche ist dann die schiefe Ebene der Grenzlinie.

Im Allgemeinen, wo die Grenzlinie nicht in einer Ebene liegt, denke man sich auf der Grundebene normal stehende, zur Ebene XZ parallele Ebenen in stetiger Reihenfolge errichtet. Dieselben zerschneiden die gegebene Figur in lauter Flächenstreifen, deren Projektionen auf die Grundebene Flächen mit zwei zu OX parallelen Seiten von der Länge $x_2 - x_1$ und mit dem Abstande dy, also vom Flächeninhalte $(x_2 - x_1)\,dy$ bilden. Die Werthe von x_1 und x_2 ergeben sich aus den für die Grenzlinie der Figur gegebenen Gleichungen $y = f(x)$ und $z = g(x)$ und zwar aus der ersten dieser beiden Gleichungen $y = f(x)$ oder $x = {}^{-1}f(y)$, indem x_1 und x_2 die beiden Werthe von x sind, welche die Funktion ${}^{-1}f(y)$ darbietet. Wenn man sich die gegebene Figur auch durch vertikale Ebenen, welche der Ebene YZ parallel laufen, geschnitten denkt; so wird dadurch jeder Flächenstreifen, welcher einer der eben genannten Projektionen entspricht, in lauter (meistens windschiefe) Elemente zerlegt, deren Gesammtinhalt aus den für die Grenzlinie der Figur gegebenen Gleichungen $y = f(x)$, $z = g(x)$ mit der einen unabhängigen Variabelen x und aus der für die Figur selbst gegebenen Gleichung $z = F(x, y)$ mit den beiden unabhängigen Variabelen x und y leicht bestimmt werden kann. Die Summe der Inhalte aller dieser Flächenstreifen ist der Inhalt der gegebenen Flächenfigur, also eine in Integralform bestimmbare Grösse. Senkt man nun die Figur durch Herabdrücken ihrer Punkte in vertikalen, zu OZ parallelen Richtungen so weit herab, dass die Seitenlinien der gedachten Flächenstreifen, welche in den zu XZ parallelen Ebenen liegen, die geraden Verbindungslinien zwischen zwei Punkten der Grenzlinie bilden; so nimmt jeder, gewöhnlich aus windschiefen Elementen bestehende Streifen einen minimalen Inhalt an, welcher durch den gedachten vertikalen Variationsprozess der Punkte der gegebenen Fläche in keiner Weise vergrössert werden kann (wobei der unendlich geringe Abstand der beiden in der Grenzlinie liegenden Anfangspunkte und der beiden Endpunkte jedes Streifens zu berücksichtigen ist.) Der Inhalt einer Fläche, welcher entsteht, wenn alle Punkte der Grenzlinie, die in einer zu XZ parallelen Ebene liegen, durch gerade Linien verbunden werden, ist hiernach ein relatives Minimum. Wird die schneidende Ebene XZ um die Axe OZ um einen bestimmten Winkel φ gedrehet; so entsteht ein anderes, dem Winkel φ entsprechendes relatives Minimum: es giebt also unter den von einer gegebenen Linie begrenzten Flächen unendlich viel relative Minimen von verschiedenem, bestimmbarem, vom Winkel φ abhängigem Inhalte. Eine Wälzung der Schnittfläche um die Axe OX um den Winkel ψ erzeugt ebenfalls unendlich viel von φ und ψ abhängige relative Minimen. (Wenn die Grenzlinie gerade Linienstücke enthält; so bedingt ein solches Stück für irgend eine Schnittfläche in Verbindung mit dem gegenüberliegenden Schnittpunkte oder der etwa vorhandenen zweiten ähnlichen Schnittlinie stets einen endlichen Bestandtheil der fraglichen Minimalflächen. Wenn eine Schnittfläche die Grenzlinie in mehr als zwei Punkten schneidet; so kommen selbstverständlich für die Bestandtheile der gegebenen Figur immer nur je zwei als Anfangs- und Endpunkt eines Streifens zusammengehörige Punkte in Betracht). Sämmtliche durch Parallelenschiebung einer Schnittfläche entstehenden Minimalflächen bilden übrigens nur eine Klasse von relativen Minimen. Lässt man die Schnittfläche um eine feste Linie im Raume rotiren; so liefern die Verbindungslinien zwischen je zwei Punkten der Grenzlinie ebenfalls Minimalflächen, deren elementare Bestandtheile sich nach aussen erweitern. Da die Parallelvorschiebung einer Schnittfläche als eine Rotation um eine unendlich entfernte feste Linie angesehen werden kann; so ist sie nur ein spezieller Fall der durch Rotation entstehenden Minimen. Zu diesen Minimen gehört auch ein jedes, welches dadurch entsteht, dass von irgend einem Punkte der Grenzlinie nach allen übrigen Punkten derselben gerade Linien gezogen werden. Unter allen diesen relativen Minimen giebt es nur ein einziges oder mehrere einander gleiche absolute Minimen, welche bestimmten Rotationen um bestimmte Linien entsprechen; es giebt also zwischen jeder gegebenen Grenzlinie eine Fläche von kleinstem Inhalte, welche jedoch nicht nothwendig eine ebene Fläche ist, welche aber aus stetig aneinander gereiheten geraden Linien mit variabeler Richtung, also meistens aus windschiefen Elementen besteht.

Schreibt man das geometrische Grundgesetz $(a) + (a_1) + (a_2) + \dots + (a_n) = 0$ in der Form $(a_1) + (a_2) + \dots + (a_n) = -(a) = (-a) = (b)$; so sagt dasselbe, dass die links stehende Summe einen durch $a_1, a_2, \dots a_n$ fest bestimmten, also konstanten Werth (b) hat, dessen Differentiale jeder Ordnung $= 0$ sind, dass mithin diese Summe (sowie auch die um (a) vermehrte Summe 0) nach Quantität und Richtung ein Maximum und ein Minimum, d. h. einen Werth darstellt, welcher nicht grösser, nicht kleiner und nicht anders gerichtet sein kann, als (b) (bezw. als 0). Dieser Satz hat einen doppelten Sinn: er spricht erstens aus, dass das Resultat der Anreihung jeder beliebigen Anzahl gegebener Glieder einen fest bestimmten Werth (b) hat, und zweitens, dass die Reihe $(a_1) + (a_2) + \dots$, welche von einem gegebenen Punkte A zu einem anderen gegebenen Punkte B führt, einen unveränderlichen Werth (b) hat, wie man auch die Anzahl, Grösse, Richtung, Form dieser Glieder variiren möge.

Alle diese Ausführungen betreffen das Resultat eines Fortschritts- oder Anreihungsprozesses, wobei die aneinander zu reihenden Glieder ebensowohl Numerate, wie Summen, wie Produkte, wie Potenzen, wie Integrale sein können. Setzt man an die Stelle des Fortschrittsprozesses den Numerationsprozess; so bleibt die Form des Grundgesetzes die vorstehende, indem die Additionszeichen $+$ als Numerationszeichen zu betrachten ist. (Dass ein Numerationsprozess, welcher den Werth 0 haben soll, nicht nur positive Numeratoren, sondern auch negative Numeratoren oder Denumeratoren enthalten muss, ist selbstverständlich: so ist z. B. $3 + 5 + (-8) = 0$ und $3 \mid 5 - 8$, worin $(a_1) = 3$, $(a_2) = 5$, $(b) = 8$ ist).

Wird an die Stelle des Fortschrittsprozesses der Verhältniss- oder Multiplikationsprozess gesetzt; so liegt es auf der Hand, dass, wenn man von der Einheit 1 durch fortgesetzte Multiplikation zur Einheit 1 zurückkehrt, der Unterschied zwischen dem Produkte $1(a)(a_1)\ldots(a_n)$ und 1 gleich null, also $(a)(a_1)\ldots(a_n) - 1 = 0$ oder auch $(a)(a_1)\ldots(a_n) = 1$ und daher $(a_1)(a_2)\ldots(a_n) = \frac{1}{(a)} = \left(\frac{1}{a}\right) = (b)$ ist, dass also das Resultat des Multiplikationsprozesses $(a_1)(a_2)\ldots(a_n)$ einen fest bestimmten Werth (b) hat und dass ein die genannte Bedingung erfüllendes Produkt $(a)(a_1)(a_2)\ldots(a_n) = 1$ oder $(a_1)(a_2)\ldots(a_n) = (b)$ ein unveränderliches Maximum und Minimum darstellt, wie man auch die Anzahl und den Werth der Faktoren (a), (a_1), $(a_2)\ldots(a_n)$ variiren möge.

Für den fortgesetzten Potenzirungsprozess, welcher von einer Basis e zu dieser Basis zurückkehrt, hat man $e^{1\cdot\alpha\cdot\alpha_1\cdot\alpha_2\ldots\alpha_n} = e$ und $e^{\alpha_1\cdot\alpha_2\ldots\alpha_n} = e^{\frac{1}{\alpha}} = e^{b}$ oder $\alpha_1\cdot\alpha_2\ldots\alpha_n = b$. Jeder derartige Prozess hat also eine bestimmte Potenz von e zum Resultate, und das Resultat eines die genannte Bedingung erfüllenden Prozesses behält einen unveränderlichen Werth.

Der fortgesetzte Variations- oder Integrationsprozess, welcher von der Funktion $x = \int \partial x$ zu derselben Funktion zurückkehrt, welcher also für $n+1$ Integrationen der Bedingung

$$\int f_n(x)\partial x \int f_{n-1}(x)\partial x \int f_{n-2}(x)\partial x \ldots \int f_1(x)\partial x \int f(x)\partial x = x$$

entspricht, worin $f, f_1, f_2, \ldots f_n$ beliebige Funktionen bezeichnen, liefert für n Integrationen das Resultat

$$f_n(x)\partial x \int f_{n-1}(x)\partial x \ldots \int f(x)\partial x = \partial x$$

oder

$$\int f_{n-1}(x)\partial x \ldots \int f(x)\partial x = \frac{1}{f_n(x)} = g(x)$$

welches lehrt, dass jedes derartige Integrationsresultat einen bestimmten Funktionswerth und, wenn seine Bestandtheile zwischen bestimmten Grenzen genommen werden, einen unveränderlichen Werth hat.

Allgemein, kann man hiernach das geometrische Bildungsgesetz dahin definiren, dass, wenn das Resultat $\mathfrak{R}$ beliebiger einfacher oder zusammengesetzter geometrischer Prozesse von einer absoluten oder relativen Basis $\mathfrak{B}$ zu dieser Basis zurückführt, $\mathfrak{R} = \mathfrak{B}$ einen fest bestimmten Werth hat, welcher durch die Variation der Bestandtheile von $\mathfrak{R}$ nicht geändert wird, also ein Maximum und ein Minimum zugleich darstellt, dass mithin auch jede Funktion von $\mathfrak{R}$ derselben Funktion von $\mathfrak{B}$ gleich ist, sodass man $F(\mathfrak{R}) = F(\mathfrak{B})$ hat, z. B. $\mathfrak{R} - 1 = \mathfrak{B} - 1$ (also für $\mathfrak{B} = 0$ $\mathfrak{R} = 0$, für $\mathfrak{B} = 1$ $\mathfrak{R} - 1 = 0$, für $\mathfrak{B} = e$ $\mathfrak{R} - e = 0$), auch $\mathfrak{R} + a = \mathfrak{B} + a$, $a\mathfrak{R} = a\mathfrak{B}$, $\mathfrak{R}^n = \mathfrak{B}^n$, $\int \mathfrak{R}\partial x = \int \mathfrak{B}\partial x$ u. s. w. Dieses allgemeine geometrische Grundgesetz kann in die Form gekleidet werden, dass, wenn beliebige

Funktionen von Funktionen der Grundgrösse x zu dieser Grundgrösse zurückführen, wenn also $F_n F_{n-1} F_{n-2} \ldots F(x) = x$ ist, $F_{n-1} F_{n-2} \ldots F(x) = {}^{-1}F_n(x) = G(x)$ einen bestimmten und unveränderlichen Werth darstellt.

Wenn wir die Glieder (a), (a_1), $(a_2) \ldots$ der Reihe, welche das Fortschrittsgesetz im Raume darstellt, durch $(p) = p e^{\varphi i} e^{\psi i_1}$, $(p_1) = p_1 e^{\varphi_1 i} e^{\psi_1 i_1}$, $(p_2) = p_2 e^{\varphi_2 i} e^{\psi_2 i_1}$ u. s. w. bezeichnen; so gilt die Formel

$$p e^{\varphi i} e^{\psi i_1} + p_1 e^{\varphi_1 i} e^{\psi_1 i_1} + p_2 e^{\varphi_2 i} e^{\psi_2 i_1} + \ldots = 0$$

für eine nach dem Anfangspunkte zurückkehrende Reihe von gerichteten Linien ganz allgemein, und man hat demnach

$$p_1 e^{\varphi_1 i} e^{\psi_1 i_1} + p_2 e^{\varphi_2 i} e^{\psi_2 i_1} + \ldots = - p e^{\varphi i} e^{\psi i_1}$$

Sind O, P_1, $P_2, \ldots P_n$ die Eckpunkte der in den Anfangspunkt O zurückkehrenden Figur $O P_1 P_2 \ldots P_n O$; so haben die vorstehenden beiden Formeln die Bedeutung

$$(O P_1) + (P_1 P_2) + \ldots + (P_{n-1} P_n) + (P_n O) = 0$$

und

$$(O P_1) + (P_1 P_2) + \ldots + (P_{n-1} P_n) \qquad = -(P_n O) = (O P_n)$$

$p e^{\varphi i} e^{\psi i_1} = (P_n O)$ bedeutet also die vom Endpunkte P_n nach dem Nullpunkte O zurückkehrende Linie $(P_n O)$, während $- p e^{\varphi i} e^{\psi i_1} = -(P_n O) = (O P_n)$ die vom Nullpunkte O nach dem Endpunkte hinlaufende Linie bedeutet.

Der rechts stehende Werth der links stehenden Summe kann stets aus den Gliedern dieser Summe berechnet werden, indem jedes Glied in seinen primären, sekundären und tertiären Theil zerlegt, also

$$\begin{aligned} & p_1 \cos \varphi_1 + p_1 \sin \varphi_1 \cos \psi_1 i + p_1 \sin \varphi_1 \sin \psi_1 i i_1 \\ & + p_2 \cos \varphi_2 + p_2 \sin \varphi_2 \cos \psi_2 i + p_2 \sin \varphi_2 \sin \psi_2 i i_1 + \ldots \\ = & - p \cos \varphi - p \sin \varphi \cos \psi i - p \sin \varphi \sin \psi i i_1 \end{aligned}$$

und daher

$$\begin{aligned} - p \cos \varphi &= p_1 \cos \varphi_1 + p_2 \cos \varphi_2 + \ldots \\ - p \sin \varphi \cos \psi &= p_1 \sin \varphi_1 \cos \psi_1 + p_2 \sin \varphi_2 \cos \psi_2 + \ldots \\ - p \sin \varphi \sin \psi &= p_1 \sin \varphi_1 \sin \psi_1 + p_2 \sin \varphi_2 \sin \psi_2 + \ldots \end{aligned}$$

gesetzt wird, aus welchen drei Gleichungen die Werthe für die drei Grössen p, φ, ψ hervorgehen.

Die gegebene Grundgleichung, deren rechte Seite die links stehende Summe einer Anzahl von Gliedern darstellt, kann selbstverständlich mit einem beliebigen Faktor $(a) = a e^{\alpha i} e^{\beta i_1}$ multiplizirt werden: allein, es ist nach Nr. 32 wohl zu beachten, dass, wenn die rechte Seite mit diesem Faktor multiplizirt wird, das Produkt $- p e^{\varphi i} e^{\psi i_1} a e^{\alpha i} e^{\beta i_1} = - p a e^{(\varphi + \alpha) i} e^{(\psi + \beta) i_1}$ nur dann dem Produkte auf der linken Seite gleich bleibt, wenn der ungetheilte Gesammtwerth der dort stehenden Glieder, welcher mit dem Werthe der rechten Seite identisch ist, ebenfalls mit dem gegebenon Faktor multiplizirt wird, dass aber die Multiplikation jedes einzelnen Gliedes der linken Seite einen ganz anderen Werth hat, als das Produkt auf der rechten Seite, dass also

$$p_1 e^{\varphi_1 i} e^{\psi_1 i_1} a e^{\alpha i} e^{\beta i_1} + p_2 e^{\varphi_2 i} e^{\psi_2 i_1} a e^{\alpha i} e^{\beta i_1} + \ldots \text{ nicht } = -p e^{\varphi i} e^{\psi i_1} a e^{\alpha i} e^{\beta i_1}$$

oder dass

$$p_1 a e^{(\varphi_1+\alpha) i} e^{(\psi_1+\beta) i_1} + p_2 a e^{(\varphi_2+\alpha) i} e^{(\psi_2+\beta) i_1} + \ldots \text{ nicht } = -p a e^{(\varphi+\alpha) i} e^{(\psi+\beta) i_1}$$

ist, dass vielmehr die Summe der links stehenden Produkte einen ganz anderen Werth $-p a e^{\varrho i} e^{\sigma i_1}$ hat. Die drei Grössen p, ϱ, σ des in einen einfachen Ausdruck zusammengezogenen Werthes der linken Seite können durch Zerfällung der einzelnen Glieder der linken Seite nach der vorhergehenden Regel bestimmt werden: es wird sich aber zwischen den alten und den neuen Richtungskoeffizienten auf der rechten Seite und denen auf der linken Seite, nämlich zwischen den Werthen φ, ψ und ϱ, σ eine ganz andere Beziehung, als die zwischen den Werthen φ_1, ψ_1 und $\varphi_1 + \alpha$, $\psi_1 + \beta$ oder zwischen den Werthen φ_2, ψ_2 und $\varphi_2 + \alpha$, $\psi_2 + \beta$ u. s. w. herausstellen, der Werth der linken Seite kann also nicht ohne Weiteres aus dem ursprünglichen Werthe $-p e^{\varphi i} e^{\psi i_1}$ der rechten Seite und dem Faktor $a e^{\alpha i} e^{\beta i_1}$ bestimmt werden, es besteht keine Übereinstimmung in den Beziehungen zwischen diesen Richtungskoeffizienten. Es ist nun von hoher Wichtigkeit, dass eine solche Übereinstimmung für eine gewisse Voraussetzung thatsächlich besteht und dass, weil diese Voraussetzung einen allgemeinen Charakter hat, sich in dem Resultate ein allgemeines Grundgesetz ausspricht.

Um diese Behauptung zu rechtfertigen und zugleich die Entwicklung der fraglichen Formel thunlichst zu veranschaulichen, bemerke ich zunächst, dass nach Nr. 32 die gegebene Gleichung $(p_1) + (p_2) + \ldots = -(p)$ in ihren einzelnen Gliedern mit jedem reellen Faktor, also mit $\mp a e^{0 i} e^{0 i_1}$ multiplizirt und dividirt werden kann, dass man also stets

$$(p_1) \frac{a}{e^{0 i} e^{0 i_1}} + (p_2) \frac{a}{e^{0 i} e^{0 i_1}} + \ldots = -(p) \frac{a}{e^{0 i} e^{0 i_1}}$$

setzen kann. In dieser Gleichung erscheint jedes Glied wie $(p_1) \frac{a}{e^{0 i} e^{0 i_1}} = \frac{p_1 a}{1} \cdot \frac{e^{\varphi_1 i} e^{\psi_1 i}}{e^{0 i} e^{0 i_1}}$ als die Grösse $p_1 a$, welche quantitativ auf die Einheit 1 und hinsichtlich der Richtung $e^{\varphi_1 i} e^{\psi_1 i}$ auf die Richtung $e^{0 i} e^{0 i_1}$ der Grundaxe bezogen ist.

Eine Multiplikation mit dem Faktor $\frac{a}{e^{\alpha i} e^{\beta i_1}}$ ist nach Nr. 32 auch dann noch zulässig, wenn alle Glieder (p_1), (p_2) ... einunddenselben Inklinationskoeffizienten $e^{\psi i_1}$ haben und $\beta = \psi$ ist. In diesem Falle lautet die Grundformel

$$p_1 e^{\varphi_1 i} e^{\psi i_1} + p_2 e^{\varphi_2 i} e^{\psi i_1} + \ldots = -p e^{\varphi i} e^{\psi i_1}$$

oder, da dieselbe nach Nr. 32 durch den überall gleichen Inklinationskoeffizienten $e^{\psi i_1}$ dividirt werden kann,

$$p_1 e^{\varphi_1 i} + p_2 e^{\varphi_2 i} + \ldots = -p e^{\varphi i}$$

Diese Gleichung kann nach Nr. 32 mit dem Faktor $\frac{a}{e^{\alpha i}}$ multiplizirt werden und ergiebt dann

$$p_1 a\, e^{(\varphi_1 - \alpha) i} + p_2 e^{(\varphi_2 - \alpha) i} + \ldots = - p\, e^{(\varphi - \alpha) i}$$

eine Gleichung, welche auch aus der Multiplikation der Gleichung $(p_1) + (p_2) + \ldots = -(p)$ mit $\frac{a}{e^{\alpha i}\, e^{\beta i_1}}$ unter der Voraussetzung, dass $\beta = \psi$ sei, hervorgeht, indem man danach

$$p_1 a\, e^{(\varphi_1 - \alpha) i}\, e^{(\psi - \beta) i_1} + p_2 a\, e^{(\varphi_2 - \alpha) i}\, e^{(\psi - \beta) i_1} + \ldots = - p\, a\, e^{(\varphi - \alpha) i}\, e^{(\psi - \beta) i_1}$$

hat, worin wegen $\psi = \beta$ alle Inklinationskoeffizienten verschwinden und eine Gleichung mit lauter deklinanten, in der Grundebene liegenden Gliedern zurückbleibt. Die Glieder der Grundgleichung, wie $(p_1) = p_1 e^{\varphi_1 i}\, e^{\psi i_1}$ haben sämmtlich gleiche Inklination ψ, und eine durch $(a) = a\, e^{\alpha i}\, e^{\beta i_1}$ dargestellte Linie hat, wenn $\beta = \psi$ ist, ebenfalls diese Inklination: alle Glieder (p_1), $(p_2) \ldots$, sowie das Glied (p) und die Linie (a) liegen mithin in einer Ebene, welche durch die Grundaxe OX geht. In diesem Falle erscheint jedes Glied der Gleichung wie $p_1 a \frac{e^{\varphi_1 i}\, e^{\psi i_1}}{e^{\alpha i}\, e^{\psi i_1}}$ als die Grösse $p_1 a$, welche quantitativ auf die Einheit und hinsichtlich der Richtung $e^{\varphi_1 i}\, e^{\psi i_1}$ auf die Richtung der Linie $a = a\, e^{\alpha i}\, e^{\psi i_1}$ als relative Grundaxe bezogen ist.

Wenn wir die einfachen Faktoren so symbolisiren: $(p) = p\, e^{\varphi i}\, e^{\psi i_1}$, $(a) = a\, e^{\alpha i}\, e^{\beta i_1}$, $[a] = \frac{a}{e^{\alpha i}\, e^{\beta i_1}} = a\, e^{-\alpha i}\, e^{-\beta i_1}$; so haben wir, wenn $\beta = \psi$ ist, die Gleichung

$$(p_1)[a] + (p_2)[a] + \ldots = -(p)[a]$$

worin $-(p) = (p_1) + (p_2) + \ldots$ ist, und der Werth dieser Gleichung ist unter Ausscheidung des reellen Faktors $a \frac{e^{\psi i_1}}{e^{\beta i_1}} = a$

$$p_1 e^{(\varphi_1 - \alpha) i} + p_2 e^{(\varphi_1 - \alpha) i} + \ldots = - p\, e^{(\varphi - \alpha) i}$$

Wenn die beiden Linien (p) und (a) ungleiche Inklinationen haben, ergiebt sich folgende Entwicklung. Eine in der Grundaxe OX liegende Linie von der absoluten Länge p erzeugt durch die Deklination ϱ die in der Grundebene XY liegende Linie $p\, e^{\varrho i}$, ebenso erzeugt die reelle Linie a durch die Deklination γ die Linie $a\, e^{\gamma i}$. Fassen wir nun das System dieser beiden Linien, welche den Neigungswinkel $\varrho - \gamma$ haben, als eine fest zusammenhängende Figur ins Auge, welche beliebige Wälzungen im Raume erfahren kann, ohne ihren Zusammenhang zu verlieren, und suchen wir die Formel auf, welche diese Figur in jeder beliebigen Lage darstellt. Zu diesem Ende wälzen wir die in der Grundebene liegenden Linien $p\, e^{\varrho i}$ und $a\, e^{\gamma i}$ um die Axe OX um den Winkel δ. Hierdurch entstehen die Linien $p\, e^{\varrho i}\, e^{\delta i_1}$ und $a\, e^{\gamma i}\, e^{\delta i_1}$. Diese beiden Linien liegen in einer durch die Grundaxe OX gehenden Ebene und neigen sich unter dem ursprünglichen Winkel $\varrho - \gamma$ gegen einander

Nunmehr wälzen wir die Figur um eine andere Axe, wozu wir jede beliebig gerichtete Linie, unter Anderem die Reklinationsaxe OY (Nr. 27), nehmen könnten, jedoch die Axe OZ nehmen wollen. Ist ε ein beliebiger Wälzungswinkel; so gelangt die Figur durch diese Wälzung in jede beliebige Lage des Raumes, ohne dass sich der Neigungswinkel $\varrho - \gamma$ ändert. Diese Wälzung der Linie p würde einer Multiplikation des Ausdruckes $p e^{\varrho i} e^{\delta i_1} = p \cos \varrho + p \sin \varrho \cos \delta i + p \sin \varrho \sin \delta i i_1$ mit dem Deklinationskoeffizienten $e^{\varepsilon i} = \cos \varepsilon + \sin \varepsilon i$ entsprechen, wenn die Figur in der Grundebene läge: da sie aber nicht in der Grundebene liegt; so bleibt das tertiäre Glied $p \sin \varrho \sin \delta i i_1$ bei dieser Wälzung ungeändert, und es ist nur das primäre und sekundäre Glied mit $e^{\varepsilon i}$ zu multipliziren (s. Nr. 27). Diess giebt für die Linie p, wenn wir ihre Deklination und Inklination mit φ und ψ bezeichnen,

$$\begin{aligned}(p) = p e^{\varphi i} e^{\psi i_1} &= p(\cos \varrho + \sin \varrho \cos \delta i)(\cos \varepsilon + \sin \varepsilon i) + p \sin \varrho \sin \delta i i_1 \\ &= p(\cos \varrho \cos \varepsilon - \sin \varrho \cos \delta \sin \varepsilon) \\ &\quad + p(\cos \varrho \sin \varepsilon + \sin \varrho \cos \delta \cos \varepsilon) i + p \sin \varrho \sin \delta i i_1\end{aligned}$$

Da $p e^{\varphi i} e^{\psi i_1} = p \cos \varphi + p \sin \varphi \cos \psi i + p \sin \varphi \sin \psi i i_1$ ist; so hat man

$$\begin{aligned}\cos \varrho \cos \varepsilon - \sin \varrho \cos \delta \sin \varepsilon &= \cos \varphi \\ \cos \varrho \sin \varepsilon + \sin \varrho \cos \delta \cos \varepsilon &= \sin \varphi \cos \psi \\ \sin \varrho \sin \delta &= \sin \varphi \sin \psi\end{aligned}$$

Wenn die Richtung von p oder die Winkel φ und ψ gegeben sind, bestimmen diese drei Gleichungen die Werthe von ϱ, δ, ε durch φ und ψ.

Durch dieselbe Wälzung ε um die Axe OZ ergiebt sich aus der Linie $a e^{\gamma i} e^{\delta i_1}$ die Linie (a) $a e^{\alpha i} e^{\beta i_1}$ in derselben Weise, man hat also

$$\begin{aligned}\cos \gamma \cos \varepsilon - \sin \gamma \cos \delta \sin \varepsilon &= \cos \alpha \\ \cos \gamma \sin \varepsilon + \sin \gamma \cos \delta \cos \varepsilon &= \sin \alpha \cos \beta \\ \sin \gamma \sin \delta &= \sin \alpha \sin \beta\end{aligned}$$

Gegebene Werthe von α und β bestimmen hiernach die Werthe von γ, δ, ε. Betrachten wir nun die Linie (a) als eine nach Länge und Richtung unabänderlich gegebene Linie oder als eine relative Grundaxe, auf welche verschiedene Werthe von (p) bezogen werden sollen; so finden sich durch die letzten drei Gleichungen die Werthe von γ und δ als Funktionen der Winkel α, β und des Winkels ε. Der Winkel ε aber hat für jedes gegebene (p) denjenigen Werth, welcher sich aus den ersten drei Gleichungen als eine Funktion von φ und ψ ergiebt. Die beiden Linien (p) und (a) haben also gegen einander den Winkel $\varrho - \gamma$, ihre Ebene schneidet die Grundebene XY in einer Linie, welche mit der Grundaxe OX den Winkel ε bildet, und sie neigt sich gegen die Grundebene unter dem Winkel δ (der Winkel ε ist so zu verstehen, dass er der Neigung der von (p) über (a), nicht der von (a) über (p) genommenen Schnittlinie gegen OX entspricht).

Indem wir für $(p) = p e^{\varphi i} e^{\psi i_1}$ beliebige Grössen wie $(p_1) = p_1 e^{\varphi_1 i} e^{\psi_1 i_1}$ zulassen, gehen die Werthe von p, ϱ, δ, ε in p_1, ϱ_1, δ_1, ε_1

über, während $(a) = a e^{\alpha i} e^{\beta i_1}$ konstant bleibt, also a, α, β unverändert bleiben, die Werthe von γ, δ, ε aber in γ_1, δ_1, ε_1 übergehen.

Für die vorstehenden Formeln ist OX die absolute primäre, OY die absolute sekundäre, OZ die absolute tertiäre Axe und XY die absolute Grundebene. Legen wir jetzt durch die in der Richtung der Linie (a) liegende Axe OA und die Axe OX eine Ebene und bezeichnen dieselbe als die relative Grundebene, ferner OA als die relative primäre Axe, die in dieser Ebene normal auf OA stehende Linie OB als die relative sekundäre Axe und die auf derselben Ebene normal stehende Linie OC als die relative tertiäre Axe; so stellt das Verhältniss $\frac{e^{\varrho i}}{e^{\gamma i}} = e^{(\varrho - \gamma) i} = e^{\eta i}$, worin die Winkeldifferenz $\varrho - \gamma = \eta$ gesetzt ist, die Beziehung der Richtung der Linie (p) zu der relativen Grundaxe OA dar, und man hat für diese Beziehung $(p) = p e^{\eta i} = p \cos \eta + p \sin \eta \, . \, i$.

Bezeichnen wir die in der Richtung von (p) liegende Axe mit OP und die darauf normal stehende, in der Ebene AOP liegende Axe mit OQ, ferner den Winkel zwischen OQ und OB mit ϑ; so bestimmt sich dieser Winkel ϑ durch einen ähnlichen Prozess, durch welchen vorhin $\eta = \varrho - \gamma$ bestimmt wurde, indem man durch OQ und OB eine Ebene legt, welche die absolute Grundebene in einer gewissen Linie schneidet, gegen welche OQ den Winkel ϱ' und OB den Winkel γ' bildet, sodass $\vartheta = \varrho' - \gamma'$ ist.

Da jetzt $p e^{\eta i} e^{\vartheta i_1} = p \cos \eta + p \sin \eta \cos \vartheta \, . \, i + p \sin \eta \sin \vartheta \, . \, i i_1$ die Linie (p) in ihrer Relation zu dem relativen Grundsysteme OA, OB, OC darstellt, und zugleich $e^{\eta i} e^{\vartheta i_1} = e^{(\varrho - \gamma) i} e^{(\varrho' - \gamma') i_1} = \frac{e^{\varrho i} e^{\varrho' i_1}}{e^{\gamma i} e^{\gamma' i_1}}$ ist, worin die Winkel ϱ und ϱ' durch (p) und die Winkel γ und γ' durch (a) bedingt sind, erkennt man, dass der eben genannte Werth von (p) die Relation von (p) zu der relativen Grundebene AB und den relativen Grundaxen OA, OB, OC ausdrückt. Nachdem diese Erkenntniss gewonnen worden, welche für das Verständniss des zu behandelnden Grundgesetzes wichtig ist, verlasse ich für den Augenblick die Symbolisirung der Grössen (p) und (a) durch die Werthe der Winkel φ, ψ, α, β und wende mich im Interesse der Vereinfachung der Formeln der Symbolisirung durch die Winkel η und ϑ mit Hülfe der Neigungswinkel von (p) und (a) gegen die Grundaxen zu.

Wenn μ', μ'', μ''' die Neigungswinkel der Linie (p) gegen drei Grundaxen bezeichnen, mögen es die absoluten Grundaxen OX, OY, OZ, oder die relativen Grundaxen OA, OB, OC, oder beliebige andere Grundaxen sein, und wenn ν', ν'', ν''' die Neigungswinkel der Linie (a) gegen ebendieselben Grundaxen bezeichnen, wenn also auch

$$(p) = p \cos \mu' + p \cos \mu'' \, . \, i + p \cos \mu''' \, . \, i i_1$$
$$(a) = a \cos \nu' + a \cos \nu'' \, . \, i + a \cos \nu''' \, . \, i i_1$$

ist; so hat man nach Nr. 57

$$\cos \eta = \cos \mu' \cos \nu' + \cos \mu'' \cos \nu'' + \cos \mu''' \cos \nu'''$$

Ebenso hat man, wenn $\varrho', \varrho'', \varrho'''$ die Neigungswinkel der Normalen OQ und $\sigma', \sigma'', \sigma'''$ die Neigungswinkel der Normalen OB gegen einunddasselbe Grundaxensystem bezeichnen, sodass also für eine in OQ liegende Linie (q)

$$(q) = q \cos\varrho' + q \cos\varrho''. i + q \cos\varrho'''. i i_1$$

und für eine in OB liegende Linie (b)

$$(b) = b \cos\sigma'' + b \cos\sigma''. i + b \cos\sigma'''. i i_1$$

ist,

$$\cos\vartheta = \cos\varrho' \cos\sigma' + \cos\varrho'' \cos\sigma'' + \cos\varrho''' \cos\sigma'''$$

Da $\sin\eta = \sqrt{1 - \cos^2\eta}$ und $\sin\vartheta = \sqrt{1 - \cos^2\vartheta}$ ist; so bestimmt sich der Werth des Verhältnisses

$$e^{\eta i} e^{\vartheta i_1} = \cos\eta + \sin\eta \cos\vartheta . i + \sin\eta \sin\vartheta . i i_1$$

vermöge der vorstehenden Werthe von $\cos\eta$ und $\cos\vartheta$ durch die Neigungswinkel $\mu, \nu, \varrho, \sigma$.

Nach Nr. 57 ist ϑ auch der Neigungswinkel der Ebene POA oder POQ gegen die Ebene AOB oder XOA, und man kann statt der Winkel $\varrho', \varrho'', \varrho'''$ auch die Neigungswinkel der Ebene POQ gegen eine primäre, sekundäre und tertiäre Grundebene, sowie statt der Winkel $\sigma', \sigma'', \sigma'''$ die Neigungswinkel der Ebene AOB gegen dieselbe primäre, sekundäre und tertiäre Grundebene setzen, wenn man diese Winkel etwa aus anderen Betrachtungen kennt.

Ferner geht aus Nr. 57 hervor, dass die Winkel $\varrho', \varrho'', \varrho'''$ und $\sigma', \sigma'', \sigma'''$ überhaupt nicht bekannt oder gegeben zu sein brauchen, dass sie vielmehr aus den Winkeln μ', μ'', μ''' und ν', ν'', ν''' abgeleitet werden können. Denn nach der dortigen Entwicklung hat man für den Neigungswinkel $\frac{\pi}{2}$ von OQ gegen OA

$$0 = \cos\nu' \cos\varrho' + \cos\nu'' \cos\varrho'' + \cos\nu''' \cos\varrho'''$$

für den Neigungswinkel $\frac{\pi}{2} - \eta$ von OP gegen OQ

$$\sin\eta = \cos\mu' \cos\varrho' + \cos\mu'' \cos\varrho'' + \cos\mu''' \cos\varrho'''$$

und für den Neigungswinkel 0 von OQ gegen sich selbst

$$1 = \cos^2\varrho' + \cos^2\varrho'' + \cos^2\varrho'''$$

Aus diesen drei Gleichungen können mit Hülfe des obigen Ausdruckes für $\cos\eta$ die drei Winkel $\varrho', \varrho'', \varrho'''$ als Funktionen von μ', μ'', μ''' und ν', ν'', ν''', oder auch, wenn man den Winkel η als gegeben ansieht, als Funktionen von μ', μ'', μ''' und η bestimmt werden.

Sodann hat man für den Neigungswinkel $\frac{\pi}{2}$ von OB gegen OA

$$0 = \cos\nu' \cos\sigma' + \cos\nu'' \cos\sigma'' + \cos\nu''' \cos\sigma'''$$

für den Neigungswinkel 0 von OB gegen sich selbst

$$1 = \cos^2\sigma' + \cos^2\sigma'' + \cos^2\sigma'''$$

Ausserdem ist, wenn man die Winkel auf das absolute Grundsystem bezieht, der Neigungswinkel σ' von OB gegen OX $\sigma' = \frac{\pi}{2} + \alpha$, worin α die Deklination der Linie (a) bezeichnet, und, wenn man die Winkel auf das relative Grundsystem bezieht, ist der Neigungswinkel σ' von OB gegen OA $\sigma' = \frac{\pi}{2}$. Hierdurch ist σ' bestimmt und aus den vorangestellten zwei Gleichungen können die beiden Winkel σ'' und σ''' als Funktionen von ν', ν'', ν''' und α bestimmt werden.

Am einfachsten bestimmen sich die Winkel ϱ', ϱ'', ϱ''' und σ', σ'', σ''' durch die gegebenen Winkel μ', μ'', μ''' und ν', ν'', ν''' auf folgendem Wege. Wenn PA' die vom Endpunkte P der Linie $OP = (p)$ auf die Linie $OA = (a)$ gefällte Normale, also der Länge nach $OA' = p \cos \eta$ und $A'P = p \sin \eta$ ist, und wenn ferner PB' die vom Endpunkte der Linie OP auf die Ebene AOB oder auf die in dieser Ebene liegende, zu OA rechtwinklige, also zu OB parallele Linie, mithin der Länge nach $A'B' = p \sin \eta \cos \vartheta$ und $B'P = p \sin \eta \sin \vartheta$ ist; so stellen wir zu grösserer Deutlichkeit die nach Länge und Richtung aufgefassten Hauptgrössen einmal mittelst ihrer Deklinationen und Inklinationen gegen das absolute Grundsystem $OXYZ$ und einmal mittelst ihrer Neigungswinkel gegen die absoluten Grundaxen nebeneinander: man hat

$$(OP) = (p) = p e^{\varphi i} e^{\psi i_1} = p \cos \varphi + p \sin \varphi \cos \psi . i + p \sin \varphi \sin \psi . i i_1$$
$$= p \cos \mu' + p \cos \mu'' . i + p \cos \mu''' . i i_1$$
$$(OA) = (a) = a e^{\alpha i} e^{\beta i_1} = a \cos \alpha + a \sin \alpha \cos \beta . i + a \sin \alpha \sin \beta . i i_1$$
$$= a \cos \nu' + a \cos \nu'' . i + a \cos \nu''' . i i_1$$
$$(OA') = p \cos \eta \, e^{\alpha i} e^{\beta i_1} = p \cos \eta . \cos \nu' + p \cos \eta \cos \nu'' . i + p \cos \eta \cos \nu''' . i i_1$$
$$(OQ) = (A'P) = p \sin \eta . \cos \varrho' + p \sin \eta \cos \varrho'' . i + p \sin \eta \cos \varrho''' . i i_1$$
$$(A'B') = p \sin \eta \cos \vartheta \, e^{\left(\alpha + \frac{\pi}{2}\right) i} e^{\beta i_1}$$
$$= - p \sin \eta \cos \vartheta \sin \alpha + p \sin \eta \cos \vartheta \cos \alpha \cos \beta . i$$
$$+ p \sin \eta \cos \vartheta \cos \alpha \sin \beta . i i_1$$
$$= p \sin \eta \cos \vartheta \cos \sigma' + p \sin \eta \cos \vartheta \cos \sigma'' . i + p \sin \eta \cos \vartheta \cos \sigma''' . i i_1$$

Nach den ersten beiden Gleichungen ist

$$\cos \mu' = \cos \varphi \qquad \cos \mu'' = \sin \varphi \cos \psi \qquad \cos \mu''' = \sin \varphi \sin \psi$$
$$\cos \nu' = \cos \alpha \qquad \cos \nu'' = \sin \alpha \cos \beta \qquad \cos \nu''' = \sin \alpha \sin \beta$$

Da $OA'P$ ein Dreieck bildet; so ist $(A'P) = (OP) - (OA')$, und wenn man für (OP) und (OA') die vorstehenden Werthe substituirt, wird

$$(A'P) = p (\cos \mu' - \cos \eta \cos \nu') + p (\cos \mu'' - \cos \eta \cos \nu'') i$$
$$+ p (\cos \mu''' - \cos \eta \cos \nu''') i i_1$$

Wird dieser Werth von $(A'P)$ dem vorhergehenden Werthe von $(A'P)$ gleich gesetzt; so ergiebt sich

$$\cos\varrho' = \frac{\cos\mu' - \cos\eta\cos\nu'}{\sin\eta}$$
$$\cos\varrho'' = \frac{\cos\mu'' - \cos\eta\cos\nu''}{\sin\eta}$$
$$\cos\varrho''' = \frac{\cos\mu''' - \cos\eta\cos\nu'''}{\sin\eta}$$

Eine Gleichsetzung der beiden Werthe von $(A'B')$ liefert die Beziehungen

$$\cos\sigma' = -\sin\alpha = -\sin\nu'$$
$$\cos\sigma'' = \cos\alpha\cos\beta = \frac{\cos\nu'\cos\nu''}{\sin\nu'}$$
$$\cos\sigma''' = \cos\alpha\sin\beta = \frac{\cos\nu'\cos\nu'''}{\sin\nu'}$$

Hierdurch sind die Winkel ϱ', ϱ'', ϱ''' und σ', σ'', σ''' durch die Winkel μ', μ'', μ''', ν', ν'', ν''' und η, oder auch, wenn man will, durch die Winkel φ, ψ, α, β ausgedrückt, und wenn man den Winkel $PA'B' = \vartheta$ durch den in der Ebene XOA oder AOB liegenden Winkel $B'OA' = \varepsilon$ ausdrücken will, findet sich leicht, da $\frac{A'B'}{OA'} = tang\,\varepsilon$ ist, $\cos\vartheta = \frac{\cos\eta\sin\varepsilon}{\sin\eta\cos\varepsilon} = \frac{tang\,\varepsilon}{tang\,\eta}$, also

$$\sin\vartheta = \frac{\sqrt{\sin(\eta+\varepsilon)\sin(\eta-\varepsilon)}}{\sin\eta\cos\varepsilon}$$

Im Übrigen ergiebt sich der Werth von $\cos\vartheta$ nach der obigen Formel als Funktion der Winkel ϱ', ϱ'', ϱ''' und σ', σ'', σ''' vermittelst der vorstehenden Werthe dieser Winkel als Funktion der Winkel μ', μ'', μ''' und ν', ν'', ν''' ohne den Hülfswinkel ε.

Vermittelst dieser Werthe von η und ϑ ist der Werth von $pe^{\eta i}e^{\vartheta i_1}$ durch die Relationen der Grössen (p) und (a) zu den absoluten Grundaxen leicht dargestellt. Es erübrigt noch, diesen Werth durch die rechtwinkligen Koordinaten von (p) und (a) auszudrücken. Zu diesem Zwecke seien x, y, z die Koordinaten oder die Projektionen von (p) und u, v, w die von (a) in Beziehung auf die absoluten Grundaxen OX, OY, OZ, ferner seien X, Y, Z die Projektionen der dreieckigen Fläche POA' und U, V, W die der dreieckigen Fläche $B'OA'$ auf die Grundebenen XY, XZ, YZ oder auch die Projektionen der normalen Linie $A'P = p\sin\eta = q$ und der normalen Linie $A'B' = p\sin\eta\cos\vartheta = b$ auf die Grundaxen OX, OY, OZ. Alsdann hat man

$$\begin{aligned}(p) &= x + yi + zii_1 \\ &= p\cos\varphi + p\sin\varphi\cos\psi\,.\,i + p\sin\varphi\sin\psi\,.\,ii_1 \\ (a) &= u + vi + wii_1 \\ &= a\cos\alpha + a\sin\alpha\cos\beta\,.\,i + a\sin\alpha\sin\beta\,.\,ii_1\end{aligned}$$

mithin

$$\begin{aligned} pa e^{\eta i} &= p\,a\cos\eta + p\,a\sin\eta\,.\,i \\ &= p\,a(\cos\mu'\cos\nu' + \cos\mu''\cos\nu'' + \cos\mu'''\cos\nu''') + p\,a\sin\eta\,.\,i \\ &= (xu + yv + zw) + \sqrt{1 - (xu + yv + zw)^2}\,.\,i \end{aligned}$$

Bezeichnet Φ und Ψ die Deklination und Inklination der normalen Linie $A'P$, ferner A und B die Deklination und Inklination der normalen Linie $A'B'$ gegen die absoluten Grundaxen; so hat man, da ϑ der Neigungswinkel zwischen $A'P$ und $A'B'$ ist, wenn q und b die Längen dieser Linien bezeichnen,

$$\begin{aligned} e^{\vartheta i} &= \cos\vartheta + \sin\vartheta\,.\,i \\ &= (\cos\varrho'\cos\sigma' + \cos\varrho''\cos\sigma'' + \cos\varrho'''\cos\sigma''') + \sin\vartheta . i \\ &\quad \frac{1}{qb}(\cos\Phi\cos A + \sin\Phi\cos\Psi\sin A\cos B + \sin\Phi\sin\Psi\sin A\sin B) + \frac{\sin\vartheta\, i}{qb} \\ &= \left(\frac{XU+YV+ZW}{qb}\right) + \sqrt{1 - \left(\frac{XY+YV+ZW}{qb}\right)^2}\,.\,i \end{aligned}$$

und schliesslich

$$\begin{aligned} p\,a\,e^{\eta i}e^{\vartheta i_1} &= p\,a\cos\eta + p\,a\sin\eta\cos\vartheta\,.\,i + p\,a\sin\eta\sin\vartheta\,.\,i\,i_1 \\ &= (xu+yv+zw) + \sqrt{1-(xu+yv+zw)^2}\,\frac{XU+YV+ZW}{qb}\,.\,i \\ &\quad + \sqrt{1-(xu+yv+zw)^2}\sqrt{1 - \left(\frac{XU+YV+ZW}{qb}\right)^2}\,.\,i\,i_1 \end{aligned}$$

Da der Winkel $PA'B' = \vartheta$ nicht von der Länge q und b der Linien $A'P$ und $A'B'$ abhängt; so kann man in der vorstehenden Formel $q = b = 1$ setzen, wenn man dann unter X, Y, Z und U, V, W die Projektionen der in den Richtungen von $A'P$ und $A'B'$ liegenden L ä n g e n e i n h e i t e n versteht. Hierfür ist dann einfach

$$\begin{aligned} p\,a\,e^{\eta i}e^{\vartheta i_1} &= (xu+yv+zw) + \sqrt{1-(xu+yv+zw)^2}(XU+YV+ZW)\,.\,i \\ &\quad + \sqrt{1-(xu+yv+zw)^2}\sqrt{1-(XU+YV+ZW)^2}\,.\,i\,i_1 \end{aligned}$$

Selbstverständlich kann auch, wenn es sich lediglich um den Richtungskoeffizienten $e^{\eta i}e^{\vartheta i_1}$ handelt, $p = a = 1$ genommen werden, wenn unter x, y, z und u, v, w die Projektionen der in den Richtungen OP und OA liegenden L ä n g e n e i n h e i t e n verstanden werden.

Will man die Projektionen X, Y, Z, U, V, W der normalen Linien ganz ausschliessen und in die Formel lediglich die Projektionen x, y, z von (p), sowie den Winkel η und die Neigungswinkel ν', ν'', ν''' von (a) aufnehmen; so findet sich leicht

$$\cos\eta = \frac{1}{p}(x\cos\nu' + y\cos\nu'' + z\cos\nu''')$$

$$\begin{aligned} \cos\vartheta = \frac{1}{p\sin\eta\sin\nu'}\{ &-(x - p\cos\eta\cos\nu')\sin^2\nu' + (y - p\cos\eta\cos\nu'')\cos\nu'\cos\nu'' \\ &+ (z - p\cos\eta\cos\nu''')\cos\nu'\cos\nu'''\} \end{aligned}$$

oder, da $sin^2\nu' - cos^2\nu'' - cos^2\nu''' = 1 - cos^2\nu' - cos^2\nu'' - cos^2\nu''' = 1 - 1 = 0$ ist,

$$cos\,\vartheta = \frac{1}{p\,sin\,\eta\,sin\,\nu'}(-x\,sin^2\nu' + y\,cos\,\nu'\,cos\,\nu'' + z\,cos\,\nu'\,cos\,\nu''')$$

Ausgedrückt durch die Winkel η, μ', ν', wird diese Formel

$$cos\,\vartheta = \frac{-cos\,\mu' + cos\,\nu'\,cos\,\eta}{sin\,\eta\,sin\,\nu'}$$

Werden nun in einem zusammenlaufenden Systeme von Linien (p), (p_1), (p_2) ..., für welches die Summengleichung

$$(p_1) + (p_2) + \ldots = -(p)$$

gilt, alle Glieder auf das relative Grundsystem bezogen, in welchem eine gegebene Linie (a) oder die Axe OA die primäre Grundaxe bildet, während die Grundebene AB durch OA und die absolute Grundaxe OX geht; so ergiebt sich die neue Gleichung, welche ich die Verhältnissgleichung nenne, aus der Substitution der Werthe $p_1 e^{\eta_1 i} e^{\vartheta_1 i_1}$ für p_1, sowie $p_2 e^{\eta_2 i} e^{\vartheta_2 i_1}$ für p_2 u. s. w. Diese Gleichung, welche nach gemeinsamer Multiplikation aller Glieder mit dem reellen Faktor a

$$p_1 a\, e^{\eta_1 i} e^{\vartheta_1 i_1} + p_2 a\, e^{\eta_2 i} e^{\vartheta_2 i_1} + \ldots = -p\,a\, e^{\eta i} e^{\vartheta i_1}$$

ergiebt, soll kurz so symbolisirt werden:

$$[p_1 a] + [p_2 a] + \ldots = -[p\,a]$$

Das rechts stehende Glied dieser Gleichung stellt die algebraische Summe von (p_1), (p_2) ... als Resultante aller dieser Grössen in ihrer Beziehung zu dem relativen Grundsysteme OA, OB, OC dar. Zum Nachweise ihrer Richtigkeit genügt die Hinweisung auf die Thatsache, dass η_1 die Deklination und ϑ_1 die Inklination der Linie (p_1) gegen das relative Grundsystem, ebenso η_2 und ϑ_2 die Deklination und Inklination von (p_2) gegen dasselbe System, überhaupt in jedem links stehenden Gliede η_n und ϑ_n die Deklination und Inklination von (p_n) gegen dasselbe System darstellt. Hieraus folgt unmittelbar nach den im „Situationskalkul" entwickelten und weiter oben mehrfach angewandten Prinzipien, dass die Summe aller links stehenden Glieder durch den rechts stehenden Ausdruck, worin, η, ϑ die Deklination und Inklination der Grösse (p), als Summe der Grössen (p_1), (p_2), ... (p_n) bedeutet, richtig dargestellt ist.

Wenn die Werthe der Längen p_1, p_2, ... p_n und der Winkel η_1, η_2, ... η_n und ϑ_1, ϑ_2, ... ϑ_n als gegebene Grössen angesehen werden, sind die Werthe von p, η, ϑ gesuchte Grössen, welche durch die vorstehende Verhältnissgleichung bestimmt werden, indem dieselbe links und rechts in ihren primären, sekundären und tertiären Theil zerlegt wird. Ob man aber bei dieser und bei anderen Operationen mit jener Gleichung die Winkel η_1, η_2 ... und ϑ_1, ϑ_2 ... durch Beziehungen, in denen dieselben zu irgend welchen anderen gegebenen Grössen, Richtungen, Axen stehen, bestimmt, ob man sie also durch die Neigungswinkel der Linien (p_1), (p_2), ... (p_n) und (a) gegen das absolute

Grundsystem oder gegen das relative Grundsystem oder gegen ein beliebiges anderes System bestimmt und die hieraus sich ergebenden Werthe in die Verhältnissgleichung substituirt, ist für die Sache ganz gleichgültig und ändert Nichts an dem Bestande dieser Gleichung.

Wenn alle Linien (p_1), (p_2), ... (p_n) in einer Ebene liegen, mithin auch die Resultante (p) in dieser Ebene liegt, werden die relativen Inklinationen ϑ_1, ϑ_2, ... ϑ_n, ϑ sämmtlich einander gleich. Obgleich hierdurch alle Glieder der Verhältnissgleichung denselben Faktor $e^{\vartheta_1 i_1} = e^{\vartheta_2 i_1} = \ldots = e^{\vartheta_n i_1} = e^{\vartheta i_1}$ erhalten; so würde die Division aller Glieder durch diesen Faktor doch nach Nr. 32 ein irrthümliches, die Gleichheit vernichtendes Verfahren sein: die Gleichung muss daher in unveränderter vollständiger Form beibehalten werden, wenn man die gegebenen Grössen auf ein beliebiges Grundsystem beziehen will. Nur wenn man ein solches Grundsystem OX, OY, OZ annimmt, dessen primäre Grundaxe OX in der Ebene der gegebenen Figur liegt, für welches also alle Winkel $\vartheta_1 = \vartheta_2 = \ldots = \vartheta_n = \vartheta =$ null werden und mithin ihr Kosinus $= 1$ und ihr Sinus $= 0$ oder $e^{\vartheta_1 i_1} = e^{\vartheta_2 i_1} = \ldots$ $e^{0 i_1} = e^0 = 1$, der fragliche Faktor also reell wird, kann derselbe gestrichen werden. Für die einem solchen Grundsysteme entsprechenden Werthe von η_1, η_2, ... η_n, η wird dann die Verhältnissgleichung

$$p_1 a e^{\eta_1 i} + p_2 a e^{\eta_2 i} + \ldots = -p a e^{\eta i}$$

welche mit der für diesen Fall schon vorher aufgestellten Gleichung übereinstimmt, indem $\eta_1 = \varphi_1 - \alpha$, $\eta_2 = \varphi_2 - \alpha$ u. s. w. ist.

Ich stelle jetzt den wichtigen Satz auf, dass, wenn in einer Grösse von der Form $p e^{\eta i} e^{\vartheta i_1}$, worin p der absolute Werth der gerichteten Linie (p) ist, diese letztere Linie in ihre drei rechtwinkligen Koordinaten für die absoluten Grundaxen OX, OY, OZ p_1, $p_2 i$, $p_3 i i_1$ zerlegt und jede dieser Koordinaten auf die Linie (a) und die durch (a) und OX gehende Ebene bezogen wird, die Summe der hierdurch entstehenden drei Verhältnissgrössen

$$p_1 e^{\eta_1 i} e^{\vartheta_1 i_1} + p_2 e^{\eta_2 i} e^{\vartheta_2 i_1} + p_3 e^{\eta_3 i} e^{\vartheta_3 i_1} = p e^{\eta i} e^{\vartheta i_1}$$

ist, worin die Resultante p in der Richtung von O gegen den Endpunkt P genommen ist und die Winkel η, ϑ den Winkeln dieser Resultante entsprechen. Um diesen Satz zu beweisen, seien die Neigungswinkel der Ordinate p_1 gegen die Grundaxen mit μ_1', μ_1'', μ_1''' und ihre Koordinaten mit x_1, y_1, z_1, ebenso die Winkel für p_2 mit $\mu_2', \mu_2'', \mu_2'''$ und die Koordinaten mit x_2, y_2, z_2, endlich die Winkel für p_3 mit μ_3', μ_3'', μ_3''' und die Koordinaten mit x_3, y_3, z_3 bezeichnet, während die Winkel für die Resultante p mit μ', μ'', μ''', ihre Koordinaten mit x, y, z und die Winkel der Linie (a) mit ν', ν'', ν''' bezeichnet sind. Alsdann hat man

$$p_1 = p \cos \mu' \qquad x_1 = p_1 = p \cos \mu' \qquad y_1 = 0 \qquad z_1 = 0$$

$$\mu_1' = 0 \qquad \mu_1'' = \frac{\pi}{2} \qquad \mu_1''' = \frac{\pi}{2}$$

$$\cos \mu_1 = 1 \qquad \cos \mu_1 = 0 \qquad \cos \mu_1 = 0$$

$$p_2 = p\cos\mu'' \quad x_2 = 0 \qquad y_2 = p_2 = p\cos\mu'' \quad z_2 = 0$$

$$\mu_2' = \frac{\pi}{2} \qquad \mu_2'' = 0 \qquad \mu_2''' = \frac{\pi}{2}$$

$$\cos\mu_2' = 0 \qquad \cos\mu_2'' = 1 \qquad \cos\mu_2''' = 0$$

$$p_3 = p\cos\mu''' \quad x_3 = 0 \qquad y_3 = 0 \qquad z_3 = p_3 = p\cos\mu'''$$

$$\mu_3' = \frac{\pi}{2} \qquad \mu_3'' = \frac{\pi}{2} \qquad \mu_3''' = 0$$

$$\cos\mu_3' = 0 \qquad \cos\mu_3'' = 0 \qquad \cos\mu_3''' = 1$$

Ferner ist nach den obigen Formeln für $\cos\eta$ und $\cos\vartheta$

$$\cos\eta_1 = \frac{1}{p\cos\mu'}(p\cos\mu'\cos\nu') = \cos\nu' \qquad \text{also } \eta_1 = \nu'$$

$$\cos\eta_2 = \frac{1}{p\cos\mu''}(p\cos\mu''\cos\nu'') = \cos\nu'' \qquad \text{also } \eta_2 = \nu''$$

$$\cos\eta_3 = \frac{1}{p\cos\mu'''}(p\cos\mu'''\cos\nu''') = \cos\nu''' \qquad \text{also } \eta_3 = \nu'''$$

$$\cos\vartheta_1 = \frac{-p\cos\mu'\sin^2\nu'}{p_1\sin\eta_1\sin\nu'} = -\frac{p\cos\mu'\sin^2\nu'}{p\cos\mu'\sin\nu'\sin\nu'} = -1$$

$$\text{also } \sin\vartheta_1 = 0$$

$$\cos\vartheta_2 = \frac{p\cos\mu'\cos\nu'\cos\nu''}{p_2\sin\eta_2\sin\nu'} = \frac{p\cos\mu''\cos\nu'\cos\nu''}{p\cos\mu''\sin\nu''\sin\nu'} = \frac{\cos\nu'\cos\nu''}{\sin\nu'\sin\nu''}$$

$$\cos\vartheta_3 = \frac{p\cos\mu'''\cos\nu'\cos\nu'''}{p_3\sin\eta_3\sin\nu'} = \frac{p\cos\mu'''\cos\nu'\cos\nu'''}{p\cos\mu'''\sin\nu'''\sin\nu'} = \frac{\cos\nu'\cos\nu'''}{\sin\nu'\sin\nu'''}$$

Die Summe der drei Glieder auf der linken Seite der zu beweisenden Gleichung ist

$$\begin{aligned} & p\cos\mu'\cos\eta_1 + p\cos\mu'\sin\eta_1\cos\vartheta_1 . i + p\cos\mu'\sin\eta_1\sin\vartheta_1 . i i_1 \\ + & p\cos\mu''\cos\eta_2 + p\cos\mu''\sin\eta_2\cos\vartheta_2 . i + p\cos\mu''\sin\eta_2\sin\vartheta_2 . i i_1 \\ + & p\cos\mu'''\cos\eta_3 + p\cos\mu'''\sin\eta_3\cos\vartheta_3 . i + p\cos\mu'''\sin\eta_3\sin\vartheta_3 . i i_1 \end{aligned}$$

Werden die primären, die sekundären und die tertiären Glieder zusammengefasst; so zerfällt die Gleichung, nachdem auch die rechte Seite zerlegt ist, in die drei Gleichungen

$$\cos\mu'\cos\eta_1 + \cos\mu''\cos\eta_2 + \cos\mu'''\cos\eta_3 = \cos\eta$$

$$\cos\mu'\sin\eta_1\cos\vartheta_1 + \cos\mu''\sin\eta_2\cos\vartheta_2 + \cos\mu'''\sin\eta_3\cos\vartheta_3 = \sin\eta\cos\vartheta$$

$$\cos\mu'\sin\eta_1\sin\vartheta_1 + \cos\mu''\sin\eta_2\sin\vartheta_2 + \cos\mu'''\sin\eta_3\sin\vartheta_3 = \sin\eta\sin\vartheta$$

Die Richtigkeit jeder einzelnen dieser drei Gleichungen muss nachgewiesen werden. Diess geschieht durch Substitution der vorstehend für η_1, η_2, η_3, ϑ_1, ϑ_2, ϑ_3 gefundenen Werthe. Hierdurch verwandelt sich die erste Gleichung sofort in die Gleichung

$$\cos\mu'\cos\nu' + \cos\mu''\cos\nu'' + \cos\mu'''\cos\nu''' = \cos\eta$$

deren Richtigkeit feststeht. Die zweite Gleichung führt auf der linken Seite den Ausdruck

$$\frac{1}{\sin\nu'}(-\cos\mu'\sin^2\nu'+\cos\mu''\cos\nu'\cos\nu''+\cos\mu'''\cos\nu'\cos\nu''')$$

und wenn man $\sin^2\nu' = 1 - \cos^2\nu'$ setzt, den Ausdruck

$$\frac{1}{\sin\nu'}(-\cos\mu'+\cos\nu'\cos\eta)$$

herbei, welcher der rechten Seite $\sin\eta\cos\vartheta$ vollkommen gleich ist. Die Verifikation der dritten Gleichung ist umständlich. Die linke Seite, in welcher wegen $\sin\vartheta_1 = 0$ das erste Glied verschwindet, führt, wenn man darin $\sin\vartheta_2 = \sqrt{1-\cos^2\vartheta_2}$ und $\sin\vartheta_3 = \sqrt{1-\cos^2\vartheta_3}$ setzt, zu dem Ausdrucke

$$\frac{1}{\sin\nu'}\Big\{\cos\mu''\sqrt{\sin^2\nu'\sin^2\nu''-\cos^2\nu'\cos^2\nu''}$$
$$+\cos\mu'''\sqrt{\sin^2\nu'\sin^2\nu'''-\cos^2\nu'\cos^2\nu'''}\Big\}$$

Die rechte Seite liefert den Ausdruck

$$\frac{1}{\sin\nu'}\sqrt{\sin^2\eta\sin^2\nu'-(\cos\mu'+\cos\nu'\cos\eta)^2}$$

Quadrirt man diese beiden Ausdrücke und beachtet, dass

$$\sqrt{(\sin^2\nu'\sin^2\nu''-\cos^2\nu'\cos^2\nu'')(\sin^2\nu'\sin^2\nu'''-\cos^2\nu'\cos^2\nu''')}$$
$$=\sqrt{(1-\cos^2\nu'-\cos^2\nu'')(1-\cos^2\nu'-\cos^2\nu''')}$$
$$=\sqrt{\cos^2\nu'''\,.\,\cos^2\nu''} = \mp\cos\nu'''\cos\nu''$$

ist; so ergiebt sich, wenn diese Wurzelgrösse mit negativem Zeichen genommen wird, die Identität der beiden Seiten. (Die eben erwähnte Wurzelgrösse negativ zu nehmen, ist unbedenklich: denn wenn der Werth $-\cos\nu'''\cos\nu''$ die Gleichheit der letzteren Ausdrücke herstellt, so bedingt auch $\sqrt{(-\cos\nu''')^2(\cos\nu'')^2} = \sqrt{\cos^2\nu'''\cos^2\nu''}$ die Gleichheit der beiden Seiten der gegebenen Gleichung).

Nachdem hierdurch die Richtigkeit der in Rede stehenden Gleichung dargethan ist, kann man jedes Glied der Verhältnissgleichung für sich auf seine drei Koordinaten beziehen. Setzt man dann

$$[p_1 a] = F(x_1, y_1, z_1) + G(x_1, y_1, z_1)\,.\,i + H(x_1, y_1, z_1)\,.\,i\,i_1$$
$$[p_2 a] = F(x_2, y_2, z_2) + G(x_2, y_2, z_2)\,.\,i + H(x_2, y_2, z_2)\,.\,i\,i_1$$
$$\cdots\cdots\cdots\cdots\cdots\cdots$$
$$[p\,a] = F(x, y, z) + G(x, y, z)\,.\,i + H(x, y, z)\,.\,i\,i_1$$

so erhält die Verhältnissgleichung die Form

$$\Sigma F(x_1, y_1, z_1) + i\Sigma G(x_1, y_1, z_1) + i\,i_1\Sigma H(x_1, y_1, z_1)$$
$$= -\{F(x, y, z) + iG(x, y, z) + i\,i_1 H(x, y, z)\}$$

und dieselbe zerfällt in die drei Gleichungen

$$\Sigma F(x_1, y_1, z_1) = -F(x, y, z)$$
$$\Sigma G(x_1, y_1, z_1) = -G(x, y, z)$$
$$\Sigma H(x_1, y_1, z_1) = -H(x, y, z)$$

Nimmt man in der Verhältnissgleichung für die Linie $(a) = a e^{\alpha i} e^{\beta i_1}$ die in der Grundaxe OX liegende Längeneinheit $1 e^{0 i} e^{0 i_1}$, sodass also $\nu' = 0$, $\nu'' = \frac{\pi}{2}$, $\nu''' = \frac{\pi}{2}$ ist; so reduzirt sich diese Gleichung, wie leicht zu übersehen ist, auf die Summengleichung $(p_1) + (p_2) + \ldots = -(p)$. Daraus geht hervor, dass die Summengleichung ein spezieller Fall der Verhältnissgleichung ist oder dass die Verhältnissgleichung ein allgemeineres Gesetz darstellt, als die Summengleichung, indem sie die letztere Gleichung als einen speziellen Fall involvirt.

In dieser Verhältnissgleichung sind alle Grössen (p_1), (p_2) ... und $-(p)$ auf einunddieselbe relative Grundlinie (a) bezogen. Bezieht man diese Grössen auf verschiedene relative Grundlinien, also (p_1) auf (a_1), (p_2) auf (a_2) u. s. w. und $-(p)$ auf (a); so stellt in der Gleichung

$$[p_1 a_1] + [p_2 a_2] + \ldots = -[p a]$$

oder

$$p_1 a_1 e^{\eta_1 i} e^{\vartheta_1 i_1} + p_2 a_2 e^{\eta_2 i} e^{\vartheta_2 i_1} + \ldots = -p a e^{\eta i} e^{\vartheta i_1}$$

die rechte Seite die Resultante der links stehenden Reihe dar. Zerlegt man daher jedes Glied links und rechts in seinen primären, sekundären und tertiären Theil; so erhält man drei Gleichungen, aus welchen das Produkt $p a = q$, sowie die Winkel η und ϑ durch die links stehenden Grössen bestimmt werden können. Durch das Produkt q sind übrigens nicht die beiden Faktoren p und a bestimmt: vielmehr bleibt einer von beiden willkürlich. Nimmt man einmal für p denjenigen Werth, welcher der Summengleichung $-(p) = (p_1) + (p_2) + \ldots$ entspricht; so ist $a = \frac{-q}{-p} = \frac{q}{p}$. In der letzteren Form, welche man auch $[p_1 a_1] + [p_2 a_2] + [p_3 a_3] + \ldots = 0$ schreiben kann, stellt die Verhältnissgleichung das verallgemeinerte Bildungsgesetz einer geschlossenen Figur dar, deren Glieder nach dem vorstehend erläuterten Verfahren durch die Koordinaten der Grössen p und a in einem beliebigen absoluten Grundsysteme ausgedrückt werden können.

Die vorstehend für Liniengrössen aufgestellten Formeln gelten auch für Flächen und Körper, wenn deren Quantitäten, Örter, Richtungen und Formen nach richtigen Prinzipien dargestellt werden. Wie die Quantität einer Linie, ihre Länge, die Summe von Punkten oder Längenelementen ist und durch ein einfaches Integral dieser Elemente dargestellt wird, so ist die Quantität einer Fläche, ihr Inhalt, die Summe von Linien, welche in aufsteigenden parallelen Ebenen liegen, eine Summe, welche durch ein einfaches Integral von Liniengrössen oder durch ein zweifaches Integral von Punktgrössen dargestellt wird: die Quantität eines Körpers, sein Rauminhalt, ist die Summe von Flächen, welche in aufsteigenden parallelen Ebenen liegen, eine Summe, welche durch ein einfaches Integral von Flächengrössen oder durch ein zweifaches Integral von Liniengrössen oder durch ein dreifaches Integral von Punktgrössen dargestellt wird. Hinsichtlich der Richtungen von Flächen und Körpern, ihrer Deklination und Inklination, beziehe ich mich auf Das, was ich darüber im „Situationskalkul" §. 49 ff. vorgetragen und theilweise hier in Nr. 57 reproduzirt habe. Hinsichtlich der Punkte ist zu erwähnen, dass dieselben, wenn sie als absolute Grundelemente von Raumgrössen gedacht werden, weder Quantität, noch Ort, noch Richtung, noch Form haben, dass ihnen jedoch, wenn sie als Grössen von unendlich kleinem Inhalte aufgefasst werden, in zusammenhängenden Figuren Quantität, unendlich geringer Ortsabstand, Richtung und Form zugeschrieben werden kann. In getrennten Figuren (z. B. als die drei Eckpunkte eines Dreieckes) erscheinen die Punkte als End- oder Grenzpunkte von Linien, ebenso wie in getrennten Linien die Linien als Grenzlinien von Flächen und wie in getrennten Flächen die Flächen als Grenzflächen von Körpern erscheinen. In allen Fällen kommen daher in der Theorie der Grössen von bestimmter Dimensität nicht nur ihre Beziehungen zu gleichartigen Grössen, sondern auch ihre Beziehungen zu allen ungleichartigen, höher und niedriger dimensionirten Grössen in Betracht, wie ich es im dritten, vierten und fünften Abschnitte des „Situationskalkuls" zu zeigen versucht habe.

Die vorstehenden Formeln für Linien mit den eben erwähnten Ergänzungen für Flächen und Körper beschränken sich auf das dreidimensionale Raumgebiet. Die allgemeine Mathematik kennt jedoch keine Beschränkung der Dimensionen: die Formeln für höhere Gebiete können nach ähnlichen Prinzipien wie die für den dreidimensionalen Raum abgeleitet werden, indem für das n-dimensionale Gebiet der Richtungskoeffizient $e^{\alpha_1 i} e^{\alpha_2 i_1} e^{\alpha_3 i_2} \dots e^{\alpha_n i_{n-1}}$ in n neutrale Theile zerfällt, welche die Faktoren $1, i, i i_1, i i_1 i_2, \dots (i i_1 i_2 \dots i_{n-1})$ tragen (s. Nr. 57). So erhält man z. B. für das vierdimensionale Gebiet

$$p e^{\varphi i} e^{\psi i_1} e^{\chi i_2}$$

$$= p \cos\varphi + p \sin\varphi \cos\psi . i + p \sin\varphi \sin\psi \cos\chi . i i_1 + p \sin\varphi \sin\psi \sin\chi . i i_1 i_2$$

also eine Zerfällung in vier neutrale Glieder, wodurch die Werthe p, φ, ψ, χ für die Resultante einer gegebenen Summe ähnlicher Grössen bestimmt werden können.

102. **Für das Zeitgebiet.** Betreten wir nunmehr das Zeitgebiet; so gilt die zuerst aufgestellte Grundformel auch für dieses Gebiet. Wenn $+at$ einen primären zukünftigen Zeitabschnitt in der chronologischen Grundreihe bezeichnet, stellt $-at = bt$ einen vergangenen dar, und die Formel $at + bt = ot$ sagt, dass eine plötzliche zukünftige und vergangene Zeitfolge von gleicher Dauer in die Gegenwart ot zurückführt. ati ist ein mitzeitiger (gleichzeitiger) oder sekundärer Zeitabschnitt in der chronologischen Grundebene oder Grundgemeinschaft, $atii_1$ ein tertiärer Zeitabschnitt im chronologischen Raume oder Gesammtheitsbereiche, und man hat, wenn (at) einen beliebigen primären, sekundären oder tertiären Zeitabschnitt bezeichnet, für jede von der Gegenwart ausgehende und dahin zurückkehrende Zeitfolge $(a_1 t) + (a_2 t) + (a_3 t) + \dots = 0$.

In Erwägung, dass ein Zeitabschnitt at in der wirklichen Zeit nicht plötzlich, sondern sukzessiv durchlaufen wird, muss in dem aus Raum und Zeit zusammengesetzten Gebiete eine Ereignissreihe, in Folge deren ein Punkt A (Figur 58) sich nach B, darauf vom Orte B nach C und sodann vom Orte C nach dem Ausgangsorte A bewegt, indem dann für irgend eine chronologische Grundaxe OX die Grössen $(a_1 t)$, $(a_2 t)$, $(a_3 t)$ die Werthe (AB), (BC), (CD) bedeuten und $(OA) = (at)$ ist, durch die Formel „(at)„ $+ (a_1 t) + (a_2 t) + (a_3 t) = (at)$ dargestellt werden. Liegt OA in der Grundaxe; so bezeichnet $OA = at$ einen reellen Zeitabschnitt und man hat „at„ $+ (a_1 t) + (a_2 t) + (a_3 t) = at$.

Substituirt man für $(a_1 t)$, $(a_2 t)$ ... Geschwindigkeitswerthe $(a_1 v_1)$, $(a_2 v_2)$ ...; so ist $(a_1 v_1) + (a_2 v_2) + \ldots = 0$ und, wenn man annimmt, diese Geschwindigkeitsreihe werde durch den allmählichen Fortschritt des Anfangspunktes erzeugt und jeder soeben erzeugte Theil der Fortschrittsfigur rücke in der reellen Zeit in einer bestimmten für alle gleichen Richtung des Raumes sukzessiv um ein Zeitelement ∂t, also in einer endlichen Zeit um die reelle Zeitgrösse vor; so rückt in dieser Zeit die ganze Figur um die Zeit vor, und das Resultat ist durch $t + (a_1 v_1) + (a_2 v_2) + \ldots$ dargestellt. Erfolgt der zeitliche Fortschritt in der imaginären Zeit ti, d. h. plötzlich oder gleichzeitig in einer auf der gedachten Richtung im Raume normal stehenden Richtung; so tritt ti an die Stelle von t, und erfolgt der Fortschritt in der komplexen Zeit $t + t_1 i$, also reell in der Zeit t und plötzlich oder gleichzeitig in der Zeit t_1 in normaler Richtung; so hat man

$$t + t_1 i + (a_1 v_1) + (a_2 v_2) + \ldots = t + t_1 i$$

103. **Für das mechanische Gebiet.** Indem wir zum mechanischen Grundgebiete, nämlich zum Gebiete von Raum, Zeit und Materie übergehen, liefern die für die räumlichen Fortschrittsprozesse gültigen Formeln die Analogien für die mechanischen Kompositionsprozesse. Das Grundgesetz $(a) + (a_1) + (a_2) + \ldots = 0$ sagt also, dass eine Komposition aus Massen, oder Geschwindigkeiten, oder Bewegungsgrössen, oder bewegenden Kräften, oder Arbeitsgrössen, oder lebendigen Kräften, welche von einem Nullwerthe zu demselben Nullwerthe zurückkehrt, den Nullwerth hat und dass für solche, ein Gleichgewichts- oder Beharrungssystem bildenden Komponenten (a_1), (a_2) ... die Resultante $(a_1) + (a_2) + \ldots = -(a) = b$ einen bestimmten, unveränderlichen Werth hat. Handelt es sich z. B. um drei in einer Ebene wirkende Kräfte, welche ein Gleichgewicht bilden; so hat man $pe^{\varphi i} + p_1 e^{\varphi_1 i_1} + p_2 e^{\varphi_2 i} = 0$ oder $p_1 e^{\varphi_1 i} + p_2 e^{\varphi_2 i} = -pe^{\varphi i}$, also

$$p_1 \cos\varphi_1 + p_2 \cos\varphi_2 = -p \cos\varphi$$
$$p_1 \sin\varphi_1 + p_2 \sin\varphi_2 = -p \sin\varphi$$

Diess sind die bekannten Grundformeln für die Komponenten, woraus sich dann die Formeln für das Parallelogramm der Kräfte, nämlich

$$p = \sqrt{p_1^2 + p_2^2 + 2\,p_1 p_2 \cos(\varphi_1 - \varphi_2)}$$

$$\operatorname{tang} \varphi = \frac{p_1 \sin \varphi_1 + p_2 \sin \varphi_2}{p_1 \cos \varphi_1 + p_2 \cos \varphi_2}$$

ergeben. Für beliebig viele im Raume wirkende Gleichgewichtskräfte oder für das Polygon der Kräfte ergeben sich die Formeln aus der Gleichung

$$p\, e^{\varphi i}\, e^{\psi i_1} + p_1 e^{\varphi_1 i}\, e^{\psi_1 i_1} + \ldots + p_n e^{\varphi_n i}\, e^{\psi_n i_1} = 0$$

welche, indem sie in die drei Gleichungen

$$p \cos \varphi + p_1 \cos \varphi_1 + \ldots + p_n \cos \varphi_n = 0$$

$$p \sin \varphi \cos \psi + p_1 \sin \varphi_1 \cos \psi_1 + \ldots + p_n \sin \varphi_n \cos \psi_n = 0$$

$$p \sin \varphi \sin \psi + p_1 \sin \varphi_1 \sin \psi_1 + \ldots + p_n \sin \varphi_n \sin \psi_n = 0$$

zerfällt, lehrt, dass die Summe der zu jeder von drei rechtwinkligen Axen parallel liegenden Komponenten aller Kräfte gleich null ist, oder dass, wenn man den negativen Werth $-(p)$ einer der gegebenen Kräfte als die Resultante der übrigen ansieht, jede dieser drei Summen der betreffenden Komponente von $-(p)$ gleich ist. Hinsichtlich der Richtung der Kräfte wiederhole ich hier, dass in der auf derselben Seite einer Gleichung stehenden Reihe positiver Kräfte wie $(p) + (p_1) + (p_2) + \ldots$ die Kräfte so zu verstehen sind, wie wenn der Anfangspunkt der nächstfolgenden Kraft in dem Endpunkte der vorhergehenden Kraft läge, wogegen eine negative Kraft, also auch eine auf die andere Seite der Gleichung transponirte Kraft wie $-(p)$ die entgegengesetzte Richtung annimmt.

Das Produkt einer Kraft, welche die Stärke p und im Raume die Richtung $e^{\alpha i}\, e^{\beta i_1}$ hat, mit dem von ihrem Angriffspunkte in der Richtung dieser Kraft, also in der Richtung $e^{\alpha i}\, e^{\beta i_1}$ beschriebenen Weg von der Länge a ist die in der Richtung $e^{\alpha i}\, e^{\beta i_1}$ verrichtete reelle Arbeit $p\,a$, also eine nach Stärke und Richtung durch die Formel $p\,a\,e^{\alpha i}\, e^{\beta i_1}$ dargestellte Wirkungsgrösse. Reell nenne ich nun eine Kraft, welche in der Richtung ihres Weges wirkt, imaginär eine solche, welche in irgend einer auf ihrem Wege rechtwinklig stehenden, in einer gewissen durch die Richtung des Weges gehenden Ebene wirkt, überimaginär eine solche, welche rechtwinklig zu dieser Ebene wirkt. Da das Koordinatensystem, auf welches man räumliche Richtungen bezieht, willkürlich ist; so lässt sich durch Veränderung der Axen eines rechtwinkligen Koordinatensystems eine imaginäre und eine überimaginäre Richtung in eine reelle (primäre) und überhaupt jede Richtung in eine andere verwandeln, d. h. der relative Werth einer Richtung oder ihre Beziehung zu dem Koordinatensysteme ist von diesem Systeme abhängig, also veränderlich, während der absolute Werth einer gegebenen Richtung unveränderlich ist. Eine reelle Kraft, d. h. eine in der Bewegungsrichtung wirkende Kraft, bleibt aber immer eine reelle Kraft, wie auch das Koordinatensystem variiren möge: denn damit variirt die Richtung der Kraft und des Weges in derselben Weise zugleich. Ebenso bleibt eine imaginäre, rechtwinklig gegen die Bewegungsrichtung wirkende Kraft stets eine imaginäre, und es bleibt eine reelle und eine imaginäre Wirkung stets eine solche, welches Koordinatensystem auch angenommen werden möge: durch Änderung der Koordinatenaxen wird nur die Richtung einer Kraft und einer Wirkung, nicht ihr Wesen verändert.

Das Wesen einer Kraft ist hiernach nicht durch den absoluten Werth einer in bestimmter Richtung gegebenen Grösse $p e^{\varphi i} e^{\psi i_1}$, welcher das Verhältniss dieser Kraft zu einer in der Grundaxe des Koordinatensystems liegenden Einheit darstellt, sondern durch den relativen Werth bestimmt, welchen diese Kraft zu der in der Bewegungsrichtung $a e^{\alpha i} e^{\beta i_1}$ liegenden Einheit besitzt, also durch den Werth von $p e^{\eta i} e^{\vartheta i_1}$, welchen ich für das Raumgebiet erläutert und entwickelt habe. Hiernach erscheint $p e^{\eta i} e^{\vartheta i_1}$ als die Wirkung, welche die in der Richtung $e^{\varphi i} e^{\psi i_1}$ liegende Kraft $(p) = p e^{\varphi i} e^{\psi i_1}$ verrichtet, wenn ihr Angriffspunkt in der Richtung $e^{\alpha i} e^{\beta i_1}$ die Längeneinheit durchläuft, und $p a e^{\eta i} e^{\vartheta i_1}$ ist die Wirkung dieser Kraft bei der Durchlaufung der Wegelänge a in der Richtung der Linie $(a) = a e^{\alpha i} e^{\beta i_1}$. Hierdurch nimmt die Verhältnissgleichung für das räumliche Bildungsgesetz im Gebiete der Materie die Bedeutung des mechanischen Grundgesetzes für den Wirkungsprozess an. Die Formel

$$[pa] + [p_1 a] + [p_2 a] + \dots + [p_n a] = 0$$

sagt jetzt, dass die Gesammtwirkung aller in einem Gleichgewichte befindlichen Kräfte, deren Angriffspunkte einunddenselben Weg $a e^{\alpha i} e^{\beta i_1}$ durchlaufen, gleich null sein müsse, und die durch Transposition eines Gliedes entstehende Formel

$$[p_1 a] + [p_2 a] + \dots + [p_n a] = -[pa]$$

sagt, dass $-[pa]$ die Resultante aller übrigen Wirkungen sei oder die Wirkung aller links stehenden Kräfte darstelle. Die verallgemeinerte Formel

$$[pa] + [p_1 a_1] + [p_2 a_2] + \dots = 0$$

sagt aber, dass die Gesammtwirkung aller in einem Gleichgewichte befindlichen Kräfte, deren Angriffspunkte verschiedene (mit dem gegebenen Systeme verträgliche) Wege durchlaufen, gleich null sein müsse, während die Formel

$$[p_1 a_1] + [p_2 a_2] + \dots = -[pa]$$

die Resultante der links stehenden Wirkungen ergiebt.

Wie bei den Raumfiguren erörtert ist, können alle diese Formeln durch die Koordinaten der Grössen p und a in einem beliebigen absoluten Grundsysteme ausgedrückt werden.

Zur Erläuterung dieser Formel dient Folgendes. In jedem einzelnen Gliede wie $[pa] = p a e^{\eta i} e^{\vartheta i_1}$ bedeutet $e^{\varphi i} e^{\psi i_1}$ den Richtungskoeffizienten der Kraft (p), bezogen auf irgend ein festes rechtwinkliges Koordinatensystem OX, OY, OZ, und ferner $e^{\alpha i} e^{\beta i_1}$ den Richtungskoeffizienten des für alle Kräfte (p), (p_1) ... gleichen Weges (a), bezogen auf dasselbe Koordinatensystem. Unter diesem Wege ist jeder mögliche Weg zu verstehen, welchen der Angriffspunkt der Kraft (p) bei irgend einer beliebigen Veränderung oder Bewegung, die nach den gegebenen Bedingungen des Gesammtsystems ohne Aufhebung des Wirkungsgleichgewichtes statthaft ist, zu beschreiben vermag. Die Veränderungen des Systems können und müssen, um das Gleichgewicht vollständig darzustellen, in Ortsveränderungen (Fortschritten) und in Wälzungen um beliebige Axen bestehen. Im Allgemeinen können zur Erhaltung des Gleichgewichtes nur unendlich kleine Veränderungen zugelassen werden, weil nur für diese die verschiedenen Wege (a) als gerade und die wirkenden Kräfte (p) als konstant anzusehen sind. Bei unendlich kleinen Wälzungen um mehrere Axen und Ortsveränderungen ist die Reihenfolge der Veränderungen unwesentlich (was nach Nr. 28 für endliche Veränderungen nicht der Fall ist). Für unendlich kleine Veränderungen ist es auch nicht nothwendig, die Gesammtveränderung mit einem Male zu formuliren: man kann jede einfache Wälzung des Systems um eine der drei Axen und die Fortschrittsänderung für sich in Rechnung stellen. Ein Gleichgewichtssystem ist ein starres, d. h. ein durch starre Bänder zusammengehaltenes oder ein aus mehreren voneinander unabhängigen, also für sich in Betracht kommenden starren Systemen zusammengesetztes System. Die starren Bänder können elastisch sein, in welchem Falle ihre Widerstände, sobald sie bei der Veränderung des Systems wachgerufen werden, als zugehörige Kräfte auftreten. Die in Rede stehende Veränderung oder Bewegung des Systems schliesst jede Beschleunigung aus, sie ist eine sukzessive, in fortgesetztem Gleichgewichtszustande ermöglichte Verrückung der Systembestandtheile. Bei dieser Veränderung des Systems haben die Grössen p, φ, ψ fest gegebene, die Grössen a, $\boldsymbol{\alpha}$, β dagegen variabele, nach den Bedingungen des Systems variabele Werthe. Das Grundgesetz muss für alle möglichen Werthe der a, $\boldsymbol{\alpha}$, β bestehen, es muss also aus der obigen Gleichung der Werth einer Resultante oder eines Gliedes durch die übrigen Glieder fest, d. h. ohne variabele oder willkürliche Grössen a, $\boldsymbol{\alpha}$, β bestimmt werden, es müssen mithin so viel spezielle Fälle in speziellen Gleichungen dargestellt werden, dass sich alle willkürlichen Grössen daraus eliminiren und die Werthe von p, φ, ψ, a, $\boldsymbol{\alpha}$, β eines Gliedes lediglich durch die Werthe der p, φ, ψ, a, $\boldsymbol{\alpha}$, β der übrigen Glieder bestimmen lassen. Wenn auf diese Weise durch irgend welche speziellen Fälle ein Glied wie $p a e^{\eta i} e^{\vartheta i_1}$ fest bestimmt ist, sind alle übrigen möglichen Fälle oder möglichen Bewegungen irrelevant.

Die Parallelverschiebung des ganzen Systems längs einer beliebigen Richtung um eine bestimmte Entfernung, also auch parallel zur Grundaxe OX um die Länge a ist ein für jedes Gleichgewichtssystem möglicher Prozess, welcher sich, da hierfür $\boldsymbol{\alpha} = 0$, $\beta = 0$, also $[p] = (p)$ ist, in der Formel

$$a(p_1) + a(p_2) + \ldots + a(p_n) = 0$$

also, da jede Gleichung durch eine reelle Grösse a dividirt werden darf (Nr. 32), in der Formel

$$(p_1) + (p_2) + \ldots + (p_n) = 0$$

darstellt. Diese Formel ist nichts Anderes als die Formel für das Gleichgewicht der Kräfte. Dieselbe muss für jedes Gleichgewichtssystem erfüllt werden, stellt aber nicht die vollständigen Bedingungen für ein Wirkungsgleichgewicht dar, weil die Bewegung aller Kräfte in parallelen Richtungen nur ein spezieller Fall aller möglichen Bewegungen ist.

Entwickelt man jedes Glied der allgemeinen Grundformel für das Wirkungsgleichgewicht in seinen primären, sekundären und tertiären Bestandtheil und fasst die ersten, die zweiten und die dritten zusammen; so zerfällt die Gleichung in folgende drei

$$a\, p \cos \eta + a_1 p_1 \cos \eta_1 + \ldots + a_n p_n \cos \eta_n = 0$$
$$a\, p \sin \eta \cos \vartheta + a_1 p_1 \sin \eta_1 \cos \vartheta_1 + \ldots + a_n p_n \sin \eta_n \cos \vartheta_n = 0$$
$$a\, p \sin \eta \sin \vartheta + a_1 p_1 \sin \eta_1 \sin \vartheta_1 + \ldots + a_n p_n \sin \eta_n \sin \vartheta_n = 0$$

Die erste dieser drei Gleichungen ist der Ausdruck des Prinzips der virtuellen Geschwindigkeiten. Man sieht, dass dieses Prinzip nur ein Bestandtheil der Bedingungen für ein Gleichgewicht ist, dass daneben aber noch andere Bedingungen in Betracht kommen. In der That, ist auf den ersten Blick klar, dass das Prinzip der virtuellen Geschwindigkeiten, angewandt auf eine spezielle zulässige oder virtuelle Bewegung, durchaus nicht den Gleichgewichtszustand garantirt. Zwei in verschiedenen Richtungen auf einen Punkt wirkende Kräfte p und p_1, welche also bei jeder virtuellen Bewegung denselben Weg (a) durchlaufen, für welche mithin $a = a_1$ ist, können nicht im Gleichgewichte sein: gleichwohl kann man der Verschiebungsrichtung leicht eine solche Richtung geben, dass $p \cos \eta + p_1 \cos \eta_1 = 0$, dass also das Prinzip der virtuellen Geschwindigkeiten erfüllt ist. Offenbar wird, wenn das Gleichgewicht besteht, dieses Prinzip stets erfüllt: wenn aber dieses Prinzip in einem speziellen Falle erfüllt ist; so folgt daraus nicht, dass das Gleichgewicht bestehe. Nur wenn nachgewiesen werden kann, dass das Prinzip der virtuellen Geschwindigkeiten oder in letzterem Beispiele die Gleichung $p \cos \eta + p_1 \cos \eta_1 = 0$ für alle möglichen Werthe von (a) erfüllt ist, besteht sicher Gleichgewicht. Diese Bedingung erfordert, da es sich um zwei Kräfte (p) und (p_1) handelt, welche in einer Ebene liegen, für welche also $(a) = a e^{\alpha i}$ ist, $p \cos (\varphi - \alpha) + p_1 \cos (\varphi_1 - \alpha)$ $= p \cos \varphi \cos \alpha + p \sin \varphi \sin \alpha + p_1 \cos \varphi_1 \cos \alpha + p_1 \cos \varphi_1 \sin \alpha = 0$ oder $(p \cos \varphi + p_1 \cos \varphi_1) \cos \alpha + (p \sin \varphi + p_1 \sin \varphi_1) \sin \alpha = 0$ und kann für einen willkürlichen Werth von α nur durch die beiden Bedingungen $p \cos \varphi + p_1 \cos \varphi_1 = 0$ und $p \sin \varphi + p_1 \sin \varphi_1 = 0$ erfüllt werden. Diese fordern aber, da p und p_1 absolute Quantitäten sind, wie aus $p \cos \varphi = - p_1 \cos \varphi_1$ und $p \sin \varphi = - p_1 \sin \varphi_1$ leicht abzuleiten ist, $p = p_1$ und $\varphi = \pi + \varphi_1$. Durch diese beiden Bedingungen, welche sagen, dass die beiden Kräfte gleich sein und entgegengesetzte Deklinationen haben müssen, ist das Gleichgewicht noch nicht konstatirt: denn es ist über die Inklinationswinkel ψ und ψ_1 noch Nichts ausgesagt. Unser Wirkungsgesetz fordert allgemein die drei

Bedingungen $p \cos \eta + p_1 \cos \eta_1 = 0$, $p \sin \eta \cos \vartheta + p_1 \sin \eta_1 \cos \vartheta_1 = 0$, $p \sin \eta \sin \vartheta + p_1 \sin \eta_1 \sin \vartheta_1 = 0$, welche nur durch die Werthe $p = p_1$, $\varphi = \pi + \varphi_1$, $\vartheta = \vartheta_1$ befriedigt werden. Hieraus geht, wie leicht zu erkennen, hervor, dass die beiden im Gleichgewichte befindlichen Kräfte quantitativ gleich sein und entgegengesetzte Deklinationen φ, φ_1 und gleiche Inklinationen ψ, ψ_1, also entgegengesetzte Richtungen haben müssen.

Wirkten die beiden Kräfte p und p_1 nicht auf einen Punkt, sondern auf die Endpunkte einer starren Linie; so würden auch diese Bedingungen noch nicht zur Konstatirung eines Gleichgewichts genügen, da alsdann doch nicht behauptet werden kann, dass sich ihre Angriffspunkte nothwendig in parallelen Richtungen und um gleiche Wege bewegen müssen: die beiden Kräfte würden im Allgemeinen gar kein Gleichgewicht bilden. Die blosse Parallelverschiebung würde noch nicht zur Ermittlung der Gleichgewichtsbedingungen ausreichen. Nehmen wir in Figur 59 die Ebene der beiden Kraftrichtungen zur Grundebene und die Richtung der Verbindungslinie $A_1 A = a$ zur Grundrichtung, indem wir die Länge $O A_1 = a'$ setzen. Die beiden nach Vorstehendem quantitativ gleichen und entgegengesetzten Kräfte sind $(p) = p e^{\varphi i}$ und $(p_1) = p e^{(\pi + \varphi) i}$. Drehen wir das System um den Punkt O um den sehr kleinen Winkel $B O A = \alpha'$; so beschreibt der Angriffspunkt A der Kraft (p) den Weg $(A B) = (a) = (a' + b) \sin \alpha' . e^{\frac{\pi}{2} i}$ und der Angriffspunkt A_1 der anderen Kraft (p_1) den Weg $(A_1 B_1) = (a_1) = a' \sin \alpha' . e^{\frac{\pi}{2} i}$, das Grundgesetz fordert also für die in einer Ebene vor sich gehende Bewegung die Gleichung

$$\frac{(a' + b) \sin \alpha' . p e^{\varphi i}}{e^{\frac{\pi}{2} i}} + \frac{a' \sin \alpha' p e^{(\pi + \varphi) i}}{e^{\frac{\pi}{2} i}} = 0$$

oder

$$(a' + b) e^{\left(\varphi - \frac{\pi}{2}\right) i} + a' e^{\left(\varphi + \frac{\pi}{2}\right) i} = 0$$

Diess ergiebt die beiden Gleichungen

$$(a' + b) \cos \left(\varphi - \frac{\pi}{2}\right) + a' \cos \left(\varphi + \frac{\pi}{2}\right) = 0$$

$$\left\{(a' + b) \sin \left(\varphi - \frac{\pi}{2}\right) + a' \sin \left(\varphi + \frac{\pi}{2}\right)\right\} i = 0$$

Man erkennt, dass diese beiden Gleichungen zusammen unerfüllbar sind, da unmöglich $a' + b + a' = 2 a' + b = 0$ sein kann. Die erste Gleichung, welche das Gleichgewicht der reellen Wirkungen ausdrückt, wird durch $\varphi = 0$ erfüllt, womit gesagt ist, dass die beiden Kräfte $(p) = p e^{0 i} = p$ und $(p_1) = p e^{\pi i} = -p$ nicht nur entgegengesetzte Richtungen haben, sondern nach Figur 60 in der Richtung des Bandes $A_1 A$ liegen müssen. (Ein Kräftepaar von zwei entgegengesetzt gerichteten, aber nicht in der Richtung der Verbindungslinie liegenden Kräften ist kein Gleichgewichtssystem).

Wenn aber durch $\varphi = 0$ die erste Gleichung erfüllt ist, fordert die zweite Gleichung die Bedingung $-(a' + b) + a' = 0$, also $b = 0$. Diese Bedingung setzt also voraus, dass die Verbindungslinie $A_1 A$ den Nullwerth habe, oder dass die beiden Kräfte auf denselben starren (undurchdringbaren und unzerreissbaren) Punkt angebracht sind. In jedem anderen Falle findet zwar ein Gleichgewicht der reellen, aber kein Gleichgewicht der imaginären Wirkungen, überhaupt kein vollkommenes Gleichgewicht statt.

Dieses Ergebniss, wonach zwei an den Endpunkten eines starren Stabes in der Richtung dieses Stabes nach entgegengesetzten Seiten angebrachte Kräfte p und $-p$ kein vollkommenes Gleichgewichtssystem (Gleichgewicht der Kräfte und Gleichgewicht der Wirkungen) bilden sollen, mag auffallend erscheinen, entspricht aber dem Wesen der Dinge durchaus. Die einer oberflächlichen Auffassung entspringenden widersprechenden Ansichten erläutern sich folgendermaassen. Im Vorstehenden ist lediglich das System der beiden angebrachten Kräfte p und $-p$ einer Untersuchung unterzogen: das durch Figur 60 dargestellte mechanische System enthält aber ausser diesen angebrachten Kräften auch die von denselben hervorgerufenen Widerstände des Stabes $A_1 A$. Angenommen, der Endpunkt A dieses Stabes leiste den Widerstand q in der Richtung $A A_1$ und der Endpunkt A_1 den Widerstand q_1 in der Richtung $A_1 A$; so umfasst das Gesammtsystem nicht die zwei Kräfte p und $-p$, sondern die vier Kräfte p, $-q$, $-p$, $+q_1$, welche sich auf die zwei Kräfte $p - q$ und $-p + q_1$ reduziren. Damit dieses Gesammtsystem im Gleichgewichte sei, muss zunächst wegen unseres ersten Grundgesetzes über das Gleichgewicht der Kräfte $(p - q) + (-p + q_1) = 0$, also $q = q_1$ sein, d. h. der Stab $A_1 A$ muss nach beiden Seiten gleichen Widerstand leisten. Verschieben wir das System um den Abstand a in der Richtung $A_1 A$; so beschreibt der Angriffspunkt A der Kraft $p - q$ den Weg $a = a e^{0i}$ und der Angriffspunkt A_1 der Kraft $-p + q$ ebenfalls den Weg $a = a e^{0i}$, das Grundgesetz über das Gleichgewicht der Wirkungen verlangt also,

dass $\frac{a(p-q)}{e^{0i}} + \frac{a(-p+q)}{e^{0i}} = 0$ oder $p - q - p + q = 0$ sei.

Diese Gleichung ist für jeden Werth von p und q erfüllt: verschiebt man jedoch die Punkte A und A_1 um verschiedene Weiten a und a_1, was als zulässig erscheint, wenn man den starren Stab $A_1 A$ durch die Widerstände q und $-q$ ersetzt denkt, also in A und A_1 zwei freie Systeme annimmt; so ist diese Gleichung nur dann erfüllt, wenn $p = q$ ist, d. h. wenn der Widerstand q der angebrachten Kraft p gleich ist. Bleibt man bei der Hemmung durch den starren Stab $A_1 A$ stehen und drehet das System nach Figur 59 um den Punkt O um den Winkel α'; so ergeben sich, indem man $p - q$ statt p und $-p + q$ statt p_1 schreibt, wie vorhin die beiden Gleichungen

$$(a' + b)(p - q)\cos\left(\varphi - \frac{\pi}{2}\right) + a'(p - q)\cos\left(\varphi + \frac{\pi}{2}\right) = 0$$

$$(a' + b)(p - q)\sin\left(\varphi - \frac{\pi}{2}\right) + a'(p - q)\sin\left(\varphi + \frac{\pi}{2}\right) = 0$$

oder, da $\varphi = 0$ ist, wodurch die erste Gleichung erfüllt wird, für die zweite Gleichung

$$(a' + b)(p - q)(-1) + a'(p - q) = 0$$

oder

$$b(p - q) = 0$$

Diese Gleichung ist, da b die gegebene endliche Länge des starren Stabes $A_1 A$ ist, nur zu erfüllen, wenn $q = p$, also wenn der Widerstand q des Stabes der Kraft p gleich ist.

Hieraus geht hervor, dass die beiden an dem starren Stabe angebrachten Kräfte p und $-p$ kein vollkommenes Gleichgewicht, dass aber diese beiden Kräfte mit den ihnen gleichen Widerständen $-q$ und q ein im vollkommenen Gleichgewichte befindliches System von vier Kräften darstellen.

Im Allgemeinen kann die Betrachtung des Systems der angebrachten Kräfte nur Spezialzwecken dienen, während die Mitberücksichtigung der Widerstände, also die Betrachtung sämmtlicher zusammenwirkenden Kräfte das Wesen eines mechanischen Systems zu vollständiger Erkenntniss bringt. Bei Systemen mit starren undehnbaren Bändern bedingen die angebrachten Kräfte für sich allein das Gleichgewicht der Kräfte nach der ersten Grundformel, jedoch nicht das Gleichgewicht der Wirkungen. Bei Systemen mit dehnsamen Bändern würde die alleinige Betrachtung der angebrachten Kräfte ganz nutzlos sein, da sie noch nicht einmal das erstgenannte Gleichgewicht bedingt.

Setzen wir z. B. an die Stelle der Linie $A_1 A$ in Figur 60 einen elastischen Stab, welcher einer unendlich geringen Ausdehnung den Widerstand q, der kleiner ist als p, entgegensetzt; so ist keine der Gleichgewichtsbedingungen in ihrer Allgemeinheit, d. h. für jeden der möglichen Wege, welche die Angriffspunkte durchlaufen können, erfüllbar und zwar weder für die angebrachten Kräfte p allein, noch für alle Kräfte p und q zusammen. Denn jetzt kann unter Anderem der Punkt A den Weg $a = a e^{0i}$ nach rechts, der Punkt A_1 aber den Weg $-a = a e^{\pi i}$ nach links beschreiben, das Wirkungsgleichgewicht fordert also

$$\frac{a(p - q)e^{0i}}{e^{0i}} + \frac{a(p - q)e^{\pi i}}{e^{\pi i}} = 0$$

oder

$$2a(p - q) = 0$$

was unmöglich ist, da weder a, noch $p - q$ den Nullwerth haben. Das gegebene System befindet sich mithin nicht im Gleichgewichte: zur Herstellung eines Gleichgewichtes würde mindestens noch eine Kraft erforderlich sein, welche durch ihre Wirkung die Wirkung $2a(p - q)$ annullirte.

Betrachten wir jetzt ein aus drei angebrachten Kräften bestehendes System und zwar das einfache Hebelsystem (Figur 61), wonach in der Grundebene an den Enden A und A_1 des in der Grundaxe liegenden Hebelarmes $A_1 A$ die normalen Kräfte $(p) = p e^{\frac{\pi}{2} i}$ und $(p_1) = p_1 e^{\frac{\pi}{2} i}$, im Punkte B des Hebelarmes aber die Kraft $(p_2) = p_2 e^{\varphi_2 i} e^{\psi_2 i_1}$ wirkt. Es findet sich durch das Gesetz für das Gleichgewicht der Kräfte (p), (p_1), (p_2) leicht, dass $p_2 = p + p_1$ sein und die entgegengesetzte Richtung von p oder p_1 haben muss, dass also ihr Richtungskoeffizient $e^{\varphi_2 i} e^{\psi_2 i} = e^{\frac{3\pi}{2} i}$ gesetzt werden kann. Dreht man das Hebelsystem um den Punkt O um den Winkel α', indem man die Länge $OA_1 = d$, $A_1 B = c$, $BA = b$ setzt; so beschreibt der Punkt A den Weg $(a) = (d + c + b) \sin \alpha' . e^{\frac{\pi}{2} i}$, der Punkt A_1 den Weg $(a_1) = d \sin \alpha' . e^{\frac{\pi}{2} i}$ und der Punkt B den Weg $(a_2) = (d + c) \sin \alpha' . e^{\frac{\pi}{2} i}$, das Grundgesetz fordert also

$$\frac{(d + c + b) \sin \alpha' . p e^{\frac{\pi}{2} i}}{e^{\frac{\pi}{2} i}} + \frac{d \sin \alpha' . p_1 e^{\frac{\pi}{2} i}}{e^{\frac{\pi}{2} i}} + \frac{(d + c) \sin \alpha' . p_2 e^{\frac{3\pi}{2} i}}{e^{\frac{\pi}{2} i}} = 0$$

oder $$(d + c + b) p + d p_1 + (d + c) p_2 e^{\pi i} = 0$$

oder $$(d + c + b) p + d p_1 - (d + c) p_2 = 0$$

Hieraus folgt, da $p_2 = p + p_1$ ist, $bp = cp_1$, die bekannte Momentengleichung für den geradlinigen Hebel. Durch diese Beziehung zwischen bp und cp_1 ist aber sowohl das Gleichgewicht der reellen, wie das der imaginären und der überimaginären Wirkungen erfüllt: die drei am geradlinigen Hebel normal angebrachten Kräfte (p), (p_1), (p_2) bilden also ein vollkommenes Gleichgewicht. Wenn man die Widerstände (q), (q_1), (q_2) des Hebelarmes mit in Betracht zieht; so können dieselben für einen undehnbaren und unbiegsamen Hebelarm nur den angebrachten Kräften gleich und entgegengesetzt sein. Es leuchtet ein, dass diese Widerstände in der Zusammenwirkung mit den angebrachten Kräften eine Annullirung der Wirkung in jedem der drei Angriffspunkte A, A_1, B zur Folge haben, dass also das Gesammtsystem ebenfalls ein vollkommenes Gleichgewicht bildet. Diess gilt jedoch lediglich von dem einfachen geradlinigen Hebel: rückt man die Kraft p_2 nach Figur 62 rechtwinklig zu $A_1 A$ abwärts nach C, indem man die Punkte A, A_1, C durch die starren Bänder AA_1, $A_1 C$, CA verbindet; so kann man über das Vorhandensein eines vollkommenen Gleichgewichtes nur urtheilen, wenn die Widerstände der Bänder gehörig berücksichtigt werden. Diess geschieht, indem jede Kraft mit den Widerständen der in ihrem Angriffspunkte zusammenlaufenden Bänder ins Gleichgewicht gesetzt, also in zwei zu diesen Bändern parallele Komponenten zerfällt wird, wie es in der Figur angedeutet ist, oder auch, indem alle Kräfte und Widerstände in drei Komponenten parallel zu drei rechtwinkligen Grundaxen zerlegt werden. Sind die Bänder dehnsam; so sind die in ihre Richtung fallenden entgegengesetzten Widerstände zwar gleich, aber von den angebrachten Kräften unabhängig; es findet alsdann im Allgemeinen kein Gleichgewicht statt.

Ein vollkommen freies System, d. h. ein System, welches keine starren Bänder hat, in welchem also die angebrachten Kräfte (p) keine Widerstände (q) hervorrufen können, ist niemals ein Gleichgewichtssystem. Ein absolut gehemmtes oder unfreies System, welches durch starre, undehnsame Bänder zusammengehalten wird und so geordnet ist, dass jede angebrachte Kraft in ihrem Angriffspunkte ganz bestimmte und ihren Komponenten gleiche Widerstände in den dort zusammenlaufenden Bändern hervorruft, sodass keine Komponente dieser Kraft ohne Widerstand bleibt, bietet immer ein vollkommenes Gleichgewicht dar, wenn die Kräfte dem obigen Grundgesetze entsprechen. Ein System mit starren undehnsamen Bändern, in welchem gewisse Komponenten einer Kraft nicht durch Widerstände ausgeglichen sind, also überhaupt ein System mit dehnsamen Bändern, ist im Allgemeinen ein partiell gebundenes und ein partiell freies System, also ein nicht im vollkommenen Gleichgewichte befindliches System, worin jedoch unter Umständen gewisse Gruppen von Kräften, z. B. alle angebrachten Kräfte, im Gleichgewichte sein können, auch unter Umständen bei gewissen zulässigen (virtuellen) Bewegungen die reellen Wirkungen sich annulliren, also ein unvollständiges Gleichgewicht darstellen können.

104. **Der Schwerpunkt.** Über den Schwerpunkt, welcher den Angriffspunkt der Resultante eines im Gleichgewichte befindlichen Systems paralleler Kräfte bezeichnet, gestatte ich mir folgende Bemerkungen. Wenn man statt der parallelen Kräfte $p_1, p_2, p_3 \ldots$ punktförmige Massen $m_1, m_2, m_3 \ldots$ von entsprechender Dichtigkeit, denen jene Kräfte zukommen, substituirt; so wird die Bedingung für die Lage des Schwerpunktes O dieses Massensystems gewöhnlich durch drei Gleichungen ausgesprochen, welche sagen, dass die Summe der von dem Anfangspunkte des Koordinatensystems aus bestimmten Momente jener Massen oder Kräfte für jede der drei rechtwinkligen Koordinatenaxen gleich dem Momente der Gesammtmasse sei, dass also, wenn man O zum Anfangspunkte nimmt, jede dieser drei Summen gleich null sei. Diese drei Gleichungen erscheinen nach unserem Bildungsgesetze als eine einzige Gleichung

$$(r_1)m_1 + (r_2)m_2 + (r_3)m_3 + \ldots (r_n)m_n = 0$$

Hierin bezeichnen (r_1), (r_2), (r_3), $\ldots$ (r_n) die vom Schwerpunkte O nach den Punkten $A_1, A_2, A_3, \ldots A_n$, in welchen die Massen $m_1, m_2, m_3, \ldots m_n$ wirken, gezogenen Radien nach Länge und Richtung, sodass also $OA_1 = (r_1) = r_1 e^{\varphi_1 i} e^{\psi_1 i_1}$ u. s. w. ist. Bezeichnen (a_1), (a_2), (a_3), $\ldots$ (a_n) die Verbindungslinien A_1A_2, A_2A_3, A_3A_4, $\ldots$ A_nA_1 zwischen m_1 und m_2, m_2 und m_3, m_3 und m_4, $\ldots$ m_n und m_1 nach Länge und Richtung, sodass $(a_1) + (a_2) + (a_3) + \ldots + (a_n) = 0$ ist; so hat man $(r_2) = (r_1) + (a_1)$, $(r_3) = (r_1) + (a_1) + (a_2)$, $(r_4) =$

$(r_1) + (a_1) + (a_2) + (a_3)$ u. s. f., endlich $(r_n) = (r_1) + (a_1) + (a_2) + \ldots + (a_{n-1})$ und durch Substitution in die Bedingungsgleichung

$$(r_1)(m_1 + m_2 + \ldots + m_n) + (a_1)m_2 + [(a_1) + (a_2)]m_3 + [(a_1) + (a_2) + (a_3)]m_4 + \ldots + [(a_1) + (a_2) + \ldots + (a_{n-1})]m_n = 0$$

folglich

$$(r_1) = -\frac{(a_1)m_2 + [(a_1) + (a_2)]m_3 + \ldots + [(a_1) + (a_2) + \ldots + (a_{n-1})]m_n}{m_1 + m_2 + \ldots m_n}$$

Da die Grösse $(r_1) = r_1 e^{\varphi_1 i} e^{\psi_1 i_1} = r_1 \cos\varphi_1 + r_1 \sin\varphi_1 \cos\psi_1 . i + r_1 \sin\varphi_1 \sin\psi_1 . i i_1$ und jede Grösse wie $(a_1) = a_1 e^{\alpha_1 i} e^{\beta_1 i_1} = a_1 \cos\alpha_1 + a_1 \sin\alpha_1 \cos\beta_1 . i + a_1 \sin\alpha_1 \sin\beta_1 . i i_1$ triplex ist; so zerfällt die letzte Gleichung in drei Gleichungen, aus welchen r_1, φ_1 und ψ_1 sofort zu bestimmen sind.

Die Bedingungsgleichung gestaltet sich einfacher, wenn man statt der Abstände (a_1), (a_2), (a_3) oder $A_1 A_2$, $A_2 A_3$, $A_3 A_4 \ldots$ von je zwei nacheinander betrachteten Massen m_1, m_2, $m_3 \ldots$ die Abstände der einzelnen Massen von einem beliebigen festen Punkte A aus als die gegebenen Grössen $AA_1 = (b_1)$, $AA_2 = (b_2)$, $AA_3 = (b_3)$, $\ldots AA_n = (b_n)$ ansieht und den Abstand AO des Schwerpunktes O von dem angenommenen Punkte A als die gesuchte Grösse mit (r) bezeichnet (sodass also $OA = -(r)$ ist). Denn man hat jetzt $OA_1 = (r_1) = -(r) + (b_1)$, $OA_2 = (r_2) = -(r) + (b_2)$, $OA_3 = (r_3) = -(r) + (b_3)$, $\ldots$ $OA_n = (r_n) = -(r) + (b_n)$ und daher, wenn man diese n Gleichungen der Reihe nach mit den Massen m_1, m_2, m_3, $\ldots m_n$ multiplizirt und darauf addirt, weil $(r_1)m_1 + (r_2)m_2 + \ldots + (r_n)m_n = 0$ sein muss, indem man die Gesammtmasse $m_1 + m_2 + \ldots + m_n = M$ setzt,

$$(r) = \frac{(b_1)m_1 + (b_2)m_2 + (b_3)m_3 + \ldots + (b_n)m_n}{M}$$

Diese Gleichung ist ohne Weiteres zur Bestimmung des Schwerpunktes einer materiellen Linienfigur (mag sie geschlossen, oder offen sein), einer materiellen Flächenfigur (mag sie geschlossen, oder offen sein) und einer materiellen Körperfigur anwendbar. Handelt es sich nämlich um eine aus geraden Strecken von den Längen a_1, a_2, $\ldots a_n$ bestehende Linienfigur; so liegen die Punkte A_1, A_2, $\ldots A_n$ in den Mitten der Linien a_1, a_2, $\ldots a_n$ und die Massen sind $m_1 = a_1$, $m_2 = a_2$, $\ldots$ $m_n = a_n$, während die von irgend einem festen Punkte A nach A_1, A_2, $\ldots A_n$ gezogenen Linien (b_1), (b_2), $\ldots (b_n)$ durch die Figur gegeben sind.

Handelt es sich um eine aus ebenen Seitenflächen bestehende Flächenfigur; so kann dieselbe aus lauter Dreiecken zusammengesetzt und der Schwerpunkt jedes dieser Dreiecke bestimmt werden. Ein solcher Schwerpunkt ist bekanntlich der Durchschnittspunkt der von den Ecken des Dreiecks nach den Mitten der gegenüberliegenden Seiten gezogenen Linien und liegt im Abstande von zwei Drittel einer solchen Linie von der betreffenden Ecke. Derselbe bestimmt den Ort A_1, während die in diesem Orte wirkende Masse m_1 gleich dem Flächeninhalte dieses Dreiecks ist. Hierdurch sind alle b_1, b_2 ... und alle m_1, m_2 ... bestimmt, mithin der Vektor (r) des Schwerpunktes der Figur berechenbar.

Handelt es sich um eine Raumfigur mit ebenen Seitenflächen; so kann, nachdem jede Seitenfläche in Dreiecke zerlegt ist, die Figur von jedem beliebigen Punkte A aus in Pyramiden mit dreieckigen Grundflächen zerfällt werden (wird der Punkt A ausserhalb der Figur angenommen, oder hat die Figur einspringende Winkel; so können manche dieser Pyramiden ineinander einschneiden und alsdann negative Bestandtheile liefern). Der Schwerpunkt jeder dieser Pyramiden liegt in der von A nach dem Schwerpunkte ihrer Grundfläche gezogenen Linie auf drei Viertel ihrer Länge, bestimmt also den Ort A_1 einer Masse m_1, welche den kubischen Inhalt dieser Pyramide hat. Hierdurch sind alle Grössen (b_1), (b_2) ... und m_1, m_2 ..., mithin der Vektor (r) des Schwerpunktes der Raumfigur bestimmt.

Der Schwerpunkt einer stetig gekrümmten Linie, welche von dem festen Punkte A, als dem Anfangspunkte eines rechtwinkligen Koordinatensystems, durch die Formel $(b) = x + yi + zii_1 = f(x)$ dargestellt ist, findet sich, indem man in dem Endpunkte von (b) die Masse $m = \sqrt{\partial x^2 + \partial y^2 + \partial z^2} = \partial x \sqrt{1 + \left(\frac{\partial y}{\partial x}\right)^2 + \left(\frac{\partial z}{\partial x}\right)^2} = g(x)\partial x$ wirksam denkt, also $(b)m = f(x)g(x)\partial x$ setzt, indem jetzt die Summen im Zähler und Nenner der Bedingungsgleichung zu Integralen werden, durch die Formel

$$(r) = \frac{\int_{x_0}^{x_1} f(x)g(x)\partial x}{\int_{x_0}^{x_1} g(x)\partial x} = \frac{1}{M}\int_{x_0}^{x_1} f(x)g(x)\partial x$$

Die Anwendung von Polarkoordinaten statt der rechtwinkligen Koordinaten, wodurch $(b) = z\,e^{xi}\,e^{yi_1} = f(x)$ und $m = g(x)\partial x$ wird, liefert häufig bequemere Formeln.

Für den Schwerpunkt einer stetig gekrümmten Fläche hat man

$$(b) = x + yi + zii_1 = f(x, y)$$

und wenn $m = g(x, y)\partial x \partial y$ den Flächeninhalt des durch die Variation von x, y, z um die Differentiale ∂x, ∂y, ∂z bestimmten unendlich kleinen Parallelogrammes bezeichnet,

$$(r) = \frac{1}{M}\int_{y_0}^{y_1}\int_{x_0}^{x_1} f(x, y)\, g(x, y)\partial x \partial y$$

Die Bestimmung des Schwerpunktes eines Körpers mit stetig gekrümmter Oberfläche kann auf die des Schwerpunktes einer gekrümmten Fläche zurückgeführt werden, da die Schwerpunkte der unendlich vielen Pyramiden eine stetig gekrümmte Fläche bilden, deren Radien (b) und Punktmassen m bestimmt werden können.

105. **Die nicht im Gleichgewichte befindlichen Systeme.** Gehen wir nunmehr zu den nicht im Gleichgewichte befindlichen oder über-

haupt zu den Systemen von beliebiger Beschaffenheit über. Für ein jedes System besteht nach dem Grundgesetze für die mit (p) statt früher mit — (p) bezeichnete, also in der Richtung von O aus genommene Resultante aller wirkenden Kräfte die Gleichung

$$(p_1) + (p_2) + \ldots + (p_n) = (p)$$

und für die Wirkungsresultante $[ap]$ bei einer unendlich kleinen Bewegung

$$[a_1 p_1] + [a_2 p_2] + \ldots + [a_n p_n] = [ap]$$

worin $a, a_1, a_2 \ldots$ ebenso wie $p, p_1, p_2 \ldots$ lauter absolute Quantitäten oder positiv reelle Werthe haben, während jedes (a) die Form $a e^{\alpha i} e^{\beta i_1}$, jedes (p) die Form $p e^{\varphi i} e^{\psi i_1}$, jedes $[ap]$ die Form $ap e^{\eta i} e^{\vartheta i_1}$ hat und die Resultanten als die Summen der links stehenden Glieder erscheinen. Unter den Kräften $(p_1), (p_2), \ldots (p_n)$ sind alle in Wirksamkeit tretenden Kräfte, sowohl die äusserlich angebrachten Kräfte, als auch die inneren Widerstände zu verstehen. Durch Substitution der vollständigen Werthe in die erste Gleichung wird dieselbe

$$\Sigma(p_1) = \Sigma p_1 e^{\varphi_1 i} e^{\psi_1 i_1} = p e^{\varphi i} e^{\psi i_1}$$

Wenn auf einunddemselben Punkt des Systems mehrere Kräfte $(p_1'), (p_1''), (p_1''') \ldots$ (äussere Kräfte und innere Widerstände) wirken; so ist die Resultante dieser Kräfte

$$(p_1') + (p_1'') + (p_1''') + \ldots = (r_1')$$

und wenn man diese Summe für alle Angriffspunkte nimmt, hat man

$$\left.\begin{array}{l} (p_1') + (p_1'') + (p_1''') + \ldots \\ + (p_2') + (p_2'') + (p_2''') + \ldots \\ + (p_3') + (p_3'') + (p_3''') + \ldots \\ + \ldots\ldots\ldots \end{array}\right\} = (r_1') + (r_2') + (r_3') + \ldots = (p)$$

und durch Transposition

$$\left.\begin{array}{l} \{(p_1') + (p_1'') + \ldots\} - (r_1') \\ + \{(p_2') + (p_2'') + \ldots\} - (r_2') \\ + \{(p_3') + (p_3'') + \ldots\} - (r_3') \\ + \ldots\ldots\ldots \end{array}\right\} = 0$$

also ein Gleichgewichtssystem von Kräften $(p), (r)$. Die Resultante (r_1') aller auf einen Punkt wirkenden Kräfte kann man die wirksame Kraft dieses Punktes nennen: sie ist es, welche die wirkliche Bewegung dieses als eines völlig frei gedachten Punktes hervorbringt: die vorstehende Gleichung sagt mithin, dass, wenn in jedem Punkte des Systems zu den dort angebrachten äusseren und inneren Kräften eine Kraft gefügt wird, welche der wirksamen Kraft dieses Punktes gleich und entgegengesetzt ist, ein Gleichgewichtssystem von Kräften entsteht. In diesem Satze besteht das d'Alembertsche Prinzip. Ich hebe ausdrücklich hervor, dass zu den angebrachten Kräften auch die Widerstände gehören, welche die Bänder des Systems leisten, und dass diese Widerstände nur in dem Falle aus der Gleichung verschwinden, wenn sie nach der Natur des

Systems ein Gleichgewicht für sich bilden, was sich in der Regel ereignet, jedoch in jedem speziellen Falle besonders nachzuweisen ist.

Auf das ins Gleichgewicht versetzte System findet das Prinzip der virtuellen Geschwindigkeiten Anwendung. Nach dem obigen Grundgesetze hat man jedoch unmittelbar, ohne Rücksicht auf das Prinzip von d'Alembert und das der virtuellen Geschwindigkeiten die schon angeführte Momentengleichung, worin (a_1), (a_2) ... die von den Angriffspunkten aller Kräfte beschriebenen möglichen Wege und die rechte Seite $[ap]$ die Resultante aller Wirkungen bezeichnet. Fasst man auch jetzt die in jedem einzelnen Angriffspunkte entstehenden Wirkungen für sich ins Auge; so ergiebt sich die Resultante aller auf einen Punkt wirkenden Kräfte aus dem Grundgesetze vermöge der Thatsache, dass dieser Punkt für alle darauf wirkenden Kräfte nur einunddenselben Weg $a_1 e^{\alpha_1 i} e^{\beta_1 i_1}$ durchlaufen kann, dass also auch die Resultante dieser Kräfte oder die Summe $(p_1') + (p_1'') + (p_1''') + \ldots$ diesen Weg beschreibt, dass mithin die Wirkung dieser Resultanten

$$a_1 \{ p_1' e^{\eta_1' i} e^{\vartheta_1' i_1} + p_2' e^{\eta_2' i} e^{\vartheta_2' i_1} + \ldots \} = a_1 r_1 e^{\eta_1 i} e^{\vartheta_1 i_1}$$

ist, worin der Faktor $r_1 e^{\eta_1 i} e^{\vartheta_1 i_1}$ auf der rechten Seite die Resultante der Kräfte (p_1'), (p_2') ... darstellt. Die Summe dieser Resultanten für alle Angriffspunkte des Systems liefert die Gesammtwirkung derselben, und wenn man auf beiden Seiten der Endgleichung den negativen Werth dieser Gesammtwirkung hinzufügt, wird die Wirkung des Systems annullirt, also ein Wirkungsgleichgewicht hergestellt, dessen Formel der vorhergehenden Formel für das Gleichgewicht der Kräfte entspricht, wenn statt der Kräfte ihre Wirkungen gesetzt werden.

Wenn man von der auf diese Weise dargestellten Formel für das Wirkungsgleichgewicht ausgeht; so ergiebt dieselbe sofort die Formel für das Gleichgewicht der Kräfte, sobald man für alle Punkte einen gemeinsamen Weg in der Richtung der reellen Axe, also einen Weg $a e^{0 i} e^{0 i_1}$ annimmt.

Die Zerfällung aller Kräfte wie $p e^{\varphi i} e^{\psi i_1}$ in die Form $px + pyi + pzii_1$ in der Summengleichung der Kräfte und die Zerfällung der einzelnen Wirkungen wie $a r e^{\eta i} e^{\vartheta i_1}$ in die Form $arx + aryi + arzii_1$, wodurch die ganze Gleichung in einen primären, sekundären und tertiären Theil zerlegt wird, entspricht der Substitution von drei rechtwinkligen Kraft-, bezw. Wirkungskomponenten, ergiebt sich aber durch die Auflösung der allgemeinen Gleichungen ganz von selbst.

Dass eine Aufeinanderfolge unendlich kleiner Bewegungen und Wirkungen, bei welchen variabele Kräfte sich allmählich ändern, als eine Summirung unendlich kleiner Elemente die Glieder der vorstehenden Formeln in Integrale zwischen bestimmten Grenzen verwandelt, wird kaum der Erwähnung bedürfen.

Aus Vorstehendem geht hervor, dass sowohl das Prinzip von d'Alembert, als das der virtuellen Geschwindigkeiten einfache Ausflüsse des allgemeinen mechanischen Grundgesetzes sind. Es geht ferner daraus hervor, dass eine Unterscheidung zwischen Gleichgewichts- und Nichtgleichgewichtssystemen durch die Formeln nicht erforderlich ist, indem das Gleichgewichtssystem nur den speziellen Fall darstellt, wo die Resultante der Kräfte und der Wirkungen eines Systems gleich null ist. Es geht auch daraus hervor, dass das Grundgesetz zugleich für Systeme mit elastischen und unelastischen Bändern gilt. Es geht endlich daraus hervor, dass das d'Alembertsche Prinzip eine unnöthige Erschwerung der mechanischen Rechnung enthält: denn der Zweck dieses Prinzipes ist die Erkenntniss der in einem gegebenen Systeme vor sich gehenden Wirkungen. Hierzu bedarf es aber nicht der Hinzufügung neuer (den wirksamen entgegengesetzter) Kräfte oder der Herstellung eines Gleichgewichts: das allgemeine Grundgesetz liefert diese Erkenntniss ohne Weiteres durch die Formeln

$$\{(p_1') + (p_1'') + \ldots\} + \{(p_2') + (p_2'') + \ldots\} + \ldots = (r)$$

$$a_1\{p_1' e^{\eta_1' i} e^{\vartheta_1' i_1} + p_1'' e^{\eta_1'' i} e^{\vartheta_1'' i_1} + \ldots\} + a_2\{p_2' e^{\eta_2' i} e^{\vartheta_2' i_1} + p_2'' e^{\eta_2'' i} e^{\vartheta_2'' i_1} + \ldots\} + \ldots$$
$$= a r e^{\eta i} e^{\vartheta i_1}$$

Zur Erläuterung diene zunächst nach Figur 63 der einfache Fall, wo auf die unpressbare Linie $m_1 m_2 m_3$, in welcher an den angezeigten Stellen drei Massen m_1, m_2, m_3 liegen, die Kraft $(p) = p e^{\varphi i} e^{\psi i_1}$ wirkt und den Weg $a e^{\alpha i} e^{\beta i_1}$ beschreibt, also die Wirkung $a p e^{\eta i} e^{\vartheta i_1}$ vollbringt. In Folge dieser Wirkung nimmt die Linie eine andere Stellung im Raume an, indem die Massen gewisse Beschleunigungen in gewissen Richtungen erfahren Angenommen, diese Wirkungen auf die einzelnen Massen m_1, m_2, m_3 seien äquivalent den Arbeiten, welche drei gedachte Kräfte $p_1 e^{\varphi_1 i} e^{\psi_1 i_1}$, $p_2 e^{\varphi_2 i} e^{\psi_2 i_1}$, $p_3 e^{\varphi_3 i} e^{\psi_3 i_1}$ von den Örtern dieser Massen aus leisten, also, wenn $a_1 e^{\alpha_1 i} e^{\beta_1 i_1}$, $a_2 e^{\alpha_2 i} e^{\beta_2 i_1}$, $a_1 e^{\alpha_3 i} e^{\beta_3 i_1}$ die gedachten Wege dieser Kräfte sind, äquivalent den Arbeiten $a_1 p_1 e^{\eta_1 i} e^{\vartheta_1 i_1}$, $a_2 p_2 e^{\eta_2 i} e^{\vartheta_2 i_1}$, $a_3 p_3 e^{\eta_3 i} e^{\vartheta_3 i_1}$; so ist nach dem Grundgesetze die Summe dieser drei Wirkungen die Wirkungsresultante, also $= a p e^{\eta i} e^{\vartheta i_1}$, man hat daher

$$\Sigma a_1 p_1 e^{\eta_1 i} e^{\vartheta_1 i_1} = a p e^{\eta i} e^{\vartheta i_1}$$

und als Resultante der Kräfte

$$\Sigma p_1 e^{\varphi_1 i} e^{\psi_1 i_1} = p e^{\varphi i} e^{\psi i_1}$$

Steht z. B. die Kraft p normal auf der starren Linie und liegt diese in der Grundaxe des Koordinatensystems; so ist die resultirende Kraft gleich $p e^{\frac{\pi}{2} i}$ und die resultirende Wirkung gleich $a p e^{\left(\frac{\pi}{2} - \alpha\right) i} e^{-\beta i_1}$. Wenn alsdann sowohl die angebrachte Kraft, als auch jede der Massen m_1, m_2, m_3 einen Weg rechtwinklig zur gegebenen Linie beschreibt, also $\alpha = \alpha_1 = \alpha_2 = \alpha_3 = \dfrac{\pi}{2}$ und $\beta = \beta_1 = \beta_2 = \beta_3 = 0$ ist; so werden die vorstehenden beiden Gleichungen

$$\Sigma a_1 p_1 e^{\left(\varphi_1 - \frac{\pi}{2}\right) i} e^{\psi_1 i_1} = a p$$

$$\Sigma p_1 e^{\varphi_1 i} e^{\psi_1 i_1} = p e^{\frac{\pi}{2} i}$$

Aus der zweiten Gleichung folgt durch Zerlegung unter Berücksichtigung, dass die Angriffspunkte der drei Kräfte p_1, p_2, p_3 immer in einer geraden Linie von gegebener Länge liegen müssen, dass nothwendig $\varphi_1 = \frac{\pi}{2}$ und $\psi_1 = 0$ sein muss. Hierdurch werden die beiden Gleichungen

$$\begin{aligned} \Sigma a_1 p_1 &= ap \\ \Sigma p_1 &= p \end{aligned}$$

oder

$$\begin{aligned} a_1 p_1 + a_2 p_2 + a_3 p_3 &= ap \\ p_1 + p_2 + p_3 &= p \end{aligned}$$

sodass zwischen den Grössen p_1, p_2, p_3, a_1, a_2, a_3 die Beziehung

$$\frac{a_1 p_1 + a_2 p_2 + a_3 p_3}{p_1 + p_2 + p_3} = a$$

bestehen muss. Die weitere Bestimmung der Werthe der unbekannten Grössen p_1, a_1 ... setzt die Formulirung der zwischen Arbeit und Massenbeschleunigung bestehenden Beziehung voraus, worauf ich sogleich eingehen werde.

Zuvor führe ich noch den in Figur 64 dargestellten Fall vor. Auf eine starre Linie OBA_1, welche um den absolut festen Stützpunkt O drehbar, auf der Strecke OB unpressbar, auf der Strecke BA aber pressbar ist, seien die beiden Kräfte $p_1 e^{\varphi_1 i} e^{\psi_1 i}$ und $p_2 e^{\varphi_2 i} e^{\psi_2 i_1}$ bezw. in den Punkten A und B angebracht. Dieselben rufen in der Strecke AB die Widerstände q_1 und q_2 und in der Strecke BO die Widerstände q_3 und q_4 hervor. Dass die letzten beiden Widerstände q_3 und q_4 und auch die beiden Widerstände q_1 und q_2 einander gleich und entgegengesetzt sein müssen, ergiebt sich aus dem Wesen der Spannung unpressbarer und pressbarer Linien; wir haben daher, wenn OA in der Richtung der Grundaxe des Koordinatensystems angenommen wird, $q_3 = q_4 e^{\pi i} = -q_4$ und $q_1 = q_2 e^{\pi i} = -q_2$. Es bestehen nun d r e i Angriffspunkte gegebener Kräfte, nämlich der Punkt O mit der Kraft $q_4 = q_4 e^{0i} e^{0i_1}$, der Punkt B mit der Resultante

$$p_2 e^{\varphi_2 i} e^{\psi_2 i_1} + q_2 e^{0i} e^{0i_1} + q_4 e^{\pi i} e^{0i_1} = r_2 e^{\varphi'' i} e^{\psi_1'' i_1}$$

und der Punkt A mit der Resultante

$$p_1 e^{\varphi_1 i} e^{\psi_1 i_1} + q_2 e^{\pi i} e^{0i_1} = r_1 e^{\varphi' i} e^{\psi' i_1}$$

Die Werthe dieser beiden Resultanten, also die Werthe r_2, φ'', ψ'', r_1, φ', ψ' ergeben sich aus der Entwicklung beider Seiten einer jeden Gleichung in ihre primären, sekundären und tertiären Glieder. Die Summe dieser drei Resultanten ist die Kraftresultante des ganzen Systems

$$q_4 e^{0i} e^{0i_1} + r_2 e^{\varphi'' i} e^{\psi'' i_1} + r_1 e^{\varphi' i} e^{\psi' i_1} = p e^{\varphi i} e^{\psi i_1}$$

von welcher die Werthe von p, φ, ψ durch die links stehenden Grössen bestimmt sind. Der Punkt O ist fest, kann also nur den Weg von der Länge null beschreiben. Beschreibt nun der Angriffspunkt A den Weg $a_1 e^{\alpha_1 i} e^{\beta_1 i_1}$ und der Angriffspunkt B den Weg $a_2 e^{\alpha_2 i} e^{\beta_2 i_1}$; so ist die Wirkungsresultante (da die Wirkung im Punkte O gleich null ist),

$$a_2 r_2 e^{\eta_2 i} e^{\vartheta_2 i_1} + a_1 r_1 e^{\eta_1 i} e^{\vartheta_1 i_1} = a r e^{\eta i} e^{\vartheta i_1}$$

worin die Werthe von ar, η, ϑ durch die links stehenden Grössen bestimmt sind.

Dass man in der Summengleichung der Kräfte entgegengesetzte Kräfte wie q_4 und q_3 oder q_2 und q_1 gegeneinander aufheben kann, ist selbstverständlich: in der Summengleichung der Wirkungen ist Diess im Allgemeinen unzulässig.

Hierdurch ist also die resultirende Kraft und die resultirende Wirkung durch die angebrachten Kräfte und wirksamen Widerstände bestimmt. Liegen in der Linie OBA an beliebigen Stellen beliebige Massen m_1, m_2, m_3 ..., welche bei der gegebenen Bewegung in gewissen Richtungen beschleunigt werden; so muss, wenn jede dieser Beschleunigungen als die Wirkung einer Kraft $a'p' e^{\eta' i} e^{\vartheta_1 i_1}$ angesehen wird, die Summe oder Resultante dieser Wirkungen der vorstehenden Wirkungsresultante $a r e^{\eta i} e^{\vartheta i_1}$ gleich sein und ebenso muss die Summe der Kräfte $p' e^{\varphi' i} e^{\psi' i}$ der Resultante $p e^{\varphi i} e^{\psi i_1}$ gleich sein.

Das mechanische Gebiet ist eine Kombination von Raum-, Zeit- und Kraftgrössen (Bewegungstendenzen), die Erkenntniss und vollständige Formulirung der mechanischen Prozesse erfordert daher die Erkenntniss der Äquivalenz der diesen drei Grundgebieten angehörigen Wirkungen. Zu dem Zwecke sage ich, Arbeit ist die zur Überwindung eines Widerstandes q ohne Beschleunigung erforderliche Wirkung bq, wobei der Angriffspunkt der diese Arbeit vollbringenden Kraft den räumlichen Weg b (ohne Beschleunigung, also in unendlich kleinen Impulsen) durchläuft. Lebendige Kraft dagegen ist die zur Beschleunigung einer Masse m oder zur Versetzung der mit der Geschwindigkeit v_0 sich bewegenden Masse m in die Geschwindigkeit v_1 erforderliche Wirkung. Die Verbindung von Raum und Zeit giebt die Gleichung $\partial a = v \partial t$. Die Verbindung von Zeit und Materie sagt, dass die bewegende Kraft p zur bewegten Masse m in demselben Verhältnisse stehen müsse, wie die in dem Zeitelemente ∂t gewonnene Geschwindigkeit ∂v zu diesem Zeitelemente oder dass, wenn f die Beschleunigung am Ende der Zeit t bezeichnet, $\frac{p}{m} = \frac{\partial v}{\partial t} = f$, folglich $p = m \frac{\partial v}{\partial t} = mf$ sei. Aus diesen beiden Äquivalenzgleichungen folgt, allgemein, für eine konstante oder variabele Kraft $p \partial a = mv \partial v$, also $\int_0^a p \partial a = \int_{v_0}^v mv \partial v = {}^1\!/_2\, m(v^2 - v_0^2)$ und, wenn die Masse m zur Zeit t in Ruhe war, also $v_0 = 0$ ist, für eine konstante Kraft $ap = {}^1\!/_2\, m v^2$.

Für eine völlig gehemmte oder unfreie, lediglich Widerstand leistende, nicht zu beschleunigende Masse ist die Wirkung der Kraft $ap = bq$, nach dem Grundgesetze hat man daher $bq - ap = 0$, womit gesagt ist, dass die von der Masse empfangene Wirkung der Wirkung der bewegenden Kraft gleich ist. Da in diesem Falle die Arbeitswege a

und b gleich sind, muss auch die Kraft p dem Widerstande gleich sein. Für eine völlig freie, nur beschleunigungsfähige, anfangs ruhende Masse m hat man $\frac{1}{2}mv^2 - ap = 0$ oder $\frac{1}{2}mp^2 = ap$, d. h. die Arbeit der bewegenden Kraft ist der erzeugten lebendigen Kraft gleich. Für eine unvollständig freie Masse m besteht die Wirkung ap der bewegenden Kraft theils in Arbeit bq, theils in lebendiger Kraft $\frac{1}{2}mv^2$, d. h. man hat $bq + \frac{1}{2}mv^2 - ap = 0$ oder $bq + \frac{1}{2}mv^2 = ap$. Nach dem Grundgesetze kann also die Kraft p durch ihre Wirkung auf dem Wege a nur eine stets gleiche, jedoch aus zwei verschiedenen Theilen $bq + \frac{1}{2}mv^2$ bestehende Wirkung ap hervorbringen. Wenn aber nach der Natur des gegebenen Systems der Widerstand q und der Weg b, auf welchem dieser Widerstand zu überwinden ist, gegeben sind, wenn also bq einen bestimmten Werth hat; so hat auch $\frac{1}{2}mv^2 = ap - bq$ einen bestimmten Werth, d. h. die Wirkung ap der Kraft p zerlegt sich in eine bestimmte Arbeit und eine bestimmte lebendige Kraft. Ist der Weg b des Widerstandes q dem Wege a der bewegenden Kraft p gleich; so wird $\frac{1}{2}mv^2 = a(p - q)$, d. h., indem die Kraft p auf dem Wege a die Arbeit ap vollbringt, verrichtet ihr Theil q die Arbeit aq, während ihr anderer Theil $p - q$ die Beschleunigung erzeugt oder die lebendige Kraft $\frac{1}{2}mv^2$ hervorbringt.

Hiernach umfasst das Grundgesetz alle mechanischen Wirkungen, mögen sie in Arbeitsleistungen oder in Erzeugung von lebendiger Kraft mittelst elastischer oder unelastischer Systeme bestehen. Dieses Grundgesetz ist aus dem räumlichen Grundgesetze durch die Substitution eines geometrischen Symbols, einer Linie p, für eine mechanische Kraft und des arithmetischen Produktes ap für eine mechanische Wirkung entstanden. So einleuchtend diese Substitution für reelle Wirkungen ist; so wünschenswerth ist doch eine Erläuterung für imaginäre Wirkungen, überhaupt die Definition einer imaginären Wirkung. Reell ist nach Vorstehendem die Kraft, welche in der Richtung des Fortschrittsweges wirkt und in dieser Richtung entweder vermöge eines zu überwindenden Widerstandes reelle Arbeit oder in einer freien Masse lebendige Kraft, überhaupt also eine reelle Wirkung hervorbringt. Imaginär ist eine Kraft, welche in derselben Ebene normal gegen den Fortschrittsweg wirkt, also eine ablenkende oder eine Zentrifugalkraft (bezw., wenn sie in ihrer Richtung gegen den Kreismittelpunkt gerichtet gedacht wird, eine Zentripetalkraft). Ihre Wirkung ist Ablenkungs- oder imaginäre Wirkung. Die reelle Kraft wirkt fortschrittlich in einer geraden Linie oder längs einer Axe, die imaginäre Kraft wirkt drehend in einer Ebene oder um eine Axe, eine komplexe Kraft ist reelle und imaginäre Kraft zugleich, also eine Fortschrittskraft von variabeler Richtung. Je nach der Bewegungsrichtung muss eine reelle Kraft verschieden symbolisirt werden. Wenn man ihre Wirkung als ein Produkt von Kraft und Weg darstellen will (was jedoch nach dem Obigen nicht ganz zutreffend ist und nur unter Vorbehalt geschehen kann); so kommen für die drei Grundrichtungen OX, OY, OZ die drei reellen Wirkungen $p.a$, $pi.ai$ und $pii_1.aii_1$ in Betracht; sie stellen reelle Arbeiten oder Beschleunigungen in verschiedenen Richtungen von gleichem und positivem absoluten Werthe pa dar, und daraus geht hervor, dass man die Richtungskoeffizienten neben p und a nicht ohne Weiteres vertauschen und kombiniren, also nicht $pi \cdot ai = pai^2 = -pa$ oder $pii_1 \cdot aii_1 = pai^2 i_1^2 = -(\div) pa$ setzen darf.

Für die drei Grundebenen XY, YZ, ZX oder für die Drehungen um die drei Grundaxen OZ, OX, OY kommen drei Drehungs-, Ablenkungs- oder Zentrifugalwirkungen in Betracht, welche man als Deklinations-, Inklinations- und Reklinationswirkung auffassen kann. Für die Deklinationswirkung lehrt die Figur 65, dass, wenn es sich lediglich um Kreisdrehung von rechts nach links handelt, die Wirkungen $pi \cdot a$, $(-p) \cdot ai$, $(-pi)(-a)$, $p(-ai)$ einander gleich sind. Ebenso sind die Inklinationswirkungen in der Ebene YZ $pii_1 \cdot ai$, $(-pi) \cdot aii_1$, $(-pii_1)(-ai)$, $(pi)(-aii_1)$ und die Reklinationswirkungen in der Ebene ZX $pii_1 \cdot a$, $(-p) \cdot aii_1$, $(-pii_1) \cdot (-a)$, $p(-aii_1)$ einander gleich. Allgemein, stellt $pe^{(\pi + \varphi) i} \cdot ae^{\left(\frac{\pi}{2} + \varphi\right) i}$ eine Deklinationswirkung dar. Für die Reklinationswirkungen in der Ebene ZX, also für Wirkungen, welche ausserhalb der primären und sekundären Ebene liegen, würde es dem Geiste der allgemeinen Mathematik mehr entsprechen, wenn man in den betreffenden Formeln durch Einführung eines Zeichens i_2 für quartäre Grössen zunächst statt a den Werth $-aii_1 i_2$ und statt p den Werth $-pii_1 i_2$ setzte, wodurch die vier Reklinationswirkungen durch

$$pii_1(-aii_1 i_2), \quad pii_1 i_2 \cdot aii_1, \quad (-pii_1) \cdot aii_1 i_2, \quad -pii_1 i_2(-aii_1)$$

dargestellt sein würden.

Zerlegt man die Kraft $(p) = pe^{\varphi i} e^{\psi i_1}$ und den Weg $(a) = ae^{\alpha i} e^{\beta i_1}$ in ihre drei Koordinaten parallel zu den Grundaxen OX, OY, OZ und nimmt an, jede der drei Komponenten von (p) durchlaufe jede der drei Wegekoordinaten; so ergiebt sich als Summe der neun Wirkungen das Produkt der beiden dreigliedrigen Reihen

$$p \cos\varphi + p \sin\varphi \cos\psi \cdot i + p \sin\varphi \sin\psi \cdot ii_1$$
$$a \cos\alpha + a \sin\alpha \cos\beta \cdot i + a \sin\alpha \sin\beta \cdot ii_1$$

der sechsgliedrige Ausdruck

$$\begin{aligned}
&(p \cos\varphi \cdot a \cos\alpha) + (p \sin\varphi \cos\psi \cdot i \cdot a \sin\alpha \cos\beta \cdot i) \\
&+ (p \sin\varphi \sin\psi \cdot ii_1 \cdot a \sin\alpha \sin\beta \cdot ii_1) \\
&+ (p \sin\varphi \cos\psi \cdot i \cdot a \cos\alpha + p \cos\varphi \cdot a \sin\alpha \cos\beta \cdot i) \\
&+ (p \sin\varphi \sin\psi \cdot ii_1 \cdot a \sin\alpha \cos\beta \cdot i + p \sin\varphi \cos\psi \cdot i \cdot a \sin\alpha \sin\beta \cdot ii_1 \\
&+ (p \sin\varphi \sin\psi \cdot ii_1 \cdot a \cos\alpha + p \cos\varphi \cdot a \sin\alpha \sin\beta \cdot ii_1)
\end{aligned}$$

Die ersten drei Glieder stellen drei Fortschrittseffekte in den Richtungen OX, OY, OZ, die letzten drei Glieder dagegen drei Drehungseffekte in den Ebenen XY, YZ, ZX dar. Führt man die Neigungswinkel μ', μ'', μ''', ν', ν'', ν''' ein; so kann man die Formel nach Vorstehendem

$$p\,a\,(\cos\mu'\cos\nu' + \cos\mu''\cos\nu'' + \cos\mu'''\cos\nu''')$$
$$+ p\,a\,(\cos\mu''\cos\nu' - \cos\mu'\cos\nu'')\,i + p\,a\,(\cos\mu'''\cos\nu'' - \cos\mu''\cos\nu''')\,i_1$$
$$+ p\,a\,(\cos\mu'\cos\nu''' - \cos\mu'''\cos\nu')\,i\,i_1$$

schreiben. Handelt es sich um eine in einer Ebene, der Grundebene XY, liegende Wirkung der Kraft $(p) = p e^{\varphi i}$ längs des Weges $(a) = a e^{\alpha i}$, wäre also $\psi = 0$ und $\beta = 0$, mithin $\cos\mu''' = 0$, $\cos\nu''' = 0$, $\cos\mu'' = \sin\mu'$, $\cos\nu'' = \sin\nu'$; so erhält man

$$p\,a\,(\cos\mu'\cos\nu' + \sin\mu'\sin\nu') + p\,a\,(\sin\mu'\cos\nu' - \cos\mu'\sin\nu')\,i$$
$$= p\,a\cos(\mu' - \nu') + p\,a\sin(\mu' - \nu')\,.\,i$$
$$= p\,a\cos\eta + p\,a\sin\eta\,.\,i = p\,a\,e^{\eta i}$$

also eine vollständige Übereinstimmung mit dem Grundgesetze. Dieselbe Übereinstimmung wird sich auch für den allgemeineren Fall ergeben, wo es sich um einen Effekt im dreidimensionalen Raume, also um die Grundformel $p\,a\,e^{\eta i}\,e^{\vartheta i_1} = p\,a\cos\eta + p\,a\sin\eta\cos\vartheta\,.\,i + p\,a\sin\eta\sin\vartheta\,.\,i i_1$ für die Resultante handelt. Die Übereinstimmung des reellen Theiles mit dem Werthe von $p\,a\cos\eta$ ist ohne Weiteres klar.

Ich mache darauf aufmerksam, dass diese aus der Multiplikation der drei Komponenten von (p) mit den drei Koordinaten von (a) hervorgehende Formel durchaus nicht mit dem Produkte $(p)(a) = p e^{\varphi i} e^{\psi i_1}\,.\,a e^{\alpha i} e^{\beta i_1}$ $= p a e^{(\varphi+\alpha) i}\,e^{(\psi+\beta) i_1} = p\,a\cos(\varphi + \alpha) + p\,a\sin(\varphi + \alpha)\cos(\psi + \beta)\,.\,i$ $+ p\,a\sin(\varphi + \alpha)\sin(\psi + \beta)\,.\,i i_1$ übereinstimmt (s. Nr. 32), dass also dieses Produkt, selbst wenn es sich um einen Effekt in der Grundebene handelte, wo $\varphi = \mu'$ und $\alpha = \nu'$ wäre, nicht die Wirkung der Kraft (p) darstellt, indem $p\,a\cos(\mu' + \nu') + p\,a\sin(\mu' + \nu')\,.\,i$ nicht gleich $p\,a\,(\mu' - \nu') + p\,a\sin(\mu' - \nu')\,.\,i$ ist.

Schliesslich sei bemerkt, dass eine imaginäre oder ablenkende oder Zentrifugalkraft, wenn sie nicht durch einen gleichen Widerstand aufgehoben wird, nicht einen geraden Weg (a) von endlicher Länge beschreiben kann, dass sie vielmehr einen Kreisbogen beschreibt und dabei ihre Richtung ändert, dass also für eine endliche Wirkung einer solchen Kraft in der Grundebene XY der Weg $a e^{\alpha i}$ ein Integral $\int \partial a e^{\alpha i}$ der variabelen Grösse a mit variabelem Exponenten α und die Kraft $p e^{\varphi i}$ eine Funktion des von α abhängigen Exponenten φ ist.

Wenn die ablenkende Wirkung nicht in einer Ebene erfolgt, d. h. wenn die Kraft (p) nicht fortwährend auf den Mittelpunkt des Kreises, welchen der Weg (a) beschreibt, sondern auf einen Punkt gerichtet ist, welcher in einer auf dieser Kreisebene errichteten Normalen liegt, wenn z. B. die Drehung um die Axe OX in in einer zu YZ parallelen Ebene durch eine fortwährend auf den Punkt O gerichtete konstante Kraft $(p) = p e^{\varphi i} e^{\psi i_1}$ erfolgt, worin φ konstant und ψ variabel ist; so entsteht die überimaginäre Wirkung einer überimaginären oder tertiären oder wälzenden Kraft, welche ich eine Gyralkraft nenne.

Wie sich einfache Zentrifugal- und Gyralkräfte, z. B. bei der Beschreibung einer hin- und herlaufenden Spirale um eine Kugel durch

13

eine fortwährend nach dem Mittelpunkte der Kugel gerichtete konstante Kraft zusammensetzen und sich mit variabelen Werthen der Intensität p dieser Kraft kombiniren, um Drehungen, Wälzungen und Beschleunigungen hervorzubringen, ist hiernach leicht zu ermessen.

106. **Für das chemische Gebiet.** Es kömmt nunmehr das chemische Grundgebiet von Raum, Zeit, Materie und Stoff in Betracht. Während auf eine materielle Masseneinheit jede beliebige Kraft in jeder beliebigen Richtung während einer beliebigen Zeit angebracht werden kann, um darin verschiedene Arbeiten oder Beschleunigungen zu erzeugen, und während diese Masse, wenn sie gravitirend gedacht wird, auf alle existirenden Massen zugleich gravitirt, wirkt eine chemische Valenzeinheit nur auf eine einzige von ihr als Sozius gewählte Einheit mit einer bestimmten Affinität und die Wirkung erscheint zwischen den in demselben Raume sich durchdringenden Sozien in sehr kurzer Zeit, um als Verbindung ein dauerndes chemisches Gleichgewicht zwischen den beiden in entgegengesetzter Richtung zusammenwirkenden Affinitätskräften darzustellen. Unter Umständen kann allerdings auch der chemische Prozess, wenn die nach Verbindung strebenden Sozien sich noch nicht in gleichem Volum befinden oder sich noch nicht vollständig durchdringen, wie ein mechanischer Prozess allmählich verlaufen; wir lassen jedoch diese Vorgänge zunächst ausser Acht. Ist p die Kraft, womit die Valenzeinheit A auf die Einheit B und umgekehrt B auf A wirkt; so ist, wenn man die letztere Kraft wegen ihrer entgegengesetzten Richtung mit $-p$ bezeichnet, die algebraische Summe Beider $p-p=0$, und diese Gleichung besteht auch für die Verbindung AB als Ausdruck der Kräfte, womit sich A und B im Gleichgewichte erhalten. Die Affinität p ist proportional der Länge a des Abstandes, welchen die beiden Stoffe A und B im chemischen Raume einnehmen, man hat also $p = \varkappa a$. Die Verbindung AB ist das Resultat eines chemischen Wirkungs- oder Arbeitsprozesses, welcher entweder dadurch vor sich geht, dass A mit der Kraft p den Arbeitsweg AB beschreibt, um sich im Endpunkte mit B zu verbinden, oder dadurch, dass B mit der Kraft $-p$ den Weg $BA = -AB$ beschreibt, oder dadurch, dass A den Weg $AS = s$ und B den Weg $BS = BA - SA = -BA + AS = -a + s$ beschreibt, um im Punkte S die Verbindung AB herzustellen. Die chemische Arbeit ist in allen Fällen $ps - p(-a+s) = pa = \varkappa aa = \varkappa a^2$. Nach meiner Auffassung verbinden sich die beiden Valenzeinheiten A und B in ihrem chemischen Schwerpunkte S, welcher in der Mitte der Linie a, allgemein aber in demjenigen Orte liegt, in welchen der mechanische Schwerpunkt der sich verbindenden Valenzeinheiten fällt, wenn alle diese Valenzeinheiten von gleichem Gewichte, d. h. als gewichtlich äquivalent angenommen werden. Der Ort des Schwerpunktes verleihet der Verbindung einen gewissen Charakter, jedoch keine diesem Orte entsprechende Affinität. Die gesättigte Verbindung hat keine Affinität, da die Affinitätskräfte der Sozien sich ja in dem Gleichgewichtszustande der Verbindung er-

schöpfen. Erst durch Scheidung, also Freimachung, können verbundene Sozien Affinität gegen andere Stoffe äussern.

Eine Valenzeinheit A eines mehrwerthigen Stoffes kann sich mit einer Valenzeinheit A_1 eines anderen Atoms desselben Stoffes durch innere Affinität verbinden. Da aber ihr chemischer Ortsabstand null ist; so bedingt diese Verbindung keine chemische Arbeit. Die Verbindung O_2H_2 erfordert dieselbe Arbeit wie die Verbindung OH_2, hat aber einen anderen chemischen Schwerpunkt; der Schwerpunkt von O_2H_2 liegt in der Entfernung $^1/_3\,a$, während der von OH_2 in der Entfernung $^1/_2\,a$ von O liegt.

Hiernach besteht für jede gesättigte Verbindung, worin immer je zwei Valenzeinheiten zusammenwirken, zunächst die Summengleichung

$$(p-p)+(p_1-p_1)+(p_2-p_2)+\ldots=0$$

Dieselbe gilt auch für die Legirung und Allegirung, indem sich diese Theilverbindungen von den Verbindungen nach ganzen Valenzeinheiten nur durch verschiedene Volumen und Massen unterscheiden.

Die bei dieser Verbindung verrichtete chemische Arbeit hat den Werth

$$\begin{aligned} W &= \varkappa p a+\varkappa p_1 a_1+\varkappa p_2 a_2+\ldots \\ &= \varkappa a^2+\varkappa a_1{}^2+\varkappa a_2{}^2+\ldots \end{aligned}$$

Diese Summe besteht aus lauter positiven Gliedern, welche positiv reelle Arbeit in verschiedenen Richtungen darstellt und in der Verbindung aufgespeichert ist, sodass diese Verbindung W die Resultante der einzelnen Wirkungsprozesse bezeichnet.

Wenn die Verbindung W mit einer anderen Verbindung W' in Wechselwirkung tritt, welche in Folge überwiegender Affinitätskräfte zwischen gewissen Einheiten die Scheidung anderer Einheiten und dadurch eine chemische Umsetzung hervorbringt; so sind die Scheidungen als negative Wirkungsprozesse anzusehen. Der erste Körper W wird also in einen durch $W+w_1-w_2$ dargestellten und der zweite Körper W' in einen durch $W'-w_1+w_2$ dargestellten übergehen, sodass die Summe Beider $= W+W'$ bleibt: der eine Körper wird also soviel an chemischer Wirkungsfähigkeit oder Energie verlieren, als der andere gewinnt. (Nebenprozesse, welche dieses Resultat ändern, bleiben hierbei unberücksichtigt).

Die Gleichung für W vertritt die mechanische Wirkungs- oder Momentengleichung. Denken wir uns das vermöge der Verbindung im Gleichgewichte befindliche System von Sozien in irgend einer Weise im chemischen Raume verschoben oder gedrehet und sodann die gegebenen Sozien durch diejenigen Sozien ersetzt, welche den neuen Örtern entsprechen; so bleiben die relativen Affinitätskräfte zwischen den neuen Sozien denen der früheren Sozien vollkommen gleich: das neue System befindet sich also wiederum im Gleichgewichte, stellt jedoch durch seinen veränderten Schwerpunkt einen ganz anderen Körper dar. Diese Veränderung des chemischen Systems entspricht dem durch die virtuellen Geschwindigkeiten hervorgebrachten mechanischen Prozesse.

In der Wirklichkeit, wo nicht alle möglichen, sondern nur gewisse Grundstoffe und diese nur mit gewissen Quantivalenzwerthen bestehen, können nicht durch jede beliebige virtuelle Verschiebung oder Drehung des gegebenen Systems Örter getroffen werden, welche wirklichen Grundstoffen mit den betreffenden Quantivalenzwerthen angehören. Es wird also nur gewisse gleichwerthige Verbindungen, d. h. Verbindungen von gleicher Struktur und mit gleichem Arbeitsinhalte geben: in diesen aber wird sich wegen der Übereinstimmung der chemischen Affinitäten und der chemischen Struktur auch zuweilen die gleiche krystallinische Form bethätigen.

Wenn wir bei der chemischen Wirkung ebenso wie bei der mechanischen Wirkung diejenige Arbeit eine reelle nennen, bei welcher die Affinitätskraft in ihrer Richtung wirksam ist; so bestehen alle gesättigten chemischen Verbindungen aus reellen Wirkungen zwischen je zwei Valenzeinheiten. Die Berücksichtigung des speziellen Werthes der Wirkungsrichtungen und, damit im Zusammenhange, die Berücksichtigung der imaginären und überimaginären Wirkungen führt zu folgenden Sätzen.

Die beiden in der chemischen Grundebene liegenden Valenzeinheiten A und B in Figur 68 wirken mit der zum Abstande $AB = a$ proportionalen Kraft $\varkappa a$ aufeinander und erzeugen auf dem Arbeitswege AB die chemische Wirkung $\varkappa a^2$. Sind $AC = x$ und $AD = yi$ die zur primären Axe OX und zur sekundären Axe OY parallele Komponente der Kraft $\varkappa a$ und die Neigungswinkel dieser Komponenten gegen AB, nämlich $CAB = \mu$ und $DAB = \mu'$; so hat man $a = x + yi$, $x = a \cos\mu = a \sin\mu'$, $y = a \sin\mu = a \cos\mu'$, $AE = x \cos\mu$, $EC = x \sin\mu$, $AF = y \cos\mu'$, $FD = y \sin\mu'$, $a = AB = AE + AF$, $= x \cos\mu + y \cos\mu'$, $EC + FD = EC - DF = x \sin\mu - y \sin\mu'$ $= a \cos\mu \sin\mu - a \sin\mu \cos\mu = 0$. Die beiden zu AE und AF proportionalen Kräfte erzeugen, indem sie den Weg AB durchlaufen, die reelle chemische Arbeit $\varkappa a (x \cos\mu + y \cos\mu') = \varkappa a^2$, die beiden zu ED und FD proportionalen Kräfte erzeugen dagegen die imaginäre chemische Arbeit $\varkappa a . 0 = 0$. Hieraus geht hervor, dass bei der Verbindung zweier in der chemischen Grundebene liegenden Valenzeinheiten lediglich die reelle Arbeit $\varkappa a^2$ verrichtet wird, indem die imaginären Arbeiten sich aufheben.

Ganz Dasselbe ergiebt sich, wenn die Valenzeinheit B mit A nicht in einer zur Grundebene parallelen Ebene, sondern irgendwo im chemischen Raume liegt, also $a = x + yi + zii_1$ in eine primäre, sekundäre und tertiäre Komponente zerlegt wird. Fällt man von den Endpunkten dieser Komponenten drei Normalen auf die Linie AB und bezeichnet die Neigungswinkel der Komponenten gegen AB mit μ, μ', μ''; so findet sich sofort $a = x \cos\mu + y \cos\mu' + z \cos\mu''$. Da jede dieser Komponenten den Weg a durchläuft, ist die gesammte reelle Arbeit $\varkappa a a = \varkappa a^2$. Hiernach kömmt die gesammte Arbeit der Kraft $x + yi + zii_1$ schon durch ihren reellen Theil vollständig zur Erscheinung, und daraus folgt, dass die imaginären und überimaginären Arbeitstheile die Resultante null haben müssen. Diess bestätigt sich, wenn man durch die Grundaxe AX und die Richtung AB eine Ebene gelegt denkt und diese Ebene zur relativen Grundebene annimmt. Zerlegt man dann jede der drei soeben genannten Normalen auf AB in zwei zu AB normale Komponenten, von welchen die eine in die Ebene XAB fällt und die andere normal auf dieser Ebene steht; so ergeben sich im Ganzen sechs Komponenten, von welchen drei in der Ebene XAB liegen und drei darauf normal stehen. Die ersten drei liefern durch das Vorrücken auf dem Wege AB imaginäre Arbeiten, während die letzten drei überimaginäre Arbeiten erzeugen. Die Summe der ersten und die Summe der letzten drei annullirt sich aber durch die Entgegengesetztheit und Grösse der einen von ihnen.

Hiernach verwirklicht sich bei einer gesättigten chemischen Verbindung immer nur reelle chemische Arbeit, welche für je zwei Valenzeinheiten den Werth $\varkappa a^2$ hat. Bei einer mechanischen Wirkung ist Diess nicht der Fall, weil die Richtung der mechanischen Kraft nicht nothwendig in der Richtung ihres Arbeitswoges zu liegen braucht. Im Übrigen stimmt die chemische Summen- und Wirkungsgleichung mit dem für das Raum-, für das Zeit- und für das materielle Gebiet aufgestellten Bildungsgesetze überein. Ich erinnere jedoch daran, dass es sich hier um rein chemische, die Neigung zur Gemeinschaft oder die Affinität betreffende Beziehungen, nicht um die Kombination mit anderen Eigenschaften handelt, und dass solche Zusammenwirkungen, z. B. mit Wärme, mit Licht, mit Elektrizität, mit Raumerfüllungstendenz, mit bewegender Kraft, mit Krystallisation u. s. w. Modifikationen bedingen, welche im Vorstehenden als ausgeschlossen gelten.

Was schliesslich die stetig verlaufenden, also nicht im Gleichgewichte befindlichen chemischen Prozesse betrifft; so sind die auf dieselben Anwendung findenden Prinzipien den für mechanische Prozesse gültigen gleich. Es würde danach das d'Alembertsche Prinzip auch für chemische Prozesse Geltung haben, indem es die Bedingungen ausdrückt, unter welchen ein solcher Prozess ins Gleichgewicht versetzt werden kann. Der Verwirklichung dieser Bedingungen treten jedoch die schon vorhin bei der Verwirklichung des Prinzipes der virtuellen Geschwindigkeiten bezeichneten Schwierigkeiten entgegen, welche darin bestehen, dass der Chemiker nicht wie der Mechaniker über Stoffe mit allen möglichen Affinitätskräften verfügen kann.

107. **Für das physiometrische oder Krystallisationsgebiet** beschränke ich mich auf die Bemerkung, dass ein Grundtrieb immer in zwei entgegengesetzten Richtungen mit gleicher Kraft wirkt, dass also ein fertiger Krystall eine im Gleichgewichte befindliche Kraft- und Wirkungssumme aus einem beliebigen Systeme von Elementen darstellt, während ein in Bildung begriffener Krystall einen Wirkungsprozess vertritt. Da man jedoch unter den geschaffenen Formelementen ebensowenig wie unter den geschaffenen chemischen Atomen über beliebige Gestaltungstriebe verfügen kann; so ist das physiometrische Bildungsgesetz aus demselben Gesichtspunkte zu betrachten wie das chemische

Bildungsgesetz. Wie sich die chemische Verbindung aus Valenzeinheiten zusammensetzt und dadurch eine gewisse Qualität erlangt, so setzt sich der Krystall aus Grundtrieben zusammen und erlangt dadurch eine gewisse Form. Wegen der Zusammensetzung einer Valenzeinheit aus physischen Elementen mit verschiedenen Gestaltungstrieben nimmt das chemische Atom, welches als einfacher Stoff keine chemische Struktur hat, eine bestimmte Krystallform an, und aus der Zusammenwirkung der Krystallformen verschiedenartiger Atome erhält die chemische Verbindung dieser Atome eine besondere Krystallform, welche mit ihrer chemischen Struktur Nichts gemein hat.

108. **Allgemeine Bemerkung.** Aus allem Vorstehenden erhellet, dass sich das Bildungsgesetz neben das Bestandesgesetz, das Erneuerungsgesetz, das Energiegesetz und das Äquivalenzgesetz als das fünfte Grundgesetz stellt, welches in allen fünf anschaulichen oder rein mineralischen Grundgebieten, nämlich im Raum-, Zeit-, Materie-, Stoff- und Krystallgebiete dieselbe Form besitzt und ein Gesetz darstellt, welches alle sogenannten Grundsätze eines jeden Gebietes als spezielle Fälle umfasst.

In allen Gebieten enthält das Bildungsgesetz die Bedingungen für das Gleichgewicht oder die Konstanz oder Beharrung des Systems in dem eben gegebenen Zustande oder mit den eben gegebenen Kräften, also die Bedingungen für ein System mit der Resultante null. Das Gleichgewicht ist daher eine Spezialität des Bildungsgesetzes.

Das Prinzip der virtuellen Geschwindigkeiten in allen Gebieten lässt die Zuführung neuer Kräfte unter der Bedingung zu, dass daraus ein beharrliches System entstehe, es ermittelt also die Bedingungen für ein Gleichgewicht.

Das allgemeine Bildungsgesetz betrachtet in allen Gebieten die Variation, welche ein gegebenes System unter der Wirkung gegebener Kräfte erleidet und stellt die daraus hervorgehende Resultante fest.

Das d'Alembertsche Prinzip bezeichnet die Bedingungen, unter welchen die Variabilität des Systems verschwindet und ein Gleichgewichtssystem entsteht, bestimmt also durch Vermittlung der Gleichgewichtsbedingungen oder auf indirektem Wege die Resultante des Systems.

Die Erkenntniss der fünf Grundgesetze veranlasst mich zu folgender Bemerkung über die Grundprozesse. Gleichwie jedes Objekt in einem Grundgebiete fünf Grundeigenschaften zugleich besitzt, also erstens einen Quantitätswerth hat, zweitens einen Standpunkt, oder Ort einnimmt oder einen Zustand, eine Beschaffenheit besitzt, welche ihm inhärirt oder einen Inhärenzwerth bezeichnet, drittens ein Resultat, eine Wirkung, einen Relationswerth darstellt, viertens einen Qualitäts- oder Potenzwerth hat, fünftens eine Form, eine Gestalt, einen Modalitäts- oder Integralwerth an sich trägt, welche fünf Werthe nicht identisch, sondern nur gleichwerthig sein können, ebenso bekundet jeder Vorgang in diesem Gebiete fünf nicht identische, aber gleichwerthige Grundprozesse zugleich. In Nr. 97 habe ich in dem Änderungs- oder Fortschrittsprozesse und in dem Wirkungs- oder Relationsprozesse, den ich als Grundoperation aufgeführt habe, nur deren zwei besprochen, es kommen jedoch deren fünf in Betracht.

Der erste Grundprozess ist ein Vereinigungs- oder Bestandesprozess, durch welchen Elemente oder gesonderte Bestandtheile zu einem Ganzen vereinigt, in gemeinsame Grenzen eingeschlossen werden. So vereinigen sich z. B. bei der Addition von Linien die Linienelemente, welche den Abstand bilden, zu einer ganzen Linie. Dieser Prozess entspricht dem Bestandesgesetz.

Der zweite Grundprozess ist der in Nr. 97 besprochene Fortschritts-, Änderungs-, Anreihungs-, Inhärenzprozess, welcher bei der Addition die Ortsveränderung oder den Abstand hervorbringt und dem Änderungsgesetze entspricht.

Der dritte Grundprozess ist der in Nr. 98 vorgeführte Wirkungs- oder Relationsprozess, welcher bei der Addition das Additionsresultat, die Summe von Augend und Addend, erzeugt, also dem Energiegesetze entspricht.

Der vierte Grundprozess ist ein Qualitäts-, Umwandlungs-, Potenzirungsprozess, in Folge dessen bei der Addition von Linien die durchschrittenen undimensionalen Punkte in eindimensionale Linien einbegriffen, also in höher dimensionirte äquivalente Grössen umgewandelt oder potenzirt werden, ein Prozess, welcher dem Äquivalenzgesetze entspricht.

Der fünfte Grundprozess ist ein Form-, Gestaltungs-, Anordnungs-, oder Variationsprozess, welcher dem Objekte eine Form verleihet, indem er seine Elemente in Abhängigkeit voneinander versetzt. Bei der Addition bezeichnet er die Form des Ganzen, welches, wenn die Summanden gerade Linien sind, eine gebrochene, geradlinige Gestalt, sonst aber auch eine krummlinige Gestalt bildet. Dieser Prozess entspricht also dem Bildungsgesetze.

Das Nämliche, was soeben von der Addition gesagt ist, gilt prinzipiell auch von der Numeration, der Multiplikation, der Potenzirung und der Integration.

Alle diese fünf Grundprozesse treten bei jedem Vorgange zugleich auf, man kann also den Vorgang unter dem Gesichtspunkte jedes einzelnen betrachten, wiewohl ein jeder, da sie alle zwar gleichwerthig, aber nicht identisch sind, dem Objekte verschiedene, besondere Eigenschaftswerthe verleihet.

109. **Die Grundgesetze für das Verhalten der Objekte, welche mehreren Grundgebieten oder einem Reiche angehören.** Die vorstehenden Betrachtungen über die Grundgesetze bezogen sich vornehmlich auf das Verhalten von Objekten, welche einunddemselben mineralischen Grundgebiete angehören. Diese Grundgebiete und daher auch ihre Objekte stehen aber unter einander in weltgesetzlicher Beziehung, und hieraus ergeben sich zunächst gesetzmässige Beziehungen und Kom-

binationen zwischen den räumlichen, zeitlichen, mechanischen, chemischen und krystallinischen Objekten und ihren Eigenschaften und Prozessen.

Die Objekte der fünf physischen Grundgebiete, also des optischen, akustischen, kalorischen (ästhematischen), elektrischen (gustischen) und Duftungs- (osmetischen) Gebietes, also die Objekte des Ätherreiches, befolgen dieselben vorstehend für das Mineralreich entwickelten Grundgesetze und liefern ähnliche Kombinationen für die mehreren dieser Gebiete angehörigen Objekte.

Der Zusammenhang zwischen dem physischen und dem mineralischen Reiche endlich bedingt gesetzliche Beziehungen zwischen den Objekten aller physischen und mineralischen Gebiete. Da nun jedes Mineral wegen seiner endlichen Bestandtheile (Raum- und Zeitelemente, materiellen Elemente, chemischen Atome, krystallinischen Formelemente) allen fünf Grundgebieten des Mineralreiches und wegen der physischen Elemente seiner endlichen Bestandtheile allen fünf Grundgebieten des Ätherreiches zugleich angehört; so müssen nothwendig *in allen Mineralkörpern und Mineralprozessen ganz bestimmte gesetzmässige Kombinationen aller mineralischen und physischen Kräfte auftreten*, welche die allgemeinen Grundgesetze des *Mineralreiches* darstellen. Wenn erst das Wesen der Elementarbestandtheile aller Gebiete genau erkannt ist, werden sich diese Kombinationen als rein mathematische Schlussfolgerungen ergeben: bei dem jetzigen Stande der Mathematik und der Naturwissenschaft beschränkt sich die strenge Ableitung der in Erscheinung tretenden Prozesse auf Einzelfälle, und die Welterkenntniss ist noch in hohem Grade von der *Beobachtung* abhängig, welche dem denkenden Geiste die Mittel zur Erkenntniss der allgemeinen Weltgesetze darreicht.

Der *freie* Äther erscheint als ein Reich von ungemein grossem Beharrungsvermögen. Der reine Äther ist nicht für Einwirkungen wirklicher Objekte absolut unveränderlich, sondern in sehr deutlich erkennbarer Weise für optische, kalorische, elektrische Prozesse zugänglich: er wälzt aber die empfangenen Eindrücke mit grösster Geschwindigkeit auf die Nachbarelemente ab, kehrt also rasch in den früheren Zustand zurück. Bei der Gravitation von materiellen Körpern nimmt er eine Spannung auf, verliert dieselbe aber sofort wieder, sobald die spannende äussere Ursache erlischt. Im Übrigen gelten für den reinen Äther die obigen Grundgesetze.

Als *physisches* Reich kann man die durch den Mineralisirungsprozess umgewandelte Äthermasse oder auch den der Mineralisirungskraft unterworfenen Äther verstehen; derselbe bildet den Inbegriff der ätherischen Bestandtheile aller Elemente eines Minerals, ist also dem Bestande dieses Minerals völlig gleich, wenn man diesen Bestand lediglich nach der Menge der darin enthaltenen ätherischen Bestandtheile und nach den rein physischen Eigenschaften abschätzt, welche dieselben als Ätherelemente haben und mit welchen sie wirken, sobald sie von der Herrschaft der Mineralisirungskraft befreiet werden. Die frei werdenden physischen Bestandtheile eines Minerals bethätigen daher ebenfalls die obigen Grundgesetze in der Zusammenwirkung sowohl mit physischen, als auch mit rein ätherischen Elementen.

Das Nämliche gilt von der Zusammenwirkung mineralischer, physischer und ätherischer Objekte und Elemente; das Beharrungsgesetz, das Erneuerungsgesetz, das Energiegesetz, das Äquivalenzgesetz und das Bildungsgesetz muss sich daher, wenn darin die Grundlage des allgemeinen Weltgesetzes oder eine weltgesetzliche Grundsätzlichkeit erblickt wird, nothwendig in allen einfachen und zusammengesetzten Naturprozessen bethätigen. Diese fünf Grundgesetze sind von sehr einfacher Beschaffenheit, sie sagen z. B., dass mechanische Arbeit einem optischen, einem akustischen, einem kalorischen, einem elektrischen, einem krystallinischen Effekte äquivalent ist und unter Umständen in einen solchen Effekt umgewandelt werden kann: allein, über den gegenseitigen Werth solcher äquivalenten Wirkungen oder über das Äquivalenzverhältniss sagen sie Nichts, auch über die Spaltung in die verschiedenartigen äquivalenten Wirkungen, welche in einem gegebenen Falle eintritt und eintreten muss, geben sie keine Auskunft. Zu diesen Erkenntnissen ist die Wissenschaft noch nicht vorgeschritten; es ist jedoch ihre Aufgabe, dieselben herbeizuführen. Zur Erläuterung diene folgender Fall, welcher eine Ergänzung der weiter oben in Nr. 88 bei der Besprechung der Aggregatzustände gemachten Bemerkungen über die Unzulänglichkeit der mechanischen Wärmetheorie bildet.

Die sogenannte mechanische Wärmetheorie stützt sich auf die Thatsache, dass in den einer Beobachtung unterworfenen Fällen eine mechanische Wirkung einen kalorischen Effekt ergiebt, welcher zu jener Wirkung in einem konstanten Verhältnisse steht. Dass sich in den beobachteten Fällen von mechanischer Wirkung nothwendig Wärme ergeben muss und dass diese Wärme nothwendig dem Äquivalentverhältnisse entsprechen muss, geht aus der mechanischen Wärmetheorie nicht hervor, sie ist daher nicht mathematisch, sondern nur durch Spezialfälle, welche keine mathematische Verallgemeinerung gestatten, experimentell begründet (was nicht ausschliesst, dass die Folgerungen daraus wiederum gewisse thatsächlich richtigere Resultate ergeben). Die mathematische Begründung der Wärmetheorie durch jene Annahme ist schon desshalb unmöglich, weil in dieser Annahme durchaus keine Vorstellung über das Wesen der Wärme und den Wärmeprozess liegt, eine solche Vorstellung als eine zu rechtfertigende Hypothese aber zu jener Begründung unerlässlich ist, da sich doch optische, akustische, elektrische Prozesse zu der mechanischen Wirkung ganz anders stellen, als der kalorische Prozess. Meines Erachtens ist einzig und allein die Pendelschwingung im Stande, die kalorischen Erscheinungen mathematisch zu erklären und die Wärmetheorie zu begründen. Das mechanische Moment spielt dabei eine nebensächliche Rolle, indem der Wärmeprozess ebenso gut aus dem optischen, dem akustischen, dem elektrischen, dem chemischen, dem krystallinischen Prozesse hervorgehen kann, auch immer und überall mit optischen, akustischen, elektrischen, chemischen und krystallinischen Erscheinungen begleitet ist, also eine selbstständige Eigenart hat, welche nicht auf rein mechanischen Eigenschaften beruhet. Eigentliche mechanische Arbeit, d. h. Arbeit materieller Bestandtheile liegt überhaupt nicht in der Wärme: der freie Äther, welcher keine materiellen Bestandtheile und mechanischen Eigenschaften hat, kann dennoch erwärmt werden. Man kann nur sagen, Wärme als ein Bewegungszustand ätherischer Bestandtheile, bilde eine unendliche Summe lebendiger Kraft ätherischer Elemente oder sei einer unendlichen Summe ätherischer Arbeit und daher einer endlichen mechanischen Arbeit äquivalent. Durch diese Äquivalenz mit mechanischer Arbeit unterscheidet sich aber die Wärme nicht von den übrigen physischen Prozessen: denn diese sind aus demselben Grunde ebenfalls einer mechanischen Arbeit äquivalent. Aus dieser allgemeinen Äquivalenz mit mechanischer Arbeit ergeben sich in keiner Weise die spezifischen Eigenschaften und Wirkungen der Wärme. Man muss doch mit Recht fragen: wie geht es zu, dass sich in einem freien Körper, welcher die Wärmemenge a enthält, diese Wärme nicht einfach durch Zuführung der Wärmemenge b auf den Betrag $a + b$ vermehren lässt? Wenn diesem Körper die Wärme b zugeführt wird, dehnt er sich aus und zeigt nicht die Wärme $a + b$, sondern weniger Wärme $a + b - c$. Die Pendelschwingung giebt sofort Antwort auf diese Frage, welche dahin lautet, dass die verstärkte Pendelschwingung eine verstärkte Zentrifugalkraft, also eine Expansion des Körpers bedingt, dass also ein Theil c der zugeführten Wärme b gar nicht als Wärme eintritt, sondern in mechanische Expansionsarbeit verwandelt wird. Die hiernach zwischen Wärme und Expansionsspannung bestehende Beziehung lehrt denn auch, dass eine mechanische Expansion des Körpers durch die Kraft p keineswegs durch die Arbeit dieser Kraft zur Erscheinung kömmt, dass die erscheinende Expansions- oder Elastizitätsarbeit vielmehr grösser ist, als die äussere Arbeit der Kraft p, indem zugleich die Wärme des Körpers sich vermindert.

Die Pendelschwingung lässt, wie ich in meiner Theorie der Wärme und Elastizität (Supplement 1 zu den Naturgesetzen), sowie in Nr. 40 der „Äquivalenz der Naturkräfte“ gezeigt habe, die fragliche Beziehung zwischen Wärme und Elastizitätsspannung mit mathematischer Bestimmtheit erkennen, lehrt also nicht nur, dass zwischen Wärme und Arbeit Äquivalenz bestehe oder dass Wärme und Arbeit ineinander umgewandelt werden können, sondern sie ergiebt sofort das Äquivalenzverhältniss. Ausserdem führt sie durch rein mathematische Betrachtung zu dem Mariotteschen, dem Gay-Lussacschen und dem Poissonschen Gesetze, sowie zu allen übrigen durch Wärmeprozesse bedingten Erscheinungen in starren, flüssigen und gasförmigen Körpern, ohne neue spezielle Hypothesen einzuflechten. Natürlich ist die Annahme der Pendelschwingung selbst eine Hypothese: ich behaupte aber, dass ohne Hypothesen oder ohne Beihülfe der Phantasie keine Welterkenntniss möglich ist. Jede Deduktion über Dinge der Aussenwelt geht von einer Voraussetzung oder Annahme, als Prämisse, aus, welche in ihrem Kerne eine Hypothese birgt: es kömmt nur darauf an, eine solche Hypothese zu prüfen und zu begründen, wozu im Allgemeinen unendlich viel Bestätigungen durch Spezialfälle und durch Beobachtungen erforderlich sind.

Für die Wärme erscheint mir die Pendelschwingung als die nothwendige Voraussetzung (den in den Naturgesetzen §. 460 ff. durch einen lapsus calami eingeschlichenen Fehler habe ich in dem vorstehend gedachten Supplemente S. 12 eingebessert). So unzulänglich die heutigen naturwissenschaftlichen Grundanschauungen für die Wärme sind, so sind sie es auch für das Licht, indem der optische Prozess nach Maxwell und Herz mit dem elektrischen Prozesse konfundirt wird. Der Lichtstrahl beruhet nach meiner Ansicht auf einer ätherischen Grössenvibration, von welcher die Transversalschwingung nur ein spezieller Fall ist: wie ich in der „Theorie des Lichts" (Supplement 3 der Naturgesetze) gezeigt habe, sind auch die auf Schrägschwingungen beruhenden optischen Prozesse zu erwägen. Der elektrische Strom dagegen beruhet auf einer ätherischen Stoffoszillation. Warum erzeugt nur der elektrische, nicht aber der optische Strahl Induktionswirkungen, was doch geschehen müsste, wenn beide identisch wären und sich nur durch Geschwindigkeitsverhältnisse unterschieden? Die Ursachen liegen nach meiner Auffassung auf der Hand: die im elektrischen Strome abwechselnd eintretende Befreiung und Bindung der Urstoffe setzt sie in den Stand, nach aussen zu gravitiren, im optischen, akustischen und kalorischen Strahle, wo die Urstoffe stets zusammen schwingen, ist eine solche Wirkung unmöglich. (Im Supplement 2 der Naturgesetze habe ich die Theorie der Elektrizität, des Galvanismus und Magnetismus von einem Rechenfehler befreiet, welcher sich in den Naturgesetzen Abschnitt IX befindet und die Ampèresche Formel nicht zum genauen Ausdrucke kommen liess. Ausserdem aber ist es mir erst in dem Werke „Die Äquivalenz der Naturkräfte und das Energiegesetz als Weltgesetz" in Nr. 74 gelungen, diese Formel ohne eine Nebenhypothese und ohne die ganz unhaltbaren Voraussetzungen von Weber auf rein mathematischem Wege zu entwickeln, nachdem ich in Nr. 71 auch die Gravitation glaube auf ihre wahren Grundlagen zurückgeführt zu haben).

In Betreff der übrigen physischen oder ätherischen Prozesse gestatte ich mir noch folgende Bemerkungen. Der optische Prozess ist nicht, wie allgemein angenommen wird, eine rechtwinklig transversale Schwingung, sondern, wie ich in der „Theorie des Lichtes" im Supplement 3 der Naturgesetze näher ausgeführt und weiter oben in Nr. 71 besonders erläutert habe, eine unter beliebigen Neigungswinkeln vor sich gehende Schrägschwingung, welche das Element einer Volumschwingung bildet.

Der akustische Prozess beruhet nicht nach der allgemeinen Annahme auf materiellen Dichtigkeitsschwingungen, sondern auf Abstandsvibrationen der ätherischen Elemente (s. Naturgesetze Abschnitt XII), wenngleich der für menschliche Ohren hörbare Prozess von solcher Langsamkeit sein muss, dass nur materielle Objekte ihn realisiren können.

Neben dem kalorischen, auf Pendelschwingungen beruhenden Prozesse besteht der Prozess, welcher auf Expansion und Kontraktion der Radien der physischen Elemente oder auf Verdünnung und Verdichtung dieser Elemente beruhet und das Tastgefühl bedingt; dieser ist primärer, jener ist sekundärer ästhematischer Prozess.

Der elektrische Prozess ist ein Scheidungs- und Verbindungsprozess zwischen den Urstoffen der physischen Elemente (den positiv und negativ elektrischen Stoffelementen), und zwar handelt es sich dabei um einen Fortschrittsprozess, an welchem im elektrischen Strome nur die Urstoffe, im galvanischen Strome aber die aus physischen Elementen, also auch aus Urstoffen, zusammengesetzten chemischen Moleküle betheiligt sind.

Den Magnetismus habe ich in den Naturgesetzen Abschnitt IX und namentlich im Supplement 2 auf eine Verdrehung der Urstoffe oder der positiv und negativ elektrischen Radien in den ebenen Schnittflächen der Stoffelemente zurückgeführt und gestatte mir, diese Auffassung durch Nachstehendes zu erläutern. Wenn in dem ungemein kleinen kreisförmigen Querschnitte eines Stabes in der Vorderansicht, sowie in der Hinteransicht die positiven Radien sich von links nach rechts und die negativen Radien sich von rechts nach links drehen, sodass also in einer dünnen Querschicht die positiven Radien der Vorderfläche und die positiven Radien der Hinterfläche sich in demselben Sinne um entgegengesetzte Axen drehen; so erleidet die Gesammtheit der positiven Radien der Vorderfläche gegen die Gesammtheit der positiven Radien der Hinterfläche eine Torsion. Die gleiche Torsion, jedoch in entgegengesetzter Richtung, erleiden die negativen Radien. Wegen dieser Torsion zweier aneinander liegenden Flächen schreitet der Verdrehungsprozess längs der Axe des Stabes dergestalt fort, dass die in der Aussenfläche des zylindrischen Stabes liegenden Elemente schraubenförmig gegeneinander verschoben werden, d. h. der Prozess schraubt sich fort, indem die positiven Flächen nach der einen und die negativen nach der anderen Seite geschroben werden. Nimmt man nun ferner an, dass eine solche Schraubenbewegung um die Stabaxe ein Hervortreten der positiven Elemente nach der einen Seite oder gegen den einen Pol der Axe und ein Hervortreten der negativen Elemente nach der entgegengesetzten Seite oder gegen den anderen Pol der Axe mit sich bringt; so werden in jeder Querschicht nach der einen Seite die positiven und nach der anderen Seite die negativen Elemente hervorragen: die Querschichten werden sich also gegenseitig anziehen; in der Vorder- und Hinterfläche des Stabes werden entgegengesetzte Elemente erscheinen, diese beiden Flächen werden also entgegengesetzte Pole bilden; zwei solche Stäbe in gleichen Richtungen voreinander gelegt, werden sich anziehen, in entgegengesetzten Richtungen aneinandergelegt, werden sie sich abstossen; in einem gekrümmten Stabe werden die Endflächen in Folge der Fortpflanzung der Verschiebung dieselbe Beschaffenheit darbieten, wie in dem geraden Stabe, also stets entgegengesetzte Pole bilden; in einem kreisförmig gekrümmten Stabe werden sich also alle Querschnitte anziehen. Die Verdrehung der positiven und negativen Radien in der der vorstehenden entgegengesetzten Richtung erzeugt den negativen magnetischen Prozess, und man muss annehmen, dass in diesem Prozesse an der Vorder- und Hinterfläche jeder Querschicht diejenigen Urstoffe vortreten, welche den im positiven Prozesse vortretenden entgegengesetzt sind.

Der Magnetismus ist, wie ich in der „Äquivalenz der Naturkräfte" Nr. 65 und 75 hervorgehoben habe, kein elektrischer Kreisstrom, überhaupt kein Bewegungszustand, sondern ein Spannungszustand, welcher im Gleichgewichte beharren, auch sich fortpflanzen, auch in Schwingungen versetzt werden kann. Der magnetische Prozess, als gestörter Gleichgewichtszustand, besteht in den Schwingungen, welche die durch eine magnetische Kraft geschiedenen und durch die Koerzitivkraft des Körpers an der Vereinigung gehinderten positiven und negativen Radien in jedem Querschnitte des Stabes gegeneinander vollführen. Indem diese Schwingungen von den Polen des Magneten am stärksten, von den Zwischenstellen aus mit schwächerer Intensität in den umgebenden Äther eindringen, bilden sie Strahlen, welche sich von den Polen und von ihren Ausgangsstellen aus erweitern, sich also zu den magnetischen Kurven gestalten.

Der Magnet sollizitirt wegen der geschiedenen Urstoffe durch Vermittlung des Äthers, wie es auch der elektrische Strom thut. Die Übereinstimmung der magnetischen Sollizitation mit der Beobachtung habe ich in Nr. 20 des Supplements 2 der Naturgesetze nachgewiesen.

Der magnetische Prozess pflanzt sich längs der Axe eines magnetisirbaren Stabes nach der einen wie nach der anderen Seite fort und dringt von beiden Endflächen des Stabes in den Äther ein, welcher seinerseits den Prozess auf einen Zwischenstab überträgt. Hätte ein solcher Zwischenstab die Eigenschaft, dem eindringenden magnetischen Prozesse die entgegengesetzte Torsionsrichtung zu verleihen; so würde der Zwischenstab den Polen des magnetischen Hauptstabes gleichnamige Pole gegenüberstellen: der induzirende magnetische Stab würde also von beiden Polen her abstossend auf den Zwischenstab wirken, also diesen nicht axial, sondern äquatorial stellen. In diesem Gegensatze wäre dann der Diamagnetismus des Zwischenkörpers zu erblicken.

Der fünfte physische Grundprozess, der Duftungsprozess, beruhet auf Formschwingungen der aus ihrer physiometrischen Anordnung gebrachten und dahin zurück strebenden Elemente, wobei die Elemente Kurven beschreiben und ihre Inbegriffe zwischen bestimmten Formen vibriren.

Aus richtigen und zulänglichen Grundhypothesen müssen sich nicht nur die Äquivalenzverhältnisse aller Naturprozesse, sondern auch die Spaltungen in alle möglichen verschiedenartigen Wirkungen ergeben. So muss z. B., wenn auf einen Körper eine Kompressionskraft p angebracht wird, welche die Arbeit ap verrichtet, für den Fall, dass kein Wärmeprozess, überhaupt kein anderer als ein Verdichtungs- und Beschleunigungsprozess in Frage käme, aus der Elastizität der Körpermasse die Grösse der Kompression und zugleich die Beschleunigung der Massenelemente, also die wirkliche Elastizitätsarbeit $a_1 p_1$ und die erzeugte lebendige Kraft x der Massenelemente, deren Summe gleich ap ist, hervorgehen, indem die lebendige Kraft x der Arbeitsdifferenz $ap - a_1 p_1$ äquivalent ist. Kömmt auch die Wärme in Betracht; so zerfällt die Arbeit ap in drei Theile, nämlich in die Elastizitätsarbeit, in die durch Beschleunigung entstehende lebendige Kraft und in die Wärmezunahme. Alle drei Werthe müssen aus den gegebenen Bedingungen mathematisch bestimmbar sein. In Wirklichkeit zieht der mathematische Zusammenhang der verschiedenartigen Wirkungen bei jedem Naturprozesse das Auftreten aller möglichen Wirkungen in ganz bestimmten Verhältnissen nach sich, und es ist nur die Kleinheit der einen oder anderen Wirkung, welche sie der Wahrnehmung durch die menschlichen Organe entzieht. Sind also $p_1, p_2, p_3, \ldots p_n$ verschiedenartige Kräfte oder Wirkungsursachen und $a_1, a_2, a_3, \ldots a_n$ die Repräsentanten von Wirkungswegen, $-ap$ der Ausdruck für die Resultante aller entstehenden Wirkungen; so stellt sich das Bildungsgesetz in der Form

$$[a_1 p_1] + [a_2 p_2] + \ldots + [a_n p_n] = -[ap]$$

dar, worin die eckigen Klammern auf die weiter oben erörterten Richtungsverhältnisse hinweisen. Jedes Glied dieser Gleichung kann einen Inbegriff gleichartiger Wirkungen vertreten. Wenn diese Glieder gegebene, also voneinander unabhängige Grössen sind, bestimmt ihre Summe die Resultante $-[ap]$ als diejenige Wirkung von gegebener Art, welche jener Gliedersumme äquivalent ist. Wenn aber, umgekehrt, die Resultante $-[ap]$ eine gegebene Wirkung einer bestimmten Kraft auf einen durch die speziellen Werthe seiner Grundeigenschaften bestimmten Körper, z. B. eine gegebene äussere mechanische Arbeit auf einen mit bestimmten Eigenschaften begabten Körper ist; so stellen die einzelnen Glieder auf der linken Seite Grössen dar, welche zu der Resultante $-[ap]$, mithin auch unter einander in ganz bestimmten, jedoch von den Eigenschaften des Körpers in bestimmter Weise abhängigen Beziehungen stehen, sodass sie eine bestimmte Funktion von Variabelen darstellen. Ist dieser Funktionszusammenhang erst einmal erkannt; so umfasst die Formel alle möglichen speziellen Fälle. Durch Transposition der rechten Seite wird dieselbe

$$[ap] + [a_1 p_1] + \ldots + [a_n p_n] = 0$$

Wenn die einzelnen Glieder alle möglichen verschiedenartigen Wirkungen bezeichnen; so repräsentirt sie das allgemeine Bildungsgesetz: die Transposition irgend eines einzelnen Gliedes auf die rechte Seite ergiebt die Zerfällung der dann durch die rechte Seite dargestellten Wirkung einer gegebenen Kraft in alle möglichen Komponenten äquivalenter Kräfte. Diese Komponenten sind, wie ich nochmals wiederhole, nicht nur bestimmte Funktionen der ursächlichen Kraft, sondern auch bestimmte Funktionen der Eigenschaften des angegriffenen Objektes. In der Wirklichkeit wird niemals eine einfache Kraft auf ein gegebenes Objekt wirken, das Letztere wird vielmehr, da es ein Weltbestandtheil ist, unter der Einwirkung der gesammten Aussenwelt mit allen möglichen darin liegenden Kräften stehen. Versteht man daher unter $[ap]$ das System der Wirkungen jeder Art, welche die Aussenwelt auf das Objekt ausübt; so bezeichnen die übrigen Glieder die Zerfällung jenes Systems in die speziellen einfachen Einzelwirkungen in dem Objekte. Als annullirte Summe spricht sich in diesem Bildungsgesetze das Energiegesetz aus, welches sagt, dass durch die Zusammenwirkung eines dem physisch-mineralischen Reiche angehörigen Objektes mit der physisch-mineralischen Aussenwelt die Gesammtenergie dieser Welt nicht geändert wird. Ferner dokumentirt sich durch die in dieser Summe liegende Aneinanderreihung verschiedenartiger Wirkungen die Äquivalenz aller möglichen Wirkungsarten, da nur Gleichartiges zu einer Summe vereinigt werden kann; das Bildungsgesetz bezeugt also auch das Äquivalenzgesetz. Die Eigenartigkeit, welche das Bildungsgesetz als Form- oder Variationsgesetz für sich in Anspruch nimmt, liegt theils in der Funktionsform jedes einzelnen Gliedes, theils in dem Funktionszusammenhange, welcher zwischen den einzelnen Gliedern besteht, also in der Abhängigkeit der Glieder von ihren Elementen und in der Abhängigkeit der Glieder untereinander. Hierbei ist wohl zu beachten, dass jeder einzelne Prozess im Zeitelemente zwar stetig verläuft, jedoch in endlicher Zeit gewisse Stetigkeitsgrenzen überschreiten kann, welche den Grenzen von Integralen entsprechen, und dass in solchen Augenblicken, welche die Stetigkeit eines Wirkungsprozesses unterbrechen, die Glieder der obigen Gleichung für plötzliche Änderungen (z. B. Zerreissungen, Explosionen, Aggregatverwandlungen, Umgestaltungen u. s. w.) eintreten, sodass, indem irgend eine Grundeigenschaft des Objektes einen von dem Gesammtsysteme abhängigen Maximal- oder Minimalwerth erreicht, Wirkungen in endlicher Zeit diskrete Anreihungen stetig gebildeter Wirkungsgrössen darstellen.

110. **Die Symbolisirung der Äquivalentverhältnisse.** Einundderselbe Buchstabe in einer mathematischen Formel kann jede beliebige Grösse irgend eines Reiches und Gebietes vertreten; er ist also ein Symbol, welches in jeder Formel einer Deutung oder Erklärung bedarf. Für die Formeln, welche die Äquivalentverhältnisse oder die Gleichwerthigkeit von Grössen verschiedener Qualität darstellen sollen, wird daher die Verständlichkeit durch die Kennzeichnung der Qualität mittelst bestimmter Symbole erhöhet. Diess geschieht durch Faktoren, welche Potenzen einer allgemeinen Grundeinheit λ eines Gesammtreiches darstellen, also durch ihre Exponenten die Qualität der mit diesem Faktor behafteten Grösse anzeigen. (S. die Äquivalenz der Naturkräfte Nr. 19). Das Symbol λ soll also ein Objekt von der Quantität 1 darstellen, sodass auch jede Potenz wie λ^x quantitativ den Einheitswerth behält. Verschiedene Exponenten von λ sind als Grössen zu denken, welche,

wenn sie nicht durch das Äquivalenzgesetz in Abhängigkeit treten, in keinem berechenbaren Zusammenhange stehen.

Die Quantität der abstrakten Zahlen ist durch λ^0 zu symbolisiren, woraus folgt, dass alle abstrakten Grössen (Vielheiten, Summen, Produkte, Dimensitäten und Funktionen) das Qualitätssymbol λ^0 behalten, welches man $= 1$ setzen und daher unterdrücken kann.

Nehmen wir für die Qualität der Einheit der eindimensionalen Raumgrössen oder Linien das Symbol λ^σ; so ist die Quantität eine Linie von der Länge s durch $s\lambda^\sigma$ dargestellt. Die undimensionale Raumgrösse oder der einfache geometrische Punkt erhält das Symbol $\lambda^{\partial\sigma}$, sodass $a\lambda^{\partial\sigma}$ einen a-fachen Punkt darstellt. Der Abstand vom Nullpunkte, welcher den geometrischen Ort einer Grösse S darstellt, hat als Länge die Qualität λ^σ und kann als Vorderglied für die Anreihung der Grösse S durch das Symbol „$a\lambda^\sigma$" gekennzeichnet werden, sodass die Grösse S im Abstande $a\lambda^\sigma$ als „$a\lambda^\sigma$" $+ S$ erscheint. Ist S ein Punkt; so ist sein Ort „$a\lambda^\sigma$" $+ \lambda^{\partial\sigma}$. Das Produkt einer linearen Raumgrösse mit einer abstrakten Zahl, mit einer Punktgrösse, mit einer linearen Grösse ist bezw. $a\lambda^0 . s\lambda^\sigma = as . \lambda^\sigma$, $a\lambda^{\partial\sigma} . s\lambda^\sigma = as . \lambda^{\sigma+\partial\sigma} = as . \lambda^\sigma$, $a\lambda^\sigma . s\lambda^\sigma = as . \lambda^{\sigma+\sigma} = as . \lambda^{2\sigma}$. Wenn der Faktor $a\lambda^\sigma$ eine Linie von bestimmter Richtung bezeichnen soll, hat die Einheit von a den Werth eines Richtungskoeffizienten $e^{\alpha i}$ oder $e^{\alpha i} e^{\beta i_1}$, also $a\lambda^\sigma$ den Werth $a e^{\alpha i} e^{\beta i_1} \lambda^\sigma$ und das Produkt zweier solcher Faktoren den Werth $a a_1 e^{(\alpha+\alpha_1)i} e^{(\beta+\beta_1)i_1} \lambda^{2\sigma}$. Die Dimensitäten ergeben sich durch Potenzirung: man hat für den Punkt $\lambda^{\partial\sigma}$, für die Linie $(\lambda^{\partial\sigma})^\infty = \lambda^{\infty\partial\sigma} = \lambda^\sigma$, für die Fläche $(\lambda^\sigma)^2 = \lambda^{2\sigma} = \lambda^\sigma \lambda^\sigma$, für den Körper $(\lambda^\sigma)^3 = \lambda^{3\sigma} = \lambda^\sigma \lambda^\sigma \lambda^\sigma$. Für die Integrale ergiebt sich, wenn das Differential ∂x als Längenelement gedacht und daher durch $\partial x . \lambda^\sigma$ ersetzt, eine Funktion $f(x)$ jedoch als eine Funktion abstrakter Zahlen gedacht wird, für eine lineare Form $\int f(x)\partial x \lambda^\sigma = \lambda^\sigma \int f(x) \partial x$, für eine Flächenform $\int\int f(x)\partial x^2 \lambda^{2\sigma} = \lambda^{2\sigma} \int\int f(x)\partial x^2$, für eine Körperform $\int\int\int f(x)\partial x^3 \lambda^{3\sigma} = \lambda^{3\sigma}\int\int\int f(x)\partial x^3$, während die Punktform durch $f(x)\lambda^{\partial\sigma}$ dargestellt ist.

Für das durchaus reine Zeitgebiet ergeben sich, wenn die Einheit der eindimensionalen Zeitreihe mit λ^τ, also eine solche Sukzessionsreihe mit $t\lambda^\tau$ bezeichnet wird, die nämlichen Formeln wie für das reine Raumgebiet, indem man in den letzteren nur σ mit τ und s mit t zu vertauschen braucht. Es giebt aber in der Wirklichkeit kein reines Zeitgebiet, jedes Objekt hat neben den zeitlichen zunächst auch räumliche Eigenschaften. Im Gebiete von Raum und Zeit tritt nun zu den rein geometrischen und den rein chronologischen Grössen das Verhältniss von Raum und Zeit oder die Geschwindigkeit, welche nach Quantität mit v und nach Qualität mit λ^γ, nach beiden also mit $v\lambda^\gamma$ bezeichnet sei. Nach der gebräuchlichen Äquivalenzformel $v = \frac{s}{t}$, welche vollständiger $v\lambda^\gamma = \frac{s\lambda^\sigma}{t\lambda^\tau}$ lautet, ist $\lambda^\gamma = \lambda^{\sigma-\tau}$ oder $\gamma = \sigma - \tau$.

Für das ganz reine Gebiet der Materie würde das Symbol μ für die Masse $m\lambda^{\mu}$ ausreichen: in dem Gebiete von Raum, Zeit und Materie kommen jedoch die Beziehungen zwischen den Grundeigenschaften dieser drei Gebiete in Betracht. Die erste Grundeigenschaft oder die Quantität der mechanischen Grösse, die Masse, ist durch $m\lambda^{\mu}$ dargestellt. Das Resultat des zweiten Grundprozesses oder die mit Geschwindigkeit auftretende Masse oder die Bewegungsgrösse ist $m\lambda^{\mu}\, v\lambda^{\gamma} = m\,v\,\lambda^{\mu+\gamma}$, und da nach Vorstehendem $\gamma = \sigma - \tau$ ist; so hat man für die Bewegungsgrösse auch $\frac{m\,s}{t}\lambda^{\mu+\sigma-\tau}$, wodurch zugleich eine Beziehung zwischen Masse, Zeit und Raum ausgedrückt ist. Die dritte mechanische Grundeigenschaft oder die bewegende Kraft sei durch $p\lambda^{\psi}$ dargestellt. Ihre Wirkung oder die eigentliche mechanische Arbeit, welche in der Überwältigung eines der bewegenden Kraft gleichen Widerstandes auf einem räumlichen Wege besteht, hat dann die Formel $s\lambda^{\sigma}p\lambda^{\psi} = s\,p\,\lambda^{\sigma+\psi}$. Wenn die Beziehung zur Zeit mit in Betracht gezogen wird, ergiebt sich die Äquivalenz zwischen Arbeit und lebendiger Kraft $s\lambda^{\sigma}p\lambda^{\psi} = m\lambda^{\mu}v^{2}\lambda^{2\gamma}$, also $\lambda^{\sigma+\psi} = \lambda^{\mu+2\gamma}$ oder $\sigma + \psi = \mu + 2\gamma = \mu + 2\sigma - 2\tau$, mithin $\psi = \mu + \sigma - 2\tau$, auch $= \mu + \gamma - \tau$. Für die Beschleunigung hat man $\frac{p\lambda^{\psi}}{m\lambda^{\mu}} = \frac{\partial v\,.\,\lambda^{\gamma}}{\partial t\,.\,\lambda^{\tau}}$, also $\lambda^{\psi-\mu} = \lambda^{\gamma-\tau}$ oder $\psi - \mu = \gamma - \tau$, woraus $\psi = \mu + \gamma - \tau$ wie vorhin folgt. Die Äquivalenz zwischen Arbeit und lebendiger Kraft bedingt die Beziehung zwischen Kraft, Masse und Beschleunigung, also eine direkte Beziehung zwischen dem Gebiete der Materie und dem mit Raum kombinirten Zeitgebiete. Es kömmt aber noch eine direkte Beziehung des materiellen Gebietes mit dem Raumgebiete, insbesondere die Beziehung zwischen mechanischer Arbeit und Raumerfüllung in Betracht. Diese Beziehung liefert das Elastizitätsgesetz (s. die Äquivalenz der Naturkräfte Nr. 20). Wenn E den Elastizitätsmodel quantitativ bezeichnet; so ist nach gewöhnlicher Schreibweise die Expansionskraft $p = {}^{1}/_{2}\left(n - \frac{1}{n}\right)E$ und die Elastizitäts- oder Expansionsarbeit $\int p\,\partial V = a\int E\,\partial V$, worin V das variabele Volum bezeichnet. Handelt es sich um die Expansion eines materiellen Stabes; so ist V eine lineare Grösse, also die Expansionsarbeit $b\int E\,\partial s = c\int p\,\partial s$ und, wenn die Qualität symbolisirt wird, $c\int p\lambda^{\psi}\,\partial s\,.\,\lambda^{\sigma} = c\lambda^{\psi+\sigma}\int p\,\partial s = a\lambda^{\psi+\sigma}\int E\,\partial V$: aber auch, wenn V keine lineare Grösse, sondern ein Raumvolum ist, bleibt die Qualität dieser Arbeit dieselbe, weil alsdann p den Druck auf die Flächeneinheit des Umfanges bezeichnet und die Gesammtarbeit nur ein Inbegriff von linearen Wirkungen ist. Die Qualität dieser Raumerfüllungsarbeit ist daher der Qualität einer mechanischen Arbeit völlig gleich. Man sieht, es kann von keiner mit der mechanischen Arbeit äquivalenten Arbeit im reinen Zeit- oder im reinen Raumgebiete oder im Zeit- und Raumgebiete, sondern nur in einem mit Materie erfüllten Raum- und Zeitgebiete die Rede sein.

Für das mit räumlichen, zeitlichen und materiellen Eigenschaften ausgestattete Stoffgebiet sei die Qualität der dritten Grundeigenschaft, nämlich der Affinität, mit λ^{χ} und die Qualität des Abstandes zweier Valenzeinheiten im chemischen Raume mit $\lambda^{\sigma'}$ bezeichnet, sodass $s'\lambda^{\sigma'}$ den chemischen Arbeitsweg darstellt, welchen die dem Abstande s' proportionale chemische Kraft $a s' \lambda^{\chi}$ bei der Verbindung zweier Valenzeinheiten zu beschreiben hat. Die Qualität einer bei der Verbindung zweier Stoffe vorkommenden chemischen Wirkung ist dann $\lambda^{\sigma'+\chi}$. Wäre diese Wirkung mit einer mechanischen Wirkung oder Arbeit qualitativ gleich; so hätte man $\sigma' + \chi = \sigma + \psi$, also $\sigma' = \sigma + \psi - \chi = \mu + 2\sigma - 2\tau - \chi = \mu + 2\gamma - \chi$. Diese Symbolisirung ist zwar generell richtig, jedoch zur Kennzeichnung spezieller Affinitätswerthe und Prozesse nicht ausreichend. Es scheint, dass die chemischen Prozesse zutreffender in folgender Weise zu symbolisiren seien.

Wenn a den nach Länge und Richtung bestimmten, also, allgemein, der Formel $x + yi + zii_1$ entsprechenden Vektor des chemischen Ortes einer gegebenen Valenzeinheit vom chemischen Nullpunkte aus bezeichnet, sodass die Länge des Abstandes von diesem Nullpunkte $a = \sqrt{x^2 + y^2 + z^2}$ ist; so sei die Qualität dieses Stoffes durch eine Potenz von λ dargestellt, deren Exponent einen zu a proportionalen Werth, also den Werth ca hat, worin der Faktor c für alle Stoffe gleich ist und der Einfachheit wegen zunächst weggelassen werden soll. Setzen wir nun die Qualität eines ersten Stoffes gleich λ^{α}, die eines zweiten Stoffes gleich λ^{β}; so ist $\frac{\alpha + \beta}{2}$ der Vektor des chemischen Schwerpunktes der beiden Valenzeinheiten, vom Nullpunkte aus gemessen, $\lambda^{\frac{\alpha+\beta}{2}} = (\lambda^{\alpha} \lambda^{\beta})^{\frac{1}{2}}$ bezeichnet also die Qualität der Verbindung der beiden Valenzeinheiten als eines Stoffes, dessen chemischer Ort durch $\frac{\alpha + \beta}{2}$ bestimmt ist. Ein n-werthiges, also ein aus n durch innere Affinität verbundenen Valenzeinheiten bestehendes Atom stellen wir durch $\lambda^{n\alpha} = (\lambda^{\alpha})^n$ dar. Während wir also die chemische Verbindung durch äussere Affinität mittelst eines Multiplikationsprozesses und einer Wurzelausziehung symbolisiren, fassen wir die Verbindung von Valenzeinheiten zu einem mehrwerthigen Atome durch innere Affinität als einen Potenzirungsprozess auf. Die bei dem ersteren eigentlichen Verbindungsprozesse erforderliche Wurzelausziehung ist der Ausdruck für den mit der Verbindung verknüpften Eintritt der beiden Valenzeinheiten in eine Stoffgemeinschaft.

Wenn sich mehr als zwei Valenzeinheiten untereinander, je zwei und zwei, zu einer einzigen gesättigten Gemeinschaft verbinden, was nur möglich ist, wenn sich unter den Stoffen mehrwerthige befinden; so liefern je zwei unmittelbar miteinander verbundene Valenzeinheiten zunächst das Produkt $\lambda^{\alpha} \lambda^{\beta}$. Sind m solcher binären Verbindungen $\lambda^{\alpha_1} \lambda^{\beta_1}$, $\lambda^{\alpha_2} \lambda^{\beta_2}$, ... $\lambda^{\alpha_m} \lambda^{\beta_m}$ vorhanden; so ist die Gesammtverbindung durch

$$\left(\lambda^{\alpha_1}\lambda^{\beta_1}.\lambda^{\alpha_2}\lambda^{\beta_2}\dots\lambda^{\alpha_m}\lambda^{\beta_m}\right)^{\frac{1}{2m}}=\lambda^{\frac{\alpha_1+\alpha_2+\dots+\alpha_m+\beta_1+\beta_2+\dots+\beta_m}{2m}}$$

dargestellt. Man findet leicht, dass der Exponent von λ den Vektor des Schwerpunktes aller verbundenen Valenzeinheiten darstellt, gleichviel, ob sich unter den Grössen α, β gleiche oder ungleiche, reelle, komplexe oder triplexe befinden. So hat man z. B. für das Wasser OH_2, wenn $O=\lambda^{2\alpha}$, $H=\lambda^{\beta}$ gesetzt wird, $\left(\lambda^{\alpha}\lambda^{\beta}.\lambda^{\alpha}\lambda^{\beta}\right)^{\frac{1}{4}}=\lambda^{\frac{2\alpha+2\beta}{4}}=\lambda^{\frac{\alpha+\beta}{2}}$, für Wasserstoffdioxyd O_2H_2 dagegen $\left(\lambda^{\alpha}\lambda^{\beta}.\lambda^{\alpha}\lambda^{\beta}.\lambda^{\alpha}\lambda^{\alpha}\right)^{\frac{1}{3}}=\lambda^{\frac{4\alpha+2\beta}{6}}=\lambda^{\frac{2\alpha+\beta}{3}}$ und für Kaliumhydroxyd OHK $\left(\lambda^{\alpha}\lambda^{\beta}.\lambda^{\alpha}\lambda^{\beta_1}\right)^{\frac{1}{4}}=\lambda^{\frac{2\alpha+\beta+\beta_1}{4}}$

Wenn x der Vektor irgend einer der gegebenen Valenzeinheiten vom chemischen Nullpunkte aus ist; so kann man durch Elimination dieses Vektors, indem man den Ort dieser Valenzeinheit zum relativen Nullpunkte des chemischen Koordinatensystems nimmt, den chemischen Schwerpunkt der Verbindung gegen den letzteren Ort mittelst der relativen Abstände $\beta_1-\alpha_1=a_1$, $\beta_2-\alpha_2=a_2$ u. s. w. bestimmen, indem dann z. B. für Wasser statt $\frac{\alpha+\beta}{2}$ der Werth $\frac{\alpha+\beta}{2}-\alpha=\frac{\beta-\alpha}{2}=\frac{a_1}{2}$ und für Wasserstoffdioxyd statt $\frac{2\alpha+\beta}{3}$ der Werth $\frac{2\alpha+\beta}{3}-\alpha=\frac{\beta-\alpha}{3}=\frac{a_1}{3}$ und für Kaliumhydroxyd der Werth $\frac{2\alpha+\beta+\beta_1}{4}-\alpha=\frac{(\beta-\alpha)+(\beta_1-\alpha)}{4}=\frac{a_1+a_2}{4}$ eintritt.

Die Qualität einer Verbindung oder eines gesättigten Stoffes erscheint hiernach immer als eine Potenz von λ, und Diess zeigt zugleich an, dass die Verbindung stets in demselben Volum, nämlich dem Molekularvolum $2V$, welches nach Nr. 82 jede Valenzeinheit und jedes ein- oder mehrwerthige Atom im aktiven Zustande einnimmt, erscheint. Mehrere nicht miteinander chemisch verbundene gesättigte Stoffe bilden eine Summe von n Potenzen von λ, wie $\lambda^{\alpha}+\lambda^{\beta}+\lambda^{\gamma}+\dots$, bringen also die Kombination von Additionsprozessen mit den übrigen Prozessen zur Anschauung, indem sie zugleich einen Stoff anzeigen, welcher aus n Molekülen besteht oder das n-fache Molekularvolum $2nV$ erfüllt. Die für gleiche Glieder $\lambda^{\alpha}+\lambda^{\alpha}+\lambda^{\alpha}+\dots=n\lambda^{\alpha}$ mögliche Formel bringt durch den Werth $n\lambda^{\alpha}$ die Wirkung des Numerationsprozesses zur Erkenntniss.

Die Exponenten von λ in den vorstehenden Werthen der verschiedenartigen Valenzeinheiten und Stoffe sind als spezielle Theile des Exponenten χ zu betrachten, d. h. in dem Ausdrucke λ^{α} ist $\alpha=\frac{\chi}{x}$ zu setzen, sodass $\alpha x=\chi$ ist. Substituirt man also für alle Exponenten

$\alpha_1, \alpha_2, \ldots, \beta_1, \beta_2, \ldots$ die Werthe $\alpha_1 x_1, \alpha_2 x_2, \ldots, \beta_1 y_1, \beta_2 y_2, \ldots$, welche sämmtlich $= \chi$ sind; so erscheint die Verbindung

$$\left(\lambda^{\alpha_1 x_1} \lambda^{\beta_1 y_1} . \lambda^{\alpha_2 x_2} \lambda^{\beta_2 y_2} \ldots \lambda^{\alpha_m x_m} \lambda^{\beta_m y_m}\right)^{\frac{1}{2m}}$$
$$= \left(\lambda^{\chi} \lambda^{\chi} . \lambda^{\chi} \lambda^{\chi} \ldots \lambda^{\chi} \lambda^{\chi}\right)^{\frac{1}{2m}} = \lambda^{\frac{2m\chi}{2m}} = \lambda^{\chi}$$

einfach und generell als Stoffaffinität λ^{χ}, wogegen der obige Werth mit den Exponenten $\alpha_1, \alpha_2 \ldots$ als spezieller Stoff erscheint, welcher, wenn man $\alpha_1 = \frac{\chi}{x_1}$, $\alpha_2 = \frac{\chi}{x_2}$ setzt, der Formel

$$\lambda^{\left(\frac{1}{x_1} + \frac{1}{x_2} + \ldots + \frac{1}{y_1} + \frac{1}{y_2} + \ldots\right) \frac{1}{2m} \chi} = \lambda^{z\chi} = \left(\lambda^{\chi}\right)^{z}$$

entspricht, also den Stoff als eine Potenz der Affinität erscheinen lässt.

Der chemische Verbindungsprozess ist das Produkt einer Affinität, welche quantitativ der Länge s proportional ist, also quantitativ und qualitativ durch $s\lambda^{\chi}$ dargestellt ist, und eines chemischen Ortsabstandes, welcher quantitativ derselben Länge s proportional, also quantitativ und qualitativ durch $s\lambda^{\sigma'}$ dargestellt ist, mithin proportional $s\lambda^{\sigma'} . s\lambda^{\chi} = s^2 \lambda^{\sigma' + \chi}$. Da dieses Resultat einer mechanischen Arbeit einer zu $s e^{\psi}$ proportionalen Kraft längs eines zu $s\lambda^{\sigma}$ proportionalen Weges, also dem Produkte $s\lambda^{\sigma} . s\lambda^{\psi} = s^2 \lambda^{\sigma + \psi}$ äquivalent ist; so muss für die Qualitäten die Beziehung $\sigma' + \chi = \sigma + \psi$ bestehen, woraus $\sigma' = \sigma + \psi - \chi$ folgt.

In einer Verbindung von mehr als zwei Valenzeinheiten addiren sich die einzelnen Produkte zu der Summe, deren Quantitätswerth proportional $s_1^2 + s_2^2 + s_3^2 + \ldots$ ist. Für die in einem Multiplenprozesse vorkommenden Verbindungen gleichartiger Valenzeinheiten ist der relative Abstand s zweier solchen Einheiten $= 0$, diese Verbindungen haben also keinen endlichen Arbeitswerth, die entsprechenden Glieder s^2 verschwinden aus der Arbeitsgleichung, wogegen die fraglichen Verbindungen nach dem Vorhergehenden einen entschiedenen Einfluss auf die Exponenten von λ haben, also den chemischen Schwerpunkt oder die Beschaffenheit der Verbindung mitbedingen.

Was zuletzt die chemische Form oder Struktur betrifft; so findet dieselbe ihren Ausdruck in dem Zusammenhange der binären Verbindungen, welcher aus dem Exponenten von λ zu erkennen ist. So lehrt z. B. für das Kaliumhydroxyd der Zähler $2\alpha + \beta + \beta_1 = (\alpha + \beta) + (\alpha + \beta_1)$ dieses Exponenten, dass von den zweiwerthigen Atomen 2α eine Valenzeinheit mit β und die andere mit β_1 verbunden ist, wogegen für das Wasserstoffdioxyd der Zähler $4\alpha + 2\beta = (\alpha + \beta) + (\alpha + \beta) + (\alpha + \alpha)$ lehrt, dass eine Valenzeinheit α mit einem β, eine zweite α mit einem anderen β und ausserdem ein α mit einem α verbunden ist.

Für das mit räumlichen, zeitlichen, materiellen und chemischen Eigenschaften begabte Form- oder Krystallgebiet sei λ^{φ} die Qualität des aus Grundtrieben zusammengesetzten Gestaltungs- oder Variationstriebes und $\lambda^{\sigma''}$ die Qualität des Weges, auf welchem ein Grundtrieb wirkt, um eine Gestaltung hervorzubringen. Alsdann ist $\lambda^{\sigma''+\varphi}$ die Qualität des Krystallisationseffektes oder der physiometrischen Wirkung, welche derjenigen einer mechanischen Arbeit oder einer chemischen Verbindung gleich sein muss. Hiernach hat man $\sigma'' + \varphi = \sigma' + \chi = \sigma + \psi$.

Man erkennt aus diesen zwischen den Qualitätsexponenten aller fünf mineralischen Grundgebiete bestehenden Beziehungen, dass für jedes Grundgebiet ein einziger eigenartiger Exponent erforderlich ist, indem alle übrigen durch diese fünf selbstständigen Exponenten bestimmt sind. Zur Symbolisirung des gesammten Mineralreiches sind mithin die fünf Exponenten σ, τ, ψ, χ, φ erforderlich und ausreichend. Offenbar handelt es sich bei der vorstehenden Symbolisirung wesentlich um die Symbolisirung der Qualität der verschiedenen Grundgebiete, während die Symbolisirung der Qualität der einunddemselben Grundgebiete angehörigen Grössen den allgemeinen Potenzirungsregeln mittelst bestimmbarer Faktoren des Exponenten des Gebietssymbols folgt.

Die dem Mineralreiche untergeordneten fünf physischen Grundgebiete stehen mit den mineralischen Gebieten im Zusammenhange durch ihre Wirkungsprozesse. Eine unendliche (oder doch ungeheuer grosse) Menge physischer oder elementarer Wirkungen des Lichtes, des Schalles, der Wärme, der Elektrizität und der Duftung ist einer endlichen mechanischen oder chemischen oder physiometrischen Wirkung äquivalent, wobei die optische Wirkung eine Analogie zu der mechanischen Expansionsarbeit, die akustische Wirkung eine Analogie zu der mechanischen Elastizitätsarbeit und die kalorische Wirkung eine Analogie zu der eigentlichen mechanischen (auf Überwältigung eines Widerstandes gerichteten) Arbeit darbietet.

Ich mache noch die Bemerkung, dass es genügt, das Äquivalentverhältniss zweier Grössen durch reelle Werthe dieser Grössen darzustellen oder in reellen Prozessen zu beobachten: denn wenn zwischen den reellen Quantitäten a und b die Äquivalenz $a\lambda^{\alpha} = b\lambda^{\beta}$ oder das Äquivalentverhältniss $\frac{a}{b} = \lambda^{\beta-\alpha}$ besteht; so hat man auch für komplexe und triplexe Grössen die Äquivalenz $a e^{xi} e^{yi_1} \lambda^{\alpha} = b e^{xi} e^{yi_1} \lambda^{\beta}$. Nach der einen wie nach der anderen Formel ist $1 . \lambda^{\alpha} = \frac{b}{a} \lambda^{\beta}$, d. h. eine Einheit von der Qualität λ^{α} ist äquivalent der konstanten Vielheit $\frac{b}{a}$ von der Qualität λ^{β}, oder die Verhältnisszahl $\frac{b}{a}$ ist das Äquivalent von der Qualität λ^{β} für die Qualität λ^{α} (s. Äquivalenz der Naturkräfte Nr. 31). So ist, wenn λ^{α} eine kalorische und λ^{β} eine mechanische Qualität bezeichnet, $\frac{b}{a}$ das mechanische oder das Arbeitsäquivalent der Wärme und $\frac{a}{b}$ das kalorische Äquivalent der mechanischen Arbeit.

Die Wichtigkeit der Symbolisirung der Qualität der verschiedenen Gebiete erläutert sich durch das nachstehende einfache Beispiel. Die mathematische Formel $ab = c$, welche das Produkt von a und b dem Numerate c gleich setzt, ist ohne weiteren Kommentar nur verständlich, wenn unter a, b, c abstrakte Zahlen gedacht werden. Man kann unmöglich Grössen aus beliebigen Gebieten darunter verstehen; die Gleichung setzt nicht nur quantitative, sondern auch qualitative Gleichheit zwischen ab und c voraus, die Qualität von c muss daher nothwendig von der Qualität des a und b abhängig sein, und eine solche Abhängigkeit zwischen Grössen verschiedener Grundgebiete erfordert die Erkenntniss des weltgesetzlichen Zusammenhanges der Grundgebiete, als der gesetzlichen Bestandtheile eines Grundreiches. Verstehen wir etwa unter a eine Geschwindigkeit und unter b eine Zeitdauer; so muss c nothwendig eine räumliche Linie sein, was durch die Formel $a\lambda^{\gamma} \,.\, b\lambda^{\tau} = c\lambda^{\sigma}$, aus welcher $ab = c$ und zugleich, wie vorhin, $\gamma + \tau = \sigma$ folgt, ausgedrückt wird. Verstehen wir dagegen unter a eine räumliche Linie und unter b eine mechanische Kraft; so muss c eine mechanische Wirkung oder Arbeit darstellen, was durch die Formel $a\lambda^{\sigma} b\lambda^{\psi} = c\lambda^{\alpha}$ ausgedrückt wird, woraus für die Qualität der Arbeit $\alpha = \sigma + \psi$ folgt. Durch die beiden Formeln $\gamma + \tau = \sigma$ und $\alpha = \sigma + \psi$ treten auch die Qualitäten von Raum, Zeit, Kraft und Arbeit miteinander in eine gesetzliche Beziehung: durch Elimination von σ hat man daher $\alpha = \gamma + \tau + \psi$.

Die Symbolisirung der Qualität verleihet auch den Formeln, welche die Grundfesten eines Gebietes darstellen, eine grössere Deutlichkeit. So ist z. B. in der Mechanik eine Masse von bestimmter Quantität m nicht deutlich durch m, sondern durch $m\lambda^{\mu}$, die Geschwindigkeit von der Stärke v nicht durch v, sondern, wenn v eine räumliche Länge bezeichnet, durch $\dfrac{v\lambda^{\sigma}}{1\lambda^{\tau}} = v\lambda^{\sigma-\tau}$, eine Bewegungsgrösse nicht durch mv, sondern durch $m\lambda^{\mu} \,.\, \dfrac{v\lambda^{\sigma}}{1\lambda^{\tau}} = mv\lambda^{\mu+\sigma-\tau}$ vollständig dargestellt. Diess giebt für räumlich entgegengesetzte oder für positive und negative Bewegungsgrössen die Formeln $\mp mv\lambda^{\mu+\sigma-\tau}$ und für Relationsgegensätze die Formeln $mv\lambda^{\mu+\sigma-\tau}$ und $\dfrac{m}{v}\lambda^{\mu+\sigma-\tau}$. Hiernach stehen für $v = \infty$ die in unendlicher Geschwindigkeit begriffene Bewegungsgrösse $\infty m\lambda^{\mu+\sigma-\tau}$ und die in Ruhe befindliche Bewegungsgrösse $0 m\lambda^{\mu+\sigma-\tau}$ im Relationsgegensatze. Die letztere, den Ruhezustand der Masse m anzeigende Bewegungsgrösse hat, als ein durch das Produkt $m\lambda^{\mu} \,.\, 0\lambda^{\sigma-\tau}$ dargestellter Wirkungszustand oder als ein mechanischer Zustand der Masse m, welcher auf einer annullirten Ursache beruhet, quantitativ den Nullwerth und qualitativ den Werth $\lambda^{\mu+\sigma-\tau}$. Dieser Ruhezustand ist ein spezieller Fall der zweiten mechanischen Grundeigenschaft und von ganz anderer Bedeutung, als die lediglich in einer Vielheit von Theilen existirend gedachte Masse $m\lambda^u$, welche einen speziellen Fall der ersten mechanischen Grundeigenschaft bezeichnet.

110a. **Die Energieverwandlung durch Äquivalentprozesse eines Körpers mit und ohne Einwirkung der Aussenwelt, spezialisirt im Auflösungs- und Mischungsprozesse.** Jede Veränderung eines Körpers muss selbstredend eine Ursache haben, und der Änderungsprozess des Körpers muss dem ursächlichen Wirkungsprozesse äquivalent sein. Wenn sich alle physischen und mineralischen Kräfte des Körpers im dauernden Gleichgewichte befinden (also auch keine Schwingungen darin vorkommen); so kann eine Änderungsursache nur eine äussere sein: wenn jedoch kein dauerndes, also entweder ein periodisches (auf Schwingungen beruhendes) Gleichgewicht, oder überhaupt kein Gleichgewicht aller Kräfte stattfindet, können ohne äussere Einwirkung in dem Körper Änderungen durch äquivalente Energieverwandlungen vor sich gehen, deren Gesammtwerth zwar gleich null ist, sodass nicht die Gesammtenergie, wohl aber die speziellen Theile derselben und damit die speziellen Werthe der Grundeigenschaften des Körpers sich ändern, der Körper kann also ohne äussere Kräfte in gewissen Eigenschaften erhebliche Änderungen erleiden, welche, wenn sie durch äussere Wirkungen hervorgebracht werden sollten, starke äussere Kräfte und zugleich eine starke Energievermehrung erfordern würden. So erfordert z. B. die Schmelzung eines Metalles durch äussere Wärme die Zuführung einer grossen Wärmemenge, und das geschmolzene Metall erscheint mit einer hohen Temperatur: eine flüssige Säure oder das flüssige Quecksilber lös't aber manches Metall auf, macht es also flüssig, ohne wesentliche Temperaturerhöhung; das Metall kann also bei niedriger Temperatur in der Lösung durch Säure oder Quecksilber flüssig erscheinen. Eine Lösung manches Salzes in Wasser kann sogar eine Abkühlung hervorbringen, während die Schmelzung dieses Salzes ohne Lösungsmittel bei einem höheren Wärmegrade stattfindet. Luft von jeder Temperatur nimmt Wasserdunst auf, während die Verdunstung des Wassers ohne Luftmischung Wärmezuführung erfordert. Diese und viele anderen Vorgänge in einem Körper beruhen lediglich auf Äquivalenzprozessen zwischen den verschiedenartigen Energietheilen des Körpers; es kömmt aber darauf an, diese Prozesse sachgemäss zu erklären. Zu einer solchen Erklärung ist eine richtige Auffassung der physischen Grundprozesse, also des optischen, akustischen, kalorischen, elektrischen und osmetischen Prozesses unerlässlich: ich beschränke mich hier auf diejenigen Vorgänge, bei welchen die Wärme eine hervorragende Rolle spielt, insbesondere auf die Lösungs- und Mischungsprozesse.

Bei der Wärme, als einer Pendelschwingung, kommen ausser der damit verbundenen Zentrifugalkraft oder Expansionstendenz die Geschwindigkeit der in Bogenlinien hinundher schwingenden physischen Elemente und die periodische Umwandlung der lebendigen Kraft in Expansions- oder Kompressionsarbeit in Betracht (s. oben Nr. 73). Hat also der Körper vor der Zuführung einer gegebenen Wärmemenge einen gewissen Bestand an speziell mechanischer Energie; so erleidet dieser Bestand, nachdem dem Körper eine bestimmte Wärmemenge zugeführt ist, eine periodische Zu- und Abnahme, während zugleich die lebendige Kraft der Elemente im umgekehrten Sinne dergestalt schwankt, dass die Gesammtenergie des Körpers einen konstanten Werth behält, welcher um das Äquivalent der zugeführten Wärme grösser ist, als die ursprüngliche Energie. Nun ist es sehr wohl möglich, dass in der Periode der Zunahme der rein mechanischen Energie durch die augenblickliche Erhöhung der mechanischen Spannung irgend eine Eigenschaft des Körpers ein Maximal- oder Minimalmaass erreicht, sodass eine Umwandlung in spezielle Eigenschaften eintritt und dann am Ende der Periode eine geringere Menge von lebendiger Kraft erscheint, dass also eine gewisse Wärmemenge in eine andere äquivalente Wirkung umgewandelt wird. Ebenso gut kann aber in der Periode der Zunahme der rein kalorischen Energie eine gewisse andere Eigenschaft des Körpers ihren Maximal- oder Minimalwerth erreichen und eine andere Änderung des Körpers im eigenen Bestande, ohne Mitwirkung der Aussenwelt, mit und ohne Wärmeverlust entstehen.

Unter der Mitwirkung der Aussenwelt wird die allmähliche oder stetige Zu- oder Abführung irgend eines Prozesses anfänglich nur quantitative Änderungen der Grundeigenschaften des Körpers zur Folge haben, in endlicher Zeit dagegen wird die stetige Verstärkung oder Schwächung gewisser Grundeigenschaften je nach der anfänglichen Beschaffenheit des Körpers bald diese, bald jene Eigenschaft auf ihren relativen Maximal- oder Minimalwerth führen und dadurch diese oder jene plötzliche Umwandlung nach Äquivalentverhältnissen zur Folge haben. Einunddieselbe Einwirkung von aussen in endlicher Zeit kann mithin verschiedenartige Umwandlungen des Körpers, welche von seinem augenblicklichen Zustande oder Systeme abhängen, hervorbringen. Ausserdem leuchtet ein, dass, wenn auf eine äussere Einwirkung nach endlicher Zeit die entgegengesetzte Einwirkung folgt, zwar die frühere Gesammtenergie, keineswegs aber immer der frühere Zustand oder das frühere System wieder hergestellt wird. So kann z. B. die chemische Verbindung zweier sich durchdringenden Stoffe, deren Elemente durch Widerstände behindert sind und sich demzufolge neutral gegeneinander verhalten, durch Zuführung einer bestimmten Wärmemenge veranlasst werden, indem die verstärkte lebendige Kraft die Elemente durch Überwindung der Widerstände freier stellt, ohne dass durch nachherige Entziehung dieser Wärmemenge oder durch Abkühlung der Verbindung der frühere Zustand, nämlich die Scheidung der Stoffe herbeigeführt würde. (Durch Erhitzen von Schwefel und Eisen bildet sich Schwefeleisen, welches bei hinreichender Wärme flüssig ist, wogegen die Abkühlung dieses Schwefeleisens nicht Scheidung des Schwefels und Eisens, sondern Krystallisation herbeiführt). Viele chemische Verbindungen machen Wärme frei, stossen dieselbe aus, ohne dass die Wiederzuführung der ausgestossenen Wärme die Scheidung herbeiführte: in anderen Fällen wird Wärme durch chemische Zersetzung frei gemacht, ohne dass die Wiedereinführung der ausgestossenen Wärme die Verbindung wieder herstellte. Der mit starker Erwärmung verbundene Lichtprozess, welcher Licht ausstösst, kann selten durch Lichtzuführung von aussen ersetzt werden, da die Mineralstoffe ein schwaches Lichtabsorptionsvermögen haben und das meiste ihnen zugeführte Licht entweder reflektiren oder durchlassen: die Zuführung des Lichtes, welches eine Flamme des Leuchtgases vermöge des darin stattfindenden chemischen Prozesses entwickelt und ausstösst, kann daher nicht durch Belichtung der in jenem Prozesse gebildeten Stoffe (Kohlenwasserstoffe u. s. w.) ersetzt werden, wird vielmehr meistens als Begleiter von Wärme mit Wärme wieder eingeführt.

Die Einwirkung der Aussenwelt auf einen Körper A nimmt den Anschein einer inneren Wirkung eigener Bestandtheile an, wenn die mitwirkende Aussenwelt durch einen Körper B vertreten ist, welcher mit A in einen gesetzmässigen Zusammenhang tritt, sodass beide den gemeinschaftlichen Körper C bilden, der nun unter der Zusammenwirkung von A und B gewisse Änderungen erleidet. Die Zusammenwirkung der Elemente a von A mit den Elementen b von B kann in sehr mannichfaltiger Weise geschehen, um die Elemente c des Körpers C zu erzeugen. Im wesentlichen handelt es sich hierbei um die Resultate der Mischung von A und B, wozu auch die Auflösung von A in B gehört.

Die kugelschalenförmigen Elemente a des Stoffes A haben im natürlichen Volum V (welches ohne äussere Expansions- oder Kompressionskraft bei konstanter Temperatur besteht) nach jeder von drei rechtwinkligen Axenrichtungen einen bestimmten Mittelpunktsabstand s und einen bestimmten Radius r. Dass sich diese Elemente nach meiner Ansicht überschneiden, also ein bestimmtes Überschneidungsverhältniss $\frac{s}{r}$ bilden und demzufolge in bestimmten Massentheilen kohäriren, ist ein wichtiger, in der heutigen Naturwissenschaft jedoch völlig übersehener Gegenstand. Wenn die Längeneinheit 1 des Volums V des Körpers A durch eine äussere Zug- oder Druckkraft auf $n.1$, das Volum V also auf $n^3 V$ expandirt oder komprimirt wird (sodass also n einen beliebigen ganzen oder gebrochenen Werth $>$ und < 1 haben kann); so verändert sich bei konstanter Temperatur der Mittelpunktsabstand und der Radius der Elemente in ns und nr, sodass das Überschneidungsverhältniss $\frac{ns}{nr} = \frac{s}{r}$ dasselbe bleibt: der Körper befindet sich in einer Kontraktions- oder Expansionsspannung.

Wenn n natürliche (spannungslose) Volumen V nebeneinander gelegt werden, also das natürliche Volum nV mit den Elementarwerthen s, r bilden; so können sich diese Massen in dem natürlichen Volum nV durchdringen oder mischen. Der Durchdringungsprozess besteht darin, dass die Elemente der n nebeneinander gelegten Volumen ihre Plätze gegeneinander austauschen oder sich zwischeneinander lagern, sodass eine gewisse Anzahl m aufeinander folgender Elemente a_1, a_2,

$a_3, \ldots a_m$ aus ebensoviel verschiedenen Volumen V stammen. Die Radien r aller Elemente bleiben ungeändert und zwei aufeinander folgende Elemente wie a_1 und a_2 haben den ursprünglichen Mittelpunktsabstand s, während zwei aus einunddemselben Volum V stammende Elemente a_1 und a_{m+1} den Abstand ms haben. Wenn sich die Körpermasse vom natürlichen Volum $V_1 = n_1^3 V$ mit der gleichartigen Masse vom natürlichen Volum $V_2 = n_2^3 V$ durchdringen soll, bilden beide zunächst die Nebeneinanderlagerung $V_3 = (n_1^3 + n_2^3) V$ und sodann in der Durchdringung das natürliche Volum V_3 mit den Werthen s, r der unmittelbar benachbarten Elemente. Wird dieses Volum V_3 durch äussere Kraft auf das Volum $n^3 V_3 = V_4 = n_3^3 V$ expandirt oder komprimirt; so haben die Elemente in diesem gespannten Volum V_4 die Werthe ns, nr, worin $n = \frac{V_4^{1/3}}{V_3^{1/3}} = \frac{n_3}{(n_1^3 + n_2^3)^{1/3}} = \left(\frac{n_3^3}{n_1^3 + n_2^3}\right)^{1/3}$ ist. Sind zwei gespannte Volumen $V_1 = n_1^3 V$ und $V_2 = n_2^3 V$ mit den Elementen vom Werthe $n_1 s$, $n_1 r$ und $n_2 s$, $n_2 r$ gegeben; so findet sich ihre Durchdringung dadurch, dass das natürliche Volum der ersten Masse $\left(\frac{1}{n_1}\right)^3 V$ und das der zweiten Masse $\left(\frac{1}{n_2}\right)^3 V$, das natürliche Volum beider also $\left(\left(\frac{1}{n_1}\right)^3 + \left(\frac{1}{n_2}\right)^3\right) V = \frac{n_1^3 + n_2^3}{n_1^3 n_2^3} V = V_3$ ist, worin die Elemente die Werthe s, r haben. Wird dieses natürliche Volum durch äussere Kraft auf das Volum $n^3 V = \frac{n^3 n_1^3 n_2^3}{n_1^3 + n_2^3} V_3 = n_3^3 V_3$ gebracht; so haben die Elemente in diesem gespannten Volum die Werthe $n_3 s$, $n_3 r$, worin $n_3 = \frac{n n_1 n_2}{(n_1^3 + n_2^3)^{1/3}}$ ist. Für $n_1 = n_2$ wird $n_3 = \frac{n n_1}{2^{1/3}}$, und wenn zugleich $n = 1$ ist, hat man $n_3 = \frac{n_1}{2^{1/3}}$. Hiernach muss die Durchdringung der beiden natürlichen V und V in dem Volum $2V$ mit den Elementarwerthen s, r dasselbe Resultat ergeben wie die Expansion beider Volumen auf das Volum $2V$ mit den Elementarwerthen $2^{1/3} s$, $2^{1/3} r$ und darauf folgender Mischung dieser beiden gespannten Volumen $2V$ in demselben Volum $2V$. In der That nehmen die Elemente alsdann nach der letzten Formel die Werthe $\frac{2^{1/3} s}{2^{1/3}}$, $\frac{2^{1/3} r}{2^{1/3}}$ oder s, r an, welche einem natürlichen Volum entsprechen.

Wenn die beiden natürlichen Volumen V erst durch die Arbeit der Kraft p in dem Volum V mit den Elementarwerthen $\frac{s}{2^{1/3}}$, $\frac{r}{2^{1/3}}$ zusammengedrängt werden, also eine gewisse Arbeitsmenge aufnehmen und sodann durch Beseitigung der äusseren Kraft freigegeben werden; so dehnen sie sich auf das natürliche Volum $2V$ aus, indem ihre Elemente die Werthe s, r annehmen. Die zu dieser Ausdehnung erforderliche Expansionsarbeit geht von den sich zwischeneinander lagernden Elementen aus, welche behuf Erweiterung der Werthe $\frac{s}{2^{1/3}}$, $\frac{r}{2^{1/3}}$ auf s und r eine Arbeit aufeinander ausüben, die der von der Kompressionskraft p empfangenen Arbeit gleich, aber entgegengesetzt ist. Die Mischung der beiden natürlichen Volume V in dem natürlichen Volum V ändert daher nicht die in den gegebenen Massen enthaltene Gesammtenergie (wobei von Nebenwirkungen abgesehen ist).

In Betreff der Anzahl der in einem Volum V_1 enthaltenen Elemente bemerke ich, dass, wenn der Mittelpunktsabstand dieser Elemente $= s_1$ ist und jede Kante des als Würfel gedachten Volums m_1 Elemente, der ganze Würfel mithin $m_1{}^3$ Elemente enthält, offenbar $(m_1 s_1)^3 = V_1$, also $m_1 = \frac{V_1{}^{1/3}}{s_1}$ ist. Setzt man $V_1 = n_1{}^3 V$; so ist auch $m_1 s_1 = n_1 V^{1/3} = V_1{}^{1/3}$.

Betrachten wir jetzt die Mischung zweier verschiedenartiger Stoffe A und B. Wenn von A das natürliche Volum $V_1 = n_1{}^3 V$ mit den Werthen $n_1 s_1$, $r_1 s_1$ der Elemente a und von B das natürliche Volum $V_2 = n_2{}^3 V$ mit den Werthen $n_2 s_2$, $r_2 s_2$ der Elemente b gegeben ist; so durchdringen oder mischen sich Beide in dem Volum $V_3 = (n_1{}^3 + n_2{}^3) V$. Da $V_3 = \frac{n_1{}^3 + n_2{}^3}{n_1{}^3} V_1$ ist; so haben die Elemente a in der Mischung den Abstand $s_1' = \frac{(n_1{}^3 + n_2{}^3)^{1/3}}{n_1} s_1$, welchen sie bei der Expansion des Volums V_1 auf das Volum V_3 annehmen. Da aber auch $V_3 = \frac{n_1{}^3 + n_2{}^3}{n_2{}^3} V_2$ ist; so haben die Elemente b in der Mischung den Abstand $s_2' = \frac{(n_1{}^3 + n_2{}^3)^{1/3}}{n_2} s_2$, welchen sie bei der Expansion des Volums V_2 auf das Volum V_3 annehmen. Für die Anzahl m_1 der Elemente a und die Anzahl m_2 der Elemente b bestehen vor der Mischung die Gleichungen

$$\left.\begin{aligned}(m_1 s_1)^3 &= V_1 = n_1{}^3 V\\(m_2 s_2)^3 &= V_2 = n_2{}^3 V\end{aligned}\right\} \text{ also } \frac{m_1 s_1}{n_1} = \frac{m_2 s_2}{n_2}$$

und nach der Mischung in dem natürlichen Volum $V_3 = (m_1 s_1)^3 + (m_2 s_2)^3$ haben die Elemente a unter sich, sowie die Elemente b unter sich die Abstände

$$s_1' = \frac{1}{m_1} [(m_1 s_1)^3 + (m_2 s_2)^3]^{1/3}$$

$$s_2' = \frac{1}{m_2} [(m_1 s_1)^3 + (m_2 s_2)^3]^{1/3}$$

Die Zusammenlagerung der Elemente a und b in dem gemeinsamen Volum V_3 ist so zu denken, dass in dem Würfel V_3 die Elemente a für sich und auch die Elemente b für sich nach drei Dimensionen gleich vertheilt sind. Hiernach stellt Figur 66 die quadratische Seitenfläche eines Würfels dar, in welchem sich $5^3 = 125$ Elemente a mit $4^3 = 64$ Elementen b mischen (die kleinen Horizontalstriche bezeichnen die Mittelpunkte der a, die kleinen Vertikalstriche bezeichnen die Mittelpunkte der b: in den Anfangs- und Endstellen fällt ein a und ein b zusammen). Figur 67 zeigt die Mischung von drei Stoffen A, B, C mit $5^3 a$, $4^3 b$, $3^3 c$ durch Horizontalstriche, Vertikalstriche und Punkte bezeichneten Elementen a, b, c. Auf diese Weise können sich beliebig viel Stoffe mischen.

Das eben erörterte Mischungsresultat erscheint als eine symmetrische Würfelfigur mit drei Grundaxen. Die Anordnung der Elemente ist in diesen drei Grundaxen dieselbe, in jeder anderen Axe aber eine andere. Nun kann in dem Mischungsprozesse offenbar keine Richtung im Raume einen Vorzug vor der anderen beanspruchen: der Würfel kann daher nicht das Endergebniss des Mischungsprozesses sein. In der That, denken wir uns die Masse jedes der Elemente $a, b, c \ldots$ als einen Inbegriff von t^3 primitiven Elementen $a', b', c' \ldots$, sodass $a = t^3 a'$, $b = t^3 b'$, $c = t^3 c'$ u. s. w. ist, indem wir unter dem primitiven Elemente a' das Molekül irgend eines chemischen Stoffes (sei es eines Grundstoffes oder eines Verbindung) vorstellen; so zerfällt der Würfel, welchen wir als eine Funktion von $a, b, c \ldots$ mit $F(a, b, c \ldots)$ bezeichnen wollen, in t^3 Würfel $F(a', b', c' \ldots)$, welche sich decken würden, wenn der Gestaltungstrieb des Körpers nicht eine Verschiebung derselben herbeiführte. Diese Verschiebung, welche in einer gleichmässigen Anordnung von Würfelfiguren endigt, ist, wenn wir das in Figur 66 oder 67 dargestellte Quadrat zum Ausgangspunkte nehmen, zunächst eine Verdrehung der sich deckenden Quadrate um den Mittelpunkt dieses Quadrates, wobei jedes folgende Quadrat den Winkel $\frac{\pi}{t}$ gegen das vorhergehende Quadrat annimmt. Ist nun t eine unmessbar grosse Zahl; so verwandelt sich das Grundquadrat in eine symmetrische Kreisfläche, welche in allen Richtungen gleiche Anordnung der Elemente hat, deren Masse $\frac{a}{t} = t^2 a'$ ist. Diese Kreisfläche wird sich nun wegen der Zusammenlagerung der Elemente $t^2 a'$, $t^2 b'$, $t^2 c' \ldots$ in t^2 gleiche Kreisflächen $F(a', b', c' \ldots)$ mit den primitiven Elementen $a', b', c' \ldots$ spalten, und es wird eine Wälzung dieser Spaltungsflächen um jede der t Axen der Grundfläche um gleiche Winkelabstände $\frac{\pi}{t}$ stattfinden. Hierdurch nun geht die Würfelfigur in eine symmetrische Kugel mit lauter gleichgeordneten Axen über, welche das Elastizitätsellipsoid eines amorphen Körpers darstellt.

Das Quadrat, aus welchem der Würfel, sowie durch Spaltung, Drehung und Wälzung der ebene Kreis und die räumliche Kugel hervorgeht, stützt sich auf die lineare Figur, welche die Seitenlinien des Quadrates und des Würfels bilden. Die Radien der Elemente a nehmen in dieser Linie, wie auch in dem Quadrate und dem Würfel, überhaupt in dem natürlichen Zustande einer Mischung ihren ursprünglichen Werth r_1 an, welcher ohne Frage $> s_1$ ist. Bleibt nun nach der Mischung in der Grundlinie der Radius $r_1 >$ als der neue Mittelpunktsabstand s_1'; so überschneiden sich die Elemente a untereinander, wird aber $r_1 < s_1'$; so trennen sie sich ohne Überschneidung. Ebendasselbe gilt von den Elementen b, jenachdem $r_2 > s_2'$ bleibt oder $< r_2$ wird. Eine vollkommene Mischung zweier Körper A und B nenne ich diejenige, in welcher sowohl $r_1 > s_1'$, als auch $r_2 > s_2'$ bleibt, in welcher sich also sowohl die Elemente a, als auch die Elemente b überschneiden. Unvollkommen ist die Mischung, in welcher $r_1 > s_1'$, aber $r_2 < s_2'$, oder in welcher $r_1 < s_1'$, aber $r_2 > s_2'$ ist, in welcher also nur die Elemente des einen Körpers sich überschneiden, während die des anderen Körpers ihren gegenseitigen Zusammenhang verlieren. Der Fall, wo sowohl $r_1 < s_1'$, als auch $r_2 < s_2'$ ist, wo also weder die Elemente a, noch die Elemente b unter sich kohäriren, ist nur möglich, wenn jedes Element a von einem Elemente b und jedes b von einem a geschnitten wird, wo also $s_1' = s_2'$ ist, da sonst isolirte Massen entstehen würden, welche jedoch ohne Kraftaufwand auf ein kleineres Volum als V_3 zusammengeschoben werden könnten: die Bedingung $s_1' = s_2'$ zieht aber die Bedingung $m_1 = m_2$ und $\frac{s_1}{s_2} = \frac{n_1}{n_2}$ nach sich; sie könnte also nur in einem singulären Falle erfüllt werden, insofern es zwei Stoffe gäbe, welche dieselbe zu verwirklichen vermöchten.

Bei Mischungen von mehr als zwei Grundstoffen erfordert die vollkommene Mischung die Kohäsion aller gleichartigen Elemente: in der unvollkommenen Mischung, welche die Elemente von mindestens einer Qualität unverbunden lässt, können möglicherweise vollkommene Mischungen einer kleinen Anzahl verschiedenartiger Elemente vorkommen.

Wir haben es hiernach nur mit vollkommenen und unvollkommenen Mischungen zu thun. Es handelt sich aber bei der aufgeworfenen Frage nicht um Zusammensetzungen, welche lediglich aus Zwischenlagerung von Elementen $a, b, c \ldots$ bestehen und demzufolge reine Mischungen bilden, sondern auch um die Mitwirkung des Aggregations- oder Umwandlungsprozesses zwischen starren, flüssigen und gasförmigen Zuständen, welche Lösungen darstellen. Die zur reinen Mischung führende Durchdringung der beiden Stoffe A und B ist nichts Anderes, als die Ausgleichung der durch fortschreitende Zwischenlagerung der Elemente a und b entstehenden ungleichen Spannungen zwischen diesen Elementen in einem gemeinschaftlichen Gleichgewichtszustande der äusseren Kräfte, womit diese Elemente aufeinander wirken und ihre Standorte auseinander treiben, ein Gleichgewicht, welches die vorbezeichnete Anordnung der Elemente bedingt. Ausser diesen äusseren oder mechanischen Kräften kommen aber auch die inneren Expansions- und Kontraktionskräfte in Betracht, welche in jedem Elemente vermöge der kalorischen Pendelschwingung bestehen und welche sich in den benachbarten, einander überschneidenden verschiedenartigen Elementen a

und b wegen der Verschiedenheit der kalorischen Widerstände ebenfalls auszugleichen oder zu einem kalorischen Gleichgewichte zu gestalten gezwungen sind. Zwei sich überschneidende gleichartige Elemente a_1 und a_2 von gleicher Temperatur schwingen isochron und mit gleichem Ausschlage; sie befinden sich schon in dem gedachten Gleichgewichte. Zwei sich überschneidende ungleichartige Elemente a und b von gleicher Temperatur schwingen jedoch nicht übereinstimmend: das intensiver mit grösserer Winkelgeschwindigkeit oder mit grösserem Ausschlage schwingende Element beschleunigt wegen des materiellen Zusammenhanges das schwächer schwingende, indem es selbst eine Verzögerung erleidet, bis ein beiderseitiger stationärer Schwingungszustand mit entsprechendem Mittelpunktsabstande und bestimmten Radien der beiden Elemente erreicht ist, in welchem keine Tendenz des einen Elementes zur Änderung des Zustandes des anderen Elementes mehr vorliegt. Es entsteht nun die Frage, welchen Aggregatzustand a und b in diesem kalorischen Gleichgewichtszustande annehmen werden.

Offenbar hängt Diess nicht nur von dem kalorischen Schwingungsverhältnisse, sondern auch von der physikalischen Beschaffenheit und dem Aggregatzustande ab, in welchem die beiden Elemente a und b gegeben sind. Das stärker schwingende Element wird das schwächer schwingende beschleunigen und das letztere wird das erstere verzögern, diese Beschleunigung und Verzögerung ist aber durch den Widerstand mitbedingt, welchen die Pendelschwingung in jedem Elemente findet, und sie bestimmt den Aggregatzustand, welchen jedes Element annimmt. Demzufolge kann ein starrer Körper einen anderen starren Körper entweder starr lassen, oder flüssig, oder gasförmig machen, er kann auch einen flüssigen Körper starr machen, flüssig lassen, gasförmig machen, und er kann einen gasförmigen Körper starr oder flüssig machen oder gasförmig lassen; umgekehrt, kann er durch einen flüssigen und durch einen gasförmigen Körper entweder starr gelassen, oder flüssig, oder gasförmig gemacht werden. Ebenso kann ein flüssiger sowie ein gasförmiger Körper einen anderen Körper starr, flüssig, gasförmig machen und er kann durch einen anderen Körper starr, flüssig, gasförmig gemacht werden. Wenn man die Überführung in einen höheren Aggregatzustand Auflösung und die Überführung in einen niedrigeren Aggregatzustand Kondensation nennt; so kann ein Körper durch einen anderen aufgelös't oder kondensirt werden, insofern die kalorischen und physikalischen Verhältnisse Beider es gestatten.

Bei dem Ausgleichungsprozesse sind die beiden Stoffe A und B in entgegengesetzter Weise gleich betheiligt: wenn aber in dem Mischungsprozesse zweier in verschiedenen Aggregatzuständen gegebenen Stoffe der eine Stoff A seinen Aggregatzustand (wennauch in geschwächtem Maasse) aufrecht erhält, während der andere Stoff B den Aggregatzustand des Stoffes A annimmt; so betrachtet man den Stoff A gewissermaassen als einen Motor für die Verwandlung von B oder den Stoff B als einen Rezeptor für die Aggregation zu A und sagt in diesem Sinne, wenn A auf einer tieferen Aggregatstufe steht, als B, A lös't den B auf, wenn aber A auf einer höheren Aggregatstufe steht, als B, A kondensirt den B. Es liegt auf der Hand, dass eine Masseneinheit von A nur eine ganz bestimmte Masse von B oder dass eine Gewichtseinheit von A nur die bestimmte Menge von n Einheiten des Stoffes B (worin $n \gtrless 1$ ist) auflösen oder kondensiren kann. Wenn Massen von A und B, welche diesem Verhältnisse $1 : n$ entsprechen, sich lösend oder kondensirend mischen, entsteht eine gesättigte Mischung, welche eine Lösung oder eine Kondensation sein kann. Wenn die Mischungsbestandtheile dem Verhältnisse $1 : n$ nicht entsprechen, können nur drei Fälle eintreten: es kann entweder eine gleichartige ungesättigte Mischung mit Durchdringung beider Stoffe entstehen, oder es kann eine Theilung in mehrere selbstständige, ungleichartige Bestandtheile vorkommen, welche sich entweder durchdringen, oder ausscheiden. Die obigen Prinzipien der Vertheilung der Elemente bei einer Mischung liefern die Erkenntniss für den eintretenden Zustand.

Beschränken wir die Betrachtung der Einfachheit wegen zunächst auf die Mischung zweier Stoffe A und B, sodass also a' und b' die chemische Moleküle zweier Stoffe bezeichnen. Solange alle a' untereinander und alle b' untereinander nach Maassgabe der Abstände s_1', s_2' und der Radien r_1, r_2 sich überschneiden, also im Zusammenhange bleiben, ergiebt sich eine ungesättigte Mischung. Wenn die Moleküle a' so weit auseinander rücken, dass sie sich isoliren, entsteht ebenfalls eine ungesättigte Mischung, solange die Anzahl der mit einem Moleküle a' verknüpften Moleküle b' noch nicht das Sättigungsmaass erreicht: wenn dieses Maass eben erreicht wird, entsteht eine gesättigte Mischung, und sobald jenes überschritten wird, bildet sich eine Mischung aus zwei Bestandtheilen, deren erster eine gesättigte Mischung von A und B und deren zweiter ein ungemischter Stoff B ist. Ob diese Mischung zusammenhält, d. h. eine gemeinschaftliche Durchdringung der beiden genannten Bestandtheile darstellt, hängt davon ab, ob diese Bestandtheile nach Maassgabe der ihnen zukommenden gleichen Temperatur gleiche Aggregatzustände behalten und nicht durch andere Nebenkräfte, von welchen wir sogleich reden werden, geschieden werden. Nehmen die Bestandtheile bei der gegebenen Temperatur verschiedene Aggregatzustände an; so scheiden sie sich, insofern sie nicht durch andere Nebenkräfte zur Durchdringung genöthigt werden. Bei mehr als zwei Stoffen A, B, C ... kompliziren sich die Verhältnisse: immer wird jedoch das Resultat entweder eine ungesättigte Mischung, oder eine gesättigte Mischung, eine Zusammensetzung aus gesättigten und ungesättigten Mischungen und ungemischten Stoffen sein, welche entweder gleiche oder verschiedene Aggregatzustände annehmen und sich entweder gemeinschaftlich durchdringen, oder scheiden.

Der Zusammenhang gleichartiger Moleküle a' zu der Stoffmasse A ist durch die Überschneidung der Moleküle a' bedingt; Moleküle, welche sich nicht überschneiden, können nicht kohäriren, bilden also isolirte

Körper. Ebenso ist der Zusammenhang ungleichartiger Moleküle a' und b' zu einer kohärirenden Mischung AB nicht durch die Überschneidung der Moleküle a' allein oder der Moleküle b' allein, sondern durch die gleichzeitige Überschneidung der verschiedenartigen Moleküle a' und b' bedingt. Die Überschneidung ist eine Vorbedingung der Kohäsion, die sich überschneidenden Massen bedingen jedoch nicht allein die Stärke der Kohäsion. Diese Stärke beruhet vielmehr ausser auf der Menge der in die Überschneidung tretenden Elemente auf einer den beiden Molekülen a' und b' innewohnenden Tendenz zur Überschneidung, oder auf einer Mischungstendenz, und man kann in dieser Mischungstendenz das auf Gestaltungs- oder Anordnungstrieben beruhende Bestreben erblicken, die inneren Spannungen von a' und b' so zu modifiziren, dass sie mit einer gemeinschaftlichen Spannung einen gemeinsamen Gleichgewichtszustand bilden. Je nach der Stärke ihrer inneren Kohäsion äussern zwei Moleküle auf einander entweder positive Mischungstendenz oder negative Mischungstendenz, d. h. Widerstreben gegen Mischung. Äusserer Druck auf die beiden nebeneinander liegenden starren, flüssigen oder gasförmigen Körper A und B befördert die Mischungstendenz im positiven Sinne (erhöhet also die positive Tendenz und schwächt das Widerstreben gegen Mischung), äussere Zug- oder Expansionskraft, welche nur auf starre Körper anwendbar ist (indem flüssige und gasförmige Elemente durch äussere Zugkraft getrennt werden würden), vermindert die positive Mischungstendenz und erhöhet das Widerstreben gegen Mischung Wenn äusserer Druck zur Herbeiführung der Mischung von bestimmtem Mischungsverhältnisse nothwendig ist (wie z. B. bei Wasser und Öl), scheiden sich die Bestandtheile beim Erlöschen des äusseren Druckes, während ein zur Herbeiführung einer Mischung unnöthig aufgewandter Druck (wie z. B. bei Wasser und Salz) bei seinem Erlöschen nicht die Scheidung der Mischung zur Folge hat.

Während äusserer Druck die Mischungstendenz fördert, vermindert er im Allgemeinen das Sättigungsverhältniss zweier Stoffe.

Das Mischungsvermögen zweier Stoffe kann nach seinem Erfolge als Mischungs- oder als Entmischungstendenz zur Erscheinung kommen und durch äusseren Druck modifizirt werden. Das Wasser durchdringt den Stein vermöge positiver Kapillarität in horizontaler Richtung auf jede Länge bis zu einem Sättigungsverhältnisse, bei welchem die Kapillarität erlischt. Bei senkrechtem Aufstiege schwächt das Gewicht der Wassermoleküle als äussere Druckkraft die Kapillarität: das Wasser kann nur bis zu einer gewissen Höhe aufsteigen, bei welcher das Gewicht des gesammten aufgesogenen Wassers zu der durchdrungenen Steinmasse ein gewisses Maximum erreicht hat.

Wie der äussere Druck, welcher sich als äusserer Druck zwischen den Molekülen äussert, die Mischungstendenz verstärkt, so verstärkt äussere Wärme, wenn sie in die Moleküle eindringt, sich also als innere Expansionsspannung geltend macht, das Sättigungsverhältniss.

Unter äusserem Drucke und unter äusserer Wärme können sich hiernach vermöge der Modifikation der Mischungstendenz aus den Stoffen A, B, C ... verschiedenartige Mischungen, Scheidungen und Aggregatzustände bilden.

Da wir von Mischungen, nicht von chemischen Verbindungen reden; so sind chemische Umsetzungen im Mischungsprozesse ausgeschlossen. Wenn sie als Kombinationen von Mischungs- und Verbindungsprozessen mit in Betracht gezogen werden, beeinflussen sie selbstredend das Resultat. Immerhin spricht die Stoffbeschaffenheit der Moleküle a' und b' bei dem Mischungsresultate, insbesondere bei der Mischungstendenz, bei den kalorischen Prozessen und bei den Aggregatverwandlungen wesentlich mit und, da diese Stoffbeschaffenheit auf dem chemischen Ortsverhältnisse der in a' und b' enthaltenen Grundstoffe beruhet, kann sie auf Affinität zurückgeführt werden. Es handelt sich hiernach bei einer Mischung um die Zusammenwirkung von räumlichen, zeitlichen, mechanischen, chemischen und gestaltenden Mineralkräften, sowie um die Mitwirkung von optischen, akustischen, kalorischen, elektrischen und osmetischen Ätherkräften, wenngleich wir nicht alle diese Kräfte und die verschiedenen Weisen ihrer Anbringung im Vorstehenden berücksichtigt haben.

Zu den noch nicht genannten Nebenkräften gehört auch die Kapillarität. Jedes Molekül besteht aus physischen Elementen, welche zwar durch mechanische Kraft, Wärme und Affinität nicht abtrennbar sind, aber doch bei der Berührung von Molekülen eine Neigung oder eine Abneigung zur Überschneidung äussern können und demzufolge die Adhäsion, oder die Isolirung der Moleküle bedingen. Diese Durchdringungs- oder Mischungstendenz der physischen Elemente, welche durchaus keine Mischung der Moleküle bedingt, ist die Kapillarität, welche als positives und als negatives Bestreben auftreten kann. Äusserer Druck befördert, äusserer Zug hemmt die Kapillarität: demzufolge steigt Wasser an den Wänden einer Röhre auf, bis das Gewicht des erhobenen Wassers die Kapillarität an den Wänden aufhebt. Wenn adhärirende Stoffe getrennt werden, kann der eine vermöge der Kohäsion der adhärirenden Elemente aus dem anderen Stoffe ganze Moleküle herausreissen: in diesem Falle netzt der zweite den ersten.

Kann man jedem Stoffe eine bestimmte Neigung oder Abneigung seiner Moleküle und auch seiner physischen Elemente zur Durchdringung der Moleküle, bezw. Elemente anderer Stoffe, also eine innere positive oder negative Mischungs-, bezw. Adhäsionstendenz zuschreiben, wie ich es in Nr. 50 der „Äquivalenz der Naturkräfte" gethan habe; so werden zwei Stoffe mit positiven Tendenzen $+x_1$ und $+x_2$ die Mischungstendenz $+(x_1+x_2)$, zwei Stoffe mit entgegengesetzten Tendenzen $+x_1$ und $-x_2$ die positive Tendenz $+(x_1-x_2)$ oder, wenn $x_2 > x_1$ ist, die negative Tendenz $-(x_2-x_1)$, und zwei Stoffe mit negativen Tendenzen $-x_1$ und $-x_2$ die negative oder die Isolirungstendenz $-(x_1+x_2)$ gegeneinander äussern.

Eine wesentliche Wirkung der bei einer Mischung thätigen verschiedenartigen Kräfte liegt darin, dass die Abstände s und die Radien r der Moleküle a', sowie die der b', c' ... im Allgemeinen variiren werden. Das Grundgesetz dieser Variation lässt sich, als ein Ausfluss des Gestaltungsgesetzes, meines Erachtens folgendermaassen definiren. Die vorhin erwähnte Kugel, welche das Elastizitätsellipsoid eines amorphen Körpers ABC darstellt, besteht aus einer Kugel A, einer gleich grossen Kugel B, einer ebenso grossen Kugel C. Die Kugel A ist ein Inbegriff von konzentrischen Kugelschalen, welche die Moleküle a' enthalten. Nehmen wir an, irgend eine Variation der Abstände in der Kugel A bestehe darin, dass sich in einer gewissen Grundebene alle zu einer darin liegenden primären Axe OX parallelen Abstände in dem Verhältnisse v_1 vergrössern, dass sich dagegen die zur sekundären Axe OY parallelen Abstände in dem Verhältnisse $\frac{1}{v_2}$ verkleinern und dass sich die zur tertiären Axe OZ parallelen Abstände in dem Verhältnisse $\frac{1}{v_3}$ verkleinern, oder dass sie sich in dem Verhältnisse v_3 vergrössern. Alsdann wird die Kugel in ein Ellipsoid übergehen, dessen Volum im ersten Falle das $\frac{v_1}{v_2 v_3}$-fache und im zweiten Falle das $\frac{v_1 v_3}{v_2}$-fache der Kugel A ausmacht, welches also das Volum der Kugel A behalten wird, wenn $\frac{v_1}{v_2 v_3} = 1$, bezw. $\frac{v_1 v_3}{v_2} = 1$, mithin $v_1 = v_2 v_3$, bezw. $v_2 = v_1 v_3$ ist. (Ein anderer, als einer dieser beiden Fälle kann nicht eintreten: es können sich nicht die Abstände in allen drei Axen OX, OY, OZ vergrössern, da $v_1 v_2 v_3$ nicht anders $= 1$ sein kann, als wenn $v_1 = v_2 = v_3 = 1$ ist, also überhaupt keine Variation eintritt, oder wenn eine der drei Zahlen > 1 und das Produkt der anderen beiden < 1 ist, was die vorstehenden beiden Fälle ergiebt). Setzen wir nun voraus, jede der Kugeln A, B, C folge demselben Variationsgesetze; so geht die Gesammtkugel vom Radius S in ein Ellipsoid von gleichem Volum mit den Halbaxen $v_1 S$, $\frac{1}{v_2} S$ und $\frac{1}{v_3} S$, bezw. $v_3 S$ über und stellt das Elastizitätsellipsoid der Mischung ABC dar.

Wie schon in Nr. 88 erwähnt, ist bei der Änderung des Aggregatzustandes eines Körpers A durch Lösung eines Körpers B auch die Spannung zu berücksichtigen, welche B in A vermöge der Beiden zukommenden chemischen Affinität erzeugt und welche die Expansion und Ausbreitung von A in der Masse des B, also die Mischung von A und B nach sich zieht (wobei der durch Lösung flüssig werdende Körper A den osmotischen Druck ausübt).

Die Lösungs- und Mischungsprozesse dürften durch die vorstehende Ausführung (welche eine Ergänzung des darüber in Nr. 50 der „Äquivalenz der Naturgesetze" Gesagten bildet) ihre ausreichende mathematische Erklärung finden. Hinsichtlich der aus der Mischung entspringenden sonstigen Prozesse füge ich hinzu, dass jeder chemischen Verbindung eine Mischung vorausgeht, da die Verbindung eine Durchdringung in einem gemeinschaftlichen Raume voraussetzt, ferner, dass eine chemische Umsetzung eine Mischung zur Folge hat, welche nach den Mischungsgesetzen beharrlich sein, aber auch eine Abscheidung nach sich ziehen kann. Elektrischer Strom beeinflusst den Verbindungsprozess theils direkt (wie z. B. im galvanischen Strome durch Scheidung der Stoffelemente, welche an den Polen endliche Stoffmassen zum Austritte bringen), theils indirekt durch Vermittlung des Mischungsprozesses (indem der elektrische Strom z. B. in der Mischung von Sauerstoff und Wasserstoff die Kohäsion der Sauerstoff- und Wasserstoffatome durch Scheidung der Urstoffe schwächt und dadurch ihre vollständigere Durchdringung herbeiführt und ihre Verbindung ermöglicht).

Endlich muss man sagen, dass auch die osmetischen oder Formschwingungen, welche ein krystallisirender Körper an seiner Oberfläche in der krystallisirenden Flüssigkeit hervorruft, die Mischung und die Verbindung der in dieser Flüssigkeit enthaltenen Stoffelemente befördern, nach den Umständen aber auch hindern (indem z. B. bei dem Gefrieren einer Flüssigkeit zunächst nur einer der gemischten Stoffe A, B, C erstarret und krystallisirt, durch die bei der Krystallisation erzeugten Formschwingungen aber möglicherweise die Ausscheidung der krystallisirenden Substanz befördert und zugleich die Mischungstendenz der übrigen Substanzen erhöhet).

111. **Charakteristik der ätherischen und der mineralischen Eigenschaften und Prozesse.** (1) Der Äther. Wenn wir unter dem unendlich Grossen und Kleinen das unmessbar, unbestimmbar, unzählbar, mathematisch unberechenbar Grosse und Kleine und unter einer endlichen Grösse eine mathematisch berechenbare, anschauliche Grösse verstehen; so erfüllt das Ätherelement einen unendlich kleinen Raum, hat also kein endliches Volum. Es besitzt eine unendliche Dauerhaftigkeit, erfüllt also keine endliche Zeit, erneuert sich mit unendlicher Geschwindigkeit, hat ein unendliches Beharrungsvermögen. Es hat eine unendlich kleine, unberechenbare Masse, ist unendlich wenig bewegbar, unendlich wenig dehnbar, besitzt eine unendlich geringe bewegende, nach aussen wirkende Kraft, aber eine unendlich starke, auf Selbsterhaltung gerichtete Energie. Es besteht aus zwei unendlich kleinen qualitativ entgegengesetzten oder ungleichartigen Urstoffelementen, einem positiven und einem negativen Urstoffe, welche sich mit unendlicher, kosmetischer Affinität oder Neigung zur Gemeinschaft verbinden, während die gleichartigen Urstoffe Abneigung zur Verbindung oder Scheidungstendenz zeigen. Es hat die einfachste Form, die Kugelform, welche es mit einem unendlichen Gestaltungstriebe in dieser Form konstant erhält.

Die Ätherelemente im Gesammtäther überschneiden sich in unendlich kleinen Mittelpunktsabständen, sodass zwei benachbarte Elemente an ihrem äusseren und inneren Umfange sich berühren. Wegen der Überschneidung kohäriren die Elemente mit enormer Kraft, sodass jede unendlich grosse Anzahl von Elementen, welche zusammen einen endlichen Raum erfüllen, ein fest gefügtes Ganzes bilden.

Die unendliche Grossheit oder Kleinheit dieser Eigenschaften bedingt keinen absoluten Widerstand, kein absolutes Hinderniss gegen Zustandsänderungen, sondern nur einen unmessbar grossen oder enormen Widerstand. Unter der Einwirkung hinreichend starker oder geeigneter Kräfte kann das Ätherelement Änderungen erleiden oder ätherische Prozesse vollbringen. Alle diese Prozesse sind unendlich rasche oder doch überaus rasche Pulsationen, Vibrationen, Schwingungen, Oszillationen. In Schwingungen von einer gewissen Langsamkeit können die Ätherelemente nicht versetzt werden, sie sind dafür unempfänglich: die starke Rückkehrtendenz macht eine langsame Schwingung zur Unmöglichkeit. Demzufolge hat die Geschwindigkeit jeder Schwingungsart im Äther eine bestimmte Grenze, unter welche diese Schwingung nicht herabsinken kann.

Hiernach giebt es im Äther die sinnlich wahrnehmbaren raschen optischen, kalorischen und elektrischen, nicht aber die den menschlichen Sinnen zugänglichen langsamen akustischen, primär ästhematischen, gustischen und osmetischen Schwingungen; es kann jedoch die Möglichkeit dieser letzteren Schwingungen bei grosser Geschwindigkeit nicht geleugnet und die Möglichkeit der ersteren Schwingungen bei kleiner Geschwindigkeit nicht zugestanden werden.

Die Konstitution des Äthers, insbesondere die Lagerung und das Verhältniss seiner Elemente zueinander ist folgendermaassen zu denken. Jeder Punkt O des Raumes kann als der Mittelpunkt eines kugelförmigen Elementes a vom Radius r angesehen werden. Von O aus folgen in jeder geradlinigen Richtung OA in Mittelpunktsabständen ∂r, welche gegen r unendlich klein sind, unausgesetzt die Elemente a_1, a_2, a_3 ... aufeinander; es folgen also auch konische Elemententheile von der Axenlänge r und unendlich kleinem Raumwinkel in Parallelstellung aufeinander oder decken sich nahezu. Diess gilt nicht nur von jeder beliebigen Fortschrittsrichtung OA, sondern auch von jeder beliebigen Richtung OB, welche die Axen der konischen Elemente gegen die Fortschrittsrichtung OA einnehmen. Es lagern sich mithin längs jeder Richtungslinie OA parallel zu jeder beliebigen Richtung OB Radien, welche in den Aussenflächen der konischen Elemente liegen, in unendlich kleinen Abständen nebeneinander und bilden eine adhärirende Reihe beliebig schräg gestellter Radien. Hiernach bildet jeder Radius r von beliebiger Richtung OB das Anfangsglied von unendlich vielen Reihen parallel zu OB stehender Radien längs einer Axe OA von beliebiger Richtung. Die Adhäsion dieser Radien ermöglicht es, dass ein Dehnungsimpuls, welcher auf ein erstes kugelförmiges Element a oder auf ein erstes konisches Element oder auf einen ersten Radius r von der Richtung OB ausgeübt wird, längs jeder beliebigen Axe OA auf den parallelen Nachbar von der Richtung OB übertragen oder fortgepflanzt werden kann. Der ursprüngliche Impuls bestimmt die Richtung des affizirten Anfangsradius r (oder bei der Dehnung eines ganzen Elementes a die allseitigen Richtungen der affizirten Anfangsradien) sowie vermöge der Stossrichtung oder bei der einfachen Dehnung aller konischen Elemente vermöge der Adhäsion der Grenzradien jedes konischen Elementes die Fortpflanzungsrichtung oder die Strahlaxe OA. Fällt die Richtung OB mit der Richtung OA zusammen; so entsteht eine Longitudinalschwingung längs OA. Steht OB auf OA senkrecht; so entsteht eine rechtwinklige Transversalschwingung längs OA. Hat OB gegen OA eine beliebige Neigung; so entsteht eine schiefwinklige Transversalschwingung längs OA (s. meine Theorie des Lichtes, im dritten Supplement der „Naturgesetze"). Ist nach der Natur des Impulses die Richtung OA unbestimmt, oder empfangen alle Radien des Anfangselementes den Dehnungsimpuls; so entsteht eine Fortpflanzung der Schwingungen nach allen Richtungen OA. Wiederholte Impulse bedingen die Kontinuität der Schwingung oder den dauernd von O ausgehenden Strahl. Diese auf Impulsen oder Stössen beruhende Strahlung setzt Abwälzung des von einem Radius r empfangenen Effektes auf den Nachbar r_1 und Rückkehr des r in den Anfangszustand voraus. Wenn r an der Rückkehr gehindert ist, wie es geschieht, wenn nicht ein Stoss, sondern eine dauernde Kraft p spannend auf r wirkt; so entsteht eine Fortpflanzung des Spannungszustandes ohne Rückkehr der Anfangsglieder in ihre ursprünglichen Zustände, also ein beharrlicher, sich unausgesetzt, so lange die Kraft p wirksam bleibt, verlängernder Spannungszustand.

Ohne äussere Einwirkung tritt das Ätherelement nicht in Thätigkeit: im reinen Äther ruhen die Elemente dauernd in unveränderlichem Zustande; die äusseren Kräfte, welche den Äther in Thätigkeit zu setzen vermögen, sind Mineralkräfte.

(2) Das Mineralelement. Die Mineralisirung, d. h. die Erzeugung von Mineralien aus dem Äther, ist kein aus der inneren oder natürlichen Thätigkeit des Äthers oder aus dessen wirklicher Lebenskraft hervorgehender, sondern ein durch tiefer liegende Ursachen oder allgemeinere Weltkräfte und Weltgesetze mitbedingter Prozess, den ich Schöpfungsprozess nenne. Durch denselben, d. h. durch die Zusammenwirkung desselben mit den natürlichen Ätherkräften, entstehen Objekte, deren Eigenschaften von den ätherischen in der Art wesentlich abweichen, dass sie unendliche Erhöhungen der letzteren darstellen. Durch Abscheidung einer unendlichen Menge a der unter sich gleichen und unendlich kleinen zusammenliegenden Ätherelemente vom reinen Äther und durch Vereinigung derselben zu einem selbstständigen Ganzen entsteht, als erste Wirkung des Mineralisirungsprozesses, ein Objekt von endlichem Rauminhalte, dessen Werth theils durch die Anzahl a, theils durch die Zustände, in welche die abgesonderten Ätherelemente durch die folgenden Mineralisirungsprozesse versetzt werden, bedingt, also variabel ist.

Als zweite Wirkung des Mineralisirungsprozesses nehmen die vereinigten Ätherelemente gewisse Zustände an, welche dem Objekte die

Änderungsfähigkeit, namentlich die Verschiebbarkeit gegeneinander nach Fortschritt und Rückschritt, also die Pulsationsfähigkeit oder das Vermögen zu Prozessen, die in der Zeit verlaufen, ertheilen, welche mithin das Objekt zu einem räumlich-zeitlichen machen. Dieser Zweck wird dadurch erfüllt, dass eine Anzahl b der vorstehenden a räumlichen Elemente zusammengeschoben werden, indem sie sich in gewissen Mittelpunktsabständen überschneiden, sodass also in dem räumlich-zeitlichen Elementarobjekte ab Ätherelemente enthalten sein würden.

Als dritte Wirkung des Mineralisirungsprozesses empfangen die Ätherelemente mechanische Eigenschaften, welche sich folgendermaassen bethätigen. Die vereinigten Elemente haften aneinander mit grosser, aber endlicher Kraft und bilden eine bestimmte kohärirende Masse, ein räumlich-zeitlich-mechanisches oder ein materielles Element. Dieser Zweck wird dadurch erfüllt, dass eine gewisse Anzahl c der vorhergehenden räumlich-zeitlichen Objekte ineinander gelagert werden, also sich theils vollständig durchdringen, theils überschneiden, indem sie eine haftende und kohärirende Masse von abc Ätherelementen bilden. Setzt man diese Masse $abc = m$; so stellt $\frac{abc}{m} = 1$ die in allen Fällen gleiche Masseneinheit dar. Die so erzeugte Elementarmasse m ist vom Gesammtäther abgelös't, im Raume verschiebbar, in der Zeit beschleunigungsfähig, kohärirt nicht mit dem Äther und adhärirt nur unendlich schwach an demselben. Das Wesentliche an den Eigenschaften des materiellen Elementes ist die Bewegbarkeit, welche sich in aktivem Sinne als das Vermögen zur Hervorbringung von Bewegung in anderen Objekten und in passivem Sinne als das Vermögen zur Empfangnahme von Bewegung oder zum Bewegtwerden, in allen Fällen aber als eine Beziehung oder Relation zu äusseren Objekten oder als ein Wirkungsvermögen zeigt. Dieses Vermögen erscheint im aktiven Sinne als Anziehung oder Attraktion und im passiven Sinne als Widerstand gegen Anziehung. Dieser Widerstand gegen Anziehung ist zwar gleichbedeutend mit Abstossung oder Repulsion, es muss jedoch hervorgehoben werden, dass dem materiellen Elemente die Abstossung nicht als freies, sich von selbst äusserndes Vermögen bethätigt, sondern nur durch die Anziehung eines äusseren Objektes hervorgerufen wird. Die bewegende Kraft ist den im materiellen Elemente enthaltenen Ätherelementen mitgetheilt; dasselbe bildet die Summe dieser Kräfte, welche mithin der Anzahl seiner Ätherelemente oder seiner Masse proportional ist. Das materielle Element besitzt hiernach nicht nur Anziehungskraft, sondern äussert dieselbe auch fortwährend und zwar ausschliesslich gegen den Äther, welcher alle Materie durchdringt; es sind also die ätherischen Elemente des Atoms, welche mit den Elementen des reinen Äthers in unmittelbarer Wechselwirkung stehen. An die Stelle der Kohäsion der reinen Ätherelemente ist durch die Mineralisirung die Anziehung der materiellen Elemente gegen die freien Ätherelemente und, umgekehrt, der Widerstand der freien Ätherelemente gegen die

Anziehung der materiellen Elemente getreten. In Folge dieser Eigenschaften besteht eine bestimmte dauernde Spannung zwischen dem materiellen Elemente und dem Äther. Das kugelförmige materielle Element äussert seine Anziehung in allen Richtungen des Raumes auf die angrenzenden Ätherelemente. Ein auf diese Weise angezogenes Ätherelement ändert nicht seinen Ort: indem es durch die Kohäsion mit dem nächstfolgenden Ätherelemente festgehalten wird, ändert es nur seine Form, es dehnt sich ein wenig in der Attraktionsrichtung, leistet der Attraktion des materiellen Elementes Widerstand, wirkt also anziehend auf dieses Element zurück. Da das materielle Element in derselben Weise nach allen Richtungen auf die angrenzenden Ätherelemente wirkt und diese Ätherelemente ebenso zurück wirken; so bleibt das materielle Element in Ruhe. Die Dehnung jedes Ätherelementes pflanzt sich aber im Äther von Element zu Element fort, solange die Ursache dazu in dem anziehenden materiellen Elemente fortbesteht. Da dieses Element von seinem Mittelpunkte aus in jedem Segmente von gleichem Raumwinkel gleiche Anziehungskraft äussert; so muss die Spannung im Äther bei der Fortpflanzung im Quadrate der Entfernung schwächer werden. Im Übrigen pflanzt sich diese Spannung durch den Gesammtäther unaufhaltsam fort. Wenn der vom materiellen Elemente α ausgehende Fortpflanzungsprozess ein anderes materielles Element α_1 von gleicher Masse in der Entfernung r mit der Intensität $\frac{\varkappa}{r^2}$ trifft, wirkt er anziehend auf dieses Element. Gleichzeitig äussert aber das zweite Element α_1 seine Anziehungskraft auf den Äther in entgegengesetzter Richtung, welche auf das erste Element α mit der gleichen Intensität $\frac{\varkappa}{r^2}$ trifft. Während zwischen der Anziehung des Elementes α_1 und dem Widerstande des in der Richtung $\alpha_1 \alpha$ gespannten Ätherelementes Gleichgewicht besteht, besteht doch kein Gleichgewicht zwischen der von α in der Richtung $\alpha \alpha_1$ bei α_1 anlangenden Spannung $\frac{\varkappa}{r^2}$: das Atom α_1 wird daher durch den von α ausgehenden Prozess mit der Kraft $\frac{\varkappa}{r^2}$ von dem Elemente α angezogen, während, umgekehrt, das Element α durch den von α_1 ausgehenden Prozess mit derselben Kraft von α_1 angezogen wird. In dieser durch den Äther vermittelten Wirkung zwischen den materiellen Elementen α und α_1 besteht die Gravitation, welche nur zwischen materiellen Elementen oder mineralisirten Ätherelemente, nicht zwischen reinen Ätherelementen möglich ist. Enthält das materielle Element α im Ganzen n ätherische Elemente oder eine zu n proportionale Masse, ferner das materielle Element α_1 im Ganzen n_1 ätherische Elemente oder eine zu n_1 proportionale Masse; so sind wegen der Kleinheit des Rauminhaltes beider materiellen Elemente die Entfernungen ihrer ätherischen Elemente voneinander gleich r und einander parallel, es wirkt also jedes Ätherelement von α auf jedes

Ätherelement von α_1 mit der Kraft $\frac{\varkappa}{r^2}$ und daher das materielle Element α auf jedes Ätherelement von α_1 mit der Kraft $\varkappa \frac{n}{r^2}$ und auf das ganze materielle Element α_1 mit der Kraft $\varkappa \frac{n\, n_1}{r^2}$. Mit derselben Kraft wirkt α_1 auf α (s. die Äquivalenz der Naturkräfte" Nr. 71 und meine früheren Schriften).

Nach mechanischem Gesetze muss ein gespannter Körper, wenn er durch diese Spannung Bewegung erzeugt, also Arbeit verrichtet, seine Spannung verlieren. Danach müsste das letzte in der Linie $\alpha\alpha_1$ unmittelbar vor α_1 liegende Ätherelement in dem Augenblicke, wo es α_1 in Bewegung setzt, seine Spannung einbüssen und die Gravitation von α auf α_1 würde die Spannung der in der Richtung $\alpha\alpha_1$ über α_1 hinaus liegenden Strecke schwächen. Diess widerspricht jedoch der Thatsache, dass materielle Zwischenkörper die Gravitation nicht beeinträchtigen. Damit würde das auf mechanische Prinzipien gegründete Energiegesetz zu Boden fallen, wenn man der vorstehenden Annahme über die Erweckung des Anziehungsvermögens in dem materiellen Elemente α nicht noch die fernere Annahme hinzufügte, dass die durch die Anziehung des materiellen Elementes α gespannten reinen Ätherelemente ein dieser Spannung entsprechendes und in der Spannungsrichtung wirksames Anziehungsvermögen gegen ein damit in Berührung kommendes materielles Element α_1 erlangen, sodass diese Anziehung oder die Gravitation von α auf α_1 die Spannung des vor α_1 liegenden Ätherelementes nicht ändert, dieses Element vielmehr seine Anziehung auf α_1 vermöge des in ihm durch die Spannung erweckten Anziehungsvermögens ausübt. Die von dem materiellen Elemente α ausgehende Gravitationsspannung pflanzt sich also, unbekümmert um etwa zu durchdringende materielle Massen, durch den Äther, welcher selbst alle Materie durchdringt, fort, sie ändert sich und erlischt von α her in dem Maasse, wie α seinen Standpunkt ändert.

Der Äther durchdringt die Materie ohne endliche Adhäsion oder Reibung, setzt also der endlichen Bewegung der Materie keinen messbaren Widerstand entgegen. Gleichwohl ist die Adhäsion nicht absolut null, sondern nur unendlich klein. Demzufolge kann sie bei gesteigerter Geschwindigkeit der Bewegung einer materiellen Masse merkbar werden und alsdann optische, kalorische und elektrische Prozesse erzeugen (wie ja auch der Gleitungswiderstand zwischen materiellen Körpern mit der Geschwindigkeit wächst).

Ausser den vorstehend genannten räumlichen, zeitlichen und mechanischen Eigenschaften empfangen die Ätherelemente durch die Mineralisirung qualitative Eigenschaften, worunter die Neigung zur Gemeinschaft oder Affinität zu verstehen ist. Diese Eigenschaft beruhet auf einer grösseren oder kleineren Lösung oder Lockerung der zwischen dem positiven und negativen Urstoffe des reinen Ätherelementes herrschenden kosmetischen Affinität, also auf einer relativen Freimachung dieser

Urstoffe (oder Elektrizitäten). Dieser Zweck wird dadurch erfüllt, dass eine gewisse Anzahl d der vorstehenden räumlich-zeitlich-mechanischen Elemente, welche abc Ätherelemente enthalten, zu einem chemischen Elemente oder zu dem Atome eines Grundstoffes von bestimmter Affinität zusammentreten, welches $abcd$ Ätherelemente umfasst. Zwei Atome von entgegengesetzter Beschaffenheit bilden ein Molekül.

Die Gravitation eines chemischen Atoms ist nur von seiner Masse, nicht von seiner Affinität abhängig: die Affinität verleihet aber dem Atome eine besondere Fähigkeit zur Einwirkung auf den Äther und auf entfernte Mineralkörper. Wenn sich nämlich das Atom in einem Zustande befindet, in welchem seine ätherischen Elemente entweder sämmtlich oder zum Theil dauernd oder vorübergehend dergestalt frei werden, dass die Urstoffe dieser Elemente sich mehr oder weniger voneinander scheiden und eine selbstständige Wirkung nach aussen, insbesondere auf die Elemente des sie durchdringenden Äthers zu äussern vermögen; so werden sie diese Wirkung vollbringen, indem die freien positiven Urstoffe des Atoms anziehend auf die negativen und abstossend auf die positiven Urstoffe des Äthers wirken, während die freien negativen Urstoffe des Atoms entgegengesetzt wirken. Diese Wirkung auf den Äther besteht aus Attraktionen und Repulsionen oder in positiven und negativen Spannungserzeugungen, pflanzt sich also in dem Äther nach dem Gravitationsgesetze fort, indem ihre Intensität durch die frei werdenden Elemente und deren chemische Affinität, nicht durch deren Masse bedingt ist. Dieser Fortpflanzungsprozess ist die Induktion. Trifft der Induktionsstrahl, der also ein Spannungsstrahl wie der Gravitationsstrahl, jedoch von besonderer Intensität ist, auf eine materielle Masse; so wird dieselbe mit einer von der Beschaffenheit des Strahles abhängigen Kraft sollizitirt. Diese Sollizitation ist von der materiellen Gravitation völlig unabhängig, sie besteht neben derselben in den Fällen, wo sie überhaupt eintritt. Solcher Fälle giebt es im Bereiche des Stoffes drei. Der erste Fall ist durch einen rein elektrischen Strom, der zweite durch einen galvanischen Strom, der dritte durch einen Magneten gegeben. In den ersten beiden Fällen werden in dem Strome Elemente abwechselnd frei und gebunden, erzeugen also einen Induktionsstrahl und einen Sollizitationseffekt, welchen ich in Nr. 74 der „Äquivalenz der Naturkräfte" in einer, wie ich glaube einwandsfreien Weise berechnet habe. Diese Rechnung führt zu der von Ampère aus Beobachtungen abgeleiteten Formel und ersetzt das von Weber eingeschlagene Verfahren, welches sich auf unmögliche Hypothesen, insbesondere auf die Fernwirkung und andere Voraussetzungen stützt, deren Unannehmbarkeit ich gezeigt habe. Der dritte Fall ist die Existenz eines Magneten, welcher nach meiner Ansicht kein Strom, sondern ein ständiger Spannungszustand ist, in welchem die Urstoffe geschieden und dadurch in einen Grad von Freiheit gesetzt sind (vergl. die betreffenden Kapitel in der „Äquivalenz der Naturkräfte" und im Supplement 2 zu Theil 2 der „Naturgesetze", das unter dem Titel „Elektrizität, Galvanismus und Magnetismus" erschienen ist und den Nachweis der mathematischen Übereinstimmung meiner Theorie des Magnetismus mit der Beobachtung und mit der Beziehung zum Galvanismus enthält).

Endlich erzeugt die Mineralisirung neben den vorstehenden räumlichen, zeitlichen, mechanischen und chemischen die physiometrischen oder krystallinischen Eigenschaften, d. h. sie pflanzt den ätherischen Elementen des Atoms Gestaltungs- oder Anordnungstriebe ein und ertheilt damit dem Atome eine Form und eine Variationsfähigkeit. Dieser Zweck wird dadurch erfüllt, dass eine gewisse Anzahl e der vorstehenden Qualitätselemente sich zu einem aus $abcde$ Ätherelementen bestehenden physiometrischen oder Formelemente ordnen. Ein in Ruhe befindliches Formelement kann den dasselbe durchdringenden Äther nur mittelst seiner materiellen Elemente affiziren, also nur einen Gravitationsprozess erzeugen.

Durch die vorstehenden fünf Wirkungen des Mineralisirungsprozesses werden die fünf Grundeigenschaften der reinen Ätherelemente in die physischen Eigenschaften der Ätherelemente der Mineralatome umgewandelt.

Ich bemerke noch, dass, weil im Ätherelemente keine Schwingung haftet, vielmehr sofort auf das Nachbarelement abgewälzt wird, und ein Spannungszustand darin nur so lange haftet, als die erzeugende äussere Kraft wirksam ist, der Äther nicht die durch Wärme bedingten Aggregatzustände annehmen kann, dass vielmehr nur das physische Element, weil es dauernd Wärmeschwingungen festzuhalten vermag, in Aggregatzustände eintreten kann. Das physische Element unterscheidet sich daher von dem ätherischen Elemente, obgleich es substantiell dasselbe ist, durch den darin unausgesetzt stattfindenden Vibrationszustand.

Übrigens darf man sich den Mineralisirungsprozess nicht als eine zeitliche Aufeinanderfolge der vorstehenden fünf Prozesse denken, sondern muss ihn als eine gleichzeitige, gemeinschaftliche Zusammenwirkung dieser Prozesse denken, wodurch $abcde$ Ätherelemente zu einem räumlich-zeitlich-mechanisch-chemisch-physiometrischen Mineralelemente mit bestimmten, je nach den besonderen Werthen von a, b, c, d, e verschiedenen räumlichen, zeitlichen, mechanischen, chemischen und physiometrischen Eigenschaften vereinigt werden.

Indem $abcde$ Ätherelemente dem reinen Ätherreiche entzogen und dem Mineralreiche einverleibt werden, bleibt die Gesammtenergie beider Reiche ungeändert. Die hierdurch entstehende Verdünnung des Äthers ergänzt sich durch die sofortige Heranrückung gleicher Ätherelemente aus den entfernteren Stellen des Äthers, was bei der unendlichen Ausdehnung des Äthers an den unendlich entfernten Grenzen desselben nur eine auf null herabsinkende Änderung hervorbringen kann.

Ich hebe noch hervor, dass das Mineralelement nicht nur Räumlichkeit, Zeitlichkeit, mechanisches Vermögen oder Bewegbarkeit, chemische Affinität oder Neigung zur Gemeinschaft und krystallinisches Vermögen oder Gestaltungstrieb besitzt, sondern dass das materielle Element sein

Bewegungsvermögen auch unausgesetzt bethätigt oder sich in einer fest bestimmten und für alle materiellen Elemente gleichen unaufhörlichen Bewegung befindet, in Folge deren es unausgesetzt Spannungsstösse in allen Richtungen aussendet, welche sich im Äther fortpflanzen und die Gravitation zwischen allen materiellen Elementen der Welt herbeiführen.

(3) Das Mineral. Unendlich viel Mineralelemente bilden einen endlichen Mineralkörper. Sie nehmen dabei ein bestimmtes Volum an, überschneiden sich in bestimmten Mittelpunktsabständen, kohäriren mit bestimmten Kräften, verbinden sich, wenn sie verschiedenartig sind, mit bestimmten Affinitätskräften, während, wenn sie gleichartig sind, die Verbindung theils auf Kohäsion, theils auf der physischen Affinität ihrer Elemente beruhet, endlich ordnen sie sich nach bestimmten Gestaltungstrieben zu einer Gesammtform. Diese Bildungen, sowie die sonstigen Zusammenwirkungen endlicher Mineralkörper gehen nach den betreffenden mathematischen Gesetzen vor sich. Durch die Mineralisirung entstehen also in den Mineralien die Objekte mit echt mathematischen Eigenschaften.

Wie der Äther und das Mineralelement, so wirkt auch dieses Element mit einem endlichen Mineralkörper zusammen. In allen Fällen entstehen bei diesen Zusammenwirkungen ätherische, bezw. physische und mineralische Prozesse. Das Wesentliche an diesen Prozessen besteht darin, dass ihre Einheitswerthe einander äquivalent sind, ferner, dass die Summe ihrer Wirkungen, mag man sie nach räumlichen, zeitlichen, mechanischen, chemischen oder krystallinischen Äquivalenten messen, in einen positiven und einen ihm quantitativ gleichen negativen Theil zerfällt, welche sich gegenseitig aufheben, also das Wirkungsvermögen oder die Energie des kombinirten Äther- und Mineralreiches ungeändert lassen, ferner, dass zwischen der Intensität und der Richtung der einzelnen Prozesse eine bestimmte Abhängigkeit oder ein Bildungsgesetz besteht.

Ich hebe noch hervor, dass Mineralien nicht unmittelbar, sondern stets mittelbar, nämlich unter Vermittlung physischer Prozesse aufeinander wirken. Sie expandiren und komprimiren sich beim Zusammenstosse oder bei der Zusammenpressung vermöge der Elastizität oder der Volumbeharrung, welche nach meiner Elastizitätstheorie durch die Expansibilität der positiven und die Kontraktilität der negativen Urstoffelemente bedingt ist. Sie beeinflussen sich durch Prozesse vermöge des zeitlichen Zusammentreffens beiderseitiger Elemente und der zeitlichen Erneuerung oder Wiederholung gewisser gemeinschaftlichen elementaren Thätigkeiten. Sie gravitiren aufeinander durch Vermittlung des Äthers, dessen Elemente in physische Spannung versetzt werden. Sie äussern ihre Affinität bei der chemischen Verbindung auf Grund der Qualität der physischen Elemente ihrer Atome. Sie verschmelzen sich zu einem gemeinschaftlichen Formsysteme durch die Zusammenwirkung der in ihren physischen Elementen wohnenden Gestaltungstriebe.

112. **Der Schöpfungsprozess.** Der reine Äther besteht aus dauernd ruhenden, nicht vibrirenden Elementen; er bildet eine absolut licht- und wärmelose Substanz, welche eben wegen dieser Beharrung in Ruhe keine Änderungen erleiden und keine Wirkungen hervorbringen, also auch keine Mineralelemente und Mineralien erzeugen kann. Wenn dieser Äther in Thätigkeit treten soll, bedarf er einer ausserhalb des Ätherreiches liegenden Ursache, des Impulses einer von ihm unabhängigen Macht oder Kraft. Existirt nur der Äther, aber noch kein Mineral; so kann diese Umgestaltungskraft nicht vom Mineralreiche ausgehen, sondern muss eine eigenartige Kraft sein, welche weder dem Äther, noch dem Mineralreiche angehört, und Schöpfungskraft heissen möge. Ein Schöpfungsimpuls setzt also den ruhenden Äther in Vibrationen, worunter die kalorische Schwingung als der echte Ausdruck eines Wirkungsprozesses eine Hauptrolle spielt. So lange die durch Schöpfungsimpuls erzeugte Wärmestrahlung ein gewisses Maass überschreitet, erscheint die Wirkung lediglich als ein ätherischer Vibrationszustand; sobald jedoch die Wärme in Folge der Ausstrahlung von der Stelle des Schöpfungsimpulses auf ein gewisses Maass herabsinkt, beginnt der Mineralisirungsprozess. Den bei weiterem Sinken der Temperatur entstehenden Vegetabilisirungs- und Animalisirungsprozess besprechen wir erst später, sagen aber schon jetzt, dass bei fortgesetzter Abkühlung der entstandenen Weltreiche endlich eine Grenze erreicht wird, in welcher kein animalisches Wesen, dann eine Grenze, in welcher keine Pflanze, zuletzt eine Grenze, in welcher kein Mineral bestehen kann, dass also der Schöpfung der Naturreiche in irgend einer Weltregion im Verlaufe der Zeit das Ersterben oder der Tod alles Erschaffenen, auch des Mineralreiches, d. h. sein Rücktritt in den freien Äther, folgt (Von dem Wesen der Unsterblichkeit werden wir weiter unten reden). Die Naturforscher haben schon erkannt, dass jedes Mineral Wärme enthält und dass eine chemische Verbindung weder bei zu hoher, noch bei zu niedriger Wärme möglich ist, dass also im wärmelosen Zustande des freien Äthers kein Mineralreich möglich wäre.

Durch die Mineralisirung empfangen die reinen Ätherelemente die physischen Eigenschaften der ätherischen Grundbestandtheile der Mineralelemente Durch die physischen Eigenschaften werden sie für den Menschen Erscheinungen oder Sinnesobjekte: rein ätherische Eigenschaften und Prozesse können von den menschlichen Sinnen nicht wahrgenommen werden, sondern erfordern hierzu eine Umwandlung in physische (bezw. physiologische) Eigenschaften und Prozesse.

Wenn erst einmal ein Mineralreich geschaffen ist, besteht natürlich auch eine Zusammenwirkung zwischen diesem und dem Ätherreiche. Die Mineralien erzeugen vermöge der ihnen einverleibten physischen Elemente Ätherprozesse, die bestehenden Mineralien beeinflussen mithin auch den Verlauf des Schöpfungsprozesses oder die neu entstehenden Mineralien sind durch die bestehenden in höherem oder niedrigerem Grade mitbedingt, sodass die neuen Schöpfungsresultate gewisse Abhängigkeiten von den bereits bestehenden Objekten zeigen werden.

Die Wirkung des Minerals auf den reinen Äther zeigt sich als eine Überführung oder Versetzung der Ätherelemente in physische Zustände und in der Nöthigung derselben zu physischen Prozessen (zu optischen, zu akustischen, zu ästhematischen, d. h. zu spannenden und kalorisch drehenden, zu elektrischen und zu osmetischen Prozessen). Der freie Äther wälzt diese Zustände und Prozesse mit grosser Schnelligkeit auf die Nachbarelemente unter Ausbreitung und Schwächung weiter, sodass jedes erregte Element nach dem Erlöschen der erregenden Ursache rasch in seinen rein ätherischen Zustand zurückkehrt. Der Äther erweis't sich also nur vorübergehend veränderlich und mit der Tendenz zur Rückkehr in den gegebenen unveränderlichen Zustand begabt.

Die Wirkung des Minerals auf physische Elemente, nämlich auf physisch umgewandelte Ätherelemente, mögen dieselben Bestandtheile eines Minerals oder eines augenblicklichen Ätherprozesses sein, ist lediglich eine den eben genannten Erregungsprinzipien entsprechende Änderung der speziellen physischen Werthe und Prozesse der fraglichen Elemente oder eine Fortsetzung der genannten Erregungen: sie zeigt keine neuen Eigenschaften, welche nicht schon in der Wirkung auf den reinen Äther lägen. Auch das physische Element strebt nach Abwälzung einer solchen Erregung und Rückkehr in den früheren Zustand, wennauch mit geringerer Kraft, in längerer Zeit und mit derjenigen Modifikation, welche durch gleichzeitige mineralische Einwirkungen bedingt ist.

Ich bezeichne jetzt als das Grundvermögen des Äthers die Fähigkeit, ein Erscheinungsobjekt zu werden, wenn dazu eine aus dem Mineralreiche stammende Anregung gegeben ist, wogegen das Grundvermögen des physischen Objektes die erlangte Erscheinungsfähigkeit ist.

Sowohl die Umwandlung reiner Ätherelemente in physische Elemente durch Mineralkräfte, als auch die Erzeugung von Mineralelementen aus Ätherelementen durch Schöpfungskräfte wird durch die Idee der Latenz mathematischer Eigenschaften im Äther und ihrer Freimachung durch äussere Ursachen begreiflich, eine Idee, welche zugleich das Energiegesetz, das Äquivalenzgesetz und das Bildungsgesetz begründet.

Es ist stark zu betonen, dass, wenn wir annehmen, im Äther liegen latente Mineralkräfte, welche bei der Mineralisirung frei werden, diese latenten Mineralkräfte doch keine endlichen, mathematisch bestimmten, anschaulichen, wirklichen Kräfte, sondern nur Elemente solcher Kräfte sein können (endliche oder wirkliche Mineralkraft besitzt der Äther entschieden nicht). Die Bedingungen für die Entstehung oder Schöpfung von Mineralkörpern oder die Bedingungen für den Eintritt eines Mineralisirungsprozesses, welchen wir den Schöpfungsprozess des Mineralreiches nennen, müssen dann nothwendig von der Art sein, dass unendlich viel Ätherelemente mit ihren mineralischen Elementarkräften zusammenzuwirken vermögen, um ein Mineralatom zu erzeugen. Solche Schöpfungsbedingungen können nicht lediglich in physischen Zuständen des Äthers bestehen, da solche Zustände und Prozesse (wie optische, akustische, kalorische, elektrische Schwingungen und Prozesse) das Wesen des Äthers nicht ändern; derartige spezielle physische Prozesse werden die Schöpfungsbedingungen nur begleiten, da der Äther, um in irgend eine Thätigkeit zu treten, irgend einen physischen Zustand annehmen wird. So ist offenbar der kalorische Prozess ein Begleiter des Schöpfungsprozesses, d. h. der zu mineralisirende Äther muss sich in einem zwischen gewissen Intensitätsgrenzen liegenden kalorischen Zustande befinden: dieser Zustand allein kann jedoch die Mineralisirung nicht hervorbringen (die Erwärmung oder Abkühlung einer eingeschlossenen Äthermenge erzeugt kein Mineral). Die wesentliche Schöpfungsbedingung muss daher ein Impuls sein, welcher weder vom Äther, noch von einem anderen Naturreiche ausgeht, da ja diese anderen Reiche vor ihrer Entstehung nicht existiren, also ein Impuls, welcher auf der Zusammenwirkung des Äthers mit einem unerkennbaren nichtätherischen Reiche, das ich den Voräther nenne, beruhet, und welcher den eben erwähnten kalorischen Zustand des Äthers mit im Gefolge hat. Eine solche Zusammenwirkung mit einem Voräther wird um so begreiflicher, wenn man sich den Äther selbst als das Resultat eines Ätherisirungsprozesses des Voräthers aus diesem Voräther hervorgegangen denkt, worauf wir sogleich zurückkommen werden.

Hinsichtlich der Qualitätsverschiedenheit zwischen Äther- und Mineralobjekten sei noch Folgendes bemerkt. Das Mineral besitzt in seinen mathematischen Grundeigenschaften (Raum, Zeit, Materie, Stoff, Krystall) Eigenschaften, welche dem Äther durchaus fremd sind, und theilt mit dem erregten Äther die physischen Grundeigenschaften (Licht, Schall, Wärme, Elektrizität, Duft). Das Mineral gehört hiernach einem höheren Naturreiche, dem eindimensionalen, an, während der Äther das undimensionale Naturreich bildet. Die einzelnen Mineralkörper unterscheiden sich voneinander nur durch die speziellen Werthe ihrer Grundeigenschaften; es sind daher unendlich viel verschiedene Minerale denkbar: ich behaupte jedoch, dass es zwischen Äther und Mineral keinen allmählichen oder stetigen Übergang, sondern nur einen Sprung aus dem undimensionalen in das eindimensionale Gebiet geben kann, dass also ein im Äther- und Mineralreiche liegendes Objekt entweder nur ein Ätherobjekt ohne alle mineralischen Eigenschaften oder nur ein Mineral mit mineralischen und physischen Eigenschaften sein kann. Denn wenn wir auch den speziellen Werth jeder mineralischen Grundeigenschaft eines Mineralkörpers, z. B. sein räumliches Volum, auf den Elementarwerth herabdrücken; so wird dadurch doch nicht die betreffende allgemeine mineralische Grundeigenschaft beseitigt, dieses Objekt behält immer die Fähigkeit der räumlichen Expansion oder ein Raumerfüllungsvermögen, welches dem Ätherobjekte fehlt. Reduzirte man auch die Masse dieses Punktes auf den Elementarwerth, betrachtete also einen materiellen Punkt; so bliebe ihm doch die Bewegbarkeit und bewegende Kraft, welche das Ätherobjekt nicht hat. Überhaupt kann das Mineral durch Verkleinerung der speziellen Werthe seiner Grundeigenschaften nicht tiefer als auf ein Mineralelement (Atom) herabsinken, welches stets eine bestimmte mineralische Grösse ist, also stets dem Mineralreiche, nicht dem Ätherreiche angehört.

Es kann hiernach nicht von einem allmählichen Übergange, sondern nur von einem plötzlichen Sprunge vom Äther zum Mineral die Rede sein, dieser Übergang kann daher nicht durch stetig und mit endlicher Intensität wirkende Naturkräfte, sondern nur durch höher veranlagte Kräfte, welche eigenartig und mit ungeheuerer Intensität, also mit endlichem Effekte in unendlich kurzer Zeit, d. h. plötzlich oder stossweise wirken, hervorgebracht sein, und solche Kräfte sind eben die Schöpfungskräfte.

Aus allem Vorstehenden ergeben sich als Schöpfungsresultate folgende Sätze.

Nehmen wir an, der reine Äther existire, ohne seine Entstehung in Betracht zu ziehen, als ein dauernd ruhendes System von gleichen Elementen, welche sich nicht untereinander erregen oder in Thätigkeit setzen können. Dieser Äther leuchtet nicht, schallt nicht, hat keine Wärme und keine Spannung, keine elektrische Strömung, keinen Duft. In den Ätherelementen schlummern wirkungslos höhere, zunächst mathematische Kräfte, deren Freimachung die Entstehung des Mineralreiches bedingt. Diese Freimachung geschieht durch einen Schöpfungsimpuls. Ein solcher Impuls spaltet einen Ätherbestandtheil in seine Elemente, macht sie frei, verändert sie, wandelt sie um in äquivalente physische Elemente, welche sich zu Mineralelementen (Atomen) vereinigen. Ein Atom ist also ein System von physischen Elementen, und das Mineral ist ein System von Atomen, also zugleich ein mathematisches und ein physisches System oder ein Objekt mit mathematischen und physischen Eigenschaften, in welchem jedoch die mathematischen Kräfte die obersten oder die herrschenden sind, welche die Umgestaltung der Ätherelemente zu physischen Elementen herbeiführen. Der Schöpfungsimpuls bedingt also die speziellen Werthe aller Eigenschaften in einem geschaffenen Mineralatome und stiftet zwischen den mathematischen und physischen Kräften des Atoms einen bestimmten Zusammenhang. Diese naturgesetzliche Abhängigkeit der speziellen Eigenschaftswerthe hebt die Selbstständigkeit des Wesens dieser Eigenschaften nicht auf: das physische Element bleibt immer ein durch mathematische Kraft beeinflusstes Ätherelement, und diesem Umstande ist hauptsächlich zuzuschreiben, dass zwischen dem geschaffenen Minerale und dem freien Äther eine naturgesetzliche Beziehung und Wechselwirkung besteht.

In Folge dieser Beziehung wirkt das Mineral vermittelst seiner physischen Elemente auf den Äther und erzeugt darin bestimmte Prozesse in Gestalt von Vibrationen (auch fortschreitenden Spannungen), welche physische Prozesse heissen und sich im Äther durch Übertragung auf die Nachbarelemente fortpflanzen, ohne eine dauernde Veränderung des Äthers zu hinterlassen, indem ein erregtes Ätherelement die momentane Veränderung entweder sofort, oder beim Erlöschen des äusseren Motors abwirft und in den Naturzustand zurückkehrt. Umgekehrt, wirkt der physisch erregte (nicht der ruhende) Äther auf das von ihm durchdrungene Mineral und zwar unmittelbar auf dessen physische Elemente, setzt diese Elemente in bestimmte Vibrationszustände (auf welchen die natürliche Farbe, der natürliche Ton, die spezifische Wärme, elektrische Leitungsfähigkeit und Duftung des Minerals beruhet, während das reine Ätherelement in jeden Grad von optischer, akustischer, kalorischer, elektrischer und osmetischer Thätigkeit versetzt werden kann).

Die Mineralobjekte wirken aufeinander als Atomsysteme mathematisch und als Systeme physischer Elemente physisch, in bestimmtem Zusammenhange und durch Äquivalenzprozesse der mathematischen und physischen Kräfte, immer jedoch unmittelbar durch die physischen Elemente und die Vermittlung des freien Äthers. (Die in Raum, Zeit und Materie verlaufende Gravitation, die in Raum, Zeit, Materie und Stoff verlaufende chemische Verbindung, die in Raum, Zeit, Materie, Stoff und Formtrieb verlaufende Krystallisation erfordern nothwendig die Vermittlung des Äthers).

Das physische Reich, als System physischer Elemente, kann nicht in der Wirklichkeit als ein freies, reines Naturreich bestehen, da die Wirkung der mathematischen die Ursache des physischen Zustandes ist. Das physische Reich besteht nur als Untergrund des Mineralreiches oder in Abhängigkeit von Letzterem. Es kann auch kein einzelnes physisches Element bestehen: die geschaffenen Mineralatome sind untheilbar und daher nicht in physische Elemente auflösbar; ihre Zusammenwirkung ermöglicht jedoch die zeitweilige Scheidung der Urstoffe (der positiv und negativ elektrischen Substanz) in Bestandtheilen der physischen Elemente. Gleichviel, ob diese Scheidung eine im elektrischen Strome liegende oszillatorische Scheidung und Vereinigung, oder ob sie, wie bei der elektrischen Entladung oder Ladung, mit einer Aus- oder Eintreibung verbunden ist, in allen Fällen ergänzt das geschmälerte Element den Verlust, während das überfüllte Element den Überschuss abwirft, sobald dazu die Gelegenheit sich darbietet. Die von Mineralien ausgeschiedenen Urstoffe vereinigen sich auch nicht dauernd mit dem Äther, sondern vertheilen sich darin nur zeitweise, um von den geschmälerten Atomen zu geeigneter Zeit wieder aufgenommen zu werden.

Die zeitweise Aufnahme und Ausscheidung von Urstoffen (elektrischen Substanzen) kann daher nicht als ein eigentlicher Ernährungsprozess des Minerals angesehen werden, wiewohl der Vorgang eine äussere Ähnlichkeit mit der Ernährung hat. Als konstantes, stets im Gleichgewichte seiner untrennbaren Elemente verbleibendes System bedarf das Atom keiner Ernährung: der Aus- und Eintritt von Elektrizität bewirkt auch keine Änderung, kein Wachsthum, keine Gestaltung des Atoms, sondern nur eine augenblickliche Schwächung oder Stärkung, welche mit dem Wiedereintritte in den Grundzustand wieder verschwindet.

Die vorstehende Deduktion geht von der Voraussetzung aus, dass ein reiner, ruhender Äther als eine Weltthatsache gegeben sei: in diesem Falle sind Schöpfungsimpulse, welche wir reelle Schöpfungsimpulse nennen wollen, zur Herbeiführung des Mineralisirungsprozesses unbedingt nothwendig. Ist aber der Äther selbst aus einem Voräther durch Schöpfungsimpulse entstanden, welche wir kosmetische Schöpfungsimpulse nennen wollen; so sind keine reellen Schöpfungsimpulse zur Erzeugung eines Mineralreiches nothwendig. Denn der geschaffene Äther kann und wird alsdann nicht in absoluter Ruhe, sondern in physischen Vibrationszuständen entstanden sein, welche an verschiedenen Orten verschiedene Intensität haben können. Ein einzelnes Ätherelement wälzt allerdings in einem ruhenden Äther seine optischen, akustischen, kalorischen, elektrischen und osmetischen Vibrationen sofort auf die angrenzenden Elemente ab: eine vibrirende unendliche Äthersubstanz bedarf aber zum Eintritte in den Ruhezustand einer endlichen Zeit. Ein solcher Äther reduzirt also alle seine Schwingungszustände allmählich, er verdunkelt sich und kühlt sich sukzessiv und in verschiedenen Regionen in verschiedenem Maasse ab; er tritt also allmählich in Zustände ein, in welchen seine latenten Mineralkräfte frei werden und Mineralien erzeugen. Die ersten Mineralien werden wegen der noch hohen Wärme den Gaszustand zeigen und erst durch weitere Abkühlung in den flüssigen und starren Zustand übergehen: es können jedoch auch sofort flüssige und starre Mineralobjekte entstehen.

Der vibrirende Äther selbst wird sich nur allmählich dem Ruhezustande nähern, und es ist möglich, dass derselbe in der Region unseres Sternenzeltes noch heute gewisse Wärmegrade hat, also noch die Fähigkeit zur Schaffung von Mineralien in den Intermundien besitzt.

Wenn wir unter den Naturkräften eines Objektes (sei dasselbe ein Element oder ein endliches Wesen) die ihm zu seinem Bestehen eingepflanzten und zur Wechselwirkung mit anderen selbstständigen Objekten desselben Reiches dienenden Kräfte verstehen; so können offenbar die Naturkräfte eines oder mehrerer Ätherelemente kein Mineralatom erzeugen, weil ein Atom nicht aus vereinzelten selbstständigen Ätherelementen besteht, sondern ein gesetzliches System von $abcde$ Ätherelementen ist, also eine systematische Zusammenwirkung unendlich vieler Ätherelemente, mithin die Mitwirkung einer allgemeineren, dem Ätherobjekte nicht zukommenden Kraft, nämlich einer Schöpfungskraft erfordert.

Nach dieser Definition der Naturkräfte wird das Grundprinzip der Schöpfung höherer Reiche aus niedrigeren Reichen durch Prozesse, welche keine Wirkung der den bestehenden Objekten innewohnenden Naturkräfte, sondern die Wirkung tiefer liegenden Ursachen ist, dadurch nicht aufgehoben, dass der Schöpfungsvorgang auf primitiv kosmetische oder auf reelle Schöpfungsimpulse zurückgeführt wird. Meines Erachtens ist die kosmetische Schöpfung des Äthers, des Mineralreiches und aller ferner zu besprechenden Reiche aus dem Voräther der am besten und einfachsten zu begründende weltgesetzliche Vorgang.

Während alle übrigen Prozesse auf der Zusammenwirkung existirender, gegebener Objekte oder Gebiete oder Reiche beruhen, offenbart sich im Schöpfungsprozesse eine Wirkung des allgemeinen Weltorganismus, welche die Verwirklichung der in diesem Organismus liegenden Weltkräfte durch Erzeugung wirklicher Objekte zum Zwecke hat.

Der Verlauf eines Schöpfungsprozesses ist noch nicht durch Beobachtung genügend festgestellt, seine Existenz wird sogar von der Mehrzahl der heutigen Naturforscher geleugnet: meines Erachtens nöthigen aber die Vorgänge in den früheren Perioden des Erdenlebens zu der Annahme, dass der Schöpfungsprozess wie ein durch seine Wirkung sich modifizirender Impuls das Weltall durchläuft und daher in jeder Weltregion eine kürzer oder länger dauernde, mehr oder weniger variirende Wirkung zunächst auf den ruhenden Äther hervorbringt, indem er ätherische Elemente isolirt oder aus dem Zwangsverbande des freien Äthers reisst und dieselben durch diese Entbindung befähigt, zu mineralischen Atomsystemen zusammenzutreten. Diese Isolirung von Ätherelementen erfordert eine scheidende Wirkung und diese wird durch die Erzeugung von Pendelschwingungen oder von Wärme vollbracht. Es würde jedoch unzutreffend sein, die Welttemperatur für eine Schöpfungsbedingung zu halten: die Wärme ist nicht die Ursache des Schöpfungsprozesses, sondern sie ist die Wirkung desselben; sie spielt bei der Schöpfung von Objekten lediglich die Rolle eines Vermittlungsprozesses, auf welchen wir in Nr. 153 zurückkommen werden.

Die Fortwirkung des Schöpfungsprozesses in den höheren Reichen werden wir in Nr. 150 betrachten.

113. **Die Selbstständigkeit und die Zusammengehörigkeit der Gebiete und Reiche.** Die fünf koordinirten Grundgebiete des ätherischen und die des mineralischen Reiches sind ebensowohl in ihrer objektiven, als auch in ihrer subjektiven Bedeutung, d. h. ebensowohl als Gebiete der Welt, als auch als Geistesgebiete des Individuums vollkommen selbstständig, völlig unabhängig, durchaus ebenbürtig und eigenartig. Man kann nicht das Licht vor den übrigen physischen Erscheinungen, nicht den Raum vor den übrigen Anschauungen bevorzugen, ihm keine allgemeineren oder tiefer liegenden Eigenschaften zuschreiben. Ebenso selbstständig wie die fünf Grundgebiete sind die fünf Grundeigenschaften eines jeden Gebietes: alle Abhängigkeit betrifft nur die speziellen Werthe der Grundeigenschaften eines Objektes, welche im Verkehre mit der übrigen Welt nach Grundgesetzen variiren. Neben dieser Selbstständigkeit der einzelnen Grundgebiete eines Reiches kömmt ihnen aber eine absolute Zusammengehörigkeit als untrennbare Bestandtheile eines Grundreiches zu. Es giebt kein objektives Licht ohne Schall, Gefühl, Geschmack und Geruch, keinen Raum ohne Zeit, Materie, Stoff und Krystall, jedes physische Objekt, jede Erscheinung ist zugleich optisches, akustisches, kalorisches, elektrisches und osmetisches Objekt, jedes Mineral ist zugleich geometrisches, chronologisches, mechanisches, chemisches und krystallinisches Objekt. In gleicher Weise haben die fünf selbstständigen Grundeigenschaften eines Grundgebietes eine unzerstörbare Zusammengehörigkeit. Jedes Raumobjekt hat zugleich ein Volum, einen Ort, eine

Richtung, eine Dimensität und eine Form. Jedes Mineral besteht aus mineralischen Einheiten (Atomen), jede dieser Einheiten aber aus ätherischen Elementen. Jedes Mineral ist fähig, durch Naturprozesse in Atome und durch Weltprozesse, insbesondere durch Schöpfungsprozesse in ätherische Elemente zerlegt zu werden, und andererseits sind die ätherischen Elemente fähig, durch Schöpfungskräfte in das mineralische System aufgenommen zu werden. Zum näheren Nachweise der vorstehenden Sätze über die Zusammengehörigkeit und Ebenbürtigkeit der Grundgebiete eines Reiches mag Folgendes dienen.

Eine spezielle Eigenschaft ist ein gegebener Eigenschaftswerth. Jeder Eigenschaftswerth ist veränderlich; seine Veränderung macht den speziellen Prozess aus: jedes spezielle Objekt trägt daher vermöge des Besitzes von Eigenschaften die Fähigkeit zu Prozessen in sich. Umgekehrt, bekundet die Bethätigung eines Prozesses den Besitz von Eigenschaften.

Es liegt auf der Hand, dass in einem Objekte ebensowohl die Volumen der Elemente, als auch ihre Abstände, ferner ihre Richtungen (Winkelabstände), sowie die Verbindungen der Urstoffe (der beiden Elektrizitäten, aus welchen jedes Element besteht) und endlich die Stellungen gegeneinander geändert werden können, dass also jedes physische Objekt, da die rein ätherischen Elemente als unendlich klein zu denken sind, das physische Objekt mithin immer aus zahllosen ätherischen Elementen besteht, ein optisches, ein akustisches, ein kalorisches, ein elektrisches und ein osmetisches Vermögen besitzt und einen Licht-, einen Schall-, einen Wärme-, einen elektrischen und einen osmetischen Prozess zu äussern vermag.

Ich gehe nun weiter und behaupte, dass nicht nur jedes physische Objekt ein optisches, akustisches, kalorisches, elektrisches und osmetisches Objekt zugleich ist, sondern dass es auch keinen einzelnen physischen Grundprozess ohne alle übrigen hervorbringen kann, dass also jeder physische Prozess zugleich ein optischer, ein akustischer, ein kalorischer, ein elektrischer und ein osmetischer ist. Beginnen wir zum Nachweise dieses Satzes mit dem optischen Prozesse. Wenn ein kugelförmiges Element und demnach jeder seiner konischen Bestandtheile oder Elementarkegel sich abwechselnd verlängert und verkürzt und wenn sich dieser Vibrationszustand in der auf einem solchen konischen Bestandtheil normal stehenden Strahlaxe als Transversalschwingung fortpflanzt; so bedingt diese Fortpflanzung eine Abstandsvibration zwischen den Kegeln, welche ihre Zustände auf Nachbarkegel in der Richtung ad übertragen, also einen Widerstand zu überwinden haben. Zu dieser Abstandsvibration in der optischen Axe gesellt sich die mit der Dehnung jedes Kegels verbundene Abstandsvibration in allen Richtungen um den Mittelpunkt des ersten Elementes. Die optische Schwingung bedingt daher mehrere akustische (ob diese für menschliche Ohren hörbar sind, ist ganz unwesentlich). Die Fortpflanzung des optischen Strahles durch kegelförmige Elemente unter gleichzeitiger Expansion und Kontraktion dieser Kegel kann nicht vor sich gehen, ohne zugleich die kohärirenden Kegel zu einer alternirenden Änderung der Winkelabstände ihrer Radien, also zu Pendelschwingungen zu nöthigen; die optische Schwingung zieht daher auch eine kalorische nach sich. Ein aus positivem und negativem Urstoffe bestehendes Ätherelement erfüllt, wie schon früher erwähnt, nach meiner Elastizitätstheorie nur dadurch einen bestimmten, konstanten Raum, dass die Expansionstendenz des positiven Urstoffes durch die Kontraktionstendenz des negativen Urstoffes im Gleichgewichte gehalten wird. Jede Dehnung des Elementes hebt diesen Gleichgewichtszustand auf, indem sie die Expansionstendenz des positiven Urstoffes schwächt und die Kontraktionstendenz des negativen Urstoffes stärkt. Bei der Zusammendrückung findet das Umgekehrte statt. Die elektrische oder kosmetische Affinität der Urstoffe hindert zwar die Sprengung, aber sie hindert nicht die Entstehung einer elektrischen Spannung zwischen den Urstoffen einunddesselben Elementes und der benachbarten Elemente. Die im optischen Prozesse liegende Volumvibration bedingt daher auch eine elektrische Vibration, Oszillation oder Strömung. Endlich beeinflussen die alternirenden und sich fortpflanzenden Volum-, Orts-, Richtungs- und Stoffvibrationen den Zusammenhang der Elemente oder die Gestaltungstriebe, kraft deren sie sich zu einem bestimmten Systeme ordnen, die optische Schwingung ruft also auch eine Form-, Duft- oder osmetische Schwingung hervor.

In ähnlicher Weise lässt sich zeigen, dass die akustische Schwingung eine optische, eine kalorische, eine elektrische und eine osmetische, dass überhaupt jede der fünf physischen Schwingungen alle übrigen vier nach sich zieht.

In subjektiver Bedeutung muss man beachten, dass der Sinneseindruck jedes einzelnen äusseren physischen Prozesses durch ein anderes Organ dem Geiste zugeführt wird und dass darum der äussere Lichtstrahl nicht anders gehört wird, als wenn der mit ihm kombinirte Schallstrahl dem Ohre zugeführt wird, dass indessen der das Auge treffende Lichtstrahl als äusserer Prozess auf den menschlichen Körper als äusseres Objekt nach Vorstehendem zugleich akustische, kalorische, elektrische und osmetische Vibrationen abwälzt. Für die innere geistige Thätigkeit ist ferner zu bemerken, dass wir uns aus Spontaneität keine Erscheinung denken können, welche nicht zugleich einer äusseren physischen Erscheinung entspräche, dass sich also auch im rein geistigen Prozesse die fünf sensuellen Grundeigenschaften und Grundprozesse als zusammengehörige Zustände weltmöglicher Objekte kombiniren.

Wenden wir uns nun den mineralischen Objekten zu; so hat jedes Raumobjekt offenbar ein Alter, eine Epoche, eine Dauerhaftigkeit, es ist also zugleich ein Zeitobjekt. Der Äther durchdringt die ganze wirkliche Welt, es giebt mithin kein leeres Raumobjekt, jedes Raumobjekt ist von Substanz erfüllt, welche, wenn es sich um ein Mineralobjekt handelt, das aus vereinigten Ätherelementen besteht, Materie heisst: jedes anschauliche Raumobjekt ist daher materiell. Da sich die materiellen Elemente durch die innere Affinität ihrer physischen Elemente zu chemischen Atomen verbinden; so hat jedes materielle und demzufolge jedes räumliche Objekt auch Affinität oder ist zugleich ein chemischer Stoff. Endlich ordnen sich in jedem Raumobjekte, da es materiell und chemisch ist, die Elemente zu irgend einer Form: jedes Raumobjekt hat daher Gestaltungstriebe oder ist zugleich ein Krystall (ob in starrem, flüssigem, oder gasförmigem Zustande ist gleichgültig). Geht man von dem Zeitobjekte aus: so ereignet sich jedes Ereigniss an irgend einem Orte des Raumes, auch an einer Substanz (da am Nichts sich kein Ereigniss vollziehen kann), und da die Substanz mit Neigungen zur Gemeinschaft und mit Gestaltungstrieben begabt ist, an einer stofflichen oder chemischen und krystallinischen Substanz. Jedes Zeitereigniss betrifft daher zugleich die räumlichen, materiellen, chemischen und krystallinischen Eigenschaften. Ebenso erfüllt das materielle Objekt den Raum und die Zeit und hat chemische und krystallinische Eigenschaften. Der Stoff erfüllt nicht nur den Raum und die Zeit, sondern ist auch materiell, chemisch und krystallinisch. Endlich erfüllt der Krystall einen speziellen Theil des räumlichen, zeitlichen, materiellen und stofflichen Gebietes. Es kann kein anschauliches Objekt geben, welches nicht zugleich allen fünf anschaulichen Grundgebieten angehörte, und es giebt in der wirklichen Welt weder reinen Raum, noch reine Zeit, noch reine Materie, noch reinen Stoff, noch reinen Krystall: das eine dieser fünf Grundgebiete ist für das Anschauungsreich, also überhaupt für das objektive Welt- und das subjektive Geistesreich ebenso nothwendig und wichtig wie das andere.

Dieselben Beziehungen ergeben sich für die mineralischen Grundprozesse. Es giebt in der Wirklichkeit keinen geometrischen Prozess, der nicht Zeit erforderte und, da das Raumobjekt materiell ist, der nicht zugleich ein mechanischer wäre. Denn die Ortsveränderung eines materiellen Objektes erfordert Geschwindigkeit und bedingt mechanischen Prozess. Die Beziehung zum chemischen und krystallinischen Prozesse ist nicht so deutlich. Aus dem Vorhergehenden folgt jedoch, dass, wenn der Raumprozess Volumänderungen enthält, die kosmetische Affinität der Urstoffe in Anspruch genommen wird, was nothwendig irgend einen Einfluss auf die chemische Beschaffenheit des Objektes haben, also entweder durch Änderung der Affinität oder der Vivazität oder einer anderen chemischen Eigenschaft einen chemischen Prozess nach sich ziehen muss. Wenn der Raumprozess keine Volumänderung, sondern nur Ortsänderung enthält; so ist zu erwägen, dass die Fortrückung eines materiellen Objektes im Äther nicht ohne einen, wennauch noch so kleinen Widerstand und nicht ohne einen, wennauch noch so schwachen elektrischen Prozess (in Folge des wechselnden Zusammenhanges zwischen den physischen Elementen des bewegten Körpers und den Elementen des unbewegten Weltäthers) geschehen kann, dass also immer ein chemischer Prozess auftreten wird. In ähnlicher Weise ist durch den Raumprozess, wenn er Volumänderungen enthält, sofort ein krystallinischer Prozess bedingt und, wenn er nur Ortsveränderungen enthält, wird durch den eben erwähnten chemischen Prozess auch ein Gestaltungsprozess hervorgerufen. Umgekehrt, wird ein chemischer Prozess selbst zwischen gasförmigen

Stoffen, welche sich bereits im Molekularvolum befinden, doch einen räumlichen und krystallinischen Prozess in Folge der Anordnung und Bewegung der Elemente dieser Stoffe erzeugen.

Es giebt hiernach in der Wirklichkeit keinen einzelnen der fünf physischen Prozesse, welcher nicht die übrigen vier bedingte. In der geistigen Vorstellung scheiden wir zwar in Folge der Sonderung der Anschauungsorgane diese fünf Grundgebiete, verbinden sie aber wieder durch das allgemeine Geistesgesetz und können uns darum auch kein Anschauungsobjekt denken, das nicht zugleich räumlich, zeitlich, materiell, stofflich und krystallinisch wäre.

Über die mineralische Materie und die physische Substanz gestatte ich mir noch folgende Bemerkungen. Die Materie oder die wirksame Substanz existirt nach Vorstehendem nicht rein, sondern stets begabt mit räumlichen, zeitlichen, chemischen und krystallinischen Eigenschaften: ebenso existirt der chemische Stoff nicht rein, sondern stets begabt mit bewegender oder materieller Kraft und den übrigen Grundeigenschaften. Nur in der geistigen Abstraktion isoliren wir die Grundeigenschaften, denken sie als reine, selbstständige Eigenschaften und fassen daher das chemische Atom, als ein aus selbstständigen Grundeigenschaften zusammengesetztes Objekt auf, indem wir darin einen Inbegriff von materiellen Elementen erblicken, welche in dieser Zusammenfassung die äussere chemische Affinität bekunden. Umgekehrt, ist dann das als rein gedachte materielle Element ein Grundbestandtheil des seiner äusseren chemischen Affinität entkleideten Atoms.

Wenn wir diese Auffassung auf das physische Objekt übertragen; so müssen wir sagen, physische Substantialität ist die als rein gedachte Eigenschaft des physich wirksamen, also des ästhematischen, Spannbarkeit und kalorische Schwingbarkeit zeigenden Objektes, wogegen Elektrizität die Eigenschaft der mit physischer oder kosmetischer Neigung zur Gemeinschaft begabte Objekt ist, welches einen Inbegriff von physisch wirksamen Elementen bildet. Die reine Wirksamkeit des physischen Elementes zeigt sich meines Erachtens auch in der Expansibilität und Kontraktilität, welche ich den Elementen des positiven und des negativen Urstoffes zuschreibe, wogegen dieser Urstoff als Inbegriff von Elementen seine physische Affinität durch Attraktion und Repulsion zwischen gleichnamigen und ungleichnamigen Urstoffen oder Elektrizitäten zur Geltung bringt.

Bewegungsvermögen ist hiernach die Eigenschaft der mineralischen Substanz oder der reinen Materie, und kalorisches, sowie Spannungsvermögen die Eigenschaft der physischen Substanz. Bewegung ist der Wirkungsprozess der Materie, Wärme der Wirkungsprozess der physischen Substanz. Ob und durch welche Kräfte ein chemisches Atom in materielle Elemente und ein physischer elektrischer Urstoff in physisch wirksame kalorische Elemente zerlegt werden kann, bleibt dahingestellt, ist aber für die vorstehenden grundsätzlichen Auffassungen ohne Bedeutung: nur so Viel muss behauptet werden, dass, wenn die Zerlegung in solche Elemente möglich ist, diese Elemente doch nicht rein materiell oder rein physisch substantiell sein können, sondern immer mehr oder weniger mit chemischen, bezw. elektrischen Anlagen, welche man als innere Affinität und innere Elektrizität bezeichnen könnte, ausgerüstet sein müssen.

Materie und physische Substanz, mechanischer Prozess und kalorische Vibration sind hierdurch als Analogien des Wirkungsgebietes aus dem Mineral- und dem physischen Reiche deutlich gekennzeichnet, ebenso chemisches Atom und physischer Urstoff, chemischer Verbindungs- und physischer Elektrizitätsprozess als Analogien des Gebietes der Neigungen zur Gemeinschaft. Ebenso deutlich markirt sich aber auch die wesentliche Verschiedenheit des Wirkungs- und des Verbindungsprozesses in jedem der beiden Reiche. Der mechanische gleichwie der kalorische Prozess ist eine Übertragung von Wirkungen, nicht von Substanzen, es geht weder materielle Masse, noch physische Substanz über. Der chemische gleichwie der elektrische Prozess ist aber ein wahrer Substanzprozess, er verlangt bei der Stiftung einer Gemeinschaft den Zusammen- oder Übertritt von chemischem Stoffe, also materieller Substanz, bezw. von physischen Urstoffen oder elektrischer Substanz.

114. **Die gesetzliche Reihenfolge der Grundeigenschaften und Grundgebiete.** Wegen der Selbstständigkeit und Isolirtheit der geistigen Sinnes- und Anschauungsorgane könnte der Mensch eine jede der fünf Grundeigenschaften eines Grundgebietes und ein jedes der fünf Grundgebiete eines Grundreiches für das erste, zweite, dritte ... halten, überhaupt ihnen eine gesetzliche Reihenfolge absprechen. In der Wirklichkeit, überhaupt unter der Herrschaft des Weltgesetzes und demnach auch unter dem allgemeinen Geistesgesetze ist Diess jedoch anders. In §. 2 der „Welt nach menschlicher Auffassung“ habe ich die natürliche Reihenfolge der Grundeigenschaften durch logische Betrachtung erläutert: jetzt will ich es durch Anschauung thun.

Die Grundeigenschaft des Raumgebietes, auf welche ein Raumobjekt beschränkt werden könnte, welche es aber in keinem Falle entbehren kann, ist offenbar sein Inhalt, sein Volum, seine durch Umfangsgrenzen bestimmte und durch eine Vielheit oder Anzahl von Bestandeseinheiten gemessene Ausdehnung, welche mathematisch durch eine Quantität oder Vielheit von Einheiten oder durch ein Numerat dargestellt wird. Ausdehnung ist daher die erste räumliche Grundeigenschaft und Erweiterung der erste Grundprozess. Durch Fortschritt, nicht durch Ausdehnung tritt das ausgedehnte Raumobjekt in einen Ort, durch Anreihung von Ausdehnungsgrössen oder durch Addition, nicht durch Erweiterung oder Numeration entsteht der Ortsabstand, durch welchen die Ortslage gemessen wird. Die Ortslage setzt also die Ausdehnung, sonst aber keine andere Grundeigenschaft voraus, sie ist demnach die zweite räumliche Grundeigenschaft. Die Richtung oder das durch Drehung entstehende Richtungsverhältniss, der Winkel, ist nach menschlicher Anschauung das Verhältniss einer gedreheten oder schrägen Linie zu einer ungedreheten Grundlinie, also das Verhältniss zweier Grössen, welche

Ortsabstände oder Gliederreihen darstellen. Die anschauliche Drehung kann daher nur an Gliederreihen oder Abstandsgrössen vorgenommen werden, wogegen die Drehung oder das Verhältniss zweier sich in sich selbst wälzenden Numerate oder Vielheiten nicht die Anschauung der Richtung hervorbringt. Die geometrische Grundeigenschaft der Richtung schliesst sich daher unmittelbar an die des Ortes an und ist darum die dritte. Die räumliche Dimensität oder Qualität, etwa die Qualität der zweidimensionalen Fläche, bildet sich aus der niedrigeren Qualität der eindimensionalen Linie durch Potenzirung. Allein diese Potenzirung setzt eine qualifizirte Grösse voraus, welche sich in der Form $a\lambda$ als das Produkt einer undimensionalen Grösse a und einer Qualitätseinheit λ darstellt und durch Potenzirung die Fläche $(a\lambda)^2 = a^2\lambda^2$ als zweidimensionale Grösse von der Qualität λ^2 und dem Inhalte a^2 ergiebt. Die anschauliche Dimensionirung oder Potenzirung setzt also Produkte oder Verhältnissgrössen voraus, an welchen sie sich vollzieht, und schliesst sich demzufolge als vierte räumliche Grundeigenschaft unmittelbar an das geometrische Verhältniss an. Die räumliche Form, das auf gesetzlicher Abhängigkeit oder Variabilität beruhende System, welches dem mathematischen Integrale von beliebiger Ordnung entspricht, setzt dimensionirte Elemente voraus, welche in gegebenen Dimensitätsbereichen nach bestimmtem Gesetze variiren. Das abstrakt mathematische Integral $\int f(x)\partial x$ hat nicht eher eine Bedeutung für die Wirklichkeit, als ihm nicht ein Qualitätsfaktor hinzugefügt ist, welcher das Grundgebiet und die Dimensität der Grundeigenschaft anzeigt, auf welche sich das Integral beziehen soll. Ist also λ^σ das Symbol für das Raumgebiet, und soll es sich um eine Linienfigur handeln; so ist das Integral $\int f(x)\partial x\lambda^\sigma$ zu nehmen. Für eine Flächenfigur hat man $\int\int f(x, y)\partial x\partial y\lambda^{2\sigma}$, für eine Körperfigur $\int\int\int f(x, y, z)\partial x\partial y\partial z\lambda^{3\sigma}$ zu nehmen. Immer vollzieht sich die anschauliche Formbildung an dimensionirten Grössen und die Form erscheint als unmittelbarer Nachfolger der Qualität oder als fünfte Grundeigenschaft.

Ähnlich verhält es sich mit der Reihenfolge der fünf mineralischen Grundgebiete. Man kann den Raum als das Gebiet des Bestehens oder des Bestandes, des Daseins ansehen. Erst muss ein Objekt bestehen oder da sein, ehe es sich erneuern, ändern, wirken kann. Der Raum erscheint daher als erstes anschauliches Grundgebiet. Die Zeit setzt etwas Bestehendes, das erneuert werden und das wechseln kann, voraus, erweis't sich also als zweites anschauliches Grundgebiet. Die Wirkung einer bewegenden Kraft setzt etwas Beharrliches, Dauerndes voraus, da an einem verschwindenden Objekte keine Wirkung vollzogen werden kann. Die Materie, als das Wirkungsfähige und Wirksame, nimmt daher die Stelle unmittelbar nach der Zeit oder die der dritten Grundeigenschaft ein. Die Neigung zur Gemeinschaft setzt Verschiedenartigkeit oder verschiedene Qualität und diese zu ihrer Erhaltung ein verschiedenes Kohäsions- und Kraftsystem voraus. Demnach können nur materielle Elemente zu verschiedenartigen Grundstoffen vereinigt werden, und das Stoffgebiet erscheint als das vierte anschauliche Grundgebiet. Völlig gleichartige, aus absolut gleichen Elementen bestehende Materie kann nicht die auf Ungleichartigkeit beruhende Neigung zur Gemeinschaft, noch Trieb zu verschiedenen Gestaltungen haben; solcher Trieb kann erst in Stoffen oder in Stoffelementen, welche aus verschiedenartigen Grundbestandtheilen bestehen, hervorgerufen werden, und demgemäss nimmt der Krystall die Stelle der fünften anschaulichen Grundeigenschaft ein.

115. **Die physischen und die mathematischen oder die Erscheinungs- und die Anschauungsvermögen des Menschen.** Zum Verkehr oder zur Wechselwirkung mit dem ätherischen oder physischen Naturreiche, insbesondere mit den physischen Objekten, mögen sie Bestandtheile des reinen Äthers, oder eines Minerals, oder einer Pflanze, oder eines animalischen Wesens sein, hat der Mensch fünf physische oder Erscheinungs- oder Sinnesvermögen: 1. das Sehvermögen, 2. das Hörvermögen, 3. das Gefühlsvermögen (umfassend das Wärme- und das Tastvermögen), 4. das Schmeckvermögen. 5. das Riechvermögen, entsprechend dem optischen, akustischen, ästhematischen, elektrischen, physiometrischen Vermögen der äusseren Welt. Jedes dieser Vermögen bildet in dem sensuellen Gesammtreiche ein vollkommen selbstständiges, völlig unabhängiges sensuelles Grundgebiet. Jedes dieser fünf Grundgebiete hat fünf ebenso selbstständige Grundeigenschaften (z. B. das Sehvermögen, die Eindrucksfähigkeit für Lichtmenge, für Lichtkombination, für Farbe, für Lichtdimensität und für Lichtform). Nicht diese Grundgebiete und nicht deren Grundeigenschaften, sondern die den Gebieten angehörigen speziellen Eindrücke stehen vermöge der *speziellen Werthe* der Grundeigenschaften miteinander nach dem Geistesgesetze in Zusammenhang oder in Abhängigkeit, d. h. ihre Eigenschaftswerthe ändern sich in den sensuellen Prozessen nach bestimmten Grundgesetzen oder geistigen Grundsätzen, ganz analog den gesetzmässigen Änderungen der speziellen physischen Objekte. Die sensuellen Grundprozesse und Grundoperationen sind die Grundveränderungen der sensuellen Grundeigenschaften oder die sensuellen Grundthätigkeiten: das Sehen, Hören, Fühlen, Schmecken, Riechen.

In der Wechselwirkung mit der physischen Welt identifizirt sich der Geist mit dem physischen Objekte, d. h. er nimmt, wenn das äussere Objekt der Motor und der Geist der Rezeptor ist, einen sensuellen Zustand an, welcher dem Objekte entspricht, wogegen er, wenn er selbst vermöge der geistigen Freiheit oder Spontaneität als Motor auftritt, seinen Zustand auf ein äusseres Objekt deutet. Subjektiver Zustand und wirkliches oder mögliches oder für möglich gehaltenes äusseres Objekt sind daher *gleichwerthig* oder *gleichbedeutend*, wiewohl in ihrer Qualität nicht identisch, sie entsprechen einander oder korrespondiren miteinander.

Die Sinnesvermögen liegen im *Nervensysteme*. Sie bilden einen Komplex von fünf Nervenzentren oder primitiven Nervenorganen, das Sensorium.

Zum Verkehr mit dem Mineralreiche, insbesondere mit den Mineralkörpern, allgemein aber zur Wechselwirkung mit endlichen, bestimmten, messbaren Objekten, welchem Reiche sie auch angehören mögen, insofern sie nur dem strengen, exakten Gesetze unterworfen, also mathematische Grössen sind, hat der Mensch fünf körperliche Grundvermögen, nämlich 1. ein räumliches Bestandesvermögen, 2. ein zeitliches Erneuerungsvermögen, 3. ein motorisches Vermögen, 4. ein Ernährungs- oder Assimilationsvermögen und 5. ein Konstituirungsvermögen. Ausserdem besitzt er dementsprechend fünf geistige Grundvermögen, welche die eigentlichen Anschauungs- oder die anschaulichen mathematischen Vermögen ausmachen, auf welchen die Erkenntniss der Mineralobjekte beruhet: nämlich das räumliche, das zeitliche, das materielle, das stoffliche und das krystallinische Anschauungsvermögen. Man darf die Anschauungsvermögen nicht mit Erkenntnissvermögen verwechseln. Begreifbarkeit und Erkenntniss sind keine Funktionen der Anschauungs- oder der primitiv mathematischen Vermögen, sondern Funktionen höherer, nämlich der logischen und philosophischen Vermögen (des Verstandes und der Vernunft): bei der mathematischen Anschaulichkeit handelt es sich lediglich um Messbarkeit der durch strenge Gesetze fest begrenzten endlichen Objekte und bei der Zusammenwirkung äusserer Objekte mit unseren Anschauungsvermögen nur um mathematisch bestimmbare Prozesse. So erkennen wir z. B. nicht den Stoff durch das Assimilationsvermögen, sondern verbinden uns körperlich mit ihm, schauen ihn durch einen Zustand des geistigen Stoffanschauungsvermögens an, begreifen ihn mit Hülfe des Verstandes und erkennen ihn mit Hülfe der Vernunft.

Ebensowenig wie die Anschauungsvermögen unmittelbar mit den geistig höher liegenden, nämlich den logischen und philosophischen Vermögen zu thun haben, ebensowenig haben sie mit den tiefer liegenden, den Sinnesvermögen, zu thun. Wir sehen nicht die Raumgestalt durch das Auge; das Auge sieht nur vermöge der von den physischen Elementen eines Raumobjektes ausgehenden Lichtstrahlen zahllose Lichtpunkte, ohne irgend ein Verständniss für eine Raumgrösse: erst das Anschauungsvermögen fasst die unzählbaren Lichtelemente zu einem endlichen messbaren Ganzen, dem Raumobjekte, zusammen. Ebenso reihet das Zeitvermögen zahllose elementare Gehöreindrücke zu einer endlichen Zeitgrösse aneinander. Das motorische Vermögen stellt die Relation zwischen bewegender Kraft und räumlichem Wege als endliche Arbeitsgrösse her und hat davon einen mechanischen Eindruck, während das Gefühl nur Arbeitselemente, Tast- und kalorische Elemente als Sinneserscheinungen empfindet. Das Assimilationsvermögen stellt endliche Stoffverbindungen her und hat davon einen chemischen Eindruck, während die Zunge nur galvanische Elemente gustisch empfindet. Das Konstituirungsvermögen stellt Organisationen, Gestaltungen her, während die Nase nur osmetische Elemente wahrnimmt.

Die Anschauungsvermögen liegen im Nervensysteme und bilden darin einen Komplex von fünf höheren Nervenorganen, welche man den undimensionalen Sinnes- oder physischen Organen gegenüber als eindimensionale mathematische Organe bezeichnen kann. Der heutigen Physiologie und auch der Philosophie sind diese Vermögen noch ganz fremd: man redet von Sinnesvermögen, sowie von logischen Vermögen (z. B. dem Denkvermögen) und von philosophischen Vermögen (z. B. vom Erkenntnissvermögen), über die Anschauungsvermögen, durch welche die Vorstellungen von Raum, Zeit, Materie, Stoff und Krystall zu Stande kommen und welche die mathematischen Vermögen des Menschen bilden, herrscht tiefes Schweigen, indem diese Vorstellungen bald diesem, bald jenem geistigen Vermögen zugeschoben werden.

VI. Das Pflanzenreich und die logischen Vermögen.

116. **Die Pflanze.** Gleichwie das Mineralelement eine unmessbar grosse Anzahl optisch, akustisch, ästhematisch, elektrisch und osmetisch begabter physischer Elemente zu einer endlichen Grundgrösse von mathematisch bestimmter mineralischer Beschaffenheit umfasst, ebenso umfasst das Pflanzenelement eine unmessbar grosse Anzahl nach Raum, Zeit, Kraft, Affinität und Formtrieb fest bestimmter Mineralelemente zu einem endlichen Grundwesen von vegetabilischer Beschaffenheit, d. h. von der Beschaffenheit eines im Weltsysteme über dem Mineralreiche stehenden Reiches, welches das Vegetations- oder Pflanzenreich heisst. Dieses vegetabilische Element, welches wir Zelle nennen, ist also keine anschauliche, durch feste mathematische Eigenschaften exakt bestimmte Grösse, sondern ein Objekt, welches durch allgemeine Kennzeichen oder Merkmale zu definiren und so zu verstehen ist, dass jeder diesen Merkmalen entsprechende spezielle Fall ein dem definirten Inbegriffe angehöriges konkretes vegetabilisches Wesen darstellt. Die ganze Pflanze ist ein System von Zellen, ebenso vielwerthig oder vieldeutig wie die Zelle; sie stellt jedes nach dem Vegetationsgesetze mögliche Zellensystem dar.

Wenn nicht messbare Raum-, Zeit-, Kraft-, Affinitäts- und Gestaltungsgrössen die Grundeigenschaften der Zelle und Pflanze sind: worin bestehen sie dann? Auf diese Frage ist zunächst zu antworten, dass die Pflanze nicht Bestandtheil eines Grundgebietes von vegetabilischen Grundeigenschaften, sondern eines Grundreiches, des Pflanzenreiches, ist, dass es sich also zuvörderst um die Zerlegung dieses Reiches in seine Grundgebiete oder Grundvermögen handelt, welchen eine spezielle Pflanze und Zelle angehört, und dass alsdann erst die Zerlegung jedes Grundvermögens in seine Grundeigenschaften in Frage kömmt. Es ergiebt sich folgendes System.

I. Das erste vegetabilische Grundvermögen ist das Vermögen, als ein durch bestimmte Merkmale gekennzeichneter Inbegriff von möglichen Spezialfällen zu bestehen oder im Dasein zu existiren, oder das Vermögen und das Bestreben, sich stets innerhalb der den Merkmalen entsprechenden Grenzen zu halten, kurz, das Existenzvermögen eines Inbegriffswesens.

II. Das zweite vegetabilische Grundvermögen ist die Fähigkeit, in andere, dem vorstehenden Inbegriffe angehörige Daseinszustände einzutreten oder in neue Zustände überzutreten, einen fortschreitenden Daseinswechsel innerhalb der Grenzen eines durch Merkmale bestimmten Inbegriffes zu vollziehen, ein Entstehungs- oder Erzeugungsvermögen, welches die Lebensfähigkeit der Pflanze ausmacht.

III. Das dritte vegetabilische Grundvermögen ist die Fähigkeit und Tendenz, mit den einem Inbegriffswesen zukommenden Kräften zu wirken oder mit einem anderen (äusseren) ähnlichen Objekte in ein Gegenseitigkeitsverhältniss oder in Wechselwirkung zu treten, Wirkungsresultate auszutauschen, zu übertragen und zu übernehmen, ein Vermögen, welches als die vegetabilische Treibkraft zu betrachten und nicht mit der Lebenskraft zu verwechseln ist, da es sich bei ihr um Intensität, Massenwirkung, Kraft, Schnelligkeit, Austausch, nicht um Fortschritt, Anreihung, Erneuerung, Änderung handelt. Wachsthum ist die Kombination von Lebens- und Treibkraft.

IV. Das vierte vegetabilische Grundvermögen ist das Verbindungsvermögen oder die Fähigkeit und Neigung zur Gemeinschaft zwischen Inbegriffswesen, bezw. Zellensystemen, als Ausdruck der vegetabilischen Eigenart oder Qualität. Dieses Vermögen erscheint auf seinen unteren Stufen als Neigung zur Gemeinschaft von Zellen, und auf der obersten Stufe als Begattungsvermögen.

V. Das fünfte vegetabilische Grundvermögen ist das Vermögen und der Trieb, innerhalb eines Inbegriffssystems zu variiren, oder das Vermögen zur Bildung eines gesetzlichen Inbegriffssystems, also das Organisationsvermögen, dessen Thätigkeit die Metamorphose hervorbringt, sodass man dasselbe auch als das Vermögen der Metamorphose bezeichnen kann. Man kann die Metamorphose als Formveränderung auch vegetabilische Umgestaltung, die Verbindung als Artveränderung aber vegetabilische Umwandlung nennen.

Ich hebe ausdrücklich hervor, dass diese vegetabilischen Grundvermögen nicht wie die mineralischen Grundvermögen einfach eine Fähigkeit zu einem Prozesse, dessen Eintritt jedoch von einer äusseren Veranlassung abhängt, sondern auch das innere Bestreben zu einer Prozessthätigkeit darstellen, dass sie also eine ihrem Wesen innewohnende, lediglich von ihrem augenblicklichen Zustande, nicht von äusseren Ursachen abhängige Mitbestimmung bethätigen, welche dem Minerale ganz fehlt. Diese Mitbestimmung erscheint im ersten Grundvermögen als ein Bestreben, innerhalb des Begriffsgebietes zu sein, d. h. nicht in einem bestimmten, sondern in irgend einem beliebigen der möglichen

Zustände zu sein, im zweiten Grundvermögen als ein Bestreben, den augenblicklichen Zustand zu verlassen, um in einen neuen überzutreten, oder als die Fähigkeit, zu werden, im dritten Grundvermögen als eine stetige Tendenz zur Thätigkeit oder zur Wirkung, welche daraus entspringt, dass es im Pflanzenorganismus keinen stabilen, stationären, beharrlichen Gleichgewichtszustand wie im Mineralsysteme, sondern nur einen zu fortgesetzter Wirkung nöthigenden Zustand giebt, sodass die vegetabilische Triebkraft nicht durch einen Widerstand in Ruhe erhalten werden oder unwirksam gemacht werden kann, im vierten Grundvermögen als eine unauslöschliche, ungesättigte Neigung zur Gemeinschaft, im fünften Grundvermögen als ein fortwährender unbefriedigter Trieb zur Umgestaltung.

Eine weitere wichtige Folge der Mitbestimmung der Vegetationskraft ist die Fähigkeit der Pflanze, Mineralelemente in ihren Organismus aufzunehmen und zu vegetabilisiren, und umgekehrt, Pflanzenelemente auszuscheiden und dem Mineralreiche zurückzugeben. Das Pflanzenreich kann also seinen Bestand ändern, vermehren oder vermindern, indem es den Bestand des Mineralreiches vermindert oder vermehrt, eine Eigenschaft, welche dem Mineralreiche durchaus abgeht. Dass die vegetabilisirten Mineralelemente immer noch mineralische und physische, der Vegetationskraft unterstellte Eigenschaften haben, dass also, wenn man ein vegetabilisirtes Mineralelement als ein modifizirtes Mineralelement ansieht, die reinen und die vegetabilisirten Mineralelemente immer dieselbe Summe bilden, ist selbstverständlich.

Der wesentlichste Unterschied zwischen Mineral- und Pflanzenkräften liegt jedoch darin, dass die ersten die rein mathematisch bestimmbaren Kräfte eindimensionaler Weltobjekte, die letzteren dagegen die nur logisch bestimmbaren Kräfte von Inbegriffsobjekten oder zweidimensionalen Weltobjekten sind und dass alle mineralischen und physischen Elemente und Kräfte, welche die Zelle und die Pflanze nothwendig besitzt, da die Zelle ja aus Atomen und physischen Elementen zusammengesetzt ist, unter der Oberherrschaft der vegetabilischen Lebenskraft stehen und dadurch eine gewisse Modifikation erleiden.

117. **Die vegetabilischen Grundeigenschaften, Grundprozesse und Grundfesten** der vorstehenden Vermögen ordnen sich in jedem Grundgebiete nach denselben allgemeinen Gesichtspunkten, welche im Wesentlichen mit denen übereinstimmen, nach welchen die Grundgebiete selbst in dem Gesammtreiche geordnet sind, indem sie an die Stelle der dem Gebiete zukommenden grösseren Allgemeinheit die dem speziellen Objekte entsprechende Begrenztheit setzen. Demgemäss ist in jedem Gebiete die erste Grundeigenschaft die Quantität, Vielheit, Menge, Umfassung, Weite und der erste Grundprozess die Vereinigung oder Quantitätsbildung. Die zweite Grundeigenschaft ist der augenblickliche Standpunkt, Standort, Zustand im Gebiete, welcher durch einen Abstand von einem Ausgangspunkte, durch einen Unterschied gegen

einen Anfangszustand, durch eine Reihe von Zuständen oder Gliedern bestimmt wird und als augenblickliche, dem Objekte angehängte, inhärente Beschaffenheit aufgefasst und daher Inhärenz genannt werden kann: der zweite Grundprozess ist die durch Fortschritt, Anreihung, Inhärirung bedingte Herstellung einer anderen oder neuen Beschaffenheit. Die dritte Grundeigenschaft ist das Verhältniss, die Beziehung, die Relation, die relative Stellung, der dritte Grundprozess der Verhältniss- oder Wirkungsprozess. Die vierte Grundeigenschaft ist die Dimensität oder der Qualitätsgrad, der vierte Grundprozess die Dimensionirung oder Graduirung. Die fünfte Grundeigenschaft ist die Form, Modalität, Mannichfaltigkeit der Anordnung zu einem gesetzlichen Systeme; der fünfte Grundprozess die Variation, als Modifizirung durch Anordnen oder Gestalten.

Der auf mangelhafter Erkenntniss beruhende unzulängliche Stand der Wissenschaft hat die Bildung spezifischer Namen für die Grundeigenschaften der einzelnen Gebiete gehindert: man muss daher manches Wort synonym für verschiedene Dinge gebrauchen, indem man an das richtige Verständniss des Lesers appellirt, und ausserdem sieht man sich zum Gebrauche mehrerer verwandter Ausdrücke zur Erklärung eines einfachen Begriffes genöthigt. Hiernach kann man die Grundeigenschaften der fünf Grundgebiete etwa folgendermaassen bezeichnen.

I. Für den Inbegriff: 1. Weite oder Umfang, Umfassung. 2. Beschaffenheit oder Inhärenz nach Maassgabe des Standpunktes, welcher dem Inbegriffe zur Unterscheidung von einem Ausgangspunkte gegeben ist. 3. Relation nach Maassgabe der Abweichung von einer Grundstellung oder des Verhältnisses zu einer solchen Grundstellung oder Grundrichtung. 4. Dimensität oder Qualität, als unendlicher Inbegriff qualitativ niedriger stehender Elemente. 5. System oder gesetzlicher Zusammenhang oder Variabilität nach einem Anordnungsgesetze.

II. Für das Entstehungs- oder Erzeugungsvermögen oder die Lebenskraft: 1. Inbegriff der entstandenen Entstehungsfälle. 2. Epoche des Entstehungsprozesses. 3. Intensität der Lebenskraft oder Ursache der Entstehung. 4. Art der Lebenskraft oder das Leben verschiedenartiger vegetabilischer Objekte. 5. Geschichtlicher Verlauf, durch Abhängigkeit bedingter Verlauf des Lebens.

III. Für die Treibkraft: 1. Inbegriff der treibfähigen Elemente, insbesondere der Bestandtheile der Zellen. 2. Zustand oder Beschaffenheit des Treibens (z. B. Schnelligkeit des Treibens). 3. Intensität der Treibkraft, Ursache des Treibens. 4. Art der Treibkraft. 5. System der Treibelemente.

IV. Für das Verbindungs- oder Umwandlungsvermögen: 1. Inbegriff der zur Gemeinschaft neigenden Elemente, namentlich der Zellen (vegetabilische Valenz). 2. Neigungszustand (vegetabilische Vivazität bei der Wahl eines Sozius). 3. Verbindungsintensität (vegetabilische Affinitätskraft, insbesondere Begattungskraft) als Ursache der Verbindung oder Verschmelzung. 4. Art der Verbindung oder Umwandlung. 5. Vegetabilische Struktur, Zusammenhang der verbundenen Zellen.

V. Für das Organisations- oder Umgestaltungsvermögen oder die Metamorphose: 1. Inbegriff der Gestaltungstriebe. 2. Gestaltungszustand. 3. Gestaltungstrieb, Ursache der Gestaltung. 4. Art der Gestaltung. 5. Mannichfaltigkeit der Gestaltungstriebe, Organismus als System von Gestaltungstrieben (wie er in der Organisation von Stengel, Blatt, Blüthe, Frucht u. s. w. zu Tage tritt).

Zu diesen Grundeigenschaften, welche die erste Grundfeste eines Gebietes bilden, gesellen sich als zweite Grundfeste ebenso viel leicht verständliche Grundprozesse, welche für jedes Grundgebiet nach der demselben entsprechenden Bedeutung in einem Erweitern oder Umfassen durch Merkmale, in einem Fortschreiten oder Anreihen von Zuständen und Beschaffenheiten, in einem Wirken oder Arbeiten, in einem Potenziren oder Arterhöhen oder Dimensioniren oder Verbinden zu Gemeinschaften und in einem Variiren oder Ordnen oder Organisiren bestehen.

Als dritte Grundfeste kommen die fünf Grundprinzipien in Betracht, welche je nach dem Grundgebiete folgende Bedeutung haben.

1. Die Primitivität hat die Bedeutung eines gegebenen Bestandes, eines Inbegriffes, einer Lebenskraft, einer Treibkraft, einer Verbindungskraft, einer Gestaltungskraft.

2. Die beiden Kontrarietätsstufen bezeichnen den erweiterten und den eingeengten Inbegriff, die fortschreitende und die rückschreitende Lebenskraft, die direkte Treibkraft und die indirekte Treibkraft oder den Widerstand gegen Treibkraft, das Verbindungs- und das Scheidungsvermögen, die vorwärts und die rückwärts schreitende Variation oder Gestaltung.

3. Die drei Neutralitätsstufen bezeichnen den reellen, den imaginären und den überimaginären Inbegriff, die primäre, sekundäre und tertiäre Lebens- oder Fortschrittskraft, die primäre, sekundäre und tertiäre Treibkraft, entsprechend den Verhältnissen $\frac{a}{1} = a$, $\frac{a e^{\alpha i}}{a} = e^{\alpha i}$, $\frac{a e^{\alpha i} e^{\beta i_1}}{a e^{\alpha i}} = e^{\beta i_1}$, welche ein vegetabilisches Treiben durch Expansion, durch deklinante Drehung und durch inklinante Wälzung bedeuten. (Wenn das Blatt des Gummibaumes durch Verlängerung seiner Fasern oder durch Expansion wächst, äussert es primäre Treibkraft, wenn es sich um seine Axe krümmt, wobei die Querfasern sich deklinant drehen, äussert es sekundäre Treibkraft, wenn ein Wedel des Farrenkrautes sich entrollt, also seine Axe krümmt oder sich so wölbt, dass die Fasern sich inklinant drehen, äussert er tertiäre Treibkraft: wenn ein Blatt sich expandirt und zugleich deklinant krümmt, äussert es komplexe Treibkraft, und wenn es sich expandirt und zugleich sich deklinant

krümmt und inklinant wölbt, äussert es triplexe Treibkraft. Wenn eine Zelle weder neue Zustände erzeugt, noch alte Zustände verliert, sondern ihr Erzeugungsvermögen auf eine andere Zelle derselben Gemeinschaft, z. B. desselben Blattes überträgt, äussert sie sekundäre Lebenskraft).

4. Die vier Heterogenitätsstufen stellen die un-, ein-, zwei-, dreidimensionalen Verbindungen oder Verschmelzungen oder Potenzirungen von Inbegriffen, von Lebenskräften, von Treibkräften, von Affinitätskräften und von Gestaltungskräften dar. (Im Qualitätsgebiete ist eine einfache oder eine Grundzelle ein undimensionales vegetabilisches Element oder das Element einer vegetabilischen Grundart, welches in systematischer Anordnung eine undimensionale Pflanze ergiebt; die Verbindung mehrerer Grundzellen liefert ein eindimensionales Element oder das Element einer vegetabilischen Mischart, welches eine Kombinationszelle heissen möge, die in systematischer Anordnung eine eindimensionale Pflanze ergiebt; die Verbindungen von Kombinationszellen liefern die zweidimensionalen vegetabilischen Elemente und Pflanzen; aus den Verbindungen der letzteren Elemente entstehen die dreidimensionalen Pflanzen, welche, wie die Bäume und Gesträuche, die oberste Pflanzenklasse einnehmen, während die undimensionalen Elemente die niedrigste Pflanzenklasse, wie Pilze und Moose, erzeugen).

5. Die fünf Alienitätsstufen bezeichnen die konstanten, die einförmigen, die gleichförmigen, die gleichmässig abweichenden und die steigend abweichenden Gebilde in jedem Grundgebiete.

Die vierte Grundfeste bilden in jedem Grundgebiete die fünf Apobasen: 1. die Identität, d. h. die Übereinstimmung in allen Stücken, 2. die Gleichheit, d. h. die Übereinstimmung oder die Begegnung in den Endresultaten, 3. die Folgerung, d. h. die Übereinstimmung durch Vermittlung, 4. die Insumtion, d. h. die Übereinstimmung durch Gattungsgemeinschaft oder durch Abstraktion, 5. die Involvenz, d. h. die Übereinstimmung durch gesetzliche Abhängigkeit.

Die fünfte Grundfeste nehmen die für jedes Grundgebiet in fünf Hauptgruppen darzustellenden Grundsätze ein, welche die gesetzliche Abhängigkeit zwischen den variabelen speziellen Werthen aller Eigenschaften aussprechen.

Da in dem vegetabilischen Zellensysteme der Pflanze jede Zelle ein System von mineralischen Atomen und ein jedes solches Atom ein System von physischen Elementen ist; so hat die Pflanze neben den vegetabilischen auch mineralische Eigenschaften (eine Raumfigur, ein Alter, ein Gewicht und Bewegungsvermögen, einen Stoffgehalt und eine Krystallform) und sie hat zugleich physische (optische, akustische, kalorische, elektrische und osmetische) Eigenschaften, welche von den vegetabilischen wohl zu unterscheiden sind, mit denselben aber in einem naturgesetzlichen, durch die nachstehenden Grundgesetze bezeichneten Zusammenhange stehen. So ist z. B. die Ernährung der Pflanze ein chemischer, aber durch die vegetabilische Affinität vermittelter und modifizirter Assimilationsprozess.

118. **Die vegetabilischen Grundgesetze.** Vermöge der Zusammengehörigkeit der Grundeigenschaften zu einem vegetabilischen Grundgebiete und der fünf vegetabilischen Grundgebiete zu dem vegetabilischen Grundreiche, sowie wegen der Kombination des physischen, des mineralischen und des vegetabilischen Grundreiches zu dem Pflanzenreiche, herrschen in diesem Reiche die fünf vegetabilischen Grundgesetze, nämlich 1. das Bestandes- oder Daseinsgesetz, 2. das Entstehungs- oder Änderungsgesetz, 3. das Wirkungs- oder Energiegesetz, 4. das Umwandlungs- oder Äquivalenzgesetz und 5. das Abhängigkeits- oder Bildungsgesetz. In diesen Gesetzen sind die Kombinationen und Verallgemeinerungen der gleichnamigen, für die tieferen Reiche weiter oben erörterten Gesetze zu verstehen.

Nach dem Energiegesetze bleibt das Wirkungsvermögen der physischen, mineralischen und vegetabilischen Objekte, welche einen gemeinschaftlichen Wirkungsprozess vollziehen (in den selbstverständlich sämmtliche Objekte, die thatsächlich zusammenwirken, einzubegreifen sind), konstant, und hiernach behält die Energie der gesammten physischen, mineralischen und vegetabilischen Welt, insofern es keine mitwirkenden animalischen Wesen gäbe, unverändert denselben Werth.

Nach dem Äquivalenzgesetze haben alle physischen, mineralischen und vegetabilischen Prozessresultate äquivalente Werthe und können sich danach ineinander umwandeln. So ist also z. B. die Metamorphose der Blattbildung in Blüthenbildung einer Treibwirkung, aber auch einer mechanischen Arbeit, einer chemischen Verbindung, einem physischen Wärme- oder einem Lichtprozesse äquivalent. In der Wirklichkeit findet übrigens keine vollständige Umwandlung eines Grundprozesses in einen anderen Grundprozess statt, sondern es treten alle möglichen Prozesse zugleich auf und zwar in einer Summe, welche, wenn sie in äquivalenten Theilen eines bestimmten Grundprozesses ausgedrückt wird, die dem Gesammtprozesse zukommende äquivalente Gesammtenergie darstellt, während die Verhältnisse der einzelnen Energietheile dem Bildungsgesetze entsprechen.

Die fünf Grundgesetze, welche dem Minerale den Eintritt in das vegetabilische System und dem Pflanzenstoffe den Rücktritt in das Mineralreich nach festen Prinzipien gestatten, also einerseits die Fähigkeit des Minerals zur Aufnahme von Vegetationskraft oder seine Vegetabilisirbarkeit und andererseits die Fähigkeit der Pflanze zur Vegetabilisirung des Minerals und beim Ausstossen des Minerals die Fähigkeit zur Rückverwandlung der Vegetationskraft in Mineralkraft beweisen, nöthigen uns zu der Annahme, dass die Vegetationskraft bereits im Minerale latent liegt und durch die Einwirkung der Pflanze nur erweckt oder frei oder wirksam gemacht wird, dass aber zu einer Zeit, wo es auf der Erde noch keine Pflanzen gab, diese Erweckung durch Bedingungen geschehen sein muss, welche nicht auf wirkliche Naturprozesse, d. h. auf die Wirkung der Eigenschaften wirklich bestehender Objekte, sondern auf Schöpfungsprozesse zurückzuführen sind. Dass die rein ätherischen und die rein mineralischen Naturkräfte keine

Pflanzenzelle erzeugen können, liegt auf der Hand, da die Zelle ein System von Atomen und auch von Ätherelementen ist, also nicht auf der Zusammenwirkung selbstständiger Ätherelemente oder Mineralatome beruhen kann, die gesetzmässige Zusammenwirkung eines Systems von Elementen aber die Mitwirkung einer Kraft bedingt, welche der Ausdruck eben dieser Gesetzmässigkeit ist, also ausserhalb des Bereiches des durch dieses Gesetz zu verändernden Reiches liegt und demgemäss eine Schöpfungskraft ist.

Es ist nützlich, darauf hinzuweisen, dass die Pflanze sowohl als System von Zellen, die Zelle als System von Atomen, das Atom als System von Ätherelementen, dass mithin die Pflanze in allen ihren Bestandtheilen unter der Herrschaft der Vegetationskraft steht, dass also nicht nur ihre Zellen, sondern auch ihre mineralischen und ätherischen Elemente unter dem Einflusse der Vegetationskraft funktioniren. Diess benimmt den mineralischen und ätherischen Elementen zwar nicht ihre Selbstständigkeit: die Pflanze gravitirt als selbstständiges Mineralobjekt und hat ein Gewicht, als selbstständiger Inbegriff von physischen Elementen strahlt, schallt, wärmt, duftet sie; allein unter dem Einflusse der Vegetationskraft, welche eine logische Umfassungskraft ist, ändert sie fortwährend ihr Gewicht, ihren Schwerpunkt, ihre Leuchtkraft, ihre Wärme, ihren Duft, und alle diese Eigenschaften und Prozesse stellen sich nicht als einförmige Summen gleicher Eigenschaftswerthe, sondern als Inbegriffe verschiedener Eigenschaftswerthe dar: der entwurzelte Baum fällt durch seine Schwere zu Boden; allein sein vegetabilisches System bedingt die Art dieser Fallbewegung; die Blüthe hat momentan eine bestimmte Farbe und einen bestimmten Duft; allein Beide sind komplizirte Schwingungszustände und variiren unaufhörlich. Die Pflanze bildet auch kein festes, dauerndes, einheitliches System von Zellen, auch nicht von Zellenkomplexen oder Pflanzenorganen, sondern eine variabele Vielheit oder vielmehr einen logischen Inbegriff solcher Systeme von Zweigen, Blättern, Blüthen, Früchten, ein System, welches bestimmten Merkmalen entspricht, die durch die Aussenwelt mitbedingt werden, sich aber stets als ein logisches System und zwar als ein logisches System von augenblicklich fest bestimmten, unter der Einwirkung der Aussenwelt aber variabelen Merkmalen bewährt. Unter der Mitwirkung äusserer vegetabilischer Kräfte, also durch die Zusammenwirkung verschiedener Pflanzenzellen (durch Kreuzung) ändert sich sogar das logische System jeder einzelnen; es bilden sich Mischarten. In allen Fällen bedingt übrigens der augenblickliche Zustand der Pflanze und die mitwirkende Aussenwelt die entstehende Variation in fest bestimmter Weise.

Während sich das Mineral als ein mathematisch geordnetes Formsystem identischer Formelemente darstellt, erscheint die Pflanze als ein logisch geordnetes Formsystem nicht identischer, aber gleichartiger Zellengruppen oder Elementarsysteme. Das Mineral ist daher in unzählige Atome, die Pflanze aber in eine endliche Menge von Zellengruppen spaltbar, indem jeder abgespaltene Zweig als eine selbstständige Pflanze auftreten kann. Die Vegetationskraft erlischt, die Pflanze stirbt daher nicht mit einem Schlage, sondern sukzessiv; jede Zellgruppe stirbt für sich und ihr Tod zieht nicht nothwendig den Tod der ganzen Pflanze nach sich.

Die logische Variabilität zieht zugleich einen Stoffwechsel und das Ernährungsbedürfniss der Pflanze nach sich.

Es giebt keine flüssigen und gasförmigen, sondern nur starre vegetabilische Zustände, Zellen, Pflanzen, was eine Durchdringung und Mitwirkung flüssiger und gasförmiger Substanzen als Säfte und Athmungselemente nicht ausschliesst; jedenfalls ist mit solchen flüssigen und gasförmigen Bestandtheilen stets ein starres System verknüpft, welchem die eigentliche vegetabilische Kraft innewohnt. Unter diesen Umständen ist es begreiflich, dass die unter hohen Wärmegraden des Mineral- und Ätherreiches erschaffenen Pflanzen nur aus solchen Mineralien gebildet worden konnten, welche bei hohen Hitzegraden starr bleiben. Ein solches Mineral ist der Kohlenstoff. Alle Pflanzen und Zellen der terrestrischen Welt enthalten Kohlenstoff oder schwer zu verflüchtigende Kohlenstoffverbindungen.

Da die Pflanze im Boden und in der Atmosphäre lebt; so müssen diese die zum Stoffwechsel und zur Erweiterung des Systems (zum Wachsthum) erforderlichen Nahrungs- und Erregungsmittel enthalten. Der Kohlenstoff ist im Fruchtboden und als Kohlensäure auch in der Luft enthalten, den zu dem Ernährungsprozesse als Erregungsmittel und auch wohl zur Erhaltung der Vibrationszustände (namentlich der Wärme) mit erforderlichen Stoff liefert die Luft als Sauerstoff. Alle terrestrischen Pflanzen athmen Sauerstoff. Ob diese beiden Stoffe, Kohlenstoff und Sauerstoff, auch in den Regionen anderer Himmelskörper des Sonnensystems, des Merkur, des Mars, der Venus, des Jupiter u. s. w. die Grundlagen des Pflanzenreiches sind, ist möglich, aber durchaus ungewiss, dass sie die allgemeine Grundlage des Pflanzenreiches in allen Fixsternregionen seien, ist im höchsten Grade unwahrscheinlich.

Sagen wir noch, jede Zelle und daher jede Pflanze hat Vegetations- oder Lebenskraft. Der spezielle Werth dieser Kraft kann auf einen sehr kleinen Werth, aber nicht auf den Nullwerth herabsinken: die Annullirung der Vegetationskraft macht die Zelle zum Mineralobjekte. Der spezielle Werth der Vegetationskraft der durch Schöpfung entstehenden Zelle ist durch den Schöpfungsprozess und die Mitwirkung der Aussenwelt bedingt und wird im Fortpflanzungs- und jedem Naturprozesse naturgesetzlich modifizirt, ohne jedoch den der Zelle durch Schöpfungskraft verliehenen logischen Grundcharakter zu verlieren. Zwischen Mineralien und Pflanzen giebt es daher keinen stetigen Übergang, sondern nur einen Sprung, welcher auf der impulsiv wirkenden Schöpfungskraft beruhet und nicht durch stetige Naturprozesse (wie der Darwinismus annimmt) überbrückt werden kann. In Folge relativ schwacher Schöpfungsimpulse können Pflanzen mit sehr geringer Vegetationskraft und endlicher Mineralkraft entstehen, wozu vielleicht die Moose und Pilze gehören; es können auch möglicherweise Pflanzen mit sehr geringer Vegetations- und Mineralkraft entstehen, in welchen nur die physischen Kräfte endliche Werthe zeigen, immer aber stehen alle Kräfte der Pflanze unter der Herrschaft der Vegetationskraft. Solche un- und eindimensionalen Pflanzen werden den physischen und den mineralischen Objekten nahe stehen, sich jedoch wie die zweidimensionalen oder vollständigen Pflanzen durch die ihnen innewohnende Vegetationskraft als logische Inbegriffsobjekte von den physischen und mineralischen Objekten wesentlich unterscheiden. Der Schöpfungsprozess erzeugt daher im Pflanzenreiche wie im Mineralreiche Grundarten, welche sich verbinden oder kreuzen und unter äusserem Einflusse (durch Anpassung und Entwicklung) modifiziren können, aber immer eine unveränderliche Grundbeschaffenheit behalten, die vom Schöpfungsprozesse herstammt und nicht durch Naturprozesse beseitigt werden kann. Durch Naturprozess kann keine Weizenähre zum Rosenstock, kein Rosenstock zur Eiche werden, ebensowenig wie Blei zu Gold und Sauerstoff zu Phosphor werden kann. Eine solche Umwandlung möchte durch positive und negative Schöpfungsprozesse möglich erscheinen, könnte jedoch auch dann nicht als ein allmählicher Übergang von dem einen Objekte zu dem anderen, sondern nur als eine Auflösung des einen Objektes in seine Elemente und als Neuschöpfung aus solchen Elementen angesehen werden.

Dass sich manche durch Schöpfungsprozess entstehende Grundarten, z. B. Sauerstoff und Kohlenstoff, im Schöpfungsprozesse vermöge ihrer Naturkräfte miteinander verbinden und demgemäss sofort als Mischarten, z. B. als Kohlensäure, auftreten können, ist selbstverständlich. Diess gilt natürlich auch von den vegetabilischen Objekten; es kreuzen sich jedoch nur gleichdimensionirte, niemals verschieden dimensionirte Objekte, da die höhere Dimensität des einen Objektes in dem niedriger dimensionirten Objekte keine verwandten, verbindungsfähigen Bestandtheile findet (gleichwie mathematisch sich nur Punkte mit Punkten, Linien mit Linien, Flächen mit Flächen, Körper mit Körpern, nicht aber Flächen mit Linien oder mit Punkten zu neuen zweidimensionalen Grössen verbinden, die zu einer gegebenen Fläche herantretenden Linien oder Punkte vielmehr wirkungslos bleiben).

Vermöge der Lebenskraft erscheint die Pflanze als ein nicht im Gleichgewichte befindliches System oder in einem Zustande von Ruhelosigkeit, welcher nicht durch äussere, sondern durch innere vegetabilische Wirkung herbeigeführt und bedingt ist. Dieser Zustand ist dem Minerale fremd; dasselbe kann nur durch äussere Einflüsse in Variabilität versetzt werden, behält aber, wenn solche Einflüsse nicht mitwirken, seine bisherige Beschaffenheit. Demgemäss sind alle Veränderungen, welche eine Pflanze erleidet, oder alle ihre Prozesse durch die vegetabilische Lebenskraft, als einer der Pflanze zukommenden inneren Kraft, mitbedingt. Dass sich diese Kraft in vielen Prozessen mit mineralischen Kräften kombinirt, dass also bei der Transpiration, der Athmung, der Saftzirkulation, der Zellenbildung auch mineralische, also mechanische, chemische, krystallinische Kräfte mitwirken, ist selbstverständlich, die Bemühungen der neueren Pflanzenphysiologen, diese Prozesse auf rein mineralische Wirkungen zurückzuführen, ist jedoch aussichtslos.

119. **Die logischen Vermögen des Menschen.** Wir erkennen die Pflanze nicht durch unsere Anschauungs-, sondern durch unsere logischen Vermögen. Alles, was uns die Anschauungsvermögen über eine Pflanze sagen, betrifft nur ihre mineralischen Eigenschaften (ihre Räumlichkeit, Zeitlichkeit, Materialität, Stofflichkeit und Krystallform), und Alles, was uns die Sinnesvermögen darüber sagen, betrifft ihre physischen (ihre optischen, akustischen, kalorischen, elektrischen und osmetischen) Eigenschaften. Keines dieser Vermögen vermag uns einen unendlichen Inbegriff von speziellen Fällen, also den Begriff von einem Zellensysteme, die Vorstellung von einer Lebenskraft zu geben: Diess geschieht durch höhere Vermögen, welche ich die logischen oder Inbegriffsvermögen nenne. Sie bilden im geistigen Systeme ein Reich von fünf logischen Grundgebieten. Diese Gebiete sind 1. der Verstand oder das Denkvermögen, 2. das Gedächtniss oder das Vorstellungsvermögen, 3. der Wille oder das Handlungsvermögen, 4. das Gemüth oder das Neigungsvermögen, 5. das Temperament oder das Erregungsvermögen, d. h. das Vermögen, durch Erfüllung von Bedingungen geistige Gestaltungszustände anzunehmen. Wir verstehen also unter einer Pflanze den durch gegebene Merkmale bestimmten Inbegriff einer Zelle und eines Zellensystems durch den Verstand in Form eines Begriffes. Wir verstehen unter einer wirklichen Pflanze auch ein lebendes (mit Lebens- oder Erzeugungskraft begabtes) Wesen; denn die todte Pflanze ist keine wirkliche Pflanze, sondern ein Mineralkörper: ein solches, fortgesetzte Zustände nach einem inneren Gesetze erzeugendes Wesen vermögen wir aber nicht durch bestimmte Zeitwerthe mathematisch zu messen, sondern nur durch einen Akt unseres Vorstellungsvermögens zu produziren. Wir können einen Baum, als Mineralobjekt, durch mechanischen Prozess bewegen und fällen: seine vegetabilische Treibkraft aber können wir nur durch eine Handlung unseres auf ein gewisses Ziel gerichteten und danach modifizirten Willens beeinflussen, z. B. durch Düngen, Begiessen, Erwärmen.

Die vegetabilischen Vermögen des Pflanzenreiches stehen daher im Weltsysteme auf derselben Stufe, welche die logischen Vermögen im Systeme des Geistes einnehmen. Ich habe mich über diese Vermögen bereits im dritten Theile der „Naturgesetze“ ziemlich vollständig ausgesprochen, und in den „Grundlagen der Wissenschaft“ beachtenswerthe Zusätze dazu geliefert, nehme daher hierauf Bezug und beschränke mich im Folgenden auf eine kurz gefasste Rekapitulation der Hauptsachen mit einigen Erläuterungen und Zusätzen. Zu dem Ende stelle ich an die Spitze, dass dem Objekte eines jeden der vorbenannten fünf logischen Grundgebiete fünf Grundfesten zukommen, nämlich 1. Grundeigenschaften, 2. Grundprozesse, 3. Grundprinzipien, 4. Apobasen, 5. Grundsätze, und dass jede dieser fünf Grundfesten sich wiederum in einer

Fünfheit darstellt. Das System des einen Grundgebietes, also das des Verstandes, ist daher maassgebend für das System jedes anderen Gebietes: das System bleibt dasselbe, seine Bestandtheile nehmen nur eine andere Bedeutung an, und demgemäss entspricht auch das mathematische System der Grundfesten irgend eines Anschauungsgebietes, z. B. das geometrische System des Raumes, jedem logischen Systeme, indem die Bestandtheile des letzteren nur Verallgemeinerungen der Bestandtheile des ersteren darstellen. Als generelle Bezeichnungen für die Grundfesten eines logischen Systems von Objekten, welche bestimmten Merkmalen entsprechende Inbegriffe darstellen, eignen sich folgende Ausdrücke.

I. Für die fünf Grundeigenschaften (welche ich auch Kategoreme zur Unterscheidung von den Kanteschen Kategorien, die weder zulänglich, noch zutreffend sind, genannt habe): 1. Quantität, 2. Inhärenz, 3. Relation, 4. Qualität, 5. Modalität.

II. Für die fünf Grundprozesse (welche ich auch Metabolien genannt habe): 1. Erweiterung, 2. Inhärirung, 3. Beziehung, 4. Erhöhung, 5. Variation. Jeder Grundprozess erscheint als Änderungsprozess und als Wirkungsprozess, d. h. als Grundoperation.

III. Für die fünf Grundprinzipien: 1. Primitivität mit einer Stufe, 2. Kontrarietät mit den beiden Stufen des Positiven und Negativen, 3. Neutralität mit den drei Stufen des Primären, Sekundären und Tertiären, 4. Heterogenität mit den vier Stufen des Un-, Ein-, Zwei- und Dreidimensionalen (oder des Primogenen, Sekundogenen, Tertiogenen und Quartogenen), 5. Alienität mit den fünf Stufen des Konstanten, Einförmigen, Gleichförmigen, gleichmässig Abweichenden und steigend Abweichenden (oder des Primoformen, Sekundoformen, Tertioformen, Quartoformen und Quintoformen).

IV. Für die fünf Apobasen, nämlich für die Übereinstimmung 1. durch vollständige Deckung oder Identität, 2. durch Begegnung in den Grenz- oder Endwerthen, Äquipollenz (Gleichheit), 3. durch Vermittlung oder Schlussfolgerung, 4. durch Insumtion oder Abstraktion aus unendlicher Zusammenfassung, 5. durch Involvenz oder gesetzlichen Zusammenhang.

V. Die Grundsätze, welche sich sowohl für die Grundeigenschaften, als auch für die Grundprozesse, sowie für die Grundprinzipien und für die Apobasen immer in fünf Gruppen ordnen lassen, können nach diesen Gruppirungen benannt werden. Sie ergeben sich, wie schon am Ende von Nr. 60 bemerkt ist, durch verallgemeinernde Abstraktion aus den mathematischen Grundsätzen.

Unter den Grundgesetzen verstehe ich immer die fünf Gesetze: 1. das Bestandesgesetz, 2. das Änderungsgesetz, 3. das Energiegesetz, 4. das Äquivalenzgesetz, 5. das Bildungsgesetz, welche das Zusammensein, die Entstehung, die Zusammenwirkung, die Umwandlung und die Umgestaltung der einem Bereiche, oder einem Gebiete, oder einem Reiche angehörigen, also mit zusammengesetzten Eigenschaften ausgestatteten Objekte darlegen.

120. **Der Verstand** oder, da seine Thätigkeit im Denken besteht, das Denkvermögen nimmt, indem es denkt, Zustände an, durch welche sich der Mensch mit einem äusseren Objekte identifizirt, das ein Sein, ein Bestehen, ein Subsistiren darstellt und dieserhalb Substanz genannt wird. Der Verstand denkt das Sein und nennt diese seine innere Denkthätigkeit das Verstehen, Begreifen, logische Erkennen eines äusseren Objektes. Das gedachte Sein ist nicht ausschliesslich wirkliches Dasein, sondern allgemeines, mögliches, d. h. nach Weltgesetzen mögliches Sein. Der innere Zustand, welcher das äussere Objekt deckt, ist der Begriff, welcher durch Merkmale definirt, d. h. logisch bestimmt wird und welcher alle diesen Merkmalen entsprechenden speziellen Fälle als eine zusammengehörige Substanz umfasst: der Mensch denkt daher in Begriffen und die Logik im gewöhnlichen oder engeren Sinne ist die Lehre von den Begriffen. Im Übrigen macht nicht das thatsächliche Denken des Individuums, sondern das mögliche Denken des normalen Verstandes, als einer weltgesetzlichen Geisteskraft, die wissenschaftliche Logik aus.

121. **Die logischen Grundeigenschaften.** Die fünf völlig selbstständigen Grundeigenschaften eines Begriffes sind:

1. Die Quantität oder Weite, bestimmt durch die aus den Merkmalen oder aus der Definition hervorgehende Einschliessung, Umfassung, Zusammenfassung, Einbegreifung einer im Allgemeinen unendlich grossen Anzahl von speziellen Fällen, hat einen Inhalt. Der Begriff schliesst alle seine speziellen Fälle ein und alle anderen Fälle aus; jeder spezielle Fall und kein anderer gehört ihm an. Der Begriff Mensch z. B. umfasst alle möglichen, denkbaren Menschen, sonst aber kein anderes Wesen. Die logische Quantität ist der mathematischen analog: da aber der logische Begriff unendlich viel spezielle Fälle enthält; so erkennt man, dass Unendlichkeit ein echt logischer Begriff ist, während das Unendliche wegen der Aufhebung des Merkmals der Messbarkeit nicht als eine echt mathematische Grösse, sondern nur als eine die mathematischen Grenzen überschreitende Grösse gelten kann.

2. Die Inhärenz oder Beschaffenheit bezeichnet den Standpunkt oder Ort, welchen der Begriff im logischen Gebiete einnimmt. Sie ist eine völlig selbstständige Eigenschaft, welche mit der ersten Grundeigenschaft, der Weite des Begriffes, Nichts gemein hat. Beispielsweise gehört Blindheit nicht zu den Merkmalen des Menschen und liegt nicht in der Weite des Begriffes Mensch: wenn wir also von blinden Menschen reden, denken wir Menschen, welche mit einer besonderen Beschaffenheit behaftet sind oder welchen die Blindheit inhärirt. So können wir der gesammten, durch Merkmale bestimmten Menschheit, ohne Änderung dieser Merkmale beliebige Beschaffenheiten inhäriren. Die Inhärenz, welche die Beschaffenheit bestimmt, ist dem mathematischen Abstande analog, welcher die mathematische Stelle bestimmt. Während die Begriffsquantität oder Weite aus der Definition hervorgeht, entspringt die Inhärenz aus der Limitation, welche zu der Definition

in derselben Beziehung steht, wie die mathematische Begrenzung zur Einschliessung.

3. Die Relation bezeichnet das Verhältniss des Begriffes oder seiner Fälle zum Grundbegriffe des Seins. So liegt in dem Begriffe Erzeuger eine Relation zu einem Erzeugten, in den Begriffen Vater und Bruder eine spezielle Relation zum Sohne und zum anderen Sohne desselben Vaters, in dem Begriffe Oheim eine zusammengesetzte Relation von Vaterschaft und Bruderschaft der Söhne desselben Grossvaters. Die Relation lässt das Objekt als eine Ursache von Wirkungen erscheinen; die Relation zwischen Ursache und Wirkung heisst Kausalität. Die Relation, welche der mathematischen Relation analog ist, ist eine selbstständige Grundeigenschaft, welche also nicht durch Inhärenz und Quantität gedeckt wird: jedes der Begriffsweite des Menschen entsprechende und mit jeder Inhärenz behaftete Objekt kann in jede beliebige Relation gesetzt oder als Ursache von beliebigen Wirkungen gedacht werden, ohne seine anderen Grundeigenschaften zu ändern.

4. Die Qualität ist der Ausdruck der Gemeinschaft von eigenartigen Grundeinheiten, sie ist der mathematischen Qualität, insbesondere der Dimensionalität und der durch Potenzirung erzeugten Art analog. Eine bestimmte Weite, Inhärenz und Relation kann immer noch jeder beliebigen Wesenart beigelegt werden. Wir können uns z. B. die Relation des Erzeugers mit der Inhärenz der Blindheit und der Weite einer bestimmten Anzahl spezieller Fälle mit der Art der Schnecke, des Adlers, des Pferdes, des Menschen, ja sogar mit der Art der Eiche, des Marmors, der Luft gepaart denken (wobei natürlich die Blindheit in einer dem Wesen des Objektes entsprechenden Weise als Empfänglichkeit für Lichtwirkungen zu deuten ist).

Wenn die Qualität als eine Umfassung konkreter Fälle innerhalb der Grenzen desselben Gemeinschaftsbereiches, dem jeder dieser Fälle angehört, gedacht wird, ist sie eine Verallgemeinerung oder Erhöhung oder Potenzirung des konkreten Falles, wie es z. B. die Umfassung der Mitglieder einer Familie zur Familie, die Umfassung der Familien zu einer Gemeinde, die Umfassung der Gemeinden zu einem Staate anzeigen. Wenn dagegen die Qualität als eine Umfassung von Dimensionen oder von charakteristischen Merkmalen der Gemeinschaften gedacht wird, ist sie eine Erhöhung der Gemeinschaft oder eine Dimensionirung, wie sie z. B. in dem Übergange von einem speziellen Zustande zu allen möglichen Zuständen eines Wesens oder von einem speziellen Wesen zu allen möglichen Wesen einer Gattung zur Erscheinung kömmt.

5. Die Modalität, analog der mathematischen Form, bezeichnet die gesetzliche Anordnung oder die durch Bedingungen bestimmte Abhängigkeit der Bestandtheile des Objektes zu einem Systeme oder zu einem Organismus. Man kann die Modalität als den Modus oder die Weise des Seins und die logische Abhängigkeit Konditionalität nennen. Auch die Modalität stellt eine selbstständige Grundeigenschaft dar: das nach seiner Qualität als Mensch, nach seiner Relation als Vater, nach seiner Inhärenz als Blinder, nach seiner Quantität als ein Inbegriff von

bestimmter Anzahl möglicher Fälle vorgestellte Begriffsobjekt kann immer noch in jeder beliebigen Modalität, d. h. als ein System von Geisteskräften, oder als ein System von vitalen Kräften, oder als ein materielles Gliedersystem, oder als ein nach einem beliebigen Gesetze gebildetes System, etwa als ein hoch oder niedrig oder unvollständig entwickelter Mensch, oder auch als ein in beliebiger Weise sein Dasein fristendes Wesen gedacht werden.

Die fünf logischen Grundeigenschaften (Kategoreme) sind gleichbedeutend mit Grundbegriffen. Als solche sind sie nicht nur selbstständig, sondern auch absolut einfach. Jeder Begriff hat einen begrenzten Inhalt, und zwar ist er durch Merkmale limitirt. Ein Merkmal, als Verstandesobjekt, ist aber selbst ein Begriff, und demzufolge muss man sagen, ein Kategorem ist ein durch sich selbst bestimmter Begriff, es giebt keinen einfacheren Begriff und kein anderes Merkmal für ihn, als ihn selbst; er hat nur dieses einzige Merkmal. Hiernach kommen aber Quantitäts-, Inhärenz-, Relations-, Qualitäts- und Modalitätsmerkmale als selbstständige Besonderheiten in Betracht.

Dem logischen Verständnisse kommen die entsprechenden mathematischen Anschauungen zu Hülfe. Quantität, als Grundeigenschaft, kann wohl einmal als der Inbegriff von Bestandtheilen einer Kreisfläche von festem Radius veranschaulicht werden: die Limitation ist dann die Begrenzung durch die Kreislinie. Inhärenz kann als der durch Verschiebung entstandene Abstand des Begriffsobjektes von einem festen Nullpunkte, Relation als ein durch Vervielfachung, Drehung, Wälzung bedingtes Verhältniss zu einer festen Grundeinheit, Grundaxe, Grundebene aufgefasst werden, u. s. w.

Durch Erweiterung jenes Grundkreises entstehen Begriffe von beliebiger Quantität, d. h. Begriffe, welche nur die Grundeigenschaft der Quantität, aber mit verschiedenen speziellen Inhaltswerthen darstellen. Durch Verschiebung der Kreisfläche entstehen Objekte mit speziellen Inhärenzwerthen, u. s. w. Erweiterung und Verschiebung zusammen liefert Objekte mit speziellen Quantitäts- und Inhärenzwerthen und daher Objekte, welche durch ein Quantitäts- und ein Inhärenzmerkmal bestimmt sind. Hiernach erscheinen die Kategoreme als unveränderliche Eigenschaften, welche jedem Begriffe zukommen, die speziellen Werthe aber, welche diese Kategoreme annehmen, erscheinen als veränderlich ganz ebenso, wie die mathematischen speziellen Werthe den festen Grundeigenschaften gegenüber als veränderliche Grössen erscheinen.

Durch Veränderung und Kombination solcher speziellen Grundeigenschaften entstehen Begriffe mit mehreren oder verschiedenen Merkmalen. Das Merkmal für ein Kategorem trägt aber einen diesem Kategoreme entsprechenden Charakter: es ist für die Quantität eine Umfassung oder für die Inhärenz eine Verschiebung (Abstand) oder auch eine Limitation, für die Relation eine Beziehung u. s. w., und jedes mit verschiedenen Eigenschaften begabte oder durch verschiedene Merkmale definirte Objekt kann nach seinem Quantitäts-, seinem Inhärenz-, seinem Relations- und sonstigen Werthe aufgefasst werden. Ausserdem kann durch die Definition festgesetzt werden, in welcher Weise gegebene Eigenschaften oder Merkmale zu einem Objekte zusammengesetzt werden sollen; es bietet sich also für das Verständniss eines zusammengesetzten Begriffes eine grosse Mannichfaltigkeit von Vorstellungen dar, welche von den Bedingungen abhängen, die diesem Verständnisse zu Grunde liegen oder nach dem Willen des Denkers zu Grunde gelegt werden sollen. Beispielsweise ist die Quantität eines durch mehrere Merkmale bestimmten, durch Vereinigung dieser Merkmale entstehenden Begriffes der gemeinsame Inhalt, in welchem sich die vorerwähnten Kreisflächen von verschiedenen Mittelpunkten und Radien decken, welcher also die nicht allen Kreisflächen gemeinsamen Theile ausschliesst (ein Wesen, das zugleich schön und klug ist, gehört dem Raume an, in welchem Schönheit und Klugheit sich decken; das ausserhalb dieses Raumes liegende Schöne und Kluge gehört dem durch Schönheit und Klugheit als zusammengehörigen Merkmalen definirten Begriffe nicht an). Der durch Aneinanderreihung mehrerer Merkmale entstehende Inhärenzwerth eines Begriffes ist dagegen der Raum, welcher von den äussersten Grenzen aller Kreise eingeschlossen wird, in welchem also alle diese Kreise mit ihren sich deckenden und nicht deckenden Theilen vollständig liegen (ein Begriff, welcher alle Schönen und Klugen umfasst, enthält nicht nur die klugen Schönen oder schönen Klugen, sondern auch die klugen Unschönen und die schönen Unklugen).

Von besonderer Wichtigkeit ist es, dass der reine Verstand die Begriffe nur nach ihrer Bedeutung oder ihrem allgemeinen Werthe, nicht nach ihrem speziellen Werthe festsetzt, sondern diesen speziellen Werth willkürlich lässt, indem er dafür keinen wirklichen, festen, bestimmten, sondern jeden möglichen Werth zu setzen gestattet. Indem er z. B. die Menschheit durch Merkmale definirt, sagt er nicht, wie gross die Zahl der darin enthaltenen möglichen Fälle ist; indem er den Geist als eine Eigenschaft des Menschen hinstellt, bestimmt er nicht den Umfang des Geistes überhaupt, auch nicht in einem speziellen Falle die Stärke und die sonstige spezielle Beschaffenheit des Geistes eines konkreten Menschen; er begrenzt kein Merkmal und kein Kategorem für einen speziellen Fall in messbarer Weise, sondern stets durch Grenzen, welche zwar in einem bestimmten Bereiche liegen, aber innerhalb dieses Bereiches willkürlich variabel sind und eine unendliche Menge möglicher Fälle zulassen. Hierdurch unterscheidet sich der rein logische Begriff von der rein mathematischen Grösse. Wenn die Begriffsgrenzen fest, also die Merkmale zu festen Grenzen werden, die Anzahl der möglichen Fälle aber unendlich bleibt, wird der logische zum mathematischen Begriffe, wenn die Merkmale zu festen Grenzen werden und diese nur eine bestimmte endliche Anzahl von Fällen umschliessen, wird der Begriff zur Grösse. Ein logisches Ergebniss ist hiernach unberechenbar, und mathematische Formeln und Prozesse können nur mit verallgemeinernder Umdeutung zur Veranschaulichung logischer Gesetze dienen.

Zur Kennzeichnung des Unterschiedes zwischen mathematischem und logischem Objekte und Prozesse sagen wir: die mathematische Grösse ist, erstens, durch anschauliche Eigenschaftswerthe genau, streng, exakt bestimmt; zweitens, sie ist in feste Grenzen eingeschlossen oder fest begrenzt; drittens, sie ist auf bestimmte Einheiten bezogen oder messbar; viertens, sie ist ein endliches Wesen oder von endlicher Qualität; fünftens, sie ist von festen Bedingungen streng abhängig. Der logische Begriff dagegen ist, erstens, nicht durch fest bestimmte Eigenschaftswerthe, sondern durch allgemeine, dehnungsfähige Merkmale definirt, also zwar ein logisch bestimmtes, aber ein mathematisch unbestimmtes, mithin durch keine bestimmte mathematische Formel vollständig darstellbares Objekt; zweitens, er ist nicht in feste Grenzen eingeschlossen, nicht fest begrenzt, sondern logisch limitirt, d. h. in Grenzen eingeschlossen, welche nach Maassgabe gegebener Merkmale dehnbar sind, mithin überhaupt nicht durch eine einzelne, sondern im Allgemeinen durch mehrere mathematische Formeln zu versinnlichen; drittens, er ist nicht durch bestimmte Einheiten messbar, sondern ein mathematisch unmessbares Objekt, dessen logische Messbarkeit in der Beziehung zu verallgemeinerten Einheiten besteht; viertens, er ist kein endliches, sondern ein unendliches, bezw. verallgemeinertes Wesen; fünftens, er ist von Bedingungen nicht in strenger, sondern in einer variabelen Weise abhängig oder er ist von variabelen Bedingungen abhängig.

122. **Die logischen Grundprozesse und Grundoperationen** (Metabolien) ergeben sich nach diesen Erläuterungen aus den Grundeigenschaften folgendermaassen. Die Grundprozesse sind, erstens, die Erweiterung des Begriffes, welche stets auf Erweiterung der Merkmale zurückgeführt werden, jedoch auch das Resultat jeder anderen Grundoperation sein kann. (Der Begriff Europäer ist eine Erweiterung des Begriffes Deutscher). Der weitere Begriff enthält alle speziellen Fälle des engeren Begriffes ohne Ausnahme, daneben aber andere Fälle, welche dem engeren Begriffe nicht angehören. Die Basis des Erweiterungsprozesses ist das Etwas. Zweitens, die Inhäsion oder Beschaffenheitsänderung oder die Veränderung des Zustandes oder des Standpunktes im logischen Gebiete oder der Eintritt in besondere Zustände; seine Basis ist das Nichts oder der absolute Ausgangspunkt ohne besondere Beschaffenheiten. (Durch Beschaffenheitsänderung wird ein Baum, also ein auf dem Ausgangspunkte des ihm durch Merkmale beigelegten Wesens stehendes Objekt zum schönen, schattenden, absterbenden Baume). Drittens, die Relationsänderung oder die Beziehung; seine Basis ist das primäre Sein oder auch die Beziehung zu sich selbst. (Goethe als Dichter des Faust und Goethe als Dichter der Iphigenie sind zwei Begriffsobjekte, welche einen Dichter in verschiedenen primären Relationen zeigen). Viertens, die Qualitätsänderung, welche man auch als Abstraktion (Bildung eines Abstraktums) bezeichnen kann, insofern sie auf Verallgemeinerung oder Dimensitätserhöhung beruhet; seine Basis

ist die Elementar- oder Grundqualität, in welcher man auch die Qualität des konkreten realen Falles erblicken kann. (So entsteht die Qualität des Begriffes Pferd durch Abstraktion von dem Wesen konkreter Pferde). Fünftens, die Modalitätsänderung oder die Modifikation, die Änderung der Weise des Seins; eines Zusammenhanges; seine Basis ist das Unveränderliche. (So modifizirt z. B. ein Mensch seine Lebensweise und wird dadurch zum Kurgast, zum Luftschiffer, zum Geschäftsmann).

Die Grundoperationen, als Wirkungsprozesse, sind, erstens, Zusammenfassung oder Subsumtion unter gemeinsame Merkmale oder gemeinsame Begrenzung, entsprechend der mathematischen Numeration (z. B. die Zusammenfassung des Schweden und des Norwegers zu dem Begriffe des Skandinaviers). Zweitens, Attribution, entsprechend der mathematischen Addition (z. B. der stolze Mann, als der mit Stolz behaftete Mann). Eine Beschaffenheit, welche dem Objekte vermöge seiner Merkmale inhärirt, pflegt man ein Attribut, eine Beschaffenheit aber, welche ihm nicht vermöge seiner Merkmale zukömmt, sondern besonders oder zufällig inhärirt ist, ein Akzidens zu nennen. Wenn das zu inhärirende und das zu behaftende Objekt (Operator und Operand) wie Glieder einer zu bildenden Summe angesehen werden, erscheint die Attribution als Assoziation oder Aggregation (so sind in dem stolzen Manne der Stolz und die Mannheit assoziirt oder aggregirt). Wird der durch Attribution entstehende Quantitätswerth in Betracht gezogen; so ist das Resultat der Attribution auch dem Resultate einer Zusammenfassung gleich und kann dann als Subsumtion aufgefasst werden. Drittens, Zusammensetzung von Beziehungen, entsprechend der mathematischen Multiplikation (z. B. der Vater von vier Kindern, ein mehrfach Dekorirter), im Allgemeinen das Wirken oder Bewirken. Viertens, Erhebung auf bestimmte Qualitätsgrade, entsprechend der mathematischen Potenzirung (z. B. Erhebung des Begriffes der persönlichen Tapferkeit zum Begriffe der Tapferkeit eines Volkes, ebenso die Erhebung einer konkreten Eiche oder dieser Eiche, zur Gemeinschaft Eiche, d. h. aller Eichen). Fünftens, Modifikation nach gegebenen Bedingungen, Aufbau eines systematischen Zusammenhanges (z. B. Führung einer nach gewissen Bedingungen geregelten Lebensweise).

123. **Die logischen Grundprinzipien der Quantität** haben folgende Bedeutung.

1. Die Primitivität der Quantität ist die absolute, der Menge der eingeschlossenen Fälle entsprechende Begriffsweite. Primitive Quantitäten verstärken sich bei der Subsumtion.

2. Die Kontrarietät der Quantität erscheint auf den zwei Stufen als Einschliessung und Ausschliessung und wird sprachlich durch Behauptung des Bestehens und des Nichtbestehens eines gewissen Begriffsumfanges (durch Sein und Nichtsein, durch ein und kein), auch wohl durch Bejahung und Verneinung eines Inhaltes und auf andere Weise,

namentlich durch Wörter von entgegengesetzter Bedeutung, wie grösser sein und kleiner sein ausgedrückt. Entgegengesetzte Quantitäten heben sich auf bei der Zusammenfassung.

3. Die Neutralität der Quantität hat die drei Stufen Singularität, Partikularität und Universalität, worunter Einzelfall, besonderer Inbegriff von Einzelfällen und Gesammtheit aller möglichen Einzelfälle zu verstehen ist. Sprachlich werden dieselben durch Dieser, Mancher, Jeder angezeigt, wenn unter Mancher nicht endlich viel Einzelfälle, sondern alle Einzelfälle, welche einer Partikularität der Gesammtheit angehören, verstanden werden. Neutrale Quantitäten beeinflussen sich nicht bei der Subsumtion: denn Singularitäten bleiben auch bei der Zusammenfassung mit Partikularitäten oder Universalitäten immer selbstständige Objekte neben den Letzteren; verschiedene Partikularitäten bleiben bei der Zusammenfassung, wenn sie nicht zufällig eine Universalität erschöpfen, selbstständige Objekte neben den damit vereinigten Singularitäten oder Universalitäten.

4. Die Heterogenität der Quantität erscheint auf den vier Stufen als Elementarität oder Sein des Elementes oder des speziellen (augenblicklichen) Zustandes eines Einzelobjektes oder eines speziellen Falles, eines Begriffes, Individualität oder Sein des Einzelobjektes als eines unendlichen Inbegriffes von möglichen Zuständen oder Fällen, Sozietät oder Sein einer Gattung von Einzelobjekten, als eines unendlichen Inbegriffes von Individuen, Totalität oder Allheit oder Sein als Gesammtheit oder als unendlicher Inbegriff von Gattungen. Wegen des zwischen je zwei dieser Stufen bestehenden Unendlichkeitsverhältnisses verschwindet die niedrigere vor der höheren Stufe bei der Zusammenfassung. Da die Elementarität in ihrer logischen Allgemeinheit das Anfangselement oder den Anfangszustand jedes möglichen Objektes bezeichnet; so kann man in der Wirklichkeit nicht unter diese erste Qualitätsstufe herabsteigen, und da die Gesammtheit in ihrer logischen Allgemeinheit alle möglichen Gattungen, also die absolute Allheit bezeichnet; so kann man über diese vierte Qualitätsstufe nicht hinaufsteigen: die Wirklichkeit kann daher nicht mehr als vier Qualitätsstufen enthalten. Jede dieser Stufen bildet einen unendlichen Inbegriff von Objekten der vorhergehenden Stufe durch Anreihung längs einer der letzteren Stufe durchaus fremden Begriffssubstanz oder längs einer neuen Dimension: die Wirklichkeit ist mithin ein dreidimensionales Qualitätsbereich.

In Betreff der logischen Elementarität ist hervorzuheben, dass sie nicht wie die mathematische Elementarität das Verschwinden des Messbaren, sondern das Verschwinden der logischen Allgemeinheit oder das Herabsinken auf die Konkretheit bedeutet. Wenn z. B. Hannibal ein Individuum ist, welchem spezielle menschliche Merkmale, darunter die Tapferkeit, zukommen; so verliert dieses Merkmal in einem augenblicklichen Zustande Hannibals seine Allgemeinheit oder logische Weite, also seinen Charakter als logisches Merkmal, indem Hannibals Tapferkeit in diesem Zustande nur einen einzigen konkreten Werth haben kann.

5. Die Alienität der Quantität hat die fünf Stufen der unveränderlichen (bedingungslosen), der von einförmigen, gleichförmigen, gleichmässig abweichenden, steigend abweichenden Bedingungen abhängigen Begriffsweite.

124. **Die logischen Grundprinzipien der Inhärenz** haben folgende Bedeutung.

1. Die Primitivität der Inhärenz oder der Beschaffenheit oder des Attributes ist der absolute Werth der Inhärenz oder des Quantitätswerthes des Abstandes des Objektes vom Nullpunkte des logischen Gebietes. Primitive Attribute verknüpfen sich bei ihrer Attribution oder bilden ein verstärktes Attribut.

2. Die Kontrarietät der Inhärenz erscheint als attributive Position und attributive Negation, als Satz und Gegensatz, als Bekleidung und Entkleidung von Attributen, Akzidenzen, Eigenschaften, Beschaffenheiten, und wird vornehmlich durch Worte, welche den Inhärenzgegensatz anzeigen, ausgedrückt, wie z. B. mit den Worten „*A* hat Vermögen, *A* hat Schulden“ oder „*A* kömmt vorwärts, *A* kömmt zurück“. Das Verhältniss zwischen entgegengesetzter Beschaffenheit oder überhaupt zwischen Gegensätzen irgend eines Gebietes ist die Kontradiktion, der Widerspruch. Entgegengesetzte Beschaffenheiten heben sich bei ihrer Inhärirung auf.

3. Die Neutralität der Inhärenz erscheint in erster Stufe als Beschaffenheit (Attribut, auch Akzidenz) des Subjektes (des bestimmenden, leitenden, führenden, grundlegenden Objektes), sodann in zweiter Stufe als Beschaffenheit eines Anderen, welcher mit dem Subjekte einer bestimmten Gattung angehört, also eine Beschaffenheit, welche nicht dem Subjekte, sondern einem Objekte zugesprochen (inhärirt) wird, das sich zu dem Subjekte neutral verhält oder dessen Sein als eine zweite Dimension der Gattung angesehen werden kann, von welcher das Subjekt die erste Dimension bildet, sodass das auf dieser zweiten Stufe stehende Objekt zwar einen möglichen Fall der Gattung, aber einen unmöglichen Fall des Begriffes, welchem das Subjekt angehört, also einen imaginären Fall des Subjektes darstellt. Der Andere erscheint hiernach als der Erste mit imaginärer Beschaffenheit oder als der imaginäre Erste. Wie die erste Dimension durch die Beschaffenheit des Subjektes bestimmt ist, so ist die zweite Dimension, das imaginäre Attribut, durch die Beschaffenheit der Gattung, in welcher die betrachteten Fälle liegen, bestimmt, und indem wir das eindimensionale Subjekt als eine gegebene Grundaxe des Inhärenzbereiches auffassen, stellen wir uns die zweidimensionale Gattung als eine gegebene Grundgattung (Grundebene des Inhärenzbereiches) vor. Die dritte Stufe nimmt ein Objekt ein, dessen Beschaffenheit keinem Objekte der Grundgattung zukömmt, welches also die dritte Dimension der absoluten Gesammtheit darstellt. Wenn z. B. die Menschheit als die Grundgattung angesehen wird, ist die Schönheit dieses Menschen eine reelle Beschaffenheit desselben und die

Schönheit jenes oder eines anderen Menschen eine imaginäre Schönheit des ersten Subjektes, die Schönheit irgend eines anderen Wesens der Gesammtwelt, etwa die Schönheit eines Pferdes oder Baumes ist eine überimaginäre Beschaffenheit des ersten Subjektes. Die Ausdrücke meine, deine, seine Schönheit, wobei das Meine und Deine eine Gemeinschaft und das Seine einen Fall der Gesammtheit kennzeichnet, entsprechen den drei Neutralitätsstufen der Beschaffenheit.

In allgemeinerer Auffassung kann man sich die Grundaxe oder die primäre Axe als die Reihe aller als möglich gedachter seiender Dinge, welche in primärer Relation zueinander stehen, vorstellen. Die sekundäre Axe ist dann die Reihe von Dingen, welche zu den Objekten der Grundaxe in sekundärer Relation stehen, sodass die primäre Grundebene die Gattung aller in primärer und sekundärer Relation stehenden Objekte bezeichnet.

Das Sein des Anderen ist im Wesentlichen das Sein mit anderen Attributen, welche sich nicht nur thatsächlich, sondern nothwendig ausschliessen. Durch die Berücksichtigung thatsächlicher, aber nicht unbedingt nothwendiger, sondern akzidentieller Ausschliessungen, sowie durch die Beziehung auf verschiedene Eigenschaften nimmt das Sein des Anderen verschiedene Bedeutungen an. So ist z. B. Wilhelm ein anderer Mensch als Karl, der Deutsche ist eine andere Partikularität von Staatsangehörigen als der Engländer, die Menschheit ist eine andere Gemeinschaft als der Wald, die Klugheit des Wilhelm und die Klugheit des Karl bezeichnen dieselbe Eigenschaft anderer Objekte, die Schönheit dieser Frau ist eine andere, jedoch nur akzidentiell andere Beschaffenheit als die Klugheit derselben Frau, die Schönheit dieser Frau und die Klugheit jener Frau sind akzidentiell andere Beschaffenheiten absolut anderer Individuen, die Jugendzeit dieses Menschen und das Alter desselben Menschen sind absolut andere Beschaffenheiten desselben Individuums.

Da das Neutrale sowohl das Positive, wie das Negative ausschliesst; so kann man sagen, der Andere ist der Nichterste und der Erste ist der Nichtandere, aber auch der Nichtandere ist der Erste, indem er jeden Anderen ausschliesst (s. die Anwendung hiervon weiter in der nächsten Nummer).

Neutrale Beschaffenheiten beeinflussen sich nicht bei ihrer Attribution, da nur die Attribute desselben Objektes sich zu einer Beschaffenheit dieses Objektes und auch nur Beschaffenheiten, welche sich nicht unbedingt ausschliessen, miteinander wirksam verknüpft werden können.

4. Die Heterogenität der Inhärenz erscheint auf den vier Stufen als Besitz eines speziellen (einen Zustand oder speziellen Fall charakterisirenden) Attributes, Inbegriff von Attributen spezieller Fälle (wodurch ein Individuum gekennzeichnet wird), Gattungsattribut, Gesammtheitsattribut.

5. Die Alienität der Inhärenz hat die fünf Stufen der durch die fünf alienen Modalitäten bedingten Beschaffenheit.

125. **Die logischen Grundprinzipien der Relation** haben folgende Bedeutung.

1. Die Primitivität der Relation ist der absolute Quantitätswerth eines Verhältnisses, in welchem ein Objekt zur Begriffseinheit steht, die Stärke, womit es als eine wirkende Ursache aufzutreten oder Kausalität zu äussern vermag, eine Eigenschaft, welche auch seinem Inhalte entspricht.

1. Die Kontrarietät der Relation, für primäre Verhältnisse die Direktheit und die Indirektheit der Relation, ausgedrückt durch besondere Wörter, wie z. B. für das Verhältniss von Vater zu Sohn und Sohn zu Vater, für sekundäre Verhältnisse oder Wirkungen nach Aussen Aktivität und Passivität, Ursächlichkeit und Wirkungsempfänglichkeit, Wirkung und Gegenwirkung, thun und leiden (gethan werden), z. B. schlagen und geschlagen werden (den Schlag ausgeben und den Schlag empfangen, was Widerstand gegen den Schlag voraussetzt), lehren und lernen, kaufen und verkaufen, Krieg hervorrufen und bekriegt werden, Druck und Widerstand.

3. Die Neutralität der Relation hat die drei Stufen der primären, sekundären und tertiären Relation, welche als eine Beziehung, bezw. Wirksamkeit des Subjektes auf sich selbst (auf seine eigenen Zustände, auf sein Inneres), ferner als eine Beziehung des Subjektes auf ein Aussenbereich, womit es eine bestimmte Gemeinschaft bildet, und endlich als eine Beziehung des Subjektes auf das ausserhalb dieser Gemeinschaft liegende Gesammtreich aufgefasst werden können. Als primäre Ursache erscheint das Subjekt mit einer gewissen Stärke oder Wirkungsfähigkeit, bildet z. B. eine starke, schwache, ausdauernde, vielfache, unbedeutende Ursache, stellt also ein gewisses Vielfaches von Wirkungselementen, die in ihm selbst vereinigt sind und eine Summe von Kraft bilden, dar. Als sekundäre Ursache zeigt das Subjekt die Fähigkeit, mit gegebenen Kräften nach aussen zu wirken, z. B. zu laufen, zu schreiben, zu lieben, es erscheint als Läufer, als Schreiber, als Liebender und erzeugt dadurch eine Wirkung, welche sich als Lauf, Schriftstück, Liebesbund darstellt. Diese Kräfte verleihen dem Subjekte, da sie ein begrenztes System bilden, die Fähigkeit, in einem bestimmten Bereiche oder in einer Grundgemeinschaft zu wirken. Der Übertritt auf die dritte Neutralitätsstufe fordert die Mitwirkung anderer, äusserer Objekte und, wenn unter diesen anderen Objekten alle anderen verstanden werden, erlangt das Subjekt die Fähigkeit, in der Gesammtheit der Welt zu wirken.

Die primäre Operation im Relationsgebiete ist die Verstärkung subjektiver Kräfte; die sekundäre Operation ist die Wirkung des Subjektes in einer Grundgemeinschaft, d. h. die Zusammenwirkung mit einem der Grundgemeinschaft angehörigen Objekte; die tertiäre Operation ist die Wirkung auf die Gesammtheit unter Mitwirkung eines der Grundgemeinschaft angehörigen Objektes, also eine durch die Relation der Grundgemeinschaft zur Gesammtheit bedingte gemeinschaftliche Wirkung. Man kann die Verstärkung als rein subjektive Wirkung oder als Wirkung auf sich selbst, mithin als primäre Wirkung auffassen: umgekehrt, kann man aber auch die Wirkung nach aussen als eine sekundäre Verstärkung auffassen. In jedem dieser Operationsbereiche liegen die entgegengesetzten Operationen, also hier die direkte und die indirekte, der Aktivität und der Passivität entsprechende Relationsoperation, die Wirkung und die Gegenwirkung. Der passive Schläger A (welcher von B geschlagen wird) ist offenbar kein aktiver Schläger (welcher den B schlägt), er stellt also, als Nichtschläger, zugleich einen Inhärenzgegensatz, sowie auch, da er vom Begriffe des aktiven Schlägers ausgeschlossen ist, einen Quantitätsgegensatz gegen den aktiven Schläger dar: diese Gleichheit des Gegensatzes in drei verschiedenen Grundbereichen (der Relation, der Inhärenz und der Quantität) darf nicht als Identität gedeutet werden (sie ist analog der mathematischen Gleichheit zwischen Produkten, Summen und Numeraten, welche ebenfalls keine Identität ist).

In jedem Operationsbereiche liegen aber auch die neutralen Operationen, welche im Wirkungsbereiche als Gleichgültigkeit oder Irrelevanz oder schlechthin als Neutralität im Verhalten des Subjektes A gegen eine von dem Objekte B ausgehende Thätigkeit, mithin als ein Dulden oder Geschehenlassen, überhaupt als ein Lassen aufgefasst werden können. Das positive Lassen ist das Geschehenlassen einer aktiven Thätigkeit, das negative Lassen ist das Geschehenlassen einer passiven Thätigkeit. (Für den Begriff der Kriegführung bezeichnet der direkte Begriff den A als Krieger, der indirekte Begriff den A als Bekriegten, der positiv neutrale Begriff den A als einen Neutralen, welcher den Krieg des B duldet, der negativ neutrale Begriff den A als einen Neutralen, welcher den Krieg gegen den B duldet). Ein Neutraler ist jedenfalls ein Anderer, als der Aktive, gleichwohl deckt der Begriff der Neutralität durchaus nicht den Begriff des Imaginären oder des Anderssein durch Inhärenz, also überhaupt nicht den Begriff des Anderen, sondern ist nur ihm gleich (ebenso wie mathematisch der Fortschritt in rechtwinkliger Richtung der Drehung um den Winkel $\frac{1}{2}\pi$ oder die Grösse i der Grösse $e^{\frac{\pi}{2}i}$ zwar gleich, aber nicht mit ihr identisch ist).

Die eben betrachtete Neutralität gehört, als zweite Neutralitätsstufe, einem Gemeinschaftsbereiche, z. B. der Menschheit, an. In der Relation zur Gesammtheit kömmt die dritte Neutralitätsstufe, nämlich das Dulden oder Geschehenlassen, welches die Menschheit oder irgend ein Mensch gegen die Thätigkeit von Thieren oder sonstigen nichtmenschlichen Wesen übt.

Nennen wir den aktiv Thätigen kurz den Ersten, einen Anderen, als den imaginären Ersten, den Zweiten, und einen imaginären Anderen oder den überimaginären Ersten den Dritten; so ergeben sich die in den Beziehungen zwischen konträren und neutralen Inhärenzen und Relationen liegenden Gleichheiten folgendermaassen. Der positiv thätige Erste ist zugleich der Aktive. Der Neutrale ist der Andere, der Zweite, als ein anderer Aktiver; er ist aber zugleich der imaginäre Erste oder der Erste als neutraler Zuschauer, welcher die positive Thätigkeit des Anderen duldet. Für den Anderen ist der Andere, d. h. der imaginäre Andere oder der Nichtandere in der Grundgattung der Erste, wenn also der Zweite die fragliche Thätigkeit duldet; so gestattet er ihre Anwendung auf den Ersten, der Neutrale des Neutralen ist daher der Erste in negativer Thätigkeit oder in Passivität. Die Neutralität der Passivität entspricht dann dem passiven Anderen und die Neutralität des passiven Anderen führt wieder zum aktiven Ersten. Aus dieser Betrachtung ergeben sich die Analogien zu den mathematischen Gleichungen $i = \sqrt{-1}$, $ii = -1$, $iii = -i$, $iiii = +1$. Denkt man unter dem imaginären Anderen nicht den Ersten, sondern den Überimaginären, nicht in der Grundgattung, sondern in der Gesammtheit Thätigen; so ergeben sich die Beziehungen, welche den mathematischen Gleichungen $ii_1 = \sqrt{-1}\sqrt{\div 1}$, $ii_1i_1 = -i$, $ii_1i_1i_1 = -ii_1$, $ii_1i_1i_1i_1 = i$ entsprechen.

4. Die Heterogenität der Relation bezw. der Wirkung hat die vier Stufen der Wirkung des Elementes (speziellen Falles), des Individuums, der Gattung, der Gesammtheit.

5. Die Alienität der Relation hat die fünf Stufen der durch die fünf alienen Modalitäten bedingten Relation.

126. **Die logischen Grundprinzipien der Qualität** haben folgende Bedeutung.

1. Die Primitivität der Qualität ist der absolute Werth der Gemeinschaft, welche alle Fälle eines Begriffes verbindet.

2. Die Kontrarietät der Qualität ist der Gegensatz von Stiftung und Lösung einer Gemeinschaft oder auch der Gegensatz von Verbindung und Scheidung der nach ihrer Qualität oder Verwandtschaft zusammengehörigen Glieder. Wenn die Gemeinschaft auf Verallgemeinerung beruhet, spricht sich dieser Gegensatz auch als Abstraktheit und Konkretheit (Determination) aus.

3. Die Neutralität der Qualität erscheint als primäre, sekundäre und tertiäre Qualität, entsprechend der Gemeinschaft in einer primären oder Grundgattung, in einer sekundären oder neutralen Gattung und in einer tertiären, zu der sekundären im Neutralitätsverhältnisse stehenden Gattung. Da sich die Neutralität auf Dimensionen stützt; so kömmt bei diesen drei Gattungen bezw. die erste und zweite, die zweite und dritte, die dritte und erste Dimension (entsprechend den geometrischen Ebenen XY, YZ, ZX) in Betracht: da aber jede folgende Gattung nicht ohne Beziehung zu den vorhergehenden gedacht werden kann; so involvirt die zweite Gattung eine Beziehung zu der ersten Gattung und die dritte involvirt eine Beziehung zu der zweiten und ersten und Diess verleihet den drei Neutralitätsstufen der Qualität einen Anflug von singulärer, partikulärer und universeller Gemeinschaft in der Weise, dass die Partikularität ausser der Singularitätsdimension eine neutrale

Dimension, welche die von einer bestimmten Singularität abweichenden Objekte bedingt, und dass ebenso die Universalität eine zur Partikularitätssphäre neutrale Dimension besitzen muss. Die eigentliche Neutralität fordert jedoch keine Qualitätserhöhung, sondern nur Abweichung von der gegebenen Qualität in neutraler Relation. Beispielsweise bilden die Familiengemeinschaft oder der Inbegriff von Familienmitgliedern auf Grund der Verwandtschaft und die Staatsgemeinschaft oder der Inbegriff von Staatsangehörigen auf Grund einer gewissen Interessengemeinschaft neutrale Gemeinschaften. Wenn übrigens die Relation der diesen Gemeinschaften oder Qualitäten angehörigen Individuen zueinander ins Auge gefasst wird, erscheint das Verhältniss des Oheims zum Neffen und das Verhältniss des Reichstagsabgeordneten zum Wähler als neutrale Relationen.

4. Die Heterogenität der Qualität hat die vier Stufen Nothwendigkeit, Wirklichkeit (Realität), Möglichkeit ersten Grades, Möglichkeit zweiten Grades. Unter der Nothwendigkeit ist die Qualität des Seins des Elementes eines Objektes, etwa eines konkreten Zustandes desselben, unter der Wirklichkeit oder Realität die Qualität des Daseins eines Objektes, unter Möglichkeit ersten Grades die Qualität des Seins einer Gattung von Objekten, unter Möglichkeit zweiten Grades die Qualität des Seins der Gesammtheit von Objekten zu verstehen, welche man auch Übermöglichkeit nennen könnte. Offenbar muss es in dem Gebiete des Seins, von welchem die Logik handelt, nothwendig irgend Etwas als Element oder Elementarzustand geben, aus dessen Anreihung, Wiederholung oder Wirkung wirkliche Objekte entstehen können: es ist aber nicht nothwendig, dass ein bestimmtes wirklich bestehendes Objekt thatsächlich besteht, ein solches besteht also in Wirklichkeit, aber nicht aus Nothwendigkeit. Aus dem wirklichen Objekte können sich alle einer Grundgattung angehörigen Objekte möglicherweise entwickeln oder eine Gattungs-Möglichkeitssphäre bilden, jedes dieser Gattung angehörige, jedoch nicht in der Wirklichkeitsaxe liegende Objekt ist daher ein mögliches, aber kein wirkliches. Ebenso sind die der Gesammtwelt angehörigen Objekte mögliche Objekte zweiten Grades oder bilden eine Übermöglichkeitssphäre, sie sind aber, wenn ihre Örter ausserhalb der Gattungs-Möglichkeitssphäre liegen, keine möglichen Objekte ersten Grades. Das Wirkliche umfasst alles Nothwendige; das Nothwendige ist ein unendlich kleiner Theil des Wirklichen. Das Mögliche umfasst alles Wirkliche; das Wirkliche ist nur ein unendlich kleiner Theil des Möglichen. Das Mögliche zweiten Grades umfasst alles Mögliche ersten Grades; Dieses ist jedoch nur ein unendlich kleiner Theil von Jenem.

Beispielsweise ist Goethe, als ein Mensch in einer Reihe von Zuständen in einem bestimmten Augenblicke seines 60. Lebensjahres ein wirklicher Mensch, aber kein nothwendiger, dagegen ist seine Existenz am Tage vorher, auch seine Geburt eine Nothwendigkeit (jede wirkliche Reihe muss nothwendig einen Anfangszustand haben, sie hat auch einen wirklichen Endzustand, jedoch nicht nothwendig einen Entstehungsanfang und auch nicht nothwendig ein Erlöschungsende, da sie möglicherweise unendlich sein kann). Der erdichtete Faust ist ein möglicher, kein wirklicher Mensch. Der Komet, welchen ich mir in diesem Augenblicke neben der Sonne stehend denke, ist ein mögliches, kein wirkliches Gestirn, er ist aber kein möglicher Mensch (er kann nicht der Gattung der Menschen als ein möglicher Fall angehören, sondern bildet einen möglichen Fall in der Gesammtwelt).

5. Die Alienität der Qualität hat die fünf Stufen der durch die fünf alienen Modalitäten bedingten Qualität.

127. **Die logischen Grundprinzipien der Modalität** haben folgende Bedeutung.

1. Die Primitivität der Modalität ist der absolute Werth eines durch Bedingungen in Abhängigkeit versetzten Systems von Bestandtheilen.

2. Die Kontrarietät der Modalität ist der Gegensatz zwischen Bedingung und Abhängigkeit, also auch zwischen dem durch Bedingungen geordneten und dem in seine abhängigen Elemente aufgelös'ten Systeme, zwischen einer Unterwerfung unter eine Ordnung und Freimachung von der Herrschaft einer Ordnung. Ein gesetzlicher Verlauf schliesst momentan ab mit einem gewissen Stadium des Systems, der entgegengesetzte Verlauf schliesst ab mit dem Elemente dieses Systems oder dem Elementarsysteme und demzufolge heben sich Bildung und Auflösung eines Systems auf. Von dieser direkten und indirekten Systembildung als Wirkungsprozess ist die fortschreitende Entwicklung als positiver und negativer Änderungsprozess zu unterscheiden. Fortschreitende und rückschreitende Entwicklung heben sich im Fortschritts- oder Anreihungsprozesse ebenfalls auf. Die Bildung eines Staates aus Individuen, d. h. die Unterwerfung der Individuen unter ein Staatsgesetz und die Auflösung eines Staatsverbandes in selbstständige Individuen (Elemente) verdeutlicht einen direkten und einen indirekten Modalitätsprozess. Die fortschreitende und die rückschreitende Entwicklung eines Staates entspricht dagegen einem positiven und einem negativen Modalitätsprozesse.

3. Die Neutralität der Modalität enthält als drei Stufen die primäre, sekundäre und tertiäre Modalität. Wenn ein Mensch sich weder in einem gewissen Systeme entwickeln, noch in Elemente dieses Systems auflösen kann, oder wenn er in diesem Systeme weder fortschreiten, noch rückschreiten kann; so verhält er sich gegen dieses System neutral. Das System nimmt also gegen das Verhalten dieses Menschen eine Neutralitätsstufe ein und zwar die nächste (zweite), wenn das fragliche System überhaupt von irgend einem Menschen (einem anderen Individuum der Menschheit) befolgt werden kann, dagegen die höhere (dritte) Stufe, wenn das fragliche System von keinem Menschen, sondern nur von einem ausserhalb der Menschheit in der Weltgesammtheit bestehenden Individuum, etwa einem Vogel, befolgt werden kann, wenn es sich also z. B. um die Lebensweise oder um die Kriegführungsweise oder um die Verbindungs-, bezw. Affinitätsgesetze der Menschen,

der Hunde, der Eichen, der Mineralien handelt. Die drei Neutralitätsstufen der Modalität stehen daher mit den der primären, sekundären und tertiären Gemeinschaft (der Individualität, der Gattung und der Gesammtheit) angehörigen Anordnungsweisen in enger Beziehung. Dass sich neutrale Systeme nicht beeinflussen, liegt auf der Hand.

4. Die Heterogenität der Modalität hat die vier Stufen, welche als Modalität des Elementes, des individuellen Objektes, der Gattung und der Gesammtheit, aber auch als nothwendige, wirkliche, mögliche und übermögliche Modalität bezeichnet werden können. Eine jede dieser Stufen verschwindet vor der nächst höheren, wie das Verhalten des Einzelnen vor dem der Gattung, wenn man entweder die Verhaltungsresultate quantitativ zusammengefasst denkt, oder wenn man die in der höheren Stufe liegende Allgemeinheit gegenüber der in der niedrigeren Stufe liegenden Konkretheit in Betracht zieht. So ist z. B. das Thun, das Können, das Wissen eines Menschen Nichts gegen das Thun, Können, Wissen der Menschheit, d. h. aller denkbar möglichen Menschen.

5. Die Alienität der Modalität hat die fünf Stufen: Unveränderlichkeit oder Unabhängigkeit von Bedingungen (welche insbesondere dem Elementarsysteme oder einem fest gegebenen Zustande zukömmt); Einförmigkeit oder einfache Bedingtheit, einfach veränderliches System (namentlich Verhalten des Individuums in Relation zu sich selbst); Gleichförmigkeit oder Abhängigkeit von einer in derselben Gattung einfach variabelen Bedingung; gleichmässige Abweichung oder Abhängigkeit von einer in der Gesammtheit einfach variabelen Bedingung; Steigung oder System gesteigerter Bedingungen. Als Beispiele zu diesen fünf Stufen dienen: der augenblickliche Lebenszustand eines Menschen, sein einförmiges Verhalten (etwa sein Wachen, sein Schlafen, sein Essen), seine in der täglichen Lebensweise liegende gleichförmige Abwechslung von Aufstehen, Essen, Trinken, Arbeiten, Schlafengehen (sein Tag für Tag wiederkehrendes gleichmässiges Verhalten), seine von einem Tage zum anderen gleichmässig abweichende Lebensweise (wie sie etwa das Reisen, der Besuch von Konzerten, gewisse Amtsgeschäfte mit sich bringt), seine täglich gesteigerte oder auch sinkende Thätigkeit (im Berufe, im Denken, in Schwelgerei u. s. w.).

128. **Erläuterungen zu den Grundeigenschaften, Grundprozessen und Grundprinzipien.** Ebenso wie die mathematischen kombiniren sich auch die logischen Grundeigenschaften, Grundprozesse und Grundprinzipien unter sich und mit einander und liefern durch Komposition die mannichfaltigsten Zusammensetzungen. So ist z. B. das Aufblühen der Industrie eines Staates, welcher bei der Kriegführung zweier Konkurrenzstaaten neutral bleibt, eine Kombination von Neutralitäten, Kontrarietäten, Grundeigenschaften und Grundprozessen.

Es ist beachtenswerth, dass die logischen Grundprinzipien zwar für den reinen Verstand Allgemeinheit und Vollständigkeit zeigen, also allgemeingültige Abstraktionen darstellen, dass dieselben jedoch für das Wirklichkeitsgebiet eben dieselbe Unvollständigkeit bekunden, wie die mathematischen Grundprinzipien für das reale Anschauungsgebiet aufweisen. Die Elemente wirklicher Individuen haben keine begreifbare Quantität, Relation, Qualität und Modalität und demzufolge auch keine Kontrarietät, Neutralität, Heterogenität und Alienität. Wirkliche Individuen und Gattungen weisen die Grundprinzipien in begreifbarer Weise auf mit Ausnahme der Heterogenitätsstufen der Gattungen (da die Begabung jedes zweidimensionalen Bestandtheiles einer Gattung nicht mit einer, sondern mit zwei neuen Dimensionen über das Wesen der wirklichen Gesammtheit hinaus geht). Wirkliche Gesammtheiten, als Theile der einzig möglichen Weltgesammtheit, haben keine begreifbare Realität, sind nicht höher dimensionirbar, zeigen keine verständliche Neutralität, Heterogenität und Alienität. Die Wirklichkeit hat hiernach für das logische Gebiet dieselbe Bedeutung wie die reale Anschaulichkeit für das mathematische.

Gleichwie die mathematischen Gesetze auf jedes Anschauungsgebiet (Raum, Zeit, Materie, Stoff, Krystall) Anwendung finden, so finden auch die logischen Gesetze auf jedes logische Grundgebiet oder Grundvermögen, also auf den Verstand, das Gedächtniss, den Willen, das Gemüth und das Temperament Anwendung; der Verstand bemächtigt sich formal des Resultates jedes dieser Vermögen, er fasst es in Begriffsform auf oder denkt dasselbe, indem er dem betreffenden Begriffe die entsprechende Deutung giebt. Der Begriff eines geistigen und eines aussergeistigen Objektes ist daher mit diesem Objekte keineswegs identisch, sondern nur die korrespondirende logische Form, und umgekehrt, sind die spezifischen Eigenschaften geistiger und ungeistiger Objekte keine Eigenschaften des Verstandes, sondern nur die Analogien zu entsprechenden Verstandeseigenschaften. So sind z. B. Ursache und Wirkung keine Verstandeseigenschaften und bezeichnen keine reinen Begriffe, sondern sind Eigenschaften und Gegenstände des Willensgebietes, werden aber in das allgemeine logische System als spezielle Vertreter gewisser wirklicher Relationen oder Relationswerthe aufgenommen (ebenso wie bewegende Kraft und bewegte Masse keine reinen oder abstrakten mathematischen Grössen, sondern Objekte eines Anschauungsgebietes, nämlich des materiellen Gebietes sind, aber zur Vertretung gewisser anschaulicher, nämlich materieller Objekte und Prozesse in das allgemeine mathematische System aufgenommen werden).

Wenn Jemand zu einem Anderen sagt „gieb mir Geld, ich möchte gern ins Theater gehen“; so bekundet er damit keinen Denkprozess, denn zum Denken ist das Sagen oder Aussprechen überhaupt nicht nöthig; er äussert vielmehr, indem er Geld fordert, eine Willensthätigkeit und bekundet, indem er den Wunsch zum Theaterbesuch ausspricht, eine Neigung des Gemüthes. Der Verstand, indem er denkt, dass irgend Jemand jene Forderung erhebt und jene Gemüthsstimmung bekundet, äussert weder eine Willens-, noch eine Gemüthsthätigkeit, die seinem Wesen völlig fremd sind, er denkt, versteht, begreift ein solches Ereigniss, indem er sein absolutes Denkvermögen zugleich auf das Gebiet des Willens und des Gemüthes richtet und die für diese Gebiete gültigen Wörter zur Symbolisirung seiner speziellen Begriffe gebraucht (ebenso wie die Mathematik, wenn sie ihre Formeln auf das Raum- oder Zeit- oder materielle Gebiet beziehen will, ihnen gewisse Symbole wie λ^1, λ^2, λ^3, e^{φ}, e^{ψ} etc. zufügt, oder durch sprachliche Erklärungen die Beziehung zu speziellen Anschauungsgebieten feststellt).

Wenn Jemand sagt „ich erfreuete mich an dem Anblicke der Landschaft“: so bekundet er keine Denkthätigkeit, sondern eine Temperamentserregung über materielle Objekte, verbunden mit zeitlichen und optischen (sensuellen) Prozessen. Eine logische Bedeutung als Resultat eines Denkprozesses gewinnt dieser Satz, wenn derselbe als ein möglicher Vorgang gedacht, d. h. als eine auf jene Gebiete gerichtete Verstandesthätigkeit des Geistes schlechthin aufgestellt wird.

Wenn Jemand sagt „ich denke an ein mathematisches Problem“; so bekundet er eine thatsächliche Verstandesthätigkeit, welche durchaus keine wissenschaftlich logische Bedeutung oder *keinen Begriff* darstellt. Zum logischen Begriffe wird dieser Satz durch den Ausdruck „das Denken an ein mathematisches Problem“ erst dadurch, dass er einen allgemein möglichen Zustand des geistigen Verstandes bezeichnet. Man ersieht hieraus, wie der *Verstand über sich selbst denkt, sich selbst versteht, sich selbst begreift, sich selbst erkennt*, womit gesagt ist, dass die allgemeine weltgesetzliche Geisteskraft, welche auch im Individuum existirt, über ihre speziellen Kräfte und Zustände herrscht, dieselben erkennt, ändert, verbindet und zu Objekten ihrer allgemein geistigen Thätigkeit macht.

So mannichfaltig die vorstehend angedeuteten Kombinationen von innerlich geistigen und äusserlich weltlichen Zuständen sind, so gewiss ist es doch, dass die kombinirten Eigenschaften und Prozesse keinen anderen, als den fünf physischen, sensuellen oder *Erscheinungsgebieten* (dem optischen, akustischen, ästhematischen, elektrischen und osmetischen Gebiete), den fünf *Anschauungsgebieten* (des Raumes, der Zeit, der Materie, des Stoffes und des Krystalles), den fünf *logischen Gebieten* (des Verstandes, des Gedächtnisses, des Willens, des Gemüthes und des Temperaments) und den fünf *philosophischen Gebieten* (der Vernunft, der Phantasie, dem Selbstbestimmungsvermögen, dem Gewissen und dem ästhetischen Vermögen), von welchen letzteren erst weiter unten mehr die Rede sein wird, angehören können.

Für jedes dieser Gebiete nehmen die untergeordneten, sowie die übergeordneten eine besondere Bedeutung an. So spielt z. B. der Raum im logischen Verstandesprozesse eine untergeordnete und eine ganz andere Rolle, als im Anschauungsprozesse. Die Bestimmtheit und Messbarkeit einer Raumgrösse, welche das Anschauungsvermögen fordert, wird für den logischen Begriff eines Raum- oder sonstigen Objektes, sowie für dessen spezielle Fälle wegen der Definition durch unmessbare Merkmale bedeutungslos.

129. Die logischen Apobasen.

1. Identität oder Deckung ist die Erkenntniss aus vollständiger Übereinstimmung eines Begriffsobjektes mit den durch die Definition angegebenen Merkmalen, welche die wesentlichen Merkmale ausmachen, während als unwesentliche Merkmale alle diejenigen gelten, welche das Objekt ausserdem noch besitzt, welche aber nicht in Betracht kommen und daher nicht zu berücksichtigen sind. Würden alle unwesentlichen, nicht genannten, aber dem Objekte möglicherweise zukommenden Merkmale mit berücksichtigt; so könnte ein Objekt nur mit sich selbst identisch sein. Die logische Deckung durch die wesentlichen Merkmale entspricht der mathematischen Kongruenz von Raumgrössen. Beispielsweise enthält der Ausdruck „Das oder Diess (Das, was ich soeben denke, der Begriff, den ich eben bilde) ist der Brocken" eine Identität, indem damit gesagt ist, dass das vom Verstande gedachte Objekt allen wesentlichen Merkmalen, durch die der Brocken definirt ist, mit diesen Merkmalen übereinstimmt. „Der Brocken ist ein Berg" enthält eine unechte Identität, indem der Brocken mit irgend einem, aber unbestimmtem Falle des Begriffes Berg für identisch erklärt wird. Eine Identität wird in der Regel durch ein Wort wie ist, welches ein Sein bedeutet, ausgedrückt.

Die logische Identität ist, wie alles Logische oder wie jeder Begriff, etwas Gedachtes, ein Zustand des individuellen Verstandes, ein Zustand, von welchem der Verstand sagt, dass er ihn denkt, ihn versteht, ihn begreift und welchen er auf das mögliche Sein eines mit jenem inneren Zustande übereinstimmenden äusseren Objektes deutet. Ob ein solches Objekt wirklich realisirt ist, ja, ob es überhaupt realisirbar ist, ob also sein Denken objektive Wahrheit hat, wird nicht vom Verstande, sondern von einem höheren, philosophischen Vermögen, der Vernunft, ausgemacht. Die Logik, sowie die Mathematik bedarf daher ausser der Denkthätigkeit des Verstandes die Mitwirkung der die Wahrheit erkennenden Vernunft und setzt, wenn sie Objekte giebt oder aufstellt oder definirt, ihre Wahrheit voraus.

2. Das Urtheil oder die Aussage ist die Erkenntniss aus der Begegnung oder dem Zusammentreffen gewisser Fälle zweier Objekte, also solcher Fälle, welche soeben als gemeinschaftliche Endgrenzen oder Abschlüsse der beiden Objekte gedacht werden. Das Objekt, von welchem Etwas ausgesagt wird, heisst Subjekt, das davon Ausgesagte heisst Prädikat. Das Urtheil entspricht der mathematischen Gleichung, die Äquipollenz der mathematischen Gleichheit. Wie in der Mathematik zwischen den Werthen verschiedener Grundeigenschaften Gleichheit bestehen kann, so kann in der Logik ein Zusammentreffen oder eine Äquipollenz verschiedener Kategoreme gedacht, also zwischen allen Arten von Begriffsobjekten geurtheilt werden: die Sprachformel richtet sich nach den Objekten und dem Gebiete des Urtheils. Man kann nach diesen Gebieten fünf Hauptarten von einfachen Urtheilen unterscheiden: 1. Quantitätsurtheile (Friedrich ist gesund), 2. Inhärenzurtheile (Friedrich hat Verstand), 3. Relationsurtheile (Friedrich arbeitet,

Friedrich ist der Vater von Karl), 4. Qualitätsurtheile (Friedrich ist wirklich, ist möglicherweise ein Preusse), 5. Modalitätsurtheile (Friedrich freuet sich, wenn Du kömmst). Nach den verschiedenen Grundprinzipien zerfallen die Urtheile in Primitivitäts-, Kontrarietäts-, Neutralitätsurtheile u. s. w. Durch Zusammensetzung entstehen komplizirte Urtheile, wie z. B. „Wenn ich morgen nicht durch besondere Umstände behindert bin, werde ich mit dem Schnellzuge um zwei Uhr Nachmittags nach Berlin reisen". Dieses Urtheil beruhet auf dem Zusammentreffen von Fällen des Begriffes, welcher das Subjekt bildet und in diesem Beispiele durch einen morgen um zwei Uhr in unbehindertem Zustande befindlichen Menschen vertreten ist, mit Fällen des Begriffes, welcher das Prädikat bildet und durch die Fahrt nach Berlin im Schnellzuge vertreten ist.

Indem das Prädikat als eine dem Subjekte inhärirende Eigenschaft oder als eine Beschaffenheit des Subjektes hingestellt wird, verwandelt sich das Urtheil „Friedrich ist klug" oder „Friedrich besitzt Klugheit" in den Inhärenzbegriff „der kluge Friedrich". Als Analogie zur mathematischen Gleichung ist das Urtheil „Friedrich ist klug" in der letzteren zu einem Inhärenzbegriffe umgewandelten Form mit dem Sinne: dieses Objekt c ist der mit Klugheit b ausgestattete Mensch a, also $c = b + a$, zu verstehen. Wenn man c als eine logische Quantität auffasst, zeigt diese Formel die Gleichheit zwischen einer Quantität und einer Inhärenz an.

Ich muss darauf aufmerksam machen, dass die meisten logischen Urtheile, wie die vorstehend angeführten nicht eigentlich auf Äquipollenz, sondern auf Identität beruhen. Vergegenwärtigt man sich z. B. alle diejenigen Fälle des Begriffes Mensch und des Begriffes Schönheit, welche sich decken; so bilden dieselben sowohl eine Partikularität der Menschheit, als auch eine Partikularität der Schönheit, welche nicht nur dieselben Grenzen haben, sondern auch sich decken, und deren gemeinschaftlicher Inhalt „die schönen Menschen" oder „die menschlichen Schönheiten" sind. Diese Urtheile entsprechen dem schon bei der mathematischen Gleichheit in Nr. 59 erwähnten Falle der sich deckenden Theile zweier Grössen, nämlich der Voraussetzung oder Vorstellung, dass alle zwischen den übereinstimmenden Grenzen beider Partikularitäten liegenden Einzelfälle des Begriffes Mensch auch schön und dass alle zwischen diesen Grenzen liegenden Einzelfälle des Begriffes Schönheit auch menschlich sind, oder dass diese Partikularitäten von Menschheit und Schönheit in allen elementaren Bestandtheilen übereinstimmen oder identisch sind. Eine solche Übereinstimmung ist aber keine Nothwendigkeit. Die schönen Menschen und das menschlich Schöne treffen in den Grenzen zusammen und diese Grenzen bezeichnen den Anfang und das Ende der Menschheit im Begriffe der Schönheit (die Menschen von geringstmöglicher und höchstmöglicher Schönheit) und sie bezeichnen zugleich den Anfang und das Ende der Schönheit im Begriffe der Menschheit (das Schöne von geringstmöglicher und höchstmöglicher Menschlichkeit). Wenn man sich vorstellt, diese Grenzen enthalten nicht nur die Anfänge und Enden, die am geringsten und die am höchsten begabten Gemeinschaftsfälle der beiden Begriffe, sondern auch alle anderen (neutralen und komplexen) Fälle von gemeinschaftlicher Schönheit und Menschlichkeit, also alle schönen Menschen; so liegen in der von diesen Grenzen eingeschlossenen Partikularität von Schönheit gar keine Menschen und in der von diesen Grenzen eingeschlossenen Partikularität von Menschen gar keine Schönheiten, und diese Partikularitäten von Schönheit und Menschlichkeit, welche ganz verschiedene Inhalte haben können, sind äquipollent, gleich limitirt und entsprechen vollständig dem in Nr. 59 erläuterten Begriffe der mathematischen Gleichheit zwischen zwei von einer Ellipse begrenzten gewölbten Flächen. Auch die logische Äquipollenz stützt sich wie die mathematische auf die Übereinstimmung der Summe positiver und negativer, also sich zum Theil aufhebender Elemente zweier Begriffe, einer Summe, welche der kleinsten Anzahl von Fällen entspricht, die von der gemeinschaftlichen Grenze überhaupt eingeschlossen werden können. Solche sich gegenseitig aufhebende Fälle würden in dem obigen Beispiele z. B. Schönes und Hässliches, Menschliches und Unmenschliches sein, wenn man in dem Begriffe von Schönheit und Menschlichkeit überhaupt Gegensätze zulassen will. Sollen aber derartige Gegensätze von den gegebenen Begriffen ausgeschlossen sein; so reduzirt sich die Äquipollenz auf die vorhin bezeichnete Identität der betreffenden Partikularitäten von Schönheit und Menschlichkeit.

3. Der Schluss ist die Erkenntniss durch Vermittlung, nämlich durch das in den beiden Prämissen enthaltene gemeinschaftliche Mittelglied, welches durch Folgerung zu eliminiren ist, um die unvermittelte Beziehung zwischen dem in der ersten Prämisse mit enthaltenen Vordergliede und dem in der zweiten Prämisse mit enthaltenen Hintergliede herzustellen. Die Prämissen werden in Urtheilsform gegeben und das Schlussresultat erscheint wiederum in dieser Form. Es kommen auch hier fünf Grundarten von Schlüssen in Betracht: 1. der Quantitätsschluss A ist ein B, B ist ein C, folglich ist A ein C; 2. der Inhärenzschluss A hat ein B, B hat ein C, folglich hat A ein C; 3. der Relationsschluss A bewirkt ein B, B bewirkt ein C, folglich bewirkt A ein C; 4. der Qualitätsschluss A ist ein Element von B, B ist ein Element von C, folglich ist A ein Element von C; 5. der Modalitätsschluss A bedingt B, B bedingt C, folglich bedingt A das C. Die Klassifizirung der Schlüsse in direkte und indirekte oder Rückschlüsse, einfache und zusammengesetzte oder Kettenschlüsse, sowie in echte und unechte oder neutrale Schlüsse entspricht den in Nr. 59 für die mathematischen Schlüsse gegebenen Erläuterungen. Wie schon dort erwähnt, erzeugt der logische Rückschluss aus dem Schlusssatze und einer Prämisse nicht die andere Prämisse, sondern konstatirt nur die Möglichkeit derselben. Ebendasselbe gilt auch von den irrelevanten Schlüssen. So hat man z. B. den irrelevanten Schluss: das Vegetationsreich enthält alle Pflanzenarten, die Eiche ist eine spezielle Pflanzenart, folglich ist die Eiche ein spezieller Fall des Vegetationsreiches. Aus diesem Schlusse und der zweiten Prämisse folgt aber nur, dass das Vegetationsreich spezielle Pflanzenarten enthält, nicht aber die erste

Prämisse, wonach das Vegetationsreich alle Pflanzenarten enthält, jedoch, dass dasselbe möglicherweise oder vielleicht alle Pflanzenarten enthält. Ebenso folgt aus dem in Rede stehenden Schlusse und der ersten Prämisse nicht mit Nothwendigkeit die zweite Prämisse, wonach die Eiche eine Pflanzenart ist, sondern nur, dass das Vegetationsreich, welches alle Pflanzen enthält, aber auch andere Objekte, z. B. mineralische Elemente, enthalten könnte, unter seinen speziellen Fällen auch die Eiche enthält, womit noch nicht gesagt ist, dass die Eiche eben den Pflanzenfällen angehört. Jeder Schluss erscheint in Form eines Urtheils, ist also einem Urtheile äquipollent.

4. Die Insumtion oder Erkenntniss aus Gattungsgemeinschaft oder aus Zusammengehörigkeit erhebt den konkreten Begriff durch Abstraktion zur Allgemeingültigkeit, indem sie aussagt, dass ein Satz, welcher von den speziellen Werthen der darin enthaltenen Objekte unabhängig ist, für alle möglichen, derselben Gattung angehörigen Objekte Gültigkeit haben müsse. Die Insumtion ist einem Schlusse äquipollent, durch welchen elementare Objekte eliminirt und durch dimensionirte Objekte ersetzt werden. Man kann daher in der Insumtion den verallgemeinerten Schluss erblicken. Das Wesentliche der Insumtion besteht also darin, dass ihre Prämissen allgemeine Urtheile sind, während die Prämissen eines Schlusses aus konkreten, wennauch (für einen Heterogenitätsschluss) aus unendlich vielen Urtheilen bestehen.

5. Die Involvenz oder Erkenntniss aus Gesetzesgemeinschaft beruhet auf der Elimination von Bedingungen, d. h. auf der Freimachung der Objekte von gegebenen Bedingungen, bezw. Unterwerfung der freien Objekte unter bestimmte Bedingungen, also auf Umgestaltung bedingender Objekte. Insofern gesetzliche Bedingungen für die anzuordnenden Elemente Allgemeingültigkeit haben, ist die Involvenz auch einer Insumtion äquipollent und kann als eine systematische Insumtion betrachtet werden. Das Wesentliche der Involvenz liegt übrigens darin, dass ihre Prämissen allgemeine Bedingungen enthalten, während die Prämissen eines Modalitätsschlusses immer aus konkreten Urtheilen, bezw. Bedingungen bestehen.

130. **Die logischen Grundsätze.** Die logischen Grundsätze oder Erkenntnisse aus dem Zusammenhange oder dem Abhängigkeitssysteme sind den mathematischen analog. Die in Nr. 60 aufgeführten Grundsätze können leicht auf das logische Gebiet übertragen werden; so hat man z. B. die fünf Hauptgrundsätze: 1. Primitivitäten oder absolute Werthe verstärken sich in den betreffenden Grundprozessen; 2. Kontrarietäten heben sich auf; 3. Neutralitäten beeinflussen sich nicht; 4. Heterogenitäten verschwinden vor einander (die niedrigen vor den höheren); 5. Alienitäten schliessen sich aus (das Gesetz des unteren Systems kann nicht ein alienes höheres System einschliessen und das höhere System enthält das untere nur als einen Grenzfall). Im Übrigen gesellen sich zu den echt mathematischen gewisse auf Verallgemeinerung beruhende echt logische Grundsätze wie die nachstehenden.

1. Der Mensch besitzt gewisse Grundvermögen, fünf sensuelle oder physische, fünf Anschauungs- oder mathematische, fünf logische und fünf philosophische Vermögen. 2. Der Mensch kann diese Vermögen gebrauchen, damit thätig sein, wirken (er kann sehen, hören, räumlich anschauen, zeitlich erfahren, denken, gedenken, handeln, urtheilen, erkennen, schaffen u. s. w.). 3. Er kann diese Thätigkeiten kombiniren (und demzufolge beobachten, experimentiren, thatsächliche Erscheinungen feststellen, Thatsachen konstatiren, Grössen und Begriffe erkennen und feststellen). 4. Er kann sich in Gegensätzen bewegen (er kann richtig und unrichtig sehen, hören, anschauen, falsch urtheilen, falsch schliessen, Wahres erkennen und irren). 5. Der normale Geist operirt weltgesetzlich, der anormale unvollkommen, also jeder individuelle Geist operirt nicht nothwendig weltgesetzlich, kann aber weltgesetzlich und auch ungesetzlich operiren. 6. Der Nichtbesitz eines Grundvermögens schliesst die betreffende Operation aus (ein Blinder kann nicht sehen, ein Thier, da ihm die philosophischen Vermögen fehlen, kann nicht die Wahrheit erkennen, nicht Neues schaffen).

Ich füge noch hinzu, dass das in Nr. 60 bei (45) über die mathematische Kontrarietät im Quantitätsbereiche Gesagte auch für die logische Kontrarietät gilt, dass nämlich Kontrarietäten des Seins, welche von dem Nichts als Basis ausgehen, sich nicht nur ausschliessen und gegenseitig aufheben, sondern dass zwischen ihnen kein gemeinschaftlicher Grenzfall, auch überhaupt kein Zwischenfall liegt, dass sich also jedes Objekt nothwendig in einem der beiden entgegengesetzten Gebiete befinden muss, sodass dafür das „Entweder, Oder“ unbedingt gilt. Ein Objekt kann nur sein, oder nicht sein; entweder besteht es in der wirklichen Welt, oder es besteht nicht darin; entweder ist es möglich, oder unmöglich. (Die quantitative Negation oder die Negation des Umfanges, mag sie mit Verneinungspartikeln wie nein, kein, nichts oder speziellen Begriffswörtern ausgesprochen sein, bedeutet die Ausschliessung aus dem Gebiete des wirklichen oder möglichen Seins, welche keinen Gebietstheil zur Aufnahme des Objektes offen lässt, also eine Vernichtung konstatirt, was man von den Negationen in den Bereichen der übrigen Grundeigenschaften nicht sagen kann, indem es sich bei diesen nur um die Vernichtung gewisser Eigenschaften handelt, welche einen Eintritt in andere Gebietstheile, mindestens aber in einen Grenzfall offen lässt. Für die quantitative Negation kömmt ein vom Nichts verschiedener Grenzfall nur dann in Frage, wenn sie nicht allgemein gehalten ist, also nicht vom Nichts als Basis ausgeht, wie es z. B. bei der Kontrarietät von lebendig und todt der Fall ist, wenn man unter Tod nicht das negirte Leben, sondern das Resultat eines zurückschreitenden Lebensprozesses und unter Leben das Resultat eines fortschreitenden Lebensprozesses versteht, also eigentlich einen Inhärenzgegensatz ausspricht, welcher den Augenblick des Sterbens als einen gemeinschaftlichen Grenzfall offen lässt, welcher weder dem Leben, noch dem Tode angehört.

Nach der Bemerkung am Ende von Nr. 60 können überhaupt alle logischen Grundsätze von den mathematischen abstrahirt werden.

Beispielsweise würde der dort unter (46) erwähnte Satz in logischer Allgemeinheit lauten: jeder im Verlaufe eines logischen Prozesses auftauchende Begriff, als ein spezieller Verstandeszustand, und jedes damit korrespondirende Objekt, welches in einem mit dem logischen Prozesse korrespondirenden Weltprozesse auftaucht, muss eine zulängliche äussere (ausser ihm liegende) Ursache haben und jede logische subjektive oder objektive Änderung in der wirklichen Welt muss eine solche Ursache haben.

Die logischen Grundfesten. Durch Vorstehendes ist in den Grundeigenschaften, Grundprozessen, Grundprinzipien, Apobasen und Grundsätzen die Fünfzahl der logischen Grundfesten als ein dem mathematischen vollkommen analoges System nachgewiesen. Nähere Ausführungen und Kritiken der bestehenden logischen Theorien finden sich in den „Naturgesetzen", in der „Welt nach menschlicher Auffassung" und in den „Grundlagen der Wissenschaft".

131. **Die mathematische Logik.** Da der echte logische Begriff durch Merkmale, welche selbst Begriffe sind, definirt ist und einen unendlichen Inhalt von konkreten Fällen hat, während die echte mathematische Grösse durch anschauliche Grenzen streng bestimmt ist und einen messbaren, endlichen Inhalt von Einheitswerthen hat; so kann die mathematische Formel nicht den logischen Begriff decken und die mathematische Operation oder Rechnung kann nicht mit dem logischen Prozesse identisch sein, wennnicht jener Formel und Rechnung eine besondere Deutung gegeben oder wennnicht jene Formel und Rechnung auf solche konkrete Begriffsfälle, welche mathematische Grössen darstellen, beschränkt wird. Unter Voraussetzung dieser Deutung oder Beschränkung, welcher der Ausdruck mathematische oder anschauliche Logik unterzogen werden soll, bietet die mathematische Formulirung der logischen Aussage an Stelle der natürlichen, vollständigen und einfacheren Symbolisirung dieser Aussage durch Worte das Interesse dar, die formale Übereinstimmung des mathematischen und logischen Systems im menschlichen Geiste zu verdeutlichen. Unter diesem schon in Nr. 63 angedeuteten Gesichtspunkte, nach welchem für jede Wissenschaft, also auch für die Logik vier Hauptstufen in Betracht kommen, wovon in den vorhergehenden Nummern die formal logische Stufe erledigt ist und nachstehend die anschaulich mathematische berücksichtigt werden soll, werde ich für einige einfache Fälle die den logischen Begriffen analogen mathematischen Formeln vorführen.

1. Quantität. Die Mathematik gebraucht für die Quantität kein besonderes Symbol, sondern führt die Numeration meistens auf Addition oder Multiplikation zurück. Im letzteren Falle bedeutet $n.1$ oder, abgekürzt, n, nämlich das n-fache der Einheit das Numerat von n Einheiten. Wenn diese Formel zur Darstellung einer logischen Quantität des Begriffes a angewandt, also in der Logik ebenfalls auf die Symbolisirung der Quantität nach ihrem wahren Inhalte verzichtet worden;

so tritt der durch das Merkmal des Begriffes a bestimmte spezielle Fall ∂a dieses Begriffes an die Stelle der mathematischen Einheit 1 und die Zahl n nimmt die Bedeutung einer unendlichen Anzahl von Fällen an, man hat also für den Begriff a die Formel $n \partial a$, welche bedeutet, dass a alle möglichen Fälle ∂a einschliesst und alle anderen Fälle ausschliesst. Demzufolge hat der Begriff $(n + n_1)\partial a$ eine grössere Weite als der Begriff $n \partial a$ und schliesst denselben ganz ein. Im Übrigen ist die Formel $n \partial a$ mit einem unendlichen Werthe von n eine mathematisch durchaus unbestimmte, also keine echte mathematische Formel: der bestimmt definirte logische Begriff a erscheint also in einer unbestimmten mathematischen Formel.

Setzt man $(n + n_1)\partial a = n \partial a + n_1 \partial a$, so ist das Numerat durch eine Summe (die logische Quantitätserweiterung durch eine Inhärenz) ersetzt. Da aber der Zusatz $n_1 \partial a$ keinen Fall des Begriffes a enthalten kann: so ist für $n_1 \partial a$ der Ausdruck $n_1 \partial a_1$ zu setzen, worin ∂a_1 einen nicht in a enthaltenen Fall bezeichnet. Der neue Begriff ist also $n \partial a + n_1 \partial a_1 = a + a_1$. Hierin sind n und n_1 unendliche Vielheiten, welche jedoch, wenn der neue Begriff ein bestimmter sein soll, in einem endlichen Verhältnisse zueinander stehen, sodass $\frac{n}{n_1}$ einen endlichen Werth hat. Hiernach kann man den erweiterten Begriff auch

$$a_2 = a + a_1 = n\left(\partial a + \frac{n_1}{n} \partial a_1\right) = n_1\left(\frac{n}{n_1} \partial a + \partial a_1\right) = n_2 \partial a_2$$

setzen, woraus auch $\partial a_2 = \frac{n}{n_2}\left(\partial a + \frac{n_1}{n} \partial a_1\right) = \frac{n}{n_2} \partial a + \frac{n_1}{n_2} \partial a_1$ folgt. Hierin haben n, n_1, n_2 unendliche, die Verhältnisse von je zwei dieser Zahlen aber endliche Werthe.

2. Inhärenz. Die inhärente Beschaffenheit des Begriffes a ist sein Abstand b vom logischen Nullpunkte, welcher das Nichts bedeutet. Dieser Begriff entspricht also der mathematischen Summe $b + a$. Diese Formel leidet an einer Unbestimmtheit, welche darin besteht, dass der Fall des Begriffes a, welcher als sein Anfangsfall gelten soll, nicht bestimmt ist, dass also jeder Fall von a als sein Anfang angesehen werden kann. Diese Unbestimmtheit verschwindet, wenn wir von allen Fällen des Begriffes a denjenigen Inbegriff, welcher dem Nullpunkte am nächsten liegt, und denjenigen Inbegriff, welcher vom Nullpunkte am entferntesten liegt, als seinen Anfang und sein Ende betrachten, den Abstand des ersteren mit b_1, den des letzteren mit b_2 bezeichnen und die Zwischenstrecke $b_2 - b_1$ zwischen Anfang und Ende als den Inhalt des Begriffes a ansehen, also $b_1 + a = b_2$ oder $a = b_2 - b_1$ setzen. Ist dann ein zweiter Inhärenzbegriff durch $c = d_2 - d_1$ dargestellt; so kann die Frage gestellt werden, ob diese beiden Begriffe Fälle miteinander gemein haben und welchen Werth diese gemeinsame Partikularität hat. Die Antwort hierauf ist durch die Werthverhältnisse der Grössen a, b_1, b_2, c, d_1, d_2 bedingt. Ist $a > c$; so kommen folgende fünf Fälle mit den daneben gesetzten Beispielen in Betracht.

1.	$d_2 < b_1$	kein Affe ist ein Mensch
2.	$d_1 < b_1,\ d_2 > b_1$	mancher Schöne ist ein Mensch
3.	$d_1 > b_1,\ d_2 < b_2$	jeder Gelehrte ist ein Mensch
4.	$d_1 < b_2,\ d_2 > b_2$	mancher Mensch ist schön
5.	$d_1 > b_2$	kein Mensch ist ein Affe

Ist $a < c$; so kommen ebenfalls fünf Fälle in Betracht, welche den vorstehenden entsprechen, wenn man das Subjekt mit dem Prädikate vertauscht, sodass ein Beispiel für den dritten Fall sein würde: jeder Mensch hat Geist oder jeder Mensch ist sterblich.

Was uns bei diesen Formeln auffallen muss, ist einestheils der Umstand, dass zur Formulirung eines logischen Urtheils wie „mancher Mensch ist schön" nicht eine, sondern zwei mathematische Formeln, nämlich $d_1 < b_2$ und $d_2 > b_2$ erforderlich sind, und ferner der Umstand, dass Diess keine bestimmten, sondern unbestimmte Gleichungen sind, da die eigentlichen Gleichungen die Form $d_1 = b_2 - x$ und $d_2 = b_2 + y$ haben, worin x und y völlig unbestimmte Grössen sind. Durch diese Thatsachen ist konstatirt, was wir in Nr. 120 über die Verschiedenheit der mathematischen und logischen Objekte gesagt haben.

3. Relation. Die Relation entspricht dem mathematischen Verhältnisse $\frac{a}{b}$. So ist z. B. die Vaterschaft oder die Relation des Vaters V zum Sohne S durch das Verhältniss des Erzeugers a zum Erzeugten b dargestellt oder man hat $\frac{V}{S} = \frac{a}{b}$, also $V = \frac{a}{b} S$ und $S = \frac{b}{a} V$. Diess ist ein Beispiel für primäre Relation. Die sekundäre Relation entspricht der mathematischen Deklination (Drehung) oder dem Verhältnisse der Richtung e^{ni} zur Grundaxe 1. Der Läufer, der Schreiber, der Spötter, der Dichter, gedacht als der Urheber einer Thätigkeit, ist daher durch e^{ni} symbolisirt. Im Übrigen hat hierin der Exponent n wohl einen logisch bestimmbaren, aber keinen mathematisch messbaren Werth.

4. Die Qualität findet ihre Analogie in der mathematischen Potenzirung und namentlich bei der Erhebung in höhere Gemeinschaften oder zu Gattungen in der Dimensionirung. Bezeichnet also λ^0 das Wesen eines konkreten Falles, z. B. den augenblicklichen Zustand eines Menschen, so stellt λ^1 das Wesen eines Individuums, z. B. des Mathematikers Gauss, λ^2 das Wesen einer Gattung, z. B. der Menschheit, λ^3 das Wesen einer Gesammtheit dar: die mathematische Unbestimmtheit der Verhältnisse zwischen den Werthen von λ^0, λ^1, λ^2, λ^3 liegt jedoch auf der Hand.

5. Die Modalität ist der mathematischen Zahlform, Funktion $f(x)$ oder dem Integrale $\int f(x) \partial x$ analog, wobei indess zu bemerken ist, dass die logische Modifikation nach gegebenen logischen Bedingungen eine unendlich abweichende mathematische Variation, nämlich eine Variation innerhalb der Grenzen gegebener Bedingungsmerkmale gestattet, mithin einer unbestimmten mathematischen Funktion entspricht.

6. Die logischen Grundprinzipien der Primitivität, der Kontrarietät, der Neutralität u. s. w. können durch dieselben Symbole wiedergegeben werden, mit welchen die mathematischen Grundprinzipien dargestellt werden. So bezeichnet z. B. $+$ und $-$ die Bejahung und die Verneinung, $\frac{a}{1}$ und $\frac{1}{a}$ die direkte und die indirekte Relation, 1, i, $i\,i_1$ das Sein eines Objektes, das Sein eines anderen Objektes derselben Gattung und das Sein eines anderen Objektes der Gesammtheit, λ^0, λ^1, λ^2, λ^3 die Heterogenitätsstufen des konkreten Falles, des Individuums, der Gattung und der Gesammtheit.

7. Von den logischen Apobasen entspricht die Deckung der mathematischen Kongruenz, das Urtheil der Gleichung, der Schluss der Folgerung, die Insumtion der Insumtion, die Involvenz der Involvenz. Ich beschränke mich auf die Vorführung einiger Urtheile und Schlüsse.

8. Das Urtheil. Wegen der Äquipollenz der Grundeigenschaften kann man das Urtheil ebenso wohl auf die Quantität, als auch auf die Inhärenz und auch auf die Relation oder auf eine Kombination dieser Eigenschaften stützen. Betrachten wir die Begriffe a und b nach ihren Quantitäten als Inbegriffe $m\,\partial a$ und $n\,\partial b$ der Fälle ∂a und ∂b; so entspricht das Urtheil, dass der Begriff b den Begriff a ganz einschliesst, dass also alle Fälle von a die betreffenden Fälle von b decken oder ihnen gleich gesetzt werden können, der Gleichung $a = \frac{m}{n}\,b = r\,b$, worin $r = \frac{m}{n}$ eine positive, aber unbestimmte Grösse < 1 ist. Betrachtet man die Begriffe nach ihren Inhärenzwerthen, entsprechend geraden Linien der Grundaxe mit verschiedenen Ortsabständen vom logischen Nullpunkte, indem man die Abstände des Anfangs- und des Endpunktes eines Begriffes a mit a_1 und a_2 und die des Begriffes b mit b_1 und b_2 bezeichnet; so ist das Urtheil, dass a vollständig in b enthalten ist, durch die Gleichungen $a_1 = b_1 + x = b_2 - y$ und $a_2 = b_1 + x_1 = b_2 - y_1$ dargestellt, worin $y = b_2 - b_1 - x$ und $y_1 = b_2 - b_1 - x_1$ ist, aber x und x_1 unbestimmte Werthe haben. Statt dieser unbestimmten Gleichungen kann man einfacher die Ungleichheiten $a_1 > b_1$, $< b_2$ und $a_2 > b_1$, $< b_2$ setzen.

Das Urtheil, dass der Begriff a manchen Fall mit dem Begriffe b gemein habe, entspricht den unbestimmten Gleichungen $a_1 = b_1 - x = b_2 - y$ und $a_2 = b_1 + x_1 = b_2 - y_1$ oder nach der einfacheren Symbolisirung den Ungleichheiten $a_1 < b_1$, $< b_2$ und $a_2 > b_1$, $< b_2$. Wenn die gemeinschaftlichen Fälle nicht die vordere, sondern die hintere Strecke von b einnehmen, hat man $a_1 > b_1$, $< b_2$ und $a_2 > b_1$, $> b_2$.

Für das Urtheil, dass der Begriff a keinen Fall mit b gemein habe, hat man entweder $a_2 < b_1$, oder $a_1 > b_2$.

9. Der Schluss aus Prämissen, welche als gegebene Urtheile hingestellt sind, ist der mathematischen Folgerung aus gegebenen Gleichungen durch Elimination der vermittelnden Grössen analog. Wäre z. B. neben dem Urtheile

$$a_1 = b_1 - x = b_2 - y \qquad a_2 = b_1 + x_1 = b_2 - y_1$$

das zweite Urtheil

$$a_1 = c_1 - u = c_2 - v \qquad a_2 = c_1 + u_1 = c_2 - v_1$$

gegeben; so folgt aus diesen beiden Prämissen durch Elimination der Grössen a_1 und a_2 das Schlussurtheil

$$c_2 - c_1 = b_2 - b_1 + (x + v_1) - (y_1 + u)$$

Dasselbe sagt wegen der Unbestimmtheit der Grössen x, v_1, y_1, u, dass der Begriff $c_2 - c_1 = c$ weiter, aber auch enger sein kann, als der Begriff $b_2 - b_1 = b$, und die weiteren Folgerungen lehren über die Werthe von $c_1 - b_1$ und $c_2 - b_2$, dass

$$c_1 - b_1 = (a_2 - a_1) - (x + u_1) \qquad c_2 - b_2 = v - y_1 - (a_2 - a_1)$$

dass also die Begriffe b und c möglicherweise Fälle gemein haben, oder auch nicht.

Hinsichtlich des Rückschlusses ist schon in Nr. 59 erwähnt, dass wohl der mathematische, nicht aber der logische Rückschluss aus dem gegebenen Schlusssatze und einer Prämisse die andere Prämisse erzeugt. Das Resultat des logischen Rückschlusses hat also eine andere Bedeutung, als die betreffende Prämisse, und es ist wichtig, diese Verschiedenheit zwischen dem mathematischen und dem logischen Schlusse aufzuklären und zugleich die mathematische Analogie des logischen Schlusses festzustellen. Aus den Prämissen 1. A ist ein Mensch, 2. jeder Mensch ist sterblich, folgt der Schlusssatz 3. A ist sterblich. Aus dem Schlusssatze 3. A ist sterblich und der Prämisse 1. A ist ein Mensch, folgt aber nicht die andere Prämisse 2. jeder Mensch ist sterblich, sondern der Satz: mancher Mensch ist sterblich. Aus dem Schlusssatze 3. A ist sterblich und der Prämisse 2. jeder Mensch ist sterblich, folgt ebenfalls nicht die andere Prämisse 1. A ist ein Mensch, sondern der Satz: A ist möglicherweise ein Mensch.

Formuliren wir den konkreten Menschen A durch einen Inhärenzabstand a, die Menschheit durch ihren Anfangsabstand b_1 und ihren Endabstand b_2, also ihren Inhalt durch $b_2 - b_1$, ferner die Sterblichkeit durch ihren Anfangsabstand c_1 und ihren Endabstand c_2, also ihren Inhalt durch $c_2 - c_1$; so erfordert die erste Prämisse die beiden Formeln $b_1 < a$ und $b_2 > a$, die zweite Prämisse die beiden Formeln $c_1 < b_1$ und $c_2 > b_2$. Aus $c_1 < b_1$ und $b_1 < a$ folgt unwiderleglich $c_1 < a$ und aus $c_2 > b_2$ und $b_2 > a$ folgt unwiderleglich $c_2 > a$: das Schlussresultat, welches auf der Elimination der vermittelnden Objekte b_1 und b_2 beruhet, lautet daher $c_1 < a$ und $c_2 > a$. Der Mensch a liegt also nothwendig zwischen den Grenzen c_1 und c_2 der Sterblichkeit oder er ist mit Gewissheit sterblich. Nehmen wir jetzt diesen Schlusssatz $c_1 < a$ und $c_2 > a$ und die erste Prämisse $b_1 < a$ und $b_2 > a$ als gegeben an; so folgt durch Elimination der vermittelnden Grösse a der Schluss $c_1 - b_1 = \pm x$ und $c_2 - b_2 = \pm y$ oder $c_1 <> b_1$ und $c_2 <> b_2$, welcher durchaus nicht mit der zweiten Prämisse $c_1 < b_1$ und $c_2 > b_2$ übereinstimmt, sondern ausspricht, dass diese Prämisse möglicherweise bestehen kann, aber auch nicht bestehen kann, dass also, da A sterblich ist, mancher Mensch sterblich ist. Wird ausser dem Schlusssatze $c_1 < a$ und $c_2 > a$ die zweite Prämisse $c_1 < b_1$ und $c_2 > b_2$ als gegeben angesehen; so folgt durch Elimination der vermittelnden Grössen c_1 und c_2 der Schluss $b_1 - a = \pm x$ und $b_2 - a = \pm y$ oder $b_1 <> a$ und $b_2 <> a$, welcher nicht mit der ersten Prämisse $b_1 < a$ und $b_2 > a$ übereinstimmt, sondern dieselbe nur für möglich erklärt, also ausspricht, dass A möglicherweise ein Mensch ist.

Aus allem Diesen geht hervor, dass der logische Begriff nicht durch bestimmte, sondern nur durch unbestimmte mathematische Formeln dargestellt werden kann, und dass der sich daraus nach mathematischen Regeln ergebende, durch unbestimmte Formeln ausgedrückte Schluss in Verbindung mit der einen Prämisse nicht die andere Prämisse, sondern einen Satz ergiebt, welcher mit dem logischen Rückschlusse übereinstimmt (wogegen der aus bestimmten Formeln gezogene mathematische Rückschluss stets die andere Prämisse erzeugt).

Als Beispiel eines aus drei Prämissen zusammengesetzten Relationsschlusses möge das folgende dienen. 1. a ist der Oheim von b väterlicher Seits, also $\frac{a}{b} = m$, worin $m > 0$, $< \infty$, 2. der Oheim a ist der Bruder des Vaters c, also $\frac{a}{c} = n$, worin $n > 0$, $< \infty$, 3. der Vater c ist die primäre Ursache des Sohnes b, also $\frac{c}{b} = r$, worin $r > 0$, $< \infty$. Die Elimination von a aus 1×2 giebt $\frac{c}{b} = \frac{m}{n}$, also wegen 3 $\frac{c}{b} = \frac{m}{n} = r$, wodurch das Verhältniss r des Vaters zum Sohne durch das Verhältniss des Oheims zum Bruder ausgedrückt ist. Die Elimination von b aus 1 und 3 giebt $\frac{a}{c} = \frac{m}{r} = n$; die Elimination von c aus 2 und 3 giebt $\frac{a}{b} = nr = m$, und die Elimination von a und b oder von b und c oder von a und c ergiebt das übereinstimmende Resultat $m = nr$.

Einen Schluss aus sekundären Relationen enthält folgendes Beispiel. a schlägt den b, also ist $\frac{a}{b} = e^{mi}$, worin $m > 0 < \infty$, aber auch, als begrenzte Thätigkeit $m > m_1 < m_2$. Lässt sich nun als zweite Prämisse das Urtheil aussprechen „jeder Schlag erzeugt nothwendig Schmerzen“; so ist in der Schmerzwirkung e^{ni} jedenfalls $n_1 < m_1$, $< m_2$ und $n_2 > m_1$, $> m_2$ und $m < n$ oder $m = n + x$. Die Elimination von m durch die Substitution $m = n + x$ ergiebt daher den Schluss $\frac{a}{b} = e^{(n+x)i}$ $e^{ni} e^{xi}$, welcher sagt, dass a dem b jedenfalls Schmerz verursacht. Lautete die zweite Prämisse dagegen „mancher Schlag erzeugt Schmerzen“;

so wäre $m <> n$ oder $m = n \mp x$. Die Elimination von m würde dann den Schluss $\frac{a}{b} = e^{(n \mp x)\,i}$ ergeben, welcher sagt, dass a dem b vielleicht oder möglicherweise Schmerz verursacht oder ihm Schmerz verursachen kann.

Als Beispiel eines Schlusses aus Heterogenitäten dient die Vorstellung, dass alle individuellen Menschen, wenn sie nach ihrer Quantität mit $a_1, a_2, \ldots a_n$ und nach ihrer Qualität (wie Punkte in einer Linie λ) mit λ^0 bezeichnet werden, dass also der einzelne Mensch $a_1 \lambda^0$ sterblich ist oder innerhalb der Grenzen b_1, b_2 der Sterblichkeit liegt, sodass man, wenn x_1 eine unendlich kleine Zahl bezeichnet,

$$a_1 \lambda^0 = x_1 (b_2 - b_1) \lambda, \quad a_2 \lambda^0 = x_2 (b_2 - b_1) \lambda$$

u. s. w., zuletzt

$$a_n \lambda^0 = x_n (b_2 - b_1) \lambda$$

hat. Die Summe dieser unendlichen Anzahl von Urtheilen, durch welche die vermittelnden Grössen $a_1, a_2, \ldots x_1, x_2 \ldots$ eliminirt werden, giebt dann den Schluss

$$(a_1 + a_2 + \ldots + a_n) \lambda^0 = (x_1 + x_2 + \ldots + x_n)(b_2 - b_1) \lambda$$

oder $A \lambda^0 = x (b_2 - b_1) \lambda$, worin $x < 1$ ist, welcher also sagt, dass, wenn jeder einzelne Mensch sterblich ist, die Menschheit sterblich ist.

Ein Beispiel eines Modalitätsschlusses bietet eine Aktiengesellschaft dar, wenn darin die Theilnahme des Einzelnen a dadurch bedingt ist, dass sein Antheil b von der Differenz der Geschäftseinnahme x und der Geschäftsausgabe y einen Theil betragen soll, welcher seinem Einsatze z direkt und dem Gesammteinsatze n indirekt proportional sein soll. Diess giebt für den Antheil eines Mitgliedes generell als erste Prämisse die Formel $b = \frac{z}{n}(x - y)$. Hierzu gesellen sich für ein spezielles Geschäftsjahr die Prämissen $z = m$, $x = c$, $y = d$ und liefern das Schlussresultat $b = \frac{m}{n}(c - d)$.

10. Die Insumtion, als Verallgemeinerung eines Schlussurtheils, entspricht der mathematischen Formel, welche sagt, dass, wenn jedes mögliche Element ∂a eines Begriffes eine gewisse Beschaffenheit hat oder $= c \partial x$ ist, auch die Gesammtheit aller dieser Elemente oder der unendliche Inbegriff $n \partial a = n c \partial x = c . n \partial x$ oder $a = cx$ diese Eigenschaft besitzt. Man kann der Insumtion auch die Deutung geben, wenn das Urtheil $\partial a = c \partial x$ von der Spezialität des Falles ∂a ganz unabhängig ist; so gilt dasselbe nicht nur für die Gesammtheit $n \partial a = a$, sondern auch für jeden beliebigen anderen Fall $\frac{a}{n}$ dieser Gesammtheit oder allgemein für alle Fälle.

11. Die Involvenz entspricht der Einverleibung oder Substitution in eine mathematische Funktion oder in irgend ein System von Grössen oder Gleichungen oder Funktionen.

12. Zusammensetzungen. Wenn die Mechanik die Wirkung der Kraft p beim Durchlaufen des Weges a mit ap bezeichnet und der Arbeit A gleich setzt, also die Formel $ap = A$ aufstellt; so fragt sie nicht, woher die Kraft p stammt, ob von dem Gewichte einer Masse, oder von einer Maschine, oder von der Hand eines Menschen; sie fragt nicht nach der Richtung des Weges a und dem Ort seines Anfangspunktes, ob die Arbeit in Braunschweig oder in Berlin verrichtet wird; sie kümmert sich nicht um die Beschaffenheit des Rezeptors und die Form der Arbeit A, ob damit ein konstanter Widerstand überwunden, ob damit ein Körper komprimirt, ob damit eine Masse in Geschwindigkeit versetzt wird. Sollen alle diese, den Vorgang näher charakterisirenden Umstände berücksichtigt werden; so erscheinen die Grössen p, a, A als Funktionen irgend welcher Grundgrössen, etwa als $p = f(x)$, $a = g(y)$, $A = h(z)$ und die einfache Formel $ap = A$ nimmt die komplizirte Form $g(y).f(x) = h(z)$ an. Ähnlich verhält es sich mit den logischen Begriffen. Der Mensch a schlägt den Menschen b oder steht zu b in einer bestimmten sekundären Relation, was der Formel $\frac{a}{b} = e^{mi}$ entspricht, ist ein Beispiel eines einfachen Urtheils. Das zusammengesetzte Urtheil „dieser Mensch schlägt mit dem Stocke in der Hand jenen Hund auf den Rücken, sodass er heult“ reduzirt sich bei Ausscheidung aller Nebendinge auf das einfache Urtheil „der Mensch a schlägt den Hund b“. Die Berücksichtigung nebensächlicher Umstände, mit dem Stocke, in der Hand, auf den Rücken, Erscheinung des Heulens, bedürfen einer besonderen Erörterung und Formulirung, wenn man auf eine mathematische Symbolisirung ausgeht.

In der Mathematik spielt, als eine besondere Komposition, das Koordinatensystem eine grosse Rolle. Um die Bedeutung dieser Anschauung für die Logik zu erkennen, braucht man sich nur zu vergegenwärtigen, dass das mathematische Koordinatensystem den Standpunkt O (nebst den Grundrichtungen OX, OY, OZ) darstellt, von wo aus ein Objekt A betrachtet wird, dass eine Verrückung jenes Standpunktes O unter Festhaltung des Objektes A die Betrachtung dieses Objektes von einem anderen Standpunkte bedeutet, während die Verschiebung des Objektes A unter Festhaltung des Standpunktes O die Betrachtung der Objektsänderung von demselben Standpunkte anzeigt. Es ist leicht, sich die logische Verallgemeinerung dieser Beziehungen vorzustellen: das Koordinatensystem entspricht dem Standpunkte und den Grundlinien des Denkens, von wo und womit wir logische Objekte auffassen oder in unser Denkvermögen einführen.

Im dritten Theile der „Naturgesetze“ habe ich sowohl die rein logischen, wie auch die mathematisch logischen Gesetze weiter bearbeitet.

132. **Die physische Logik.** Ein weiterer Abstieg führt die Logik von der mathematischen auf die physische Stufe, welche die Darstellung gedachter Objekte durch sensuelle Erscheinungen oder die Zurückführung der Begriffe auf sinnesfällige Thatsachen, auf physische Prozesse, auf

Beobachtungsresultate bedeutet (wogegen die logische Physik die Verallgemeinerung der konkreten Sinneserscheinungen zu Begriffsobjekten bedeuten würde).

133. **Die philosophische Logik.** Der blaue Mond, das warme Eis, das runde Quadrat sind formal richtige Begriffe. Der Mensch lebt ewig, der Stein denkt, es ist $2 \times 2 = 7$, sind formal richtige Urtheile. Wenn der Mensch unsterblich ist und wenn Heinrich ein Mensch ist, so ist Heinrich unsterblich; wenn $3 > 5$ und $5 > 3$ ist, so ist $3 > 3$; wenn $i = 1$ ist, so ist $i^2 = 1$ oder $-1 = +1$; wenn Dreieckigkeit eine räumliche Grundeigenschaft ist (welche allen Raumgrössen zukömmt), so muss, da das Quadrat eine Raumgrösse ist, das Quadrat dreieckig sein, sind formal richtige Schlüsse. Das Positive hebt das Negative nicht auf, ist ein formal richtiger Grundsatz. Alle Menschen sind sterblich, A ist ein Mensch, folglich ist A vergnügt; 2 ist $= 2$, 3 ist $= 3$, folglich ist $2 . 3 = 7$, sind formal unrichtige Schlüsse aus absolut richtigen Prämissen. Jene formal richtigen Begriffe, Urtheile, Schlüsse, Grundsätze widersprechen der Wirklichkeit und auch dem allgemeinen Weltgesetze, sind also absolut unrichtig oder unwahr, und die letzteren formal unrichtigen Schlüsse sind das Resultat fehlerhafter Operationen mit wahren Begriffen. Es entstehen daher die beiden Hauptfragen: erstens, wie kann der Verstand unwahre Begriffe denken und wie kann er mit wahren Begriffen unwahr operiren oder unwahr denken? wie stellt sich die Wissenschaft zu den unwahren Denkakten?

In Betreff der ersten Frage ist zunächst darauf hinzuweisen, dass der Verstand, als das Vermögen eines individuellen Menschengeistes, weder mit der wirklichen, noch mit der nach Weltgesetzen möglichen Aussenwelt identisch ist, dass also der Mensch, indem er denkt oder seinen Verstand in einen, dem gedachten Objekte entsprechenden Zustand versetzt, einen Akt begeht, welcher als die Verlegung eines äusseren Objektes in das innere Verstandesgebiet oder auch als die Identifikation seines Verstandeszustandes mit dem Objekte angesehen werden kann. Der Verstand übt also beim Denken eines Objektes eine von diesem Objekte ganz unabhängige Mitwirkung aus, welche die Übereinstimmung des Gedachten mit dem Wirklichen oder Möglichen durchaus in Frage stellt. Der Verstand hat gar keine Entscheidung über diese Übereinstimmung, er hat nicht die Fähigkeit, die Wahrheit seiner Denkakte zu erkennen, sondern nur die Fähigkeit, nach geistigem Gesetze Zustände seiner selbst zu erzeugen, welche ein wirkliches Sein in seinem individuellen Gebiete, nicht aber ein wirkliches Sein im Weltgebiete absolut decken. Die Entscheidung über die Wahrheit eines Begriffes, d. h. die Erkenntniss der Übereinstimmung des Begriffes mit dem Weltgesetze gebührt einem höheren, einem philosophischen Vermögen, der Vernunft: der Verstand ist hierzu inkompetent; er ist nur befähigt zu formal richtigen Denkprozessen.

Der normale oder vollkommene Verstand ist der dem allgemeinen geistigen Gesetze entsprechende Verstand. Derselbe wird und muss stets formal richtig denken. Der anomale oder unvollkommene Verstand, also der Verstand jedes individuellen Menschen kann formal unrichtige Begriffe bilden und mit richtigen Begriffen formal unrichtig operiren.

Das höchste Ziel oder die oberste Stufe jeder Wissenschaft ist wahre Erkenntniss. Die Logik und die logische Mathematik hat daher, soweit es sich um formale Begriffe und Prozesse handelt, die Gesetze des normalen Verstandes zu entwickeln und, soweit es sich um die Wahrheit der Begriffe und Operationen oder um die philosophische Stufe der Logik handelt, die Gesetze der normalen Vernunft darzulegen. Die Feststellung der Wahrheit der Begriffe, Urtheile, Schlüsse durch Vernunftsprozesse ist daher ebensowohl eine Aufgabe der Logik und der Mathematik, wie die Feststellung der formalen Richtigkeit der Begriffe, Urtheile, Schlüsse durch Verstandesprozesse es ist. Eine Logik, welche, wie die formale Logik und wie die deduktive und induktive Logik von Stuart Mill, die Wahrheit der logischen Objekte nicht in Betracht zieht, sondern dieselbe voraussetzt und neben vielen anderen (im dritten Theile der „Naturgesetze" nachgewiesenen) Unzulänglichkeiten dem Namen eines Objektes, welcher doch nur ein Symbol für einen Begriff ist, einen logischen Begriffswerth beilegt, ist keine Wissenschaft im eigentlichen Sinne des Wortes. Die Mathematiker sind von der Nothwendigkeit der Berücksichtigung der Wahrheit in der Mathematik tiefer durchdrungen, als die Logiker; sie reden von keiner formalen Mathematik und würden eine Lehre, welche mit Gleichungen wie $2 = 3$, $2 + 2 = 7$, $3 > 5$, $5 > 3$, folglich $3 > 3$, $i^2 = 1$ formal operiren oder dieselben auch nur als Hypothesen aufstellen wollte, als mathematischen Unsinn perhorresziren: in der bisherigen Logik begnügt man sich aber mit dem reinen Formalismus und Nominalismus.

Wenn nach den wissenschaftlichen Mitteln gefragt wird, welche zur Feststellung der Wahrheit der Begriffe dienlich sind; so sage ich, es sind die Grundsätze, einschliesslich der Postulate. Natürlich muss man dann Grundsätze aufstellen. Die herrschende Mathematik ist noch nicht dazu gekommen, die Grundsätze, von welchen sie beherrscht wird, aufzustellen: die Mathematiker befolgen aber thatsächlich oder empirisch, wennauch unbewusst die Hauptgrundsätze. Die Logiker thun in dieser Beziehung weniger; denn, indem sie die Wahrheit der Prämissen voraussetzen, lassen sie dieselbe auf sich beruhen, bringen also keine Grundsätze, welche jede falsche Prämisse ausschliessen würden, darauf in Anwendung.

Die Erkenntniss der Grundsätze, welche eine Forderung jeder Wissenschaft ist, ist aber ebenso wie die Erkenntniss der Wahrheit nicht das Werk des Verstandes, sondern der Vernunft, von welcher wir weiter unten reden werden.

Beispielsweise ist es, weil schlafen eine menschliche Thätigkeit ist, grundsätzlich gestattet, zu sagen „wenn Wilhelm schläft". Da ferner wirklicher Schlaf durch Beobachtung festgestellt werden kann, ist es grundsätzlich gestattet, den Satz aufzustellen „Heinrich versichert, dass Wilhelm schläft". Wenn Heinrich durch seine oder durch eines Anderen Beobachtung Wilhelms Schlaf festgestellt hat, darf er sagen „Wilhelm schläft". Da das Denken keine mineralische Thätigkeit ist, ist nicht nur der Satz absurd „der Stein denkt", sondern auch der Satz „wenn der Stein denkt", ja, selbst der Satz „wenn der Stein dächte", insofern der Inhalt dieses Satzes nicht durch einen vernichtenden Nachsatz, wie etwa „so wäre er kein Mineral" aufgehoben und damit das Denken des Steines nicht nur aus dem Wirklichkeits-, sondern auch aus dem Möglichkeitsbereiche ausgeschlossen wäre. Selbst der Satz „der Stein denkt nicht" ist unlogisch, da er die Möglichkeit der Denkthätigkeit des Steines zulässt: man müsste logisch sagen „der Stein kann nicht denken".

Gleichwie ich dem Verstande die Fähigkeit der Erkenntniss der Wahrheit abspreche, bestreite ich ihm auch die Fähigkeit des Schaffens, ferner der Freiheit und überhaupt jeder philosophischen Thätigkeit. Der Verstand denkt das Seiende, welches sich ihm zum Begreifen darbietet, aber er schafft es nicht: das Schaffen des absolut Neuen, durch bekannte oder gewöhnliche Mittel nicht Herstellbaren, ist die Funktion eines höheren Vermögens, der Phantasie. Die Phantasie in Verbindung mit der Vernunft, nicht der Verstand in Verbindung mit dem Gedächtnisse bedingt den auf Erzeugung des Neuen beruhenden Fortschritt der Wissenschaft. Der Verstand, indem er das Seiende denkt, ist an das gedachte Objekt gefesselt, sein Zustand, welcher einem gedachten Objekte entspricht, ist ein momentan gegebener, welcher durch andere gegebene Objekte und auch vom Verstande selbst durch das Denkgesetz, nicht aber in freier Willkür geändert werden kann. Diese Freiheit der Bewegung oder die Fähigkeit, Beliebiges zu denken, die Denkthätigkeit willkürlich zu lenken, den Verstand zu leiten, ist die Funktion eines höheren, philosophischen Vermögens, nämlich des Selbstbestimmungsvermögens, dessen Thätigkeit die Wissenschaft anruft, indem sie die Freiheit der Entwicklung und das Recht zur Forschung fordert.

Allgemein muss man anerkennen, dass der philosophische Standpunkt, insbesondere das Streben nach Wahrheit, Neuschaffung (Fortschritt) und den übrigen Idealen die oberste Stufe der Logik ist, also der Logik als Wissenschaft angehört, jedoch nicht auf der Kraft des Verstandes beruhet, dass vielmehr dem Verstande nur die Stufe der formalen oder das gegebene Sein denkenden Logik zukömmt, während die wahre Logik von der Vernunft erkannt und von der Phantasie geschaffen wird.

134. **Das Gedächtniss.** Das zweite logische Grundgebiet ist das Gedächtniss oder Vorstellungsvermögen. Der Verstand denkt

im Begriffe etwas Seiendes. Das Seiende, als ein bestimmter Bestand oder als ein spezieller Theil des allgemeinen Gebietes des möglichen Seins oder des weltgesetzlichen Seins, ist jetzt und immerdar, unveränderlich Einunddasselbe; es kann durch spezielle Denkakte weder erzeugt, noch vernichtet werden; es ist da aus irgend einer, dem Verstande ganz fremden Ursache: eine solche Ursache mag es erzeugen, mag es ändern, mag es vernichten; der Verstand hat nicht die Mittel hierzu: es ist durch solche Ursachen schon seit Ewigkeit, also schon lange vorher im absoluten Weltreiche als ein möglicher Fall erzeugt, ehe der Verstand es denkt. Eine Kreislinie mit allen ihren räumlichen Eigenschaften (Umfang, Ort, Stellung), jede Raumfigur, jedes geometrische Gesetz besteht von Ewigkeit zu Ewigkeit als ein spezieller Theil oder als ein spezielles Gesetz des Raumes, ehe ein Mensch es denkt und gleichviel, ob ein Mensch es denkt oder nicht denkt. Durch das gelegentliche Anschauen und Denken eines Menschen vergegenwärtigt er sich nur das auch ohne sein Denken ewig Seiende. Durch diese Vergegenwärtigung eines Objektes entsteht nicht dieses Objekt, entsteht kein seiender Weltzustand, sondern ein Zustand seines Verstandes, und dieser Vorgang, da er von dem Sein des Objektes ganz unabhängig ist, muss doch etwas ganz Anderes sein, als das gedachte Objekt. Vergegenwärtigung und Denken müssen also zwei ganz verschiedene Funktionen unseres Geistes sein oder verschiedenen Grundvermögen angehören: nennen wir also das Vermögen, sich etwas zu vergegenwärtigen, das Gedächtniss; so tritt dasselbe als ein besonderes, vom Verstande ganz verschiedenes logisches Grundvermögen auf.

Die Gedächtnissthätigkeit ist nicht das Denken, sondern das Gedenken. Das Gedächtnissobjekt oder die Vergegenwärtigung eines Objektes ist nicht das Gedachte, sondern der Gedanke. Vorstellung ist nur ein anderer Ausdruck für Vergegenwärtigung oder für Gedenken. Da die Vorstellung etwas Anderes ist als das Gedachte oder der Begriff; so kann man den vorgestellten Begriff als ein Bild ansehen; welches das Gedächtniss dem Begriffe giebt oder worin der Geist sich den Begriff vorstellt. So denkt der Verstand gewisse physische, mathematische, logische und philosophische Objekte in bestimmten Begriffen, das Gedächtniss aber stellt sie in gewissen Bildern vor: mit den Namen Licht, Schall, roth, laut, Raum, Zeit, rund, Stunde, Materie, Produkt, Urtheil, Handlung u. s. w. verbinden wir einerseits gewisse Begriffe, andererseits gewisse Vorstellungen, wir machen uns ein Bild von Raum, Zeit u. s. w. Diese Bilder haben für allgemeine Begriffe eine gewisse Allgemeinheit, können aber für ganz gleiche konkrete Begriffe nach der Individualität des Vorstellenden sehr verschieden sein. Es ist ungewiss, ob sich der Hund von Raum und Zeit dieselbe Vorstellung macht wie der Mensch. Der daltonistische Farbenblinde stellt sich die rothe und grüne Farbe anders vor, als der normal Sehende. Der eine Mensch stellt sich die Juno und das Samoaland anders vor, als ein anderer Mensch. Alles dieses beweist die Selbstständigkeit des Verstandes und des Gedächtnisses und es lehrt zugleich, wie das Gedächtniss durch Aufrichtung eines

Bildes die Vergegenwärtigung eines Begriffes bewirkt und hierdurch dem Verstande das Mittel darbietet, seine Denkthätigkeit auf ein bestimmtes Sein zu lenken und dann wieder von einem bestimmten Sein abzulenken oder auf ein anderes Objekt zu übertragen. Nur vermöge des Gedächtnisses kann der Verstand sich denkbare Objekte vergegenwärtigen und zu anderen denkbaren Objekten übergehen. Während also das Sein das eigentliche Gebiet des Verstandes ist, ist das Werden das eigentliche Gebiet des Gedächtnisses. Das Gedenken oder das Vorstellen ist ein fortgesetzter Werdeprozess: das Werden in diesem Prozesse ist jedoch kein Schaffen von absolut Neuem, d. h. für die Menschheit Neuem, sondern ein Aufrichten, Fallenlassen, Umstellen von Bildern, und demgemäss ein Erzeugen oder Produziren von Vorstellungen, welche für das betreffende Individuum neu sein können, im Wesentlichen jedoch nur einen den Lebensprozess charakterisirenden Wechsel von Zuständen darstellen.

Im Verkehre mit der Menschheit bedarf der Mensch zur Verständigung mit dem Mitmenschen gemeinverständlicher Symbole und zwar Symbole für die eben erörterten Bilder oder Vorstellungen, weil diese die primitiv veränderlichen und darum zum Verkehre mit der Menschheit geeigneten Geisteszustände sind. Das Verkehrssymbol für eine einfache Vorstellung oder für einen einfachen Gedanken ist das Wort und das System dieser Verkehrssymbole die Sprache. Die eigentliche oder echte Sprache ist die Lautsprache, d. h. die hörbare Sprache, welche vermöge des ihr zu Grunde liegenden akustischen Prozesses nicht nur die in der Zeit verlaufende Gedankenfolge, also das Werden im Allgemeinen, sondern auch diese Gedankenfolge in gemässigter Geschwindigkeit und durch sensuellen Prozess unmittelbar, nämlich durch das dem Menschen gegebene Stimmorgan ohne besondere Hülfsmittel in gemässigter Geschwindigkeit vorzuführen vermag, wozu die übrigen sensuellen Grundprozesse, der optische Sehprozess, der kalorische und ästhematische Gefühlsprozess, der elektrische oder galvanische Geschmacksprozess und der osmetische Geruchsprozess nicht befähigt wären (die Schriftsprache ist eine optische Sprache, welche ohne Raumanschauungen und Raumobjekte, also nicht unmittelbar durch sensuelle Prozesse entstehen und bestehen kann; die Geberdensprache setzt motorische Prozesse voraus, kann also ebenfalls nicht durch sensuelle oder rein physische Prozesse hervorgebracht werden; ausserdem sind solche Verständigungsmittel in mancher anderen Hinsicht unvollkommen, insbesondere nicht allgemein brauchbar).

Bei dieser Stellung der Sprache zum Gedächtnisse und zum Verstande, nämlich als Symbolisirung der Gedanken und der Begriffe, müssten die Gesetze der Sprache mit denen des Gedächtnisses und des Verstandes genau übereinstimmen, die Sprache müsste durchaus logisch sein und der Mensch müsste durchaus logisch sprechen. Das würde auch sicher der Fall sein, wenn normale Geister die Sprache gebildet hätten: da sie aber von wirklichen, unvollkommenen, anormalen Geistern gebildet ist; so waltet darin wahre und unwahre Erkenntniss, Neigung,

Geschmack, Willkür, individuelle Beschaffenheit des Stimmorgans und vieles Andere, das logische und unlogische Sprachregeln und Ausnahmen von speziellen Regeln hervorgebracht hat. Die wirkliche Sprache eines Volkes kann daher nicht streng logisch sein, wie auch sein Denken und Handeln nicht durchaus logisch ist. Dessenungeachtet ist zu behaupten, dass der Mensch, selbst wenn er unlogisch spricht, doch dabei logisch denken und vorstellen kann oder dass die regelloseste Sprache es nicht hindert, mit dem verworrensten Ausdrucke eine richtige Vorstellung zu verbinden. In der That, funktionirt der Verstand und das Gedächtniss der Menschen vermöge ihres rein geistigen Ursprunges immer noch besser, als ihre von wirklichen Menschen aufgebauete Sprache. Abgesehen von diesen Mängeln, fällt also das Gedenken mit den Sprachen, als der Symbolisirung des Gedankens, zusammen, und man kann die Grundfesten dieser beiden Systeme nebeneinander stellen. Ich beschränke mich hier auf Folgendes.

Die fünf Grundeigenschaften des Gedächtnisses oder die fünf memorialen Grundeigenschaften sind 1. die memoriale Quantität, d. h. der Umfang oder die Weite des Gedankens, gestützt auf Kenntniss oder Bekanntschaft. 2. Die memoriale Inhärenz, gestützt auf Gedankenfolge, Anreihung bekannter Vorstellungen, Erinnerung oder Reproduktion. 3. Die memoriale Relation der Vorstellungen zueinander oder die Gedankenrichtung. 4. Die Gedankenqualität (welche sich als memoriale Dimensität in den Heterogenitätsstufen als Vorstellung eines Einzelfalles, eines Individuums, einer Gattung, einer Gesammtheit ausprägt). 5. Gedankenmodalität oder Gedankengang, wenn darunter das von Bedingungen abhängige, auf Variation der Vorstellungen beruhende Gedankensystem verstanden wird.

Die fünf memorialen Grundprozesse sind dann 1. das Kennenlernen, 2. die Reproduktion, 3. das Beziehen oder Richten der Gedanken auf ein Ziel, 4. die Erhöhung des Gedankenprozesses, z. B. durch die Vorstellung von Erscheinungen, anschaulichen, abstrakten Objekten, 5. die systematische Anordnung der Gedanken.

Von den memorialen Grundprinzipien stehen in Kontrarietät Kenntniss und Unkenntniss, Erinnerung und Vergessenheit oder Herbeiziehung und Fallenlassen eines Gedankens mit dem gemeinschaftlichen Ausgangspunkte der Vergegenwärtigung oder Festhaltung eines Gedankens, Beziehung und Rückbeziehung. Neutral gegeneinander ist die Aufrichtung einer Vorstellung und die Aufrichtung einer anderen, gleichgültigen, irrelevanten, die erstere nicht beeinflussenden Vorstellung, z. B. das Gedenken der Begebenheiten einer Reise und das dazwischen gemischte Gedenken an eine wissenschaftliche Aufgabe oder an Essen und Trinken. Heterogenitäten sind im Vorstehenden unter den Qualitätsvorstellungen genannt. In Alienitätsverhältnissen stehen dauernd haftende, einförmig sich aneinander reihende, gleichförmig oder periodisch abwechselnde Vorstellungen.

Von den memorialen Apobasen entspricht die Erklärung einer Vorstellung der logischen Definition. Dem logischen Urtheile entspricht die Gleichachtung zweier Gedanken in ihren End- oder Schlusswerthen, z. B. die Vorstellung eines Menschen als eines geistigen Wesens. Dem logischen Schlusse entspricht die Folgerung des Gedächtnisses durch Ausscheidung einer vermittelnden Vorstellung, z. B. die Erinnerung an ein Gespräch dadurch, dass man sich die Personen, die es führten, und die Örtlichkeit, wo es geführt wurde, vergegenwärtigt. Übrigens stellt das Gedächtniss das Ergebniss dieser Vermittlung durch die Nachfolge der von der vermittelnden Vorstellung entlasteten Gedanken dar. Die memoriale Insumtion beruhet auf Verallgemeinerung und die Involvenz auf systematischer Entwicklung von Gedanken.

Dass der normale Gedächtnissprozess auf Grundsätzen beruhet oder Grundsätze befolgt, ist selbstverständlich. Erinnern und Vergessen hebt sich auf; irrelevante Vorstellungen beeinflussen sich nicht; vor der Vorstellung der Menschheit verschwindet die Vorstellung des Einzelnen; der komplizirte Gedankengang schliesst den einfachen und einförmigen aus.

Das Gedächtniss hat hiernach seine fünf Grundfesten ebensogut wie der Verstand und in derselben generellen Form.

Über die Bedeutung der Zeit im Gedächtnissprozesse bemerke ich, dass dieselbe in diesem Prozesse eine untergeordnete und eine ganz andere Rolle spielt, als im anschaulichen Zeitprozesse. Eine Rückkehr aus der Gegenwart in die Vergangenheit ist im Zeitprozesse wegen des stetigen Fortschrittes der Zeit eine faktische Unmöglichkeit, wogegen die Reproduktion im Gedächtnissprozesse eine reelle Vorstellungsthätigkeit ist, bei welcher der Verlauf in der Zeit eine untergeordnete Bedeutung hat.

135. **Die Sprache.** Die Übertragung der Grundfesten des Gedächtnisses auf die Sprache, als dem Mittel zur Symbolisirung der Gedanken, ist kaum mehr als eine Namenänderung. An die Stelle des Gedankens, als des Objektes des Gedächtnisses, tritt im Sprachgebiete als Objekt der Sprache das Wort oder, wenn man will, der Spruch oder Ausspruch, als Wortsystem. Da sich die Philologie bislang nicht mit dem geistigen Gesetze der Sprache, sondern nur mit dem faktischen Aufbau der thatsächlich bestehenden Sprachen beschäftigt hat; so darf man darin keine allgemeingültigen Ausdrücke für die Grundfesten der Sprache, sondern nur Ausdrücke für die faktischen Sprachregeln erwarten. Nach Maassgabe der bei der Entstehung jeder Sprache wirksam gewesenen Kräfte, welche der Willkür, dem Wohlgefallen, dem Abwechslungstriebe, der individuellen Befähigung und anderen zufälligen Ursachen einen weiten Spielraum gelassen haben, sind diese Sprachregeln für die verschiedenen Sprachen sehr mannichfaltig, sehr unbestimmt (von vielen Ausnahmen begleitet), sehr unlogisch (der formalen Gesetzmässigkeit entbehrend). Hierzu kömmt, dass die menschlichen Gedanken sich auf allen Gebieten, in Licht, Schall, Raum, Zeit, im Konkreten und Abstrakten, in allen Wissenschaften zu bewegen haben, dass mithin die Sprache, welche als Symbolik dem Gedächtnisse folgen muss, genöthigt wird, ihre Ausdrücke allen diesen Gebieten anzupassen, also für Be-

ziehungen, welche weltgesetzlich ganz gleich sind, doch, wenn sie Objekte aus verschiedenen Gebieten betreffen, verschiedene Worte zu bilden. Diess hat zur Folge, dass die Sprache nicht nur verschiedene Objekte mit verschiedenen Worten belegt, was ganz naturgemäss ist, sondern dass sie häufig dieselben Grundgesetze durch verschiedene Worte und Wortbildungen zum Ausdrucke bringt. Beispielsweise giebt es in der Mathematik für die Inhärenz oder Anreihung der Grössen nur die Additionsformel; die Sprache dagegen symbolisirt die Inhärenz auf verschiedene Weise: vornehmlich durch Adjektion (das schöne Mädchen), aber auch durch besondere Beugungsformen oder Endungen (man sagt nicht der europäische Mensch, sondern der Europäer), ferner mittelst des Genitivs (der Bewohner Europa's), auch mittelst des Ablativs (der Einwohner von Europa), dann durch Zusammensetzung (statt Brand des Waldes kann man Waldbrand sagen). Unter solchen Umständen begnüge ich mich mit der Hinweisung auf die Grundfesten des Gedächtnisses unter Hinzufügung einiger erläuternder Bemerkungen.

Die Grundeigenschaften der Worte, als Symbole für die betreffenden Grundeigenschaften des Gedächtnisses, sind

1. für die Quantität oder den Umfang des in dem Worte liegenden Gedankens oder für die logische Substanz der Vorstellung die sprachliche Substantivität des Wortes, welche im Wesentlichen seine Bedeutung ausmacht. Wird das Wort in dieser seiner Substanz ohne alle Beziehung zu anderen Substanzen oder auch als die Grundlage eines Gedankenganges (als Subjekt) hingestellt; so erscheint es als Substantiv, gleichviel, ob als echtes Substantiv, wie Friedrich, Berlin, der Mensch, die Weisheit, oder als formales Substantiv (in substantivischer Form), wie das Grosse, das Kleine, das Lesen, das Geliebtwerden, das Wenn und Aber, das Ja, das Nichts. Die substantivische Form, welche jedes Wort annehmen kann, ist daher der Ausdruck für die memoriale Quantität.

2. Zur Bezeichnung der Inhärenz dient prinzipiell das Adjektiv: die Adjektion wird jedoch vielfach durch andere äquipollente Sprachformen vertreten, und, umgekehrt, wird manches Wort, welches kein echtes Adjektiv ist, in adjektivischer Form, als Anreihungsglied, gebraucht.

3. Die primäre Relation wird durch das Relativ, namentlich durch das Wort „welcher", jedoch auch durch manche andere relativisch gebrauchte Wörter und Wortformen (z. B. durch Präpositionen und Zusammensetzungen), die sekundäre, auf Thätigkeit beruhende Relation wird durch das Verb und gelegentlich auch durch andere Wortformen (z. B. durch Zusammensetzungen) ausgedrückt.

4. Die Qualität wird durch ein Gattungswort (welches z. B. eine Erscheinung, eine Anschauung, einen Begriff, eine Idee, ein Licht-, ein Schall-, ein Raum-, ein Zeitobjekt vertritt).

5. Die Modalität symbolisirt die Sprache nach den verschiedenen dabei in Betracht kommenden Elementen in besonderer Weise, die Bedingung durch ein Bedingungswort oder eine Partikel, wie „wenn", das

Resultat einer Modifikation durch die Wortform, das in Abhängigkeit gesetzte Wortsystem durch den Sprachsatz.

Die entsprechenden Grundprozesse sind 1. die Aussprache oder der Ausdruck, hervorgebracht durch Wortlaute; 2. die Adjektion und alle dieselbe vertretenden äquipollenten Prozesse; 3. die Versetzung in Relation, die Beziehung eines Wortes auf ein bestimmtes anderes, also sowohl auf das dem Gedanken zur augenblicklichen Grundlage dienende Subjekt, als auch auf jedes andere Nebenwort; 4. die Qualifizirung, namentlich die Umwandlung der Worte zum Zweck der Versinnlichung verschiedenartiger Vorstellungen; 5. die Modifizirung und systematische Komposition durch bedingende Wörter und Formen, also vornehmlich die Konstruktion, daneben aber auch die Wortbeugung, welche in jedem Prozesse, in der Adjektion, in der Relation, in der Zusammensetzung, in der Qualifizirung durch Endungen, Suffixen, Umgestaltungen u. s. w. zu Tage tritt.

Die Kombination der Grundprozesse ruft in der Sprache, wie in jedem anderen Gebiete Spezialitäten hervor. Hierzu gehört die Deklination der Substantiven und Adjektiven, die Konjugation der Verben, die Komparation, die Rektion u. A. Die Rektion stiftet eine Abhängigkeit zwischen einem Verb oder einer Präposition und dem zugehörigen Worte, dessen Zustand in solcher Abhängigkeit ein Kasus heisst. Das Verb oder die Präposition regiert, beherrscht, bedingt den Kasus. Die Rektion ist also eine Kombination von Modalität und Relation. Indem dieselbe in den Bereichen der fünf Grundeigenschaften wirkt, müsste sie fünf selbstständige Kasus erfordern: die Sprache erzeugt aber deren sechs, nämlich für die Relation nicht einen einzigen, sondern für die primäre und für die sekundäre Relation je einen besonderen Kasus, nämlich den Dativ und den Akkusativ (und folgt hierin dem Beispiele aller anderen Wissenschaften, der Geometrie, der Mechanik, der Mathematik, der Logik u. s. w., welche alle die primäre und sekundäre Relation als Längenverhältniss und Richtung besonders deuten und formuliren). Der Nominativ bezeichnet substantivische Rektion oder Abhängigkeit von sich selbst, der Genitiv bezeichnet die Rektion im Inhärenzbereiche, der Dativ im primären Relationsbereiche, der Akkusativ im sekundären Relationsbereiche, der Vokativ im Qualitätsbereiche, insbesondere im Bereiche der Gemeinschaft und dem auf Neigung zur Gemeinschaft beruhenden Bereiche des Gemüthes, hat jedoch in der deutschen Sprache die Form des Nominativ angenommen und sein Wesen in die Imperativform des regierenden Verbs oder in die Interjektionsform der regierenden Präposition verlegt. Der Ablativ endlich bezeichnet eine Rektion im Modalitäts- oder Abhängigkeits- oder Formgebiete, hat jedoch in der deutschen Sprache seine selbstständige Form verloren und an den Dativ unter der Rektion der Präposition „von“ abgegeben. Zur Bekräftigung dieser Ansicht mögen folgende Beispiele dienen, in welchen ich die Rektion eines Verbs und einer Präposition unmittelbar nebeneinander stelle.

N.	Ich bin ein Mensch	Mensch
G.	Ich gedenke des Tages	längs des Gestades
D.	Ich traue dem Freunde Ich schenke dem Kinde (das Geld)	mit dem Stabe, aus dem Hause, in dem Walde
Ac.	Ich liebe den Menschen Ich schenke das Geld (dem Kinde)	für den Menschen, an die Wand, auf das Holz
V.	Freund! komm zu mir!	o Freund!
Ab.	Ich scheide von dem Hause	von dem Hause

Die Rektion einer Präposition setzt immer eine Thätigkeit, also ein Verb voraus und wird demzufolge oftmals von diesem Verb mitbestimmt (auf dem Dache gehen, auf das Dach steigen; in dem Hause wohnen, in das Haus treten).

Manche ursprünglich für bestimmte Zwecke geschaffene Wörter werden mit mehr oder weniger Beugung in verschiedenen Prozessen gebraucht: so nimmt die Präposition in der Wortreihe die Stellung eines Adjektives an, das Adjektiv wird in seiner Anwendung auf ein Verb zum Adverb. Viele Wörter werden nur in speziellen Vorstellungsgebieten angewandt, z. B. die Zahlwörter für anschauliche Grössenwerthe.

Dieselbe Willkür, welche den Menschen bei der Schaffung der Grundeigenschaften und Grundprozesse der Sprache leitete, bekundet sich natürlich auch in den Grundprinzipien: dieselben bestehen als gesetzliche Grundfesten der Sprache, werden jedoch in mannichfaltigen Formen zum Ausdrucke gebracht.

1. Die Primitivität liegt in der Bedeutung des Wortes.

2. Kontrarietäten sind für das Quantitätsbereich die Wörter sein und nicht sein, ein und kein, für das Inhärenzbereich ja und nein, für das Bereich der primären Relation besondere Wortformen wie Vater und Sohn, Freund und Feind, für das Bereich der sekundären Relation das Partizip des Präsens und das Partizip des Präteritums, wie liebend und geliebt.

3. Neutralitäten sind ich, du, er; wir, ihr, sie; mein, dein, sein; der, die, das, jedoch auch besondere Begriffswörter wie Krieger und Neutraler, Thätigkeit und Nichtbetheiligung, thun und lassen.

4. Heterogenitäten liegen im Konkreten und Abstrakten, im Einzelnen und in der Gattung.

5. Alienitäten unterscheiden sich wie ein einfaches Wort, eine einförmige Wortreihe, ein gleichförmig periodischer Satz, ein komplizirter Satz mit Haupt- und Nebensätzen.

Die Konjugation der Verben bietet ein System von Grundprinzipien dar, vertritt also eine Anzahl von Prinzipalprozessen, namentlich von primitiven, konträren, neutralen, heterogenen und alienen Relations- und Wirkungsprozessen, von denen ich nachstehend nur einige vorführe. Das Aktivum und das Passivum stehen im Wirkungsgegensatze. Das Perfektum und das Futurum sind zeitliche Inhärenzgegensätze, deren Ausgangspunkt das Präsens ist. Das Plusquamperfektum und das Futurum exaktum sind zeitliche Inhärenzgegensätze, deren Ausgangspunkt in der Vergangenheit des Imperfektums liegt. Ich, du, er und wir, ihr, sie bezeichnen Neutralitäten. Singular und Plural bezeichnen primitive Quantitätsrelationen (eine und mehrere, ich und wir, du und ihr, er und sie). Der Indikativ und Konjunktiv stellen aliene Formen, unbedingte und bedingte Thätigkeiten.

In Betreff der linguistischen Apobasen beschränke ich mich auf folgende Bemerkungen.

1. Identität ist vollständige Übereinstimmung zweier Wörter oder Sätze, setzt also gleichen Laut und gleiche Bedeutung unter allen Umständen voraus. Beschränkt man die Übereinstimmung auf die Bedeutung; so sind Wörter verschiedener Sprachen, welche dieselben Objekte bezeichnen, wie Mensch und homo, relativ identisch. Fasst man nur die Bedeutung in gewissem Zusammenhange ins Auge; so sind synonyme Wörter relativ identisch. Die grammatische Kongruenz fordert die Übereinstimmung zweier Wörter in gewissen Formen, z. B. nach Geschlecht und Numerus. Vollkommen identisch kann ein Wort nur mit sich selbst sein.

2. Gleichbedeutung. Die Sprache hat jeden Geisteszustand, also auch ein logisches Urtheil, einen Zustand des Verstandes, zu symbolisiren. Die Sprachformel muss einem solchen, vom Verstande diktirten Urtheile nach Sprachregeln entsprechen. Um eine solche Zusammenwirkung von Verstand und Gedächtniss, wobei der Verstand den Gebieter oder den Forderer darstellt, handelt es sich bei der zweiten linguistischen Apobase nicht, sondern um die auf eigener Kraft des Sprachidioms beruhende Gleichachtung von Wort- oder Satzformen, welche dieselbe Endvorstellung herbeiführen und demzufolge gleichbedeutend oder sprachlich äquipollent sind, ohne doch identisch zu sein. Zur Unterscheidung des sprachlichen Ausdruckes einer logischen Äquipollenz von der sprachlichen Äquipollenz führe ich an, dass der Satz „dieser Mensch ist klug“ der sprachliche Ausdruck eines logischen Urtheils ist. Der Verstand denkt die Übereinstimmung von Mensch und Klugheit in einem speziellen Falle und bedarf zu diesem Denken weder des Gedächtnisses, noch der Sprache. In der Zusammenwirkung mit dem Gedächtnisse macht sich dieses von jenem Denkakte eine demselben entsprechende Vorstellung, und in der Zusammenwirkung mit dem Sprachvermögen fordert das Gedächtniss eine entsprechende Formulirung. Die auf Geistesgesetzen beruhende Zusammenwirkung von Verstand und Gedächtniss beruhet auf allgemeinen Geistesgesetzen, welche im normalen Geiste die Übereinstimmung des Denkaktes mit der Vorstellung hervorbringt. Die Betheiligung des Sprachvermögens an der Formulirung beruhet auf einer Übereinkunft der sprechenden Menschen, welche die Sprachregeln festgestellt haben, ist nicht nothwendig und wird auch von Geschöpfen, welche Verstand und Gedächtniss, aber keine Sprache haben, wie Thiere und taubstumme Menschen, überhaupt nicht ausgeübt.

Bei der zweiten linguistischen Apobase handelt es sich dagegen um die Gleichbedeutung von Sprachformen lediglich auf Grund der Sprachregeln, wobei Verstand und Gedächtniss nicht aktiv, sondern passiv thätig sind. Beispielsweise ist das Pronomen gleichbedeutend mit dem Subjekte; die Inversion liefert gleichbedeutende Sätze, wie der Bauer trägt das Korn in die Scheune = in die Scheune trägt der Bauer das Korn. Ein Akt der Gnade = ein Gnadenakt. Hierher = nicht dorthin. *A* wirkt auf *B* = *B* empfängt die Wirkung von *A*.

3. Die dritte linguistische Apobase ist nicht die nach Sprachregeln erfolgende Formulirung des logischen Schlusses, sondern der im Wesen der Sprache liegende, nicht vom Verstande, sondern vom Gedächtnisse diktirte Übergang von einem Gedanken zu einem anderen durch Vermittlung übereinstimmender Vorstellungen. Diesen Übergang vollbringt die Sprache nicht durch einen logischen Schluss, der eine Verstandesoperation sein würde, sondern durch den Anschluss zweier Wortsätze, welche als Hauptsatz und Nebensatz in einer Gedankenverbindung stehen und die beiden Prämissen eines logischen Schlusses vertreten. Die Gedankenverbindung bethätigt sich im Allgemeinen durch übereinstimmende oder kongruente Wörter, z. B. durch Wilhelm und er in der Satzfolge „lasst Wilhelm zufrieden, er bedarf der Ruhe", welche oftmals durch den Sinn der Rede ergänzt werden, wie z. B. das du im Nachsatze von „willst du mit, so komm (du)" oder wie in der Satzfolge „wir siegten, denn der Feind (unser Feind) war schwach". Der Anschluss wird meistens durch Konjunktionen (und, denn, dass, damit, wenn, um, zu u. s. w.), jedoch auch ohne Weiteres durch den Sinn der Rede bewirkt. Eine Reihe von mehreren miteinander in Beziehung stehenden Sätzen ist dem logischen Kettenschlusse analog.

4. Die Sprache kann nicht unendlich viel Sätze thatsächlich aneinander reihen; sie bildet daher Insumtionen aus vermittelten Sätzen mit Hülfe verallgemeinernder, einen unendlichen Inbegriff anzeigender Wörter, z. B. „*A* denkt, *B* denkt, *C* denkt, kurz, alle Menschen, die ganze Menschheit denkt".

5. Insofern eine Satzreihe ein System sich gegenseitig bedingender oder in Abhängigkeit stehender Gedanken bildet, stellt sich darin eine linguistische Involvenz dar, z. B. „alle Menschen können träumen, wenn sie schlafen", indem hier das Träumen als durch den Schlaf bedingt angesehen wird.

Die linguistischen Grundsätze liegen in den durch die Grammatik festzustellenden Regeln der Sprache.

Hierdurch sind die fünf linguistischen Grundfesten nachgewiesen.

136. **Die Hauptstufen der Philologie.** Jede Wissenschaft und so auch die Philologie hat vier Hauptstufen: die physische, die anschaulich mathematische, die formal logische und die philosophische Stufe. Was im Vorstehenden von der Sprachwissenschaft gesagt ist, betrifft die formal logische oder die den gegebenen Sprachregeln entsprechende, korrekte Sprache. Der Abstieg auf die anschauliche durch

mathematische Formeln darstellbare Sprache kann in ähnlicher Weise vollzogen werden, wie es in Nr. 131 von der mathematischen Logik gezeigt ist. Während bei der mathematischen Logik vornehmlich geometrische Anschauungen zur Geltung kommen, werden bei der mathematischen Philologie, als einer Kombination von Verstandes- und Gedächtnissprozessen, vorzugsweise geometrische und chronologische Anschauungen (entsprechend den Ereignissen im Raume) sich geltend machen. Die physische Stufe ergiebt die Theorie der sensuellen Spracherscheinungen oder der Sprachlaute. Von dem hierüber in §. 99 ff. der „Grundlagen der Wissenschaft" Gesagten wiederhole ich hier, dass die Entwicklung der Sprache, da es sich nicht um ein rein subjektives, sondern um ein Verkehrsbedürfniss handelt, auf Nachahmung beruhet, d. h. dass Nachahmung der grundlegende Prozess ist, auf welchem sich die Sprache unter der Herrschaft höherer geistiger Kräfte auferbauet. Zuerst ahmt der Mensch Naturlaute nach, alsdann bedient er sich zur Symbolisirung der nicht schallenden Objekte seiner Stimmlaute, er ahmt nach oder ersetzt die Existenz und Beschaffenheit optischer, kalorischer, räumlicher, zeitlicher, materieller und anderer Objekte durch die ihm dazu geeignet dünkenden Stimmlaute. Sodann ahmt er Gehörtes, nämlich die Worte und Stimmlaute seiner Genossenschaft nach, er nimmt die Sprache seines Volkes an. Später ahmt er im Weltverkehre Wörter der Nachbarvölker nach, nimmt Fremdwörter auf, die sich im Idiome seiner Sprache allmählich zu Lehnwörtern umgestalten. Die Aufnahme von Fremdwörtern ist ein zu allen Zeiten von allen Völkern geübter, naturgemässer, zur Bereicherung der Sprache dienlicher Vorgang. Selbstverständlich fordert die Vernunft eine Beschränkung der Fremdwörter auf das Nothwendige, Unvermeidliche, nämlich auf diejenigen Fälle, wo die eigene Sprache sei es nach ihrem Wortinhalte, sei es nach ihren Formgesetzen sich zur Symbolisirung eines Objektes in gefälliger Form unzulänglich erweis't.

Von besonderem Interesse ist ein Blick in die oberste, die philosophische Stufe der Philologie. Nicht der Verstand und nicht das Gedächtniss, wohl aber die Vernunft verlangt Wahrheit der Sprache, nämlich Übereinstimmung des Wortes mit dem dadurch symbolisirten wirklichen oder möglichen Objekte. Wenn das Wort „gehen" in jedem Zusammenhange mit anderen Wörtern das gemässigte Fortschreiten des zweibeinigen Menschen auf dem Erdboden und zugleich das Gehen in jeder Form, also das Laufen, Springen, Tanzen des Menschen, das Fliegen des Vogels, das Schwimmen des Fisches, das Kriechen des Wurmes darstellen soll, noch mehr aber, wenn es zugleich das Essen und Trinken bezeichnen soll; so ist es ein mit der Wirklichkeit nicht übereinstimmendes, ein unwahres Wort, welches von der Vernunft und demzufolge von der philosophischen Philologie verworfen werden müsste, wiewohl die logische Philologie Nichts dagegen einwenden könnte, dass man unter „gehen" eine beliebige Bewegung oder auch jede äussere Thätigkeit animalischer Wesen verstände. Das Nämliche gilt von der Bedeutung der Wortformen überhaupt.

Sodann kömmt in Betracht, dass der Mensch die Sprache zwar durch den Nachahmungstrieb auf sinnesfälligen, hörbaren Erscheinungen, auf Naturlauten, Stimmlauten auferbauet, dass er jedoch einen Naturlaut, wie z. B. das Heulen des Hundes, nicht in seinem Naturklange, sondern in artikulirten Lauten, also mit einer geistigen Umgestaltung reproduzirt, dass er ferner bei der Umbildung eines Fremdwortes zu einem Lehnworte, z. B. bei der Umbildung von fenestra zu Fenster, eine dem Idiome seiner Sprache entsprechende Thätigkeit ausübt und dass er bei der Benennung unhörbarer Objekte und bei der Entwicklung seiner Sprache neue Wörter und Wortformen schafft. Weder der Verstand, der Seiendes denkt, noch das Gedächtniss, das Bekanntes aufrichtet, hat Schaffungskraft: das Gedächtniss ist kein Produktions-, sondern ein Reproduktionsvermögen. Zum Schaffen des absolut Neuen ist nur das philosophische Vermögen, die Phantasie, befähigt: sie schafft die Sprache. Ein Geschöpf, wie das Thier, welches logische Vermögen, Verstand und Gedächtniss, aber keine philosophischen Vermögen, Vernunft und Phantasie hat, stellt sich Objekte vor, schafft aber keine Sprache. Der Papagei ahmt menschliche Sprachlaute nach, er schafft aber keine Sprache. Die Schaffenskraft der Phantasie bringt auch den Fortschritt der Sprache, ihre fortschreitende Umgestaltung hervor: der Hund, welcher keine Phantasie und Sprache hat, entwickelt auch nicht seine Stimmlaute, er bellt heute so wie vor tausend Jahren.

Ein weiteres Vordringen im philosophischen Gebiete giebt Antwort auf die Frage: wie geht es zu, dass der Deutsche denselben Gegenstand, den der Franzose arbre nennt, mit dem Namen Baum belegt, da doch Beide diesen Gegenstand in derselben Weise denken und vorstellen? wie kömmt es, dass auf dem Erdenrund unter Menschen hunderte von verschiedenen Sprachen entstehen können, dass überhaupt jede abgesonderte Völkerfamilie ihre eigene Sprache bildet? Es muss, um diesen Effekt hervorzubringen, bei der Sprachbildung ausser der Vernunft und Phantasie noch ein drittes philosophisches Vermögen, nämlich das Selbstbestimmungsvermögen oder die Freiheit wirksam sein. Nur diese gestattet einem Volke, seinem Belieben, seiner Willkür folgend, Sprachlaute und Sprachregeln nach seinem Ermessen in einem selbstständigen Sprachidiome aufzustellen.

Sodann fragen wir: auf welcher Eigenschaft des Geistes beruhet die Neigung der Angehörigen einer Gemeinschaft, die Sprache der Eltern und der Nebenmenschen anzunehmen, eine gemeinschaftliche Sprache, eine Muttersprache zu bilden, zu erhalten, zu lieben, zu verehren? Unverkennbar entspringt diese Neigung aus dem vierten philosophischen Vermögen, dem Gewissen, oder dem Vermögen der Hingebung an die Welt zu deren Wohlfahrt und Erhaltung.

Endlich bedingt das fünfte philosophische Vermögen, das ästhetische Vermögen, die Schönheit, Reinheit, Regelmässigkeit, Vollkommenheit (darunter den Wohllaut) der Sprache, soweit die individuelle Gewandtheit das Volk hierzu befähigt.

137. **Die Sprache, als Verkehrsmittel.** Die Ausübung der Sprache, das Sprechen, ist ein nach aussen gerichteter oder äussere Wirkungen hervorbringender Prozess. Die Sprache erscheint darin als Verkehrsmittel, d. h. als ein Werkzeug zu Handlungen und anderen nach aussen gerichteten Thätigkeiten. Es ist hier nicht der Ort, diese Thätigkeiten zu spezialisiren, sondern nur zu bemerken, dass die in den verschiedenen Grundgebieten sich ergehende Sprachthätigkeit gewisse Formen annimmt, dass also die Spezialisirung ein Bedürfniss für die Grammatik ist. Die Hauptanhaltspunkte für diese Spezialisirung liefern die fünf Grundgebiete des physischen, des anschaulich mathematischen, des logischen und des philosophischen Bereiches, welche sich jedoch auch mannichfach kombiniren. Wir können z. B. im physischen Bereiche sichtbar, hörbar, pantomimisch sprechen: das sichtbare Sprechen zieht das Schreiben, die Schriftsprache, die Orthographie nach sich; das hörbare Sprechen zieht die Akzentuirung nach sich; das Sprechen über sichtbare, hörbare, fühlbare, schmeckbare, riechbare Erscheinungen erfordert besondere Wörter. Im Anschauungsbereiche können wir örtlich, zeitlich, in Bewegung u. s. w. sprechen und bedienen uns zur Bezeichnung räumlicher, zeitlicher, materieller, stofflicher, gestalteter Objekte besonderer Namen. Im logischen Bereiche ist die Sprache ein Mittel Denkakte oder Verstandesprozesse herbeizuführen, Vorstellungen (Kenntnisse) hervorzurufen (zu lehren und zu lernen), Handlungen (Willensäusserungen) zu veranlassen (zu fordern und zu gewähren), Gemüthsbewegungen (Neigung und Abneigung) zu bekunden, Temperamentserregungen (Freude und Kummer) auszudrücken. Im philosophischen Bereiche können wir durch Worte Wahrheiten und Unwahrheiten, Erhabenes und Gemeines verkünden, zu Recht und Unrecht auffordern, auch recht und unrecht thun, Liebe und Hass ausstreuen, Schönes und Hässliches, Wohlgefallen und Missfallen erregen.

Es ist beachtenswerth, dass die Sprache im Menschengeiste zwar kein nothwendiges, aber doch ein wirkliches inneres Verkehrsmittel zwischen den verschiedenen geistigen Funktionen wird. Indem das Gedächtniss den Gedanken in einem Worte symbolisirt, also mit einem Worte begleitet, ruft das Wortsymbol den Gedanken hervor: wir denken und gedenken daher meistens in Begleitung der Sprache, können jedoch auch ohne diese Begleitung denken und gedenken, wie es ja im Traume häufig und im Wachen dann geschieht, wenn wir uns bei einem gedachten oder vorgestellten Objekte auf seinen Namen nicht besinnen können. Umgekehrt, zieht das Sprechen nicht nothwendig eine Vorstellung oder einen Denkakt nach sich, wie es in der Regel der Fall ist, wenn wir ein Wort oder eine Rede nicht verstehen.

138. **Der Wille.** Das dritte logische Gebiet ist das Kausalitätsgebiet, das entsprechende logische Vermögen das Kausalitätsvermögen oder der Wille, nämlich das Vermögen, mit den logischen oder oberen (nicht obersten oder philosophischen) Geisteskräften nach aussen zu wirken, d. h. zu handeln. Wie die mathematische Anschauung

die Materie nicht mit ihrem reinen oder ausschliesslichen Wirkungsvermögen, sondern ein im Raume und in der Zeit wirkendes Bewegungsobjekt vorführt; so bringt auch im logischen Gebiete die Kausalitätstheorie den Willen nicht in reinen Kausalitätsverhältnissen, sondern in Kombination mit dem Verstande und dem Gedächtnisse (dem Denk- und Vorstellungsvermögen) zur Erkenntniss. Hieraus ergeben sich folgende Grundeigenschaften und Grundprozesse.

1. Die Quantität des Willens bezeichnet den Umfang, die Weite des Willens, welche man seine Macht nennen kann, wenn man darunter eben die Ausbreitung des Willens über ein gewisses Wirkungsbereich oder einen Inbegriff von Elementen, womit der Wille in Aktion tritt, versteht, welche also nicht seine Intensität oder Stärke, sondern, wie gesagt, seinen Umfang in derselben Weise ausmachen, wie in der Mechanik die Masse des wirkenden Objektes die Summe von wirksamen Elementen, aber nicht die bewegende Kraft ausmacht. Der Mensch kann in einem Wirkungsprozesse Viel oder Wenig, Manches, Verschiedenes u. s. w. wollen; er kann z. B. ein kleines Haus mit wenig Geldaufwand oder ein grosses Haus mit viel Geldaufwand kaufen wollen. Der Inbegriff des Gewollten, also ein logischer Begriffsumfang bestimmt die Quantität des Willens. Der erste Grundprozess ist das quantitative oder umfassende Wollen.

2. Die Inhärenz des Willens ist seine Beschaffenheit oder der Zustand, welchem der Wille zustrebt. Dieser Zustand ist gekennzeichnet durch das Ziel oder Endziel, welches der Wille zu erreichen sucht, und dieses Ziel bestimmt sich durch einen Ort im Vorstellungsgebiete. Der Ort aber erfordert im Wesentlichen das Durchschreiten eines Weges von gewisser Erstreckung in einer gewissen Richtung, entsprechend der Länge und Richtung eines mechanischen Arbeitsweges. Diese beiden Bestandtheile einer Willensthätigkeit werden, ähnlich wie in der Mechanik die Wirkung einer Masse längs eines Weges unter dem Einflusse der Zeit, im logischen Wirkungsbereiche unter der Mitwirkung des Vorstellungsvermögens oder des Gedächtnisses überwunden und durch Vorstellungssymbole oder Worte bezeichnet. In dem Ausdrucke: Jemand will ein grosses Haus kaufen, bezeichnet das Wort Haus die dem Endziele entsprechende Vorstellung und das Wort kaufen die Richtung, in welcher das Ziel liegt. Beide Vorstellungen, überhaupt die Vorstellung eines in einer gewissen Richtung liegenden Zieles macht die Absicht des wollenden Subjektes aus. Der zweite Grundprozess ist die Fassung einer Absicht oder die Beabsichtigung, bezw. die Durchführung und die Änderung einer gefassten Absicht.

3. Die Relation des Willens oder die kausale Relation, die Beziehung des Willens auf ein gewolltes Objekt, lässt den Willen als eine wirksame Ursache des Subjektes oder den Wollenden als den Urheber einer Handlung in bestimmter Absicht auf ein äusseres quantitativ bestimmtes Objekt oder auch als ein Bestreben nach logischer Wirkung erscheinen. Dieses Bestreben nach Erreichung eines bestimmten Zieles macht die Stärke, Intensität oder Energie des Willens oder die

der mechanischen bewegenden Kraft entsprechende Willenskraft aus, welche seiner Macht oder Quantität gleich werden kann, aber nicht mit ihr identisch ist. Dieselbe bekundet sich durch die Anstrengung oder den Eifer, womit der Wollende seine Absicht zu erreichen sucht. Der dritte Grundprozess ist das kausale Wirken oder das Handeln oder Thun, das Wirkungsresultat oder die Wirkung ist die vollbrachte Handlung oder That. Durch die Handlung empfängt ein Objekt, der Rezeptor, den Wirkungswerth, welchen das Subjekt, der Motor, ausgiebt.

Bei der eigentlichen logischen Handlung ist sowohl der Motor, als auch der Rezeptor ein mit Willensvermögen begabtes Wesen; die Handlung ist also die Zusammenwirkung zweier wollenden Subjekte, welche sich wie mechanische Druck- und Widerstandskräfte gegenüber stehen oder in entgegengesetzten Richtungen handeln. So stehen Käufer und Verkäufer eines Hauses einander gegenüber: was der Eine giebt oder verliert, nimmt oder gewinnt der Andere; ein Jeder verrichtet zwei Willensprozesse, in denen ein Jeder einmal aktiver Motor und der Andere passiver Rezeptor ist, indem der Käufer das Haus des Verkäufers empfängt und dafür diesem den Kaufpreis in Geld zahlt, während der Verkäufer das Haus verliert und das Geld empfängt. Auf diese Weise kann der Wirkungsprozess in jedem der beiden Handelnden einen Gleichgewichtszustand erhalten (indem bei dem Einen der Verlust des Hauses durch den Empfang des Preises und bei dem Anderen der Verlust des Geldes durch den Empfang des Hauses aufgewogen wird). Eine Handlung dieser Art verlangt die Übereinstimmung des Willens beider Handelnden: sie bezeichnet einen Vertrag zwischen zwei Personen und ist eine Vorbedingung für eine Rechtshandlung, macht jedoch noch nicht das Wesen einer Rechtshandlung, d. h. einer den philosophischen Rechtsgrundsätzen entsprechenden Handlung aus: denn wenn der Käufer sein Geld nicht ausgeben oder der Verkäufer sein Haus nicht verkaufen darf; so ist das Kaufgeschäft trotz der Willensgleichheit Beider eine unrechtmässige Handlung (die Rechtshandlung, von welcher wir aber bei der Theorie der Willensäusserungen noch nicht reden können, fordert auch eine Übereinstimmung des Willens der Handelnden mit den Rechtsprinzipien).

Die mit dem Willen des passiven Objektes nicht im Gleichgewichte befindliche Willenskraft heisst, wenn sie die letztere überwiegt Gewalt oder Angriff und der entstehende Prozess Überwältigung des Angegriffenen, wenn sie aber schwächer ist, als letztere, wenn also der Wille des aktiven Motors an dem Widerstande des passiven Objektes scheitert, erzeugt sie einen verfehlten Versuch, eine erfolglose Bemühung.

4. Die Qualität des Willens und seine Dimensität zeigt sich in der Art der Gemeinschaft, welcher die Handlung angehört: man kann auf ein Individuum, auf eine Gattung, auf eine Gesammtheit mit der hierzu erforderlichen dimensionirten Willenskraft wirken, man kann durch den Willen seine Sinnes-, seine Anschauungs-, seine logischen,

seine philosophischen Vermögen in Aktion setzen. Der vierte Grundprozess kann also die Qualifizirung des Willens genannt werden.

5. Die Modalität des Willens liegt in der Handlungsweise oder in dem Willensplane oder Willenssysteme, welches eine fortgesetzte Umgestaltung der Willensthätigkeit nach Maassgabe des soeben erreichten Resultates, bedingt durch das Streben nach einem bestimmten Ziele ist. Der fünfte Grundprozess ist daher die planmässige Gestaltung oder Variation des Willens.

Als Grundprinzipien des Willens kommen in Betracht: 1. Die Primitivität jeder Grundeigenschaft, welche dem Umfange oder Inhalte derselben entspricht. 2. Die Kontrarietäten, positive und negative Absicht, von Wollen und Nichtwollen, direkter und indirekter (entgegengesetzter) Wille, Wille und Widerwille, Aktivität und Passivität, Angriff und Widerstand, wodurch zwei Kontrarietätsstufen bedingt sind. 3. Die Neutralitäten Wollen und Geschehenlassen, Wille und Indifferenz gegen eine Handlung, neutrale Handlung ist Irrelevanz. Die Handlung kann aber neutral sein gegen die Handlung eines Individuums, und auch neutral gegen die Handlungsweise aller Individuen einer Gattung, wodurch drei Neutralitätsstufen bedingt sind. 4. Die Heterogenitäten, die Willensthätigkeit im physischen, anschaulichen, logischen und philosophischen Bereiche, indem jede höhere Wirkung aus unendlich viel Elementen der niedrigeren Dimensität besteht, wodurch vier Heterogenitätsstufen bedingt sind. 5. Die Alienitäten, worunter die Grundformen der Wirkungssysteme, also der konstante Ruhezustand, dann die auf gleichmässig einförmigen Wirkungselementen auf konstanter Absicht beruhende Handlung, dann die Handlung mit fortgesetzter Abweichung von einem Ziele oder mit fortgesetzter gleichmässiger Variation der Absicht in einem Grundgebiete, sodann die Handlung mit fortgesetzter gleichmässiger Variation des Grundgebietes und endlich die Handlung mit fortgesetzter Steigerung der Willenskraft, woraus sich fünf Alienitätsstufen ergeben.

Die Apobasen des Willens sind die folgenden. Identität besteht zwischen Handlungen, welche in allen Elementen übereinstimmen. Gleichheit oder Gleichwerthigkeit oder Äquipollenz besteht zwischen Handlungen, welche dasselbe Ziel erreichen oder dasselbe Wirkungsresultat, denselben Effekt haben oder dieselben Folgen nach sich ziehen. Dem rein logischen Schlusse entspricht die aus vermittelten Handlungen durch Elimination der vermittelnden Objekte sich ergebende Schlusswirkung (z. B. *A* erwirbt Geld, für das Geld kauft *A* ein Haus; folglich ist der Besitz des Hauses die Folge des Gelderwerbes und des Kaufes oder der Hauskauf ist durch den Gelderwerb vermittelt). Eine Handlung, welche auf die Existenz einer anderen Handlung oder auf einen bestimmten Effekt schliessen lässt, ist eine konkludente Handlung. Die Insumtion von Willensthätigkeiten ist die Umfassung konkreter Prozesse zu logischen Inbegriffen oder die Abstraktion von Willensthätigkeiten aus speziellen Einzelfällen. Die Involvenz ist die Einwicklung spezieller Fälle in ein logisch geordnetes Wirkungssystem oder die Konstruktion des Kausalitätsgesetzes nach seinen Abhängigkeitsverhältnissen.

Die Grundsätze des Willens sind die evidenten Grundlagen des Kausalitätsgesetzes oder der Abhängigkeit der Willensakte und Willenszustände von einander. So gelten unverkennbar die Grundsätze, dass primitive Willenskräfte sich verstärken, kausale Kontrarietäten, wie direktes Wollen und entgegengesetztes Wollen oder wie Streben und Widerstreben sich aufheben, dass kausale Neutralitäten, wie Handeln und Geschehenlassen oder wie irrelevante Handlungen sich nicht beeinflussen und viele andere, welche den mechanischen Grundsätzen analog sind.

Hierdurch sind die fünf Grundfesten des Willens erläutert.

Die Hauptstufen der Kausalität. Die vorstehenden Sätze bewegen sich auf der logischen Stufe des Kausalitätsgebietes. Indem ich die mathematische und die physische Stufe übergehe, hebe ich aus der philosophischen Stufe nur Folgendes hervor.

Der Wille handelt nach logisch Gegebenem, d. h. nach Gedachtem und Vorgestelltem mit einer der gedachten Absicht entsprechenden Kraft oder er strebt mit gegebener Kraft auf ein gegebenes Ziel. Ob in diesem Prozesse Wahrheit liegt, ob die gedachten Objekte wirklich existiren und das Ziel wirklich erreichbar ist, weiss weder der Wille, noch der Verstand, sondern nur die philosophische Vernunft zu erkennen. Diese Erkenntniss ist aber ein Erforderniss für die wahre Kausalität, und demgemäss hat sie sich als Wissenschaft auf die philosophische Stufe zu stellen.

Der Wille schafft auch nichts absolut Neues, Schaffungskraft ist ihm ganz fremd; er vergegenwärtigt sich seine Ziele nur in logischen Vorstellungen (häufig mit Sprachsymbolen). Das Schaffen des Neuen durch Handlungen, z. B. die Erfindung der Daguerreotypie durch Experimentation, erfordert die Thätigkeit der Phantasie, und demzufolge ist die Kausalität auch in dieser Hinsicht auf eine philosophische Stufe angewiesen.

Man redet von der Freiheit des Willens. Nur der Mangel eines geordneten Systems in den heutigen Wissenschaften und eine Konfundirung der verschiedenartigsten Vermögen rechtfertigt diesen Ausdruck. Der Wille steht unter dem Zwange des logischen Kausalitätsgesetzes, er kennt nur logische Folge aus gegebenen Ursachen, zur Freiheit ist er nicht befähigt und nicht berufen: und dennoch bewegen wir uns frei, handeln wir frei. Nun, natürlich! gerade so gut, wie wir frei denken, frei vorstellen, frei lieben, frei uns vergnügen, frei anschauen, uns frei bewegen, frei essen und trinken, frei sehen, frei hören, frei tasten und fühlen, ebensogut handeln wir frei, aber nicht kraft unseres Willens, sondern kraft eines philosophischen Vermögens, des Selbstbestimmungsvermögens, von welchem weiter unten die Rede sein wird.

Ebensowenig kümmert den Willen das Recht und das Unrecht, das Gute und das Böse, das Schöne und das Hässliche. Er handelt in dem einen, wie in dem anderen Falle nach Kausalitätsgesetzen. Nicht der Wille, sondern ein philosophisches Vermögen, wie das Rechtsbewusstsein, die Hingabe an die Welt, das ästhetische Vermögen, nöthigt den Willen, in Übereinstimmung mit diesen obersten geistigen Vermögen zu handeln.

Hinsichtlich der Bedeutung der Materie und der bewegenden Kraft für das Willensgebiet bemerke ich, dass die Ersteren in diesem Gebiete eine untergeordnete und eine ganz andere Rolle spielen, als im mechanischen Wirkungsprozesse: denn die bei einer Handlung zu verrichtende mechanische Bewegung ist für das durch die Handlung angestrebte Ziel unendlich variabel, also unbestimmt, und zugleich in vielfacher Hinsicht irrelevant.

139. **Das Gemüth.** Das vierte logische Gebiet ist das logische Affinitätsgebiet oder das Gebiet der Neigung zu logischer Gemeinschaft, welches sich in Gefühlen (nicht sensuellen, sondern logischen Gefühlseindrücken) äussert; das entsprechende menschliche Vermögen ist das Gemüth. Wie im mathematischen Anschauungsreiche die Chemie den Stoff in seiner Zusammenwirkung mit Raum, Zeit und Materie betrachtet, so verknüpft auch im logischen Reiche die Theorie des Gemüthes Verstandes-, Gedächtniss- und Willensprozesse mit den reinen Gemüths- oder Neigungsprozessen. Die fünf Grundeigenschaften der Gemüthseindrücke sind

1. Die Quantität oder logische Valenz, bezw. Quantivalenz, worunter die bald grosse, bald kleine Empfänglichkeit des Individuums für einen Bedürfnisszweck oder auch sein Ergänzungsvermögen zu verstehen ist.

2. Die Inhärenz, entsprechend der chemischen Vivazität, bezeichnet die qualitative Gemüthsbeschaffenheit oder die Spannung des Gemüthes gegen ein Bedürfnissobjekt, also das logische Assoziations- oder Wahlvermögen, welches auf Qualitätsverschiedenheit oder Ungleichartigkeit beruhet und in Folge dessen der Mensch dem einen Objekte den Vorzug vor dem anderen giebt oder dasselbe zu seinem Sozius auswählt. Geschätzt nach der relativen Stärke dieses Vorzuges kann man die Neigung zu einem Objekte die Innigkeit der Neigung nennen.

3. Die Relation des Gemüthes ist die Neigung zur Stiftung einer Gemeinschaft, im positiven Sinne die Zuneigung, im negativen Sinne die Abneigung, im neutralen Sinne die Gleichmüthigkeit. Die durch Neigung herbeigeführte Verbindung ist das Neigungsbündniss. Nur Ungleichartiges stiftet eine eigentliche Verbindung, nämlich eine Gemeinschaft von besonderer Eigenart, wobei die Sozien ihre selbstständige Eigenart der gemeinschaftlichen Art des Bundes zum Opfer bringen, und diese primäre Neigung heisst im positiven und negativen Sinne Liebe und Hass. Gleichartiges tritt nicht zu einer Verbindung von besonderer Eigenart zusammen, verschmilzt sich nicht, sondern bildet eine Genossenschaft, eine Gesellschaft, eine Sozietät, worin die Sozien

ihre selbstständige Eigenart behalten, und diese neutrale Vereinigung erscheint positiv als Freundschaft und negativ (in Scheidungstendenz) als Feindschaft. Die Stiftung des Liebesbundes durch Verbindung und die Stiftung eines Hassverhältnisses durch Abstossung, ebenso die Stiftung eines Freundschafts- und Feindschaftsverhältnisses sind qualitative Relationsprozesse: indem sie sich mit Kausalitäts- oder Willensprozessen kombiniren, stellen sie Handlungen aus Liebe, aus Hass u. s. w. dar.

4. Die Qualität oder Dimensität des Bündnisses entspringt aus der Neigung zu dimensionirten Qualitäten, also zu Elementen, zu Individuen, zu Gattungen und zu Gemeinschaften.

5. Die Modalität oder der Charakter der Gemüthsstimmung ist die durch Gefühle bedingte Form des Gemüthszustandes oder die Weise, in welcher er sich bethätigt.

Nach dem Vorgange bei der Verstandes-, Gedächtniss- und Willenstheorie glaube ich die Grundprinzipien, die Apobasen und die Grundsätze der Gemüthstheorie übergehen zu können und beschränke mich hinsichtlich der Hauptstufen dieser Theorie auf den wiederholten Hinweis, dass auch die Liebe, als logische Äusserung des Gemüthes, weder die Wahrheit kennt, noch Neues schafft, noch Freiheit besitzt und das Recht berücksichtigt, noch die Hingebung an die Welt (die Selbstaufopferung), noch die Schönheit zu ihrer Richtschnur nimmt, dass vielmehr die Impulse zu allen diesen Thätigkeiten des Gemüthes von einer höheren Geisteskraft, dem philosophischen Vermögen, ausgehen.

Hinsichtlich der Bedeutung, welche der Stoff und die chemische Affinität für den Gemüthsprozess haben, sei noch bemerkt, dass die Ersteren in diesem Prozesse, bei Liebe und Hass, eine untergeordnete und eine ganz andere Rolle spielen, als im chemischen Verbindungsprozesse. Denn wenn auch bei den Neigungen des Gemüthes körperliche Stoffaffinität mitwirkt; so ist dieselbe doch für die Knüpfung eines bestimmten Liebesbundes in hohem Grade variabel, also unbestimmt.

140. **Das Temperament.** Das fünfte logische Gebiet ist das Affektsgebiet oder das Temperament, welches, auf Antriebe oder Reize reagirend, den menschlichen Geist zu Gestaltungsprozessen erregt, welche Empfindungen (nicht sensuelle, sondern logische Formzustände) oder Affekte oder Erregungen genannt werden können. Die Grundeigenschaften sind

1. die Quantität oder der Umfang, die Erheblichkeit eines Affektes, welche sich auch als Reizbarkeit oder Erregbarkeit des Subjektes durch ein äusseres Objekt zu erkennen giebt.

2. Die Inhärenz oder die Beschaffenheit des Affektes, welche sich wohl als Stimmung kundgiebt.

3. Die Relation des Temperamentes, welche sich in primärer Beziehung als Intensität des Affektes und in sekundärer Beziehung als Richtung des Affektes, in allen Fällen aber als Trieb oder Antrieb zur Hervorbringung einer Erregung äussert. Die positiv und negativ primäre Erregung ist Freude und Leid, während die Neutralität

dieser Erregung die Unempfindlichkeit oder Gleichgültigkeit gegen einen Reiz ausdrückt. Je nach der besonderen Beschaffenheit erhalten die Erregungen und ihre Gegensätze verschiedene Namen wie Vergnügen und Missvergnügen (Ärger), Lust und Unlust, Zorn und Sanftmuth, Hoffnung und Furcht u. s. w. Als Intensitätsgegensätze erscheinen Leidenschaft und Schwäche.

4. Die Qualität oder Dimensität der Erregung zeigt sich in der Erregung über Elemente, über Individuen, über Gattungen, über Gesammtheiten.

5. Die Modalität der Erregung bethätigt sich durch ihre Form oder Weise, durch das innere Benehmen des erregten Subjektes.

Indem sich das Temperament mit dem Gemüthe kombinirt, bedingen sich Affekte und Neigungen, und in der Kombination mit dem Willen führen Affekte zu Handlungen.

Die logische Erregung zu Freude beachtet weder die Wahrheit, noch das Erhabene, das Recht, das Gute und das Schöne: der Mensch kann sich über Gemeines, Unrechtes, Lasterhaftes, Hässliches freuen: erst unter der Herrschaft der philosophischen Vermögen wird das Temperament für diese höheren Anforderungen des Geistes empfänglich.

Hinsichtlich der Bedeutung, welche die Krystallform und der physiometrische Gestaltungstrieb für die Temperamentsprozesse haben, bemerke ich, dass die Ersteren in diesem Prozesse eine untergeordnete und eine ganz andere Rolle spielen, als im Krystallisationsprozesse. Die bei einer Erregung mitwirkenden körperlichen Gestaltungs- oder Organisationsprozesse sind für die Freude oder die Betrübniss, welche das Resultat des Temperamentsprozesses bildet, sehr variabel, also unbestimmt und in vielfacher Hinsicht unwesentlich.

VII. Das animalische Reich und die philosophischen Vermögen.

141. **Der Standpunkt des animalischen Wesens.** Um die Erkenntniss des geistigen Wesens, insbesondere seiner Stellung im Weltsysteme anzubahnen, beginnen wir damit, zu sagen: die wirkliche Welt ist ein gesetzlich geordnetes System, ein Reich, das wirkliche, bestehende, gesetzmässig funktionirende Weltreich. Dieses Reich ist kein einfaches System oder Grundreich, sondern ein aus vier subordinirten Grundreichen zusammengesetztes Gesammtreich. Das unterste Grundreich ist das Ätherreich, das nächst folgende das reine Mineralreich, das darauf folgende das reine Pflanzenreich und das vierte, oberste Grundreich das rein animalische oder Thierreich (das Wort Thier in allgemeinster Bedeutung gebraucht). Unter Reinheit soll die Betrachtung nach den Eigenschaften des obersten der kombinirten Grundreiche verstanden sein, also die Betrachtung des Äthers nach seinen ätherischen, des Minerals nach seinen anschaulichen, messbaren oder mathematischen, der Pflanze nach ihren vegetabilischen

oder logischen (nicht nach ihren mineralischen und physischen), des animalischen Wesens nach seinen geistigen oder philosophischen (nicht nach seinen vegetabilischen, mineralischen und physischen) Eigenschaften verstanden sein.

Ein Objekt ist ein isolirter Bestandtheil eines Reiches, ein Bestandtheil, dessen Eigenschaften spezielle Werthe der allgemeinen Eigenschaften des Reiches haben. In der Wirklichkeit bestehen keine Objekte, welche einem der drei oberen reinen Grundreiche ausschliesslich angehören. Nur die Ätherobjekte oder Ätherelemente haben rein ätherische Eigenschaften. Das reine Mineralreich ist mit dem Ätherreiche, das Pflanzenreich mit dem Mineral- und Ätherreiche, das animalische Reich mit dem Pflanzen-, Mineral- und Ätherreiche verknüpft; diese Reiche bilden also zusammengesetzte Reiche, welche wir vollständige Reiche nennen wollen. Als Bestandtheile der Gesammtwelt erscheinen diese Reiche immer als Partialreiche, nämlich als ein un-, ein-, zwei-, dreidimensionales Reich In jedem dieser Reiche beherrscht jedes darin vertretene Grundreich alle tieferen Reiche, sie sind ihm subordinirt: das oberste Reich beherrscht also alle tieferen Reiche. Im animalischen Wesen übt daher die geistige Kraft die Herrschaft über alle seine logischen, mathematischen und physischen Vermögen aus; sie sind in einem gewissen Grade von seiner Geisteskraft abhängig und funktioniren in dieser Abhängigkeit. Das animalische Reich, als das für ein animalisches Wesen oberste, höchste, erkennbare Reich, entspricht zugleich dem erkennbaren Gesammtreiche oder dem wirklichen Weltreiche, indem dieses wie jenes alle erkennbaren Weltkräfte in sich vereinigt: das animalische Reich ist daher für das animalische Wesen ein der wirklichen äusseren Welt entsprechendes System, ein System, vermittelst dessen ein solches Wesen die wirkliche Welt erkennt, während, umgekehrt, die wirkliche Welt für das animalische Wesen die erkennbare Welt ist.

Die Verknüpfung und die Subordination der Reiche in einem animalischen Wesen beruhet ähnlich wie im vegetabilischen, mineralischen und physischen Objekte auf der Entstehung der höheren Reiche aus den tieferen durch Zusammenfassung unendlich vieler Elemente eines tieferen Reiches zu einem endlichen Elemente des nächst höheren Reiches, sodass jedes Element des obersten Reiches ein System von Elementen des nächst niedrigeren Reiches, das ganze Wesen also zugleich ein System von Elementen aller in ihm vertretenen Reiche ist.

Jedes Grundreich besteht aus fünf koordinirten, aber eine weltgesetzliche Folge bildenden Grundgebieten, deren spezielle Werthe die Grundvermögen der dem betreffenden Reiche angehörigen Objekte ausmachen. Das Ätherreich, welches im erregten Zustande das physische Reich ausmacht, besteht aus dem optischen, akustischen, ästhematischen (sensibelen und kalorischen), elektrischen (gustischen), osmetischen (Duft erzeugenden) Gebiete, welche den physischen Objekten die physischen Grundvermögen oder nach geistiger Auffassung die Erscheinungsvermögen verleihen. Das Mineralreich besteht aus den räumlichen, zeitlichen, mechanischen, chemischen, krystallinischen Gebieten, welche den Mineralobjekten die endlichen messbaren oder nach geistiger Auffassung die anschaulichen mathematische n Grundvermögen verleihen. Das Pflanzenreich hat das Vermögen der Existenz und Beharrung in den Grenzen eines Inbegriffes von Merkmalen oder als ein vegetabilisches Objekt, ferner das vegetabilische Lebens- und Entwicklungsvermögen, das vegetabilische Wirkungs- oder Treibvermögen, das vegetabilische Affinitäts-, Verbindungs-, Begattungsvermögen, das vegetabilische Variations-, Organisations-, Umwandlungsvermögen, welche die vegetabilischen und nach geistiger Auffassung die logischen Vermögen der Pflanze darstellen. Im animalischen Grundreiche, d. h. in dem reinen Geistesreiche, heissen die Grundvermögen Vernunft oder Erkenntnissvermögen, Phantasie oder Schaffensvermögen, Selbstbestimmungs- oder Freiheitsvermögen, Gewissen oder Hingebungsvermögen, ästhetisches oder geistiges Gestaltungsvermögen; sie bilden die rein geistigen oder philosophischen Vermögen.

Diesen rein geistigen Vermögen des animalischen Wesens sind zunächst subordinirt die logischen Vermögen Verstand, Gedächtniss, Willen, Gemüth, Temperament. Den logischen Vermögen und demnach auch den philosophischen Vermögen sind sodann die Anschauungs- oder mathematischen Vermögen als Raumanschauung, Zeiterfahrung, Bewegungsvermögen, Assimilations- oder Ernährungsvermögen, Konstituirungs- oder Gestaltungsvermögen untergeordnet. Diesen mathematischen Vermögen und demzufolge auch den logischen und philosophischen Vermögen sind zuletzt die physischen oder sensuellen Vermögen, das Gesichts-, Gehör-, Gefühls-, Geschmacks-, Geruchsvermögen unterstellt.

Jedes Grundgebiet hat fünf Grundeigenschaften, an welche sich ebenso viel Grundprozesse, Grundprinzipien, Apobasen und Grundsätze anschliessen, welche zusammen die fünf Grundfesten des Gebietes ausmachen. Für das Äther-, Mineral- und Pflanzenreich, sowie für die physischen, mathematischen und logischen Vermögen des geistigen Reiches sind die Grundfesten in den früheren Nummern bereits vorgeführt; es handelt sich im Ferneren nur noch um die Grundfesten der philosophischen Vermögen oder um die Beschaffenheit des rein geistigen Wesens.

Die Grundfesten der Gebiete erweitern sich in logischer Zusammenfassung zu Grundfesten der Reiche: man kann z. B. von Grundeigenschaften, Grundprozessen, Grundprinzipien, Apobasen und Grundsätzen sowohl eines Mineralgebietes, etwa des Raumes, als auch von denen des ganzen Mineralreiches reden, welche eine Zusammenfassung der Grundfesten aller im Mineralreiche enthaltenen Gebiete darstellen. Diese Verallgemeinerung der Grundfesten kann man jedoch unter zwei verschiedenen Gesichtspunkten vornehmen. Ein Objekt, als Bestandtheil eines Reiches, steht unter der Herrschaft der Kräfte des obersten der in ihm vertretenen Reiche und empfängt hierdurch gewisse durch das oberste Reich bedingte Eigenschaften. Das Objekt ist aber dieser Abhängigkeit von dem obersten Reiche nicht ausschliesslich unterworfen;

es steht auch, als Bestandtheil jedes unteren Reiches, in Abhängigkeit von den Kräften jedes der unteren Reiche und empfängt hierdurch gewisse Eigenschaften, welche sich von den ersteren unterscheiden; es sind nämlich diejenigen Eigenschaften, welche dem Objekte zukommen, wenn es als ein Inbegriff von Elementen eines der unteren Reiche aufgefasst wird. So ist z. B. der Mensch ein animalisches Wesen mit oberen und unteren geistigen Kräften, er ist aber zugleich auch ein vegetabilisches (auf Vegetabilien bei der Ernährung reagirendes) Objekt, ein Leib, er ist auch ein mineralisches (räumlich ausgedehntes, zeitlich dauerndes, gravitirendes) Objekt, ein Körper, und er ist auch ein physisches (leuchtendes, schallendes, wärmendes) Objekt.

Zieht man nur die unter der Herrschaft des obersten Reiches stehenden Eigenschaften in Betracht; so hat der Äther fünf optische, fünf akustische, fünf ästhematische, fünf elektrische und fünf osmetische, also 25 Grundeigenschaften. Das reine Mineralreich hat ebenfalls 25 Grundeigenschaften (fünf räumliche, fünf zeitliche, fünf mechanische, fünf chemische, fünf krystallinische), das physisch-mineralische Reich besitzt daher 50 Grundeigenschaften. Ebenso ergeben sich für das reine Pflanzenreich 25 und für das physisch-mineralisch-vegetabilische Reich 75 Grundeigenschaften. Für das reine animalische Reich hat man 25 und für das physisch-mineralisch-vegetabilisch-animalische Reich 100 Grundeigenschaften.

Zieht man nun diejenigen Eigenschaften, welche ein Objekt als selbstständiger Bestandtheil jedes der unteren Reiche besitzt, mit in Betracht: so hat das Ätherobjekt, wie vorhin, 25, das Mineral 50 + 25 = 75, die Pflanze 75 + 75 = 150 und das animalische Wesen 100 + 150 = 250 Grundeigenschaften und ebenso viel Grundprozesse.

Es muss bemerkt werden, dass die Grundeigenschaften der subordinirten Reiche, wenngleich sie ihrem Wesen nach eine gewisse Selbstständigkeit haben, doch in einem weltgesetzlichen Zusammenhange unter einander und mit den Grundeigenschaften des obersten Reiches stehen, dass sich also ihre Thätigkeiten beeinflussen. Wenn z. B. der menschliche Körper durch die Gravitation der Erde nach den selbstständigen Gravitationsgesetzen materieller Massen affizirt wird und demgemäss einen mechanischen Druck von bestimmter Resultante erleidet; so vertheilt sich doch dieser Druck über das animalische System in einer diesem Systeme entsprechenden Weise und beeinflusst dadurch alle, auch die geistigen Vermögen, erzeugt darin äquivalente Zustände, Gefühle, Erregungen, Vorstellungen u. s. w., er wird daher nicht ausschliesslich als Druck, sondern auch in anderer Weise empfunden.

Von besonderer Bedeutung ist die Verallgemeinerung der Grundprinzipien (Primitivität, Kontrarietät, Neutralität, Heterogenität, Alienität) und zwar das auf vier Dimensitätsstufen erscheinende Prinzip der Heterogenität. Jedes Grundgebiet hat eine elementare und drei endliche Heterogenitätsstufen oder Dimensionen, welche un-, ein-, zwei- und dreidimensionale Objekte bedingen: das Gebiet ist also stets dreidimensional (d. h. es hat ausser der elementaren drei endliche

Dimensionen) und es giebt darin un-, ein-, zwei- und dreidimensionale Objekte, welche in Heterogenitätsverhältnissen zueinander stehen. Wenn man nun das Wesen eines Reiches als eine Qualitätsstufe ansieht, wodurch die subordinirten Reiche in ein Heterogenitätsverhältniss treten; so bildet diese Qualitätsstufe für jedes Reich eine Dimensität von einer gewissen Anzahl von Dimensionen. Das Ätherreich erscheint dann als das undimensionale Naturreich mit einer für die geistige Auffassung elementaren Qualität. Das Mineralreich erscheint als das eindimensionale Naturreich mit physischer und mathematischer Dimension, das Pflanzenreich als das zweidimensionale Naturreich mit physischer, mathematischer und logischer Dimension, das animalische Reich als das dreidimensionale Naturreich mit physischer, mathematischer, logischer und philosophischer Dimension.

Da die Objekte eines Reiches nicht die allgemeinen, unendlichen Werthe der Grundeigenschaften dieses Reiches, sondern spezielle Werthe derselben besitzen und solche speziellen Werthe auch auf unendlich kleine oder elementare Werthe oder auf Spuren herabsinken können; so wird jedes Reich Objekte enthalten, in welchen die oberste Grundeigenschaft nicht in endlichen Werthen oder vollständig erscheint; diese oberste Grundeigenschaft wird vielmehr nach Dimensitätsstufen entwickelt erscheinen. Demzufolge wird es im Ätherreiche, welches ein Elementarreich ist, nur undimensionale Ätherobjekte, im Mineralreiche dagegen undimensionale und eindimensionale Mineralien geben, indem unter den letzteren vollständige, unter den ersteren aber unvollständige, schwache Mineralien von minimaler Ausdehnung, Dauerhaftigkeit, Masse (Gravitationsfähigkeit), Affinität und Form zu verstehen sind. Im Pflanzenreiche sind dann un-, ein- und zweidimensionale Pflanzen zu erwarten. Im animalischen Reiche aber muss es un-, ein-, zwei- und dreidimensionale geistige Wesen geben, wovon die ersten drei durch die geistigen Wesen, welche keine philosophischen Vermögen haben, nämlich durch die eigentlichen Thiere in abgestuften Klassen, die vierten aber durch die mit vollständigem oder philosophischem Geiste begabten animalischen Wesen, welche Menschen heissen, vertreten sind. Dass die Geisteskraft eines Menschen, obwohl sie dreidimensional ist, nicht nothwendig normal zu sein, d. h. in allen Stücken dem positiven reellen Weltgesetze zu entsprechen braucht, sondern durch die Zusammenwirkung mit den ungeistigen Weltobjekten in jedem Grade anomal sein kann, ist selbstverständlich. Im Allgemeinen weicht jedes Individuum von dem absolut normalen Zustande mehr oder weniger ab.

Gleichviel nun, welchen Grad die Geisteskraft irgend eines animalischen Wesens hat, irgend Etwas, das den Geist als Weltkraft charakterisirt, muss allen animalischen Wesen vom höchsten bis zum niedrigsten, vom normalsten bis zum anomalsten gemein sein. Dieses Gemeinsame bildet die primitiven Grundeigenschaften des Geistes, welche in jedem Wesen noch sehr verschiedene spezielle Werthe annehmen, also mehr oder weniger stark, mehr oder weniger normal, dem normalen Weltgesetze entsprechend oder davon abweichend sein können, aber doch eines gewissen gemeinsamen Grundcharakters nicht entbehren können. Mit anderen Worten, die Menschen, Pferde, Vögel, Fische, Fliegen, Würmer, Infusorien müssen als animalische Wesen gewisse Grundeigenschaften gemein haben, es kann aber hoch und niedrig begabte, kluge und dumme, gute und böse, richtig und falsch denkende, gesunde und kranke, normal und anomal, richtig und verkehrt funktionirende Menschen, Pferde, Vögel, Fische, Fliegen, Würmer, Infusorien geben. Es fragt sich nun, worin die primitiven geistigen Grundeigenschaften bestehen.

142. **Die allgemeinen Kriterien des animalischen Wesens.** Das geistige Vermögen des animalischen Wesens oder animalischen Geschöpfes beruhet nicht wie das vegetabilische Vermögen der Pflanze auf einem Zellensysteme oder auf einer Summe gleichartiger Zellengruppen, sondern auf einem einheitlichen Systeme eigenartiger, verschiedener Grundorgane, welche ein Nervensystem bilden. Jedes animalische Wesen hat ein Nervensystem, die Pflanze nicht, und der Geist funktionirt unmittelbar durch das Nervensystem und ich nenne diese Funktionirung eine philosophische Thätigkeit.

Das animalische Wesen hat einen vegetabilischen Leib, welcher nun ein vitaler Leib heisst. Derselbe besteht aus Zellen, bezw. Zellensystemen, welche unter der Herrschaft des Nervensystems oder der Geisteskraft logisch funktioniren. Das animalische Wesen ist daher zugleich ein logisch-philosophisch funktionirendes Zellensystem.

Das animalische Wesen hat wegen der Zusammensetzung der Zellen aus Mineralelementen zugleich einen mineralischen Körper, welcher an sich mathematisch, unter der Herrschaft der oberen Vermögen aber mathematisch-logisch-philosophisch funktionirt.

Endlich hat das animalische Wesen wegen der Zusammensetzung der Mineralatome aus physischen Elementen ein physisches System, welches an sich physisch oder sensuell, unter der Herrschaft der oberen Vermögen aber physisch-mathematisch-logisch-philosophisch funktionirt.

Mit den physischen oder Sinneswerkzeugen steht das animalische Wesen in unmittelbarer Wechselwirkung mit der Aussenwelt. Mittelbar steht es durch die übrigen Vermögen auch mit dem Mineral-, dem Pflanzen- und dem animalischen Reiche in Wechselwirkung. Vermöge der Geisteskraft aber bildet es ein selbstständiges Innensystem.

Dieses Innensystem und namentlich das spezifische Geistessystem ist, wie schon gesagt, ein einheitliches oder ein Einheitssystem, der Geist funktionirt als ein ungetheiltes Ganzes in einer bestimmten Formweise. Ob ein animalisches Wesen ein, zwei oder mehr Augen, Ohren, viel oder wenig Glieder hat, ob es mit einem oder mit mehreren dieser Organe thätig ist, immer ist seine Thätigkeit eine vom Ganzen geleitete, im geistigen Gesammtsysteme liegende Funktion. Ob ein animalisches Wesen, wie mancher Wurm, durch äussere oder auch durch seine Lebenskräfte spaltbar ist und nach der Spaltung in mehreren animalischen Wesen erscheint, ist für die einheitliche Funktionirung der Geisteskraft unwesentlich: solange die Spaltung nicht eingetreten ist, bildet das Wesen ein einheitlich funktionirendes System.

Das geistige Vermögen stellt keinen durch bestimmte Merkmale definirbaren logischen Inbegriff, wie die Pflanze, keine logische Gemeinschaft von konkreten Zuständen, welche durch feste Merkmale begrenzt sind, dar, sondern bildet eine Gesammtheit aller möglichen, d. h. nach Weltgesetzen möglichen Merkmale, welche ich Kriterien nenne, dasselbe repräsentirt also einen eigentlichen Weltbestandtheil oder ein Stück des allgemeinen wirklichen, d. h. geistig erkennbaren Weltsystems, einen Bestandtheil, welcher für ein spezielles Individuum grösser und kleiner, höher und niedriger dimensionirt sein kann, aber stets durch die Allheit seiner Merkmale innerhalb eines gegebenen Bereiches charakterisirt ist. Das animalische Wesen kann innerhalb dieser Grenzen alles Mögliche sehen, hören, thun, lieben, überhaupt alle für dasselbe möglichen Zustände annehmen und Thätigkeiten vollziehen. Die Grenzen seiner Fähigkeiten sind theils durch einen ehemaligen Schöpfungsprozess, theils durch die spätere Zusammenwirkung mit der Aussenwelt bestimmt, behalten aber immer eine durch Kriterien zu definirende Allgemeinheit und einen Zusammenhang, welche das animalische Wesen als ein einheitliches Gesammtganzes mit unendlicher Variabilität seiner Zustände erscheinen lassen. Geistiges Gesetz ist daher nichts Anderes, als Weltgesetz, d. h. Gesetz der wirklichen oder der geistigen oder der erkennbaren Welt, in den einzelnen Individuen eine stärker oder schwächer ausgeprägte, höher oder niedriger dimensionirte, mehr oder weniger normale oder vom reinen Weltgesetze abweichende, in mathematischer Ausdrucksweise aus positiven, negativen, reellen, imaginären, dimensionirten, variirten Elementen bestehende mögliche Spezialität des wirklichen Weltgesetzes.

Was nun die allgemeinen, d. h. die allen animalischen Wesen zukommenden Grundeigenschaften des Geistes oder des geistigen Vermögens betrifft; so ist die erste das Bewusstsein, nämlich die Fähigkeit des Subjektes, sich eines Zustandes seiner selbst bewusst zu sein und diesen Zustand auf ein Objekt zu deuten, welches entweder wirklich besteht oder nach der Auffassungsweise des Subjektes möglicherweise bestehen kann, welches also immer ein wirkliches oder ein vermeintliches Weltobjekt ist. Diese Deutung eines inneren Zustandes auf ein äusseres Objekt oder dieses Erblicken eines Objektes in seinem eigenen Zustande ist die Erkenntniss eines wirklichen oder eines möglichen Objektes: mit Bezug auf die Aussenwelt ist also Bewusstsein auch Erkenntnissvermögen. Jedes animalische Wesen hat ein Bewusstseins- oder Erkenntnissvermögen. Wenn die Fliege vermittelst ihrer optischen Organe ein äusseres Objekt sieht oder zu sehen meint, oder wenn die Auster vermittelst ihrer sensibelen (ästhematischen) Organe ein äusseres Objekt fühlt oder zu fühlen meint; so befindet sie sich in einem bewussten Zustande, welchen sie auf ein äusseres Objekt deutet oder worin sie ein wirkliches oder mögliches Objekt erkennt. Ein wirkliches äusseres Objekt kann durch seinen optischen oder ästhematischen Prozess der Erreger des inneren Bewusstseinszustandes des Subjektes sein: wenn aber ein solches äusseres Objekt nicht existirt, ist das Subjekt der Selbsterreger, und auch wenn ein äusseres Objekt die Veranlassung zu der Erkenntniss des Subjektes giebt, ist dieses doch vermöge seines geistigen Systems der Erzeuger des physiologischen Erkenntnissprozesses nach Beschaffenheit und Form oder der Selbstbegründer des Bewusstseins von einem bestimmten inneren Geisteszustande.

Die zweite geistige Grundeigenschaft ist das Vermögen, seinen Zustand mit jedem anderen, nach dem Wesen des Subjektes möglichen Zustande zu vertauschen, mit seinen Zuständen in jeder Richtung zu wechseln, also in unendlich viel neue Zustände einzutreten oder Zustände zu schaffen. Es muss jedoch ausdrücklich hervorgehoben werden, dass es sich bei diesem Schaffen von neuen Zuständen lediglich um den Wechsel zwischen alten und neuen Zuständen, also um Fortschritt der geistigen Erkenntniss in jeder möglichen Richtung handelt, welcher gleichbedeutend ist mit der beliebigen Veränderung des Standpunktes, den der Geist augenblicklich in dem Weltsysteme annimmt. Andere als solche Fortschrittsprozesse kommen bei dem reinen Schaffensvermögen nicht in Betracht, sondern stellen sich in der Zusammenwirkung und Kombination dieses Vermögens mit den übrigen ein: wir verstehen daher unter dem Schaffensvermögen das in neue Bahnen einlenkende oder zu neuen Standpunkten hinführende Fortschrittsvermögen, welches, insofern der Schaffensprozess nicht wirklichen, sondern nur möglichen äusseren oder nur inneren, subjektiven Prozessen entspricht, ein Einbildungsvermögen ist. Jedes animalische Wesen hat ein solches Schaffens-, Fortschritts-, Einbildungsvermögen. Der Käfer und der Wurm fliehen theils vor den verschiedensten äusseren Objekten, unzweifelhaft auch vor nicht existirenden, eingebildeten Objekten, immer aber auf Grund von inneren Zuständen der verschiedensten Art, in welchen ihre innere Thätigkeit wechselt und sich ihr Schaffensvermögen bekundet.

Die dritte geistige Grundeigenschaft ist die Selbstbestimmung oder Freiheit, d. h. das Vermögen, die Ursachen zu Wirkungsprozessen in sich selbst zu tragen oder die Fähigkeit, sich zu Wirkungen unbehindert und unabhängig von der Aussenwelt zu entschliessen, was natürlich die Kombination innerer und äusserer Prozesse, also die Mitwirkung der Aussenwelt, des vitalen Leibes, des mineralischen Körpers und die dadurch bedingte Begrenzung der Freiheit im wirklichen Thun oder in der Ausführung eines Entschlusses nicht ausschliesst. Jedes animalische Wesen hat Freiheit; es gebraucht seine Sinne frei, es bewegt sich frei, es begattet sich frei u. s. w., d. h. es entschliesst sich frei zu allen Prozessen, obwohl es diesen Entschluss nicht immer vollbringen kann, auch zu manchen Wirkungen durch die Aussenwelt gezwungen wird, was für die Freiheit seiner eigenen, möglichen Entschliessung unwesentlich ist.

Die vierte geistige Grundeigenschaft ist das Vermögen der Gemeinschaft oder Qualität oder das Vermögen zur Bethätigung von Neigungen, da Neigungen nur die auf dem Streben nach Gemeinschaft oder Qualitätsausgleichung oder Verbindung beruhenden Kräfte bezeichnen. Jedes animalische Wesen besitzt Neigungen zur Verbindung sei es mit wirklichen gleichdimensionirten Wesen durch Begattung, sei es zur Assimilation vegetabilischer und mineralischer Stoffe, sei es zur Aufnahme physischer, sensueller Eindrücke, sei es zur Kombination rein innerlicher geistiger Zustände, eine Kombination, die bei den obersten, dreidimensionalen animalischen Wesen als eine Hingabe an die wirkliche und an die mögliche Welt erscheint. Jedes Thier hat gewisse physische Objekte (Licht-, Schall-, Wärmeeindrücke), gewisse Mineral- und Pflanzenstoffe, gewisse Bewegungszustände, Gesellschaften und sonstigen äusseren Objekte und inneren Zustände gern oder ungern, sucht sie oder flieht sie und ist gegen andere Zustände unempfindlich: die Fähigkeit, solche Neigungen zu bethätigen, wohnt dem animalischea Wesen als eine bestimmte geistige Qualität inne.

Die fünfte geistige Grundeigenschaft ist das Vermögen der Erregung durch Variations- oder Gestaltungstriebe in einem Einheitssysteme. Hierauf beruhet das physische, mineralische, vitale und geistige Einheitssystem des animalischen Wesens und die Art und Weise seiner Variation oder Funktionirung, worunter, wenn es sich um die Formvariation des rein innerlichen, geistigen Systems handelt, die Erregung zu verstehen ist. Jedes animalische Wesen hat Erregungstriebe. Wenn die Mücken im hellen, warmen Sonnenschein fröhlich tanzen, so bekunden sie damit eine angenehme, freudige Erregung, und wenn der gereizte Stier brüllend ein Wesen zerschmettert, zeigt er eine unangenehme, zornige Erregung. Vermöge solcher Triebe kann das animalische Wesen sich ohne äussere Einwirkung selbst erregen, sie bezeichnen also ein ihm innewohnendes Vermögen.

Indem wir jedem animalischen Wesen geistige oder philosophische Kräfte zuschreiben, müssen wir hinzufügen, dass die Organisation dieser Kräfte, die Formbildung und Lokalisirung von Zentralorganen für diese Kräfte von der Dimensitätsstufe, welche der Geist eines solchen Wesens einnimmt, abhängt. Im Menschen, als dem dreidimensionalen geistigen Wesen, sind alle, also auch die philosophischen Kräfte zentralisirt, in den oberen Thierklassen sind wohl die logischen, nicht aber die philosophischen Kräfte zu selbstständigen philosophischen Vermögen organisirt, sondern bilden eine Summe von Elementen ohne bestimmte Wirkungszentren. In den unteren Thierklassen sinken auch die logischen und dann die mathematischen Vermögen auf dieses Niveau des Elementarzustandes herab.

Es ist wichtig, den wesentlichen Unterschied zwischen den geistigen und den vegetabilischen Vermögen festzustellen. Zu dem Ende sage ich, die vorstehenden fünf geistigen Grundeigenschaften bezeichnen nicht nur eine Fähigkeit, sondern auch das Bestreben zur Bethätigung dieser Fähigkeit, also das Bestreben zur Erkenntniss, zum Schaffen, zur

Selbstbestimmung, zur Bildung einer Gemeinschaft, zur Selbstgestaltung. Demgemäss bildet das geistige System ein ruheloses, niemals in dauerndes Gleichgewicht kommendes System, hat also eine gewisse Ähnlichkeit mit dem ebenfalls ruhelosen vegetabilischen Systeme. Der grosse Unterschied zwischen Beiden liegt aber darin, dass die Pflanze innerhalb eines durch gegebene Merkmale bestimmten Inbegriffes, den sie nicht selbst ändern kann, variirt, sodass ihre Prozesse einen durch ihren augenblicklichen Zustand und die eben bestehende Aussenwelt bedingten bestimmten Verlauf nehmen, wogegen das animalische Wesen seine Einwirkung auf den zu begehenden Prozess durch innere Kraft bestimmt, also eine freie Selbstbestimmung ausübt, welche der Pflanze ganz fremd ist. Die in neuerer Zeit vielfach verfochtene Meinung, dass alle geistige Thätigkeit auf dem Zwange äusserer oder gegebener Ursachen beruhe, wie es bei der Thätigkeit der Pflanze, des Minerals und des Äthers wirklich der Fall ist, stützt sich auf eine falsche Verallgemeinerung des Kausalitätsgesetzes (s. Nr. 146).

143. **Der menschliche Geist.** Der vollständige, dreidimensionale Geist ist der menschliche Geist, oder die mit vollständigem Geiste begabten animalischen Wesen heissen Menschen. Die Dreidimensionalität bedingt nicht die Normalität des Geistes, welche sich in der vollkommenen weltgesetzlichen Gestaltung desselben ausprägen würde; es kann Menschen mit normalem und mit anomalem Geiste geben: wir fassen jedoch jetzt den normalen Geist ins Auge und lassen die grössere oder kleinere Abweichung, welche der Geist jedes Individuums aufweis't, ausser Acht.

Der normale Geist entspricht dem normalen, wahren, echten, reinen Systeme der wirklichen Welt, er ist nach seiner formellen oder systematischen Beschaffenheit der Abdruck eines nach Weltgesetz geordneten vollständigen Gesammtobjektes, das menschliche Wesen ist eine Welt im Kleinen, ein Mikrokosmos: er vermag Zustände anzunehmen, welche allen wirklichen und allen weltgesetzlich möglichen Weltobjekten entsprechen, sich dieser Zustände bewusst zu sein und darin die Welt, bezw. das Weltgesetz zu erkennen. Durch die Zusammenwirkung mit seinen leiblichen, körperlichen und physischen Bestandtheilen und mit der Aussenwelt erleidet die Unendlichkeit der möglichen Zustände eines Individuums eine thatsächliche, aber keine prinzipielle Beschränkung (wir können z. B. nach der Struktur unserer Augen nur Farben zwischen den bestimmten Grenzen von Roth und Violet sehen; allein wir können jeden beliebigen der unendlich vielen zwischen diesen Grenzen liegenden Lichteindrücke aufnehmen und das Organisationsprinzip des Sensoriums ist auf die Annahme optischer Eindrücke schlechthin gerichtet).

Aus der Korrespondenz zwischen geistigen und weltlichen Zuständen folgt nicht ihre Identität, so ist z. B. die geistige Anschauung oder Vorstellung von einer Raumgrösse nicht mit dieser Grösse identisch: man nennt die erstere ein Noumenon und die letztere ein Phänomenon.

Da aber ein geistiger Zustand immer zugleich ein Weltzustand ist; so ist der geistige Zustand Noumenon und Phänomenon zugleich.

In oberster Dimensität oder mit oberster Dimension von endlicher (nicht unendlich kleiner oder verschwindender) Stärke tragen die geistigen Grundeigenschaften den Gesammtnamen philosophische Vermögen und folgende Spezialnamen. Das in beharrlichen Zuständen seine Erkenntnissfähigkeit bethätigende Bewusstsein heisst Vernunft oder mit Beziehung auf das durch diesen Zustand gedeutete wirkliche oder mögliche Weltobjekt Erkenntnissvermögen. Das rastlos thätige, nach fortschrittlicher Zustandsänderung strebende, auf Schaffung neuer Zustände oder Standpunkte gerichtete Vermögen heisst Phantasie, auch wegen der damit verbundenen Deutung innerer Zustände Einbildungskraft und wegen der Neuheit der erzeugten Zustände Schaffenskraft. Das in Freiheit, durch innere Ursachen wirkende Vermögen heisst Selbstbestimmungsvermögen. Das die Neigung zur Verbindung mit der Welt oder die Hingebung an die Welt auf Grund der Weltgemeinschaft bekundende Vermögen heisst Gewissen. Das in Formtrieben des geistigen Einheitssystems variirende oder funktionirende geistige Gestaltungsvermögen heisst ästhetisches Vermögen.

Diese fünf Vermögen kennzeichnen sich durch besondere Kriterien, in welchen sich das Bestreben des normalen Geistes, positiv reelle Werthe der betreffenden Vermögen zu realisiren, ausspricht. Diese Ziele nenne ich Ideale: der normale Geist strebt nach Idealen oder Vorbildern, deren Erreichung seine Vollkommenheit ausmacht. Das Ideal der Vernunft ist die Wahrheit, das der Phantasie die Erhabenheit (über das Gewöhnliche erhabene, ausserordentliche Neuheit), das des Selbstbestimmungsvermögens ist das Recht, das des Hingebungsvermögens ist das Gute (das die Erhaltung und Wohlfahrt der Welt Fördernde), das des ästhetischen Vermögens ist die Schönheit.

Zu den fünf dreidimensionalen, philosophischen, Gesammtheitsvermögen Vernunft, Phantasie, Selbstbestimmungsvermögen, Gewissen und ästhetisches Vermögen gesellen sich die fünf zweidimensionalen, logischen, Inbegriffsvermögen Verstand, Gedächtniss, Wille, Gemüth und Temperament, zu diesen die fünf eindimensionalen, mathematischen, Messbarkeitsvermögen als räumliches, zeitliches, mechanisches, chemisches und physiometrisches (krystallinisches) Anschauungsvermögen, zu den letzteren endlich die fünf undimensionalen, physischen, Sinnesvermögen Gesicht, Gehör, Gefühl, Geschmack und Geruch. Diese Vermögen, welche fünf geistige Grundreiche mit je fünf koordinirten Gebieten bilden, sind einander subordinirt, die oberen beherrschen die unteren. Hiermit soll gesagt sein, die Existenz der oberen Vermögen fordert die Existenz der unteren oder zieht deren Existenz nach sich, die oberen können nicht ohne die unteren bestehen, wogegen die unteren Vermögen nicht die Existenz der oberen nach sich ziehen, also in den danach organisirten Wesen ohne die oberen bestehen können. Es giebt daher keine Menschen oder philosophisch animalischen Wesen ohne logische, mathematische und physische Vermögen, es giebt aber obere Thiere oder logisch animalische Wesen ohne philosophische, jedoch mit logischen, mathematischen, physischen Vermögen, ferner untere Thiere oder mathematisch animalische Wesen ohne philosophische und ohne logische, jedoch mit mathematischen und physischen Vermögen. Kein oberes Thier besitzt philosophische Vermögen in endlichen, sondern nur in elementaren Werthen: es hat Bewusstsein und Erkenntnissfähigkeit, aber kein Bewusstsein der Wahrheit, kein Vermögen der wahren Welterkenntniss; es hat Schaffenskraft, aber kein Vermögen zum Schaffen des ausserordentlich Neuen oder des Erhabenen; es hat Selbstbestimmung oder Freiheit, aber kein Rechtsbewusstsein, kein Vermögen, sich im Rechte zu bestimmen; es hat Neigungen, aber keine Hingebung an das Gute zum Zweck der Weltwohlfahrt; es hat Gestaltungstriebe, aber keinen ästhetischen Schönheitstrieb.

Die Herrschaft der philosophischen Vermögen des Menschen verleihet allen seinen geistigen Vermögen einen philosophischen Charakter, d. h. die Ideale der oberen Vermögen verschaffen sich auch in den unteren Vermögen Geltung: der normale Mensch sucht aus Antrieb der Vernunft richtig zu denken, zu schliessen, vorzustellen, zu sprechen, zu handeln, räumlich, zeitlich, mathematisch anzuschauen, zu sehen, zu hören, zu fühlen u. s. w.; er sucht aus Antrieb der Phantasie, im Denken, Vorstellen, Handeln, Anschauen, in sensueller Thätigkeit fortzuschreiten, neue Eindrücke zu gewinnen; er bemühet sich aus Antrieb des Rechtsbewusstseins im Interesse Anderer zu denken, zu reden, zu handeln, anzuschauen, sensuell zu beobachten, er ist auf Antrieb des Gewissens geneigt, zum Wohle Anderer zu handeln, sich zu verbinden, zu erregen, zweckmässig zu verfahren; er sucht sich auf Antrieb des ästhetischen Vermögens ästhetisch, sittlich, anständig zu benehmen u. s. w.

Unter der Herrschaft des Geistes bekommen auch die vegetabilischen Eigenschaften des menschlichen Leibes, sowie die mineralischen Eigenschaften seines Körpers und die physischen Eigenschaften seiner ätherischen Elemente charakteristische Merkmale und Funktionen. Der menschliche Leib lebt, wächst, treibt, blüht nicht wie eine Pflanze, sondern als ein unter geistiger Herrschaft stehendes vitales Zellensystem.

Bei dieser Herrschaft des Geistes über die ungeistigen vegetabilischen, mineralischen und physischen Vermögen des Menschen und bei der Herrschaft der oberen Geisteskräfte über die unteren, überhaupt bei der Herrschaft der höheren Kräfte eines Natursystems über die niedrigeren Kräfte desselben Systems sind zwei sehr wichtige Dinge zu beachten. Erstens, nimmt die Herrschaft irgend eines Vermögens den übrigen Vermögen nicht ihre Qualität, Eigenart oder qualitative Selbstständigkeit. Diese Selbstständigkeit der Art eines jeden Grundvermögens ist unveränderlich, nur der spezielle Werth der in einem solchen Vermögen liegenden oder entstehenden Objekte ist veränderlich. Demgemäss ist Verstand oder Denkvermögen oder logisches Denken, ferner Gedächtniss, Wille, Gemüth, Temperament ein seiner Art nach selbstständiges Vermögen, dessen Wesen sich von dem Wesen der Vernunft, der Phantasie, der Selbstbestimmung, des Gewissens und des ästhetischen Vermögens durch eigenartige, unauslöschliche Kriterien unterscheidet.

Zweitens, ist die Selbstständigkeit der Art der subordinirten Vermögen nicht als eine Unabhängigkeit der aus gemeinschaftlicher Thätigkeit entspringenden Prozesse zu deuten. In der Thätigkeit eines Systems wirken alle seine Kräfte zusammen und beeinflussen sich in den durch solche Thätigkeit entstehenden speziellen Werthen, erzeugen also Resultate, welche durch alle Kräfte bedingt sind oder in welchen diese Kräfte in gegenseitiger Abhängigkeit wirken. Demgemäss wirken in jeder menschlichen Thätigkeit alle oberen und unteren Vermögen zusammen, die oberen beeinflussen die unteren und die unteren die oberen: es wirken auch immer die vitalen Kräfte des Leibes, die mineralischen Kräfte des Körpers und die physischen Kräfte der Körperelemente mit und endlich machen stets die Kräfte der Aussenwelt ihre Mitwirkung geltend, sodass eine menschliche Thätigkeit stets ein innerer subjektiver und ein äusserer objektiver Prozess zugleich ist, von welchem man, weil die darin herrschende Geisteskraft die oberste Kraft der wirklichen Welt ist, sagen kann und sagen muss, es sei ein wahrhafter Weltprozess, d. h. ein Prozess nach den Gesetzen der wirklichen Welt, in welchen alle Kräfte dieser Welt oder alle Naturkräfte vertreten sind.

Beispielsweise sind Raum und Zeit zwei völlig eigenartige, selbstständige mineralische Grundeigenschaften, welche ihre Eigenart niemals verlieren können. Gleichwohl sind ihre gemeinschaftlichen Thätigkeiten in einem Mineralprozesse voneinander abhängig, indem ihre speziellen Werthe in einem solchen Prozesse sich bedingen. Eine Masse m kann mit beliebiger Geschwindigkeit v gegeben sein: der spezielle Werth des Raumes a, welchen diese Masse in der Zeit t durcheilt, ist dann von dieser Zeit t abhängig, und umgekehrt ist der spezielle Werth der Zeit t, in welcher sie den Raumweg a beschreibt, von diesem Raume a abhängig, diese Raum- und Zeitwerthe bedingen sich also, obgleich Raum und Zeit zwei selbstständige Grundeigenschaften sind. Ein Mineral ist ausserdem zugleich räumlich, zeitlich, mechanisch, chemisch, physiometrisch, sowie auch optisch, akustisch, kalorisch, elektrisch, osmetisch thätig und unterliegt dabei der Mitwirkung der Aussenwelt, also des Äthers, des Mineralreiches, des Pflanzenreiches und des Thierreiches, soweit die drei letzteren Reiche mit dem thätigen Minerale in Gemeinschaft treten.

Bei der Herrschaft der oberen über die unteren Vermögen eines Objektes ist noch zu erwähnen, dass Objekte mit höheren Vermögen in die Thätigkeit eines Objektes mit niedrigeren Vermögen möglicherweise eingreifen können, aber nicht nothwendig eingreifen müssen, wogegen Objekte oder Bestandtheile mit niedrigeren Vermögen zur Thätigkeit eines Objektes mit höheren Vermögen stets nothwendig vorhanden sein müssen. Der Affe kann ohne Vernunft mittelst des Verstandes denken; der Mensch kann jedoch nicht mittelst seiner Vernunft das Wahre erkennen, ohne zugleich mittelst seines Verstandes zu denken. Die Pflanze kann ihre Vegetationskraft äussern, ohne geistige Kraft zu besitzen; das animalische Wesen kann jedoch nicht seine Geisteskraft bethätigen, ohne zugleich das vegetabilische System seines Leibes, das mineralische System seines Körpers und das physische System seiner sensuellen Elemente in Thätigkeit zu setzen. Mit ihrer Vegetationskraft kann die Pflanze auf die Bestandtheile des vitalen Leibes des animalischen Wesens, das Mineral kann auf die Bestandtheile seines mineralischen Körpers, der Äther kann auf die physischen Elemente seiner Sinne wirken, wenn diese sich jener Wirkung darbieten: umgekehrt, kann das animalische Wesen auf die Pflanze, auf das Mineral, auf den Äther, selbstredend aber auch auf animalische Wesen wirken; ein wichtiges Resultat dieser Wirkung ist die Kultur, welche der Mensch im Pflanzenreiche (durch Veredelung), im Mineralreiche (z. B. durch mechanische und chemische Operationen), im physischen Reiche (durch Entdeckung und Verwendung physischer Eigenschaften), im Thierreiche (durch Züchtung) und in der menschlichen Gesellschaft (durch Belehrung, Ausbildung u. s. w.) hervorbringt.

In Folge der Zusammenwirkung der animalischen Organe verleihet ein äusserer optischer Prozess nicht nur unserem Gesichtsorgane, sondern auch unserem Anschauungs-, Begriffs- und Erkenntnissvermögen eine bestimmte Form. Dasselbe thut ein äusserer akustischer Prozess: die Ansprache eines Anderen versetzt den geistigen Organismus des Hörers in einen Zustand, welchen man als die Übertragung des geistigen Zustandes des Ersteren auf den Letzteren ansehen kann. Durch Betasten, Belecken, Beriechen eines Gegenstandes erlangt der Mensch eine mehr oder weniger vollständige Vorstellung von dem Gegenstande: die ästhematischen, gustischen, osmetischen Prozesse erzeugen also gewisse Zustände des Vorstellungsvermögens. Umgekehrt, erzeugt ein geistiger Prozess bestimmte Prozesse in den unteren Organen: ein Phantasiegebilde oder auch eine Gedächtnissvorstellung wirkt auf alle übrigen, insbesondere auf die Stimmorgane des Menschen, was sich, wenn er dieser Wirkung hörbaren Ausdruck geben will, durch seine Sprache kundgiebt. (Wenn sich solche geistige Zustände auch auf die Gefühlsorgane übertrügen, also bestimmte ästhematische Vibrationen in den sensibelen Nerven der äusseren Haut hervorriefen, und wenn diese Vibrationen in den Handnerven bei dauernder Festhaltung einer inneren Vorstellung intensiv genug wären, um von einem fein fühlenden Menschen durch stetige Berührung mit seiner Hand wahrgenommen und in sein eigenes Vorstellungsvermögen übertragen zu werden; so würde Diess das Aufsehen erregende Gedankenlesen des Engländers Cumberland erklären).

Wegen der Herrschaft der philosophischen Vermögen im Menschen stehen alle menschlichen Thätigkeiten unter philosophischem Gesetze (was anomale Wirkungen nicht ausschliesst). Wegen der Herrschaft der Geisteskraft überhaupt stehen aber in jedem animalischen Wesen alle Thätigkeiten unter den allgemeinen Geisteskräften, und die koordinirten Kräfte kombiniren sich miteinander. Demgemäss denkt, gedenkt, handelt, liebt, freuet sich, schauet räumlich, zeitlich, mechanisch, stofflich, physiometrisch an, sieht, hört, fühlt, schmeckt, riecht der Mensch mit Bewusstsein, in wechselnd neuen Vorstellungen, in Freiheit, mit Neigung und aus Gestaltungstrieb. (Unter der Herrschaft oder Mitwirkung der geistigen Selbstbestimmung, also als ein System höherer und niedrigerer Vermögen, erscheint der menschliche Wille frei, ist aber an sich oder als einfaches, selbstständiges Vermögen durchaus unfrei: der Mensch kann sich zu einer Handlung in bestimmter Absicht vermöge seiner philosophischen Selbstbestimmung frei entschliessen, den Entschluss auch willkürlich ändern; abgesehen von dieser Mitwirkung der philosophischen Vermögen ist jedoch die Handlung oder die Wirkung des durch den Entschluss bestimmten Willens an das logische Kausalitätsgesetz gebunden).

Der normale, vollkommene, dem Weltgesetze entsprechende Geist ist ein unendlich vielseitiges, ein allseitiges System, welches sich in rastloser Veränderung und Thätigkeit befindet und in unbeschränkter Freiheit auf sich, auf die ungeistigen Bestandtheile des von ihm beherrschten Individuums und auf die Aussenwelt wirkt und mit diesen in Wechselwirkung steht, also von ihnen Wirkungen empfängt. Die ununterbrochene Zirkulation des Blutes im animalischen Leibe und die unausgesetzte Nerventhätigkeit ist eine Folge der rastlosen Thätigkeit des Geistes, da die vitale Thätigkeit des Leibes eine Rückwirkung auf die Nerventhätigkeit ausübt und diese die geistigen Prozesse darstellt. Der Blutumlauf des Menschen ist der Saftzirkulation der Pflanze analog, weil sie ein vitaler Prozess ist: während jedoch die Pflanze von äusserer Wärme und anderen Einwirkungen abhängt, beweis't die Regelmässigkeit des Blutumlaufes und ihre Beziehung zur Nerventhätigkeit einen höheren Grad der Unabhängigkeit von der Aussenwelt, bekundet also die Selbstständigkeit und Selbstwirkung der geistigen Kraft. Der eigentliche Beweis für die Rastlosigkeit der einheitlichen Geisteskraft liegt jedoch nicht in der stetigen Blutzirkulation und der Herzthätigkeit, welche als vitale Prozesse auch noch eine Zeit lang nach dem Tode des animalischen Wesens fortdauern können, sondern in der ununterbrochenen Nerventhätigkeit: das Nervensystem befindet sich in stetiger Funktionirung, welche auch im Schlafe nicht erlischt, sondern nur umgestaltet wird, welche aber im Augenblicke des Todes jedenfalls ihre einheitliche Funktionirungsweise verliert.

Im Individuum, als einer Spezialität des animalischen Wesens, repräsentirt sich nicht der Geist in seiner weltgesetzlichen Vollkommenheit, Reinheit, Normalität, sondern in speziellen Werthen, welche durch die Mitwirkung seiner ungeistigen Kräfte und der Aussenwelt eine gewisse Beschränkung und Abweichung vom Normalzustande erleiden. Jedes endliche Objekt ist ein Theil des gleichartigen unendlichen Objektes, hat einen speziellen Werth, ist also in Bezug auf das unendliche Ganze unvollständig und weicht von der Beschaffenheit dieses Ganzen mehr oder weniger ab. Das Vibrationsvermögen des physischen Elementes hat nicht den Umfang des Vibrationsvermögens des Äthers.

Die Kohäsionskraft der Mineralatome ist begrenzt, auch nicht für alle Atome desselben Minerals absolut gleich; eine äussere Expansionskraft von gewisser Stärke zerreisst das Mineral. Eine Pflanzenzelle funktionirt nur innerhalb eines durch bestimmte Merkmale gegebenen Inbegriffes, trägt also nicht jede mögliche Vegetationskraft in sich. Ein Mensch kann nur gewisse Farben und Lichtstärken sehen, nur gewisse Töne hören, nur gewisse Wärmegrade fühlen; er kann nur endliche Raumobjekte anschauen, nur endliche Zeitereignisse erfahren, nur endliche motorische Kräfte äussern; er kann nur bestimmte, durch endlich verschiedene Merkmale definirte Begriffe, nicht alle absolut möglichen, durch stetig variabele Merkmale zu definirenden Begriffe denken, er kann sich nicht das Unendliche in Raum, Zeit, Kraft, Affinität und Gestaltung vorstellen, nicht alle absolut möglichen Handlungen ausführen; er kann auch nicht durch seine Vernunft alles Wahre in absoluter Reinheit und Gewissheit erkennen, nicht durch seine Phantasie alles absolut mögliche Neue schaffen, nicht durch sein Rechtsbewusstsein absolute, durchaus einwandsfreie Gerechtigkeit üben, nicht durch sein Gewissen allen möglichen Anforderungen der Hingebung genügen, nicht durch sein ästhetisches Vermögen vollkommen Schönes gestalten. Nur dem normalen Geiste kommen diese Fähigkeiten zu. Der normale Geist kann das wahre Weltgesetz (d. h. das Gesetz der wirklichen Welt) vollständig erkennen, durchaus erhaben schaffen, absolut recht thun, vollkommen gut sein, unbedingt schön gestalten und sich verhalten.

Die Unvollkommenheit des individuellen Geistes ist nicht nur durch die endlichen speziellen Werthe seiner Eigenschaften, sondern auch durch die Mitwirkung seiner ungeistigen Organe und der Aussenwelt bedingt. Der Einfluss dieser für den Geist äusseren Kräfte führt Beschränkungen und Anomalien mit sich, die zu unüberwindlichen Hemmungen werden können. In der Blindheit ist das Sehvermögen, in der Taubheit das Hörvermögen dauernd gehemmt, im Schlafe sind alle rein geistigen Vermögen zeitweise in ihrer natürlichen Thätigkeit behindert. Der Schlaf ist ein Vorgang von grosser naturwissenschaftlicher Bedeutung. Man kann sagen, im Schlafe werden die geistigen Kräfte latent, d. h. (nach Nr. 88 und 92) an der Manifestirung ihrer geistigen Thätigkeit gehindert, nicht aber unwirksam gemacht, sondern in anders funktionirende Kräfte mit äquivalenten Wirkungsvermögen umgewandelt. Demgemäss erscheinen im normalen Schlafe alle geistigen Kräfte nicht in freier, einheitlicher, spezifisch geistiger Gesammtthätigkeit, sondern in einer Funktionirungsweise, bei welcher ihre Wirkung auf sich selbst in eine verstärkte und modifizirte Assimilations- und Organisationsthätigkeit umgewandelt erscheint, sodass mit dem Latentwerden der geistigen Kräfte ein Freiwerden von Vitalitätskräften, beim Erwachen aber mit dem Latentwerden der vitalen Kräfte ein Freiwerden der geistigen Kräfte verbunden ist. Die Wirksamkeit des Schlafes besteht also darin, dass der Mensch, der am Abend mit der durch den Tagesverbrauch geschwächten geistigen Energie einschlief, am Morgen mit einem Ersatze jenes Verlustes erwacht, ein Ersatz, der durch Umwandlung vitaler Kräfte in geistige Kräfte hervorgebracht wird, aber doch keine Schwächung der vitalen Kräfte bedingt, weil diese Kräfte durch die Assimilation von Nährstoffen im Schlafe verstärkt sind, weil also im Schlafe zugleich eine Umwandlung von Mineralatomen in Zellen und von Zellen in Nervenelemente stattgefunden, mithin der Ersatz der verbrauchten Geisteskraft im Schlafe vermittelst Energie- und Äquivalenzprozesse dem Mineral- und Pflanzenreiche entnommen ist. Eine ähnliche Wirkung wie die Ermüdung bringen Betäubungsmittel, z. B. Chloroform, hervor, indem sie die geistigen Kräfte latent, aber nicht absolut unwirksam machen, vielmehr äquivalente Prozesse hervorrufen, welche sich in mancherlei Weise, z. B. in Angriffen auf die Herzthätigkeit äussern. Auch der hypnotische Zustand muss als ein Latentwerden gewisser Geisteskräfte gedeutet werden.

Mir scheint, dass das Latentwerden des Geistes im Schlafe wesentlich darin besteht, dass die kreisende Funktionirung des Nervensystems oder der Nervenstrom seine Strömungsthätigkeit, auf welcher hauptsächlich die innere, spezifische Geistesthätigkeit beruhet, in eine longitudinal stagnirende, aber in allen Elementen seitlich transversal und translatorisch auf die vitalen Organe wirkende Thätigkeit umgewandelt wird. Das Erwachen zieht die entgegengesetzte Umbildung, also den Wiedereintritt der Nervenströmung und somit die Restitution der vollen Geisteskraft nach sich. Im Übrigen erfolgt das Latent- und das Freiwerden der Geisteskräfte schrittweise: mir scheint, dass zuerst die Sinne, zu allererst das Sehvermögen, zuletzt das Bewusstsein latent und dass, umgekehrt, beim Erwachen zuerst das Bewusstsein und zuletzt das Sehvermögen frei werden und dass der Traum, als unvollständiger Schlaf, auf einer partiellen und unvollständigen Latenz der Geisteskräfte beruhet.

Der Schlaf ist also im Wesentlichen eine Erlöschung des Selbstbewusstseins oder der einheitlichen Nerventhätigkeit durch Umwandlung zu einem in allen Elementen nach aussen, d. h. auf die vitalen Organe wirkenden Prozesse, während das Erwachen den Einheitsprozess wieder herstellt. Ich habe an mir die Beobachtung gemacht, dass das logische Denken, das Nachdenken über Probleme, das Überlegen, das Grübeln, überhaupt die Beanspruchung des Verstandes und der Vernunft im Bette das Einschlafen hindert, dass dagegen das Gedenken, das Erinnern, die bildliche Vorstellung, überhaupt die reine Gedächtniss- und Phantasiethätigkeit das Einschlafen fördert. Diess erklärt sich dadurch, dass der Denkprozess durch fortgesetzte Bildung einheitlicher Inbegriffe, also durch eine von aussen nach innen gerichtete Thätigkeit den geistigen Einheitsprozess und damit das Bewusstsein stärkt oder doch erhält, also an der zersplitternden Umwandlung hindert, wogegen der Gedächtnissprozess, weil er einen Fortschritt von einem Anfangswerthe darstellt, also gewissermaassen von innen nach aussen arbeitet, diese Umwandlung erleichtert. Beim Erwachen bin ich mehr zum Denken geneigt und denke oft mit gutem Erfolge, während ich zu reinen Gedächtnissprozessen, insbesondere zu denen, welche das Einschlafen förderten, abgeneigt bin.

Wie das animalische Wesen durch Ermüdung oder Verausgabung von Geisteskraft in den nächtlichen Schlaf sinkt, so fällt die Pflanze durch Erschöpfung ihrer Vegetationskraft in den Winterschlaf und auch im Sommer in periodische Latenz dieser Kraft, indem durch Umwandlung dieser Kraft verstärkte und modifizirte Mineral-, insbesondere die zur Aufnahme und Vertheilung von Nährstoffen dienenden Kräfte frei gemacht oder freier gestellt werden, um im Frühling bei umgekehrter Umwandlung als verstärkte Vegetationskräfte aufzutreten.

Das Mineral, welches zu seiner Erhaltung nicht der Ernährung, also nicht des Eingriffes in das Ätherreich bedarf, kennt keinen Schlaf, wohl aber den Latenz- und Befreiungsprozess für die speziellen Werthe seiner Eigenschaften, wie derselbe bereits in Nr. 88 und 92 geschildert ist. Beim Schmelzen und Vergasen wird Wärme, also physische Kraft in mineralische Kraft, bei der Kondensation und Erstarrung dagegen mineralische Kraft in physische umgewandelt.

Wenn man will, reihet sich an den periodischen Wechsel von wachen und schlafen in Folge ersetzbarer Schwächung der nicht periodische Prozess des Sterbens in Folge unersetzbarer Schwächung der Lebenskraft an. Auch dieser Prozess, welcher, wie der Schlaf, mit dem Erlöschen der Sinne, zuerst des Gesichts, zu beginnen und mit dem Erlöschen des Bewusstseins zu endigen scheint, ist eine Umwandlung geistiger Vermögen in äquivalente vegetabilische, mineralische und physische Vermögen, jedoch eine Umwandlung ohne Restituirbarkeit, und gestattet wegen des in der Umwandlung liegenden Latentwerdens der geistigen Kräfte, das nicht mit absoluter Vernichtung verwechselt werden darf, sondern eine Wirksamkeit in anderer Weise voraussetzt, Schlussfolgerungen von wesentlicher Bedeutung, auf welche wir zurückkommen werden.

Es herrscht in vielen Kreisen die irrige Meinung, dass der Geist ein für sich bestehendes, isolirbares Objekt sei. Der Geist ist offenbar eine Eigenschaft, welche man wohl eine Kraft, ein Vermögen, eine Fähigkeit nennen kann, unter der man aber immer die einem animalischen Wesen zukommende oberste Grundeigenschaft zu verstehen hat, ohne welche dieses Wesen kein animalisches Wesen ist und welche auch ohne dieses Wesen nicht bestehen kann. Objekt und Eigenschaften bedingen sich gegenseitig, Keines von Beiden kann ohne das Andere existiren.

Der unmittelbare Träger einer Grundeigenschaft ist ein Bestandtheil eines Grundgebietes (so ist z. B. die Ausdehnung, der Ort, die Richtung eine Eigenschaft des Raumgebietes und ein spezieller Ausdehnungswerth, ein spezieller Ort, eine spezielle Richtung eine Eigenschaft einer Raumgrösse). Das Grundgebiet aber ist selbst ein unveräusserlicher Bestandtheil eines Grundreiches, welches stets fünf Grundgebiete umfasst und daher ebenfalls nicht isolirt werden kann (so ist der Raum ein unveräusserlicher Bestandtheil des Mineralreiches, welches ausser dem räumlichen das zeitliche, das mechanische, das chemische und das krystallinische Gebiet umfasst, sodass also eine reine Raumgrösse nicht als wirkliches Objekt erscheinen kann). Das Grundgebiet muss daher gleichfalls einen Träger haben und dieser Träger ist ein Grundreich. Immer kombiniren sich mit einem Grundreiche alle ihm subordinirten Reiche, das Reich also, welches isolirbare Objekte aufweis't, ist stets ein aus subordinirten Reichen bestehendes Gesammtreich. Das animalische Individuum gehört dem aus dem physischen, dem mineralischen, dem vegetabilischen und dem geistigen Reiche zusammengesetzten Reiche an und der Geist oder die geistige Eigenschaft ist daher keine einfache, sondern eine zusammengesetzte Eigenschaft, welche nur in einem wirklichen animalischen Wesen auftreten kann. Die besondere Betrachtung oder Isolirung einer Eigenschaft in unserer Vorstellung ist keine wirkliche, sondern nur eine gedachte Isolirung, also eine Abstraktion. Der menschliche Geist vermag daher Welteigenschaften in seiner Abstraktion zu isoliren oder zu betrachten, es darf jedoch daraus nicht die wirkliche Isolirbarkeit von Eigenschaften, auch nicht die wirkliche Isolirbarkeit des Geistes gefolgert werden.

In Betracht, dass das tiefere Reich die Kräfte der höheren Reiche zwar nicht manifest und in endlichen Werthen, wohl aber latent und in unendlich kleinen, verschwindenden, elementaren Werthen enthält, kann man sagen, dass jedes wirkliche isolirte Objekt ein Bestandtheil des Weltreiches ist und als solcher alle wirklichen Weltkräfte, d. h. alle physischen, mineralischen, vegetabilischen und animalischen Kräfte theils in manifesten endlichen Werthen als Lebens- oder Naturkräfte, theils in latenten unendlich geringen Werthen als Schöpfungskräfte enthält, wobei jedoch unter Schöpfungskräften nur die vom Äther herstammende Fähigkeit der Freimachung latenter Kräfte von höherer Dimensität unter gewissen Bedingungen, nicht aber die Kräfte zu verstehen sind, durch welche der Äther selbst geschaffen und mit seinen Eigenschaften ausgerüstet ist. Hiernach ist jedes Weltobjekt, jedes Ätherobjekt, jedes Mineral, jede Pflanze ein Inhaber nicht von endlichem, manifestem wirklichem Geiste, wohl aber von elementaren latenten geistigen Kräften, welche erst durch Schöpfungsprozesse und in der Zusammenwirkung unendlich vieler solcher Elemente in wirkliche Geisteskräfte übergehen oder geistige Wesen erzeugen können. Obgleich eine Eigenschaft, eine Kraft, ein Vermögen nicht isolirt werden kann; so nimmt man doch an, dass sie aus einem Objekte auf ein anderes übertragen, auch dass sie in demselben Objekte in eine äquivalente Eigenschaft verwandelt werden könne. Nichtisolirbarkeit und Übertragbarkeit würden einen Widerspruch bilden, wenn Übertragung als der Übergang eines Bestandtheiles eines Objektes auf ein anderes Objekt aufgefasst wird. Es kann keine Eigenschaft aus einem Objekte entfliehen und sich in einem anderen Objekte niederlassen; es kann sich vielmehr nur der spezielle Werth einer Eigenschaft in einem Objekte ändern, ohne seinen Träger zu verlassen: wenn dann während eines Wirkungsprozesses sich der Werth einer Eigenschaft in dem einen Objekte um so viel vermindert, wie er sich in dem anderen Objekte vermehrt; so nennt man Diess eine Übertragung des aus dem ersten Objekte verschwindenden Werthes auf das andere Objekt. Ebenso kann in einunddemselben Objekte die Verminderung des Werthes einer Eigenschaft eine Vermehrung des Werthes einer anderen Eigenschaft zur Folge haben: alsdann nennt man den Vorgang eine Verwandlung oder einen Äquivalenzprozess.

In diesem Sinne kann denn auch geistige Kraft von einem Individuum auf ein anderes Individuum und unter Verwandlung in äquivalente Kräfte auf andere Objekte aller Reiche übergehen; eine wirkliche Übertragung, welche die Möglichkeit einer Isolirung der Geisteskraft voraussetzt, ist Diess jedoch nicht: isolirt kann diese Kraft oder der Geist nicht werden. Die Vorstellung des Geistes als eines selbstständigen Objektes, welche in dem Namen einer Seele Ausdruck findet, ist durchaus unzutreffend.

Auf den ersten Blick scheint durch Vorstehendes die Vergänglichkeit des animalischen Wesens und seines Geistes besiegelt zu sein. Thatsächlich verschwindet auch ein Objekt und somit das animalische Wesen aus der wirklichen Welt durch Auflösung des Systems von Grundbestandtheilen, welche das Reich, dem das Objekt angehört, ausmacht. Eine solche Auflösung nennen wir den Tod des Objektes. Der Tod des Menschen ist eine wirkliche und unwiederbringliche Vernichtung des Individuums mit allen seinen animalischen Eigenschaften, also auch mit seinem Geiste. Dieser Geist kann nicht in irgend einem Weltwesen fortexistiren; er wird bei der Annäherung des Todes allmählich in äquivalente vegetabilische, mineralische und physische Kräfte des Leichnams und anderer äusserer Objekte umgewandelt. Insofern nun aber die Grundsubstanz der wirklichen Welt, nämlich der Äther selbst aus einem Voräther geschaffen ist, bedingt die Auflösung des animalischen Individuums zwar die Unmöglichkeit der Fortexistenz des Individuums in einer identischen Form, nicht aber die Unmöglichkeit der Fortexistenz in einer äquivalenten oder gleichwerthigen Form: denn hierdurch ist es nicht ausgeschlossen, ja es ist im höchsten Grade wahrscheinlich, dass zwischen den Objekten der wirklichen Welt und dem Voräther eine Wechselwirkung besteht, wie sie zwischen diesen Objekten und dem wirklichen Weltsysteme thatsächlich obwaltet, und hierdurch ist die Möglichkeit gegeben, dass jedes Objekt des wirklichen (erkennbaren) Weltreiches während seines Lebens unausgesetzt gewisse Impulse auf den Voräther ausübt, welche ein vorätherisches Wesen bilden, das der Träger von äquivalenten Kräften des wirklichen Objektes wird und das Fortleben dieses Objektes in einer äquivalenten vorätherischen Form oder die Unsterblichkeit des Menschen und aller wirklichen Wesen ermöglicht. Ehe wir auf die Beziehung zu einer höheren Welt und auf die Schöpfung des animalischen Wesens näher eingehen, wollen wir die rein geistigen oder philosophischen Vermögen des Menschen vorführen.

144. **Die Vernunft.** Das Objekt des ersten philosophischen Vermögens, nämlich der Vernunft, ist die Idee, worunter ein durch

Kriterien als ein dem Weltgesetze entsprechender Weltbestandtheil, also ein nach Weltgesetzen nothwendiges, wirkliches oder mögliches, im Allgemeinen ein weltgesetzlich mögliches (realisirbares) Objekt zu verstehen ist. Die Thätigkeit der Vernunft heisst erkennen und demzufolge sie selbst das Erkenntnissvermögen. Nach dem Obigen ist zu unterscheiden zwischen dem inneren oder subjektiven Geisteszustande der Vernunft und dem damit nach der Meinung des Individuums korrespondirenden äusseren Weltbestandtheile: der erstere Zustand ist das Bewusstsein des Individuums, der letztere Zustand ist das vorgestellte Objekt. Der innere Geisteszustand hat für das Individuum immer die Bedeutung eines äusseren Objektes, d. h. der Mensch deutet sein Bewusstsein stets auf ein äusseres Objekt: wegen der Selbstständigkeit des individuellen Geistes und der Aussenwelt kann es sich aber ereignen, dass das gedeutete Objekt dem Gesetze der wirklichen Welt widerspricht oder unmöglich ist; ausserdem kann, wenn das von der Vernunft zu erkennende Objekt als ein wirklicher oder möglicher Weltbestandtheil gegeben ist, das Bewusstsein des Individuums, wenngleich es einem möglichen Weltbestandtheile entspricht, doch nicht den gegebenen vertritt; es kann mithin zwischen der im Bewusstsein getragenen, auf ein Objekt gedeuteten Idee die Übereinstimmung mit dem Weltgesetze sowohl hinsichtlich der allgemeinen, als auch hinsichtlich der speziellen Gesetzlichkeit fehlen, unsere Idee kann ebensowohl eine unmögliche sein, als auch den Weltthatsachen zuwider laufen.

Das Ideal der Vernunft ist die Wahrheit, d. h. die normale Vernunft setzt die subjektive Idee in Übereinstimmung mit dem Weltgesetze, sie erkennt Wirkliches als Wirkliches (Reales), Mögliches als Mögliches (Realisirbares), Gegebenes als Gegebenes, Thatsächliches als Thatsächliches (wirklich Realisirtes). Die Übereinstimmung der subjektiven Idee mit dem darunter verstandenen Weltobjekte ist daher das Kriterium der Wahrheit. Das wahre Erkennen ist das Wissen und demzufolge ist die Vernunft, als Wissensvermögen, die Heimath der Wissenschaft. In ihren Operationen strebt die normale Vernunft nach Wahrheit und alle ihre Prozesse sind auf Erzielung der Wahrheit gerichtet. Die individuelle Vernunft soll unverkennbar zufolge des allgemeinen Weltgesetzes nach Wahrheit streben, vermöge ihrer Unvollkommenheit kann sie das Ziel verfehlen, in Irrthum verfallen, auch durch Selbstbestimmung des Geistes genöthigt werden, sich von diesem Ziele abzuwenden, sich und Andere zu täuschen und zu belügen. In die allgemeine Theorie der Vernunft gehört daher neben der positiven Wahrheit und deren Eigenschaften auch der Irrthum, der Zweifel und das ganze System positiver und negativer, neutraler, heterogener und aliener Grundprinzipien, Apobasen und Grundsätzen, sodass sich diese Theorie wie jede andere in fünf Grundfesten darstellt. Über diese Grundfesten der Vernunft und der übrigen philosophischen Vermögen habe ich mich in den „Naturgesetzen", der „Welt nach menschlicher Auffassung", den „Grundlagen der Wissenschaft" und der „Äquivalenz der Naturkräfte" soweit ausgesprochen, dass ich mich hier auf die kurz gefasste Andeutung der fünf Grundeigenschaften der wahren Erkenntniss beschränken kann. Dieselben sind

1. der Inhalt, die Weite, die Quantität der Idee, welche für die wahre Idee in der Übereinstimmung des Bewusstseins mit dem äusseren Objekte im vollen Umfange besteht.

2. Die Beschaffenheit oder Inhärenz der Idee, welche den Standpunkt bezeichnet, welchen das Bewusstsein in unserem Geiste und das Objekt in der Welt einnimmt. Die Übereinstimmung beider macht die positive Wahrheit, die Nichtübereinstimmung die negative Wahrheit oder den Irrthum aus, wogegen die mangelnde Gewissheit der wahren und der unwahren Erkenntniss den neutralen Zustand des Bewusstseins oder den Zweifel bedingt.

3. Der Grund, Urgrund, das begründende Prinzip oder die Relation, in welchem die Idee als das Resultat wirkender Ursachen zu den Grundlagen des Weltsystems steht, also ihre Übereinstimmung mit der weltgesetzlichen Kausalität nachweis't und wodurch mithin die Wahrheit der Erkenntniss begründet wird.

4. Die Qualität der Idee, welche sich namentlich in der Übereinstimmung mit nothwendigen, wirklichen oder möglichen Weltbestandtheilen kundgiebt.

5. Die Modalität oder der systematische Zusammenhang der Idee nach ihrer Gesetzmässigkeit oder Abhängigkeit von gegebenen Bedingungen, woraus für eine wahre Idee die Übereinstimmung mit dem Weltgesetze in Hinsicht auf die systematische Gestaltung hervorgeht.

Wenngleich ich hier auf die übrigen Grundfesten der Vernunft nicht weiter eingehe; so kann ich doch die Bemerkung nicht zurückhalten, dass sich diese Grundfesten, also die philosophischen Grundprozesse, Grundprinzipien, Apobasen und Grundsätze durch Verallgemeinerung der mathematischen, bezw. der logischen Grundfesten ergeben. So würde man z. B. den in Nr. 60 und 130 besprochenen mathematischen und logischen Grundsatz für das philosophische Gebiet so formuliren: Alles, was in der wirklichen Welt wahrhaft ist und was sich ändert, sowie Alles, was in dieser Welt nach Weltgesetzen möglich ist und jede mögliche Änderung muss eine zureichende äussere Ursache haben. (Dass die wirkliche Welt selbst eine äussere Ursache haben müsse, folgt aus diesem Grundsatze, welcher nur für jeden speziellen Weltzustand eine ausserhalb dieses Zustandes, aber doch innerhalb des Weltgesetzes liegende Ursache fordert, noch nicht: möglicherweise hat das Dasein der wirklichen Welt keine äussere Ursache; s. jedoch weiter unten Abschnitt IX).

Soweit es sich bei dem philosophischen Prozesse lediglich um einen reinen Vernunftsprozess handelt, welcher nur die Erkenntniss einer Idee bezweckt, hat man es mit der reinen oder formalen Philosophie zu thun, welche in dem philosophischen Reiche eben dieselbe Stellung einnimmt, wie die formale Logik in dem logischen Reiche. Aus der Kombination der Vernunft mit den übrigen Geistesvermögen ergiebt sich die Philosophie der Phantasie, des Rechtes u. s. w. Hierdurch übertragen sich die

Eigenschaften und Funktionen der Vernunft auf alle übrigen Gebiete, fordern also Wahrheit in allen Thätigkeiten, Begründung in allen Wirkungen, beanspruchen das Recht der Kritik und der Entscheidung über Wahrheit in allen Dingen, verlangen vernunftgemässes, d. h. wahrhaft gutes und gesetzmässiges Verhalten in allen Gebieten.

Indem sich die Vernunft mit dem Verstande verbindet, fordert sie Wahrheit im Denken, in der Logik (wahre Prämissen u. s. w.) und in allen Wissenschaften, sie erhebt überhaupt erst das System von logisch Gedachtem, mathematisch Angeschauetem und physisch Beobachtetem zur eigentlichen, nämlich zur wahren Wissenschaft.

Da die Idee nach ihren Kriterien eine Allgemeinheit besitzt, wie sie in analoger Weise dem Verstandesbegriffe nach dessen Merkmalen zukömmt; so nimmt sie der Verstand in der Form eines verallgemeinerten ideellen Begriffes auf, man kann also sagen, der Mensch erkennt, indem er in allgemeinen, wahren Begriffen denkt.

145. **Die Phantasie.** Das zweite philosophische Vermögen ist die Phantasie oder die Einbildungskraft, das Vermögen des Geistes, sich auf neue Standpunkte zu erheben, d. h. sich in Zustände zu versetzen, welche über das Gewöhnliche hinaus gehen und nicht mit gewöhnlichen, bekannten gebräuchlichen Mitteln zu erreichen sind, welche also etwas wahrhaft Neues darstellen. Diese Thätigkeit der Phantasie ist das Schaffen. Das Ideal der Phantasie ist die Erhabenheit oder die ideelle, ausserordentliche, erhabene Neuheit. Als Grundeigenschaften der Phantasie sind zu nennen: 1. die quantitative Erheblichkeit, Bedeutsamkeit, Grossartigkeit des erstehenden, noch nicht dagewesenen, neuen Objektes (seine Quantität oder sein Umfang). 2. Die dem Geschaffenen inhärirende Beschaffenheit, seine Aussergewöhnlichkeit, Ausserordentlichkeit, Idealität oder seine durch den Fortschritt über die Grenzen des Bekannten bemessene Neuheit. 3. Als Relation die Beziehung des Geschaffenen zu der Mitwelt oder die darin liegende Wirkungskraft, sein Relationswerth als geisterbewegende, epochemachende, grundlegende, Zwecke erfüllende Erfindung. 4. Die qualitative Eigenart oder Genialität. 5. Die formelle Eigenthümlichkeit oder die Originalität. (Die Ausdrücke Genialität und Originalität werden auch synonym gebraucht).

Die Phantasie schafft in ideellen Vorstellungen oder Gebilden und symbolisirt dieselben durch die zur Rede erhobene Sprache. Durch die Erhebung der physischen Stimmlaute zu Symbolen für logische und philosophische Objekte wird sie die Schöpferin der Sprache. In aller Reinheit, d. h. unter Beschränkung auf das reine Gebiet der ideellen Vorstellungen, symbolisirt durch die Sprache, erzeugt die Phantasie die Poesie oder die Dichtkunst, welches letztere Wort zugleich eine Verbindung mit der Kunst oder dem ästhetischen Vermögen anzeigt. Im Allgemeinen ist die Phantasie die Schaffenskraft in allen menschlichen Thätigkeiten, sie bedingt den Fortschritt in der Wissenschaft, in der Welterkenntniss und in jedweder geistiger Ausbildung, sie kann als die eigentliche geistige Lebenskraft angesehen werden.

Durch Vergesellschaftung der Vernunft und der Phantasie verbinden sich die beiden selbstständigen Ideale Wahrheit und Neuheit. Ihre primitive Selbstständigkeit leuchtet ein: das Wahre braucht nicht neu, das Neue braucht nicht wahr zu sein, kann vielmehr auf Irrthum beruhen, also eine Erdichtung oder eine Hypothese sein. Die Vernunft hat die Wahrheit einer von der Phantasie geschaffenen Vorstellung zu prüfen und festzustellen; dabei ist übrigens zu beachten, dass nach dem Obigen die Wahrheit nicht unbedingt Übereinstimmung mit der wirklichen, thatsächlichen Existenz, sondern im Allgemeinen Übereinstimmung mit der nach Weltgesetzen möglichen Existenz verlangt. Wenn Schiller in seiner Dichtung sagt „Er stand auf seines Daches Zinnen ...“, so entspricht das Gedicht wohl nicht der Wirklichkeit, wohl aber der Möglichkeit und enthält darum poetische Wahrheit. Dagegen entspricht die griechische Mythologie nach dem Urtheile der entwickelten Vernunft und Wissenschaft nicht der Möglichkeit, erscheint also als ein irrthümliches Gebilde oder als eine Erdichtung.

146. **Das Selbstbestimmungs- bezw. Rechtsvermögen.** Das dritte philosophische Vermögen ist das Selbstbestimmungsvermögen unter dem Ideale des Rechts oder das Rechtsvermögen, worunter das Vermögen zu verstehen ist, die geistige Selbstbestimmung oder Freiheit im Weltinteresse so zu beschränken, dass die grösstmögliche Freiheit Aller ermöglicht wird. Die Äusserung der Freiheit ist der Entschluss oder die Entschliessung zu einem Thun, das Objekt oder die Wirkung des Selbstbestimmungsvermögens ist die auf Entschliessung beruhende That. Das Rechtsvermögen ist daher auch das Vermögen, sich zum Rechtthun zu entschliessen. In der „Äquivalenz der Naturkräfte“ Nr. 84, S. 407 ff. glaube ich dargethan zu haben, dass der Mensch wahrhaft frei, nicht, wie von Manchem angenommen wird, scheinbar frei ist, dass er nämlich die Fähigkeit hat, durch reine Selbstbestimmung einen Entschluss zu fassen, welcher den Grund seiner Handlung bildet, sodass die Definition der Freiheit als das Handeln aus Gründen nur eine Worterklärung, aber keine Sacherklärung enthält, indem sie Nichts über die Herstammung der Gründe aussagt. Der in der „Äquivalenz der Naturkräfte“ enthaltenen Begründung der Freiheit des Geistes füge ich jetzt noch den Hinweis auf die absolute Freiheit hinzu, welche der Geist bei der Wahl der Basen jedes Gebietes bekundet. Wir sind offenbar völlig unbehindert, jeden beliebigen Grössenwerth zur Grösseneinheit, jeden beliebigen Ort zum Nullpunkte unserer mathematischen Erkenntniss zu wählen. Natürlich wählen wir in einem speziellen Falle irgend einen speziellen bestimmten Werth: allein, diese Wahl wird doch nur durch unser Belieben, unsere Laune, unsere Willkür, nicht durch einen äusseren Zwang, sondern nur durch einen Zwang, welchen wir selbst auf uns ausüben, bedingt. Meines Erachtens ist also der Mensch in der Wahl der Gründe seiner Handlung frei, d. h. sich selbst bestimmend. Damit ist nicht gesagt, dass er jeden Entschluss ausführen kann, auch nicht, dass er bei der Fassung

desselben sich nicht auch durch äussere Ursachen mitbestimmen lassen könnte, auch nicht, dass die Ausführung eines Entschlusses nicht bestimmten Gesetzen unterliege. Die Meinung, dass alles Geschehende auf mathematisch strengen oder zwingenden, oder auf logisch bestimmbaren Wirkungsgesetzen und äusseren (ausserhalb des Thätigkeitsvermögens liegenden) Ursachen beruhen müsse und desshalb alle Vorgänge im menschlichen Geiste solchen mathematisch-logischen Gesetzen unterliegen, welche den menschlichen Geist wie eine mathematisch-logische Maschinerie erscheinen lassen, die ihm nur Das zu thun verstattet, was er wirklich thut, halte ich für irrthümlich. Das Wesen des Geistes bekundet sich nicht durch seine unteren, sondern durch seine oberen Vermögen, also weder in sensuell physischen, noch in anschaulich mathematischen, strengen, noch in logisch verallgemeinerten, an Merkmale geknüpften, sondern in rein geistigen oder philosophischen Gesetzen, welche den Geist als ein selbstständiges, unabhängiges, sich selbst bestimmendes, freies Gesammtganzes hinstellen, das allerdings mit äusseren Kräften physisch, mathematisch und logisch, aber auch philosophisch, nämlich mit Bethätigung seiner Selbstbestimmung zusammenwirkt.

Die Ausführung eines Entschlusses ist, als Wirkung auf ein äusseres Objekt, solange der Entschluss unverändert bleibt, kein philosophischer, sondern ein logischer, mit mathematischer und physischer Thätigkeit verknüpfter Prozess. Dass derselbe bestimmten Gesetzen unterliegt, ist selbstverständlich, und diese Gesetze sind es, welche man nach meiner Ansicht unter den Begriff der Kausalität zu subsumiren hat. Die Handlung des Menschen unterliegt daher Kausalitätsgesetzen, insofern der Entschluss konstant bleibt; in der Entschliessung zu einer Handlung aber ist der Mensch frei, d. h. nur seiner Selbstbestimmung oder Willkür unterworfen, wesshalb man wohl sagen kann, die Kausalität des reinen Geistes oder die innere, philosophische Kausalität ist die Freiheit, und da der Mensch auch während der Handlung seinen Entschluss fortgesetzt frei ändern kann; so gilt auch für die lediglich auf Selbstbestimmung beruhende geistige Handlung kein anderes Kausalitätsprinzip als die Freiheit.

Wenn man für Freiheit und äussere Kausalität ein anschauliches Bild sucht; so denke man sich eine wirkungsfähige Energiemasse in einen räumlichen Behälter eingeschlossen, welcher mit Schleusen versehen ist, die sich ohne Reibungswiderstand öffnen und schliessen lassen. Indem der Herrscher dieses Behälters nach seinem Belieben eine Schleuse mehr oder weniger weit öffnet, womit ein Energieverbrauch nicht verbunden ist, strömt die wirksame Masse in bestimmter Menge aus und verrichtet nach fest bestimmten Kausalitätsgesetzen eine Arbeit, welche einer Ausgabe von innerer Energie seitens des Motors und einem Empfange von Energie seitens der Aussenwelt entspricht.

Wenn man die Rücksicht auf das Interesse der Gesammtheit ausser Acht lässt, ist das in Rede stehende Vermögen schlechthin das Selbstbestimmungsvermögen. Das philosophische Selbstbestimmungsvermögen erkennt jedoch als Ideal das Recht an, und in dem Bestreben nach Verwirklichung dieses Ideals ist das Vermögen das Rechtsvermögen. Der Mensch, welcher das Ideal des Rechts vernachlässigt, entschliesst sich nach Willkür und ist wegen der Abweichung vom Rechtsideale, wegen der Verletzung des Interesses der Gesammtheit dieser und auch seinem Gewissen, welches Beachtung der Ideale zur Weltwohlfahrt fordert, verantwortlich. Eine solche Verantwortlichkeit und ein Schuldbewusstsein ist offenbar nur möglich, wenn der Mensch wirklich frei in seiner Entschliessung ist. Es soll hiermit nicht behauptet werden, dass die menschliche Selbstbestimmung keinen Weltgesetzen unterliege: im Gegentheil, muss die Vernunft das Zugeständniss machen, dass jedes Objekt und jeder Prozess in der Welt auf Weltgesetzen beruhet; allein, es ist zu behaupten, dass die Weltgesetze, welche sich in der menschlichen Selbstbestimmung manifestiren, keine wirklichen, d. h. der wirklichen Welt angehörigen Gesetze sein können, dass sie keine zwingende Kraft, keine eigentliche, reelle, endliche Kausalität zu äussern vermögen. Man muss einräumen, dass ein mit höheren als geistigen, also auch mit höheren als wirklichen Weltkräften begabtes Wesen den Menschen durchschauen und sein Thun aus allgemeinerer Weltgesetzlichkeit vorhersehen kann, dass jedoch hierdurch der Mensch weder zu einem Entschlusse genöthigt, noch an einem Entschlusse gehindert wird, dass er sich also nicht auf solche Weltgesetze berufen und seine Verantwortung einem ausser ihm liegenden Wesen zuwälzen kann.

Die Grundeigenschaften des Rechts sind, erstens, als Quantität die Rechtssphäre des Einzelnen, der Gesellschaft, der Gattung, überhaupt des Rechtssubjektes. Zweitens, als Inhärenz die auf Erwerbung von Rechten beruhende Beschaffenheit der Befugnisse einer Rechtsperson, entsprechend also der Stellung seiner Rechtssphäre im allgemeinen Rechtsgebiete. Drittens, die Relation des Rechts oder das Rechtsverhältniss, welches man in seiner primären Bedeutung als Selbstbestimmung im Recht, in seiner sekundären Bedeutung aber als das bei der Wirkung nach aussen, also bei einer Rechtshandlung in Betracht kommende Rechtsverhältniss, welches Gleichgewicht oder Übereinstimmung des Willens des aktiven und des passiven Subjektes voraussetzt, ansehen kann. Die Wirkung selbst ist die Rechtshandlung, welche auf Leistung und Gegenleistung beruhet. Die nicht im Willensgleichgewichte vollbrachte Handlung ist im Allgemeinen Gewaltthat, wofür der aktive Thäter die Verantwortung, bezw. die Folgen trägt, was ihm Entschädigungspflicht auferlegt und die Gesammtheit zur Strafverhängung für unausgleichbare Handlungen berechtigt. Viertens, die Qualität des Rechts als Singularrecht, Gattungsrecht (Staatsrecht), Gesammtheitsrecht (darunter das Naturrecht der Thiere). Fünftens, die Modalität des Rechtes, welche sich in der Form des bürgerlichen Gesetzes (Zivil- und Kriminalgesetz) ausspricht.

Unter den Grundprinzipien sind als Kontrarietäten das Recht und das Unrecht, die Aktivität und die Passivität, das Thun und das Ertragen, unter den Neutralitäten aber die Irrelevanz zu nennen.

Von den Apobasen des Rechts nimmt die Stelle des logischen Urtheils das Urtheil des Richters ein, wenn man darunter die Konstatirung der Übereinstimmung gegebener Thatsachen und Handlungen nach Maassgabe ihrer Wirkungen oder Folgen mit einem Rechtsverhältnisse oder einer Rechtshandlung versteht. An die Stelle des logischen Schlusses tritt das Rechtserkenntniss, als die Folgerung des Richters aus vermittelnden Thatsachen auf die einer Handlung beizumessenden rechtlichen Folgen. (Häufig wird ein richterliches Erkenntniss auch ein Urtheil genannt, diese beiden Ausdrücke werden also synonym gebraucht, während die vorstehenden beiden Apobasen eine verschiedene Bedeutung haben).

Zu den Grundsätzen des Rechts gehören einerseits die Grundsätze des bestehenden, aktuellen, praktischen Rechts, welche der Einsicht und Willkür der gesetzgebenden Faktoren ihre Entstehung verdanken, sodann aber die Grundsätze des natürlichen, philosophischen Rechts oder die Grundrechte, auf welche der Mensch nach dem Zeugnisse der Vernunft nach Maassgabe des obwaltenden Kulturzustandes ein natürliches Anrecht hat.

In Verbindung mit der Vernunft huldigt das Recht der Wahrheit (verlangt als wahrhaftes Recht Übereinstimmung der Grundrechte mit Weltgesetzen, fordert auch zu einem richterlichen Erkenntnisse die Konstatirung der Wahrheit der Prämissen durch wahrheitsgetreue Zeugnisse). In Verbindung mit der Phantasie huldigt das Recht dem Fortschritte (fordert eine mit der Kultur fortschreitende Legislative). In Verbindung mit dem Gewissen huldigt das Recht der Wohlfahrt der Welt (verfolgt moralische Zwecke, ohne dass doch Zweckerfüllung oder Bedürfnissbefriedigung der Urgrund des Rechts wäre, welcher Letztere in der Ermöglichung grösster Freiheit liegt). In der Verbindung mit dem ästhetischen Vermögen huldigt das Recht der Schönheit, der Wohlanständigkeit, der Sitte. Andererseits verleihet das Selbstbestimmungsvermögen allen übrigen koordinirten und subordinirten Vermögen die Freiheit der Bethätigung, d. h. der Eingriff des Selbstbestimmungsvermögens ist es, welcher die übrigen Vermögen als frei erscheinen lässt.

Wie in den mathematischen (mechanischen) Wirkungsprozessen sich Raum, Zeit und Materie und wie in den logischen Handlungen sich Verstand, Gedächtniss und Wille oder denken, vorstellen, und wollen kombiniren, so vergesellschaften sich im philosophischen Thun oder in der Rechtshandlung Vernunft, Phantasie und Selbstbestimmungsvermögen oder erkennen, schaffen und selbstbestimmen.

147. **Das Gewissen.** Das vierte philosophische Vermögen ist das Gewissen, worunter ich das Vermögen der Hingebung an die Welt oder der Selbstaufopferung für die Welt verstehe, das auf einer Neigung zur Gemeinschaft mit der Welt beruhet. Das Ideal des Gewissens ist das Gute, nämlich das zur Wohlfahrt der Welt, also in erster Linie zur Erhaltung der Welt Dienliche, im Allgemeinen das zur Erfüllung von Weltzwecken oder zur Befriedigung von Weltbedürfnissen Geeignete, indem solche Zwecke und Bedürfnisse die Wohlfahrt und

Erhaltung der Weltgemeinschaft anstreben. Die Neigungen des Gewissens erscheinen als Gesinnungen, in ihren Beziehungen zum Rechtsbewusstsein treten sie wegen ihrer Weltgesetzlichkeit als Gewissenspflichten auf. Die wissenschaftliche Theorie dieser Pflichten, welche, soweit es die Beziehungen in der Menschengattung betrifft, auf der Nächstenliebe beruhen, ist die Moral.

Gleichwie im mathematischen (chemischen) Prozesse sich Raum, Zeit, Materie und Stoff und im logischen Neigungsprozesse sich Verstand, Gedächtniss, Wille und Gemüth (denken, vorstellen, wollen und neigen) kombiniren, ebenso wirken im philosophischen Hingebungsprozesse Vernunft, Phantasie, Selbstbestimmung und Gesinnung zusammen. Die reinen Grundeigenschaften des Gewissens müssen daher aus komplizirten Geisteszuständen herausgeschält werden, wobei es leicht kommen kann, dass etwas Unwesentliches für etwas Wesentliches gehalten wird. Unter Vorbehalt der hiernach etwa erforderlichen Berichtigungen möchte ich die fünf Grundeigenschaften des normalen Gewissens, dessen auf das Gute gerichteter Prozess die Tugendübung ist, folgendermaassen kennzeichnen. 1. Der durch reine Liebe zum Guten, durch reine Selbstlosigkeit, Uneigennützigkeit bedingte moralische Werth der Gesinnung, indem derselbe den Umfang oder die Quantität dieser Gesinnung bezeichnet. 2. Das Bestreben und der Eifer zur Förderung des Wohles Anderer oder zur Erhaltung der Welt, insoweit es der Gesinnung einen Standpunkt im Gewissensgebiete oder eine Beschaffenheit verleihet, welche diese Gesinnung als einen grösseren oder kleineren Fortschritt zum wahrhaft Guten kennzeichnet. 3. Der Relationswerth der Gesinnung oder ihre Wirksamkeit, ihre moralische Kraft, welche sich als Gutesthun, Wohlthätigkeit, Hülfe, im Allgemeinen als Tugend oder Hingebung an die Welt oder zu einer Weltgemeinschaft bethätigt. 4. Die Qualität der Gesinnung mit Bezug auf das zu verbindende Objekt, welches ein Mensch, ein Thier, eine Pflanze, ein Mineral sein kann.*) 5. Die Modalität der Gesinnung, welche die Sittlichkeit (das anständige, würdige Verhalten) ausmacht, also das Sittengesetz umschliesst. (Die Namen Tugendlehre, Ethik, Moral bezeichnen bald weitere, bald engere Theile der Theorie der Gewissenspflichten).

Die Grundprinzipien, z. B. die Kontrarietät des Guten und Bösen, der Tugend und des Lasters, und die Neutralität des Indifferenten, für die Wohlfahrt der Welt Unempfindlichen, sowie die Apobasen und die Grundsätze des Gewissens lasse ich auf sich beruhen, da ihre Ableitung nach dem Früheren bewirkt werden kann.

Hinsichtlich der Kombination des Gewissens mit den übrigen Vermögen bemerke ich, dass das Gewissen in Verbindung mit dem Selbstbestimmungsvermögen als ein innerer Richter über unser Thun erscheint, dass es das Gefühl der Verantwortlichkeit für unsere Entschliessungen und Handlungen bedingt und dass, umgekehrt, das

---

*) Auf S. 291 der „Grundlagen der Wissenschaft" habe ich irrthümlich die Hingebung als vierte Grnndeigenschaft genannt.

Selbstbestimmungsvermögen die Gesinnungen des Gewissens in Thaten (tugendhafte und lasterhafte Handlungen) umsetzt und dem Gewissen die Freiheit seiner Gesinnungen gewährt, dass aber auch die Vernunft das Gewissen ihrer Kritik unterwirft und dass die Phantasie dem Gewissen die Wege zur Erhebung und idealen Reinheit bahnt.

148. **Das ästhetische Vermögen.** Das fünfte philosophische Vermögen ist das ästhetische Vermögen, welches man als das Gebiet der Entfaltung nach Weltgesetzen auffassen kann. Das Ideal des ästhetischen Vermögens ist die Schönheit, worunter die Entfaltung nach reinen Weltgesetzen zu verstehen ist. Diese Entfaltung ist eine geistige Variation, eine Umgestaltung zu vollständigerer Erfüllnng eines weltgesetzlichen Zusammenhanges oder zur Herstellung einer vollkommeneren Weseneinheit, eine Veredelung, wozu das ästhetische Vermögen vermöge innerer Veredelungstriebe nöthigt. Diese Triebkraft äussert sich als eine Erregung, welche im positiven Sinne das Wohlgefallen am Schönen ausmacht. Als Grundeigenschaften eines Entfaltungszustandes kann man, erstens, seinen ästhetischen Umfang oder Werth, zweitens, seinen ästhetischen Ort oder Standpunkt, drittens, seine ästhetische Wirksamkeit oder seinen Effekt, viertens, seine ästhetische Qualität, fünftens, seinen ästhetischen Charakter nennen. Will man jedoch das Wesen der Schönheit definiren; so geschieht Diess durch die Grundeigenschaften 1. Reinheit, Makellosigkeit u. s. w., 2. Ebenmaass, Symmetrie, Proportionalität, Angemessenheit u. s. w., 3. Einheit im Effekte, Wohlverhältniss, Eurhythmie, Anmuth u. s. w., 4. Harmonie, Zusammenstimmung, Einheit in der Gemeinschaft, Stil u. s. w., 5. Einheit in der Mannichfaltigkeit und Mannichfaltigkeit in der Einheit, Edelheit, Gesetzlichkeit, Vollkommenheit u. s. w.

Wie die übrigen philosophischen Gebiete hat auch das ästhetische Vermögen seine Grundprinzipien (z. B. als Kontrarietäten die Schönheit und die Hässlichkeit, das Wohlgefallen und das Missfallen, als Neutralität das kalt Lassende), seine Apobasen und seine Grundsätze.

Die ästhetische Entfaltung ist ein rein innerer Prozess, welcher sich von dem ästhetischen Vermögen über alle übrigen Vermögen ausbreitet und daselbst Vervollkommnungen oder vervollkommnende Entwicklungen, wie Anstand, Eleganz u. s. w. hervorbringt. In der Verwirklichung geistiger Entfaltungen durch äussere Objekte erscheint das ästhetische Vermögen als Kunst und seine Thätigkeit als Geschicklichkeit, Gewandtheit u. s. w. In Verbindung mit dem Gewissen erzeugt es die Sitte, in Verbindung mit der Phantasie das künstlerische Schaffen oder das Schaffen von Neuheiten im Gebiete der Kunst, in Verbindung mit der Wissenschaft die Eleganz der Darstellung.

149. **Die Zusammenwirkung der geistigen Vermögen und das System der Ideale.** Aus der obigen Definition der Grundvermögen jedes Reiches geht hervor, dass die fünf koordinirten Vermögen jeder Dimensitätsstufe und die analogen Vermögen der subordinirten Dimensi-

täten eine bestimmte Selbstständigkeit und Eigenart haben, welche den übrigen Vermögen durchaus fehlt oder fremd ist. Jedes dieser Vermögen operirt daher in einer selbstständigen, durch kein anderes Vermögen ersetzbaren Weise. Allein, die Eigenart der Thätigkeit eines Vermögens hat Nichts zu thun mit der Veranlassung oder Nöthigung zu einer solchen Thätigkeit und mit der Richtung, in welcher ein solches Vermögen zur Thätigkeit angetrieben wird. Demgemäss können und werden die Grundvermögen eines Individuums stets in einem naturgesetzlichen Zusammenhange operiren, indem die Thätigkeit des einen die Thätigkeiten aller übrigen beeinflusst, es werden also Wirkungen entstehen, welche Zusammensetzungen mehrerer, bezw. aller Grundeigenschaften bilden, in welchen mithin sämmtliche Grundeigenschaften mit bestimmten Werthen zu Tage treten. Man hat daher wohl zwischen der auf eigener Macht oder Initiative beruhenden selbtständigen Thätigkeit eines Vermögens und der unter der Nöthigung eines anderen Vermögens entstehenden Wirkung zu unterscheiden.

Im Übrigen geht aus dieser Selbstständigkeit und aus der möglichen Zusammenwirkung mit jedem anderen Vermögen hervor, dass alle philosophischen Vermögen des Menschen trotz ihrer Selbstständigkeit doch zugleich ihren Idealen nachstreben können, und die normale menschliche Thätigkeit fordert sogar ein solches gemeinschaftliches ideales Streben. Offenbar ist dieser Forderung aber nur zu genügen, wenn nicht nur die obersten, sondern auch alle tiefer stehenden Grundvermögen ihre Ideale haben, denen sie bei normaler Thätigkeit nachstreben.

Zur Erläuterung der vorstehenden Zusammenwirkungen aller Vermögen und der untergeordneten Ideale mag Folgendes dienen.

Die Vernunft übt aus eigener Macht nur die in Nr. 144 erörterte Erkenntnissthätigkeit oder das Wissen mit dem Ideale der Wahrheit, d. h. der Übereinstimmung mit einem Weltzustande; sie schafft nicht, weder Erhabenes, noch Gemeines; sie bestimmt sich nicht frei, weder im Recht, noch im Unrecht; sie ergiebt sich weder dem Guten, noch dem Bösen; sie gestaltet sich weder schön, noch hässlich aus eigener Bewegung, sondern überlässt diese Operationen der Phantasie, dem Selbstbestimmungsvermögen, dem Gewissen und dem ästhetischen Vermögen. Nur durch die Mitwirkung dieser Vermögen entstehen erhabene (aussergewöhnlich neue), rechtsgültige (die Freiheit Aller fördernde), gute (der Weltwohlfahrt dienende), schöne (einem reinen System- oder Formgesetze entsprechende) Ideen. Dagegen prüft die Vernunft die Wirkungen dieser Vermögen auf Wahrheit, unterwirft sie ihrer Kritik und verleihet ihnen durch diese ihre Mitwirkung den Charakter von Erkenntnissen, d. h. sie erkennt die Erhabenheit, das Recht, das Gute und die Schönheit.

Ebensowenig denkt die Vernunft oder übt logische Prozesse auf Grund beliebig angenommener Merkmale und Prämissen; sie reproduzirt nicht in Vorstellungen; sie handelt nicht aus Interesse oder zum Vortheil irgend eines Objektes; sie äussert keine Neigung zur Verbindung; sie äussert keine freudige Erregung, sondern überlässt diese Funktionen dem Verstande, dem Gedächtnisse, dem Willen, dem

Gemüthe und dem Temperamente. Dagegen prüft sie alle Effekte dieser Vermögen auf Wahrheit und verleihet ihnen durch diese ihre Mitwirkung den Charakter von Erkenntnissen, d. h. sie erkennt den Begriff, die Vorstellung, die Handlung, die Liebe und die Freude. (Wenn wir in unserer unvollkommenen und vieldeutigen Sprache das richtige, gegebenen Prämissen entsprechende logische Denken oder Verstehen oder Begreifen des Verstandes wahres Erkennen und das unrichtige logische Denken Irren nennen; so darf darunter doch nicht das philosophische wahre oder unwahre, wirklichen Weltzuständen entsprechende oder nicht entsprechende Erkennen oder Wissen verstanden werden).

Ebensowenig schauet die Vernunft an oder übt messbare mathematische Prozesse, weder räumliche, noch zeitliche, noch mechanische, noch chemische, noch krystallinische, sondern überlässt diese Thätigkeit dem Raumanschauungs-, dem Zeiterfahrungs-, dem motorischen, dem stofflichen oder Ernährungs- und dem Organisationsvermögen. Dagegen prüft sie die Effekte dieser Vermögen auf Wahrheit und verleihet ihnen durch ihre Mitwirkung den Charakter von Erkenntnissen des Raumes, der Zeit, der Materie, des Stoffes und des Krystalles.

Ebensowenig äussert die Vernunft physische Prozesse; sie sieht nicht, hört nicht, fühlt nicht, schmeckt nicht, riecht nicht, sondern überlässt diese Funktionen den Sinnesorganen, nämlich dem Auge, dem Ohre, der Haut, der Zunge und der Nase. Dagegen prüft sie die Effekte dieser Vermögen auf Wahrheit und giebt uns durch ihre Mitwirkung die Erkenntniss von Licht, Schall, Wärme (und Druck), Elektrizität (Galvanismus) und Duft.

Etwas Analoges wie von der Vernunft gilt von jedem anderen Vermögen, z. B. von der Phantasie. Nur sie allein schafft und zwar durch Aufstellung oder Erfindung von Annahmen, welche die Bedeutung von Hypothesen haben. In der Zusammenwirkung mit der Vernunft schafft sie aber neue Erkenntnisse, mit dem Rechtsvermögen neue Rechtsverhältnisse u. s. w. Nur das Selbstbestimmungsvermögen bewegt sich in Freiheit; in der Zusammenwirkung mit der Vernunft erzeugt dasselbe aber freie Erkenntnisseffekte, mit der Phantasie freie Schaffensakte, mit dem Verstande freie Denkthätigkeiten, mit dem Gedächtnisse freie Reproduktionen u. s. w.

Die Resultate der Zusammenwirkung zweier Vermögen tragen immer den Charakter beider Vermögen. So ergiebt z. B. die Zusammenwirkung der Vernunft mit der Phantasie ebensowohl die Erkenntniss etwas Geschaffenen (eine erkannte Schaffung), als auch die Schaffung einer Erkenntniss (eine geschaffene Erkenntniss).

Die Zusammenwirkung beliebig vieler Vermögen ergiebt ein Resultat, welches den Charakter aller dieser Vermögen an sich trägt.

Absolut schweigen oder unthätig sein bei irgend einem Prozesse kann kein Vermögen des Individuums: die Thätigkeit einzelner Vermögen kann aber so gering sein, dass sie sich der Wahrnehmung entzieht, da die Wahrnehmbarkeit der einzelnen Vermögen für jedes Individuum wegen seiner Unvollkommenheit einen Stärkegrad erfordert, welcher zwischen einem durch den augenblicklichen Zustand des Individuums und den zu vollziehenden Prozess bedingten Minimum und Maximum liegen muss. Demgemäss trägt jedes in geistiger Thätigkeit erzeugte Objekt alle Eigenschaften des Geistes an sich. Es ist jedoch von grosser Wichtigkeit, dass der Geist vermöge seiner Freiheit im Stande ist, von den Zuständen, in welchen das animalische Wesen sich augenblicklich befindet, und von den Prozessen, welche es soeben vollzieht, beliebige Theile zu isoliren oder zu einem geistigen Objekte zusammenzufassen, die übrigen Theile aber ausser Acht zu lassen, von ihnen zu abstrahiren. Hierdurch werden die letzteren Theile nicht vernichtet, aber sie werden unwesentlich oder bedeutungslos für das beabsichtigte geistige Objekt. So erfordert z. B. das logische Denken des Begriffes Ruhm eine Thätigkeit im Sensorium, in den Anschauungs-, den logischen und den philosophischen Vermögen: wir lassen jedoch die physischen, die anschaulichen und die philosophischen Thätigkeiten ganz ausser Acht und ziehen auch von den logischen nur den Denk- und den Vorstellungsprozess in Betracht, indem wir die Willens-, Gemüths- und Temperamentsprozesse als etwas Unwesentliches bei Seite stellen.

Hiernach sind wir auch im Stande, jedes Objekt von verschiedenen geistigen Standpunkten aus zu betrachten und ihm eine dementsprechende Bedeutung beizulegen. So können wir z. B. in einem Pferde eine optische, auch eine akustische Erscheinung, überhaupt ein physisches Objekt, ferner ein räumliches, auch ein zeitliches, auch ein mechanisches Anschauungsobjekt, überhaupt ein mathematisch messbares Objekt, ferner den speziellen Fall eines Inbegriffes, auch eine (durch Worte ausgedrückte) Vorstellung, überhaupt ein logisches Objekt und endlich einen wirklichen Weltbestandtheil, überhaupt ein philosophisches Objekt erblicken.

Mit den rein innerlichen geistigen Prozessen kombiniren sich die durch Mitwirkung der äusseren Objekte entstehenden Prozesse, sodass jedes geistige Objekt durch innere und äussere Prozesse bedingt ist und als das Resultat eines Energieprozesses der Innen- und Aussenwelt aufgefasst werden kann. Wegen der auf geistiger Freiheit beruhenden Isolirung beliebiger Theile des Gesammtprozesses zu einem geistigen Objekte entspricht aber das Wesen dieses Objektes durchaus nicht dem zu seiner Bildung erforderlichen Energiewerthe. So erfordert z. B. das Denken Prozesse aller Organe, kombinirt mit äusseren Prozessen; wenn wir aber lediglich die beim Denken vorkommenden rein logischen Verstandesprozesse in Betracht ziehen wollten; so würde der daraus gefolgerte Energieverbrauch durchaus nicht dem zum Denken erforderlichen Energieaufwande entsprechen; der zum Denken erforderliche wahre Energieaufwand muss vielmehr aus dem dabei im Menschen sich vollziehenden Gesammtprozesse abgeleitet werden.

Was nun schliesslich die oberen und unteren Ideale, d. h. die Ziele betrifft, welchen der normale Geist in seinen höheren und tieferen Vermögen nachstrebt und nothwendig nachstreben muss, um durch die vorstehende Kombination von Prozessen die Vollkommenheit seiner selbst, bezw. der Gesammtwelt zu erreichen; so kann man ihr System entweder in jeder der vier subordinirten Dimensitäten nach den darin liegenden fünf koordinirten Vermögen als ein Sein, Werden, Wirken, Verbinden, Ordnen von allgemein weltgesetzlicher oder philosophischer, von Inbegriffs-, Gattungs- oder logischer, von messbarer Grössen- oder mathematischer, von elementarer oder physischer Qualität aufstellen, oder man kann jedes der fünf koordinirten Vermögen in vier subordinirten Stufen als philosophisches, logisches, mathematisches, physisches Sein, als philosophisches, logisches, mathematisches, physisches Werden, als philosophisches, logisches, mathematisches, physisches Wirken, als philosophisches, logisches, mathematisches, physisches Verbinden, als philosophisches, logisches, mathematisches, physisches Ordnen betrachten. Nach der letzteren Eintheilung kommen, wenn wir unter Sein generell das Dasein, Existiren, Bestehen, unter Werden das Entstehen, Erzeugen, unter Wirken das Zusammenwirken mit Anderem oder Äusserem, den Energieaustausch kraft der Tendenz einer wirksamen Ursache, unter Verbinden das Neigen zur Gemeinschaft, unter Ordnen das gesetzmässige, durch Systemzusammenhang bedingte oder auf gesetzlichen Bedingungen beruhende Gestalten verstehen, folgende charakteristische Funktionen der davor notirten menschlichen Grundvermögen in Betracht.

1. Vernunft: philosophisches Sein, Bewusstsein, Erkenntniss eines allgemeinen Weltobjektes. Verstand: logisches Sein, Denken, Verstehen eines Inbegriffs- oder Gattungsobjektes. Raumanschauungsvermögen: mathematisches Sein messbarer, bestimmter, anschaulicher Grössen. Gesicht: physisches, elementares Sein durch Lichteindrücke.

2. Phantasie: philosophisches Werden, Erzeugen von allgemeinen, ideellen Weltobjekten, Schaffen. Gedächtniss: logisches Werden, Erzeugen von Inbegriffen durch Vorstellungen, Gedenken in Gattungsobjekten. Zeiterfahrungsvermögen: mathematisches Werden, Entstehen messbarer Folgezustände oder Ereignisse. Gehör: physisches, elementares Werden durch Schalleindrücke.

3. Selbstbestimmungs- oder Freiheitsvermögen: philosophisches Wirken, Zusammenwirken mit allgemeinen Weltkräften. Wille: logisches Wirken, Handeln, Zusammenwirken mit Inbegriffsobjekten. Motorisches Vermögen: mathematisches Wirken, Arbeiten, bestimmtes Zusammenwirken mit materiellen Grössen. Gefühl: physisches, elementares Wirken durch Wärme- und Druckspannung oder Sensibilitätsprozesse.

4. Gewissen: philosophisches Verbinden aus Neigung zur Weltgemeinschaft. Gemüth: logisches Verbinden aus Neigung zur Gattungsgemeinschaft. Assimilations- oder Ernährungsvermögen: mathematisches Verbinden oder Assimiliren von Stoffen oder Objekten nach bestimmtem (chemischem) Gesetze. Geschmacksvermögen: physisches, elementares Verbinden durch elektrische oder galvanische, gustische Prozesse.

5. Ästhetisches Vermögen: philosophisches Ordnen in einem weltgesetzlichen Systeme durch Gestaltungstrieb. Temperament:

logisches Ordnen in einem Inbegriffssysteme durch Gestaltungstrieb. Konstitutionsvermögen: mathematisches Ordnen in einem materiellen Systeme nach bestimmten Zusammenhangsbedingungen. Geruchsvermögen: physisches, elementares Ordnen, Gestalten durch Duftungs- oder osmetische Prozesse.

Die Ideale dieser Vermögen sind nun mit Bezug auf die vorstehende Zusammenstellung die folgenden.

1. a) Wahrheit, Übereinstimmung der selbstbewussten Erkenntniss oder des Wissens mit dem allgemeinen, philosophischen Weltgesetze. b) Richtigkeit, Übereinstimmung des Denkens mit dem logischen Gesetze. c) Exaktheit oder Bestimmtheit messbarer Grössenwerthe, Übereinstimmung der Anschauung mit dem mathematischen Gesetze. d) Akkommodation des Auges zur Übereinstimmung des physiologischen Sehprozesses mit dem äusseren physischen Lichtprozesse behuf richtiger Wahrnehmung einer Lichterscheinung.

2. a) Erhabenheit, philosophische oder ideelle Weltneuheit des Selbstgeschaffenen. b) Fortschritt oder Neuheit in der Produktion von Vorstellungen, symbolisirten logischen Objekten. c) Erneuerung und Sukzession von mathematisch bestimmbaren Ereignissen oder Grössenänderungen. d) Akkommodation des Ohres an den Schallprozess.

3. a) Recht, philosophische Selbstbestimmung im Recht, zur Ermöglichung grösstmöglicher Freiheit und Wirkungsfähigkeit aller Weltwesen, Selbstbeschränkung im Weltinteresse. b) Handlung im Gattungsinteresse, im gemeinschaftlichen Interesse des Motors und des Rezeptors, Streben nach Stärkung der logischen Thatkraft. c) Nutzbringende, vortheilhafte, gewinnbringende materielle Arbeit oder mathematische Wirkung durch materielle Kräfte. d) Akkommodation der Gefühlsorgane an kalorische und ästhematische elementare Wirkungsprozesse.

4. a) Gutes, die Weltwohlfahrt und die Welterhaltung Förderndes, als Ausdruck der philosophischen Hingebung, Selbstaufopferung für die Welt. b) Liebe, logische Hinneigung zur Gattungsgemeinschaft, Neigung zum Liebesbunde, logische Bedürfnissbefriedigung zum Zweck der Erhaltung der Gattung oder der Art. c) Affinität, Neigung zur materiellen Verbindung zum Zweck der Wohlfahrt und Erhaltung des Individuums durch Assimilation geeigneter Nahrungsstoffe. d) Akkommodation des Geschmacksorgans an äussere gustische, galvanische oder überhaupt stoffliche Elementarprozesse.

5. a) Schönheit, philosophische Anordnung, wohlgefällige Selbstgestaltung nach einem Weltgesetze. b) Erregung zur Freude, logischer Antrieb zu angenehmer geistiger Gestaltung. c) Trieb zur gesetzlichen vervollkommnenden mathematischen Körpergestaltung. d) Akkommodation der Nase an äussere Duftungs- oder osmetische Formprozesse.

Die unteren Ideale b, c, d bezeichnen zugleich die Ideale der oberen Thiere und bei entsprechender Deutung die Ideale der Pflanze und des vitalen menschlichen Leibes. Die tieferen Ideale c, d stellen auch die

Ideale der unteren Thiere und bei gehöriger Deutung die Ideale des Minerals und des materiellen menschlichen Körpers dar. Die untersten Ideale d endlich sind zugleich die Ideale der elementaren Thiere und bei angemessener Deutung die Ideale des Äthers und der physischen Elemente des Menschen (der freie Äther akkommodirt sich an die beharrlichen Ruhezustände, der beeinflusste Äther an die einwirkenden physischen Prozesse).

Selbstredend, kombiniren sich in den zusammengesetzten Prozessen die betreffenden Ideale eines normalen Wesens zu einem gemeinschaftlichen idealen Streben nach Vervollkommnung, und eben die Bethätigung dieses Strebens ist das Kennzeichen der Normalität dieses Wesens.

Die Funktionen und Gesetze eines existirenden Wesens oder eines seiner Vermögen dürfen nicht mit wissenschaftlichen Operationen und Gesetzen verwechselt werden. Jede Wissenschaft ist ein System der Erkenntniss von weltgesetzlich möglichen Beständen, Ereignissen, Wirkungen, Verbindungen und Gestaltungen. Sie gehört, als Erkenntnisssystem, in oberster Instanz der Vernunft an, vergesellschaftet sich aber mit allen oberen und unteren menschlichen Vermögen und erscheint daher, wie schon weiter oben erwähnt ist, auf vier Hauptstufen, d. h. sie ist zugleich physische, anschauliche, begriffliche und allgemeingesetzliche Erkenntniss. Im Übrigen kann eine Spezialwissenschaft in jedem Gebiete eines Reiches ihren Ausgangspunkt nehmen und von hier aus nach oben und unten und seitwärts alle Stufen und Nebengebiete durchschreiten. So bildet sich z. B. als umfassende Spezialwissenschaft die Physik, worunter ich die Lehre von den Erscheinungen verstehe, ausgehend von den Ätherprozessen und aufsteigend bis zur philosophischen Erkenntniss der Erscheinungen, ferner die Mathematik, ausgehend von den anschaulichen, messbaren Grössen mit bestimmten Eigenschaftswerthen, ferner die Logik, ausgehend von den denkbaren, durch Merkmale bestimmten Inbegriffsobjekten, die Philosophie, ausgehend von den erkennbaren, durch Kriterien bestimmten, ideellen Weltzuständen. Wegen des Durchschreitens aller Stufen und Nebengebiete hat jede dieser umfassenden Wissenschaften und jede ausgebildete sonstige Spezialwissenschaft ihre physischen, mathematischen, logischen und philosophischen Bestandtheile, Operationen, Prinzipien, Gesetze.

Die Wissenschaft als allgemeine Erkenntnisslehre hat keine Ideale; sie betrachtet so gut das Positive, wie das Negative, das Reelle, wie das Imaginäre, das Wahre, wie das Falsche, das Neue, wie das Alte, das Recht, wie das Unrecht, das Gute, wie das Böse, das Schöne, wie das Hässliche u. s. w. Nur der Mensch und jedes geschaffene Wesen hat Ideale, welchen das normale Wesen durch seine Vermögen nachstrebt und wovon das anomale Wesen mehr oder weniger abweicht. Die normale Vernunft verwirft in Folge ihres idealen Strebens das Unwahre, als eine Abweichung vom vollkommenen Weltgesetze, und strebt nach wahrer Erkenntniss; allein die Philosophie, als Wissenschaft, deckt dem Menschen neben dem Wahren auch das Unwahre auf und bewirkt nur durch diese Aufdeckung die Warnung vor dem Irrthum und die Vermeidung desselben.

Die Thätigkeiten der menschlichen Vermögen bilden, weil sie erkennbar sind, auch Zubehörungen zu diesen und jenen Spezialwissenschaften und überhaupt zur Gesammtwissenschaft; allein, sie nehmen darin gewisse Stellungen ein, welche durch die Organisation des menschlichen Wesens, also auch durch die Ideale bedingt sind. Beispielsweise gehört die Bestimmung der chemischen Eigenschaften eines Stoffes, etwa des Schwefels, also auch seines Verhaltens zu anderen Stoffen der Chemie an, welche ihre Erkenntnisse durch die Herbeiführung von Zusammenwirkungen mit anderen Stoffen, durch mathematische Messung der anschaulichen Resultate, durch sensuelle Beobachtungen der eintretenden Erscheinungen (durch sehen, hören, fühlen, schmecken, riechen) und durch logische Schlussfolgerungen herbeiführt. Die Aufnahme des Schwefels in unser Assimilationsvermögen würde zu vorstehendem Zwecke ungeeignet und nutzlos sein; dieses Vermögen würde uns, da es für das Ideal der Erhaltung unseres Körpers organisirt ist, nur sagen, ob der Schwefel ein Nahrungsstoff für uns ist, oder nicht, es würde also die Stellung des Schwefels zu unserem Körper, nicht aber seine Stellung im allgemeinen Stoffgebiete zu erkennen geben.

Wenn man unter Erkenntniss den Zustand der Vernunft versteht, in welchen sie durch die Zusammenwirkung mit irgend einem menschlichen Vermögen versetzt wird: so kann man sagen, die Wissenschaft, als allgemeines, dem Weltgesetze entsprechendes Erkenntnisssystem hat keine Ideale, sie wird aber durch die Ideale aller menschlichen Vermögen und zwar durch die ideale Einwirkung dieser Vermögen auf die Vernunft erzeugt und nimmt diese Ideale als spezielle Fälle des Erkenntnisssystems, welche das normale Streben der betreffenden Vermögen anzeigen, in sich auf. Man kann daher die Wissenschaft als das Idealsystem der Erkenntniss auffassen.

Ausser auf die Vernunft wirken alle menschlichen Vermögen in Folge des allgemeinen Zusammenhanges auch auf jedes andere Vermögen, insbesondere auf die obersten Vermögen, nämlich auf die Phantasie, das Selbstbestimmungsvermögen, das Gewissen und das ästhetische Vermögen und erzeugen darin Zustände und Prozesse, welche keine Erkenntnisse sind, also in ihrer Gesammtheit keine Wissenschaft, sondern andere, vom Wissen und Erkennen unabhängige, selbstständige Idealsysteme, insbesondere ein System des Schaffens, ein System des Wirkens (des Thuns, des Handelns, des Arbeitens), ein System des Verbindens aus Neigung (Bedürfnissbefriedigung) und ein System des Erregens aus Gestaltungstrieb darstellen. So ist z. B. Poesie keine Wissenschaft, sondern ideales Schaffen, Rechtthun keine Wissenschaft, sondern Selbstbestimmung im Recht, Wohlgesinntheit keine Wissenschaft, sondern gewissenhafte Hingebung, Kunst keine Wissenschaft, sondern ästhetische Gestaltung.

Obgleich die menschlichen Vermögen durchaus nicht sämmtlich Erkenntnissvermögen, also die Systeme der menschlichen Funktionen durchaus nicht lauter Wissenschaften bilden; so begründet doch der allgemeine Zusammenhang aller Vermögen mit der Vernunft für jedes Gebiet eine Wissenschaft oder eine Theorie. Umgekehrt, zieht aber auch jede Theorie eine Ausübung oder Anwendung auf die irgend einem Gebiete angehörigen Objekte nach sich, welche man als die Verwirklichung der Theorie ansehen und Praxis nennen kann. So ist z. B. Philosophie Theorie, philosophisches Erkennen aber Praxis; Poetik ist Theorie, Dichtung ist Praxis; Jurisprudenz ist Theorie, Rechtsprechung ist Praxis; Ästhetik ist Theorie, Kunst ist Praxis; formale Logik ist Theorie, wirkliches Denken, Sprechen, Handeln, moralisches Verhalten, Erfreuen ist Praxis; Mathematik, Geometrie, Chronologie, Mechanik, Chemie (Chemilogie), Krystallographie ist Theorie, Feldmessen, Zeiteintheilung, mechanisches Arbeiten, chemisches Experimentiren, Gestalten ist Praxis; Medizin ist Theorie, ärztliche Behandlung ist Praxis; Architektonik, Ingenieurwissenschaft, Maschinenlehre ist Theorie, Hausbau, Brückenbau, Maschinenbau ist Praxis; Geologie ist Wissenschaft, Bergbau ist Praxis; Optik, Akustik, Wärmelehre, Elektrizitätslehre, Physiometrie ist Theorie, wirkliches Sehen, Hören, Fühlen, Schmecken, Riechen ist Praxis; überhaupt kann man jede wirkliche Bethätigung eines menschlichen Vermögens unter die praktischen Prozesse subsumiren.

Die wahre, wissenschaftliche Theorie kann aus der Praxis mit Hülfe der Ideale hervorgehen: die normale Praxis muss aber der durch Ideale aufgebaueten Theorie entsprechen.

Den Unterschied zwischen subjektiver und objektiver Wissenschaft werde ich in Nr. 151 erörtern.

150. **Die Schöpfung und Organisation des Thierreiches.** Da das animalische Wesen in seinen geistigen Kräften spezifische, allgemeinere, höhere Grundeigenschaften als die Pflanze besitzt, da sein Organismus auch nicht eine Summe gleicher Organe, sondern eine Gesammtheit verschiedener Organe ist und da jedes seiner Grundorgane nicht eine Vielheit gleicher, sondern ein System verschiedener Zellen ist; so kann seine Entstehung aus ungeistigen Objekten nicht auf einem rein vegetabilischen Prozesse, überhaupt nicht auf einem Wirklichkeits- oder Naturprozesse des Pflanzen-, Mineral- und Ätherreiches beruhen, sondern setzt die Thätigkeit höherer, insbesondere geistiger Weltkräfte, also einen Schöpfungsprozess voraus. Derselbe kann füglich als eine Fortwirkung der in Nr. 112 besprochenen primitiven Schöpfungsimpulse, denen das Äther-, Mineral- und Pflanzenreich sein Dasein verdankt, also als eine Freimachung der schon im Äther latent liegenden geistigen Elemente beim Eintritte der diese Freimachung ermöglichenden Bedingungen, namentlich beim Herabsinken der Temperatur einer Weltregion auf ein gewisses Maass angesehen werden. Ich hebe ausdrücklich hervor, dass die in der Pflanzenzelle latent liegenden geistigen Elemente nicht als latente Geisteskräfte von endlichem speziellen Werthe, sondern nur als latente Elemente solcher speziellen Geisteskräfte angesehen werden können, sodass durch einen Schöpfungsimpuls aus einer Zelle nicht eine endliche Geisteskraft, auch kein animalisches Organ entspringen

kann, dass vielmehr die Einwirkung der Schöpfungskraft auf ein ungemein grosses System verschiedener Zellen erforderlich ist, ein Erforderniss, welche den Schöpfungsprozess wesentlich von dem Naturprozesse unterscheidet. Hiernach sind auch stetige Übergänge zwischen Pflanzen und Animalien unmöglich, ein den Grenzen scheinbar nahe liegendes Wesen ist entweder eine Pflanze, oder, wenn es nur die geringste Spur von Geisteskraft besitzt, ein animalisches Wesen.

Die Entstehung der verschiedenen Thierarten entspricht der Variation der Schöpfungsbedingungen unter der selbstverständlichen Mitwirkung der bereits existirenden Objekte, was namentlich die Anpassung an die bestehende Welt als Landthier, Wasserthier, Seethier, Vogel, Käfer, Wurm erklärt, wogegen der Darwinismus diese Anpassung ohne irgend einen Beweis durch Thatsachen und meines Erachtens irrthümlich auf die Zusammenwirkung der Lebenskräfte der bestehenden Individuen mit der Aussenwelt zurückführt, dabei jedoch die Antwort auf die Frage schuldig bleibt, wie die bestehenden Individuen entstanden und der vor ihnen bestandenen Welt angepasst sind. Der darwinistische allmähliche Entwicklungsprozess, welcher animalische Wesen aus dem Pflanzenreiche erzeugen könnte, ist eine durch keine Beobachtung bestätigte Hypothese, welche sich nach der vorstehenden Bemerkung über die nothwendige weltgesetzliche Zusammenwirkung eines Systems von Pflanzenzellen behuf Bildung eines animalischen Organs als unmöglich erweis't.

Durch den Schöpfungsprozess entstehen animalische Grundarten von sukzessiv aufsteigender Dimensität: undimensionale elementare sensuelle Thiere, eindimensionale (mathematisch räumlich, zeitlich, mechanisch, chemisch, krystallinisch operirende) Anschauungsthiere, zweidimensionale logische Thiere, dreidimensionale philosophische Thiere oder Menschen. Da die Schöpfungsresultate durch die bestehende Welt mitbedingt sind; so werden zwar in einem Bezirke, wo die Schöpfungskraft gleichmässig fortschreitend variirt, die Menschen zuletzt geschaffen werden, die ungleichmässige Variation des Schöpfungsprozesses in Folge der Mitwirkung der Aussenwelt schliesst jedoch die Schöpfung von Thieren nach der Erschaffung von Menschen nicht aus.

Wie schon früher erwähnt, ist die Kreuzung verschieden dimensionirter Wesen unmöglich; Mensch und Thier können sich nicht kreuzen. Durch Kreuzung können Mischarten, als Verbindungen verschiedener Grundarten, es können aber hierdurch im Thierreiche ebenso wenig wie im Pflanzen- und Mineralreiche neue Grundarten entstehen; die verschiedenen nach den echten Merkmalen von Grundarten klassifizirten Thiere können daher auch nicht durch Kreuzungsprozesse ineinander übergehen. Der Affe kann weder durch Anpassung, noch durch Entwicklung, noch durch Kreuzung zum Menschen werden, es kann auch nicht der Fisch zum Vogel, der Wurm zum Käfer, die Spinne zur Biene, der Hund zum Pferde werden.

Dass animalische Wesen mit vegetabilischen, auch mit mineralischen Objekten Etwas gemein haben, versteht sich von selbst. Da die

Animalien aus Zellensystemen bestehen; so enthalten ihre Leiber sämmtlich Kohlenstoff und athmen sämmtlich Sauerstoff als Lebensbedürfnisse ihres vegetabilischen Leibes: sie bedürfen auch alle der Wärme, wie die Mineralien, zu ihrem Bestande. Eine Gemeinsamkeit des Typus, wenn man darunter ein Formsystem versteht, folgt hieraus nicht: im Gegentheil, bedingt jede neue herrschende Kraft einen neuen Typus, also einen anderen Typus für den Äther, für das Mineral, für die Pflanze und für das animalische Wesen. Wohl aber muss der Typus aller animalischen Wesen etwas Charakteristisches, also allen Thieren Gemeinsames haben; man kann also von einem animalischen Typus reden. Ebenso gewiss ist aber auch, dass diese Gemeinsamkeit keine Identität, auch keine vollständige Gleichheit bedeutet, dass sich vielmehr die Typen aller Grundarten und insbesondere die Typen der verschieden dimensionirten animalischen Wesen durch etwas speziell Charakteristisches voneinander unterscheiden.

Ebenso können manche Stoffe, z. B. das Salz, Lebensbedürfnisse für alle animalischen Wesen sein, ohne zu den Lebensbedürfnissen der Pflanzen zu gehören. Der Darwinismus macht den kühnen Schluss: weil das Meerwasser Salz enthält und sich Salz auch im Blute der Landthiere findet; so müssen die Landthiere sich aus den Seethieren entwickelt haben. Mit dem gleichen Rechte kann man aber schliessen: weil die Atmosphäre viel freien Sauerstoff und der Erdboden und die Pflanzen viel Kohlenstoff enthalten, wogegen das Meer nur sehr wenig hiervon enthält, während doch die Seethiere dieser Stoffe ebenfalls zu ihrem Leben bedürfen; so müssen die Seethiere sich aus den Landthieren entwickelt haben. Die darwinistische Logik, da sie keine Beweise fordert, sondern nur Behauptungen zu Prämissen nimmt und diese Prämissen in willkürliche Verbindung bringt, gestattet jeden beliebigen Schluss. Die letzteren Beobachtungen berechtigen offenbar nur zu der Folgerung: da sowohl das Meer, als auch der Erdboden Salz enthalten, und da das Meer wenig und die Luft viel Sauerstoff zum Athmen darbietet; so ist sowohl das Meer, als auch das Festland ein geeigneter Wohnsitz für animalische Wesen, welche sich aber sicher durch die Athmungsorgane unterscheiden werden.

Die Einheitlichkeit des Systems ist ein allgemeines Kennzeichen der animalischen Organisation: die spezielle Anordnung und Beschaffenheit der Elemente und Organe unterscheidet die einzelnen Klassen. Der wichtigste Bestandtheil des animalischen Wesens ist das Nervensystem. Ein Nerv kann nicht nach seiner geometrischen Form, seiner materiellen Kraft, seinem chemischen Stoffgehalte, seiner äusseren Form beurtheilt werden: die Art und Weise seiner Funktionirung ist etwas Wesentliches. Der Sehnerv vibrirt optisch, der Gehörnerv akustisch, der eine Gefühlsnerv kalorisch, der andere ästhematisch, der Geschmacksnerv galvanisch, der Geruchsnerv osmetisch oder duftgestaltlich, obwohl sie scheinbar aus gleichem Stoffe bestehen mögen. Die sensuellen, die anschaulichen (mathematischen), die logischen und die philosophischen Thätigkeiten knüpfen sich an eine Organisation des Nervensystems nach gewissen

Zentren. Diese Nervenzentren haben verschiedene spezifische Formen und Beschaffenheiten und stehen in einem organischen Zusammenhange. Dieser Zusammenhang ermöglicht es, dass sich die verschiedenen animalischen Prozesse in äquivalente Komponenten spalten können, dass also irgend eine geistige Thätigkeit sich zu allen anderen umgestalten kann. Betrachten wir nun die logischen Nervenzentren als solche gemeinsame Durchgangs- und Zerlegungsörter, von wo aus logische Nervenzüge in eine der motorischen logischen Kraft, z. B. Denken, oder dem Vorstellen, oder dem Wollen, oder der Liebe, oder der Freude entsprechende Thätigkeit versetzt werden können; so ist damit nicht ausgemacht, dass die logischen Zentren in dem philosophischen Wesen nicht eine selbstständige Funktionirungsfähigkeit besitzen oder dass sie nicht auf andere Weise durch die Beschaffenheit des Nervensystems oder ihrer Nervensubstanz zu einem eigenartig funktionirenden Ganzen zusammengefasst sein könnten. Jedenfalls entscheidet die angenäherte Gleichheit der geometrischen Form und die nahezu gleiche chemische Stoffbeschaffenheit des Gehirns des Affen und des Menschen Nichts über die Gleichheit der Funktionirung des Gehirnes Beider, es kann also durch diese Gleichheit gewisser äusserer und rein mineralischer Eigenschaften des Nervensystems der Thiere und der Menschen nicht der Schluss auf Abstammung des Menschen vom Thiere begründet werden.

Wenn ein Nervenzentrum der niederen Thiere sich zu einer Linie erstrecken oder sich überhaupt erheblich dehnen kann; so ist seine Funktion in eine Reihe von Elementen gelegt. Ein solches Thier kann durch äusseren und auch durch inneren Prozess gleich der Pflanze spaltbar werden, indem sich bei der Spaltung durch äussere Gewalt in jedem Individuumstheile die verstümmelten Organe durch Lebenskraft vervollständigen, bei der Spaltung durch innere Lebenskraft die gedehnten Organe sich auf mehrere Mittelpunkte kontrahiren. Mehrere solche niederen Thiere werden vielleicht auch zu einem einfachen Thiere zusammenwachsen können. Die oberen Thiere sind nicht spaltbar und mehrere solche Thiere sind nicht zu einem ganzen Thiere zu vereinigen, was nicht ausschliesst, dass ihre Leiber an gewissen Stellen zusammenwachsen und gemeinschaftliche leibliche Organe bilden können.

Eine spezielle Beschreibung der un-, ein- und zweidimensionalen Thierklassen übergehe ich hier, als zu weit führend, und bemerke nur, dass der Mangel der Sprache, d. h. der selbstgeschaffenen Sprache, nicht der Fähigkeit zur Nachahmung gehörter Laute und zur Reproduktion bekannter Laute, ein wesentliches Kennzeichen aller Thiere und, wie schon in Nr. 136 erörtert, zugleich ein Beweis dafür ist, dass die menschliche Sprache nicht ein ausschliessliches Ergebniss des Gedächtnisses oder des Vorstellungsvermögens, sondern dass sie vom Menschen geschaffen, d. h. ein Produkt der nothwendigen Einwirkung der Phantasie ist, mithin von einem Thiere, dem die Phantasie fehlt, nicht geschaffen oder erfunden werden kann (s. auch die Äquivalenz der Naturkräfte).

Zur Charakterisirung des geistigen Wesens möchte ich nun noch einige Hauptprozesse aus den subordinirten Naturreichen einander gegenüberstellen.

Nach Maassgabe der Zwecke und Ziele kann man diese Prozesse als Erhaltungs- oder Subsistenzprozesse, ferner als Fortschritts- oder Anreihungsprozesse, als Wirkungs-, Verstärkungs- oder Energieprozesse, als Umwandlungs- oder Äquivalenzprozesse und als Entfaltungs- oder Bildungs- oder Organisationsprozesse betrachten. Fassen wir die letzten vier unter dem gemeinsamen Namen der Entwicklungsprozesse zusammen und erwägen wir in diesen, sowie in den erstgenannten Prozessen den positiven und den negativen Vorgang, welch' letzterer sich in Scheidungs-, Rückbildungs-, Auflösungs- und ähnlichen Prozessen zeigt.

Der Äther, als eine fest gegebene, unveränderliche, aus einfachen und gleichen Elementen bestehende Substanz bedarf keines Erhaltungsprozesses; er erhält sich ohne Prozess. Das Mineralelement oder Mineralatom bildet ein Gleichgewichtssystem zwischen einem Inbegriffe von Ätherelementen, erhält sich also durch die Zusammenwirkung unveränderlicher physischer Kräfte dauernd im Gleichgewichte oder in einem konstanten Zustande, bedarf mithin keines Erhaltungsprozesses. Das Nämliche gilt von dem aus Atomen zusammengesetzten Mineralkörper, in welchem nur konstante Gleichgewichtskräfte sich kombiniren. Die Pflanzenzelle und die ganze Pflanze dagegen bildet kein Gleichgewichts-, sondern ein fortgesetzt variirendes System, in welchem die Pflanze einen fortwährenden Zustandswechsel erleidet. Die Erhaltung der Pflanze als Objekt von bestimmten Grundeigenschaften erfordert daher einen Prozess, den vegetabilischen Lebensprozess, welcher im Wesentlichen in einem gesetzlichen Stoffwechsel zwischen mineralischen und physischen Zellenelementen besteht und die Saftzirkulation, die Ernährung, die Athmung, die Dunstung u. s. w. umfasst. Das animalische Organ und Wesen bildet ebenfalls ein in stetiger Thätigkeit begriffenes System, erfordert also aus dem nämlichen Grunde wie die Pflanze einen Erhaltungsprozess. Da die geistigen Eigenschaften mit vegetabilischen, mineralischen und physischen vergesellschaftet sind; so besteht der animalische Lebensprozess aus vegetabilischen (den Leib erhaltenden), aus mineralischen (den Körper erhaltenden) und aus physischen (die Sensualität erhaltenden), also aus Prozessen, welche denen der Pflanze analog sind, also auf einem Stoffwechsel, jedoch hauptsächlich zwischen Zellstoffen (vegetabilischen Elementen der Organe) beruhen. Ausserdem aber muss sich zu diesem vitalen Prozesse ein animalischer Erhaltungsprozess gesellen. Derselbe bezweckt die Erhaltung derjenigen Organe, in welchen die Geisteskraft sich als wirkliche Kraft manifestirt, nämlich der Nervenorgane, deren oberstes Organ das Gehirn ist. Wenngleich dieser Nervenprozess sich theilweise in äquivalente vegetabilische, mineralische und physische Wirkungen umwandelt; so waltet in ihm doch ein spezifisch geistiges, dem Pflanzenleben fremdes Vermögen, nämlich die Selbstbestimmung des dem

Individuum innewohnenden Gesammtgeistes, in Folge dessen das animalische Wesen seinen Lebensprozess nach Belieben modifiziren kann.

Was den Entwicklungsprozess betrifft; so besteht ein solcher nicht für das konstante Ätherreich; die Ätherelemente entwickeln sich nicht und wachsen nicht. Das Mineral dagegen wächst in mineralischen Prozessen. Dieses Wachsthum kann in fünf Beziehungen aufgefasst werden: als Vermehrung, als Annäherung, als Kräftigung, als Verbindung, als Anordnung seiner Elemente (Atome), wie sie in den verschiedenen räumlichen, zeitlichen, mechanischen, chemischen und krystallinischen Prozessen auftreten. Das Wachsthum des Minerals ist unbeschränkt, wird aber durch gegebene äussere Kräfte hervorgerufen und abgeschlossen.

Das Wachsthum der Pflanze zeigt ähnliche Phasen, ist aber durch die fortwährende Lebensthätigkeit der Pflanze bedingt und von äusseren Kräften in seiner Form und Weise abhängig. Das Wachsthum der Pflanze findet daher vermöge ihrer vegetabilischen Kräfte unter der Mitwirkung der Aussenwelt ein Maximum. Vermöge der inneren vegetabilischen Thätigkeit und der Abhängigkeit von der Aussenwelt vollzieht sich der Wachsthumsprozess in Perioden von grösster und kleinster Intensität, entsprechend den Jahreszeiten.

Das Wachsthum des animalischen Wesens hat wegen des stetigen Lebensprozesses Ähnlichkeit mit dem der Pflanze, unterscheidet sich aber von demselben wesentlich durch die Selbstbestimmung und durch die Unveränderlichkeit des Gesammtsystems von Organen. Das animalische Wesen bestimmt nach freiem Entschlusse die Zeiten und Richtungen seiner Entwicklung, sowie auch seine Erhaltungsprozesse durch Aufnahme von Nahrungsstoffen und durch die Art und Weise seiner Thätigkeit im physischen, anschaulichen, logischen und philosophischen Bereiche. Sein Wachsthum hat wie das der Pflanze ein Maximum, vollzieht sich auch durch periodische Thätigkeiten, insbesondere durch Aufnahme von Nahrung im Wachen und durch Sistirung der Geistesthätigkeiten im Schlafe: allein diese Perioden sind für das animalische Wesen nicht, wie für die Pflanze, hauptsächlich durch äussere Umstände, sondern durch innere Selbstbestimmung bedingt. Die nächtliche Dunkelheit und Stille erleichtert zwar durch Fernhaltung äusserer Eindrücke den Eintritt des Schlafes: allein, die geistige Ermüdung ist die Haupttriebfeder, welcher das animalische Wesen zu jeder Tageszeit nachgeben kann (der Nachtwächter wacht bei Nacht und schläft bei Tage).

Hinsichtlich der negativen Prozesse, welche Auflösungs-, Rückgangs-, Schädigungs-, Zerstörungsprozesse sind und, wenn sie durch äussere Ursachen herbeigeführt sind, die dem Rückgange entgegenwirkenden positiven Restitutionsprozesse hervorrufen, ist Folgendes zu bemerken.

Der Äther unterliegt keinem Rückgange, bedarf also auch keines Restitutionsprozesses. Das Mineral geht durch einen Mineralprozess aus einem Gleichgewichtszustande in einen anderen Gleichgewichtszustand über; jede Materialmasse, jede chemische Verbindung von Atomen, jeder Krystall bildet ein dauerhaftes Mineral und die mechanische, chemische, krystallinische Scheidung stellt immer ganze, dauerhafte Mineralkörper her. Es kann daher von einem eigentlichen Rückgangs- und Restitutionsprozesse im Mineralreiche keine Rede sein, soweit nicht physische Prozesse und die Einwirkung des Äthers besondere Einflüsse geltend machen. In der That nehme ich an, dass die Mineralatome, da sie aus Ätherelementen bestehen, einmal wieder in Äther aufgelös't werden, wie sie aus Äther entstanden sind: Diess beruhet jedoch auf einem Prozesse der Schöpfungskraft, welche von der augenblicklichen Betrachtung ausgeschlossen ist. Ausser dieser allmählichen, langsam verlaufenden Verminderung der Dauerhaftigkeit des Mineralatoms macht sich jedoch noch ein anderer, ebenfalls kleiner, aber doch sinnlich wahrnehmbarer Einfluss ätherischer Kräfte auf die Konstitution des Minerals geltend: durch elektrische Entladung werden einzelnen physischen Elementen des Atoms entweder der positive, oder der negative Urstoff entzogen (durch die Mineralisirung sind die Ätherelemente durch Umwandlung in physische Elemente scheidbar geworden). Dieser Zustand des Minerals weicht von dem Normalzustande zwar nur unendlich wenig ab, ist aber dennoch ein anomaler oder Schwächezustand, welchen das Mineral durch Wiederaufnahme des Verlustes an Urstoffen sofort ausgleicht, sobald ihm hierzu durch Zuführung von Elektrizität Gelegenheit gegeben wird; in dieser Weise vollzieht also schon das Mineral Restitutionsprozesse von unendlich geringem Maasse.

Im Pflanzenreiche nehmen die Schädigungs- und die Restitutionsprozesse endliches Maass an und werden wesentlich von der Konstitution der Pflanze und von gegebenen äusseren Umständen bedingt. Nach Erreichung eines Maximums wird die Restitutionsfähigkeit der Pflanze periodisch immer mehr durch die Einwirkung der Aussenwelt geschwächt und erlischt endlich durch Auflösung des vegetabilischen Systems, welche den Tod der Pflanze ausmacht.

Für das animalische Reich gilt das Nämliche: die Anomalien und Restitutionsprozesse sind jedoch nicht nur, wie bei der Pflanze, durch eine gegebene Konstitution und gegebene äussere Kräfte bedingt, sondern auch von dem geistigen Wesen des Individuums abhängig. Ausserdem kommen hier Anomalien und Restitutionsprozesse der Nervenorgane in Betracht.

Eine durch innere Konstitution, oder durch äussere Ursachen gegebene oder entstandene Schädigung des Systems ruft einen Restitutionsprozess hervor. Dieser Prozess ist, namentlich bei geringfügigen Schädigungen, zunächst eine Verstärkung des Lebens- oder Erhaltungsprozesses. Wenn die Schädigung einen gewissen Grad erreicht, der sich durch verstärkten Erhaltungsprozess nicht beseitigen lässt, entsteht der eigentliche oder spezifische Restitutionsprozess. Derselbe hat zwei Phasen: die erste Phase ist ein Auflösungsprozess, ohne welchen offenbar ein fehlerhafter Zustand nicht beseitigt oder umgestaltet werden kann; die zweite Phase ist ein Zusammensetzungsprozess, welcher einen Normalzustand herstellt oder ein stabiles System restituirt. Diese Restitution ist der Zweck des in Rede stehenden Prozesses, in welchem ich das Wesen des Krankheitsprozesses erblicke. Nach meiner Ansicht ist der Naturzweck der Krankheit die Gesundung, d. h. die Beseitigung einer Schädigung oder die Herstellung eines stabilen animalischen Systems, welches die Gesundheit ausmacht. Die erste Phase des Krankheitsprozesses ist allerdings eine thatsächliche Auflösung und insofern ein Angriff gegen die Stabilität des Systems, allein ein Angriff, welcher nach Naturgesetzen geschehen muss, um die Umwandlung in einen Normalzustand in der zweiten Phase des Prozesses zu ermöglichen. Dass die erste Phase in Folge äusserer Umstände oder innerer konstitutioneller Beschaffenheit eine nicht restituirbare Stärke annehmen kann, dass unter Umständen im Krankheitsprozesse neue Schädigungen oder Krankheitsursachen entstehen können, dass dieser Prozess in einen verderblichen circulus vitiosus ausarten, also den Naturzweck in gewissen Fällen nicht erreichen, sondern mit dem Tode endigen kann, ist selbstverständlich, da jeder Zustand eines Wesens das Resultat der Zusammenwirkung innerer und äusserer Objekte ist und demzufolge mehr oder weniger von einem normalen Zustande abweicht. Demgemäss kann ein anomaler Organismus im gewöhnlichen Lebensprozesse unter Umständen sich selbst zersetzen oder einen unheilbaren Krankheitsprozess darstellen, wie es sich nach einer gewissen Lebenszeit durch Erschöpfung in jedem Wesen ereignet und den Tod herbeiführt: die erhaltende und restituirende Kraft des normalen Naturgesetzes sinkt bei jedem Wesen endlich unter die widerstehende oder auflösende Kraft des anomal gewordenen Organismus und trotz des im Todeskampfe fortgesetzt bestehenden Strebens nach Gesundung erfolgt der Tod in Folge der überwiegenden Stärke des Auflösungsprozesses gegenüber dem Restitutionsprozesse.

Da die Krankheit ein fortgesetzter Kampf zwischen inneren und äusseren (auch durch die Ernährung mitbedingten) Kräften ist; so liegt es auf der Hand, dass die Heilkraft der Natur nicht nur durch Medikamente, durch zweckentsprechende Ernährung und geeignetes Verhalten unterstützt werden kann, sondern auch in vielen Fällen, wo sie sich zur Selbsthülfe als zu schwach erweis't, unterstützt werden muss, dass also im Allgemeinen ärztliche Hülfe eine rationelle Anforderung ist, soweit das kranke Individuum nicht vermöge zureichender Kenntnisse und Erfahrungen sein eigener Arzt zu sein vermag, was doch immer im Prinzip auf medizinische Unterstützung hinauslaufen würde.

Die vorstehend betrachteten Hauptprozesse haben den Zweck der Erhaltung und Entwicklung des Individuums oder des einem bestimmten Reiche angehörigen Objektes. Der allgemeinere Weltzweck fordert aber auch die Erhaltung und Entwicklung jedes durch Schöpfungsprozesse erzeugten Reiches, die man auch die Erhaltung und Entwicklung der Art nennen kann. Hierzu dienen die Fortpflanzungs-, Zeugungs-, Kreuzungsprozesse.

Der dauerhafte Äther bedarf solcher Prozesse nicht. Auch das auf konstantem stabilem Gleichgewichte beruhende Mineral erhält sich und sein Reich durch mathematische Gesetze; das Mineralreich erleidet keinen Verlust an Atomen und bedarf daher keiner Zeugung. Die chemische Verbindung der Mineralatome ist eine Analogie zur vegetabilischen und animalischen Kreuzung, jedoch nicht zur Fortpflanzung durch Zeugung neuer Objekte.

Das Pflanzenreich dagegen verliert Objekte durch den Tod und bedarf daher der Fortpflanzungs- und Kreuzungsprozesse, welche in einer Zusammenwirkung der Pflanzenelemente bestehen, die unter gegebenen äusseren Umständen nach vegetabilischem Gesetze unbedingt eintritt.

Das Nämliche gilt vom animalischen Reiche. Hier ist jedoch die Selbstbestimmung der Individuen mitbedingend und die elementaren Bestandtheile, welche den Embryo eines neuen Individuums erzeugen, haben geistige Elementarkraft (wennauch keinen endlichen Geist). Durch Kreuzung können sich animalische Grundarten von gleicher Dimensität zu Mischarten und ebenso Mischarten zu komplizirteren Mischarten verbinden, es können sich aber auch Mischarten in einfachere Arten scheiden, wiewohl vollständige Scheidung in vorher bestandene Arten wegen der Komplizirtheit des animalischen Systems nur selten vorkommen mag.

Ich bemerke noch, dass die Organisation des animalischen Wesens, da dasselbe durch variirende Schöpfungsprozesse aus dem Pflanzenreiche hervorgeht, also durch die Beschaffenheit dieses Reiches mitbedingt ist, nicht nothwendig in allen Weltregionen identisch dieselbe sein oder denselben Typus aufweisen wird. Da, wo kein Kohlenstoff in hinreichender Menge vorhanden ist oder wo die Atmosphäre keinen Sauerstoff enthält, muss sowohl die Pflanze, als auch das animalische Wesen andere Grundstoffe zur Unterlage haben und anders organisirt sein, ohne dass die Grundgesetze des vegetabilischen und des animalischen Wesens ihre spezifische Eigenart einbüssen.

Folgende Charakteristik des menschlichen Wesens möge noch Beachtung finden. Nach allem Vorstehenden erscheint uns der Mensch als ein Objekt, welches folgenden vier Reichen a, b, c, d angehört:

a) Nach seinen geistigen Eigenschaften (welche ihren Sitz im Nervensysteme haben) ist er ein dreidimensionales Wesen mit un-, ein-, zwei- und dreidimensionalen Grundlagen, welche vier subordinirte Gesammtvermögen (Reiche), nämlich, erstens, das sensuelle, zweitens, das anschauliche oder mathematische, drittens, das begriffliche oder logische und viertens das ideelle oder philosophische Gesammtvermögen darstellen. Jedes dieser Gesammtvermögen besteht aus fünf koordinirten Vermögen (Gebieten), nämlich das sensuelle Gesammtvermögen aus dem Seh-, Hör-, Gefühls-, Geschmacks- und Geruchsvermögen, das anschauliche Gesammtvermögen aus dem räumlichen, zeitlichen, mechanischen, chemischen und Gestaltungsvermögen, das begriffliche Gesammtvermögen aus dem Denk-, Vorstellungs-, Willens-, Gemüths- und Temperamentsvermögen, das ideelle Gesammtvermögen aus dem Erkenntniss-, Schaffens-, Selbstbestimmungs-, Gewissens- und ästhetischen Vermögen.

b) Sodann erscheint der Mensch nach seinen vegetabilischen oder vitalen Eigenschaften (welche ihren Sitz im Zellensysteme haben) als menschlicher Leib, welcher ein zweidimensionales Wesen wie die Pflanze (mit un-, ein- und zweidimensionalen Grundlagen) darstellt.

c) Ferner erscheint der Mensch nach seinen mineralischen Eigenschaften (welche ihren Sitz in dem Atomsysteme haben) als menschlicher Körper, welcher ein eindimensionales Wesen wie das Mineral (mit un- und eindimensionalen Grundlagen) darstellt.

d) Endlich erscheint der Mensch nach seinen physischen Eigenschaften (welche ihren Sitz in dem ätherischen Elementensysteme haben) als physisches System, welches, wie der Äther, ein undimensionales oder elementares Reich darstellt.

Der Geist hat seinen Sitz weder im leiblichen, noch im körperlichen, noch im physischen Systeme, sondern, wie schon erwähnt, im Nervensysteme, was nicht ausschliesst, dass das Nervensystem auch nichtgeistige Prozesse durch geeignete Erregungen vermittelt, gleichwie das leibliche System auch mineralische und das körperliche System auch physische und andere Prozesse vermittelt.

Wenngleich die geistigen, die vegetabilischen, die mineralischen und die physischen Eigenschaften vier selbstständige Systeme bilden; so stehen sie doch in naturgesetzlichem Zusammenhange, und es ist sehr wichtig, hervorzuheben, wie in den unteren dieser vier Systeme zugleich die Elemente zu den höheren Systemen liegen. So liefert im physischen Systeme, erstens, das Licht, als Objekt des Gesichts, zugleich Raumelemente, zweitens, der Schall, als Objekt des Gehörs, zugleich Zeitelemente, drittens, im Gefühls- oder Sensibilitätssysteme ist es jedoch nicht die Wärme, sondern die den ästhematischen Druck oder das Tastgefühl bedingende Spannung, welche mechanische Elemente liefert, viertens, im Geschmackssysteme ist es nicht unmittelbar der galvanische Geschmacksprozess, sondern der dadurch in der Tiefe des menschlichen Körpers bedingte Ernährungsprozess, welcher chemische Elemente liefert, fünftens, im Geruchssysteme ist es ebenfalls nicht unmittelbar der Duftungsprozess, sondern der durch Fortpflanzung des osmetischen Prozesses in der Tiefe des menschlichen Körpers bedingte Gestaltungsprozess, welcher krystallinische oder organische Elemente liefert.

In ähnlicher Weise erzeugen im mineralischen oder körperlichen Systeme durch Vermittlung der mathematischen Kräfte die Raumgrössen Begriffselemente, die Zeitgrössen Vorstellungselemente, die mechanischen oder motorischen Grössen Willenselemente, die chemischen Stoffe, insbesondere die Ernährungsstoffe, Gemüthselemente und die Gestaltungsobjekte Temperamentselemente.

Zuletzt bekunden im vegetabilischen Systeme durch Vermittlung der logischen Kräfte die Begriffe Erkenntnisselemente, die Vorstellungen Phantasieelemente, die Handlungen Selbstbestimmungs- oder Freiheitselemente, die Gemüthsbewegungen Gewissenselemente und die Temperamentserregungen ästhetische Formelemente.

Vermöge der Freiheit des Geistes kann derselbe einzelne Eigenschaften eines Objektes als isolirte Eigenschaften betrachten, er kann also die geistigen Eigenschaften des animalischen Wesens nach ihren speziellen Werthen, Wirkungen, Beziehungen u. s. w. betrachten. In der Wirklichkeit giebt es aber keine isolirten geistigen Eigenschaften: der Mensch ist immer geistiges, vegetabilisches, mineralisches und physisches Wesen zugleich, ein Objekt, in welchem alle Eigenschaften dieser Reiche zugleich walten; er kann daher auch nicht thätig sein, ohne dass die Vermögen aller dieser ihm innewohnenden Reiche in gesetzmässige Thätigkeit treten.

Schliesslich gestatte ich mir über das Wesen des Schöpfungsprozesses folgende Ansichten zu äussern.

Ein Schöpfungsprozess wälzt sich im Weltall langsam weiter; er kehrt nicht zurück und in endlicher Zeit folgt einem Schöpfungsprozesse kein zweiter in derselben Weltregion. Die Langsamkeit und Stetigkeit des Verlaufes bedingt die Schaffung von Objekten, welche eine gewisse Ähnlichkeit haben, also Übergänge oder Entwicklungen auseinander darzubieten scheinen, wiewohl von einer Entwicklung durch gegebene Lebenskräfte (wie sie der Darwinismus annimmt) meines Erachtens gar keine Rede sein kann. Die Impulsivität des Schöpfungsprozesses erzeugt denn auch sehr verschiedenartige, unähnliche, unverwandte Objekte und lässt die scheinbaren Übergänge gewisser Objekte doch als endliche Unterschiede erscheinen.

Durch die andauernde Wirksamkeit eines Schöpfungsprozesses in einer Weltregion bilden sich hier während der Schöpfungsperiode sukzessiv, bei abnehmender Temperatur, Mineralien, Pflanzen und animalische Wesen. Was in dieser Periode in einem speziellen Weltbezirke, z. B. in einem durch Gravitation der erzeugten Mineralatome entstandenen Himmelskörper nicht geschaffen ist, wird darin niemals geschaffen. Wenn sich heute ein neuer Himmelskörper in unserem Sternenzelte bildet; so sind dessen gravitirenden Elemente schon längst durch den abgelaufenen Schöpfungsprozess vorgebildet. Wenn der Mars jetzt von keinen animalischen Wesen bewohnt wird, werden niemals solche Wesen aus den auf ihm vielleicht existirenden Pflanzen entstehen. Die Sonne, welche gegenwärtig weder Pflanzen, noch animalische Wesen enthalten kann, wird sie niemals enthalten, insofern solche Wesen nicht von anderen Himmelskörpern oder Intermundien übertragen werden, wodurch ja möglicherweise jedes Gestirn mit allen Wesenarten bevölkert werden kann.

Der Schöpfungsprozess ist hiernach ein Erweckungsprozess, d. h. ein Prozess, durch welchen die im Weltsysteme liegenden Kräfte sich in reellen Werthen verwirklichen und selbstständige Objekte erzeugen. Da sich auf diese Weise auch das geistige Wesen bildet und die geistige Kraft die höchste von allen Naturkräften ist; so müssen wir schliessen, dass auch dem Weltsysteme geistige Kraft innewohnt, dass dieselbe jedoch hier noch ein allgemeines, keine spezielle Wirkung zulassendes Vermögen ist, welches im Schöpfungsprozesse nach Verwirklichung, nach Selbstständigkeit, nach Freiheit ringt, dass also die Erschaffung des Menschen, als des mit der höchsten Naturkraft ausgerüsteten Wesens, das Endziel des Schöpfungsprozesses ist.

Da dieser Prozess nicht aus dem freien Äther, dem Grundbestandtheile der wirklichen Welt, und noch weniger aus den höheren Naturreichen, welche erst aus dem Äther entstehen, entspringt; so muss ihm ein Weltgesetz von grösserer Allgemeinheit als das Gesetz der Wirklichkeit zu Grunde liegen, und insofern Alles, was Wirksamkeit nach aussen hat, substantiell sein muss, um von seiner Energie Etwas auf äussere Objekte übertragen zu können, der Schöpfungsprozess aber ein Wirkungsprozess ist; so bricht sich die Auffassung Bahn, dass dem Schöpfungsprozesse eine nicht wirkliche, d. h. eine in der Wirklichkeit nicht durch endliche und bestimmte Objekte und Prozesse vertretene Substanz, welche ich den Voräther nenne, zu Grunde liegt. Dieser Voräther kann und muss dann auch als die Entstehungsursache des freien Äthers angesehen werden, wodurch die Ätherelemente als Systeme vorätherischer Elemente erscheinen (s. weiter die Betrachtungen über die absolute Welt in Nr. 155).

Wenn der Geist ein allgemeineres System ist, als die durch Naturkräfte bestehende Wirklichkeit, was nach dem Zeugnisse der mathematischen Erkenntniss unzweifelhaft der Fall ist, indem die mathematischen Grundprinzipien der Kontrarietät, der Neutralität, der Dimensität und der Variabilität das Wirklichkeitsgebiet weit überschreiten; so muss auch der Prozess, welcher die geistige Kraft erzeugt, also der Schöpfungsprozess, nicht nur geistiges Vermögen, sondern ein geistiges Vermögen von grösserer Allgemeinheit als die wirklichen geistigen Wesen enthalten.

Über die Beschaffenheit und Entstehung eines animalischen Grundorgans gestatte ich mir noch folgende Bemerkungen. Unter einem solchen Organe ist immer ein nach höherem, die vegetabilischen Eigenschaften umfassenden, also nach geistigem Gesetze geordnetes Zellensystem zu verstehen, welches auch rein vegetabilische, rein mineralische und rein physische Nebenbestandtheile enthalten kann. Die Grundorgane eines animalischen Wesens unterscheiden sich nach ihrem Gebrauchszwecke oder zur Bethätigung der verschiedenen animalischen Vermögen durch die Form und Qualität oder Dimensität ihres Systems. Die rein geistigen Grundorgane sind Nerven oder vielmehr Nerveneinheiten oder Neuronen. Sie bestehen nach ihrem chemischen Stoffgehalte oder als Atomsysteme aus Protein- oder Eiweissstoffen, worunter sich das sogenannte Protoplasma befindet. Sie bilden in geometrischer Form eine Nervenfaser, eine Nervenzelle, und an ihren Enden, wenn sie überhaupt endigen, ein sogenanntes Nervenbäumchen, womit sie andere Organe umfassen, während sie sich mit den Fasern verzweigen und mit anderen Organen in Verbindung setzen. Trotz dieser chemischen und geometrischen Eigenschaften, welchen sich vermöge ihrer materiellen Masse auch mechanische Eigenschaften zugesellen, bildet die Neurone doch durchaus kein reines mineralisches Objekt (schon die Bäumchenform ist der mineralischen Krystallform ganz fremd). Sie bildet auch keinen Inbegriff von erkennbaren Zellen, also kein rein vegetabilisches Objekt; ich bin aber der Ansicht, dass sie ein System von vegetabilischen Elementen bildet, welches auf einer Qualitätserhöhung der Zellensubstanz oder auf einer Dimensionirung der Vegetationskraft beruhet. Demgemäss erscheint die Neurone nicht als ein System von Pflanzenzellen, sondern als ein Objekt mit erhöheten Pflanzenkräften, welches durch den Animalisirungsprozess aus Zellen erzeugt wird, wobei aber die erzeugenden Zellen ihre Form verlieren, indem sie in Fasern ausgestreckt oder in Elementenreihen mit höheren Kräften zerlegt und geordnet werden.

Die tiefsten Elemente, welche es in der wirklichen Welt giebt, sind die physischen Elemente. Eine Neurone kann daher als ein System von physischen Elementen aufgefasst werden, in welchem diesen Elementen gewisse, das vegetabilische Vermögen überragende, nämlich elementare geistige Eigenschaften verliehen sind, die sich in dem Gesammt-Nervensysteme zu vollständigen geistigen Eigenschaften zusammensetzen. Das geistige Vermögen eines Nerven ist hierdurch auf die Qualität seiner Substanzelemente zurückgeführt und Diess erklärt ebensowohl die grosse Mannichfaltigkeit der den einzelnen Nerven desselben Individuums, z. B. den Gesichts-, Gehör-, Gefühls-, Geschmacks-, Geruchsnerven, den motorischen, den Ernährungsnerven, den Verstandes-, Gedächtniss- und sonstigen koordinirten und subordinirten Nerven zukommenden Kräfte und Prozesse, als auch die grosse Verschiedenheit der animalischen Grundarten, namentlich aber geht daraus hervor, dass die unteren animalischen Wesen, die eigentlichen Thiere, sehr wohl das Nervensystem bis hinauf zu dem Gehirnsysteme nach seiner äusseren Form mit den menschlichen Wesen gemein haben können, dass ihren Nerven aber doch die auf der Dimensionirung der Nervenelemente beruhenden oberen Qualitäten fehlen können, welche nicht durch Naturprozesse zu ersetzen, sondern nur durch Schöpfungsprozesse zu erlangen und durch Fortpflanzungsprozesse zu übertragen sind.

VIII. Allgemeiner Zusammenhang.

151. **Die weltgesetzlichen Beziehungen zwischen physischen, mineralischen, vegetabilischen und geistigen Kräften.** Ein rein materieller Prozess nimmt einen anschaulichen, streng mathematischen Verlauf nach den Gesetzen der Mechanik. Es giebt aber keine rein materiellen Prozesse: jede in Raum und Zeit bestehende Masse, d. h. jedes materielle (bewegbare) Objekt ist auch ein chemischer (mit Affinität begabter) Stoff und ein physiometrisches oder krystallinisches (mit Gestaltungstrieben begabtes) Gebilde. Bei jedem Prozesse eines Minerals kombiniren sich also stets mechanische, chemische und physiometrische

Prozesse dergestalt, dass die Gesammtenergie des Prozesses (mag die Aussenwelt mitwirken, oder nicht) fortwährend konstant bleibt. Hieraus folgt, dass im Allgemeinen durch Umwandlung der mechanischen in chemische oder physiometrische Energie, oder umgekehrt, die rein mechanische Energie fortgesetzt schwankt und dass daher der zur Erscheinung kommende rein mechanische Prozess von den Gesetzen der reinen Mechanik abweicht. Es kann z. B. eine Bewegung entstehen, eine Arbeit verrichtet werden, also die Wirkung einer Kraft erscheinen, ohne dass eine Kraft von aussen gegeben ist (wie es z. B. bei der Explosion eines Pulverkorns der Fall ist, wo die bewegende Kraft auf der Umwandlung von Spannungen, Gestaltungstrieben und chemischen Verbindungen beruhet). Die Beeinflussung der koordinirten mathematischen Vermögen von Raum, Zeit, Kraft, Affinität und Gestaltungstrieb ändert also den rein mechanischen Verlauf, jedoch nach bestimmtem mathematischen Gesetze, sodass jeder Mineralprozess stets mathematischen Gesetzen unterworfen ist.

Im vegetabilischen Pflanzenprozesse und im animalischen Willensprozesse gesellen sich nun zu den mineralischen Kräften die Vegetations- und die Geisteskräfte, erhöhen also im Allgemeinen die Abweichungen des Verlaufes von den rein mechanischen Gesetzen. Gewisse Vorgänge bleiben in allen Fällen an bestimmte Gesetze gebunden. Hierzu gehört die Äquivalenz der verschiedenartigen Kräfte und die Konstanz der Energie des Gesammtsystems (welches, wenn die Aussenwelt nicht mitwirkt, in dem Objekte allein beruhet, sonst aber das Objekt und die Aussenwelt umfasst). Die Unveränderlichkeit der Masse eines Objektes (solange es keine Massentheile ausgestossen oder aufgenommen hat) kann als ein Ausfluss des Energiegesetzes angesehen werden. Hiernach kann kein Mensch seine Masse, also sein Gewicht durch rein motorische Thätigkeit (Hebung, Streckung, Drehung seiner Glieder) ändern: wohl aber kann er vermöge seines Willens durch motorische Thätigkeit den Ort seines Schwerpunktes ändern, indem er z. B. durch Niederbeugung die vertikale Spannung seiner Glieder vermindert und dadurch den Schwerpunkt senkt, oder indem er durch Drehung seiner Arme von rechts nach links in seinem Körper unter Vermittlung der Reibung des Erdbodens, auf welchem er mit den Füssen steht, Torsionsspannungen erzeugt und dadurch den Schwerpunkt von rechts nach links um die Axe seines Körpers drehet.

Wenn der Mensch auf einem absolut glatten Fussboden steht, welcher keinen Reibungswiderstand darbietet, ist der letztere Beharrungszustand in Torsionsspannung unmöglich: die Drehung der Hände hat dann eine fortgesetzte Rotation des ganzen Körpers um eine vertikale Axe zur Folge; die Arbeit der Hände erscheint dann als lebendige Rotationskraft, welche nicht anders, als durch eine entgegengesetzte Wirkung, z. B. durch eine gleich intensive Drehung der Arme von links nach rechts zum Stillstande kommen kann. Schwebt der Mensch augenblicklich in der Luft, z. B. beim Sprunge in das Wasserbad bei nahezu vertikaler Stellung seiner Axe, oder beim Falle aus der Höhe, nachdem seine Axe in eine horizontale Lage versetzt ist; so kann er sich immer durch Drehung von Gliedern in Rotation um seine Axe versetzen und diese Rotation wieder hemmen, also seinem Körper jede beliebige dauernde Winkelstellung gegen seine Axe geben. Die Katze thut Diess erfahrungsmässig beim Falle stets so, dass sie auf die Pfoten fällt. Wenn die öffentlichen Blätter (Prometheus 1894 Nr. 270) recht berichten, so ist diese Fähigkeit der Katze, sich in der Luft um ihre Axe zu drehen, von der Pariser Akademie der Wissenschaften der Behauptung des Professors Marey gegenüber als eine Unmöglichkeit bestritten: mit welchem Rechte, ist mir unerfindlich, da diese Fähigkeit nach Vorstehendem evident ist und von jedem Badenden beim Sprunge ins Wasser, ja von Jedermann beim vertikalen Absprunge vom Boden oder beim Absprunge von einer Bank konstatirt werden kann. Wenn ich mich vertikal (ohne Drehungstendenz) in die Höhe schnelle oder von einer Bank abwärts springe, vermag ich mich, in der Luft schwebend, nach links oder nach rechts zu drehen; sowie meine Füsse beim Niederfallen auf den Boden stossen, ist mein Körper um die vertikale Axe gewälzt (diese Wälzung würde sich als Rotation stetig fortsetzen, wenn sie nicht durch die Reibung zwischen dem Boden und meinen Füssen zum Stillstande gebracht würde).

Es entsteht nun die Frage: woher stammt die Kraft und die Arbeit, welche ich bei der Bewegung meiner Glieder bekunde? Ich sage, Hexerei ist dabei nicht im Spiele: sie stammt aus dem Wirkungsvermögen, aus dem Borne von Energie, den ich in mir trage und dem ich nach geistiger Freiheit hier oder da die Schleusen zum Ausströmen öffne. Indem ich von diesem Borne, der sich in mannichfaltiger Form, als Nervenstrom, als vitaler Prozess, als Spannungszustand, als Stoffverbindung u. s. w. bethätigt, Etwas verausgabe, das als motorische Arbeit erscheint, vermindere ich augenblicklich seinen Bestand, sodass meine Gesammtenergie mit Einschluss der geleisteten Arbeit den früheren Werth behält. Diese Arbeit erscheint also als eine Neuschaffung auf dem rein mechanischen Gebiete, ist aber mit einem ausgleichenden Verluste von äquivalenter Energie in anderen Gebieten begleitet und demzufolge keine Schöpfung aus Nichts, sondern nur eine Umwandlung bestehender äquivalenter Energien.

Wenn das aus den Elementen a bestehende, in vollkommener Ruhe seiner eigenen Kräfte verharrende System $A = F(a)$ mit dem ebenfalls ruhenden Systeme $B = G(b)$ zusammenliegt; so kann A keine Wirkung auf B ausüben. Eine solche Wirkung setzt voraus, dass in die Elemente des Systems A Kräfte entweder von aussen eingeführt, oder dass gehemmte innere Kräfte frei gemacht werden, welcher letztere Vorgang, wenn er mit Äquivalenzprozessen begleitet ist, die Erweckung latenter Kräfte bedeutet. Zu einem Vorgange der letzteren Art führt im animalischen Wesen der Entschluss, welcher vom geistigen Einheitssysteme ausgehend, in den Elementen a an gewissen Stellen Schleusenthore in gewisser Weite öffnet und dadurch gewissen in den Elementen a liegenden Kräften die Wirkung nach aussen, nämlich auf die Elemente b

des Systems B ermöglicht. In dieser Entschliessung zu wirken ist der Geist vollkommen frei; er kann den Entschluss zu jeder beliebigen Wirkung nach reiner Willkür fassen. Ob zu dieser Entschlussfassung ein Energieaufwand erforderlich ist, oder nicht, ist für die Freiheit der Entschliessung nur insofern von Bedeutung, als dann durch den Organismus und die gegebene Gesammtenergie der Willkür eine gewisse Grenze gesetzt ist. Der frei gefasste Entschluss bestimmt in den Elementen a die Stellen der Schleusenthore und die Weiten ihrer Öffnung, also die Richtungen und Intensitäten der darin sich äussernden Kräfte. Diese Kräfte werden also, als Abhängigkeiten von dem Entschlusse in bestimmten Werthen, also mit bestimmten Wirkungsvermögen gegeben. Wenn es sich um die Wirkungen im Willensgebiete handelt, vertreten die letzteren Werthe die Willenskraft und deren Richtung (die Absicht des Wollenden). Hieraus geht hervor, dass der Wille nicht frei, sondern eine durch die freie Entschliessung bestimmt gegebene Kraft ist und zwar eine logische Kraft, da sie den Inbegriff aller in dem Systeme $A = F(a)$ erweckten Kräfte darstellt.

Der mit den gegebenen Willenskräften sich vollziehende Wirkungsprozess, die Handlung, ist durch den Widerstand des Systems $B = G(b)$ mitbedingt. So lange die Elemente b dieses Systems, sei es mit oder ohne Hülfe einer desfallsigen Entschliessung, kräftig genug widerstehen, erfolgt keine Handlung: diese tritt erst ein, sobald das System B von dem Systeme A überwältigt wird. Insofern und insoweit die Elemente b materielle Theile enthalten, erscheint in der Wirkung des Systems A auf B oder in der Handlung ein mechanischer Prozess, eine mechanische Arbeit, eine Gliederbewegung als eine Komponente der Handlung, welche nach mathematischem Gesetze für die darin verwickelten Massen und Kräfte verläuft. Hiernach wird man annehmen dürfen, dass bei dem durch rein geistige oder innere Ursachen erzeugten Prozesse das Einheitssystem des Geistes vermittelst des Nervensystems X durch freie Entschliessung (gleichviel, ob mit oder ohne Energieverbrauch) unmittelbar auf das Zellensystem A wirkt und hierdurch zugleich logische Effekte hervorbringt, dass dann das Zellensystem A unmittelbar auf das Atomsystem B wirkt und hierdurch zugleich mathematische Wirkungen erzeugt, dass hierauf das Atomsystem B unmittelbar auf das physische oder sensuelle System $C = H(c)$ wirkt und daselbst Sinneserscheinungen hervorbringt, und dass schliesslich das physische System C durch optische, akustische, ästhematische (sensibele und kalorische), elektrische und Dunstungsprozesse unmittelbar auf die Aussenwelt W wirkt.

Alle diese Wirkungen sind Wechselwirkungen: wie A durch Hervorrufung des Widerstandes in B auf B wirkt, so wirkt B, wenn es als Motor auftritt, durch Hervorrufung des Widerstandes in A auf A. Die bei diesen Prozessen stattfindende Zerlegung in äquivalente Wirkungstheile bedingt die Affektion der koordinirten Vermögen in jedem dieser Systeme. Für das animalische Wesen ist die Aussenwelt ein in unendlicher Mannichfaltigkeit sich darbietendes, momentan gegebenes

System *W*, während die geistige Kraft des animalischen Wesens sich ebenfalls als ein unendlich mannichfaltiges System *X* darstellt, über welches es frei verfügt, d. h. welchem es durch freien Entschluss jede beliebige Form und Wirkungsweise ertheilen kann. Ein freier geistiger Impuls kann von innen abwärts steigen, sich spalten, wiederum aufwärts wirken und in mannichfacher Weise variiren, namentlich durch wiederholte neue Entschliessungen modifizirt werden: solange von diesen Wirkungen Nichts in die Aussenwelt tritt, hat man es mit inneren Wirkungen des Wesens auf sich selbst zu thun. Der Entschluss zum Denken, zum Vorstellen, zum Hoffen, zur Trauer ist, vom Standpunkte des Willensvermögens betrachtet, zunächst die freie Erweckung eines Willenszustandes ohne Willensthätigkeit, sodann die Eröffnung der Bahn für diese Thätigkeit. Insofern nun diese Thätigkeit auf innere Vermögen, wie Verstand, Gedächtniss, Gemüth, Temperament u. s. w. gerichtet bleibt, begehen wir (vom Standpunkte des Willens betrachtet) eine innere Handlung oder eine Handlung gegen uns selbst, wir ändern also auch nicht unsere Gesammtenergie. Durch die Mitwirkung der Aussenwelt, z. B. bei dem Einfangen eines Vogels, wo wir als Motor und die Aussenwelt als Rezeptor auftritt, können wir eine eigentliche Handlung (eine auf Selbstbestimmung beruhende logische Wirkung nach aussen) begehen, andererseits, wenn die Aussenwelt als Motor und wir als Rezeptor auftreten, z. B. bei der Aufnahme des Befehls zur Kriegsattake, welchen der Kommandeur an den Soldaten ergehen lässt, können wir zu inneren und äusseren Handlungen ohne eigenen freien Entschluss (also auch ohne Verantwortung, welche der Kommandeur trägt) veranlasst werden.

Ein von der Aussenwelt ausgehender Impuls auf ein animalisches Wesen nimmt einen Verlauf, welcher das Umgekehrte des Verlaufes eines rein geistigen Impulses darstellt. Die Aussenwelt *W* wirkt nur durch physische Prozesse auf das animalische Wesen und zwar unmittelbar auf dessen sensuelles System *C*, alsdann wirkt *C* auf *B*, dann *B* auf *A* und zuletzt *A* auf das rein geistige System *X*. In allen Zwischenstadien steht jedoch dem Geiste *X* vermöge seiner Freiheit eine beliebige Mitwirkung zu, in Folge dessen er die äusseren Einwirkungen modifiziren kann. Wenn wir z. B. durch die in unser Auge eindringenden Lichtstrahlen ein äusseres Raumobjekt oder durch die auf unsere sensibelen Hautorgane wirkenden Tastempfindungen ein äusseres materielles Objekt wahrnehmen; so können wir die Vorstellung durch die Mitwirkung freier geistiger Entschliessungen in mannichfacher Weise modifiziren. Wir können das Objekt für gross oder klein, für nahe oder ferne, für Glas oder für Porzellan oder für einen sonstigen chemischen Stoff halten, wir können darin ein zu gewissen Zwecken dienendes Objekt, etwa für einen Beleuchtungsapparat (eine Lampe), oder für das Werk einer Glashütte, oder für ein uns gemachtes Geschenk, wir können die Erscheinung für wahr, oder für zweifelhaft, oder für unwahr halten, wir können denken, dass eine Täuschung vorliege und das vorgestellte Objekt gar nicht in der Wirklichkeit existire.

Im animalischen Prozesse kommen daher durch das Zusammenwirken aller Organe geistige, vegetabilische (vitale), mineralische (anschauliche) und physische (sensuelle) Kräfte zur Thätigkeit und erzeugen durch Vermittlung und Umwandlung alle nach der Organisation des animalischen Wesens möglichen philosophischen, logischen, mathematischen und physischen Wirkungen (wobei die philosophischen Wirkungen wesentlich auf Selbstbestimmung beruhen), dergestalt, dass alle, den verschiedenen Grundgebieten angehörigen Wirkungen (also bei der menschlichen Thätigkeit, die Wirkungen der fünf philosophischen, der fünf logischen, der fünf mathematischen und der fünf physischen Vermögen) darin mit bestimmten Werthen vertreten sind und dass die Gesammtenergie aller mitwirkenden inneren Organe und äusseren Objekte durch den Wirkungsprozess nicht geändert wird. Nicht die Wirklichkeit, sondern nur die geistige Abstraktion scheidet diese miteinander weltgesetzlich verbundenen Wirkungen und der Mensch betrachtet diese Theilwirkungen als gesonderte Objekte und belegt sie mit besonderen Namen, indem er die übrigen Wirkungen wie Nebensachen ausser Betracht lässt, ohne sie doch aus der Wirklichkeit verbannen zu können, wozu folgende Beispiele zur Erläuterung dienen mögen.

Der Mensch kann stehlen. Der Diebstahl ist aber keine mechanische Arbeit, sondern der logische Antheil eines gewissen Prozesses, also eine Handlung; er besteht nicht darin, dass der Mensch M ein Objekt a ergreift und an eine andere Stelle trägt, sondern darin, dass er das Eigenthum eines anderen Menschen M_1 zu eigenem Vortheil schädigt. Die zu diesem logischen Vorgange dienliche mechanische Thätigkeit ist etwas ganz Nebensächliches: M kann den Diebstahl ohne mechanische Bewegung seiner Arme und Beine durch Bewegung seiner Sprachwerkzeuge ausführen, indem er einen dritten M_2 auffordert, das Objekt a aus dem Eigenthum des M_1 zu holen und dem M zu überbringen. Der Diebstahl kann auch durch Lüge begangen werden, indem M den M_1 versichert, das Objekt a in das Eigenthum von M_1 gelegt zu haben, während er es sich selbst angeeignet hat, ein Fall, welchen man Betrug zu nennen pflegt.

Vom philosophischen Standpunkte, d. h. als philosophische, nicht als logische Wirkung, ist der Diebstahl eine Rechtsverletzung oder ein Verbrechen, eine rechtswidrige That. Der logische Gegensatz des Diebstahls ist das Verschenken, nicht als mechanisches Ausschleudern des Objektes a, sondern als logische Überführung des Objektes a, als eines Vermögensbestandtheils des Gebers in das Eigenthum des Empfängers, welcher das Geschenk erst durch die Annahme des Objektes a logisch vervollständigt. Vom logischen Standpunkte ist das Verschenken eine Handlung, vom philosophischen Standpunkte ist dasselbe eine rechtlich erlaubte That, eine Gutthat, insofern damit dem Geber eine Hülfe gewährt wird.

Wie der Mensch, so stiehlt auch der Hund durch logische Handlung. Er kennt vielleicht die Schläge seines Herren als logische Folgen seiner Handlung und hütet sich davor: die Idee des Unrechts ist ihm jedoch fremd, da er kein philosophisches Rechtsbewusstsein hat. Wenn die Fliege keinen logischen Verstand hat, kann man von ihr nicht sagen, dass sie logisch handeln, dass sie stehlen könne.

Der Tischler verrichtet durch die Arbeit seiner Hände einen mechanischen Prozess in Raum, Zeit und Materie. Durch die Mitwirkung seines Geistes variirt er diesen Prozess nach freier Willkür, er begeht also zugleich eine geistige Thätigkeit, durch welche er geistige Energie verausgabt. Insofern er vermittelst einer Verstandesthätigkeit ein Werkstück herstellt, welches bestimmte Zwecke erfüllen oder Bedürfnisse befriedigen soll, begeht er zugleich eine logische Handlung. Wenn er vermittelst seiner Phantasie erfinderisch operirt, etwa ein absolut neues Werk zu Stande bringt, wirkt er auch philosophisch schaffend.

Wer eine unendliche Menge von Lichtpunkten nicht nur mit seinen Augen sieht, sondern auch vermittelst des räumlichen Anschauungsvermögens zu einer Raumgestalt zusammenfasst, begeht nicht nur einen physischen (optischen) Sehprozess, sondern auch einen mathematischen Anschauungsprozess. Der Denker, welcher mit allen einem Begriffe entsprechenden anschaulichen Objekten nach mathematischem Gesetze operirt, verrichtet nicht nur eine anschaulich mathematische, sondern auch eine logisch mathematische Thätigkeit, und wenn er die Wahrheit seiner Erkenntniss, als Übereinstimmung seiner Idee mit einem wirklichen oder möglichen Weltobjekte feststellt (wozu übrigens ein unendlicher Prüfungsprozess erforderlich ist, indem jeder endliche Prüfungsprozess die Möglichkeit des Irrthums in gewissen noch nicht geprüften Beziehungen offen lässt, also nur a n g e n ä h e r t e Wahrheit liefert); so begeht er zugleich einen philosophischen Erkenntnissprozess.

Die Pflanze hat keinen Geist, verrichtet also auch keine freien Prozesse, wohl aber fällt die vegetabilische Thätigkeit, als Zellenthätigkeit, unter die Kategorie der durch Merkmale bestimmten Inbegriffs- oder logischen Prozesse. Man könnte also, wenn der Sprachgebrauch sich nicht dagegen auflehnte, sagen, die Pflanze h a n d e l t, indem sie treibt und wächst. Daneben verrichtet sie auch mineralische, also mathematische Prozesse; denn, indem der Baum den Saft von der Wurzel in die Gipfel hebt, arbeitet er mechanisch. Die Frage, wie er diese Arbeit beschafft, haben die Botaniker und Pflanzenphysiologen zu ergründen: ich führe nur Möglichkeiten hierfür an. Wenn der Baum von aussen Wärme aufnimmt, können die kalorischen Schwingungen die Saftelemente dehnen, und wenn ihnen der Austritt an der Wurzel verschlossen ist, müssen sie aufwärts rücken. Wenn ein Saftelement beim Eintritte in ein Blatt sich chemisch in zwei Stoffe scheidet und den einen Stoff an das Blatt abgiebt, den anderen Stoff aber frei lässt; so kann dieser Stoffwechsel-, insbesondere der Scheidungsprozess, eine mechanische Arbeit erzeugen, welche den nicht geschiedenen Saft von dem Blatte hinweg treibt. Das Wachsen der Blätter, Blüthen, Früchte und das Wachsen der Rindenschicht kann daher möglicherweise zugleich die Ursache der Saftzirkulation sein.

Das nicht aus Zellen, sondern aus Atomen bestehende Mineral kann keine logischen, sondern nur anschaulich mathematische und physische Prozesse begehen.

Der nicht aus Atomen, sondern aus Grundelementen bestehende Äther kann keine anschaulichen, messbaren mathematischen Prozesse verrichten, sondern nur zu physischen Prozessen erregt werden.

Hierauf stelle ich noch folgende Betrachtung an. Die wirkliche, geistig erkennbare Welt besteht aus vier Grundreichen, dem Äther-, Mineral-, Pflanzen- und Thierreiche (unter Zulassung des Voräthers sind es fünf Reiche). Jedes Reich zerfällt in fünf Grundgebiete. Jedes Gebiet enthält bestimmte isolirte oder konkrete Objekte. Jedes Objekt besteht aus Elementen. Die Elemente haben verschwindende Eigenschaftswerthe, die isolirten Objekte haben endliche, bestimmte Eigenschaftswerthe, das konkrete Objekt ist also nicht nur eine Summe verschwindender Elementarwerthe, sondern auch ein durch endliche Eigenschaften bestimmtes Wesen, welches in der Wirklichkeit als selbstständiges Ganzes, oder als ein Individuum thatsächlich existirt. In dem Gebiete bestehen aber auch Gattungen oder Inbegriffe von konkreten Objekten, Inbegriffe, welche Objekte von beliebig grossen und kleinen Eigenschaftswerthen umfassen, welche also nicht durch bestimmte Eigenschaften, sondern durch bestimmte Merkmale von beliebigem Eigenschaftswerthe bestimmt sind; solche Gattungen nennt der Mensch logische Begriffe. Jedes konkrete Objekt ist daher zugleich ein spezieller Fall einer Gattung. Eine richtig gedachte Gattung kann wirklich bestehen, sie ist nach Weltgesetzen möglich, ohne dass sie nothwendig in der wirklichen Welt besteht; sie besteht auch wohl niemals in aller Vollständigkeit wirklich. (Es kann Pferde geben, es können möglicherweise alle denkbaren Pferde existiren, sie werden aber nicht sämmtlich in der Wirklichkeit bestehen). Bei der Gattung ist überhaupt die weltgesetzliche Möglichkeit, nicht die Wirklichkeit das Wesentliche. Jedes Gebiet bildet aber auch eine Gesammtheit von Gattungen, welche nicht durch bestimmte Merkmale, sondern durch Inbegriffe von Gattungen oder von allen möglichen Merkmalen, d. h. durch Kriterien zu bestimmen ist. Demzufolge ist jede Gattung, also auch jedes konkrete Objekt, da dasselbe der spezielle Fall einer Gattung ist, zugleich der spezielle Fall einer Gesammtheit. Diese Gesammtheit ist das betreffende Weltgebiet, welchem das Objekt angehört. Der Mensch nennt solche Gesammtheiten oder Weltbestandtheile philosophische Ideen oder ideelle Erkenntnissgegenstände.

Jedes konkrete Objekt ist hiernach, erstens, ein Bestand von Elementen, zweitens, ein bestimmtes endliches Individuum mit bestimmten Eigenschaftswerthen, drittens, der spezielle Fall einer Gattung oder ein durch Merkmale bestimmtes Begriffsobjekt, viertens, der spezielle Fall einer Gesammtheit oder ein durch Kriterien bestimmter Weltbestandtheil. So ist z. B. im Raumgebiete ein geometrisches Objekt, etwa ein Dreieck, erstens, ein Bestand von Punkten, zweitens, ein isolirtes anschauliches Dreieck mit bestimmten Seiten und Winkeln, drittens, der spezielle Fall der Gattung aller möglichen Dreiecke, auch der spezielle Fall der Gattung aller ebenen Vielecke, überhaupt des Vielecksbegriffes, viertens, der spezielle Fall der Gesammtheit aller Raumbestandtheile oder auch der allgemeinen Idee einer Raumfigur. Im Stoffgebiete ist ein Eisenkörper, erstens, ein Bestand von Eisenelementen, zweitens, ein bestimmter, abgemessener Stoff mit bestimmten Affinitätswerthen, drittens, der spezielle Fall der Gattung aller möglichen Eisenmassen, auch der speziellen Metalle oder des Begriffes Metall, viertens, der spezielle Fall der Gesammtheit der Idee von Stoff.

Jedes Objekt gehört also nach menschlicher Auffassung sowohl dem physischen (sinnlichen), als auch dem anschaulich mathematischen, sowie dem abstrakt logischen und dem ideell philosophischen Bereiche an, womit jedoch über seine speziellen Eigenschaftswerthe noch Nichts ausgesagt, sondern nur konstatirt ist, dass der Mensch jedes Objekt in die Reiche seines geistigen Wesens, nämlich in das physische, das mathematische, das logische und das philosophische Reich einzureihen oder vom physischen, vom mathematischen, vom logischen und vom philosophischen Standpunkte aus zu betrachten vermag, was nicht ausschliesst, dass das Objekt in einem solchen geistigen Reiche als ein Element, oder als ein Ganzes, oder als eine Gattung, oder als ein Gesammtwesen auftritt und demzufolge elementare, oder mathematisch abgemessene, oder logisch denkbare, oder philosophisch erkennbare Eigenschaftswerthe bekundet. Demzufolge betrachten wir z. B. ein Ätherelement und ein Ätherobjekt auch als eine Raum-, Zeit- und Wirkungsgrösse und den Ätherprozess nicht nur als einen rein physischen, sondern auch als einen im Raume, in der Zeit, mit Kraftaufwand verlaufenden Prozess, ferner gewisse durch Merkmale bestimmte Ätherprozesse als logische Ätherprozesse und zugleich als in Raum, in Zeit, mit Kraftaufwand verlaufende logisch mathematische Prozesse.

In der Wirklichkeit gehört jedes Objekt den fünf koordinirten Grundgebieten zugleich an und besitzt die Grundeigenschaften dieser Gebiete sei es in elementaren, sei es in endlich abgemessenen, sei es in Gattungs-, sei es in Gesammtheitswerthen. Ausserdem gehört in der Wirklichkeit jedes Objekt eines Grundreiches allen subordinirten tieferen Reichen zugleich in der Weise an, dass die Eigenschaften, welche das Objekt in einem nächst tieferen Reiche besitzt, thatsächlich gegebene Inbegriffe von Elementen des höheren Reiches bilden. Den höheren Reichen gehört das Objekt nur als Element oder mit elementaren Eigenschaften in der Weise an, dass es die Fähigkeit besitzt, im Ganzen oder in Theilen durch geeignete Prozesse (welche zum Theil Lebens-, zum Theil Schöpfungsprozesse sein können) in ein Objekt des höheren Reiches oder in ein höheres System aufgenommen, also nach dem Gesetze dieses Systems organisirt und dadurch der Träger höherer Kräfte zu werden, während es ohne solche Prozesse, d. h. ohne die erweckende Einwirkung eines höheren Objektes nur die Aufnahmefähigkeit für höhere Kräfte oder die Latenz der

Elemente höherer Kräfte und die höhere Organisirbarkeit (nicht den Besitz vollständiger, bestimmter, organisirter höherer Kräfte) bekundet.

Hiernach äussert das geistige Organ, weil es ein System von Zellen ist, ausser den koordinirten geistigen Kräften auch vegetabilische (bezw. vitale) Kräfte auf die damit in Wechselwirkung tretenden Objekte. Die Zelle (der Pflanze und des Thieres) äussert, da sie ein System von Atomen ist, ausser ihren vegetabilischen oder vitalen Kräften auch mineralische Kräfte. Das Atom (des Minerals, der Pflanze und des Thieres), weil es ein System von Ätherelementen ist, äussert ausser seinen mineralischen Kräften auch physische Kräfte. Umgekehrt, zeigt sich das Ätherelement befähigt zum Eintritte in einen mineralischen Organismus und dadurch zur Annahme von mineralischen Kräften. Das Atom zeigt sich befähigt zum Eintritte in ein Zellensystem und zur Annahme vegetabilischer Kräfte. Die Zelle erweis't sich befähigt zum Eintritte in ein geistiges Organ und zur Annahme von geistigen Kräften.

Die Stärke und die Art und Weise, wie ein Objekt verschiedenartige Prozesse vollbringt, hängt von dem Wesen der zusammenwirkenden Objekte ab, ist aber durch die fünf allgemeinen Weltgesetze, durch das Beharrungsgesetz, das Fortschrittsgesetz, das Energiegesetz, das Äquivalenzgesetz und das Bildungsgesetz fest bestimmt.

So kömmt es, dass in jedem Prozesse, mag er ein innerer (zwischen inneren Bestandtheilen eines Objektes wirksamer), oder mag er ein äusserer (zwischen äusseren Bestandtheilen oder Objekten wirksamer) sein, immer Kräfte aus allen vier Naturreichen und aus allen ihren fünf Grundgebieten auftreten. Dabei können einzelne Kräfte auf ein unerkennbares Minimum oder auch auf Elementarzustände herabsinken: absolut verschwinden kann jedoch, wie schon früher bemerkt ist, keine. Jeder Prozess wird also physische (optische, akustische, kalorische, elektrische, osmetische), ferner mineralische (räumliche, zeitliche, mechanische, chemische, krystallinische), ferner vegetabilische und endlich animalische Prozesse nach sich ziehen, und jeder dieser Prozesse wird auch auf allen möglichen Dimensitätsstufen erscheinen, d. h. ein geistiger Prozess wird zugleich ein elementarer oder in Elementen erscheinender, sensueller, ferner ein auf bestimmte Grössen bezüglicher oder durch fest gegebene Eigenschaftswerthe bestimmter oder anschaulich mathematischer, ferner ein verallgemeinerter, auf Gattungen bezüglicher, durch Merkmale definirter logischer und endlich ein auf Gesammtheiten oder Weltbestandtheile bezüglicher, durch Kriterien definirter philosophischer Prozess sein. Die Werthe der einzelnen Prozessbestandtheile sind, wie schon erwähnt, durch die zusammenwirkenden Objekte bedingt. Wenn es kein animalisches Wesen giebt oder wenn kein solches Wesen in die Mitwirkung eines Naturprozesses gezogen wird, kann kein vollständiger, endlicher, bestimmter geistiger Prozess entstehen; wohl aber werden die unentwickelten und unorganisirten geistigen **Elemente** der von dem Prozesse betroffenen ungeistigen Objekte eine weltgesetzliche Änderung erleiden, es werden also immer geistige Prozesse entstehen: ein Animalisirungsprozess, als organisirender Schöpfungsprozess, bedingt selbstverständlich stets endliche geistige Prozesse. Wenn keine Menschen, sondern nur solche unteren Thierklassen, welche Sinnes- und Anschauungsvermögen, aber keine logischen und philosophischen Vermögen haben, in Mitwirkung kommen, können keine vollständigen logischen und philosophischen Prozesse auftreten, immer jedoch werden die logischen und philosophischen Elemente der unentwickelten animalischen Organe der betroffenen Thiere weltgesetzliche Änderungen erleiden, also logische und philosophische Elementarprozesse bedingen. Wenn der Mensch, welcher entweder durch freien Entschluss, oder durch äusseren Zwang, einen Anschauungsprozess bildet, einen schwachen oder einen wenig ausgebildeten Verstand hat oder durch freien Entschluss den Verstand von der Mitwirkung absperret; so begeht er einen relativ starken Anschauungs- und einen schwachen logischen Prozess: hat er jedoch einen starken oder sehr ausgebildeten Verstand oder öffnet er durch freien Entschluss dem Verstande die Bahn weiter; so begeht er einen schwächeren Anschauungs- und einen stärkeren logischen Prozess. Wenn ein Mensch beim Laufen, Turnen, Schwimmen oder bei irgend einer anderen Arbeit stark an fremde Dinge denkt oder sein Auge oder Ohr fremden Gegenständen zuwendet; so modifizirt er seine motorische Thätigheit nachtheilig, theils schwächt er sie, theils lenkt er sie von ihrem rechten Ziele ab.

Die beobachtende Chemie hat von jeher, besonders aber in der Neuzeit, dem weltgesetzlichen Zusammenhange der anschaulichen und der physischen Naturkräfte ihre Aufmerksamkeit in hervorragendem Grade zugewandt und die physischen Begleitprozesse zum Gegenstande weiterer Forschung gemacht, wenngleich sie sich ihres mathematischen Standpunktes (als Chemilogie) weniger bewusst gewesen ist, da die theoretische Chemie die Aufgabe haben würde, alle jene Begleitprozesse durch mathematische Prinzipien zu begründen. Die Krystallographie, die Mechanik, die Chronologie und die Geometrie haben dagegen ihren rein mathematischen Standpunkt mit grösserer Strenge, die Geometrie sogar mit absoluter Strenge festgehalten, wiewohl eine jede von ihnen, wenn sie sich zu einer Lehre wirklicher Weltprozesse entwickeln will, die Beziehungen zu allen Gebieten zu beachten hätte. So lässt sich z. B. kein geometrisches Dreieck aus Punkten oder Linien weder im Äther als physisches Objekt, noch im Mineralreiche als wirkliches (aus wirklichen mineralischen Bestandtheilen bestehendes) Objekt, noch in der Pflanze als vegetabilisches, lebensfähiges Objekt, noch im menschlichen Geiste als anschauliche Vorstellung bilden, ohne dass sämmtliche Naturkräfte eine Mitwirkung äusserten und dadurch Prozesse in allen Reichen und Gebieten, seien es elementare Prozesse, oder bestimmte endliche Objektsprozesse, oder verallgemeinerte Gattungsprozesse, oder Gesammtheitsprozesse hervorbrächten, die zu erforschen und festzustellen die Aufgabe der physisch beobachtenden, der mathematisch experimentirenden, der logisch verallgemeinernden und der philosophisch erkennenden Wissenschaft ist.

Die allgemeinen gesetzlichen Beziehungen und Abhängigkeiten zwischen allen Weltkräften führen zu der Erkenntniss, dass die wirkliche Welt ein System bildet, welches von der Geisteskraft, als der obersten darin wirksamen Kraft, beherrscht wird und welches aus dem Äther (wonicht aus dem Vorätherr), als der Grundsubstanz, in der geistige Elemente latent liegen, durch erweckende Schöpfungskräfte des allgemeinen Geistes entspringt und durch Naturkräfte sich entwickelt. Unter Naturkräften ist dann zu verstehen, erstens, die Fähigkeit eines Objektes im Besitze gegebener, wirklicher, existirender, vollständiger Eigenschaften von gegebenen Werthen zu beharren, solange keine Veranlassung zur Änderung obwaltet; zweitens, die Fähigkeit, diese Eigenschaftswerthe oder Zustände in anreihender Aufeinanderfolge längs gegebener Bahnen fortschrittlich zu ändern; drittens, die Fähigkeit, mit anderen Objekten in gegebene Relationen zu treten, mit ihnen gegebene Energiewerthe auszutauschen oder auf sie mit gegebenen Kräften zu wirken; viertens, gegebene Qualitäten mit anderen gegebenen Qualitäten in Äquivalentverhältnissen zu vertauschen oder sich in gegebener Weise umzuwandeln; fünftens, in gegebenen Systemen zu variiren oder sich in gegebener Abhängigkeit zu gestalten, wozu auch die Fähigkeit gehört, gegebene Elemente in ein gegebenes System aufzunehmen oder daraus abzuscheiden (z. B. gegebene elektrische Urstoffe in ein Mineralatom, gegebene Mineralatome in eine Pflanzenzelle, gegebene Pflanzenzellen in ein animalisches Organ aufzunehmen oder daraus abzuscheiden). Unter Schöpfungskräften dagegen ist zu verstehen, erstens, die Fähigkeit, in den beharrlichen Besitz nicht gegebener, noch nicht vollständig existirender Eigenschaften mit nicht vorher gegebenen speziellen Werthen einzutreten; zweitens, die Fähigkeit, auf nicht gegebener, noch nicht existirender Bahn fortschrittliche Änderungen zu begehen; drittens, die Fähigkeit zum Austausch noch nicht existirender Energiewerthe oder zu vorher nicht möglichen Wirkungen; viertens, die Fähigkeit zu äquivalenten Umwandlungen in noch nicht existirende, insbesondere in höhere Qualitäten; fünftens, die Fähigkeit zur Variation in vorher nicht existirenden Abhängigkeitsverhältnissen oder zur Bildung noch nicht existirender Systeme, wozu besonders die Fähigkeit gehört, gegebene Elemente von gegebenen Kräften zu einem höhere Kräfte bekundenden Systeme zu organisiren.

Ich begleite diese Betrachtungen über die vier subordinirten Naturkräfte mit einem energischen Proteste gegen die in naturwissenschaftlichen Kreisen sich einbürgernde Ansicht über die animalischen, d. h. geistigen Kräfte der Pflanzen, wie sie in dem Vortrage von Pfeffer über die Reizbarkeit der Pflanzen in der Versammlung der Naturforscher zu Nürnberg im September 1893 nach der Naturwissenschaftlichen Rundschau 1893 Nr. 42 zum Ausdrucke kömmt. Diese Ansicht, welche den Pflanzen freie Willenskraft, insbesondere Freiheit der Bewegung, Freiheit bei der Aufsuchung von Nahrungsstoffen bei der Stellung ihrer Glieder, bei der Zuwendung zum Lichte und zu feuchten Substanzen zuspricht und in der vegetabilischen Lebenskraft den spezifischen Unterschied zwischen Pflanzen und Thieren zu beseitigen meint, zieht aus der Reaktion zwischen dem nie rastenden, nie im Gleichgewichte befindlichen, aber vegetabilisch gesetzlich funktionirenden Zellensysteme und der Aussenwelt, wozu die Protoplasmakörper die Impulse geben mögen, den falschen Schluss, dass das in dieser Variabilität und in dem Zusammenhange mit der Aussenwelt sich bekundende vegetabilische Leben mit geistiger Funktionirung gleichbedeutend sei. Andere nennen auch die bei der Befruchtung wirksame vegetabilische Affinität Liebe. Dem gegenüber wiederhole ich nochmals meine Ansicht über das Natursystem in folgenden Sätzen.

Das Mineral besteht aus Atomen und diese aus Ätherelementen. Demzufolge äussert das Mineral mineralische und auch ätherische (physische) Kräfte. Der Äther dagegen besteht nicht aus Atomen und vollzieht daher nur ätherische Prozesse, mit welchen er ohne Mitwirkung tieferer Weltkräfte (Schöpfungskräfte) kein Mineralreich erzeugen oder sich in Mineralkörper umwandeln kann.

Die Pflanze besteht aus Zellen, diese aus Atomen und diese aus Ätherelementen. Demzufolge äussert die Pflanze vegetabilische, mineralische und physische Kräfte. Das Mineral dagegen hat keine Zellen und demzufolge auch keine vegetabilischen Kräfte; das reine Mineral- und Ätherreich ist daher ohne die Mitwirkung tieferer Weltkräfte unfähig, Pflanzen zu erzeugen.

Das animalische Wesen besteht aus Organen, diese aus Zellen, diese aus Atomen und diese aus Ätherelementen, und bildet durch seine Organe ein geistiges Einheitssystem, durch seine Zellen einen vegetabilischen Leib, durch seine Atome einen mineralischen Körper, durch seine Ätherelemente ein physisches oder sensuelles System, es äussert also geistige, vegetabilische, mineralische und physische Kräfte. Die Pflanze dagegen hat keine zu einem Einheitssysteme geordneten Organe und demzufolge keine geistigen Kräfte; das reine Pflanzen-, Mineral- und Ätherreich ist daher ohne die Mitwirkung tieferer Weltkräfte nicht im Stande, animalische Wesen zu erzeugen. Pflanze und animalisches Wesen haben hiernach Manches miteinander gemein, dieses Gemeinsame hat aber keine geistige, sondern nur vegetabilische, mineralische und physische Qualität. Die Pflanze bildet zwar ein ruheloses, rastlos thätiges System; ihre Thätigkeit aber ist durch die Merkmale ihres Inbegriffssystems fest bestimmt, sie kann diese Merkmale nicht selbst ändern, sie hat keine freie Selbstbestimmung wie das animalische Wesen, keine Spur von Geist.

Über die Denkbarkeit und die Realität eines Objektes mache ich noch folgende Bemerkungen. Vermöge seiner Freiheit vermag der Geist gegebene Systeme zusammenzusetzen und zu scheiden oder von einem Systeme gewisse Theile zu betrachten und andere Theile unberücksichtigt zu lassen. Demzufolge ist er im Stande, Weltwahrheiten und Weltunwahrheiten zu denken und in willkürlichen Gebilden vorzustellen, ohne dass solche Gebilde den Charakter möglicher Wirklichkeiten erlangen. Die Übereinstimmung der geistigen Vorstellung mit der Welt fordert Erkenntniss und Berücksichtigung des Weltgesetzes. Ohne diese Erkenntniss sind die geistigen Vorstellungen nur Scheinwahrheiten, sie haben als thatsächliche Geisteszustände einen geistigen Bestand, entsprechen aber nicht der Wirklichkeit.

So können wir uns ein Objekt ohne Eigenschaften und eine Eigenschaft ohne Objekt denken, indem wir im ersten Falle das Objekt als absolut unveränderlich und unwirksam ansehen und im zweiten Falle eine Eigenschaft betrachten, ohne uns um seinen Träger zu kümmern. Allein, in der Wirklichkeit giebt es kein Objekt ohne Eigenschaften und keine Eigenschaften ohne Objekt. Es giebt auch keine Eigenschaft ohne einen speziellen Werth, und es giebt keine unveränderlichen Werthe, mithin keine unveränderlichen Objekte. Demzufolge wohnt jedem Objekte die Fähigkeit zur Vollziehung von Prozessen inne, und alle Vorstellungen von eigenschaftslosen oder von prozessunfähigen Objekten sind Phantasiegebilde; die Vorstellung einer Eigenschaft oder einer Veränderung ohne ein zugehöriges Objekt hat für die wirkliche Welt nur Bedeutung, wenn sie unter dem Vorbehalte der Ergänzung durch ein Objekt gedacht wird. Ein Objekt ohne Eigenschaften und Veränderungsfähigkeiten ist für die Wirklichkeit ein Nichts, es kann nicht existiren, während es für den Geist ein unrealisirbares Etwas, also ein unwahres Objekt ist. Ausserdem kommen jedem Objekte alle Grundeigenschaften und Grundfesten seines Gebietes zu, welche der menschliche Verstand isoliren, aber nicht von einem wirklichen Objekte trennen kann.

So kann man sich z. B. einen reinen Raum denken: ein solcher Raum kann aber nicht in der Wirklichkeit existiren. Er hat eine Ausdehnung und Elemente von verschiedenen Ortslagen, also geometrische Eigenschaften. Er erneuert sich auch oder dauert in der Zeit, hat also ein chronologisches Vermögen. Als freies Objekt, welches nirgends auf Widerstand stösst, ist er drehbar und bewegbar, hat also mechanische oder materielle Vermögen. Als untrennbares Ganzes zeigen seine Elemente eine Neigung zur Gemeinschaft oder chemische Vermögen. Als System von Elementen bekundet er eine Anordnung oder Gestaltungstriebe und demzufolge krystallinische Vermögen. Ein reiner Raum ist daher denkbar, aber nicht realisirbar. Seine geometrischen, zeitlichen, mechanischen, chemischen und krystallinischen Vermögen bedeuten aber nur die Fähigkeit seiner Elemente zu geometrischen, chronologischen, mechanischen, chemischen und krystallinischen Prozessen, nicht den Besitz bestimmter, endlicher, messbarer Ausdehnungs-, Zeit-, Kraft-, Affinitäts- und Formgrössen. Die Entstehung solcher Grössen setzt die Wirkung eines Weltprozesses, die Mineralisirung voraus. Der wirkliche Raum kann daher insofern ganz oder stellenweise leer sein, dass darin augenblicklich keine endlichen geometrischen Objekte gebildet sind, keine Zeitereignisse sich vollziehen, keine materiellen Massen, keine chemischen Stoffe, keine Krystallkörper liegen. Es giebt also Regionen des Raumes, Perioden der Zeit, mechanische, chemische und krystallinische Wirksamkeitsbereiche, welche leer an anschaulich mathematischen Objekten sind. Ebenso kann es möglicherweise Regionen geben, wo der Raum auch leer an Äther ist, wenn der Äther selbst das Produkt eines Schöpfungsprozesses ist. Immer müssen aber diese Regionen, wenn aus ihnen der Äther durch Vereinigung von Elementen entstehen soll, mit substantiellen (vorätherischen) Elementen erfüllt sein: der wirkliche Raum kann daher niemals und nirgends in dem Sinne leer sein, dass er aus nicht substantiellen Elementen bestände; er muss immer aus Elementen bestehen, welche die Fähigkeit haben, durch Weltprozesse zu ätherischen, mineralischen, vegetabilischen und animalischen Objekten erhoben zu werden. Der Mensch kann daher wohl den reinen und leeren Raum denken, ein solcher Raum kann aber nicht existiren, sondern nur ein substantieller Raum mit entwicklungsfähigen Elementen.

Schliesslich hebe ich den in Nr. 149 erwähnten, auf der Zusammenwirkung verschiedener Weltkräfte beruhenden Unterschied zwischen subjektiver und objektiver Wissenschaft hervor.

Wie schon in Nr. 63 erwähnt ist, vermögen wir unmittelbar nur Zustände unserer selbst zu erkennen. Natürlich können solche Zustände durch äussere Einwirkungen herbeigeführt werden, wie z. B. der Anblick des Mondes die Erkenntniss eines inneren Zustandes ist, welcher durch die Lichtstrahlen des Mondes hervorgerufen ist. Da aber unsere inneren Zustände Bestandtheile der Welt sind; so ist es möglich, lediglich durch spontan erzeugte innere Zustände eine wahre subjektive Wissenschaft, d. h. eine Wissenschaft, welche mit dem allgemeinen Weltgesetze übereinstimmt, zu begründen. Diese Wahrheit der subjektiven Erkenntniss fordert nothwendig die Beobachtung und gesetzliche Kombination der inneren Zustände eines normalen Geistes. Ohne den durch diese geistige Beobachtung zu erbringenden Nachweis von der Übereinstimmung unserer Gedanken mit dem Wesen des normalen Geistes kann jede subjektive Wissenschaft wahr und unwahr sein; mit diesem Nachweise nimmt sie aber den Charakter einer wahren subjektiven Wissenschaft an: sie enthüllt uns also das Wesen des normalen menschlichen Geistes, indem sie uns diesen Geist als eine den obersten erkennbaren Weltgesetzen entsprechende individuelle Kleinwelt zeigt.

Die wahre subjektive Wissenschaft ist von der wahren objektiven Wissenschaft noch weit entfernt. Die Letztere fordert Übereinstimmung mit der Wirklichkeit, welche Beobachtung der Natur voraussetzt. Die erstere zeigt uns Möglichkeiten, die letztere Wirklichkeiten, die erstere ist eine Erkenntniss des rein geistigen Wesens, die letztere eine Erkenntniss der bestehenden Welt.

Da die Geisteszustände zugleich wirkliche Weltzustände sind; so wird und muss die wahre subjektive Wissenschaft mit der objektiven Wissenschaft auf dem Gebiete der reinen, freien Geisteskräfte, nicht aber auf dem Wirklichkeitsgebiete zusammentreffen. Die freie Wissenschaft, wenn sie lediglich das Ergebniss willkürlich operirender Geisteskräfte ist, kann daher in dieser Form wohl einen Kulturwerth für den menschlichen Geist, jedoch keinen Werth für die Aussenwelt, für den Verkehr mit dieser Welt und für die Erkenntniss der wirklichen Welt haben. Die von früheren Philosophen oftmals gemachten Versuche, die wirkliche Welt durch rein geistige Prozesse zu erkennen, beruhen auf Täuschungen.

Andererseits ist die reine Naturbeobachtung ohne geistige Mitwirkung, lediglich als sinnesfällige Wahrnehmung oder als unverarbeitetes Resultat der Einwirkung der Aussenwelt auf die animalischen Sinnesorgane, ein bei Menschen und Thieren selbstständig bestehender, von der Wissenschaft unberührter Prozess. Derselbe kann zur Grundlage für eine mögliche wissenschaftliche Entwicklung der Wirklichkeitsgesetze dienen; ist aber ohne diese Verbindung mit der Wissenschaft, d. h. ohne die geistige Verarbeitung für den Weltverkehr werthlos. Selbst das Thier kann seine Beobachtungen oder Sinneseindrücke nur durch Verknüpfung mit seinen geistigen Kräften im Weltverkehre verwerthen. Diejenigen Naturforscher, welche glauben, dass die Beobachtung zur Welterkenntniss ausreiche, sind sich der Mitwirkung ihrer höheren geistigen Vermögen und des Werthes der Wissenschaft für die Naturforschung nicht bewusst. Aus dieser Nichtbeachtung der reinen Geistesgesetze entspringen die falschen Deutungen der Erscheinungen, oder die aus richtigen Sinneswahrnehmungen gezogenen unrichtigen Schlüsse.

Für das Dasein und Verhalten in der Welt, oder für den Weltverkehr und für die Welterkenntniss hat nur die auf Beobachtung gestützte Wissenschaft oder die wissenschaftlich behandelte Beobachtung Werth und Bedeutung. Die Wissenschaft muss daher mit der Beobachtung, die Theorie mit der Praxis Hand in Hand gehen, um eine zuverlässige Welterkenntniss anzubahnen. Wenn ich daher den zweiten Theil des vorliegenden Buches einen Aufbau der Welterkenntniss auf mathematischer Grundlage nenne; so soll damit nicht gesagt sein, dass die ungehemmte subjektive mathematische Abstraktion und Spekulation, wie sie sich in den täglich erscheinenden neuen Monographien darstellt, zu diesem Aufbau genügen würde, sondern dass die wahre und systematische Mathematik vermöge ihrer Exaktheit und vermöge ihres elementaren, anschaulichen, begrifflichen und ideellen Gebietes, also vermöge ihrer Allgemeinheit ein wirksamer wissenschaftlicher Hebel ist, welcher angesetzt werden kann, um in Verbindung mit der Naturbeobachtung, sowie unter Betheiligung der übrigen Geisteskräfte die Welterkenntniss zu begründen und zugleich ein wissenschaftliches System aufzustellen, welches dem Weltsysteme entspricht.

Die mathematischen Spezialtheorien, wie Dezimalrechnung, niedere Arithmetik, Algebra, Trigonometrie, Analysis, Differentialrechnung, Variationsrechnung, Summenrechnung, Funktionsrechnung, Theorie der elliptischen Funktionen, der Fakultäten, der Gleichungen, Kongruenztheorie, Zahlentheorie, Gruppentheorie, baryzentrischer Kalkul, Situationskalkul, Geometrie und Mechanik in der Fassung der Lehrbücher und wie sie alle heissen mögen, sind wichtige Bereicherungen der unerschöpflichen freien, subjektiven Mathematik, bringen aber das wahre mathematische Gesammtsystem, welches zugleich dem Weltsysteme entspricht, nicht zur Erkenntniss und liefern überhaupt noch keine Welterkenntniss: es gehört hierzu nothwendig die Verbindung mit der Naturbeobachtung, welche die Ableitung des darin sich offenbarenden allgemein gesetzlichen, das Weltgesetz darstellenden Zusammenhanges ermöglicht. Für die Welterkenntniss ist sogar die vollständige Entwicklung aller Spezialtheorien entbehrlich, da in jeder derselben die wahren Grundgesetze der Welt zu Tage treten müssen, die eine also keine anderen Grundfesten liefern kann, als die andere. Ihre Vielheit und Mannichfaltigkeit dient mehr dazu, die Unbegrenztheit der Weltprozesse darzuthun, als das Wesen der Grundfesten zu erkennen.

Wenn man die subjektive Wissenschaft als eine Erkenntniss des geistigen Wesens ansieht; so ist sie in der Hinsicht eine allgemeine Wissenschaft, als in dem geistigen Reiche alle unteren und oberen Reiche vertreten sind, die subjektive Wissenschaft also alle Reiche durchschreitet, ohne jedoch die Spezialwerthe der wirklichen Objekte in Betracht zu ziehen. Es giebt vier allgemeine Wissenschaften: 1. die reine Physik (worunter ich die Lehre von den sensuellen Erscheinungen verstehe), 2. die reine Mathematik, 3. die formale Logik, 4. die absolute Philosophie. Ihre Grundlagen sind bezw. erstens, die sensuellen Erscheinungen, zweitens, die endlichen, messbaren, bestimmten Anschauungen, drittens, die Begriffsobjekte, viertens, die Ideen. Durch Verallgemeinerung tritt jede dieser Wissenschaften von den unteren Stufen auf die oberen und durch Konkretion tritt sie von den oberen Stufen auf die unteren, sie erlangen also sämmtlich eine subjektive, geistige Allgemeinheit mit besonderer Grundlage. In ihrer Gesammtheit bilden diese vier Wissenschaften die Theorie der geistigen Vermögen, bringen aber, da der Geist nicht die Wirklichkeit in allen Beziehungen vertritt, noch keine wirklichen Weltzustände zur Erkenntniss, und, da der Geist in seinem Wesen die Wirklichkeit überragt, bringen sie geistig gedachte oder generelle Weltmöglichkeiten zur Erkenntniss. Erst ihre Spaltung in Spezialtheorien und ihre Verbindung mit der Naturbeobachtung liefert objektive Welterkenntnisse. Die natürliche Spaltung jener vier allgemeinen Wissenschaften zerlegt eine jede in fünf Spezialwissenschaften, entsprechend den fünf Grundgebieten des betreffenden geistigen Reiches. Demzufolge zerfällt die Physik in die Physik des Gesichts, des Gehörs, des Gefühls, des Geschmacks und des Geruches, die Mathematik in die Mathematik des Raumes, der Zeit, der Materie, des Stoffes und des Formgebildes, die Logik in die Logik des Verstandes, des Gedächtnisses, des Willens, des Gemüths und des Temperamentes, die Philosophie in die Philosophie der Vernunft, der Phantasie, des Selbstbestimmungsvermögens, des Gewissens und des ästhetischen Vermögens. Alle diese Sonderungen betreffen jedoch zunächst lediglich die Gesetze des Geistes in den verschiedenen Reichen und Gebieten und erfordern daher nur die Beobachtung der geistigen Zustände: durch Inanspruchnahme der Beobachtung der Weltzustände ergeben sich daraus die objektiven Wissenschaften, welche die Erkenntniss der Welt zu Stande bringen.

Zur Markirung des Unterschiedes zwischen subjektiver und objektiver Wissenschaft mögen einige Beispiele dienen. Die Geometrie, als subjektive Mathematik des Raumes, d. h. der geistigen Vorstellung von Raum, handelt von Punkten, Linien, Flächen, von geraden Linien, ebenen Flächen, von bestimmten Ausdehnungen, Örtern, Richtungen u. s. w. In der Wirklichkeit giebt es alle diese Objekte nicht, alle anschaulichen Objekte sind Körpertheile, keine wirkliche Begrenzungslinie ist absolut gerade, keine Fläche eben; es existirt keine Quantitätseinheit, also auch keine bestimmte Ausdehnung, kein Nullpunkt, also auch kein bestimmter Ort, keine Grundaxe, also auch keine bestimmte Richtung. Mittelst der reinen Geometrie kann daher Niemand ein Feld ausmessen, oder die Bewegung eines Sternes bestimmen; er muss das zu messende Objekt mit den Augen aufsuchen, mittelst des motorischen Apparates Stellung dazu nehmen, sich orientiren, er muss seine Begrenzung, seine Abweichung von der ebenen Figur durch Beobachtung feststellen, er muss den Stern mittelst eines Fernrohres verfolgen, er muss überhaupt mit der Wirklichkeit in Verbindung treten und mancherlei Beobachtungen anstellen, wodurch sich in diesem Falle die Geodäsie und die Astronomie als objektive Spezialwissenschaften bilden.

In ähnlicher Weise handelt die formale Logik von Quantitäten, Inhärenzen, Relationen, Schlussfolgerungen u. s. w. als rein geistigen Vorstellungen. In der Wirklichkeit haben aber alle Objekte, welche spezielle Fälle eines Begriffes bilden, nicht nur spezielle, sondern verschiedene Werthe dieser logischen Grundeigenschaften und können die Prämissen zu den verschiedensten Schlüssen bilden. Mit der formalen Logik lässt sich daher kein die Wirklichkeit betreffender Schluss bilden. Wir können wohl in geistiger Abstraktion sagen: wenn jedes Begriffsobjekt A die Eigenschaft B hat und C ein spezieller Fall des Begriffes A ist; so muss C die Eigenschaft B haben; allein, wir können damit keinen Schluss begründen, welcher einen Zusammenhang zwischen Menschen und Sterblichkeit ausspräche, indem hierzu die Beobachtung des wirklichen Menschen und eine Beobachtung räumlicher, zeitlicher und überhaupt mathematischer Prozesse unerlässlich ist, wodurch sich die formale Logik in diesem Falle zu einer logischen Physiologie gestaltet.

Ebenso bedarf die reine Philosophie, um eine Bedeutung für die Wirklichkeit zu erlangen, logischer, mathematischer und physischer Beobachtungen, da in der Wirklichkeit keine festen, unabänderlichen Grundlagen für das Bereich der Ideen bestehen, sondern die mannichfaltigsten Ideen, Neuheiten, Thaten u. s. w. im mannichfaltigsten Zusammenhange miteinander auftreten.

Es giebt auch in der physischen Wirklichkeit oder für die objektive Physik keine auf feste Grundlagen oder Ausgangspunkte basirten Gesichts-, Gehör-, Gefühlsprozesse, sondern nur Licht-, Schall-, Wärmeschwingungen von mannichfaltigen speziellen Beschaffenheiten und Abhängigkeiten, woraus sich die objektive Physik des Lichtes, des Schalles, der Wärme bildet.

Der Geist aber, als die oberste und allgemeinste Instanz in der Weltordnung, enthält die Grundlagen der objektiven Welt oder die Elemente aller wirklichen Naturreiche und Diess, sowie sein Erkenntniss-, Schaffens-, Freiheits- und sonstiges Vermögen befähigen ihn, dem Menschen bei der Naturbeobachtung als Leiter, Führer, Sucher und Finder, als Wahrnehmer, Bestimmer, Folgerer, Verallgemeinerer, Begründer und Erkenner zu dienen. Die wahren Weltgesetze können daher nur durch Geisteskraft aus den Resultaten der Weltbeobachtung abgeleitet werden; sie bilden ein im Geiste verhüllt liegendes, der Offenbarung durch Vermittlung der Beobachtung harrendes Elementarsystem von Grundfesten, welches übrigens nicht nur die Erkenntniss, sondern auch das Schaffen, das Thun und überhaupt das Verhalten in allen Reichen und Gebieten umfasst und darum die Grundlage des wahren und allgemeinen philosophischen Weltgesetzes darstellt.

152. Überblick über das wirkliche Weltsystem. Nach allem Vorhergehenden kann man das wirkliche Weltsystem oder das Natursystem nach seinen Hauptbestandtheilen folgendermaassen kennzeichnen. Wenn, erstens, unter einem Elemente ein unendlich kleiner Bestandtheil von gegebener, unveränderlicher Qualität, als ein undimensionaler Weltbestandtheil, zweitens, unter einer Grösse ein System unzähliger Elemente, als ein durch bestimmte Eigenschaftswerthe messbares Ganzes, insbesondere als ein höher qualifizirter oder höher dimensionirter, also eindimensionaler Weltbestandtheil, drittens, unter einer Gattung ein System unzähliger Grössen, als ein durch bestimmte Merkmale zu definirender Inbegriff, insbesondere als ein höher qualifizirter oder höher dimensionirter, also zweidimensionaler Weltbestandtheil, viertens, unter einer Gesammtheit ein System unzähliger Gattungen, als ein durch bestimmte Kriterien zu definirender Inbegriff, insbesondere als ein höher qualifizirter oder höher dimensionirter, also dreidimensionaler Weltbestandtheil verstanden wird; so besteht die Welt, da der menschliche Geist nichts Allgemeineres, als eine Gesammtheit zu denken vermag, aus vier Grundreichen, nämlich, erstens, einem Reiche von Elementen, zweitens, einem Reiche von Grössen, drittens, einem Reiche von Gattungen, viertens, einem Reiche von Gesammtheiten oder, was Dasselbe sagt, erstens, aus einem Reiche mit physischen Kräften, zweitens, aus einem Reiche mit mathematischen Kräften, drittens, aus einem Reiche mit logischen Kräften, viertens, aus einem Reiche mit philosophischen Kräften.

Da in der Wirklichkeit jedes Objekt eines Reiches aus Elementen der vorhergehenden Reiche besteht; so hat dasselbe ausser den seinem Reiche zukommenden oder ausser seinen obersten Kräften auch die Kräfte aller tieferen Reiche; die letzteren sind also dem ersteren subordinirt und jedes Reich bildet eine Gemeinschaft mit den tieferen

Reichen. Demzufolge äussern in der Wirklichkeit die Objekte des Elementarreiches einfache physische Kräfte, die des Grössenreiches dagegen physische und mathematische Kräfte, die des Gattungsreiches physische, mathematische und logische Kräfte, die des Gesammtheitsreiches physische, mathematische, logische und philosophische Kräfte. Nur in der geistigen Betrachtung isolirt der Mensch die einzelnen Reiche, welchen ein Objekt angehört; in der Wirklichkeit bestehen dieselben stets in untrennbarer Gemeinschaft. In dieser Gemeinschaft heissen die vier Grundreiche 1. das Ätherreich, 2. das Mineralreich, 3. das Pflanzenreich, 4. das Thierreich (in allgemeiner Bedeutung mit Einschluss des Menschen). Wenn man in geistiger Abstraktion die kombinirten Reiche scheidet und in jedem das oberste oder das herrschende Reich als das reine Grundreich bezeichnet; so herrscht im Ätherreiche das physische Gesetz oder das Gesetz der Erscheinungen, im Mineralreiche das Gesetz der Anschauungen oder der anschaulich mathematischen Objekte, im Pflanzenreiche das Gesetz der vegetabilischen Lebewesen oder der sich logisch im Dasein erhaltenden Gattungs- oder Begriffsobjekte, im Thierreiche das Gesetz der geistigen oder Gesammtheitsobjekte. Wie die menschliche Abstraktion die wirklichen Reiche und ihre Eigenschaften scheidet, so setzt sie auch einfache und tiefere Bestandtheile zu höheren Objekten zusammen, erkennt also in physischen Objekten auch mathematische, logische und philosophische Gesetze, in mathematischen Objekten auch physische, logische und philosophische Gesetze, in logischen Objekten auch physische, mathematische und philosophische Gesetze, in philosophischen Objekten auch physische, mathematische und logische Gesetze (so bildet sie z. B. neben der anschaulichen Mathematik auch die physische, auf sensueller Wahrnehmung gestützte, ferner die logische oder abstrakte und schliesslich die philosophische oder wahre Mathematik).

Alle reinen Grundreiche sind nach gleichen Prinzipien geordnet, und da jedes vollständige oder wirkliche Reich aus reinen Grundreichen besteht; so erscheinen auch die zusammengesetzten Eigenschaften aller wirklichen Reiche in Systemen, welche dieselben gleichen Prinzipien zur Grundlage haben. Etwas Wesentliches in diesen Grundlagen ist die allgemein herrschende Pentarchie. Jedes Grundreich besteht aus fünf Grundgebieten, welche in allen Reichen in gleichen Beziehungen zueinander stehen. Für das reine Ätherreich heissen diese fünf physischen Grundgebiete 1. Licht, 2. Schall, 3. ästhematisches Gebiet (wozu die Wärme und die auf Spannung beruhenden Druckerscheinungen gehören), 4. Elektrizität, 5. Duft. Für das reine Mineralreich und das mathematische Anschauungsreich heissen sie 1. Raum, 2. Zeit, 3. Materie (Bewegbares oder mit bewegender Kraft Begabtes), 4. Stoff (mit Affinität oder Neigung zur Gemeinschaft Begabtes), 5. Krystall (mit Gestaltungstrieben Begabtes).

Für das rein vegetabilische Reich heissen sie 1. das Vermögen, innerhalb der Grenzen eines Inbegriffes zu sein, zu bleiben, zu existiren oder auch der Besitz eines logischen Umfanges oder einer vegetabilischen

Quantität, 2. das Vermögen, innerhalb eines Inbegriffssystems seinen Zustand, seine Beschaffenheit fortschrittlich zu ändern oder auch der Besitz von vegetabilischer Lebenskraft oder Wachsthumsvermögen, 3. das vegetabilische Wirkungsvermögen von Inbegriffsobjekten oder die Treibkraft, 4. die vegetabilische Neigung zur Gemeinschaft von Inbegriffssystemen oder das Begattungsvermögen, 5. die vegetabilische Variabilität oder Gestaltungsfähigkeit von Inbegriffsobjekten oder das Vermögen der Metamorphose. Für das rein geistige Reich heissen sie 1. das Vermögen der Erkenntniss von Gesammtheits- oder wirklichen Weltobjekten, also das Vermögen der Welterkenntniss oder, schlechthin, das Erkenntnissvermögen oder die Vernunft, 2. das Vermögen, seinen Zustand im wirklichen Weltsysteme fortschrittlich zu ändern, in aussergewöhnliche, absolut neue Zustände einzutreten oder zu schaffen, also das Schaffensvermögen oder die Phantasie, 3. das Vermögen, durch innere Ursachen auf sich selbst weltgesetzlich zu wirken, also das Selbstbestimmungsvermögen, 4. das Vermögen der Neigung zur Gemeinschaft mit Weltobjekten oder der Hingebung an die Welt oder das Gewissen, 5. das Vermögen der Selbstgestaltung oder Variation nach Weltgesetzen oder das ästhetische Vermögen. Die positiven Richtungen oder weltgesetzlichen Ziele der diesen geistigen Gebieten angehörigen Prozesse sind die Ideale, nämlich 1. die Wahrheit, 2. das wirklich Neue, 3. das Recht, 4. das Gute, 5. das Schöne.

Die eben genannten geistigen Grundgebiete mit ihren Idealen sind die obersten Gebiete nicht nur der reinen, sondern auch der vollständigen oder dreidimensionalen Geisteskraft, welche den Menschen, nicht den zwei-, ein- und undimensionalen animalischen Wesen oder den eigentlichen Thieren zukommen.

Da jedes Objekt eines Reiches vermöge seiner Elemente auch den tieferen Reichen angehört; so vergesellschaften sich mit den fünf Grundgebieten eines Reiches auch fünf Grundgebiete aller tieferen Reiche. Ein Ätherobjekt hat nur fünf physische Grundgebiete. Ein Mineral zeigt dagegen ausser den fünf mineralischen Gebieten (Raum, Zeit, Materie, Stoff, Krystall) auch fünf physische Gebiete (Licht, Schall, Wärme, Elektrizität, Duft). Eine Pflanze zeigt ausser den fünf vegetabilischen auch fünf mineralische und fünf physische Gebiete. Ein animalisches Wesen zeigt ausser den fünf animalischen auch fünf vegetabilische (vitale, leibliche), fünf mineralische (körperliche) und fünf physische (sensuelle) Gebiete, d. h. das animalische Wesen ist zugleich ein System von geistigen Organen, von vegetabilischen Zellen, von mineralischen Atomen und von ätherischen Elementen oder es ist zugleich ein animalisches, vegetabilisches, mineralisches und ätherisches System, hat also z. B. als mineralisches System räumliche Ausdehnung, zeitliche Dauer, motorische Kraft, chemisches Ernährungsvermögen und krystallinisches Organisationsvermögen.

Aber auch jedes der vorstehend genannten reinen Grundgebiete eines Reiches zerfällt, da es die oberste Dimensitätsstufe dieses Reiches einnimmt, in Elemente aller tieferen Dimensitäten eben dieses Reiches. Demgemäss hat der Geist, d. h. das rein geistige Reich nicht nur die vorerwähnten fünf obersten oder dreidimensionalen Grundvermögen Vernunft, Phantasie, Selbstbestimmungsvermögen, Gewissen und ästhetisches Vermögen, welche ich die philosophischen Vermögen (die nur den Menschen zukommen) nenne, sondern auch fünf zweidimensionale Vermögen, welche ich die logischen Vermögen nenne, nämlich Verstand oder Denkvermögen, Gedächtniss oder Vorstellungsvermögen, Wille oder Handlungsvermögen, Gemüth oder Neigungsvermögen, Temperament oder Erregungsvermögen, ferner fünf eindimensionale Vermögen, welche ich die mathematischen oder Anschauungsvermögen nenne, nämlich das geometrische, chronologische, mechanische, chemische und krystallinische Anschauungsvermögen (welche als anschauliche, messbare, mathematische Vorstellungen nicht mit den mineralischen Eigenschaften des animalischen Körpers räumliche Ausdehnung, zeitliche Erneuerung, motorische Bewegung, stoffliche Ernährung und organische Gestaltung zu verwechseln sind), endlich fünf undimensionale Vermögen, welche ich die Sinnes- oder Erscheinungsvermögen nenne, nämlich das Gesicht, das Gehör, das Gefühl, den Geschmack und den Geruch.

Jedes Objekt eines Reiches gehört allen Grundgebieten dieses Reiches zugleich an.

In jedem Grundgebiete machen sich für jedes diesem Gebiete angehörige Objekt fünf Grundfesten geltend, nämlich 1. Grundeigenschaften (absolut einfache, unzerlegbare Eigenschaften), 2. Grundprozesse, 3. Grundprinzipien (Grundrelationen oder Grundwirkungen), 4. Apobasen (Grundgemeinschaften), 5. Grundsätze (Grundabhängigkeiten). In jeder Grundfeste herrscht die Pentarchie, man hat also zunächst fünf Grundeigenschaften, welche für jedes Gebiet besondere Namen, z. B. für das Raumgebiet die Namen 1. Ausdehnung, 2. Ort (Standpunkt), 3. Verhältniss, bezw. Richtung (Stellung), 4. Dimensität, 5. Form (Figur), in der Mathematik die Namen 1. Quantität (Vielheit), 2. Stelle (Ende einer Reihe), 3. Verhältniss, 4. Dimensität, 5. Zusammenhang (Anordnung, Variabilität) tragen, im Allgemeinen aber, also für alle Wissenschaften und alle Stufen derselben mit den Namen 1. Quantität, 2. Inhärenz (Beschaffenheit), 3. Relation, 4. Qualität, 5. Modalität belegt werden können. Jedes Objekt eines Grundgebietes besitzt diese fünf Grundeigenschaften und zwar in speziellen Werthen. Diese speziellen Werthe sind veränderlich, die generellen Grundeigenschaften sind unveränderlich.

Sodann hat man fünf Grundprozesse oder Grundoperationen, welche die einfachen Veränderungen der Werthe der Grundeigenschaften darstellen und in der allgemeinen Mathematik 1. Numeration, 2. Addition, 3. Multiplikation, 4. Potenzirung, 5. Integration heissen.

Die fünf Grundprinzipien stellen die spezifischen Wirkungseffekte der Grundprozesse dar und heissen in allgemeiner Benennung 1. die Primitivität (Ursprünglichkeit, Absolutheit), 2. die Kontrarietät

(Gegensätzlichkeit), 3. die Neutralität (Einflusslosigkeit), 4. die Heterogenität (Dimensitäts-, bezw. Qualitätsverschiedenheit auf Grund unendlicher Inbegriffe von Elementen), 5. die Alienität (Formfremdheit). Diese Grundprinzipien erscheinen auf Hauptstufen, nämlich die Primitivität auf einer Stufe, welche Absolutheit genannt werden kann. Die Kontrarietät erscheint auf zwei Stufen, Satz und Gegensatz, welche für die einzelnen Wissenschaften, Grundeigenschaften und Grundprozesse besondere Namen tragen, in der Mathematik allgemein Positivität und Negativität genannt werden können, indem darunter für die einzelnen Grundeigenschaften Vereinigendes und Trennendes, Fortschrittliches und Rückschrittliches, Direktes und Indirektes, Potenz und Wurzel, Integral und Differential zu verstehen ist. Die Neutralität erscheint auf drei Stufen, welche allgemein Primarität, Sekundarität, Tertiarität, z. B. im Raume Richtung der Grundaxe, Richtung der Seitenaxe, Richtung der Höhenaxe und in der Arithmetik Reellität, Imaginarität, Überimaginarität genannt werden können. Die Heterogenität erscheint auf vier Stufen, der Primogenität, Sekundogenität, Tertiogenität und Quartogenität, welche in der Mathematik durch das Un-, Ein-, Zwei- und Dreidimensionale vertreten sind. Die Alienität erscheint auf fünf Stufen, der Primoformität, Sekundoformität, Tertioformität, Quartoformität und Quintoformität, worunter in der Mathematik das Konstante, das Einförmige, das Gleichförmige, das gleichmässig Abweichende und das steigend Abweichende zu verstehen ist, dem in der Geometrie die konstante Linie, die gerade Linie, die Kreislinie, die Schraubenlinie und die logarithmische Spirale (Loxodrome) entspricht. Charakteristisch für die Grundprinzipien ist, dass sich Primitivitäten vermehren, Kontrarietäten sich aufheben, Neutralitäten sich nicht beeinflussen, Heterogenitäten vor einander verschwinden, Alienitäten sich ausschliessen.

Die fünf Apobasen konstatiren die zwischen den Objekten möglichen Übereinstimmungen; sie heissen nach allgemeiner Benennung 1. Identität (Übereinstimmung in allen Bestandtheilen), 2. Gleichheit (Übereinstimmung in den Endwerthen, Endpunkten, Endresultaten), 3. Schlussfolgerung (Übereinstimmung durch Vermittlung), 4. Insumtion (Übereinstimmung durch Gattungsgemeinschaft), 5. Involvenz (Übereinstimmung durch Form- oder Gesetzesgemeinschaft).

Die Grundsätze bilden ein System von evidenten, unbeweisbaren und eines Beweises nicht bedürftigen Gesetzen oder Abhängigkeiten, welches sich pentarchisch ordnen lässt.

Die Grundfesten und ihre eben genannten Bestandtheile bilden in allen Gebieten dieselbe Reihenfolge und das nämliche System.

Die Eigenschaften eines Objektes, welches irgend einem Gebiete oder Reiche angehört, sind nur Kombinationen der Grundeigenschaften, und jeder Prozess in der Wirklichkeit ist aus Grundprozessen zusammengesetzt, sodass sich die Weltobjekte und Prozesse nach diesen oder jenen Merkmalen in verschiedene Klassen oder Gruppen stellen, aber nicht auf andere Grundeigenschaften und Grundprozesse zurückführen lassen.

Alle Objekte der wirklichen Welt stehen, da diese Welt ein gesetzliches System bildet, in einem weltgesetzlichen Zusammenhange, welcher durch die vorstehenden Grundfesten bedingt ist und in fünf Grundgesetzen seinen Ausdruck findet. Diese Grundgesetze basiren auf einem Sein, einem Werden, einem Wirken, einem Verbinden und einem Gestalten und ich nenne sie 1. das Beharrungsgesetz, 2. das Änderungsgesetz, 3. das Energiegesetz, 4. das Äquivalenzgesetz, 5. das Bildungsgesetz.

Der reine, freie, unbeeinflusste Äther bildet ein dauernd ruhendes, beharrliches Gleichgewichtssystem unendlich kleiner gleicher Elemente. Diese freien Ätherelemente wirken nur erhaltend, nicht ändernd auf einander; kein Ätherelement wird durch sich und durch andere Ätherelemente in Bewegung, in Spannung, in Schwingung, in irgend einen anderen Zustand versetzt. Ein Ätherobjekt wirkt also weder auf sich selbst, noch nach aussen auf andere Ätherelemente ändernd ein. Nur höhere Kräfte, zunächst also Mineralkräfte, sind im Stande, Änderungen oder Prozesse im Äther hervorzurufen, denselben in optische, akustische, kalorische, elektrische, physiometrische Schwingungen und Zustände (unter Anderem in Spannungen) zu versetzen. Derartige Wirkungen des Minerals und überhaupt nur die von höheren Kräften empfangenen Wirkungen pflanzt der Äther theils durch rasche Abwälzung, die Spannungen durch rasche Affektion auf ätherische Nachbarelemente fort und vermag sie auch auf Mineralien, bezw. höhere Objekte zu übertragen. Auf diese Weise wirken Mineralien und höhere Objekte, welche weit getrennt im Äther liegen, durch Vermittlung des Äthers auf einander, was bei Mineralien die Gravitation, bei Pflanzen aber unzweifelhaft gewisse vegetabilische (namentlich die Befruchtung bedingende) Prozesse und bei Animalien den gegenseitigen Verkehr durch sehen, hören u. s. w., sowie Ansteckung durch gewöhnliche und durch epidemische Krankheitsprozesse ermöglicht.

Das ruhende Mineral, dessen Element, das Atom, ein System von Ätherelementen ist, wirkt ebenfalls, wie der Äther, nicht ändernd auf sich selbst, wohl aber durch seine Atome nach aussen, auf andere Mineralien oder Atome und zwar mit gegebenen, messbaren, mathematischen Kräften. Das Mineralatom wirkt auch auf den Äther in gleichfalls bestimmter Weise, was die gegenseitige Wirkung entfernter Mineralien ermöglicht. (Die Wirkungen der Atome eines Mineralkörpers auf einander sind zwar für den Gesammtkörper innere, für die Atome jedoch äussere Wirkungen). Nur höhere, also zunächst Pflanzenkräfte, sind im Stande, die mathematische Gesetzlichkeit der Mineralprozesse aufzuheben und in eine durch die Merkmale der einwirkenden Objekte bedingte logische Verallgemeinerung zu verwandeln, z. B. Mineralatome zu Bestandtheilen von Zellen zu machen, ihren Affinitätsprozess zu modifiziren, sie zu einer Saftzirkulation zu nöthigen.

Die Pflanze, deren Element, die Zelle, ein variabeles System von Mineralatomen ist, während die Gesammtpflanze ein stetig variirendes

System von Zellen und Atomen darstellt, wirkt mit gegebenen, aber unmessbaren, nicht mathematisch durch feste Eigenschaftswerthe bestimmbaren, sondern nur logisch durch Merkmale definirbaren Inbegriffskräften, und zwar sind die rein vegetabilischen Kräfte der einzelnen Zelle unmittelbar nach innen oder auf sich selbst und mittelbar nach aussen gerichtet. Die Zelle und die Pflanze ändern daher fortgesetzt ihre Zustände und Kräfte und da diese die fernere Wirkung der Pflanze oder den Vegetationsprozess mitbedingen; so kann man sagen, die Pflanze äussere in ihrer Lebensthätigkeit eine Mitbestimmung für ihr ferneres Verhalten. Diese Mitbestimmung, obgleich auf inneren Ursachen beruhend, ist jedoch an bestimmte Vegetationsgesetze von logischem Inbegriffswerthe gebunden oder jeden Augenblick in ein durch bestimmte Merkmale bestimmtes Inbegriffssystem gebannt, welches durch die Mitwirkung anderer Pflanzenzellen im Kreuzungsprozesse nur in bestimmter Weise sich ändern kann, sie beruhet also nicht auf freiem oder willkürlichem Ermessen der Pflanze. Nur höhere, also nur geistige Kräfte sind im Stande, Pflanzenzellen zu animalischen Organen zu verbinden und den vegetabilischen Prozess in einen physiologischen Prozess umzuwandeln.

Das animalische Wesen, dessen Element, das animalische Grundorgan, ein System von Zellen ist, wirkt nicht mit fest gegebenen, mathematisch messbaren, logisch definirbaren, sondern auf freier Selbstbestimmung beruhenden, also nur nach philosophischen Kriterien erkennbaren Gesammtheitskräften unmittelbar auf sich selbst und mittelbar nach aussen. Die Freiheit des Geistes ist nicht grenzenlos, sondern für jedes Individuum durch seine geistige Dimensität, sowie durch den augenblicklichen Werth seines geistigen, leiblichen, körperlichen und physischen Systems begrenzt. Nur innerhalb dieser Grenzen vermag der Geist sich frei zu bewegen. Demzufolge steigt der dreidimensionale Menschengeist in seinem rein geistigen Systeme in freier Selbstbestimmung von unten nach oben, nämlich vom physischen zum mathematisch anschaulichen zum logisch denkbaren zum philosophisch erkennbaren Standpunkte oder von Sinneserscheinungen zu Anschauungen zu Begriffen zu Ideen aufwärts und von den oberen nach den unteren abwärts.

In Folge dieser Freiheit und Dreidimensionalität, welche es ermöglicht, den Menschengeist in einen Zustand zu versetzen, welcher mit jedem wirklichen Weltobjekte korrespondirt, erscheint der normale Menschengeist als ein Weltsystem im Kleinen, als ein Mikrokosmos. Übrigens sind die inneren geistigen Zustände nur Abbilder von wirklichen Objekten, keine wirklichen Objekte selbst, unterscheiden sich also von diesen durch ihren subjektiven Werth. Dieser subjektive Werth kann, da er auf geistiger Willkür beruhet, mit dem objektiven Werthe wirklicher Wesen übereinstimmen, er kann aber auch davon abweichen und zwar kann er sowohl Wirklichkeiten, als auch Unwirklichkeiten, die jedoch nach Weltgesetzen zu realisiren sind, als auch unrealisirbare Unmöglichkeit darstellen. Wenn die Unrealisirbarkeit nicht auf einem Widerspruche gegen die Gesetze der Wirklichkeit, sondern auf einer Überschreitung der Grenzen eines Wirklichkeitsgesetzes beruhet; so stellt sie eine subjektive Verallgemeinerung des Weltgesetzes dar, welche keine objektive Gültigkeit hat, aber den Geist als ein die Weltgesetze verallgemeinerndes Vermögen erscheinen lässt. Da solche Verallgemeinerungen durch Rückbildung wieder zu Wirklichkeiten führen können; so bilden sie wichtige Gegenstände der abstrakten oder allgemeinen Wissenschaften, und es kömmt darauf an, sie etwas näher zu kennzeichnen.

Zu dem Ende bemerke ich, dass der Geist unfähig ist, die Vierzahl der Grundreiche und die Fünfzahl der Grundgebiete eines Reiches, die Fünfzahl der Grundfesten eines Gebietes, sowie die Fünfzahl der Grundeigenschaften, der Grundprozesse, der Grundprinzipien, der Apobasen und das pentarchische System der Grundsätze zu erweitern. Für ein darüber hinaus gehendes Objekt hat er nicht allein kein Verständniss, er vermag auch noch nicht einmal in der Beziehung zwischen zwei aufeinander folgenden Reichen, Gebieten, Festen, Eigenschaften u. s. w. ein bestimmtes Gesetz zu erkennen, welches sich über die Grenze der Wirklichkeit in bestimmter Weise symbolisch fortsetzen liesse. Die aufeinander folgenden Reiche, Gebiete, Eigenschaften u. s. w. bilden eigenartige, selbstständige Sprünge sowohl in der Wirklichkeit, als auch im geistigen Erkenntnissvermögen, welche nicht auf Grundprozesse zurückführbar sind und daher keine erkennbare Erweiterung gestatten. Diese Sprünge von einem Gebiete zum nächsten, von einer Eigenschaft zur anderen sind einander in allen Reichen analog und bilden daher überall ein bestimmtes System, welches jedoch, als solches, keine Zwischenglieder hat und keiner Erweiterung fähig ist. (So stehen z. B. die fünf Gebiete Raum, Zeit, Materie, Stoff, Krystall und die fünf Eigenschaften Ausdehnung, Ort, Verhältniss, Dimensität, Form oder die fünf Begriffe sein, werden, wirken, verbinden durch Neigung zur Gemeinschaft, gestalten durch Formtriebe in keiner bestimmten gesetzlichen Beziehung).

Der spezielle Werth einer Grundeigenschaft kann ins Unendliche erweitert und eingeengt werden und ein spezieller Grundprozess kann ins Unendliche fortgesetzt werden, ohne aus dem Rahmen der Wirklichkeit hinauszutreten.

Die Stufen der einzelnen Grundprinzipien können als bestimmte Resultate von Grundprozessen dargestellt werden. Demzufolge sind sie durch Symbolisirung zu vermehren. Die Einzahl der Primitivität, die Zweizahl der Kontrarietät, die Dreizahl der Neutralität, die Vierzahl der Heterogenität und die Fünfzahl der Alienität kann beliebig gesteigert und durch entsprechende Symbole oder Formeln dargestellt werden. Allein, diese Steigerungen entsprechen nicht mehr der Wirklichkeit, sondern sind **fingirte** Objekte, welche nur eine subjektive, keine objektive Bedeutung haben. Wegen ihres subjektiven Werthes und als gesetzmässige Bildungen sind sie für die abstrakten Wissenschaften wichtig; können aber, wie schon angeführt, nur durch Rückbildungen eine Bedeutung für die Wirklichkeit erlangen. Beispielsweise kann der Potenzirungsprozess an einer reinen Zahl a ins Unendliche fortgesetzt werden, ohne die Wirklichkeit zu verlassen: a^n hat immer einen wirklichen Vielheitswerth und zwar den Werth einer undimensionalen Grösse, d. h. einer Grösse von der Dimensität $\lambda^0 = 1$: wenn es sich etwa um Raumgrössen handelt, stellt $a^n = a^n \lambda^0$ eine Anzahl Punkte dar. Die Fortsetzung des Dimensitäts- oder Heterogenitätsprozesses führt dagegen über die Grenzen der Wirklichkeit hinaus: die Dimensitäten der Qualität λ erscheinen in der Wirklichkeit nur auf vier Heterogenitätsstufen, nämlich $a^n \lambda^0$ als Anzahl von Punkten, $a^n \lambda^1$ als Anzahl von Linienelementen oder als eindimensionale Linie, $a^n \lambda^2$ als Anzahl von Flächenelementen oder als zweidimensionale Fläche, $a^n \lambda^3$ als Anzahl von Körperelementen oder als dreidimensionaler Körper. Die vierdimensionale Raumgrösse $a^n \lambda^4$ besteht nicht in der Wirklichkeit: durch Division mit λ^2 liefert sie jedoch eine zweidimensionale Fläche, tritt also wiederum in die Wirklichkeit ein.

Die vorstehenden Sätze bezeichnen die Freiheit des Geistes und ihre Schranken in den Wissenschaften. Diese Freiheit der geistigen Kraft würde mit der Freiheit der Weltkraft übereinstimmen, wenn man dieser Weltkraft eine universell geistige Qualität beimessen dürfte. Diese Hypothese darf nicht nur, sondern muss zugelassen werden: da jedoch universelle Geisteskraft vom individuellen Geiste, der doch nur ein Elementarzustand jener Weltkraft sein könnte, nicht erkennbar ist; so stellen wir den Schluss auf ihr Dasein zurück und erörtern zuvor die erkennbare Analogie zwischen dem animalischen Systeme und dem Weltsysteme. Diese erkennbare Analogie tritt hervor, wenn wir das animalische Wesen nicht als ein rein geistiges Reich, sondern als die Zusammensetzung aus einem sensuellen, einem körperlichen, einem leiblichen und einem geistigen Systeme auffassen, welches dann der Zusammensetzung der wirklichen Welt aus einem Äther-, einem Mineral-, einem Pflanzen- und einem Thierreiche entspricht. Für dieses thatsächlich existirende und erkennbare System des animalischen Wesens und der wirklichen Welt gesellt sich zu den vorstehenden Schranken der Freiheit noch eine andere, welche, wenn es sich nicht ausschliesslich um geistige, sondern um jede beliebige Wirksamkeit handelt, eine Schranke des Wirkungsvermögens genannt werden kann. Dieselbe ergiebt sich aus Folgendem.

Ein Objekt besitzt die Eigenschaften des Reiches, welchem es angehört, in speziellen Werthen, und da es diesem Reiche und allen tieferen Reichen zugleich angehört, zeigt es Eigenschaften seines obersten und aller tieferen Reiche, jedoch keine Eigenschaften der höheren Reiche in speziellen, endlichen, bestimmten Werthen. Jene Eigenschaften des Objektes sind seine Naturkräfte. Objekte können nur mit den Kräften, die sie haben, also mit ihren Naturkräften in bestimmbarer und erkennbarer Weise zusammenwirken und dadurch nur Resultate hervorbringen, deren Eigenschaften die Eigenschaften des obersten in diesen Objekten vertretenen Reiches nicht übersteigen. So können Mineralien mit Mineralien oder Mineralien mit Ätherobjekten nur mineralische und physische, keine vegetabilischen und keine geistigen Effekte hervorbringen, Pflanzen können mit Pflanzen oder mit Mineralien oder mit Ätherobjekten nur vegetabilische, mineralische und physische Wirkungen erzeugen. Es ist daher undenkbar, dass aus dem reinen Ätherreiche ein Mineralreich, aus diesem ein Pflanzenreich und aus diesem ein Thierreich durch Naturprozesse hervorgehen könnte. Es ist dazu durchaus die Mitwirkung höherer Weltkräfte, nämlich bei der Erzeugung von Mineralien die Mitwirkung von Mineralkräften, bei der Erzeugung von Pflanzen die Mitwirkung vegetabilischer Kräfte, bei der Erzeugung von Animalien die Mitwirkung geistiger Kräfte erforderlich. Ein solcher, nicht auf reinen Naturkräften, sondern auf der Mitwirkung allgemeiner Weltkräfte beruhender Prozess ist ein Schöpfungsprozess. Durch einen solchen Prozess werden zahllose Elemente eines Reiches von besonderer Beschaffenheit zu einem höher qualifizirten Systeme zusammengefasst; das Wesen eines solchen Prozesses besteht daher, erstens, in einer unendlichen Vereinigung von Elementen, zweitens, in einer Neuschaffung von Objekten im Weltsysteme, drittens, in einer Krafterweckung durch unendliche Zusammenwirkung, viertens, in einer Qualitätserhöhung, fünftens, in einer Organisation von Elementen zu einem höheren Systemganzen.

Da im Schöpfungsprozesse in oberster Instanz, nämlich bei der Schöpfung des animalischen Reiches, sich nothwendig geistige Kraft manifestiren muss; so folgt, dass universelle Geisteskraft ein Bestandtheil des Weltsystems sein muss und dass in allen Schöpfungsprozessen die unteren Stufen der Geisteskraft wirksam sein müssen. Hieraus erklärt sich, dass alle Objekte der Welt, auch diejenigen, welche keinen endlichen oder eigentlichen Geist besitzen, wie die Ätherobjekte, die Mineralien und die Pflanzen, doch elementare geistige Beschaffenheiten, nämlich physische, mathematische, logische Eigenschaften besitzen. Es erklärt sich ferner hieraus die Anpassung der geschaffenen Wesen an die Naturbezirke, in welchen und für welche sie geschaffen sind. Ausserdem erklärt die Selbstständigkeit der Schöpfungsprozesse oder die Unabhängigkeit der Schöpfungskraft von den gegebenen Naturkräften die Entstehung von Grundarten in jedem Reiche, nämlich von eigenartigen, selbstständigen, durch Naturprozesse in ihrem Grundsysteme nicht veränderbaren Organisationen.

Ich betone wiederholt, dass ein der wirklichen Welt angehöriger Schöpfungsprozess niemals bestimmte, d. h. mit Grundeigenschaften von bestimmtem endlichem Werthe ausgestattete Objekte in andere bestimmte Objekte umwandelt, sondern dass durch einen Schöpfungsprozess stets unendlich viel Elemente zu einem bestimmten Objekte zusammengefasst werden, dass also Schöpfung recht eigentlich die Erzeugung selbstständiger Objekte aus unselbstständigen Elementen ist. So wird die Pflanze und Zelle nicht durch Umwandlung bestimmter Mineralien, sondern durch Zusammenfassung unendlich vieler Mineralelemente oder Atome geschaffen; so wird der Mensch nicht durch Umwandlung bestimmter Pflanzen oder bestimmter Thiere oder bestimmter Bestandtheile von Thieren, sondern durch Zusammenfassung unendlich vieler vegetabilischer, mineralischer und ätherischer Elemente geschaffen, und im wesentlichen gilt Diess auch von dem natürlichen Fortpflanzungs- oder Zeugungsprozesse, welcher unmittelbar ebenfalls nicht vollständige Objekte, sondern Elemente davon verbindet.

Ein der wirklichen Welt angehöriger Schöpfungsprozess ist auch stets Erzeugung eines Objektes von höherer Dimensität des wirklichen Weltreiches, also Freimachung oder Entbindung von Grundeigenschaften, welche in den umzuwandelnden, niedriger dimensionirten Elementen noch schlummern oder latent liegen oder gebunden sind. Im Weltsysteme kommen aber noch andere Schöpfungsprozesse, nämlich solche in Betracht, durch welche nicht höhere Objekte eines Reiches, dessen Grundlage als unterste Dimensität bereits geschaffen ist, erzeugt werden, sondern durch welche eine solche Grundlage eines Reiches erzeugt wird. Für die wirkliche Welt oder das Naturreich würde also noch die Erzeugung seiner Grundlage, nämlich des Äthers, aus einem früher existirenden Reiche, dem Voräther, zu erörtern sein. Indem ich Diess auf Nr. 155 verschiebe, betone ich hier nur nochmals, dass es sich bei der Schöpfung der Grundlage eines Reiches nicht um Erzeugung individueller Objekte, sondern um die Erzeugung eines neuen Elementarsystems handelt.

Aus dem Obigen geht hervor, dass das Mineral höhere Kräfte besitzt, als der Äther, welche diesem ganz fremd sind und ihn beherrschen, dass die Pflanze höhere Kräfte besitzt, als das Mineral, welche diesem ganz fremd sind und es beherrschen, dass das animalische Wesen höhere Kräfte besitzt, als die Pflanze, welche dieser ganz fremd sind und sie beherrschen. Aus dieser Unter- und Überordnung ergeben sich zugleich folgende, durch die Beobachtung bestätigten wichtigen Schlüsse.

Nur mittelst der durch die Einwirkung des Minerals empfangenen Eindrücke vermag der Äther materielle, messbare Effekte hervorzubringen oder mathematisch anschaulich zu wirken (messbare Schwingungen und Spannungen anzunehmen); nur Mineralatome vermögen durch ihre Mineralkraft Ätherelemente in sich aufzunehmen und ihnen Mineralkraft mitzutheilen. Der reine freie Äther ist hierzu unfähig; es sei denn, dass die in ihm latent liegenden Mineralkräfte geweckt werden, was jedoch nur durch Schöpfungs-, also höhere Kräfte möglich ist.

Nur vermittelst der durch die Einwirkung von Vegetabilien empfangenen Eindrücke vermag das Mineral vegetabilische Effekte hervorzubringen oder logisch, d. h. in der Sphäre durch Merkmale bestimmter Inbegriffe zu wirken; nur Pflanzenzellen vermögen durch ihre vegetabilische Kraft Mineralatome in sich aufzunehmen und ihnen Vegetationskraft mitzutheilen. Das reine Mineralreich ist hierzu unfähig, es sei denn, dass die in ihm latent liegenden Pflanzenkräfte durch Schöpfungsprozesse geweckt werden.

Nur vermittelst der durch die Einwirkung von Animalien empfangenen Eindrücke vermag die Pflanzenzelle animalische Effekte hervorzubringen oder philosophisch, d. h. in der Sphäre durch Kriterien bestimmter Ideen zu wirken; nur animalische Grundbestandtheile vermögen durch geistige Kraft Pflanzenzellen in sich aufzunehmen und ihnen Geisteskraft mitzutheilen. Das reine Pflanzenreich ist hierzu unfähig, es sei denn, dass die in ihm latent liegenden Geisteskräfte durch Schöpfungsprozesse geweckt werden.

Da das animalische Wesen aus geistigen (im Nervensysteme liegenden), ferner aus leiblichen (vegetabilischen oder vitalen), körperlichen (mineralischen) und physischen (sensuellen) Organen besteht; so können darin nicht nur geistige Nervenprozesse mit unmerkbarer Betheiligung des Leibes, des Körpers und der Sinne, es können aber auch vitale, mineralische und physische Prozesse ohne merkbare Betheiligung der geistigen Kräfte vor sich gehen. Jedenfalls können nach dem Erlöschen der Geisteskraft, also nach dem Tode des animalischen Wesens in seinem Leibe, in seinem Körper und in seinen physischen Elementen, solange deren leibliches, körperliches, physisches System fortbesteht, Prozesse vor sich gehen, welche mit den im Leben stattfindenden grosse Ähnlichkeit haben. Es ist daher begreiflich, dass nach dem Tode des Menschen sein Körper noch in ähnlicher Weise wie zu Lebzeiten eine Zeit lang leuchtet (Licht reflektirt), dass seine Haare und Nägel noch wachsen, dass sein Blut noch zirkulirt, dass ein Frosch mit abgeschlagenem Kopfe noch springen und Begattungstriebe zeigen, dass ein gestorbener Käfer noch fliegen kann: es ist aber unbegreiflich, wie diese naturgemässe Erscheinung auf geistige Wirkungen gedeutet und darauf eine „Philosophie des Unbewussten“ gegründet werden kann, da sich darin nichts weiter als vegetabilische, mineralische und physische Prozesse bekunden.

Jeder Naturprozess, d. h. jede Änderung eines bestehenden Objektes A durch Einwirkung der Aussenwelt, ist eines Theils eine Zusammenwirkung der Elemente von A vermöge der durch seine Organisation oder durch sein System bedingten inneren Kräfte und anderen Theils eine Zusammenwirkung dieser Elemente von A mit äusseren Elementen vermöge der durch Naturgesetze bedingten Reaktionsfähigkeit zwischen diesen inneren und äusseren Elementen. Der erste Theil beruhet auf der Entwicklungsfähigkeit des Objektes A, der zweite Theil auf seinem Vermögen, mit Aussenelementen gesetzlich zusammenzuwirken, einem Vermögen, welches das Anpassungsvermögen des Objektes A an die Aussenwelt ausmacht. Beide Vermögen müssen vorhanden sein, um eine Zustandsänderung von A zu ermöglichen.

Da alle Veränderungen auf die Wirkung von Elementen hinauslaufen, in der Wirklichkeit aber sich nicht immer solche Elemente darbieten, welche die vollkommenste Zusammenwirkung zu erzeugen fähig sind; so werden die wirklichen Wesen grosse Unvollkommenheiten darbieten und sich nur allmählich, durch zweckmässiges Verhalten zu grösserer Vollkommenheit aufzuschwingen vermögen, wenngleich die Prinzipien ihrer Organisation, d. h. die Eigenschaften, welche die

Möglichkeit darbieten, bei geeigneter Mitwirkung der Aussenwelt durchaus zweckmässige Änderungen herbeizuführen, die höchste Vollendung an sich tragen. Hierdurch erklärt sich die Thatsache, dass wir bei der Betrachtung der Weltobjekte auf so viel Unvollkommenheiten in ihren wirklichen Zuständen und speziellen Eigenschaftswerthen stossen, dass wir aber bei der Erforschung ihrer Organisationsprinzipien, welche bei günstigem Verhalten die vollkommensten Erfolge herbeiführen würden, mit Bewunderung erfüllt werden über die darin sich kund gebende hohe Vollkommenheit. Diese Vollkommenheit der Prinzipien der Naturgesetze in allen wirklichen Wesen und die gänzliche Unkenntniss dieser Wesen über den Besitz so vollkommener Eigenschaften, sowie die gänzliche Unfähigkeit derselben zur Erzeugung derselben ist ein direkter Beweis dafür, dass diese Prinzipien nicht die Resultate der stets unvollkommenen Zusammenwirkung von wirklichen Objekten mit der wirklichen Aussenwelt sind, sondern von einer bei der Erzeugung der subordinirten Reiche wirksamen höheren, universell oder vollkommen geistigen Macht abstammen oder dass der Schöpfungsprozess kein Naturprozess sein kann.

Die Vollkommenheit der Organisationsgesetze der Individuen ist offenbar nicht die Wirkung des Lebens der Individuen in der wirklichen Welt, sondern die Ursache dieses Lebens. Der Darwinismus stellt die gesunde Logik auf den Kopf, indem er die Ursache zur Wirkung macht. Er behauptet: jedwede wirkliche Organisation könne durch die Einwirkung äusserer Elemente auf jedwedes gegebenes Objekt hervorgebracht werden, oder: jede Organisation, jeder Zustand, jeder Entwicklungsgrad, jedes Anpassungsvermögen an die Aussenwelt, welches ein Objekt B zeigt, sei das Resultat der Zusammenwirkung der inneren Elemente jedes beliebig organisirten Objektes A mit äusseren Elementen, wobei eine bestimmte Relation zwischen den Elementen von A und den zu seinen Lebzeiten bestehenden äusseren Elementen gar nicht in Betracht komme, sondern irrelevant sei, während er, umgekehrt, sagen müsste: die gegebene Organisation und das Anpassungsvermögen eines Objektes A ist die Ursache der durch Zusammenwirkung mit der Aussenwelt gesetzlich entstehenden Veränderung von A oder seiner Umwandlung in ein anderes Objekt B, also die Ursache eines Prozesses und einer Wirkung, welche nur eine gesetzlich bestimmte, keine beliebige sein kann. Hieraus folgt, dass das variabele Objekt A die Umwandlungsfähigkeit unter der Einwirkung der Aussenwelt, also ein Anpassungsvermögen an die Aussenwelt schon als wirksame Ursache besitzen muss, um in das Objekt B verwandelt werden zu können, und dass nicht ein beliebiges Anpassungsvermögen von B als ein unbedingter Wirkungseffekt von Kräften des A angesehen werden kann, welche mit diesem Effekte in keinem ursächlichen Zusammenhange stehen, sondern jeden beliebigen Werth haben können.

Wo dieser Kausalzusammenhang zwischen A und B unter der Mitwirkung der Aussenwelt fehlt, kann B nicht durch Naturprozess aus A

entstehen. Ob jener Zusammenhang, also eine die Umwandlung ermöglichende Organisation von A oder eine hierzu geeignete Anpassung von A an die Aussenwelt wirklich besteht, entscheidet das Verhalten des A oder sein Lebenslauf auf Grund der Beobachtung. Wo diese Erfahrung fehlt, ist die Behauptung der Existenz jenes Kausalzusammenhanges und somit die Behauptung, dass B eine Umwandlung von A sei, ganz ungerechtfertigt. Sicher fehlt diese Erfahrung und ist überhaupt unmöglich, wenn das Objekt A keine Elemente mit einer zur Erzeugung gewisser Elemente von B geeigneten Variabilität besitzt und eine Kreuzung verschiedenartiger Wesen nicht in Frage kömmt. Kreuzung zweier Wesen A und B bedeutet die Fähigkeit der Anpassung embryonaler A und embryonaler B, wobei unter einem Embryo von A oder B nicht eine beliebige Anzahl Elemente von A oder B, sondern ein die Qualität von A oder B darstellendes System von Elementen zu verstehen ist. Ob diese Anpassungsfähigkeit besteht, also Kreuzung möglich ist, hat ebenfalls der Lebenslauf und die Beobachtung zu entscheiden und der Mangel dieser Beobachtung gestattet nicht die Behauptung der Existenz jener Fähigkeit. Die Kreuzung von Wesen, deren Embryonen nicht in dem eben bezeichneten Variabilitätsverhältnisse stehen, kann nur Mischarten erzeugen, indem diese Systeme ihre Eigenart nicht verlieren können. Im Wesentlichen können also nur gleichartige Wesen durch Kreuzung sich in gleichartigen Wesen fortpflanzen.

Hieraus ergeben sich viele der darwinistischen Entwicklungs- und Anpassungslehre widersprechende Folgerungen, unter Anderem die folgenden. Das aus Atomen bestehende Mineral enthält keine vegetabilischen Elemente oder Zellen, kann also durch Naturprozess in der rein mineralischen Aussenwelt nicht zur Pflanze werden. Die Einführung von Zellen in ein Mineral oder die Einführung von Atomen in eine Pflanze liefert eine Mischung von Mineralien und Pflanzen: eine eigentliche Kreuzung zwischen Mineral und Pflanze giebt es nicht, denn bei der Aufnahme der Mineralatome in den Pflanzenleib als Nahrungsstoffe wirken die Atome nicht als embryonale Mineralkörper, sondern als freie Elemente der Aussenwelt. Mineralien können sich unter sich kreuzen, was ihrer chemischen Verbindung entspricht. Eine Pflanze hat keine geistigen Organe, kann also durch Naturprozess nicht in ein animalisches Wesen verwandelt werden. Eine Kreuzung zwischen Pflanzen und Animalien giebt es nicht. Manche Pflanzen können sich unter sich kreuzen, jedoch nicht alle: die Eiche und der Rosenstock kreuzen sich nicht.

Der Frosch hat Organe zum schwimmen und zum laufen; er wird daher durch Ausbildung dieser Organe ein Amphibium, welches sowohl für das Wasser, wie für das Land angepasst ist. Ein Fisch, welcher seine Flossen zum Druck auf die äussere Materie gebraucht, kann unter Umständen einige Flossen so ausbilden, dass ihr Druck auf die Luft die Bewegung in der Luft ermöglicht, er kann also ein fliegender Fisch werden: wenn seine Flossen aber nicht die zur Umbildung in Laufglieder erforderliche Variabilität haben, kann er nie ein zweibeiniger Vogel werden.

Der Affe hat keine philosophischen Organe, kann sie also nicht durch die Einwirkung der Aussenwelt entwickeln; er kann nie durch äusseren Naturprozess zum Menschen werden. Wenn sich Hund und Fuchs kreuzen können, kann daraus ein fuchsartiger Hund oder ein hundeartiger Fuchs, aber kein auf rein vegetabilische Nahrung angewiesenes Pferd entstehen. Da sich keine Thiere mit Menschen kreuzen; so kann auch durch den Kreuzungsprozess aus keinem Thiere ein Mensch entstehen.

Männliche und weibliche Wesen derselben Grundart im Pflanzen- oder im Thierreiche unterscheiden sich nur durch Positivität und Negativität der Werthe gewisser Elemente ihres Systems, gehören also demselben Grundsysteme an und können sich demnach stets kreuzen. Jenachdem bei dieser Kreuzung, welche Begattung heisst, die positiven, oder die negativen Elemente zur Vorherrschaft gelangen, kann das Resultat der Begattung sowohl ein männliches, wie auch ein weibliches Individuum sein.

Die Beobachtung, dass in den fortschreitenden Perioden des Erdenlebens immer neue, auch höher dimensionirte Wesen auftreten, dass sie immer der bestehenden Aussenwelt angepasst sind und sich oftmals von den früheren Wesen nur durch grössere Vollkommenheit unterscheiden, oder dass ihre Organisation gewisse Ähnlichkeiten zeigt, beweis't nicht im entferntesten, dass die späteren Wesen aus den früheren durch Naturprozess hervorgegangen seien, und Diess um so weniger, als noch niemals eine solche Umwandlung beobachtet worden ist. Die Entstehung höherer Reiche und höherer Wesen, sowie der ziemlich stetig erscheinende Fortschritt in der Weltgestaltung beweis't vielmehr das Walten einer ausserwirklichen, d. h. einer nicht durch die gegebenen Objekte der Welt bedingten, sondern auf höheren Ursachen beruhenden Schöpfungskraft, welche sich unter gegebenen äusseren Bedingungen modifizirt, also sich stetig ändert und daher sukzessiv einander ähnliche Wesen erzeugt, und welche beim Erlöschen dieser Bedingungen ihre schaffende Thätigkeit einstellt, jedoch jederzeit wieder erwachen kann und nach aller Wahrscheinlichkeit auch in gewissen Weltregionen stets thätig ist oder sich in stetigem Zuge über den Weltenraum fortwälzt, indem der Zustand, welcher die Schöpfungsbedingung darstellt, stetig fortschreitet.

Der Eintritt einer Schöpfungsbedingung bedeutet den Eintritt eines Weltzustandes, in Folge dessen die in den Elementen der bestehenden Objekte latent liegenden höheren oder allgemeineren Kräfte in unendlich vielen verschiedenen Elementen frei werden und den Zusammentritt unendlich vieler solcher Elemente zu endlichen Grundbestandtheilen eines höher dimensionirten oder auch eines wesentlich anders organisirten Systems ermöglichen. Diese Erzeugung höher dimensionirter Wesen aus niedriger dimensionirten Wesen, sowie auch diese Erzeugung neuer, fest gefügter, einem bestimmten Gesetze unterworfener Organisationen oder neuer Grundarten desselben Reiches oder Gebietes aus anderen, fest gefügten Grundarten, ein Prozess, welcher auf unendlich viele Elemente zugleich organisatorisch wirkt und daher ein Unendlichkeitsprozess genannt werden kann, ist eine Wirkung der Schöpfungskraft, wogegen Naturkräfte nur in Endlichkeitsprozessen wirksam sind.

Hinsichtlich der Erzeugung neuer Grundarten bemerke ich noch Folgendes. Das Mineralatom ist ein bestimmter Organismus von ätherischen Elementen. Die Kreuzung verschiedener Atome kann nur einen aus diesen Atomen zusammengesetzten gemischten Stoff, keinen neuen chemischen Grundstoff erzeugen; Blei kann sich nicht durch Verbindung mit anderen Stoffen, welche kein Gold enthalten, in Gold umwandeln: nur im Schöpfungsprozesse würde durch Zerlegung vieler verschiedener Atome in ihre ätherischen Elemente und durch Verbindung unzähliger solcher Elemente zu einem neuen Systeme ein Goldatom entstehen können. Der Weinstock und die Buche stellen in ihren Zellen und embryonalen Keimen zwei fest gefügte vegetabilische Grundarten dar; es kann daher aus der Kreuzung der Zellen oder Keime des Weinstockes mit den Zellen oder Keimen anderer Vegetabilien niemals eine Buche entstehen, wenn die Buchenzelle sich nicht selbst mit der Zelle des Weinstockes zu kreuzen vermag. Wurm und Käfer, Fisch und Vogel, Katze und Hund, Löwe und Pferd, Affe und Mensch sind festgefügte animalische Grundarten, welche durch Kreuzung mit unverwandten Arten nicht ineinander übergehen können. Ein solcher Übergang ist noch nie und nirgends beobachtet worden: die Zuerkennung dieser Wirksamkeit an Natur- oder Lebenskräfte ist daher eine Chimäre.

Hinsichtlich der Erhöhung der Arten gilt in jedem der vier Reiche (dem physischen, mineralischen, vegetabilischen und animalischen Reiche) prinzipiell ganz Dasselbe, was vorhin von der Erhöhung dieser Reiche selbst gesagt ist. Nur höher dimensionirte Kräfte können niedriger dimensionirte zu sich heraufziehen und ein niedriger dimensionirtes Element kann nur durch Eindrücke, welche es von höher dimensionirten empfangen hat, höher dimensionirte Prozesse vollbringen; es sei denn, dass die in dem niedrigeren Elemente latent liegenden Kräfte frei gemacht werden, was nur durch Schöpfungsprozesse, nicht durch Lebensprozesse geschehen kann, und was, wenn es geschähe, doch eine Zerlegung der Objekte in ihre Elemente und eine Neuorganisation erfordern würde. Demgemäss kann aus einem Thiere von bestimmter Dimensität kein höher dimensionirtes Thier durch Naturprozess hervorgehen, wenn zwischen Beiden keine Kreuzungsfähigkeit besteht, und demzufolge kann aus keinem Thiere ein Mensch durch Naturprozess entstehen.

Wenn man von der darwinistischen Voraussetzung ausgeht, dass die Geschöpfe, welche in den verschiedenen geologischen Perioden auftreten, sich durch Lebenskräfte aus einander entwickelt haben, ist es ein Leichtes, diese Entwicklungen in das Gewand einer Evolutionstheorie zu kleiden, indem man Hypothese an Hypothese reihet. Eine solche Theorie wie die von Spencer inaugurirte gewinnt darum aber noch keinen Anspruch auf Wahrheit: solange die grundlegende Voraussetzung nicht erwiesen und durch Beobachtung konstatirt ist, bleibt sie lediglich der Ausfluss einer willkürlichen Hypothese.

153. **Die Vermittlung in den Weltprozessen.** Es ist von hervorragender Wichtigkeit, dass zwei Objekte, welche nicht vollkommen identisch sind, welche sich also durch irgend Etwas unterscheiden oder in irgend einer Beziehung ein Differenzfeld zwischen sich oder zwischen einzelnen ihrer Theile lassen, nicht unmittelbar aufeinander wirken können, sondern der Vermittlung desjenigen Mediums bedürfen, welche das Differenzfeld erfüllt, weil sie in diesem Felde sich nur durch das gedachte Medium zu erreichen vermögen.

Wenn wir sagen, 1 und 1 macht 2 oder 2 mal 3 ist 6; so sprechen wir richtige mathematische Sätze über Prozesse aus, worin der Operator unmittelbar auf den Operand wirkt, um das Operat zu erzeugen. Diese Thatsache scheint also dem vorangestellten Satze zu widersprechen. Dieser Widerspruch beruhet aber auf Schein. Eine mathematische Operation ist nämlich ein gedachter, kein wirklicher Prozess, ein Prozess, in welchem der freie menschliche Geist lediglich gewisse Eigenschaften der Objekte, z. B. ihre Ausdehnung, oder ihren Ort, oder ihre Masse, in Betracht zieht, alle übrigen Eigenschaften aber unberücksichtigt lässt oder ignorirt. Ob die zur Einheit 1 gefügte zweite Einheit einen anderen Ort einnimmt, ob die Verdreifachung der zwei Einheiten eine Zusammenschiebung der Elemente, eine Überschneidung derselben, eine Kohäsion derselben erfordert oder nach sich zieht, oder ob die sechs Einheiten, wenn sie in einer Richtung aneinander gereihet werden, sich mit Adhäsion begegnen, ist für den mathematischen Additions- oder Multiplikationsprozess völlig gleichgültig, während es für die wirkliche Zusammenwirkung von Objekten durchaus nicht irrelevant ist, sondern einem bestimmten Wirklichkeitsgesetze folgt.

In der Wirklichkeit und in deren Prozessen lassen sich wirkliche Eigenschaften nicht durch Ignorirung und Abstraktion beseitigen, auch nicht isoliren; sie bethätigen sich hier stets in ihrer vollen und vielseitigen Kraft und erzeugen daher in ihrer Zusammenwirkung äusserst vielseitige Prozesse, bei welchen je nach den gegebenen Objekten bald diese, bald jene Grundprozesse zu hervorragendem Ausdrucke kommen, im Allgemeinen aber sämmtliche Prozesse der in Wirksamkeit gesetzten Reiche mit mehr oder weniger Intensität sich manifestiren. So rufen z. B. starke elektrische Ströme in Folge der abwechselnd entbunden und gebunden werdenden, also sich expandirenden und kontrahirenden positiven und negativen Urstoffe nothwendig starke Lichtstrahlen hervor, da der Lichtprozess ein Ausdehnungsprozess ist (s. Nr. 71), obwohl Licht und Elektrizität ganz verschiedenartige Dinge sind, die allerdings in heutiger Zeit in Folge einer ganz unzulänglichen, trotzdem aber mit Extase aufgenommenen Theorie von Maxwell, von vielen Physikern für identisch gehalten werden. Ausser dieser auf Zusammenwirkung beruhenden Mannichfaltigkeit der wirklichen Prozesse ist es aber die darin zugleich sich offenbarende Vermittlung, welche ich hervorzuheben beabsichtige.

Wenn das das Differenzfeld zweier Objekte ausfüllende Medium einem tieferen Reiche angehört, als diese Objekte; so besitzen Letztere Elemente, welche mit den Elementen des Differenzfeldes übereinstimmen, und demzufolge ist ein Prozess des fraglichen Mediums im Stande, auf die Objekte so zu wirken, dass sie beide mit dem Medium und durch Vermittlung dieses Mediums mit sich selbst in Wechselwirkung treten. Die Vermittlung des Mediums besteht also darin, dass das eine Objekt das vermittelnde Medium in eine Thätigkeit setzt, welche sich auf das andere Objekt überträgt, sodass die Thätigkeit des Mediums selbst in einem sich aufhebenden Empfangen und Wiederausgeben besteht, was die Affektion und Zusammenwirkung der beiden Objekte zur Folge hat. Die Thätigkeit des Mediums verschwindet aus dem Gesammtprozesse oder wird daraus eliminirt; dieser Prozess stellt also einen echten, zwischen den Objekten sich vollziehenden Folgerungs- oder apobasischen Prozess dar, in welchem das Medium die Rolle eines Vermittlers spielt.

Als spezielle Fälle führe ich zunächst die Vermittlung des Äthers bei der Gravitation der voneinander getrennt liegenden materiellen Körper an, wie ich sie schon in den „Naturgesetzen“ prinzipiell angenommen, aber in dem Buche über die „Äquivalenz der Naturkräfte“ Nr. 71 in einer wie ich glaube einwandsfreien und das Wesen der Vermittlung deutlich darlegenden Weise nachgewiesen habe. Hieran reihet sich die Vermittlung des Äthers bei der Induktion der Stoffe, wie ich sie in dem Buche über die „Äquivalenz der Naturkräfte“ Nr. 74, nach Befreiung von den ihnen im zweiten Supplemente der Naturgesetze noch anhaftenden Unzulänglichkeiten, streng bewiesen habe (wogegen die Deduktion von Weber als eine auf Fernwirkung beruhende und in wesentlichen Punkten unannehmbare Idee angesehen werden muss). Unzweifelhaft ist nun auch die Vermittlung des Äthers bei der Krystallisation erforderlich, da die getrennten Elemente ihre Gestaltungstriebe nicht ohne Ortsänderungen bethätigen können. Ebenso gewiss bedingt aber auch jeder wirkliche Raumprozess, in erster Linie der Numerations- oder Vereinigungsprozess eine Vermittlung des Äthers, da die Vereinigung in der Heranziehung anderer Grössen besteht. Auch jeder Zeitprozess erfordert die Vermittlung des Äthers: denn identische Erneuerung eines Objektes ist lediglich eine mathematische Abstraktion; in der Wirklichkeit ist mit der Erneuerung stets eine Änderung (sei es auch nur eine Änderung der Dauerhaftigkeit) verbunden.

Hieraus ist ersichtlich, dass kein mineralischer Prozess ohne Vermittlung des Äthers zu Stande kommen kann. Die dieser Thatsache zu Grunde liegenden Prinzipien berechtigen zu dem Schlusse, dass jeder vegetabilische Prozess die Vermittlung eines mineralischen Prozesses bedarf, da das vegetabilische Element, die Zelle, aus Mineralatomen besteht. Ferner folgt hieraus, dass jeder geistige Prozess die Vermittlung eines vegetabilischen oder vitalen Prozesses erfordert.

In Erwägung nun, dass der vegetabilische Prozess die Vermittlung eines mineralischen und dieser die Vermittlung eines ätherischen Prozesses verlangt, ergiebt sich, dass der ätherische Prozess die Grundlage für die bei allen wirklichen Prozessen nothwendigen Vermittlungen bildet und dass diese Vermittlungsprozesse bei den höheren Prozessen nur Kombinationen aller tiefer liegenden Prozesse sind.

Ohne Beobachtung sind diese, sowie überhaupt die Prozesse und Eigenschaften der wirklichen Welt nicht zu bestimmen. Die Beobachtung ist zur Welterkenntniss desshalb unerlässlich, weil die mathematische und logische Abstraktion Objekte und Eigenschaften isolirt, welche in der Wirklichkeit nicht isolirt, sondern mit anderen Objekten vergesellschaftet sind und mit denselben zusammenwirken. Diese Zusammenwirkung und gegenseitige Abhängigkeit, welche der rein geistige Denkprozess ignorirt, muss durch Beobachtung festgestellt werden. Beobachtung ist ein auf der Zusammenwirkung des freien geistigen Erkenntnissvermögens mit den gegebenen wirklichen Weltzuständen beruhender Prozess. Durch diese Zusammenwirkung wird die Freiheit des Geistes auf ein durch die Wirklichkeit gegebenes Maass beschränkt, also in eine rechtsgemässe Selbstbestimmung umgewandelt und die Erkenntniss zu einem wahren, mit der Wirklichkeit übereinstimmenden Wissen gestaltet.

Ich habe schon des öfteren gesagt, dass der Mensch unmittelbar nur seine eigenen Zustände erkennt, also auch nur solchen Zuständen, welche allerdings durch äussere Objekte beeinflusst sein können, seine unmittelbare Beobachtung zuwendet. Indem ich diese zweifellose Behauptung hier nochmals wiederhole, knüpfe ich daran folgende Erläuterung. Angenommen, wir wollen die Kohäsion eines gegebenen Körpers bestimmen; so kann Diess auf verschiedene Weise geschehen. Unterwerfen wir den Körper der motorischen Kraft unserer Hände; so erkennen wir seine Kohäsion durch die Beobachtung unserer aufgewandten motorischen Kraft, welche durch Tastgefühle vermittelt wird. Geben wir den Körper einem dehnenden mechanischen Apparate preis; so erkennen wir seine Kohäsion durch den Gesichtseindruck, welchen die Richtungsänderung des Zeigers des Apparates in uns hervorbringt. Immer liegt also der Erkenntniss und der Beobachtung die Selbsterkenntniss und Selbstbeobachtung von eigenen Zuständen, welche meistens durch äussere Einwirkungen bedingt sind, zu Grunde.

153a. **Innerer Zusammenhang und seine Wirkung.** Zwei Objekte wirken aufeinander, beeinflussen, affiziren sich nach Maassgabe ihrer Beschaffenheiten und nach Maassgabe der Beschaffenheit des zwischen ihnen liegenden Mediums oder überhaupt desjenigen Objektes, welches die Zusammenwirkung fortpflanzt, überträgt, vermittelt. Die Bedingungen für die entstehende Wirkung sind also durch die beiden Objekte und das Zwischenmedium gegeben und können, indem sie in beliebigen Werthen gegeben werden, wenn also die Objekte und das Zwischenmedium unabhängig voneinander sind, sehr verschiedene Wirkungen hervorbringen, welche die eigentlichen äusseren Zusammenwirkungen selbstständiger Objekte darstellen. Wenn aber die Objekte die Bestandtheile eines Systems, also nicht unabhängig voneinander, sondern durch einen gesetzlichen Zusammenhang miteinander verbunden sind, welcher sie auch mit dem Zwischenmedium in eine bestimmte Verbindung setzt; so nimmt jeder Wirkungsprozess, welcher nun einen eigentlichen inneren Prozess des Systemganzen ausmacht, eine bestimmte, durch dieses System und durch die Art der Erregung der Objekte bedingte Beschaffenheit an, das System tritt also in einen Wirkungsprozess mit gewissen, durch den inneren Zusammenhang seiner Bestandtheile bedingten Zuständen oder Spezialwerthen seiner Grundeigenschaften ein und erscheint demzufolge als der Träger besonderer Eigenschaftswerthe, welche ihm ein besonderes Wirkungsvermögen verleihen, jenachdem diese oder jene Elemente seines Bestandes durch besondere Erregungen in Wechselwirkung gesetzt werden.

Bei der Klassifikation dieser Wirkungsvermögen wird man die Wechselwirkung koordinirter Elemente, z. B. bei Mineralien der räumlichen, zeitlichen, mechanischen, chemischen, krystallinischen Kräfte oder bei Menschen der Verstandes-, Gedächtniss-, Willens-, Gemüths-, Temperamentskräfte, und die Wechselwirkung subordinirter Elemente, z. B. bei Pflanzen der physischen, mineralischen, vegetabilischen Kräfte oder bei Menschen der sensuellen, mathematischen, logischen, philosophischen Vermögen zu unterscheiden haben.

Da ein Objekt den fünf koordinirten Grundgebieten seines Reiches zugleich angehört und da ein Element dieses Objektes aus jedem dieser Grundgebiete fünf koordinirte Grundeigenschaften, welchen fünf Prozessvermögen entsprechen, zugleich besitzt; so muss jede Kraft des betreffenden Reiches, welche auf ein Element des Objektes wirkt, nothwendig in jedem Grundgebiete einen Gebietsprozess erzeugen, welcher die diesem Gebiete angehörigen fünf Grundeigenschaften in speziellen, von dem Objekte und dem Impulse abhängigen Werthen aufweis't. So wird z. B. in einem Minerale, welches den Gebieten des Raumes, der Zeit, der Materie, des Stoffes und des Krystalles angehört, der mechanische Druck einer materiellen Masse eine geometrische, eine chronologische, eine mechanische, eine chemische und eine krystallinische Wirkung hervorbringen und diese Wirkungen werden beziehungsweise die fünf geometrischen Grundeigenschaften (der Quantität, des Ortes, der Richtung, der Dimensität und der Form), ferner die fünf kalorischen, die fünf mechanischen, die fünf chemischen und die fünf krystallinischen Grundeigenschaften in bestimmten, durch das Objekt und den Impuls bedingten Werthen (von welchen einige unter Umständen den Nullwerth haben können) besitzen.

Fassen wir nun neben den koordinirten auch die subordinirten Grundeigenschaften eines Objektes ins Auge; so ergiebt sich folgende Zusammenstellung. Das Licht, der Schall, die Wärme, die Elektrizität, der Duft wirken, von aussen kommend, unmittelbar auf die physischen Elemente des Minerals; in Folge dessen leuchtet das Mineral in

Farben, schallt in Tönen, wird warm, geladen, duftet. Gleichzeitig wirken aber die so angeregten physischen Elemente des Mineralatoms auf die Mineralkräfte des Atoms; das Atom an sich erscheint daher empfindlich für Licht, Schall, Wärme u. s. w. und erleidet dadurch gewisse Änderungen, es kann z. B. durch Lichtwirkung expandirt, in seiner chemischen Affinität modifizirt werden, es kann durch Wärme geschmolzen, durch Elektrizität zerrissen werden. Umgekehrt, wirkt das Atom mit seinen Mineralkräften auf seine physischen Elemente, so kann das Atom durch mechanische Kompressen oder durch chemische Erregung zum Leuchten, zum Tönen kommen. Jedes Mineral zeigt also ausser den physischen Vermögen, welche es als System von physischen Elementen besitzt, und ausser den Mineralkräften, welche es als System von Atomen besitzt, gewisse auf dem Zusammenhange der subordinirten physischen und mineralischen Kräfte beruhenden Zustände, welche ihm ein besonderes Wirkungsvermögen verleihen.

Ähnliches gilt von der Pflanze und ihren Zellen. Als System von physischen Elementen zeigt die Pflanze physische Kräfte: sie leuchtet in eigenartigen Farben, sie schallt in eigenartigen Tönen, sie wird warm, lässt sich elektrisch laden und duftet durch die Einwirkung äusserer physischer Kräfte. Als System von Atomen zeigt sie mineralische Kräfte, sie wird durch Mineralkräfte ausgedehnt, zeitlich geändert, bewegt, chemisch verbunden und gestaltet. Als System von Zellen zeigt sie vegetabilische Kräfte, Gattungskraft, Lebenskraft, Treibkraft, metamorphosisches und Gestaltungsvermögen. Ausserdem aber sind ihre Atome empfindlich für physische Kräfte und ihre Zellen für Mineralkräfte, sodass physische Kräfte (Licht, Wärme u. s. w.) mineralische und vegetabilische Wirkungen und Mineralkräfte vegetabilische Wirkungen hervorbringen. Umgekehrt, rufen vegetabilische Kräfte zugleich mineralische und physische Wirkungen hervor. Jede Pflanze zeigt daher auf Grund des inneren Zusammenhanges der subordinirten physischen, mineralischen und vegetabilischen Kräfte ein eigenartiges Wirkungsvermögen.

Gleiche Gesetze bekundet das animalische Wesen. Als System von physischen Elementen hat der Mensch physische Eigenschaften, er leuchtet in Farben, schallt in Tönen, wird warm, geladen und duftet durch die Einwirkung von Licht, Schall, Wärme u. s. w. Als System von mineralischen Atomen zeigt der menschliche Körper Ausdehnungsfähigkeit, Dauerhaftigkeit, mechanische Kraft, Ernährungs- und Gestaltungsvermögen. Als System von Zellen zeigt sein Leib das Vermögen, ein Gattungsobjekt zu bleiben, zu leben, zu wachsen, sich zu entwickeln. Als System von animalischen Grundorganen zeigt der Mensch geistige Kräfte in vier subordinirten Dimensitäten wie Vernunft, Phantasie u. s. w., Verstand, Gedächtniss u. s. w., räumliches Anschauungsvermögen, zeitliches Erfahrungsvermögen u. s. w., sensuelles Seh-, Hörvermögen u. s. w., und weil Selbstbestimmung eine allgemeine Geisteskraft ist, vermag das animalische Wesen seine geistigen Zustände spontan hervorzubringen. Ausserdem aber sind alle mineralischen, vegetabilischen und geistigen

Eigenschaften empfindlich für physische Kräfte, alle vegetabilischen und geistigen Eigenschaften empfindlich für mineralische Kräfte, alle geistigen Eigenschaften empfindlich für vegetabilische Kräfte und, umgekehrt, sind die unteren Kräfte erregbar durch die oberen. Jedes menschliche Wesen zeigt daher auf Grund des inneren Zusammenhanges der subordinirten physischen, mineralischen, vegetabilischen und geistigen Kräfte ein eigenartiges Wirkungsvermögen.

Die Individuen jedes Reiches unterscheiden sich durch die speziellen Werthe ihrer Grundeigenschaften, also auch durch ihre speziellen Wirkungsvermögen, da diese auf jenen und auf dem inneren Zusammenhange der koordinirten und subordinirten Elemente beruhen. Vermöge dieser Verschiedenheit der Wirkungsvermögen reagirt jedes Wesen in besonderer Weise auf eine äussere Kraft. Die Verschiedenheit der speziellen Werthe der Grundeigenschaften lässt auch die Fälle zu, wo gewisse Grundeigenschaften den Nullwerth erlangen oder aus dem Systeme des Individuums verschwinden. Von besonderer Bedeutung sind diejenigen Fälle dieser Art, wo alle oberen Vormögen auf den Nullwerth herabsinken, ohne dass doch dass Individuum aufhört, dem gegebenen Reiche anzugehören, oder ohne die Qualität dieses Reiches zu verlieren. Zu diesen unvollständigen Individuen des animalischen Reiches gehören die eigentlichen Thiere, deren oberste Klasse keine philosophischen Vermögen hat, deren tiefere, zweite Klasse keine logischen und keine philosophischen Vermögen hat und deren unterster, dritten Klasse die mathematischen, logischen und philosophischen Vermögen fehlen. Ebenso wird das Pflanzenreich unvollständige Pflanzen und das Mineralreich unvollständige Mineralien enthalten. Die unvollständigen Individuen haben natürlich auch ein unvollständiges Wirkungsvermögen, welches jedoch wegen der Zugehörigkeit zu demselben Reiche mit den Wirkungsvermögen der vollständigen Individuen eine gewisse Qualitätsgemeinschaft zeigt.

Es ist also die Dimensität eines Grundreiches, welche man eine Weltdimensität nennen kann, von der Dimensität der Eigenschaften der ihm angehörigen Objekte zu unterscheiden. Ein Objekt eines m-dimensionalen Weltreiches kann Objekte mit n-dimensionalen Eigenschaften enthalten. So enthält das Mineralreich, welches ein eindimensionales Weltreich darstellt, in seinen Punkten, Linien, Flächen, Körpern eindimensionale Mineralien mit un-, ein-, zwei-, dreidimensionalen Eigenschaften.

154. **Die Spezialisirung des Weltsystems im Interesse der Wissenschaft und der ausserwissenschaftlichen Systeme.** Alle einem Grundgebiete angehörigen Objekte haben die Grundeigenschaften dieses Gebietes und alle einem Grundreiche angehörigen Objekte haben die Grundeigenschaften dieses Reiches, welche einen Inbegriff der Grundeigenschaften der Gebiete dieses Reiches bilden. Die Grundeigenschaften und ebenso die Grundprozesse, die Grundprinzipien, die

Apobasen und die Grundsätze haben daher eine Allgemeingültigkeit und bilden demzufolge die Grundfesten des Weltsystems. Allein, die Grundeigenschaften, die Prozesse, die Grundprinzipien, die Apobasen und die Grundsätze, welche in den wirklichen Objekten zu Tage treten, unterscheiden sich durch ihre speziellen Werthe, und diese Werthe bedingen in den zusammengesetzten Objekten, Prozessen u. s. w. spezielle Eigenschaften, spezielle Prozesse, spezielle Grundprinzipien u. s. w., oder sie stellen spezielle, konkrete, wirkliche Fälle der im allgemeinen Weltsysteme möglichen Zustände dar. Diese speziellen Wirklichkeitszustände haben allerdings in dem bisherigen Weltlaufe, einschliesslich der Schöpfungsprozesse, ihre bestimmten Gründe und würden, wenn diese Gründe bekannt wären, nach den richtig erkannten Prinzipien des allgemeinen Weltgesetzes streng wissenschaftlich konstruirt werden können. Diese Erkenntniss der vorausgehenden Ursachen, welche sich in höchster Mannichfaltigkeit und seit ungemessenen Zeiträumen auf die Gesammtwelt erstrecken, ist jedoch der Menschheit, welche immer in einem beschränkten Raum-, Zeit- und Wirkungsgebiete lebt, versagt. Ihre Aufgabe besteht daher darin, das Weltsystem auf Grund der durch geistige Abstraktionen erkannten allgemeinen Grundfesten durch Beobachtung der wirklichen Objekte und Prozesse zu spezialisiren. Auf diese Weise erkennt der Mensch z. B., dass es in der Region der Erde momentan nur eine bestimmte Anzahl von Objekten giebt, welche unter gegebenen Umständen einen bestimmten Raum einnehmen, dass es nur eine bestimmte Anzahl von Objekten giebt, welche unter gleichen Umständen eine bestimmte Dauerhaftigkeit haben (denn Mineralien, Pflanzen, Thiere, Menschen existiren unter gegebenen Umständen nur eine gegebene Zeit), dass es nur eine bestimmte Anzahl von artlich verschiedenen Mineralien, Stoffen, Pflanzen u. s. w. giebt. Diese Wesenklassen zu erkennen und nach ihren speziellen Eigenschaftswerthen zu bestimmen, ist also eine erste Aufgabe der beobachtenden Wissenschaft, welche in diesem Sinne auch als die praktische Wissenschaft angesehen werden kann.

Da sich in einem Objekte spezielle Werthe aller Grundeigenschaften aller Gebiete des Reiches, welchem das Objekt angehört, vereinigen und zusammenwirken; so nimmt dasselbe theils durch die dominirende Stärke dieser oder jener Eigenschaften, theils durch den mit der Zusammenwirkung stets verbundenen Energieaustausch, theils durch die damit verknüpfte Umwandlung in äquivalente Zustände häufig einen besonderen Charakter an, welcher sich ebensowohl in besonderen Eigenschaften, als auch in besonderen Fähigkeiten äussert. So zeigen z. B. die chemischen Grundstoffe spezifische Lichtspektren, die durch Lösung erzeugten flüssigen Körper eine besondere Beschaffenheit, die starken elektrischen Ströme zeichnen sich durch besondere Wirkungsfähigkeiten aus, die perennirenden Pflanzen verhalten sich anders als die nicht perennirenden, die Entwicklung der animalischen Embryonen und die Funktionirung der Organe der entwickelten Animalien unterscheiden sich klassenweise durch physiologische Besonderheiten.

Alle diese Eigenartigkeiten aufzudecken, also das wirkliche Weltsystem in allen Gebieten und Reichen, im physischen, mineralischen, vegetabilischen und geistigen Reiche nach allen Richtungen zu spezialisiren, ist das erhabene Endziel der beobachtenden Wissenschaft, ein Ziel von unendlicher Weite und Grossartigkeit, welches dem Menschen in dem anwachsenden Reichthume der Wissenschaft immer neue Gesichtspunkte eröffnet, die nicht nur für seine Welterkenntniss, sondern auch für sein Verhalten in der Welt von hohem Werthe sind.

Die geistige Freiheit des Forschers gestattet ihm, seine Betrachtung bestimmten Gebieten zuzuwenden und die übrigen Gebiete als nicht existirend zu ignoriren, also Spezialwissenschaften zu bilden, welche gewisse Theile des Weltsystems umfassen. So ignorirt der Geometer alle zeitlichen, mechanischen und sonstigen Eigenschaften, der Mechaniker berücksichtigt nicht die chemische Affinität der Materie, der Chemiker beachtet zwar neben den chemischen die räumlichen, mechanischen und krystallinischen Eigenschaften der Stoffe, jedoch nur in nebensächlicher und unvollständiger Weise (die Zeitdauer der chemischen Prozesse, die Ausdehnung, Kohäsion, Elastizität, Form der eine Verbindung herbeiführenden Stoffe kömmt nur nebenher in Betracht; in der organischen Chemie wird jedoch auf die vegetabilischen Eigenschaften oder Lebenskräfte der Pflanzen und animalischen Stoffe keine Rücksicht genommen).

Als Erkenntnisstheile der Wirklichkeit, welche Letztere eine willkürliche Absonderung oder Isolirung von Weltkräften im physischen, mineralischen und vegetabilischen Reiche nicht zulässt, sondern nur im geistigen Reiche, also in den Wirkungen, welche animalische Wesen in ihrer geistigen Freiheit aufeinander und auf sich selbst ausüben, als zulässig anerkennt, stehen alle Spezialwissenschaften in einem weltgesetzlichen Zusammenhange und bilden ein einziges, das Weltsystem zur menschlichen Erkenntniss bringendes Ganzes.

Da alle Bestandtheile eines systematischen äusseren Ganzen ihre objektive Begründung durch die Beobachtung und ihre subjektive Begründung durch innere geistige Prozesse finden; so leuchtet ein, dass das wirkliche Weltsystem mit dem geistigen Systeme dergestalt übereinstimmt, dass der Geist die Fähigkeit besitzt, durch seine Zustände das wirkliche Weltsystem zu repräsentiren oder dass der Mensch mit seinen physischen, mineralischen, vegetabilischen und geistigen Eigenschaften ein Objekt darstellt, in welchem sich das wirkliche Weltall spiegelt.

Diese Übereinstimmung ist der Ausfluss der Thatsache, dass auch die Wirklichkeit keine anderen Reiche als ein Ätherreich, ein Mineralreich, ein Pflanzenreich und ein Thierreich umfasst, wovon das menschliche Individuum einen konkreten Fall, d. h. einen Fall darstellt, in welchem die allgemeinen Welteigenschaften spezielle Werthe haben.

Man muss hieraus schliessen, dass eine Erforschung des menschlichen Wesens durch subjektive Prozesse in Verbindung mit der Beobachtung ihrer Wirkungen nach innen und aussen die Welterkenntniss ebenso gut zu Stande bringen würde, wie die rein objektive Beobachtung der Aussenwelt (einschliesslich natürlich der Beobachtung der geistigen Wesen): es ist jedoch anzuerkennen, dass der subjektive Prozess wegen der Freiheit des operirenden Geistes leichter zu Irrthümern führt als die Beobachtung der fest gegebenen Aussenwelt. Andererseits hat aber der subjektive Prozess vor dem objektiven die Fähigkeit der physischen, mathematischen, logischen und philosophischen Verallgemeinerung voraus, welche ihn in den Stand setzen, die allgemeinen Grundfesten des Weltsystems zu erkennen, während die Beobachtung der Aussenwelt lediglich konkrete Fälle zur Erkenntniss bringt, welche nur durch subjektive, geistige Erwägung oder durch logische Abstraktion generalisirt, also über das Stadium der Singularität in das Bereich der allgemeinen, wahren, philosophischen Erkenntniss erhoben werden können.

Von besonderer Wichtigkeit für die Spezialisirung und überhaupt für die Erkenntniss des Weltsystems ist die Thatsache, dass die Zusammenwirkung der stets aus komplizirten Systemen von Grundeigenschaften bestehenden Objekte bei der Bethätigung der in Nr. 95 ff. vorgeführten Grundgesetze stets Umwandlungen mit sich bringt, welche bald Maximen, bald Minimen gewisser Eigenschaften durchschreiten, dass also diese Zusammenwirkung Resultate erzeugt, welche quantitativ und qualitativ von den speziellen Eigenschaftswerthen jener Objekte abhängen. Diese Abhängigkeiten durch rein geistige Spekulation ergründen zu wollen, wäre ein eiteles Bemühen: die Beobachtung ist hierzu unentbehrlich. Andererseits lehrt aber die Beobachtung nur Spezialfälle kennen, sie ist also für die Erkenntniss des Weltsystems durchaus unzureichend: die Verallgemeinerung dieser Fälle, also die Ableitung der Weltgesetze aus diesen Fällen, ist ein rein geistiger Akt; die Welterkenntniss kann daher nur durch geistige Operationen, welche sich auf beobachtete Spezialfälle stützen, gewonnen werden. Alle Beobachtung ist zunächst eine sinnliche oder physische, sodann eine anschauliche oder mathematische Operation. Aus diesem Grunde spielt die Mathematik eine so wichtige Rolle in der Naturwissenschaft und als Grundlage der Welterkenntniss, während die logischen Operationen für die Verallgemeinerung der Spezialfälle zu Begriffsfällen und die philosophischen Operationen für die Umfassung dieser Begriffsfälle zu einer ideellen Weltgesammtheit, also zur Erkenntniss eines allumfassenden, gemeinsamen, einheitlichen, gesetzlich geordneten, wahrhaften Weltsystems unentbehrlich sind.

Selbstredend rufen nicht nur die verschiedenen Grundreiche und Grundgebiete besondere allgemeine Wissenschaften hervor, sondern auch die Spezialitäten der zusammenwirkenden Objekte bedingen zahllose spezielle Wissenschaften. Alle diese Wissenschaften haben das System der Grundfesten gemein, allein die Grundfesten nehmen nach der Spezialität der Objekte verschiedene Bedeutungen an, sie unterscheiden sich quantitativ und qualitativ, sowie nach ihrer Wirkungsweise und sonstigen Eigenschaften, verleihen also den einzelnen Spezialwissenschaften eigenartige Grundlagen. Die Bildung von Spezialwissenschaften liegt daher ebenfalls im Interesse der Welterkenntniss; der vollständigen Welterkenntniss entspricht das alle Spezialwissenschaften umfassende wissenschaftliche Gesammtsystem.

Ausser dem Wissen übt der Geist noch andere Funktionen, sodass die Wissenschaft nicht sein einziges Ziel ist. Neben jede Wissenschaft, als System der Erkenntniss oder des Wissens von bestehenden, seienden, existirenden Gegenständen (Objekten, Zuständen, Prozessen u. s. w.), stellen sich vier koordinirte Systeme, in welchen nicht der Bestand oder das Sein oder die Existenz oder das Wissen, sondern eine ganz ausserhalb des Wissens liegende geistige Eigenschaft die maassgebende Rolle spielt, nämlich zunächst das auf geistiges Erzeugen beruhende System des Werdens von Gegenständen (Objekten, Zuständen, Prozessen u. s. w.), sodann das auf geistiger Relation zur Aussenwelt oder auf Kraftäusserungsvermögen beruhende System des Wirkens, ferner das auf geistiger Gemeinschaft mit der Welt beruhende System des Verbindens aus Neigung und endlich das auf geistiger Gesetzmässigkeit beruhende System der Anordnung aus Gestaltungstrieb. Andererseits gehört jedem Gebiete eine spezielle Wissenschaft mit den diesem Gebiete entsprechenden eigenartigen Grundlagen an.

Gleichwie sich die Wissenschaft von der physischen auf die mathematische, die logische und die philosophische Stufe erhebt, so erheben sich alle eben genannten Systeme in der nämlichen Stufenfolge als je fünf Gebiete des physischen, des mathematischen, des logischen und des philosophischen Gesammtvermögens des menschlichen Geistes. Die Menschheit hat es also beispielsweise in der Mathematik auf zweiter oder anschaulicher Stufe nicht nur mit der mathematischen Theorie anschaulicher Grössen (des Raumes, der Zeit, der Materie, des Stoffes und des Krystalles), sondern auch mit dem Erzeugen von anschaulichen Ereignissen (in Raum, Zeit, Materie, Stoff und Krystall, bezw. Formsystem oder Organismus), ferner mit der anschaulichen Wirkung oder Arbeit (in Raum, Zeit, Materie, Stoff und Krystall), sodann mit den anschaulichen Verbindungen aus Neigung zur Gemeinschaft (in Raum, Zeit, Materie, Stoff und Krystall) und endlich mit den anschaulichen Gestaltungen, Variationen, Erregungen aus Anordnungs- oder Formtrieb (in Raum, Zeit, Materie, Stoff und Krystall) zu thun.

Alle diese Systeme sind nichts Anderes als die Bethätigungen der Grundvermögen des menschlichen Geistes, welche ich nach ihren Beziehungen zu einander in der Kürze nochmals folgendermaassen charakterisire.

Ein jedes der fünf physischen oder Erscheinungsvermögen, nämlich das Gesichts-, Gehörs-, Gefühls-, Geschmacks- und Geruchsvermögen, ist ein Elementarvermögen oder ein Vermögen der Operation mit Elementen. Die Grundlage für diese Vermögen sind bezw. die bestehenden oder seienden Lichtelemente, die aufeinander folgenden oder werdenden Schallelemente, die aufeinander wirkenden Wärme- und Spannungselemente, die nach Verbindung strebenden elektrischen, bezw. galvanischen Elemente, die aus Gestaltungstrieb variirenden Duftelemente. Gleichwohl erzeugt die Zusammenwirkung der physischen Vermögen für jedes derselben, erstens, eine wissenschaftliche Erkenntnisstheorie der Erscheinungen, zweitens, die Produktion von Erscheinungen, drittens, physische Thätigkeiten oder Wirksamkeiten, viertens, physische Verbindungen, fünftens, physische Gestaltungen.

Ein jedes der fünf mathematischen oder Anschauungsvermögen, nämlich das Vermögen der Anschauung von Raum, Zeit, Materie, Stoff und Krystall, ist ein Vermögen der Zusammenfassung unendlich vieler physischen Elemente zu einem mit fest bestimmten, messbaren, endlichen Eigenschaften begabten Ganzen oder einer mathematischen Grösse (einem räumlichen, zeitlichen, materiellen, stofflichen, krystallinischen Objekte). Auch von den anschaulichen Vermögen gilt das soeben von den physischen Vermögen Gesagte, nämlich dass die Grundlage derselben bezw. die seiende Raumgrösse, die sukzedirende Zeitgrösse, die mit Bewegungskraft begabte Materie, der mit Affinität begabte Stoff und der mit Gestaltungstrieb begabte Krystall ist, dass aber ein jedes dieser Vermögen die fünf Systeme, nämlich, erstens, eine mathematische Theorie anschaulicher Objekte, zweitens, die Produktion solcher Objekte, drittens, die mechanische Thätigkeit, viertens, die Verbindung anschaulicher Objekte aus Neigung zur Gemeinschaft und, fünftens, die anschauliche Gestaltung, bezw. Organisation hervorruft.

Ein jedes der fünf logischen oder Begriffsvermögen, nämlich der Verstand oder das Denkvermögen, das Gedächtniss oder das Vorstellungsvermögen, der Wille oder das Handlungsvermögen, das Gemüth oder das Neigungsvermögen und das Temperament oder das Erregungsvermögen, ist ein Vermögen der Zusammenfassung unendlich vieler anschaulichen Objekte oder speziellen Fälle zu einem mit bestimmten Merkmalen ausgestatteten Inbegriffe oder logischen Objekte (einem gedachten, vorgestellten, gewollten, geliebten, Erregung bekundenden Objekte). Auch jedes dieser Vermögen hat eine eigenartige Grundlage, nämlich bezw. der seiende, gedachte oder reine Begriff, die werdende, entstehende und vergehende Vorstellung, die zur Handlung befähigende Willenskraft, die von Neigung zur Gemeinschaft beseelte Liebe und der nach freudiger Erregung trachtende Gestaltungstrieb. Immerhin bedingt die Zusammenwirkung der logischen Vermögen für jedes derselben, erstens, eine Theorie, zweitens, eine Produktion in Vorstellungen, Bildern, Sprachformen, drittens, ein Handeln, viertens, ein Verbinden aus Neigung, fünftens, ein Verhalten aus Erregungstrieb.

Ein jedes der fünf philosophischen oder Ideenvermögen, nämlich die Vernunft oder das Erkenntnissvermögen, die Phantasie oder das Schaffensvermögen, das Selbstbestimmungs- oder Freiheitsvermögen, das Gewissen oder Hingebungs-, Selbstaufopferungsvermögen und das ästhetische Vermögen, ist ein Vermögen der Zusammenfassung unendlich vieler Begriffsobjekte zu einer mit bestimmten Kriterien ausgestatteten Idee oder einem philosophischen Objekte, worunter ein dem Weltgesetze entsprechendes wirkliches oder mögliches

Objekt (welches entweder erkannt, oder geschaffen, oder durch Selbstbestimmung hervorgerufen, oder ein Ausdruck der Hingebung, oder ein Resultat ästhetischer Gestaltung ist) zu verstehen ist. Jedes dieser Vermögen hat eine selbtständige Grundlage, nämlich bezw. die Fähigkeit des Erkennens (Wissens), des Schaffens, der Freiheit, der Selbstaufopferung und der gesetzmässigen Gestaltung. Die Zusammenwirkung aller dieser Vermögen ergiebt jedoch für jedes einzelne, erstens, eine Theorie der Erkenntniss des Wahren, d. h. des dem Weltgesetze Entsprechenden, zweitens, ein Schaffen oder Erfinden von absolut Neuem, drittens, eine Selbstbestimmung oder ein Thun im Weltinteresse oder im Recht, viertens, eine Hingebung an das die Weltwohlfahrt Fördernde oder an das Gute, fünftens, eine Erregung oder geistige Gestaltung nach Weltgesetzen, d. h. ein künstlerisches Gestalten und überhaupt ein ästhetisches Verhalten.

Das echt Philosophische, mag es sich um Wahrheit, Neuheit, Recht, Gutes oder Schönes handeln, und mag es die philosophische Stufe der Physik oder der Mathematik oder der Logik oder irgend einer Wissenschaft bezeichnen, ist immer das dem Weltgesetze Entsprechende, wogegen das formal Philosophische, Logische, Mathematische und Physische, d. h. das auf der Stufe des reinen Denkens, nicht des Wissens, Stehende die Wahrheit, als Übereinstimmung mit dem Weltgesetze, nicht kennt, sondern nur die Richtigkeit nach beliebig gegebenen Prämissen, welche vielleicht gar nicht existiren können, also unwahr sein können, in Betracht zieht. Nach seinen obersten Funktionen erscheint daher der menschliche Geist als ein mit den höchsten Weltkräften ausgestattetes Vermögen. Der Mensch selbst aber, welcher ein physisches, mineralisches, vegetabilisches und geistiges System zugleich bildet, erscheint als ein individueller Weltbestandtheil, ausgestattet mit allen Kräften des Weltsystems.

Die im Interesse der Kürze zu einer Zeit mangelhafter Welterkenntniss entstandene und noch heute so gebrauchte Sprache verdunkelt in ihren Ausdrücken häufig das Weltgesetz und giebt zu manchen irrthümlichen Auffassungen Veranlassung. Unter Beobachtung sei der Eindruck verstanden, welcher sich aus der Einwirkung irgend eines geistigen Vermögens auf ein bestehendes oder sich änderndes Aussenobjekt von der Qualität dieses Vermögens als Identifikation dieses Vermögens mit dem Objekte bildet, unter Wahrnehmung (Perzeption) dagegen der Eindruck, welchen jene Beobachtung in dem Erkenntnissvermögen als Identifikation dieses Vermögens mit dem Objekte hervorbringt. Alsdann leuchtet ein, dass die Sinne nur physische Objekte (Licht-, Schall-, Wärme-, Spannungs-, elektrische (galvanische) und Duftungserscheinungen) beobachten können, dass sie aber unvermögend sind, Anschauungen oder mathematische Grössen (räumliche, zeitliche, mechanische, chemische, krystallinische Objekte) direkt zu beobachten, dass Diess vielmehr nur durch die Anschauungsvermögen geschehen kann, indem die Sinne hierzu die Elemente liefern, welche von den Anschauungsvermögen als Grössen zusammengefasst und dadurch beobachtet werden. Man kann also ohne Missverständniss wohl sagen: ich sehe (durch das beobachtende Auge) das Licht, ich höre (durch das beobachtende Ohr) den Schall, ich fühle (durch das beobachtende Gefühlsvermögen) die Wärme und die Spannung u. s. w.; man darf aber ohne besondere Erläuterung nicht sagen: ich sehe eine Raumfigur, ich höre das Rollen eines Wagens, ich fühle den Druck eines Gewichtes u. s. w., ohne ausdrücklich anzuerkennen, dass hiermit keine unmittelbare beobachtende Thätigkeit des Auges, des Ohres, des Gefühlsorgans u. s. w., sondern nur eine Vermittlung dieser Organe durch Herbeischaffung von optischen, akustischen, kalorischen und ästhematischen Elementen verstanden werden solle, dass vielmehr die Beobachtung der Raumfigur, des Wagenrollens (überhaupt eines chronologischen Vorganges), des drückenden Gewichtes u. s. w. lediglich von dem räumlichen, zeitlichen, mechanischen Anschauungsvermögen, nicht von den Sinnesvermögen ausgehe. Einer solchen Erläuterung nicht bedürftig würden die Ausdrücke sein: ich schaue die Raumfigur an, ich erfahre das Rollen des Wagens, ich reagire auf das Gewicht u. s. w., wiewohl diese Ausdrucksweise wegen der noch heute obwaltenden Nichtberücksichtigung der Anschauungsvermögen nicht üblich ist.

Ebensowenig kann man ohne Erläuterung sagen: ich sehe die Rose, ich höre die Musik, ich fühle den Geldverlust u. s. w.; denn die Rose, die Musik, das Geld sind Inbegriffe, welche nicht unmittelbar mit den Sinnen, sondern nur durch Vermittlung der Sinne durch die logischen Vermögen (Denk-, Vorstellungs-, Handlungsvermögen u. s. w. und deren Kombinationen) beobachtet werden können. Man könnte ohne Kommentar auch nicht sagen: ich schaue die Rose an, ich erfahre die Musik, der Geldverlust drückt mich mechanisch u. s. w.; denn diese Objekte sind keine räumlichen, zeitlichen, mechanischen Anschauungsobjekte, vielmehr logische Inbegriffe von solchen Objekten, sodass man wohl sagen dürfte: ich denke, verstehe oder begreife die Rose, ich empfange Vorstellungen durch die Musik, der Geldverlust bedrängt meine Willenskraft oder beeinträchtigt mein Handlungsvermögen, wiewohl eine solche Ausdrucksweise nicht herkömmlich ist. Übrigens wird den Sinnen doch niemals die Beobachtung wirklicher Begriffsobjekte, sondern nur die Beobachtung anschaulicher Spezialfälle zugeschrieben: denn die Worte „ich sehe die Rose“ sollen sich doch nur auf eine spezielle, räumlich bestimmte Rose, nicht auf jede mögliche Rose beziehen. Demgemäss sagt man auch niemals, man sehe ein ideelles oder philosophisches Objekt, z. B. das Thierreich, weil ein Spezialfall eines solchen Objektes noch kein anschauliches, sondern ein Begriffsobjekt, z. B. das Pferdegeschlecht, ergiebt.

Es ist schon mehrmals erwähnt, dass bei jedem menschlichen Prozesse alle geistigen, vitalen, körperlichen und physischen Vermögen zugleich thätig sind, dass jedoch je nach den erzeugenden inneren und äusseren Ursachen und nach der augenblicklichen geistigen, leiblichen, körperlichen und sensuellen Beschaffenheit des Individuums die Vorgänge in diesen oder jenen Organen unmerkbar sind, oder auch, dass sie ignorirt werden. Am merkbarsten sind die gegenseitigen Beeinflussungen der homologen Vermögensgebiete zweier einander unmittelbar subordinirten Vermögensreiche. Demgemäss bedingt das Sehen eine merkliche Raumanschauung, das räumliche Anschauen ein begriffliches Denken (als Inbegriff von speziellen Raumobjekten), das Denken einen allumfassenden, ideellen Vernunft- und Erkenntnissprozess, ferner das Hören einen Zeitverlauf, die zeitliche Veränderung einen Vorstellungs- oder Gedächtnissprozess, der Vorstellungs- und Produktionsprozess einen schaffenden Phantasieprozess, ferner das Fühlen einen mechanischen Bewegungsprozess, die motorische Thätigkeit ein Handeln, als Willensprozess, das Wollen einen Selbstbestimmungsprozess, ferner das Schmecken einen chemischen, namentlich einen Ernährungsprozess, der Stoffwechsel, als Genuss, eine Gemüthsstimmung oder eine Tendenz zur Gemeinschaft aus Neigung, die Neigung eine Hingebung aus Gewissensdrang, endlich das Riechen einen Organisations- oder Gestaltungsprozess, der Gestaltungsprozess eine Temperamentserregung, die variirende Erregung einen gesetzmässigen Anordnungs- oder ästhetischen Prozess.

Auch in der äusseren Wirklichkeit macht sich diese kräftige Zusammenwirkung geltend: der Lichtstrahl durchläuft den Raum (wo kein Raum, sondern nur ein Punkt existirt, können wohl Lichtelemente, aber kein Strahl existiren), die Raumobjekte bilden Inbegriffe von gleichen Merkmalen, die Inbegriffe erzeugen Gesammtheiten als umfassende Weltzustände von gleichen Kriterien. Die schallende Tonreihe dauert in der Zeit, im Zeitverlaufe entstehen die Ereignissprozesse von gleichen Merkmalen, die Ereignisse rufen die neuen Weltbegebenheiten hervor. Die Wärme und Spannung (Kohäsion und Elastizität) erzeugen materielle Bewegungskraft, mechanische Prozesse bedingen zusammengesetzte Wirkungen verschiedener Kräfte, Wirkungsprozesse kombiniren sich zu den allgemeinsten Wirkungen der Weltkräfte. Die Elektrizität erzeugt chemische Affinität, chemische Prozesse und Verbindungstendenzen setzen sich zu Gemeinschaften in den verschiedensten Objektsklassen (z. B. als Mischarten und als Begattungsprozesse von Pflanzen, Thieren, Menschen) zusammen, Affinitätsprozesse kombiniren sich zu den allgemeinsten Qualitäten von Weltobjekten. Der Duft, als Elementarerscheinung des Erregungs- oder Gestaltungstriebes, erzeugt Krystallisationstriebe, Krystallisationsprozesse vereinigen sich zu Organisationen in den verschiedensten Wesenklassen (z. B. als Organisation von Pflanzen, Thieren, Menschen), Organisationsprozesse bedingen in ihrer Allumfassung komplizirte weltgesetzliche Systeme.

Es dürfte nicht unnütz sein, hier nochmals den fünf geistigen oder subjektiven Vermögensgebieten 1, 2, 3, 4, 5 eines jeden der vier geistigen Reiche I, II, III, IV die korrespondirenden objektiven oder Wirklichkeitsgebiete in den betreffenden Reichen gegenüber zu stellen. Danach entspricht im sensuellen, bezw. physischen Reiche I, 1 dem Gesichte — das Licht, I, 2 dem Gehöre — der Schall, I, 3 dem Gefühle — die Wärme (und elementare Spannung), I, 4 dem

Geschmacke — die Elektrizität (bezw. der Galvanismus), I, 5 dem Geruche — der Duft. Ferner entspricht im anschaulich mathematischen, bezw. Mineralreiche II, 1 dem quantitativen Anschauungsvermögen — der Raum, II, 2 dem sukzedirenden Erfahrungsvermögen — die Zeit, II, 3 dem motorischen Vermögen — die Materie, II, 4 dem Ernährungsvermögen — der Stoff, II, 5 dem körperlichen Gestaltungsvermögen — der Krystall. Sodann entspricht im logischen, bezw. vegetabilischen oder vitalen Reiche III, 1 dem Verstande (Denkvermögen) — die Gattung (als Inbegriff von Objekten von gleichen Merkmalen) oder das Dasein im Gattungsbereiche (namentlich im Pflanzenreiche), III, 2 dem Gedächtnisse (Vorstellungs-, Symbolisirungs- und Reproduktionsvermögen) — das Leben (die fortschreitende Änderung, auch Reproduktion von Gattungszuständen oder das Werden im Gattungsbereiche), III, 3 dem Willen (Handlungsvermögen) — die Wirksamkeit von Gattungskräften, III, 4 dem Gemüthe (Vermögen der Neigung zu logischer Verbindung) — die Verbindung aus Anreiz der Gattungsgemeinschaft, III, 5 dem Temperament (Erregungsvermögen aus Anordnungstrieb) — die Anordnung, Variation, Metamorphose aus Gattungsgestaltungstrieb. Endlich entspricht im philosophischen oder dem geistig erkennbaren, ideellen Gesammtreiche, bezw. dem äusseren Gesammt-Weltreiche IV, 1 der Vernunft (dem Erkenntniss- und Gesammtumfassungsvermögen) — das Gesammtheitsobjekt (die umfassende Gesammtheit von Gattungen mit gleichen Kriterien, namentlich im animalischen Reiche) als Bestandtheil des Weltsystems, IV, 2 der Phantasie (dem Schaffensvermögen) — der neuschaffende Weltprozess (worunter auch der Schöpfungsprozess zu rechnen sein wird), IV, 3 dem Selbstbestimmungs- oder Freiheitsvermögen — die ungehemmte Wirksamkeit der Weltkräfte, IV, 4 dem Gewissen (Selbstaufopferungsvermögen) — die Verbindung der Weltobjekte als Ausfluss der Weltgemeinsamkeit, IV, 5 dem ästhetischen Vermögen — die Gestaltung im Weltsysteme nach dem Weltgesetze.

In dieser Zusammenstellung kennzeichnet sich wiederholt die Korrespondenz des Geistes oder vielmehr des menschlichen Wesens mit dem Weltsysteme. Über Beide gestatte ich mir noch folgende Bemerkungen.

Das *wirkliche* Weltsystem ist in gewisser Hinsicht ein *unvollständiges* System, indem in ihm nicht alle, dem *vollständigen* Systeme angehörigen oder bei unbeschränkter Variation der speziellen Werthe der Bestandtheile des Weltgesetzes *möglichen* Objekte Platz finden, also nicht realisirbar sind. So giebt es z. B. in der Wirklichkeit keine vierdimensionalen Raumgrössen; die dritte Dimension schliesst das wirkliche Raumgebiet thatsächlich ab. Es kann auch auf der Erde vermöge der Beschaffenheit des Erdkörpers nicht alle möglichen Mineralien, Pflanzen, Animalien geben. *Die wirkliche Welt ist eine durch gewisse Daseinsbedingungen beschränkte Spezialität des ideellen Weltsystems*, und diese Beschränkungen sind theils *prinzipieller* Natur (wie der Ausschluss der vierdimensionalen Raumgrössen), theils *faktischer* Natur (wie die Beschränkung der Erdbewohner). Der logische Verstand, sowie die philosophische Vernunft überschreitet jedoch in unausgesetzter Verfolgung der Prinzipien des Weltgesetzes diese Schranken der Wirklichkeit; der Geist kennt und gestattet in seiner Freiheit keine Begrenzung der speziellen Werthe der Grundeigenschaften; er anerkennt nur das Wesen eines in bestimmten, erkennbaren Grundfesten ohne Beschränkung durch gegebene Thatsachen unendlich variabelen Weltgesetzes und lässt alle Variationen dieses Gesetzes als mögliche Fälle des Weltsystems zu.

Demgemäss muss man auch, wie schon in Nr. 63 erwähnt, zwischen Wahrheit, als Übereinstimmung mit der Wirklichkeit, und Wahrheit, als Übereinstimmung mit dem unbeschränkten Weltgesetze, unterscheiden. Die erstere beruhet auf Thatsächlichkeit und kann faktische Wahrheit genannt werden; die letztere beruhet auf verallgemeinernden geistigen Prozessen und kann als ideelle Wahrheit bezeichnet werden. Im Übrigen darf man ideelle Wahrheit nicht mit Idealität oder Normalität des erkannten Objektes verwechseln. Ein Objekt, welches ja in allen Fällen durch einen weltgesetzlichen Prozess zu Stande kömmt, kann durch die Mitwirkung wirklicher, gegebener, vom Idealen oder Normalen abweichender Kräfte sehr anomal sein und daher dem idealen Weltgesetze widersprechen, wie es z. B. der Fall ist, wenn Jemand den Irrthum oder die Lüge eines Anderen erkennt. Als ideelle wissenschaftliche Wahrheit wird dann die Übereinstimmung mit dem nach richtigen Prinzipien erweiterten wirklichen Weltgesetze zu verstehen sein.

Das geistige Vermögen erhebt sich hiernach über die Schranken der Wirklichkeit und tritt ein in die nach dem allgemeinen, unbeschränkten Weltgesetze möglichen Gebiete und Reiche; es stellt also ein nicht an die Daseinsbedingungen der Wirklichkeit gebundenes, sondern ein im Weltgesetze frei operirendes Vermögen und in diesem Sinne ein Unendlichkeitssystem dar, welches bei normaler Entfaltung mit dem Weltsysteme übereinstimmt.

Ob in beschränktem oder in unbeschränktem Umfange, immer manifestirt sich dieses Weltgesetz in Allem, was wirklich und was möglich ist, mag es sich um etwas Bestehendes, oder um etwas Entstehendes, um eine Wirkung, eine Verbindung, eine Gestaltung handeln, und zwar geschieht diese Manifestation in bestimmter, gesetzlicher Weise unter Betheiligung aller, selbst der höchsten Grundeigenschaften des Weltgesetzes, also unter Betheiligung physischer, mineralischer, vegetabilischer und geistiger Kräfte, wodurch jedes Wesen zugleich ein Objekt der sensuellen, der mathematischen, der logischen und der philosophischen Vermögen wird oder in das Bereich der Erscheinungen, der Anschauungen, der Begriffe und der Ideen eingereihet wird, wenngleich die den unteren Reichen angehörigen Wesen die den oberen Reichen zukommenden Eigenschaften nicht als endliche und selbstständige Lebenskräfte, sondern nur in latenter Elementarform besitzen, sodass sie auf die Affektion durch höhere Kräfte weltgesetzlich reagiren. Ein Glassplitter hat bestimmte physische, nämlich optische, akustische, kalorische, elektrische und osmetische Elemente, welche bestimmte Prozesse, Wirkungen hervorbringen. Er erfüllt aber auch den Raum und die Zeit, hat mechanische Kraft, ist ein chemischer Stoff und hat eine krystallinische Gestalt, er ist überhaupt ein bestimmtes Mineral mit endlichen, messbaren mathematischen Eigenschaften oder ein bestimmtes Anschauungs- oder mathematisches Objekt. Als logischer Inbegriff von unendlich vielen Spezialfällen, welche die logischen Merkmale von Glas und Splitter zeigen, auch als Pflanzentheil besteht er nicht, aber er hat diejenigen Eigenschaften, welche ihn befähigen, als Spezialfall eines logischen Inbegriffes aufzutreten, auf Pflanzenkräfte zu reagiren, von dem menschlichen Verstande gedacht, von dem menschlichen Gedächtnisse vorgestellt zu werden, sobald solche höheren Kräfte auf ihn wirken. Ebensowenig besteht er als philosophisches, als geistiges, als vollständiges Weltobjekt, in welchem sich alle, auch die höheren Weltgesetze als endliche Lebenskräfte verkörpern; aber er hat die Fähigkeit, auf diese höheren Weltkräfte in bestimmter Weise zu reagiren, also durch die Vernunft erkannt zu werden, die Phantasie, das Selbstbestimmungsvermögen u. s. w. zu beeinflussen. Der Glassplitter und jedes Wesen bildet mithin in der Gemeinschaft aller Weltkräfte einen gesetzlichen Weltbestandtheil oder einen Spezialfall des allgemeinen Weltgesetzes, indem die Grundeigenschaften des Reiches, welchem das Wesen angehört, sich als freie, selbstständige Lebenskräfte zeigen, während die Grundeigenschaften der höheren Reiche, welchem das Wesen vermöge seiner Lebensstellung nicht angehört, in unselbstständiger Elementarform erscheinen und nur durch geeignete Einwirkung höherer Kräfte in Thätigkeit gesetzt werden können, aber dann auch thatsächlich und gesetzlich wirksam werden.

Es ist zu betonen, dass, wennauch die vorhin genannten, ausserhalb des Wissenschaftsgebietes liegenden geistigen und überhaupt menschlichen Thätigkeiten, wie z. B. das Erfinden, das Thun, das Handeln, das Arbeiten, das Lieben, das künstlerische Gestalten, das Verhalten u. s. w. durchaus selbstständige Funktionen sind, sie doch unter sich und mit dem Wissen oder Erkennen in weltgesetzlichem Zusammenhange stehen, dass dieselben daher sämmtlich auf wissenschaftliche Grundlagen zurückgeführt werden können und dass sie, wenn sie dem wahren Weltgesetze entsprechen sollen, der wahren Wissenschaft nicht widersprechen können, dass sie mithin wissenschaftlich zu begründen, also der Kritik der Vernunft unterworfen sind.

Wenngleich (wie weiter oben erwähnt) die Ideale nicht der Wissenschaft, sondern dem menschlichen Geiste eingeprägt sind; so zeigt doch die Wissenschaft durch ihre Resultate dem Menschen die Wirkungen der Ideale und den Weg zum Normalen. Die Wissenschaft hat daher für die Menschheit den ausserordentlichen, unersetzbaren Werth, dass sie für das Individuum in allen Dingen, in seinem Schaffen, Entschliessen, Neigen, Verhalten, in seinem Denken, Reden, Handeln, Lieben, Erregen, in seinem Arbeiten, Geniessen u. s. w., auch in seinem

Glauben (wovon wir in Nr. 157 reden werden) der rationelle Wegweiser ist, während das instinktive Nachstreben nach den Idealen ohne wissenschaftliche Erkenntniss unter Umständen zum Zweifel an der Richtigkeit des Verhaltens und demnach auf Irrwege führen kann.

Die Spezialisirung des Weltsystems führt noch zu folgender wichtigen Betrachtung über das Wesen des individuellen Geistes. Es kann nach dem Obigen keinem Zweifel unterliegen, dass das Weltsystem geistige Kraft in sich birgt und dieselbe bei den Schöpfungsprozessen bethätigt, indem es geistige Wesen erzeugt und die ungeistigen Wesen mit Eigenschaften ausstattet, welche geistigen Gesetzen entsprechen. Es muss aber anerkannt werden, dass die geistige Weltkraft eine umfassende oder universelle Geisteskraft und dass der Menschengeist, d. h. der Geist eines menschlichen Individuums, ein Spezialfall des Weltgeistes ist. Die unendliche Mannichfaltigkeit, welche sich in der Beschaffenheit aller wirklichen Objekte des Mineral-, des Pflanzen- und des Thierreiches, überhaupt in allen übrigen Spezialobjekten ausprägt, muss sich daher auch in den Spezialitäten der oberen oder der dreidimensionalen geistigen Wesen, welche wir Menschen nennen, offenbaren. In den verschiedenen Individuen und in den verschiedenen Menschenrassen oder Völkern der Erde tritt diese Mannichfaltigkeit der Begabung auch schon zu Tage. Auf der Erde bedingt die den Schöpfungsprozess leitende Anpassung der Individuen an die Eigenschaften des Erdkörpers eine Begrenzung jener Mannichfaltigkeit: mit der Variabilität der Eigenschaften der übrigen Himmelskörper variirt offenbar auch diese Begrenzung; wir müssen daher annehmen, dass es in anderen Himmelskörpern sowohl niedriger, als auch höher begabte Menschen giebt, deren Körper aus anderen Stoffen und in anderen Formen gebildet sein mögen, also Menschen mit höherer Intelligenz, höherem Schaffungsvermögen, stärkerem Rechtsbewusstsein oder stärkerer Selbstbestimmung im Recht, besserem Gewissen oder leichterer Hingebung an die Weltwohlfahrt, vollkommenerem ästhetischen Vermögen oder grösserer Kunstfertigkeit, sowie auch mit höheren logischen, mathematischen und physischen Vermögen, dass mithin die Meinung über die Vollkommenheit des normalen Geistes der Erdenmenschen auf Selbstüberschätzung beruhet. Der Geist der Erdenmenschen ist nur eine für das Erdreich abgemessene Spezialität des universellen Geistes und daher ein unvollkommenes Wesen. Der vollkommene, universelle Geist kann sich nur im Universum, nicht im Individuum ausprägen.

Die unendliche Mannichfaltigkeit der Spezialitäten des Weltsystems darf nicht als willkürliche Organisation gedeutet werden: die Grundlagen des Weltgesetzes müssen stets erfüllt werden, und es kann daher nicht jedes willkürlich gedachte Objekt für möglich gehalten werden. Die Grundlagen des Weltgesetzes sind die im Obigen vorgeführten fünf Grundfesten, bestehend aus den gesetzlich geordneten Grundeigenschaften, Grundprozessen, Grundprinzipien, Apobasen und Grundsätzen. Eine beachtenswerthe Folgerung hieraus ist die nachstehende.

Nach geistiger Auffassung giebt es zwischen dem Nullwerthe und dem Endlichen, zwischen dem Endlichen und dem Unendlichen, zwischen dem Unendlichen von speziellem Werthe und dem Allumfassenden keinen denkbaren und erkennbaren Zwischenfall: eine endliche Menge von Nullwerthen bleibt ein Nullwerth, und in einer unendlichen Menge von Nullwerthen erkennen wir einen endlichen Werth; ebenso bleibt eine endliche Menge endlicher Werthe eine endliche Grösse, und eine unendliche Menge endlicher Werthe ergiebt eine unendliche Grösse; auch eine endliche Menge von speziellen Unendlichkeitswerthen bleibt ein spezieller Unendlichkeitswerth, und erst eine unendliche Menge solcher Werthe kann eine allumfassende absolute Gesammtheit ergeben. Demzufolge ist auch der Übergang von dem Punkte zur Linie, von der Linie zur Ebene, von der Ebene zum Körper, überhaupt von einer Dimensität zu der anderen und von einer Stufe eines Grundprinzips zur anderen ein Sprung ohne Zwischenfall. Aus dem nämlichen Grunde giebt es zwischen physischen und mathematischen, zwischen mathematischen und logischen, zwischen logischen und philosophischen Objekten und demgemäss zwischen Sinnes- und Anschauungsvermögen, zwischen Anschauungs- und Begriffsvermögen, zwischen Begriffs- und Gesammtheitsvermögen keine geistig erkennbaren Zwischenstufen. Hiernach ist eine Zwischenstufe und mithin ein stetiger Übergang nicht nur zwischen Äther und Mineral, zwischen Mineral und Pflanze, zwischen Pflanze und animalischem Wesen, sondern auch zwischen den unvollständigen und den vollständigen Wesen eines Reiches, da sich die Unvollständigkeit auf das Verschwinden einer unendlichen Reihe variabeler Werthe höherer Eigenschaften stützt, für rationelles menschliches Verständniss eine Unmöglichkeit. Der letzte Satz, welcher zwischen die oberen, der philosophischen Vermögen entbehrenden Thiere und die mit philosophischen Vermögen begabten Menschen eine unüberbrückbare Kluft legt, verweis't die Entstehung des Menschen aus dem Affen, wovon der Darwinismus träumt, in das Gebiet der Chimären.

Schliesslich gestatte ich mir über die Wirkungen der Schöpfungsprozesse noch folgende Bemerkungen. Der freie Äther ist ein unveränderliches, dauernd ruhendes System: das Ätherelement, wenn es durch äussere Mineralkräfte in diesem festen Bestande gestört wird, strebt nach Ruhe oder Rückkehr in den früheren Zustand. Durch den Mineralisirungsprozess empfängt das Mineralelement, welches einen Inbegriff von Ätherelementen darstellt, fest bestimmte, messbare, anschauliche Eigenschaften, nämlich Räumlichkeit, Zeitlichkeit, Bewegbarkeit, Verbindbarkeit und Gestaltbarkeit: das materielle Element ist nicht nur bewegbar, sondern bewegt sich auch thatsächlich unausgesetzt in einer fest bestimmten, für alle diese Elemente gleichen Weise, indem es fortwährend Spannungsstösse nach allen Richtungen in den Äther sendet und dadurch die Gravitation ermöglicht. Der Mineralisirungsprozess ist daher die Ursache einer unausgesetzten Bewegungsthätigkeit des Minerals, welche erst erlischt, wenn die Energie der Elemente erschöpft ist, diese Elemente sich also in Ätherelemente auflösen oder ihren Tod erleiden, der in bestimmter, wennauch sehr langer Zeit eintreten wird. Das mechanische Gleichgewicht ist ein System von materiellen Elementen, in welchem alle Kräfte und Widerstände sich aufheben; die Gravitationskräfte können nicht aufgehoben werden; das im mechanischen Gleichgewichte befindliche Mineralsystem bleibt daher in unausgesetzter Gravitationsthätigkeit, welche jenes Gleichgewicht nicht stört.

Durch den Vegetabilisirungsprozess empfangen Mineralelemente in dem Systeme einer Zelle die fünf vegetabilischen Grundeigenschaften. Die Pflanze ist, wie das Mineral, in einer unausgesetzten, jedoch nicht für alle Zellen und Atome gleichen, sondern in einer durch ihren augenblicklichen Zustand und durch die augenblickliche Beschaffenheit der Aussenwelt bedingten Thätigkeit: sie übt also in ihrem rastlosen Lebensprozesse eine Mitbestimmung aus, welche dem Minerale fehlt. Während die Gravitationsbewegung des Minerals wesentlich eine mechanische Kraftäusserung ist, erscheint die Lebensthätigkeit der Pflanze vornehmlich als ein Stoffwechsel, überhaupt als eine Tendenz zur Stärkung, zum Wachsthum, zum Treiben, zur Entwicklung, zum Gedeihen, zur Erhaltung, zur Umbildung.

Durch den Animalisirungsprozess empfangen animalische Organe als Zellensysteme die fünf geistigen Grundeigenschaften. Das animalische Wesen befindet sich, wie die Pflanze und das Mineral, in einer unausgesetzten Thätigkeit, jedoch weder, wie das Mineral, in einer fest bestimmten, noch, wie die Pflanze, in einer durch seinen augenblicklichen Zustand und die Aussenwelt bedingten, sondern in einer auf inneren Ursachen oder Entschlüssen oder auf Selbstbestimmung oder Freiheit beruhenden Thätigkeit, welche sich namentlich als fortgesetzte Umgestaltung seines Systems, überhaupt aber als eine Thätigkeit des Erkennens, des Schaffens, des Thuns, der Hingebung und der Gestaltung bekundet.

IX. Die absolute Welt.

155. **Grundlagen einer rationellen Metaphysik.** (1) Unsere bisherigen Betrachtungen betreffen Objekte der wirklichen, d. h. der vom menschlichen Geiste erkennbaren Welt; jedes Objekt ist ein spezieller Zustand dieser wirklichen Welt, und die vorgeführten Reiche, Gebiete, Eigenschaften, Prozesse sind thatsächlich bestehende Reiche, Gebiete, Eigenschaften, Prozesse der wirklichen Welt. Auch der allgemeine Geist oder der Weltgeist, als das oberste (dreidimensionale) Reich dieser Welt, und der individuelle Geist, als ein spezieller Zustand des Weltgeistes, gehört lediglich der wirklichen Welt an; es wäre völlig unbegründet und hiesse das gesetzliche Weltsystem, zu dessen Erkenntniss unser Geist uns führt, leugnen, wollten wir in unserem Geiste etwas Ausserwirkliches, einen Bestandtheil einer höheren, unerkennbaren Welt erblicken.

Als Bestandtheil der Wirklichkeit kann der individuelle Geist Nichts über eine ausserwirkliche Welt aussagen; es wäre absurd, anzunehmen, dass das Unerkennbare erkannt werden könne; wir können daher auch nicht wissen, mit unwiderleglicher Bestimmtheit wissen, ob es überhaupt eine höhere Welt giebt, oder nicht. So viel aber leuchtet ein, es handelt sich bei der Frage über das Sein oder Nichtsein einer höheren Welt um einen Quantitätsgegensatz, um die Alternative eines Entweder, Oder, welche keinen Zwischenfall und überhaupt keinen anderen Fall zulässt; wir haben uns also nach Gründen umzusehen, welche einer der beiden Annahmen den Vorzug vor der anderen verleihen. Immer wird es sich hierbei, da wir in einer unwirklichen Welt keine Beobachtungen machen können, nur um innere Gründe handeln, welche unseren Glauben an die eine oder andere Alternative zur Überzeugung steigern können, indem sie der einen die höchste Wahrscheinlichkeit und der anderen die höchste Unwahrscheinlichkeit zuerkennen. Der Mangel an zureichenden äusseren Gründen und daher an absoluter Gewissheit rückt die Frage aus dem Gebiete der eigentlichen Wissenschaft in das der Metaphysik, welches zutreffender mit dem Namen Metaphilosophie zu belegen sein würde.

(2) In Betreff der Berechtigung des Geistes zur Aufstellung metaphysischer Gesetze von einer die Wirklichkeit überragenden Allgemeinheit muss darauf hingewiesen werden, dass der Geist nur mittelst seiner mathematischen Anschauungsvermögen strenge Beweise für messbare Objekte liefert, dass aber der Verstand durch seine Abstraktionen allgemein gültige, eine Begriffsgemeinschaft als Ganzes umfassende Sätze aufstellt, welche die philosophische Vernunft für richtig und wahr anerkennt, obwohl die Beobachtung und Kontrole an allen in dem Begriffe liegenden unendlich vielen Einzelfällen doch ganz unmöglich ist. Daraus geht hervor, dass der Geist durch seine obersten Vermögen die Fähigkeit besitzt und die Berechtigung beansprucht, über thatsächlich nicht vollständig beobachtete, nicht sämmtlich erkannte, unkontrolirbare, unzählbare Einzelfälle ein Gesammturtheil auszusprechen. Nun geht zwar das Urtheil über absolut unerkennbare Dinge, also über die Bestandtheile einer ausserwirklichen Welt, etwas weiter, als das Urtheil über thatsächlich unerkannte aber doch erkennbare und theilweise erkannte Dinge, allein, hinsichtlich des in beiden Urtheilen liegenden Verallgemeinerungsprinzips sind sie beide gleich, das zweite Urtheil ist eine Abstraktion aus den Bestandtheilen einer Gesammtheit, das erste Urtheil dagegen eine Abstraktion aus der Gesammtheit, indem dieselbe für einen Bestandtheil einer höheren Gesammtheit angenommen wird.

(3) Der erste metaphysische Satz, welchen wir hiernach aufstellen, betrifft das Dasein einer höheren Welt. Die Annahme, dass die wirkliche Welt ein Theil, ein Element der höheren Welt sei, findet ihre Rechtfertigung in der von der Vernunft anerkannten Möglichkeit, jedes gegebene wirkliche System durch Vergrösserung, durch Verschiebung, durch Einwirkung, durch Dimensionirung, durch Umgestaltung und auf

sonstige Weise zu ändern und dadurch zu einem Bestandtheile eines allgemeineren Systems zu machen. Hieraus entnehmen wir die Berechtigung zu der Hypothese, dass die wirkliche Welt, als der Inbegriff alles realen und alles realisirbaren Seins, doch selbst nur ein spezielles verwirklichtes System in einem allgemeineren Systeme einer höheren Welt sei, und verwerfen aus Vernunftgründen die andere Annahme, welche ebenfalls nur eine Hypothese sein würde, dass die wirkliche Welt als einzig mögliche, absolute Welt keiner Erweiterung und Änderung fähig wäre.

Ob die Vernunft die thatsächliche, oder ob sie die mögliche Existenz einer höheren Welt einräumt, läuft auf Eins hinaus: denn Thatsächlichkeit (Realität) und Möglichkeit (Realisirbarkeit) sind zwei Dimensitäten einunddesselben Gebietes: wenn die eine besteht, muss auch die andere bestehen, und, da es sich bei der Möglichkeit der Existenz nicht um eine willkürlich hingestellte, sondern um eine gesetzliche Möglichkeit handelt; so setzt dieselbe ein Gebiet oder ein Wesen, welchem diese Gesetzlichkeit innewohnt, also die Existenz einer höheren Welt voraus.

Das Vorstehende sagt: da es keinen Grund für die Annahme giebt, dass eine höhere Welt nicht bestehe, die andere Alternative aber, dass eine höhere Welt thatsächlich bestehe, eine Verallgemeinerung des in der wirklichen Welt herrschenden Gesetzes der Subordination oder Dimensionirung der Gebiete und Reiche ist; so findet sich die Vernunft zu dem Glauben an das Dasein einer höheren Welt bewogen oder sieht sich veranlasst, diesen Glaubenssatz für einen metaphysischen Grundsatz zu erklären.

(4) In der Wirklichkeit hat alles Seiende, d. h. jedes wirkliche oder mögliche Objekt momentan einen bestimmten Standpunkt, einen Abstand vom Nullpunkte des Systems, eine Inhärenz, eine Beschaffenheit, durch welche es sich von anderen Objekten derselben Gattung unterscheidet, ferner hat jede Änderung eines Objektes eine bestimmte Fortschrittsrichtung und Fortschrittsstrecke oder einen bestimmten Fortschritt, und alles Bestehende ist auf seinen momentanen Standpunkt durch einen vorhergegangenen, von dem Objekte selbst unabhängigen Fortschrittsprozess gestellt. Demzufolge nehmen wir an, dass auch das Wirklichkeitsreich jederzeit einen Standpunkt in einem allgemeineren, höheren Weltreiche habe, dass dasselbe Änderungen in bestimmten Fortschrittsrichtungen in diesem höheren Reiche oder einem Fortschritte durch Weltregionen unterliege, und dass es auf den jeweiligen Standpunkt durch einen vorhergehenden, von der Wirklichkeit selbst unabhängigen Fortschrittsprozess gestellt oder durch einen solchen Prozess entstanden sei.

(5) In der Wirklichkeit hat alles Seiende und alles Werdende und jede Änderung eine Ursache, und zwar eine äussere, d. h. eine ausserhalb des Objektes liegende, von diesem Objekte unabhängige Ursache. Demzufolge nehmen wir an, dass auch die wirkliche Welt eine äussere, also eine in einer höheren Welt liegende Ursache habe.

Steht das Selbstbestimmungsvermögen oder die Freiheit, nämlich die Entschliessung aus inneren Ursachen, welche wir dem menschlichen Geiste zuschreiben, mit dem vorstehenden Grundsatze im Widerspruche? Durchaus nicht! Denn mit der geistigen Freiheit ist nur gesagt, dass jeder Geisteszustand eine innere, d. h. eine im menschlichen Geiste als einem Gesammtwesen liegende Ursache habe, welche also eine innere Ursache für den Geist, aber eine äussere für den betreffenden Geisteszustand ist. Die menschliche Freiheit bestätigt daher den vorstehenden Satz.

(6) Aus diesem Satze folgt unmittelbar, dass der individuelle Geist eine Ursache haben müsse, und dass dieselbe, um eine allgemeine Ursache für alle Spezialfälle, d. h. für den individuellen Geist aller Menschen sein zu können, ein allgemeines geistiges System sein müsse, welches man den Weltgeist nennen kann, ohne jedoch dabei an ein abgesondertes Wesen oder Individuum zu denken, indem darunter nur eine der Wirklichkeit innewohnende Gesammtkraft zu verstehen ist, deren Träger eben die wirkliche Gesammtwelt ist.

(7) In der Wirklichkeitsregion der Erde ist aus zwingenden Gründen das Pflanzenreich und das Thierreich einmal entstanden und wegen der thatsächlichen, aus der Zusammenwirkung des Minerals mit dem Äther erkennbaren Zusammensetzung des Mineralatoms aus Ätherelementen unterliegt es keinem begründeten Zweifel, dass auch das Mineralreich einmal entstanden sei. Demzufolge nehmen wir an, dass auch der Äther regionweise einmal entstanden sei.

(8) Die Kombination der Sätze (4), (5) und (7) ergiebt den Schluss, dass das Ätherreich durch eine äussere, ausserwirkliche, also höhere Macht geschaffen sei, und dass diese Macht vor dem Dasein der wirklichen Welt bestanden habe; wir nehmen also eine Schöpfungskraft und Schöpfungsprozesse an.

(9) In der wirklichen Welt bildet die Schöpfung der übergeordneten Reiche (des Mineral-, Pflanzen-, Thierreiches) eine Stufenfolge von Dimensionen, nämlich die ein-, zwei-, dreidimensionale Stufenfolge innerhalb eines gesetzlich zusammenhängenden Gesammtsystems, welches eben die wirkliche Welt darstellt. Daher nehmen wir an, dass der Schöpfungsprozess, anfangend vom undimensionalen Ätherreiche, ein allgemeines Dimensionirungsgesetz sei, welches sich bei Eintritt gewisser Zustände der wirklichen Welt (z. B. gewisser Temperaturgrade), die man Schöpfungsbedingungen nennt, vollzieht. Dieser Einfluss wirklicher Zustände auf die Herbeiführung eines Schöpfungsprozesses nöthigt zu der Annahme, dass die Fähigkeit der Erhebung auf die nächst höhere Stufe schon dem untersten Reiche, nämlich dem Ätherreiche, als latente oder gebundene Kraft innewohne und dass diese Kraft bei dem Eintritte der fraglichen Bedingung nur manifest oder frei werde, dass sie aber auch beim Eintritte gewisser hinderlicher oder entgegengesetzt wirkender Zustände wieder erlischt, unwirksam wird, in den Zustand der Latenz zurücktritt, was den Tod der betreffenden Wesen und zuletzt den Tod des betreffenden Reiches bedeutet.

(10) Die Schöpfung des Äthers setzt ein vorätherisches Reich voraus. Nach dem Zeugnisse der Wirklichkeit ist jedes Element eines höheren Reiches ein Inbegriff von unendlich vielen oder doch unzähligen Elementen des nächst tieferen Reiches (das Mineralatom enthält unzählige Ätherelemente, die Pflanzenzelle unzählige Mineralatome, das animalische Organ unzählige Zellen). Demnach nehmen wir an, dass das Ätherelement aus unzähligen vorätherischen Elementen bestehe, dass also die Substanz des Voräthers unendlich viel feiner sei, als die des Äthers.

(11) Andererseits folgt, dass der Voräther, da er die Kraft zur Schöpfung der wirklichen Welt besitzt, eine höhere Kraft, als die wirkliche Welt, also, weil die Geisteskraft die oberste Kraft der Wirklichkeit ist, ein übergeistiges Vermögen, mithin ein Vermögen besitzen müsse, das für den menschlichen Geist unerkennbar und undefinirbar ist.

(12) Ein Erlöschen der Wirklichkeit in irgend einer Weltregion kann nach den vorstehenden Prinzipien nur ein Latentwerden von Schöpfungskraft, eine Rückgabe an das vorätherische Reich bedeuten, sodass bei diesem Prozesse wie bei jedem Wirklichkeitsprozesse nur gleichwerthige Umwandlungsresultate zur Erscheinung kommen, mithin das allgemeine Äquivalenz- und Energiegesetz sich bethätigen oder als allgemeine Weltgesetze sich bewahrheiten.

(13) Das Verschwinden eines Objektes der Wirklichkeit ist zunächst mit einer Abgabe von Schöpfungskraft an das nächst niedrigere Reich, also mit einer Umwandlung in tiefer stehende, aber immer noch der Wirklichkeit angehörige Objekte verbunden, der Tod eines Wesens bedingt daher zunächst eine Fortexistenz in niedrigerer Qualität (ein sterbender Mensch wird zu einem vegetabilischen Leibe ohne Geist, eine sterbende Pflanze wird zu einem Mineralkörper, ein sterbendes Mineral wird zu einem Ätherobjekte, der sterbende Äther wird zu vorätherischer Substanz). Der Leib des gestorbenen Menschen kann nicht seinen Geist in latenter Form enthalten: denn sonst würde eine Wiederauferstehung nach dem Tode unter geeigneten äusseren Bedingungen möglich sein, was allen Beobachtungen widerspricht. Ebenso kann der Mineralkörper der gestorbenen Pflanze nicht ihre Vegetationskraft in latenter Form enthalten: denn die todte Pflanze wird niemals wieder lebendig. Wir müssen daher schliessen, dass mindestens ein Theil der obersten Kraft eines Objektes, wonicht diese gesammte Kraft, beim Tode des Objektes sich auf die Gesammtwelt verbreitet. Die Möglichkeit einer solchen Verbreitung bedingt aber eine gewisse weltgesetzliche Beziehung zwischen dem Objekte und der Gesammtwelt, sowie die Möglichkeit einer gewissen Wechselwirkung zwischen Beiden, welche von einer ganz anderen, absolut unerkennbaren Beschaffenheit ist, als die auf wirklichen oder Naturgesetzen oder wirklichen Lebenskräften beruhende Wechselwirkung wirklicher Objekte.

Alle wirkliche Wechselwirkung zwischen Objekten erfolgt unmittelbar durch deren tiefste oder undimensionale oder physische Elemente; der Mensch wirkt unmittelbar nur durch die Sinne auf die Aussenwelt, welche durch sinnliche Kräfte der Animalien oder durch physische Kräfte der Pflanzen und Mineralien auf seine Sinne zurück wirkt. Hieraus muss man schliessen, dass die vorstehende, nicht auf wirklichen Naturkräften beruhende Wechselwirkung unmittelbar von den vorätherischen, als den untersten, unwirklichen Elementen der Objekte ausgehe und einen weltgesetzlichen Zusammenhang der wirklichen Objekte mit dem Voräther anzeige. Ein solcher Zusammenhang aber wird und muss, abgesehen von der vorhin erwähnten Wirkung beim Tode des Objektes, eine fortdauernde Wechselwirkung zwischen dem Objekte und dem Voräther während der ganzen wirklichen Lebenszeit des Objektes zur Folge haben. Demzufolge nehmen wir an, dass der Mensch und jedes wirkliche Wesen während seines Lebens unausgesetzt Eindrücke auf den Voräther macht, welche von den vorätherischen Elementen des Objektes ausgehen und demnach alle seine physischen, körperlichen, leiblichen und geistigen Zustände wiederspiegeln, dass diese Eindrücke im Voräther den Embryo eines vorätherischen Wesens bilden, welches mit dem wirklichen Objekte formal übereinstimmt oder damit weltgesetzlich korrespondirt. Indem sich dieser Embryo nach dem irdischen Tode des Objektes von der Wirklichkeit ablös't und sich nach vorätherischem Gesetze zu einem höheren Wesen konstituirt, erwacht in diesem Wesen der irdische Mensch und jedes irdische Objekt wegen der Korrespondenz der vorätherischen Eindrücke mit den irdischen Zuständen zu einem höheren Leben.

Auf diese Weise begründet sich die Unsterblichkeit der wirklichen Welt (nicht nur des Menschen) trotz der Vernichtung des individuellen Systems oder des Individuums, womit eine Vernichtung und absolute Unwiederherstellbarkeit des individuellen Geistes verbunden ist.

(14) In der wirklichen Welt gehört ein Objekt eines aus subordinirten Reichen zusammengesetzten Reiches allen subordinirten Reichen, ferner allen Grundgebieten jedes dieser Reiche zugleich an und besitzt alle Grundeigenschaften eines jeden dieser Gebiete in speziellen Werthen. Ein Objekt kann nicht ohne diese Eigenschaften und eine Eigenschaft kann nicht ohne Objekt bestehen. Es kann daher kein Mensch ohne Geist, ohne Leib, ohne Körper, ohne philosophische, logische, mathematische und physische Vermögen bestehen, und umgekehrt, kann kein Geist, keine Vernunft, kein Verstand, kein Anschauungsvermögen, kein Sinn ohne animalisches Wesen bestehen. Der Geist kann nicht vom Körper abgetrennt werden, weder in dieser, noch in einer höheren Welt; nur der spezielle Werth eines individuellen Geistes kann vermehrt und vermindert werden, indem die Vermehrung eine Kraftübertragung aus dem vom Weltgeiste beseelten Weltgebiete und die Verminderung eine Abgabe von geistiger Kraft an dieses Weltgebiet bedingt. Demzufolge nehmen wir an, dass auch die vorätherischen Individuen nicht ohne vorätherische Kräfte und diese nicht ohne jene bestehen können.

(15) Was die Koexistenz der subordinirten Reiche und deren Eigenschaften betrifft, so kombiniren sich in der Wirklichkeit nur Reiche, welche Dimensitäten eines obersten Reiches bilden, dergestalt, dass ein

bereits gebildetes Reich mit allen seinen Dimensitäten unter die Herrschaft des nächst höheren Reiches tritt und auf diese Weise seine Dimensität um eine Dimension erhöhet und dass in allen wirklichen Reichen und Gebieten keine höhere Stufe, als die der wirklichen Welt zukommende Dreidimensionalität erreicht werden kann. Hieraus schliessen wir, dass die Wirklichkeit ein abgeschlossenes, selbstständiges dreidimensionales System bildet, das nicht höher dimensionirt oder als Unterbau eines vierdimensionalen Systems mit vierdimensionalen Objekten dienen kann, d. h. mit Wesen, welche wirklich und unwirklich zugleich sind oder welche neben den höheren auch irdische Eigenschaften haben, welche z. B. menschlich und übermenschlich sein könnten.

(16) Neben der Dreidimensionalität oder der Existenz von vier Dimensionen (deren unterste die Undimensionalität des Äthers bedingt) herrscht in der Wirklichkeit die Pentarchie der Grundeigenschaften, Grundprozesse, Grundprinzipien, Apobasen und Grundsätze, überhaupt der Grundfesten. Der Bestand von vier Dimensionen, deren unterste die Nulldimension der Grundelemente ist, steht mit der Pentarchie der Grundfesten in gesetzlichem Zusammenhange, wir nehmen daher an, dass dieser Zusammenhang auch in jedem höheren Weltreiche besteht, dergestalt, dass in einem vierdimensionalen Reiche die Hexarchie und überhaupt in einem polydimensionalen Reiche die Polyarchie herrsche.

(17) Da durch das Erlöschen der ätherischen, der mineralischen, der vegetabilischen und der animalischen Objekte un-, ein-, zwei- und dreidimensionale Wesen in den Vorätherr eintreten und zu vorätherischen Wesen organisirt werden, daneben aber der reine Voräther selbst (gleichwie in der wirklichen Welt der reine Äther) als undimensionales vorätherisches Grundreich besteht; so muss die vorätherische Welt eine vierdimensionale Welt mit fünf Dimensionen sein, in welcher die Hexarchie herrscht. Die vorätherischen Wesen, in welchen der Mensch seine Wiedergeburt findet, müssen daher, entsprechend den fünf Dimensionen, fünf Grundvermögen haben, welche wir einmal vorätherische Grundempfänglichkeit, vorätherische Sinnlichkeit, vorätherisches Anschauungsvermögen, vorätherisches logisches Vermögen, vorätherisches philosophisches Vermögen nennen wollen. Diese fünf Vermögen können auch als die Vermögen des vorätherischen oder universellen Geistes aufgefasst werden, indem die letzteren vier Verallgemeinerungen der Vermögen des irdischen Geistes, die erste aber ein neues, undefinirbares Vermögen darstellt.

(18) Mit diesen fünf Grundvermögen verknüpfen sich sechs Grundeigenschaften eines jeden Vermögens, welche folgendermaassen vorzustellen sind. Die fünf Gebiete des wirklichen Anschauungsreiches, nämlich Raum, Zeit, Materie, Stoff und Kraft, existiren nicht in der vorätherischen Welt und auch nicht in den Anschauungsvermögen der vorätherischen Wesen; sie machen gewissen höheren oder allgemeineren Anschauungen Platz, welche man vorätherischen oder universellen

Raum, Zeit, Materie, Stoff und Kraft nennen könnte. Ein Ätherelement der wirklichen Welt erfüllt einen unendlich kleinen wirklichen Raum oder ein wirkliches Raumelement. Die Auflösung eines solchen Ätherelementes in vorätherische Substanz ertheilt ihm wegen der darin enthaltenen unendlichen Menge vorätherischer Elemente einen endlichen Raum. Beim Untergange einer wirklichen Weltregion verwandelt sich also das unendlich kleine Raumelement in eine endliche Raumgrösse und eine endliche Raumgrösse in eine unendliche Grösse. Durch diese Auffassung wird das Verschwinden des endlichen, wirklichen Raumes und Raumanschauungsvermögens und seine Verwandlung in einen vorätherischen Raum und in ein universelles Raumanschauungsvermögen von unendlicher Ausdehnung und veränderter Beschaffenheit erklärlich. Dasselbe gilt von allen übrigen wirklichen Gebieten und Vermögen. Zu den erhöheten fünf Gebieten und Vermögen gesellt sich aber als Grundlage der vorätherischen Aussenwelt der reine Vorätber mit seinen Vibrationsprozessen, und dementsprechend, als Grundlage der Vermögen der vorätherischen Wesen, die Empfänglichkeit für diese primitiven Prozesse der reinen Vorätbersubstanz oder eine Wahrnehmbarkeit für elementare Welterscheinungen, welche dem irdischen Menschen verschlossen und demnach undefinirbar sind.

(19) Es ist sehr beachtenswerth, dass der menschliche Geist schon in seinen thatsächlichen abstrakten Prozessen über das Wirklichkeitsgebiet hinausgeht, und dass die in Nr. 53 vorgeführte Verallgemeinerung der mathematischen Grundprinzipien, welche uns die Primitivität, die Kontrarietät, die Neutralität, die Heterogenität und die Alienität der mathematischen Grössen in einer unendlichen Reihe von Grundstufen zeigt, eine hervorragende Bedeutung für die Welterkenntniss hat. In dieser Hinsicht muss hervorgehoben werden, dass jene Verallgemeinerung keine willkürliche, auf Hypothesen gestützte, sondern eine nothwendige, auf logischen Prozessen beruhende ist. Es existirt keine Schranke, welche der fortgesetzten Multiplikation der Grösse x mit sich selbst, also der Bildung der Produkte x, xx, xxx u. s. w. und, wenn x als die erste Potenz von x angesehen wird, der Bildung der aufsteigenden Potenzen x^1, x^2, x^3 u. s. w. ein Halt geböte. Ebenso unbeschränkt ist die Erzeugung von Kontrarietäts- und Neutralitätsstufen. Verschiedene Richtungen erfordern verschiedene Bezeichnungen: symbolisirt man also den Gegensatz der primären Richtung mit dem Faktor $-$, den Gegensatz der sekundären, d. h. der zur primären neutralen Richtung mit dem Faktor $\div$, den Gegensatz der tertiären oder der zur primären und sekundären neutralen Richtung mit dem Faktor $\div\!\!\div$; so ist die primäre Richtung selbst durch 1, die sekundäre Richtung oder die mittlere geometrische Proportionale y zwischen 1 und -1 durch die Gleichung $1 : y = y : -1$ als $y = \sqrt{-1}$, ferner die tertiäre Richtung oder die mittlere geometrische Proportionale z zwischen y und $\div y$ durch die Gleichung $y : z = z : \div y$ als $z = y\sqrt{\div 1} = \sqrt{-1}\sqrt{\div 1}$, sodann die quartäre Richtung oder die mittlere geometrische Proportionale u

zwischen z und $\div z$ durch die Gleichung $z:n = u:\div z$ als $u = z\sqrt{\div 1} = \sqrt{-1}\sqrt{\div 1}\sqrt{\div 1}$ u. s. w. bestimmt: die Neutralitätsstufen $y, z, u \ldots$ erweisen sich daher als unbegrenzt und nach bestimmten Gesetzen fortschreitend. Aus diesen Neutralitätsstufen bilden sich die Drehungsstufen in Form der Fortschritts-, Deklinations-, Inklinations- ... koeffizienten e^{a}, $e^{\alpha i}$, $e^{\beta i_1}$, $e^{\gamma i_2}$ etc., sowie die Richtungskoeffizienten e^{a}, $e^{a}e^{\alpha i}$, $e^{a}e^{\alpha i}e^{\beta i_1}$, $e^{a}e^{\alpha i}e^{\beta i_1}e^{\gamma i_2}$ u. s. w., welche zugleich die aufsteigenden Dimensitätsbereiche vertreten und sich in die gegliederten Ausdrücke e^{a}, $e^{a}\cos\alpha + e^{a}\sin\alpha\,.\,i$, $e^{a}\cos\alpha + e^{a}\sin\alpha\cos\beta\,.\,i + e^{a}\sin\alpha\sin\beta\,.\,i\,i_1$, $e^{a}\cos\alpha + e^{a}\sin\alpha\cos\beta\,.\,i + e^{a}\sin\alpha\sin\beta\cos\gamma\,.\,i\,i_1 + e^{a}\sin\alpha\sin\beta\sin\gamma\,.\,i\,i_1 i_2$ u. s. w. zerlegen.

Diese Verallgemeinerung der mathematischen Grundprinzipien ist nicht nur eine vom Verstande als nothwendig anerkannte Operation, sondern sie erscheint zugleich durch die Beziehungen, in welchen die sich ergebenden Werthe zueinander stehen, als eine Verallgemeinerung der mathematischen Gesetze. Das Wichtige hierbei ist, dass wir die höheren Grössenqualitäten, zu deren Anerkennung uns die logischen Gesetze unseres Geistes zwingen, nicht anzuschauen vermögen, dass sie überhaupt nicht in der Wirklichkeit existiren, sondern einem höheren, unerkennbaren Reiche angehören. Der Verstand nöthigt uns, in Gleichungen wie $a + bx + cx^2 + dx^3 + ex^4 = 0$, wenn sie unreelle Wurzeln haben, mit vier- und mehrdimensionalen Grössen zu rechnen und daraus Schlüsse auf wirkliche Grössen zu ziehen, obgleich jene mathematischen Rechnungsgrundlagen in der Wirklichkeit gar nicht bestehen.

Eine mehr als dreidimensionale Raumfigur kann es in der Wirklichkeit nicht geben: gleichwohl nöthigt uns die Operation mit dem Faktor $e^{\gamma i_2}$, mit einer gegebenen Raumfigur einen streng mathematischen Prozess vorzunehmen, den wir weder anschauen, noch erkennen können, der also nur in einem ausserwirklichen Weltreiche möglich ist, in welches wir durch Symbole eintreten und aus welchem wir wieder in die Wirklichkeit zurückkehren, um mit Hülfe dieser ausserwirklichen Mittel und Gesetze zu Ergebnissen zu gelangen, welche mathematische Wahrheit enthalten, also auch die Wahrheit der höheren Gesetze bestätigen.

Hiernach wird man sagen können: die Mathematik ist es, welche durch die Verallgemeinerung der Wirklichkeitsgesetze die Brücke erbauet, die von der wirklichen zu einer für den menschlichen Geist unerkennbaren, aber nothwendig bestehenden, unwirklichen Welt, von einem Weltreiche mit ätherischer Grundlage zu einem Weltreiche mit vorätherischer Grundlage hinüberführt. Sie bildet eine streng gesetzmässige Grundlage für die Welterkenntniss, welche durch die Logik und Philosophie verallgemeinert wird.

(20) Die wirkliche Welt ist eine selbstständige Welt, welche mittelst der durch die Schöpfung empfangenen Eigenschaften thätig ist, sich durch die empfangenen Gesetze, welche die sogenannten Natur-

gesetze und Naturkräfte (einschliesslich der geistigen Gesetze und Kräfte) ausmachen, beherrscht oder regiert. Zwischen Naturkräften und Schöpfungskräften ist wohl zu unterscheiden, die letzteren, als die Kräfte eines höheren, des vorätherischen Weltreiches, sind durch keine Naturkräfte zu ersetzen. Eine unmittelbare oder direkte Wirkung der vorätherischen Welt auf die wirkliche Welt findet nicht statt: die vorätherische Macht wirkt unmittelbar auf den Voräther und erzeugt durch Schöpfung wirkliche Elemente, welche sich zunächst als Ätherelemente darstellen, wirkliche Mineral-, Pflanzen- und Geisteskräfte latent in sich tragen und beim Eintritte gewisser Bedingungen manifestiren. Diese Schöpfungsbedingungen sind spezielle Zustände der wirklichen Welt, und insofern sie die Entwicklung des Schöpfungsprozesses begünstigen oder hindern, findet eine Wechselwirkung zwischen der vorätherischen und der wirklichen Welt statt, welche jedoch in keiner Hinsicht auf Willkür, sondern in jeder Hinsicht auf Gesetzmässigkeit, theils vorätherischer, theils wirklicher Weltgesetzlichkeit beruhet. Eine andere Zusammenwirkung dieser beiden Welten, als durch Weltgesetze, hat keine Glaubwürdigkeit.

(21) Naturkräfte erzeugen in allen Gebieten der Wirklichkeit, im Mineral-, Pflanzen- und Thierreiche Verbindungen zwischen verbindungsfähigen, d. h. mit Neigung zur Gemeinschaft oder Affinität begabten Objekten; sie erzeugen aber keine absolut einfachen Objekte oder Grundarten, indem die Verbindung der Elemente solcher einfachen Objekte nicht auf wirklicher Affinität beruhet. Grundarten können nur durch Schöpfungsprozesse erzeugt werden: im Übrigen kann mit der Schöpfung auch sofort eine Verbindung erfolgen, d. h. es können auch Mischarten geschaffen werden. Durch naturgesetzliche Verbindung, welche im Thierreiche Kreuzung heisst, können nur Mischarten entstehen. Die Annahme der Erzeugung von Grundarten durch Kreuzung ist ein Widerspruch gegen die Weltgesetzlichkeit, indem sie der Naturkraft das Vermögen einer höheren Kraft beilegt. Der Darwinismus beruhet auf einem Irrthume, welcher in Schöpfungsprozessen naturgemässe Änderungsprozesse erblickt oder Naturkräften Schöpfungskräfte zuschreibt und die natürliche Anpassung an gegebene Verhältnisse als eine Artverwandlung deutet. Dass in einer Periode des Erdenlebens, wo die Schöpfungsbedingungen erfüllt sind, also von einem Maximum zu einem Minimum herabsinken, viele Wesen geschaffen werden können, welche allmähliche Übergänge zeigen, ist kein Beweis dafür, dass diese Übergänge durch Naturprozesse, Lebensweise, Anpassung an gegebene Zustände hervorgebracht werden, und die Erwägung, dass die Kraft des Voräthers eine höhere, als die der Wirklichkeit, also eine den Geist überragende Kraft ist, dass also der Schöpfungsprozess Angemessenheit an die bestehenden Verhältnisse oder Zweckmässigkeit bekunden muss, weis't die Hypothese zurück, dass die Angemessenheit der Organisation der Geschöpfe einem Natur- oder Lebensprozesse oder wohl gar dem Bedürfnisse, der Einsicht und dem beabsichtigten Verhalten der entstandenen Wesen zu verdanken sei. Den Darwinismus halte ich daher für irrationelle Metaphysik.

(22) Die in den vorstehenden Sätzen dargelegten Gründe für die Annahme einer höheren Welt stützen sich vornehmlich auf Beobachtungen und Anschauungen aus dem Wirklichkeitsbereiche unter logischer Verallgemeinerung. Diese Gründe erfahren eine wesentliche Verstärkung durch gewisse philosophische Erwägungen, von welchen einige hier folgen mögen.

Die staunenswerthe Weisheit, die Erhabenheit, Neuheit und Grossartigkeit, die nach unumstösslichen Prinzipien vor sich gehende Wirksamkeit, die bewunderungswürdige Zweckmässigkeit und die reichhaltige Mannichfaltigkeit, welche sich in allem Weltlichen und in allen Naturgesetzen offenbaren, welche die Kräfte aller ihrer wirklichen Träger hoch überragen, indem die höchsten wirklichen Wesen, nämlich die Menschen, sich selbst nicht einmal kennen und verstehen und nur durch jahrtausendjährige Beobachtungen und Forschungen ein mässiges Verständniss für ihre Eigenschaften, für das Wesen ihres eigenen Geistes erlangen, nöthigen zu der Annahme eines höheren Weltschöpfers.

(23) Ebenso nöthigen zu dieser Annahme die Ideale Wahrheit, Erhabenheit, Recht, Tugend und Schönheit, welchen der Mensch unbewusst nachstrebt, welche also Ziele für den individuellen Geist sind, die er selbst sich nicht gesteckt haben kann, da er sie erst gelegentlich kennen lernt.

(24) Die Unvollkommenheiten der wirklichen Welt widersprechen dieser Annahme nicht, wenn man erwägt, dass sie *unvermeidlich* sind zur Ermöglichung des hohen Gutes der *Freiheit*, dass sie *nothwendig* sind, weil es in der Wirklichkeit ohne das Negative das Positive nicht geben kann (dass Recht, Gutes, Schönes nur möglich sind, wenn auch das Unrecht, das Böse, das Hässliche möglich ist), dass das Positive erst seinen *Werth* durch Vermeidung des Negativen erhält, dass jene Unvollkommenheiten auch *nützlich* sind, da offenbar die Menschheit nicht nur durch Freuden, sondern auch durch Leiden erzogen wird, dass sie also *Weltzwecke* erfüllen und zur Vervollkommnung der Wesen beitragen, indem sie diese Wesen nöthigen, zur Verhütung der Übel sich besser auszubilden und richtig zu verhalten, dass sie *vorübergehend* sind und nach ihrer Beseitigung bald in Vergessenheit gerathen, also relative Unerheblichkeiten darstellen.

Allerdings, setzt die Geringschätzung der Unvollkommenheiten, insbesondere der Muth zum Ertragen unverschuldeter, auf dem Einzelnen oft schwer lastender, zuweilen sein ganzes Leben fortdauernder Übel die Möglichkeit eines *Ersatzes* durch wahrhaft vollkommenere Zustände und eine *ausgleichende Gerechtigkeit* voraus, und die Zwecklosigkeit, welche in dem Untergange einer Weltregion liegen würde, kann sich nur in eine Zweckerfüllung verwandeln, wenn dieser Untergang keine absolute Vernichtung, sondern ein Übergang zu einem höheren Dasein ist. Die Unvollkommenheiten der wirklichen Welt verlieren mithin ihren Charakter als Übel und Feinde der Welt und damit den in ihnen liegenden Widerspruch gegen die sonst allenthalben sich offenbarende Weisheit, wenn es eine höhere Welt giebt, in welche der Mensch dereinst eintritt oder wiederersteht.

Unter dieser Voraussetzung erscheint auch der Tod in einem ganz anderen Lichte. Die Einschränkung der Lebenszeit auf ein bestimmtes Maass ist unbedingt nothwendig, da durch fortgesetzten Eintritt lebender Wesen in die Wirklichkeit die aufnehmende Wirklichkeitssubstanz endlich erschöpft werden würde, der fernere Eintritt von Wesen also den Austritt anderer Wesen erzwingen würde. Dieser nothwendige Wechsel der lebenden Wesen ist zugleich nützlich für die Entwicklung der wirklichen Welt; denn die durch Fortpflanzung entstehenden Wesen sind im Stande, das ihnen innewohnende individuell Neue mit dem in der ganzen Vergangenheit von den lebenden Wesen Bewirkten zu verbinden, also die Kultur wesentlich zu fördern. Hiernach müssen wir in dem Naturgesetze des Sterbens ein weises Weltgesetz erblicken, insofern durch den Übergang zu einer höheren Welt die ausgleichende Gerechtigkeit geübt werden kann und das endliche Verschwinden ganzer Weltregionen nicht absolute Vernichtung ist, wodurch das Dasein dieser Region als völlig zwecklos erscheinen würde.

(25) Ich habe im Vorstehenden vornehmlich die inneren Gründe vorgeführt, welche die rationelle Metaphysik herbeiführen, bin jedoch der Ansicht, dass dieselbe auch eine äussere Grundlage hat. Diess ist das Wesen der Unendlichkeit, das sich in allen Gebieten der äusseren Welt, sowie auch in den speziell geistigen Gebieten offenbart, ohne dass es doch von dem menschlichen Geiste zureichend erkannt werden kann. Wir räumen die Möglichkeit unendlich vieler physischen Prozesse (Farben, Töne, Wärmegrade u. s. w.), die Unendlichkeit des Raumes und der Zeit, die über den dritten Grad endlos hinaussteigende mathematische Dimensität, die Irrationalität der Zahlen, die unendliche Kleinheit des Differentials und die unendliche Vielheit von Differentialen im Integrale, die unendliche Vielheit der Elemente im endlichen Objekte, die unendliche Vielheit der speziellen Fälle im logischen Begriffe ein, ohne doch eine solche Unendlichkeit sinnlich wahrnehmen, mathematisch anschauen, logisch denken, philosophisch erkennen zu können. Die unbefangene Vernunft macht also Zugeständnisse, welche ihr Erkenntnissgebiet überschreiten. Die absolute oder höhere Welt ist nichts Anderes, als die rationelle Verallgemeinerung des Systems der wirklichen Welt, die Übertragung des Wesens der Unendlichkeit auf die Stufenfolge der Grundreiche, welche uns in der Wirklichkeit in den vier Dimensitäten des Äther-, des Mineral-, des Pflanzen- und des animalischen Reiches entgegentreten und ebensogut eine unendliche Erweiterung verlangen wie die mathematischen Dimensitäten.

In der Übertragung der Idee der Unendlichkeit auf die speziellen Gebiete erscheint sie in verschiedenen Formen, als Absolutheit, als unbegrenzte Verallgemeinerung, als höchste Vervollkommnung der wirklichen Welt, und es leuchtet ein, dass die rationelle Metaphysik die Naturgesetze nicht nur als ausschliessliche Grundlagen für die wirkliche Welt, sondern auch als die unantastbaren Ausgangspunkte oder Elemente für eine Verallgemeinerung anzusehen hat, die ihre Erweiterungsschlüsse auf Analogien aus der wirklichen Welt erbauet, sodass der Aufbau mit

Ausschliessung jeder willkürlichen, unbegründeten Annahme unter stetiger Kritik und Kontrole der Vernunft erfolgt oder durch die Vernunft begründet ist.

(26) Es ist wichtig, den Unterschied zwischen Schöpfungs- und Unsterblichkeitsprozess hervorzuheben. Der Schöpfungsprozess erzeugt aus Objekten eines niedriger dimensionirten Naturreiches beim Eintritte gewisser Zustände (Schöpfungsbedingungen) Objekte eines höher dimensionirten Naturreiches, indem er in Elementen der ersteren Objekte die darin latent liegenden höheren Kräfte frei macht und zahllose gleiche und verschiedene solche Elemente zu einem Systeme, dem Grundelemente oder Grundorgane eines höheren Wesens zusammenfasst und diesen Grundelementen die Fähigkeit verleihet, sich zu einem systematischen Ganzen, dem höher dimensionirten Wesen zu verbinden. Der Schöpfungsprozess erzeugt also wirkliche Wesen. In der Wirklichkeit giebt es aber keine mehr als dreidimensionale Reiche; das dreidimensionale Reich, welchem die animalischen Wesen angehören, ist das oberste Naturreich. Der wirkliche Schöpfungsprozess erzeugt mithin keine überirdischen Wesen.

Jedes geschaffene Wesen unterliegt der Auflösung, dem Tode, dem Ausscheiden aus dem betreffenden Naturreiche durch Zerfall in Elemente des tieferen Reiches (so zerfällt einmal das Mineralreich einer Weltregion in Ätherelemente und der Äther lös't sich regionenweise in vorätherische Elemente auf). Der Schöpfungsprozess könnte daher das Fortleben in einer übersinnlichen Welt oder die Unsterblichkeit der wirklichen Welt nicht herbeiführen. Es ist hierzu ein ganz anderer Prozess erforderlich, und zwar ein Prozess, welcher schon bei Lebzeiten der wirklichen Wesen unausgesetzt wirksam ist und die Fähigkeit hat, einen Theil des Lebensprozesses dieser Wesen zu Wirkungen von höherer Qualität umzugestalten. Dieser Prozess hat eine gewisse Ähnlichkeit mit dem Fortpflanzungsprozesse der wirklichen Wesen, welcher letztere Prozess zur Erhaltung der Art in der Wirklichkeit auf gewisse Zeit dient und in der Zusammenwirkung embryonaler (männlicher und weiblicher) Systeme beruhet: er unterscheidet sich aber von diesem Prozesse wesentlich dadurch, dass er auf der Zusammenwirkung der Grundelemente der wirklichen Wesen mit den Elementen des Voräthers beruhet, indem er eine fortgesetzte Übertragung von Kräften der wirklichen Wesen auf ein ausserwirkliches Medium herbeiführt und dadurch ein vorätherisches System schafft, welches das Fortleben des wirklichen Wesens in einer höheren Welt darstellt.

Auch dieser Unsterblichkeitsprozess involvirt die Freimachung latenter vorätherischer Kräfte, die Äquivalenz niedrigerer und höherer Eigenschaften und das allgemeine Energiegesetz, indem er die der Wirklichkeit entzogenen Wirkungskräfte in äquivalente vorätherische Kräfte umwandelt, also die Energie der vorätherischen Welt in dem Maasse verstärkt, wie er die Energie der wirklichen Welt schwächt, oder auch, indem er der vorätherischen Welt Etwas von der Energie zurückgiebt, welche sie bei der Schöpfung der wirklichen Welt eingebüsst hat. Der Unsterblichkeitsprozess erscheint hiernach lediglich als eine weltgesetzliche Rückwirkung der organisirten Wirklichkeitsobjekte auf den Voräther, aus welchem ihre Grundorgane durch Schöpfungsprozesse entstanden sind.

Da der Mensch keine vorätherischen Organe hat; so ist der Unsterblichkeitsprozess absolut unmerkbar und unerkennbar: die Unmerkbarkeit kann daher nicht als ein Beweis für das Nichtvorhandensein dieses Prozesses angeführt werden. Wenn wir dem Äther eine Entstehungsursache zuschreiben, wozu uns die rationelle Verallgemeinerung des Naturgesetzes nöthigt; so muss es nicht nur einen Voräther geben, sondern es muss auch eine fortwährende Zusammenwirkung zwischen dem Äther oder den physischen Elementen und dem Voräther bestehen, weil die physischen Elemente nicht thätig sein können, ohne zugleich ihre Elemente, nämlich die vorätherischen Elemente, zur Mitthätigkeit zu veranlassen.

Die Unmerkbarkeit theilt der Unsterblichkeitsprozess mit manchen Wirklichkeitsprozessen. Jeder Mensch A sendet unausgesetzt Lichtstrahlen nach allen Seiten hin aus. Diese Strahlen sind keineswegs ausschliesslich reflektirtes Sonnenlicht, vielmehr optische Schwingungen, welche eine Umgestaltung durch den menschlichen Körper erfahren haben, welche also eine fortgesetzte Thätigkeit des Menschen bekunden, von welcher er Nichts spürt. Wenn solche Strahlen das Auge eines anderen Menschen B treffen, dringen sie in dessen geistige Organe, namentlich in dessen Vorstellungsvermögen ein und werden zu Vorstellungen umgeformt, ohne dass B von dieser Thätigkeit seines Gedächtnisses Etwas merkt. Wenn A spricht; so setzt er unvermerkt Vorstellungsprozesse in akustische Energie um und giebt diese in Form von Schallstrahlen an die Aussenwelt ab. Ein anderer Mensch B, dessen Ohr von solchen Strahlen getroffen wird, nimmt sie auf und setzt sie zu Vorstellungen oder anderen geistigen Resultaten um, ohne von dieser Wechselwirkung einen merkbaren Eindruck zu bekommen. Die Assimilation der Stoffe in unserem Körper geht ebenfalls unmerkbar vor sich. Die Krankheitsanlagen werden unvermerkt gelegt (und darum leugnen Manche unberechtigter Weise die krankheitserzeugende Wirkung der Erkältung).

Merkbarkeit oder Fühlbarkeit bedeutet überhaupt einen Eindruck auf die Gefühlsnerven: wenn dieser Eindruck zu schwach ist, merken wir den Vorgang nicht.

Wie diese Wirklichkeitsprozesse, so bethätigt auch der Unsterblichkeitsprozess durch die Zusammenwirkung der wirklichen Welt mit dem Voräther trotz seiner Unmerkbarkeit lediglich das allgemeine Gesetz des Energieaustausches.

(27) Von besonderer Bedeutung für die nachfolgenden Betrachtungen ist der schon früher erwähnte Unterschied zwischen der Schöpfung von Objekten in einem Weltreiche, dessen Grundlagen bereits bestehen, und der Schöpfung der elementaren Grundlage eines Weltreiches. Die erstere, welche wir direkte Schöpfung nennen wollen, erzeugt Objekte des bestehenden Reiches mit höher dimensionirten Eigenschaften

durch Freimachung der in den zusammengefassten Elementen latent liegenden höheren Eigenschaften: die letztere, welche wir indirekte Schöpfung nennen wollen, erzeugt ein Elementarsystem, welches die Grundlage oder den Äther eines neuen Reiches bildet. Diese indirekte Schöpfung, welche von einem höheren zu einem niedrigeren Weltreiche übergeht, besteht nicht in der Freimachung, sondern in der Bindung höherer Eigenschaften. Indem aus dem Voräther der Äther des wirklichen Weltreiches entsteht, müssen die höheren Kräfte, welche der Voräther besitzt, gebunden oder unwirksam gemacht werden, wogegen bei der Entstehung der Mineralien aus Ätherelementen, der Pflanzen aus Mineralelementen, der Animalien aus Pflanzen- (und tieferen) Elementen die in den tieferen Elementen latent liegenden höheren Kräfte entbunden werden. Diese beiden Schöpfungsprozesse stehen also in einem Gegensatzverhältnisse. Ein jeder von ihnen bedingt aber eine Rückwirkung oder einen Rückkehrprozess. Das Mineralreich, das Pflanzenreich, das animalische Reich in jeder wirklichen Weltregion erlischt einmal, in Folge von Erschöpfung kehrt das animalische Reich wie das animalische Individuum durch irdischen Tod zunächst in vegetabilische Substanz, diese einmal in mineralische und diese einmal in ätherische Substanz zurück. In Folge der Rückwirkung findet aber eine unausgesetzte Einwirkung des Voräthers auf die ätherischen Bestandtheile der wirklichen Welt statt, und Diess bedingt einerseits den endlichen Tod alles Irdischen, sowie auch den Tod oder das Erlöschen des Äthers in jeder wirklichen Weltregion, andererseits aber die Bildung vorätherischer Objekte, als Wirkungsresultate, welche einer Umwandlung der irdischen Objekte in höher begabte vorätherische Objekte durch Freimachung der in den irdischen Objekten latent und unwirksam liegenden Elemente, also einem Fortleben der wirklichen Objekte in einem höherem Weltreiche entspricht. Eine weitere Konsequenz dieser Auffassung enthält die nächstfolgende Nummer.

156. **Das Wesen und die Wirksamkeit Gottes.** (1) Alle vorstehenden, die vorätherische Welt betreffenden Sätze haben eine einfache Grundlage, nämlich die Annahme, dass der für die konkreten Zustände der Wirklichkeit unbezweifelbare Satz „Alles, was ist, hat eine äussere Ursache", auch für die Gesammtheit dieser Zustände oder für die wirkliche Welt selbst gelte, dass also diese Welt durch eine höhere Macht geschaffen sei und dass die Gesetze der vorätherischen Welt Verallgemeinerungen der Gesetze der wirklichen Welt seien. Es entsteht nunmehr die Frage, ob die Annahme, dass alles Existirende eine Ursache habe, auf die wirkliche Gesammtwelt beschränkt bleiben, oder ob sie als allgemeines Weltgesetz zunächst für die unwirkliche, vorätherische Welt und sodann für jede höhere Welt anerkannt werden müsse. Von diesen beiden Annahmen wollen wir zuvörderst die zweite untersuchen, also annehmen, dass auch der Voräther oder der Äther zweiten Grades eine äussere Ursache habe, mithin aus einem höheren Äther, dem Äther dritten Grades, entsprungen sei. Diese

Schlussfolgerung ist endlos, sie führt zu immer höheren Weltreichen von wachsender Dimensität und Polyarchie ohne Abschluss. Hiernach kann ein höchstes Weltreich nicht als ein durch feste Grenzen abgeschlossenes Reich, sondern nur als ein in stetiger Erweiterung begriffenes Reich gedacht werden. Hiermit ist gesagt, dass der Mensch sich mit seinen endlichen Geistesvermögen das unendliche Weltreich zwar nicht als ein abgeschlossenes, sondern nur als ein in stetiger Erweiterung begriffenes Ganzes zu denken vermag, dass ihn diese subjektive Unzulänglichkeit seiner Geisteskräfte jedoch nicht berechtigt, einem Unendlichkeitssysteme die objektive Existenz abzusprechen. So ist der Mensch nicht im Stande, sich den unendlichen Raum als vollendetes Ganzes, sondern nur als ein momentan begrenztes und sich erweiterndes Ganzes vorzustellen, ebenso ist er nicht im Stande, sich einen Begriff in seiner vollständigen Erfüllung mit allen möglichen Spezialfällen, sondern nur in der fortgesetzten Vermehrung dieser Fälle zu denken, räumt aber dessenungeachtet sowohl dem Raume, als auch dem Begriffe seine objektive Existenz als ein unendliches Ganzes ein. Demgemäss sagen wir, die absolute Welt, welche alle subordinirten Weltreiche umfasst, ist ein unendliches Gesammtreich; ihre höchste Instanz ist ein unendlich hohes Reich, dessen Substanz ein Äther von unendlicher oder verschwindender Feinheit, ein relatives Nichts, und dessen Vermögen an Zahl, Höhe, Macht, Qualität, Vollkommenheit unendlich, also für den menschlichen Geist unerkennbar und nur in stetiger Überschreitung jedes eben gedachten Höhengrades zu denken sind. Diese höchste Instanz der absoluten Welt oder das absolut höchste Weltreich, welches unendlich hoch über der wirklichen Welt liegt, nenne ich das Reich Gottes, indem ich darunter auch das Wesen Gottes oder Gott selbst verstehe.

Wegen der Unendlichkeit Gottes können wir ihm keine äussere Ursache zuschreiben; Gott kann nicht geschaffen sein, sondern muss sein eigener Urheber sein: denn in dem vorstehenden Weltsysteme ist jedes Weltreich auf seine höher liegende Ursache zurückgeführt, und über dem höchsten, dem unendlich hohen, dem absolut letzten Reiche, dessen Substanz der Uräther oder das Primordium heissen möge, kann es keines mehr geben. Im Grunde genommen, müssen wir sagen, der Mensch vermag das Wesen Gottes nicht zu erkennen; indem er augenblicklich irgend einen Höhengrad von Macht und Vollkommenheit denkt, muss er hinzufügen: Gott steht höher als dieser Grad.

Die Wirksamkeit Gottes streng definiren zu wollen, würde ebenso anmaassend und vergeblich sein, als der Versuch, seine Eigenschaften zu bezeichnen, da dieselben den menschlichen Geist unendlich überragen, also unerkennbar sind: nur gewisse Allgemeinheiten, welche aus der Beobachtung der wirklichen Welt und den erkennbaren Grundgesetzen zu folgern sind, haben Gültigkeit. Hierzu gehören die folgenden.

Gleichwie die wirkliche Welt in unmittelbarem Zusammenhange und in unmittelbarer, erkennbarer, dem wirklichen Weltgesetze oder dem Naturgesetze entsprechender Wechselwirkung nur mit sich selbst steht und demzufolge wirkliche Objekte mit ihren wirklichen Kräften, welche spezielle Werthe von Grundeigenschaften darstellen, nur auf wirkliche Objekte unmittelbar, erkennbar und bestimmt wirken; so wirkt auch Gott, welcher ein einziges, unendliches, absolut vollständiges und vollkommenes System von Kräften mit allen möglichen speziellen Werthen darstellt, unmittelbar und primitiv nur auf sich selbst. Auf höhere Reiche kann er nicht wirken, weil es deren nicht giebt: niedrigere Reiche aber können nur Schöpfungsresultate aus höheren Reichen, also nur Ergebnisse der ursprünglichen Einwirkung Gottes auf sein eigenes Reich sein. Indem wir die Substanz Gottes oder des göttlichen Reiches Primordium nennen, sagen wir also, die unmittelbaren und ursprünglichen Wirkungen Gottes seien Wirkungen auf das Primordium.

Solche Wirkungen, welche sämmtlich in der momentanen Änderung der speziellen Werthe der Grundeigenschaften der davon betroffenen Elemente des Primordiums bestehen, können von unendlich verschiedener Beschaffenheit sein; wir unterscheiden jetzt aber nur zwei Arten, nämlich solche, bei welchen die Änderung der speziellen Werthe der Grundeigenschaften eine vorübergehende ist, und solche, wo sie eine dauernde, d. h. eine derartige ist, durch welche die obersten Grundeigenschaften des Primordiums gebunden oder unwirksam gemacht werden, sodass die betroffenen Elemente des Primordiums nunmehr die Elemente eines niedrigeren Reiches bilden, indem ihr spezielles, den Gesetzen dieses niedrigeren Reiches entsprechendes Zusammenwirken keine Effekte und keine Objekte mit den obersten Grundeigenschaften hervorbringen kann. Die letztere Wirksamkeit Gottes, die Bindung seiner obersten Eigenschaften, ist der in Nr. 143, 150, 152 und 155 erwähnte indirekte Schöpfungsprozess Gottes, wodurch Elemente dargestellt werden, denen die höchsten Eigenschaften fehlen, die also mit den nächst niedrigeren Eigenschaften ein selbstständiges, dem Gottesreiche subordinirtes Weltreich bilden.

Da die Objekte dieses subordinirten Reiches in ihren zwar um die höchste Stufe erniedrigten, aber doch völlig bestimmten weltgesetzlichen Grundeigenschaften die Grundlagen eines durchaus selbstständigen Reiches in sich tragen; so würde eine unmittelbare Einwirkung Gottes auf dieses Reich nur dessen Selbstständigkeit zerstören oder unmöglich machen; es könnte von einer eigenartigen, weltgesetzlichen, selbstständigen Thätigkeit der Objekte eines solchen Reiches gar keine Rede sein. Die Anerkennung eines vollkommenen Weltgesetzes nöthigt daher zu der Annahme, dass Gott keine unmittelbaren Wirkungen auf das fragliche von ihm durch indirekten Schöpfungsprozess erzeugte nächst tiefere Weltreich ausübt, sondern der selbstständigen Wirksamkeit desselben freien Lauf lässt.

Die Elemente dieses ersten subordinirten Weltreiches entbehren nur die obersten Eigenschaften Gottes, besitzen aber alle tieferen, stehen also immer noch auf einer unendlich hohen Stufe. Wenn wir nun dem Gesammtwesen eines Reiches die Fähigkeit zuschreiben, auf seine Elemente indirekt schöpferisch, nämlich so zu wirken, dass dadurch die obersten Eigenschaften gebunden werden und ein niedriger organisirtes Elementarreich daraus hervorgeht; so wird die Thätigkeit des in Rede stehenden ersten subordinirten Reiches durch indirekten Schöpfungsprozess das Elementensystem eines zweiten subordinirten Reiches erzeugen. Dieser Prozess wird sich in unendlicher Stufenfolge fortsetzen, bis die Grundlagen eines Reiches geschaffen sind, welches nur noch ein einfaches, unzerlegbares Elementensystem oder einen einfachen Äther besitzt. Dieses Reich nun ist das wirkliche oder irdische Weltreich oder das Naturreich. Ihm geht als vorletzte Stufe das vorätherische Reich voran, aus welchem das Ätherreich durch Bindung der vorätherischen Kräfte geschaffen wird.

Diesem Wirklichkeitsreiche fällt nun die Aufgabe zu, durch direkten, entbindenden Schöpfungsprozess aus dem Äther die selbstständigen Objekte der höher dimensionirten wirklichen Grundreiche, also das Mineralreich, das Pflanzen- und das animalische Reich zu erzeugen, also die irdische Welt zu bevölkern.

Zugleich macht sich in den ätherischen Elementen des wirklichen Reiches und in den daraus zusammengesetzten Objekten die Reaktion auf die Elemente der höheren Weltreiche, aus welchen der wirkliche Äther entstanden ist, geltend. Durch die Zusammenwirkung mit dem Voräther werden vorätherische Kräfte, welche in diesen Objekten latent liegen, wieder frei gemacht, sodass der endlich erfolgende irdische Tod jedes wirklichen Objektes eine Wirkung im Voräther in Gestalt des Embryos eines vorätherischen Wesens zurücklässt, in welchem das irdische Wesen sein höheres Dasein fortsetzt.

Auf diese Weise werden die aus den irdischen Wesen entstehenden Objekte höherer Weltreiche in immer höhere Reiche übergeführt und nähern sich also immer mehr dem Wesen Gottes, aus dessen Elementen sie entsprungen sind, ohne dieses Wesen doch jemals vollständig zu erreichen. Der Durchgang der Schöpfungsprozesse durch das Wirklichkeitsreich hat hiernach den Zweck, in unendlicher Folge von Entstehungen und Erlöschungen selbstständige, der Vollkommenheit und Gottähnlichkeit sich nähernde Wesen zu erzeugen und die Gesammtwelt zu bevölkern.

Die Frage: wozu dient dieser unendliche Umweg zur Erzeugung von Wesen, welche Gott ja vermöge seiner Allmacht ohne Weiteres erschaffen könnte, und wozu nützt die Anbahnung einer Gottähnlichkeit, die doch niemals Gottgleichheit werden kann? findet nach Vorstehendem die Antwort: weil es sich dabei nicht um eine Variation im Wesen Gottes, sondern um die Erzeugung selbstständiger, durch eigene Thätigkeit sich aufringender, nach selbst verdienter Glückseligkeit strebender Wesen handelt. Gott muss, als vollkommenes Wesen, durch seine Thätigkeit nicht nur sich selbst befriedigen, sondern auch in Hingebung seiner selbst beglücken oder Glückseligkeit spenden und daher Wesen ins Dasein rufen, welche die Vollkommenheit als Ziel ihrer Handlungen durch Selbstthätigkeit erstreben, welche sich ihres Daseins und ihrer Thaten freuen und in der selbstgewollten Erfüllung der Weltgesetze ihre Befriedigung finden.

Die Selbstständigkeit der Objekte und ihre eigenwillige, selbstbewusste Bethätigung der Weltgesetze, ihre ungehinderte Wirksamkeit oder ihre Freiheit bedingt den Ausschluss der unmittelbaren Wirkung Gottes auf die Thätigkeit dieser Objekte; sie müssen nothwendig sich selbst überlassen sein und die Mitwirkung Gottes muss sich auf dessen ursprünglichen Schöpfungsprozess beschränken, vermöge dessen den verwirklichten Objekten zwar nicht in den speziellen Werthen ihrer Grundeigenschaften, wohl aber in den Elementen dieser Eigenschaften sich Grundlagen erhalten haben, welche mit dem vollkommenen, göttlichen Weltgesetze übereinstimmen und welche daher den wirklichen Wesen die Möglichkeit des Fortschrittes auf der Bahn zur Vollkommenheit gewähren.

Da selbstständige, aus der Gesammtheit aller möglichen Wesen isolirte Wesen spezielle Werthe der allgemeinen Grundeigenschaften des Weltsystems besitzen; so können sie nicht vollkommen, sondern nur unvollständig und unvollkommen sein. Die Unvollkommenheit der wirklichen Wesen und der wirklichen Welt ist daher eine nothwendige Voraussetzung für ihre Selbstständigkeit und für die Wirklichkeit überhaupt. Unvollkommene Wesen können nur unvollkommene Wirkungen hervorbringen: die Zusammenwirkung der wirklichen Wesen oder die wirklichen Weltprozesse können daher ebenfalls nur unvollkommen sein. Es können grosse und kleine, nahe und ferne, arme und reiche Sonnensysteme und Himmelskörper entstehen, sich mit den verschiedensten Mineralien, Pflanzen und Animalien bevölkern, die wirklichen Menschen können weise und unweise, erhaben und gemein, gerecht und ungerecht, gut und böse, schön und unschön sein und handeln, sie können reich und arm, gesund und krank, ja unheilbar krank, glücklich und unglücklich sein. Diese Möglichkeit jeder Abweichung vom normalen Weltgesetze fordert die Selbstständigkeit und Freiheit der Welt; aber nur ein oberflächlicher Beurtheiler kann mit der thatsächlichen Unvollkommenheit der wirklichen Welt den Zweifel an der Existenz eines absolut vollkommenen Gottesreiches begründen.

Wie schon mehrmals erwähnt, tragen die unvollkommensten wirklichen Wesen doch als latente Elemente ihrer speziellen Grundeigenschaften vollkommene Grundlagen oder Elemente göttlicher Eigenschaften in sich. Dieselben ermöglichen nicht nur das Aufsteigen zu immer grösserer Vollkommenheit mittelst des Durchganges durch immer höhere Weltreiche, sondern sie sind zugleich die Triebfedern zum weltgesetzlichen Verhalten der Individuen; sie sind die wahren und echten Hebel zu einer normalen Thätigkeit der wirklichen Objekte, gleichviel, ob über der Wirksamkeit dieser Hebel eine kurze oder eine lange Zeit verrinnt, ja, vielleicht die irdische Lebenszeit abläuft. Je mehr Bestandtheile der latenten Grundlagen durch den Eintritt in höhere Weltreiche frei werden, desto mächtiger wird ihre Wirksamkeit: jedes Individuum, ob in diesem oder einem späteren Leben, wird daher immer auf den normalen Weg geführt, welchen man allgemein als den Weg der Ideale bezeichnen kann.

Den in jeder Hinsicht vollkommenen Wesen würde der Antrieb zu einer für sie nützlichen oder zweckmässigen Wirkung nach aussen oder auf andere Wesen fehlen; sie würden in Zufriedenheit stagniren: in der Unvollkommenheit der wirklichen Welt bekundet sich daher eine tiefe Weisheit ihres Erzeugers, während die damit verknüpfte Enthaltsamkeit Gottes, das Nichteingreifen in die Freiheit der Objekte, als ein Akt der Hingebung oder Aufopferung Gottes für das Wohl geschaffener Wesen erscheint, und nicht als ein Verlassensein dieser Objekte von der Hülfe Gottes aufgefasst werden darf: denn diese Hülfe besteht immerdar, nur nicht in der sofortigen Erfüllung geäusserter Wünsche, sondern in der Hinweisung auf den in Selbstbestimmung zu betretenden Weg der Weltgesetzlichkeit, wozu die Grundlagen der Organisation der Wesen, insbesondere für den Menschen die Ideale die Möglichkeit darbieten. Demgemäss ist Gott bei den Schicksalen der Welt mittelbar durch die ihr eingepflanzten Grundlagen mitthätig: er regiert die Welt durch Gesetze, welche sich in den die Welt erfüllenden Objekten manifestiren. Diese Gesetze aber lassen bei richtiger Erkenntniss trotz der scheinbaren Widersprüche Gott als einen weisen, schöpferischen, gerechten, hingebenden und vollkommen gesetzlichen Herrscher erscheinen.

(2) Erörtern wir jetzt die erste der beiden obigen Annahmen, fordern wir also eine äussere Ursache für die wirkliche Welt, aber nicht für eine unwirkliche Welt. Alsdann muss die wirkliche Welt aus einem Voräther geschaffen sein, es braucht jedoch der Voräther nicht aus einem höheren Äther entsprungen zu sein, vielmehr ist dann die vorätherische Welt die einzige höhere Welt, in welche die wirklichen Wesen nach dem Tode eintreten, jedoch nur ein begrenztes Dasein fristen könnten, um nach Ablauf desselben dem unwiederbringlichen Tode zu verfallen. Ein ewiges Leben in dieser höheren Welt würde schon aus dem Grunde unmöglich sein, weil die fortgesetzte Bevölkerung derselben durch den Tod der wirklichen Objekte eine schliessliche Erschöpfung der höheren Weltsubstanz zur Folge haben, also nothwendig zur Auflösung der darin entstandenen Individuen führen müsste. Man kann sagen: ein ewiges Leben derselben Individuen ist nur unter der Voraussetzung des Prinzipes von Geburt und Tod in jedem Weltreiche und der unendlichen Aufeinanderfolge höherer Weltreiche denkbar, weil nur der Tod der Individuen das betreffende Weltreich vor der mit der Schöpfung verbundenen Überfüllung bewahren kann, der Tod also eine Weltnothwendigkeit ist, ein ewiges Leben mithin eine unendliche Stufenfolge höherer Weltreiche erfordert, und eine auf zwei Weltreiche beschränkte Welt keine Unsterblichkeit der Individuen zulässt.

Gott, als der Schöpfer der wirklichen Welt, ist dann die dem Voräther innewohnende Macht, ein einziges, allmächtiges, vollkommenes Wesen, welches sein Reich allmählich mit Wesen von vorätherischer Qualität erfüllt. Die wirkliche und die höhere Welt und auch Gott selbst sind dann dreidimensionale Systeme, in welchen die Pentarchie herrscht. Das Wesen Gottes und der Weltprozess erscheinen in diesem

Falle einfacher und fest gegeben, nicht einer unendlichen Entwicklung unterworfen, das Verhältniss Gottes zur wirklichen Welt würde dem menschlichen Verständnisse leichter zugänglich, Gott würde dem Menschen näher gerückt sein. Wegen der konstanten Dreidimensionalität und Pentarchie würde er aber der Polydimensionalität und der Polyarchie entbehren, mithin nicht die absolute Vielseitigkeit und Vollkommenheit wie bei der anderen Annahme besitzen. Die Einschränkung des Wesens Gottes auf die Dreidimensionalität würde zugleich, da der menschliche Geist diese Einschränkung nicht als eine Nothwendigkeit anerkennt, vielmehr schon in der Mathematik die Polydimensionalität als ein wahres Weltgesetz erkennt, als ein Widerspruch gegen Weltprinzipien erscheinen; sie würde auch, da die Polydimensionalität denkbar ist, durch die faktische Nichtrealisirung derselben eine Abhängigkeit des höchsten Wesens von äusseren Bedingungen feststellen, also von Bedingungen, die doch nicht bestehen können, weil es nach der gemachten Voraussetzung ausser der vorätherischen Welt nichts Äusseres geben könnte.

Ausserdem würde die aus zwei Weltreichen bestehende Gesammtwelt eine sehr unvollkommene sein, da sie eine Unsterblichkeit der vorätherischen Wesen nicht zuliesse, und der unwiederbringliche Tod dieser Wesen würde die vorhin erwähnten Widersprüche gegen die Weisheit, Erhabenheit, Gerechtigkeit, Hingebung und Gesetzmässigkeit Gottes hervorrufen. Hiernach hat die letztere Annahme eine viel geringere Glaubwürdigkeit als die unter (1) betrachtete.

(3) Wollte man nun gar dieser letzteren Annahme die einzige darin enthaltene metaphysische Hypothese entziehen, also als dritte Annahme voraussetzen, dass nur die speziellen Zustände der wirklichen Welt eine äussere Ursache haben, dass aber das Dasein dieser Welt keiner Entstehungsursache bedürfe, wollte man also von der Annahme ausgehen, dass es nur ein Weltreich, nämlich die wirkliche Welt, gebe, welche der Sitz aller Weltkräfte wäre; so müsste doch auf Grund der Naturbeobachtung soviel anerkannt werden, dass die wirkliche Welt der Organismus oder Leib einer universellen Weltkraft mit subordinirten geistigen, vegetabilischen, mineralischen und physischen Vermögen sei, wovon die wirklichen Wesen in Gestalt von Menschen, Thieren, Pflanzen, Mineralien und Ätherobjekten spezielle Werthe oder spezielle Zustände darstellten. Die geistige Instanz dieser Weltkraft müsste den individuellen Menschengeist, die vegetabilische Instanz müsste die individuelle Vegetationskraft der einzelnen Pflanzen, die mineralische Instanz müsste die individuelle Mineralkraft der einzelnen Mineralien, die physische Instanz müsste die wahrnehmbare Ätherkraft an Stärke, Reinheit, Vollständigkeit, Vollkommenheit überragen, ohne jedoch qualitativ davon verschieden zu sein. Da jeder Zustand der wirklichen Welt eine vorhergehende, äussere Ursache haben und zugleich die Ursache zu einer Änderung, also eines folgenden Zustandes sein müsste; so würde die wirkliche Welt keinen Anfang und kein Ende haben können, sondern von Ewigkeit her ohne Schöpfungsursache bestanden haben und in alle

Ewigkeit ohne Todesursache fortbestehen. Die Individuen, als die speziellen Weltzustände, würden jedoch einem unwiederbringlichen Tode verfallen, die lebenden Gattungen würden sich durch Lebensprozesse bis auf die einer Weltregion zugemessene Zeit fortpflanzen, neue Regionen würden durch die Entfaltung der dem Äther innewohnenden Schöpfungsprozesse entstehen und vergehen, es würde sich überhaupt vor unseren Augen ein Weltprozess abspielen, welcher dem wirklichen durchaus entspricht.

Die in der Welt herrschende universelle Geisteskraft würden wir als die göttliche Kraft anzusehen, überhaupt aber würden wir zu sagen haben: Gott und die wirkliche Welt ist Eins, und alle wirklichen Wesen sind spezielle Zustände Gottes; wir müssten also den Pantheismus als Weltgesetz anerkennen. Hierdurch würden wir nun sofort auf verschiedene Widersprüche stossen, unter Anderem auf die folgenden.

Die Entstehung selbstständiger Wesen mit bestimmten speziellen Eigenschaftswerthen setzt nothwendig die Bindung der zur Vollkommenheit gehörigen allgemeineren Eigenschaften voraus; gebundene oder latente Eigenschaften müssen aber nach dem Zeugnisse aller Naturbeobachtung vermöge der Reaktion durch irgend einen Prozess frei gemacht werden können. Nach den unter (1) und (2) erörterten Annahmen findet diese Entbindung durch den Übertritt aus einem tieferen in ein höheres Weltreich statt, und sie kann auch nur auf diese Weise stattfinden, da die Erweckung von Eigenschaften, welche die eben bestehende wirkliche Welt überragen, mit der Verwirklichung eines höheren Weltreiches ganz gleichbedeutend ist. Ist nun die wirkliche Welt die einzig mögliche Welt, giebt es also keine höhere Welt, werden mithin die irdischen Wesen durch den Tod vernichtet, ohne in ein höheres Weltreich einzutreten; so ist auch die Entbindung der in Rede stehenden höheren Eigenschaften eine Unmöglichkeit: die dauernde, unlösbare Bindung von latenten Eigenschaften ist aber ein Widerspruch gegen die thatsächliche Wirkung der Reaktion.

Hierzu kömmt, dass, wenn eine solche Entbindung der höheren Eigenschaften durch reine Naturprozesse möglich wäre, also im Verlaufe wirklicher irdischer Prozesse stattfände, die Menschen endlich einmal zu Göttern werden müssten, was aber ebenfalls der Naturbeobachtung widerspricht, da der Organismus des Menschen bei aller Entwicklung doch ein unveränderliches System von Grundeigenschaften darstellt, welches keine höheren Eigenschaften anzunehmen fähig ist. Der Mensch und jedes irdische Wesen würde vielmehr als ein wirklicher Theil Gottes erscheinen.

Nach dem Zeugnisse der physischen, mathematischen, logischen und philosophischen Beobachtung ist das Weltganze nach einem über alles menschliche Verständniss erhabenen, weisen, kunstvollen Plane auferbauet, wir müssen also dem Gesammtgesetze und somit der dasselbe repräsentirenden Gottheit die grösste Vollkommenheit zuschreiben. Ist nun der Mensch und jedes Objekt ein Theil Gottes; so ist die menschliche und jede irdische Unvollkommenheit, der Mangel an Selbsterkenntniss, die Unfähigkeit des Menschen, den Weltplan, ja sein eigenes Wesen zu erkennen und zu projektiren, obwohl er doch ein Theil des vollkommenen Gottes und zwar ein Theil von der obersten Potenz, nämlich von der geistigen Potenz sein soll, ein starker Widerspruch gegen die thatsächlich sich manifestirende Vollkommenheit des universellen Weltgesetzes und gegen die Ebenbürtigkeit des göttlichen und des menschlichen Geistes.

Die unendliche Mannichfaltigkeit der Objekte begründet die Annahme, dass in dem Weltgesetze ein gewisser Grad von Freiheit herrsche und die Vollkommenheit dieses Gesetzes fordert sogar unbedingt die Freiheit seines Inhabers, also Gottes, als der Kraft der Gesammtwelt. Ein freier Weltgeist müsste aus dem Äther jederzeit beliebige Mineralien, aus dem Mineralreiche jederzeit beliebige Pflanzen und aus dem Pflanzenreiche jederzeit beliebige Animalien schaffen können. Wenn er es nun thatsächlich nicht thut, wenn vielmehr die Schöpfung unverkennbar nur unter gewissen Umständen (z. B. bei gewissen Temperaturgraden) vor sich geht und erlischt, wenn also der Weltgeist in seiner Wirksamkeit an äussere Bedingungen gebunden ist; so liegt hierin nicht nur ein Widerspruch gegen die Voraussetzung, dass es ausser der von dem Weltgeiste beherrschten Wirklichkeit nichts Äusseres giebt, das ihn beschränken könnte, sondern auch gegen die Freiheit des Weltgeistes überhaupt. Ebenso widerspruchsvoll wäre es, dass der Weltgeist unfrei, der individuelle Menschengeist aber frei sein könnte, wie er es nach meiner Ansicht thatsächlich ist. Wäre der Weltgeist unfrei, also in seiner Wirksamkeit an unabänderliche Gesetze gebunden; so wäre auch der Mensch unfrei, ein reiner, nach Kausalitätsgesetzen funktionirender Mechanismus, der nichts Anderes thun könnte, als was er thut, der mithin auch für sein Thun nicht verantwortlich wäre, für den das Recht ein leerer Schall, eine gewaltthätige Behinderung seines Egoismus wäre, gegen die er Opposition zu machen sich berechtigt halten müsste.

Die endliche Auflösung jeder der Weltregionen, z. B. der Erde, in Äthersubstanz würde das Dasein dieser Region und die Thätigkeit aller darauf bestandenen Menschen und Objekte als etwas völlig Unnützes und Zweckloses, als ein Gaukelspiel der Weltkraft, also als einen Vorgang erscheinen lassen, welcher mit dem Wesen eines Weltgesetzes, das so hohe Weisheit bekundet, im Widerspruche steht.

Die absolute Vernichtung der Individuen durch den Tod würde das Streben nach den Idealen von Wahrheit, Erhabenheit, Recht, Gutheit und Schönheit, wozu der normale Menschengeist sich gedrungen fühlt und womit er den Kampf gegen die Unbilden des Schicksals aufnimmt, als eine Thorheit erscheinen lassen, der Geist würde also mit den Grundprinzipien seines Wesens in Widerspruch treten.

Ausserdem würde die Beschränkung der absoluten Welt und des Wesens Gottes auf die Dreidimensionalität und die Pentarchie alle die übrigen Widersprüche nach sich ziehen, welche für das aus einem ätherischen und einem vorätherischen Reiche zusammengesetzte Weltsystem unter (2) hervorgehoben sind.

Nach den Prinzipien des Pantheismus oder der einzigen Wirklichkeitswelt würde Gott als universeller Geist für den Menschen ein ganz gleichgültiges Wesen sein, welches auf Werthschätzung nicht den geringsten Anspruch hätte. Es würde dann wohl in Gott die Erinnerung an uns, wir selbst aber würden nicht fortleben, sondern durch den Tod aus der Klasse der animalischen Wesen verschwinden, unser Verhältniss zu Gott würde von vorübergehender Dauer und ohne Interesse sein, Idealen nachzustreben würde eine krankhafte Laune sein, Egoismus wäre das einzig berechtigte Ziel unserer Lebensthätigkeit, Religion müsste als Phantasterei erscheinen und selbst Moral als ein unberechtigter Zwang angesehen werden.

Es liegt hiernach auf der Hand: wenn es nur ein Weltreich giebt, jedes wirkliche Objekt also nur zu wirklichen Objekten in Beziehung steht, und diese Beziehung auf strengem, unabänderlichem Naturgesetze beruhet, wodurch dieses Objekt als ein bestimmt abgemessener, völlig selbstständiger Bestandtheil der Gesammtwelt, die Gesammtwelt also als eine Summe der soeben bestehenden Weltobjekte erscheint, die sich lediglich durch die den Objekten innewohnenden Naturkräfte streng gesetzmässig ändert; so kann es kein einheitliches, selbstständiges, schaffendes, freies Wesen, also keinen eigentlichen oder persönlichen Gott geben. Die ausschliessliche Existenz der wirklichen Welt oder der Pantheismus ist daher gleichbedeutend mit Atheismus, d. h. er nöthigt in logischer Konsequenz zur Anerkennung des Atheismus. Zu dem gleichen Endziele, dem Atheismus, führt meines Erachtens auch der Darwinismus, welcher einen Schöpfungsprozess, überhaupt Geburt und Tod nicht als Folgeprozesse und Zusammenwirkungen wirklicher Kräfte mit ausserwirklichen Kräften, sondern nur als die alleinigen Wirkungen von Naturkräften anerkennt. Der Atheismus nöthigt dann auch zum Anarchismus, da er jede Beschränkung der individuellen Willkür als einen unberechtigten Zwang verurtheilen und den Widerstand gegen jeden solchen Zwang für berechtigt halten muss. Die Nichtexistenz eines vollkommenen Gottes hebt aber die vorgenannten Widersprüche nicht auf; diese Widersprüche kennzeichnen also den Atheismus als eine Absurdität; die unbefangene Vernunft muss daher die in Rede stehende dritte Annahme als unglaubwürdig verwerfen.

Die unter (2) besprochene zweite Annahme verlegt die vorstehenden Widersprüche in das voratherische Reich, ist mithin ebenfalls nicht glaubwürdig. Nur die unter (1) vorgeführte erste Annahme hebt diese Widersprüche auf, sie allein hat Glaubwürdigkeit. Nach ihr erkennen wir Gott als das allweise, als das absolut erhabene und allschöpferische, als das absolut freie und allgerechte, als das sich an die Weltobjekte hingebende, allgütige und allliebende, als das absolut gesetzmässige, vollkommene und allschöne höchste Wesen an, welches den aus seiner eigenen Substanz geschaffenen Weltobjekten durch den unendlichen Umwandlungs- und Erhöhungsprozess die Annäherung an die Vollkommenheit ermöglicht. Wir können dann sagen: es besteht nicht nur in Gott die Erinnerung an uns ewig fort, sondern auch uns und jedem geschaffenen wirklichen Wesen ist die Unsterblichkeit und die Vervollkommnung beschieden.

Das Dasein in irgend einem Weltreiche beruhet auf einer Thätigkeit der einem jeden Wesen zukommenden speziellen Werthe von Kräften dieses Reiches. Diese Thätigkeit bedingt Wechsel der Zustände; jedes Wesen erfüllt sein Weltdasein nicht in konstanter, sondern in wechselnder Form; es verlässt das Weltreich, in welchem es soeben lebt, indem diese Kräfte erlöschen, durch den Tod, um in dem nächst höheren Reiche durch ein Wesen ersetzt zu werden, welches der Abglanz der Eindrücke ist, die es während seines Daseins in dem vorhergehenden Reiche auf die Substanz des nächst höheren Reiches gemacht hat. So erwacht der Mensch in immer höheren Reichen mit höheren Kräften, umgeben von einer, seiner früheren Lebenswelt ähnlichen Welt; er findet sich und die Seinen und eine verwandte Heimath wieder. Seine Kräfte in dem höheren Reiche sind von höherer Qualität, stehen jedoch auf Grund der Erzeugung dieses höheren Daseins mit seinen früheren Kräften im Verhältnisse, d. h. sein Werth in der höheren Welt ist durch seinen absoluten, nicht durch seinen relativen oder ihm von anderen Wesen oder von aussen zuerkannten Werth in der niedrigeren Welt bedingt; in jenem höheren Werthe liegt also der Lohn und die Strafe für sein Vorleben. Das Streben nach den Idealen der Wahrheit, der Erhabenheit, der Gerechtigkeit, der Gutheit und der Schönheit erscheint als das einzig vernünftige und als das lohnendste Lebensgesetz, dessen Befolgung für Jedermann, er sei hier auf Erden nach den ausser seiner Macht liegenden Verhältnissen gross oder klein, vornehm oder gering, reich oder arm, gelehrt oder ungelehrt, berühmt oder unbekannt, den Werthmesser in dem höheren Reiche abgiebt.

In Erwägung, dass die wirkliche und jede höhere Welt mit allen ihren Objekten immer als eine Schöpfung aus der Substanz oder aus dem Wesen Gottes erscheint, kann man unter Vorbehalt der richtigen Deutung der Worte sagen: Gott lebt in uns und wir leben in Gott.

157. **Glaube und Religion.** Der Glaube, als das Fürwahrhalten ohne vollständige Erkenntniss, hat zwei wesentlich verschiedene Bedeutungen, jenachdem es sich um Objekte der wirklichen oder einer ausserwirklichen, höheren Welt handelt. Der erstere Glaube ist stets ein Glaube an die Wissenskraft des Geistes und zwar entweder an die des eigenen Geistes, oder an die des Geistes eines Anderen, also überhaupt an die Wissenskraft des Geistes schlechthin. Wenn der Mensch durch sein Auge von aussen oder auch durch seine innere spontane Erregung des Sensoriums den Eindruck eines rothen Objektes empfängt; so hält er diesen Eindruck wirklich für roth kraft seines physisch-geistigen Vermögens. Wenn er durch Abmessung eines Quadrates dessen Inhalt feststellt, wenn er durch mathematisch-logische Prozesse den Pythagoräischen Lehrsatz beweis't, hält er diese Resultate für wahr kraft seines eigenen mathematischen Vermögens. Wenn aber der Nichtmathematiker die von Mathematikern aufgestellten Lehrsätze als richtig

anerkennt; so hält er sie für wahr in der Voraussetzung einer hinreichenden mathematischen Ausbildung des Anderen, welchen er wohl eine Autorität für eine spezielle Wissenschaft nennen kann, ohne doch darunter etwas Anderes, als den Inhaber besser ausgebildeter wirklich geistiger Vermögen zu verstehen. Dieser Glaube an Resultate der eigenen oder fremden Erkenntnissfähigkeit läuft immer auf eigenes oder fremdes Wissen hinaus und ist stets der unbedingten Kritik der Vernunft, als des Vermögens der Erkenntniss der Wahrheit, unterworfen, einer Kritik, die jedes Individuum bei genügendem Grade der Ausbildung auszuüben berechtigt, ja, verpflichtet ist.

Ganz anders liegen die Sachen bei dem Glauben an unwirkliche, überirdische Dinge, an eine höhere Welt, an Gott, Unsterblichkeit, Wiedersehen nach dem Tode, Vergeltung u. s. w. In diesem Glaubensgebiete, welches hauptsächlich die Beziehung des Menschen zu Gott oder die Religion zu seinem Gegenstande hat, ist von ausreichender wahrer Erkenntniss überall keine Rede, mag es sich um das Glauben aus eigener oder aus fremder Autorität handeln; in diesen Dingen beweis't der Geist seine ganz natürliche Unzulänglichkeit der Erkenntniss von Dingen, welche über oder ausserhalb seiner Sphäre liegen oder seine Kräfte übersteigen: die Religion ist daher weder eine physische, noch eine mathematische, noch eine logische, noch eine philosophische, sondern eine metaphysische Wissenschaft. Die Unzulänglichkeit der Vernunft für die vollständige Erkenntniss höherer Weltgesetze ist aber kein Deckmantel für jede beliebige, aus reiner Willkür entspringende Vorstellung von Wesen einer höheren Welt. Die Wahrscheinlichkeit ist so gut der Kritik der Vernunft unterworfen wie die Gewissheit: die Vorstellungen von der höheren Welt müssen daher den in Nr. 155 genannten Prinzipien einer rationellen, vernunftgemässen Metaphysik entsprechen, und demzufolge kann die wahre Religion als rationelle Metaphysik oder als ein rationeller Glaube bezeichnet werden, welcher die Kritik der Vernunft zulässt und fordert, also vornehmlich auf einer rationellen Verallgemeinerung der wirklichen Welt- oder Naturgesetze beruhet und daher willkürliche Eingriffe in die Naturgesetze bei wirklichen Naturprozessen als Widersprüche gegen die allgemeine Weltgesetzlichkeit oder als Unmöglichkeiten ausschliesst.

Trotz der Unerkennbarkeit der höheren Welt und trotz der Beschränkung der Macht der wirklichen Naturkräfte auf die wirklichen Naturprozesse hat doch die Religion in ihren Lehren über das Verhältniss zu Gott, als dem höchsten Weltwesen, sowie in ihren Lehren über das Fortleben der wirklichen Welt in höherer, unerkennbarer Form eine grosse Wichtigkeit für die Menschheit und wegen der Wirkung der Menschheit auf das Pflanzen-, Mineral- und Ätherreich auch für die gesammte wirkliche Welt. Sie ist ein nützlicher, ja nothwendiger Hebel für die Kultur, für die Vervollkommnung der Individuen, für das gerechte und gute Verhalten, für die ästhetische Ausbildung oder die Sitte. Denn, wenn wir auch nicht annehmen, dass Gott die wirkliche Welt anders, als durch die ihr verliehenen Naturkräfte regiert, also unser

Gebet nicht durch Eingriffe in diese Gesetze erhört; so nöthigt uns doch der Glaube an das Dasein Gottes und an die in den Naturgesetzen sich bekundende höhere Weisheit zu einem gewissenhaften Streben nach den unserem Geiste vorschwebenden Idealen, also zu einem vernünftigen, zweckmässigen, guten Verhalten, welches die Erfüllung der im Gebete ausgesprochenen Wünsche zur Folge haben kann, und in der Nichterfüllung unserer Wünsche erblicken wir nicht die Ablehnung einer uns feindlich gegenübertretenden Macht, sondern eine unerkennbare, aber weise Gegenwirkung, welche uns zum Heile gereicht, indem sie uns Gelegenheit giebt, in dem Kampfe mit dem Missgeschicke durch das Beharren beim Rechten und Guten zu siegen und demgemäss mit einem inneren Werthe und wirksameren Kräften in eine höhere Welt einzutreten, welche die Erfüllung unserer Wünsche ermöglicht oder eine gleichwerthige Vergeltung dafür bietet. Das Vertrauen auf eine höhere Welt giebt uns zugleich Trost im Leiden und belebt die Hoffnung auf Erlösung aus der Noth, bewirkt also eine thatsächliche Verminderung des äusseren Druckes, bannt die Verzweiflung, den Missmuth, den Antrieb zur Missethat und mässigt andererseits den durch unerwartet grosse Geschenke des Schicksals leicht erwachenden Übermuth. Der Glaube an das Fortleben in einer höheren Welt, in welche wir mit einem durch unser Erdenleben bedingten Werthe eintreten, worin einerseits eine ausgleichende Vergeltung für erduldete Leiden und andererseits eine Strafe für begangene Fehler liegt, ist daher ein wirksames Mittel, den Menschen auf vernünftigem, erhebendem, rechtem, gutem, sittlichem Wege zu erhalten.

Ohne Religion würden die rein geistigen Kräfte einen harten Kampf gegen die unteren Vermögen, gegen den Antrieb materieller Interessen, gegen den Anreiz zu Genüssen und gegen die Neigung zu vergnüglichem Wohlleben zu bestehen haben: der Egoismus würde eine verderbliche Herrschaft üben. Wenn man auch zugiebt, dass die natürlichen geistigen Kräfte mit ihrem Streben nach Idealen sich in langen Zeiten doch endlich durchringen und die Menschheit auch ohne Glauben an eine höhere Welt auf die rechten Wege führen würden; so kann dieser Entwicklungsgang doch die Klagen über mangelhafte Gerechtigkeit, über unnütze Leiden, über völlige Wirkungslosigkeit der irdischen Welt bei ihrem dereinstigen sicheren Erlöschen, also über die Unvollkommenheit dieser Welt nicht zum Schweigen bringen und die Vernunft, als unbeschränktes Umfassungsvermögen, wird sich stets gegen die Zumuthung auflehnen, dass sie die Unendlichkeit in Raum und Zeit, in mathematischer Dimensität, im logischen Inbegriff, in philosophischer Gesammtheitsidee, überhaupt in allen einzelnen Theilen des Weltsystems anerkennen, im Gesammtsysteme oder im Weltgesetze aber leugnen, hier also auf der abschliessenden Vorstellung von vier Weltdimensionen, dem Ätherreich, dem Mineralreich, dem Pflanzenreich und dem animalischen Reiche stehen bleiben soll.

Diese Forderung der Einengung der Vernunft auf Endlichkeitsprozesse stellt der Ultraliberalismus in der strengen naturalistischen Weltanschauung: er befreiet die wirkliche Welt und damit den menschlichen Geist von dem Zusammenhange mit ausserwirklichen Kräften, legt aber andererseits der freien Thätigkeit des Geistes eine Fessel an; er erhöhet die Freiheit des Individuums gegenüber der Freiheit der Gesammtwelt, er hemmt also die Freiheit der Gesammtheit im Interesse der individuellen Freiheit, und ist demzufolge ebensowohl ungerecht, wie er unvernünftig und irreligiös ist. Der gemässigte Liberalismus lässt in der rationellen naturalistischen Weltanschauung sowohl der wirklichen, als auch der verallgemeinerten oder höheren Welt die einer jeden gebührende Beachtung und Gerechtigkeit wiederfahren; er stützt sich auf rationelle Metaphysik und ist daher vernünftig und religiös.

Gleichwie der vernunftgemässe Glaube am Unglauben einen Gegensatz findet, findet er auf der anderen Seite einen Gegensatz im orthodoxen Glauben, wenn darunter das Fürwahrhalten willkürlich aufgestellter, der Kritik der Vernunft entzogener Satzungen verstanden wird. Selbstverständlich müssen für eine Gesellschaft, welche durch ihr äusseres Verhalten ihrem Glauben einen gemeinschaftlichen Ausdruck geben, eine Konfession mit gleichen kirchlichen Gebräuchen bilden will, gewisse Satzungen zur allgemeinen Beachtung aufgestellt werden. Diese Satzungen werden je nach der geistigen Besonderheit ihrer Stifter und der Mitwelt gewisse Eigenartigkeiten zeigen, welche man in unwesentliche Zeremonien und in wesentliche Doktrinen scheiden kann. In den ersteren kann man weitgehende Zugeständnisse an den Geschmack, die Neigungen und Gewohnheiten der Gesellschaft machen, an die letzteren muss man jedoch die Kritik der Vernunft als eine unbedingte Forderung stellen, und mir scheint, dass zwei Ideen dieser Forderung allgemein und dauernd genügen: der Glaube an das Dasein Gottes und an Unsterblichkeit mit den daran sich knüpfenden, von der Vernunft als nothwendig und rationell erkannten Konsequenzen.

158. **Phantasiegebilde.** Es ist zwar thöricht, sich über die Beschaffenheit der höheren Welt mit überirdischen, also auch übergeistigen Kräften den Kopf zu zerbrechen, da das Übergeistige für den wirklichen Geist unerkennbar ist, gleichwohl ist es zur Stärkung des Glaubens an eine höhere Welt nicht ganz unnütz, gewissen mit der Idee einer höheren Welt verknüpften und auf den ersten Blick unmöglich erscheinenden Vorstellungen durch Analogien aus der Wirklichkeit den Charakter des Unmöglichen zu benehmen, zugleich aber auf die durch das höhere Weltsystem bedingten Abweichungen hinzuweisen. Hierzu mögen die nachstehenden Betrachtungen dienen.

1. Der Mechaniker wird es für unmöglich halten, dass ein Wesen im reinen Voräther eine willkürliche Stellung einnehmen und sich darin frei (nach Selbstbestimmung) bewegen könne, wenn ihm die Schwere fehlt, wenn es nicht gegen eine verdichtete Masse gravitirt, wenn es im Voräther keinen Widerstand und gegen keinen Weltkörper einen Reibungswiderstand findet, indem selbst der mit Flügeln ausgerüstete Vogel in

der widerstandsfähigen Luft Diess ohne die Gravitation der Erde nicht vermöchte.

Die Bewegungsmittel einer höheren Welt werden auf besonderen Relationen beruhen, von welchen wir keine Vorstellung haben, es lässt sich aber aus Wirklichkeitsprozessen ein Vorgang konstruiren, welcher das Vorstehende als möglich erscheinen liesse, wenn er stattfände. Denn, denken wir uns den Äther, in welchem unsere Erde und unser Sternenzelt liegt, als eine zwar unmessbar grosse, aber doch geschlossene Kugel mit gegen die Grenzen hin abnehmender, jedoch nicht auf null herabsinkender Dichtigkeit (ähnlich wie die Atmosphäre unserer Erde ohne Frage eine geschlossene Kugel bildet), und nehmen wir an, das mineralische Sternenzelt liege dem Mittelpunkte dieser Ätherkugel sehr nahe, sodass ausserhalb dieser Sphäre eine unmessbar grosse reine Äthermasse mit herabsinkender Dichtigkeit liegt. Diese Ätherkugel wird von dem Voräther durchdrungen, welcher sich über derselben ins Unendliche ausdehnt. In dem Voräther können viele Ätherkugeln liegen, es können darin fortwährend neue Ätherkugeln geschaffen werden, während die geschaffenen allmählich in vorätherische Substanz wieder aufgelös't werden, nachdem die in ihnen erzeugten Himmelskörper oder Sterne längst vorher in Äthersubstanz aufgelös't sind und mit ihren Insassen den irdischen Tod gefunden haben.

Nehmen wir an, es gebe ausser der Ätherkugel, in welcher die Erde liegt, zahllose ähnlich gebildete Ätherkugeln, welche sämmtlich vom Voräther durchdrungen werden, sodass der Voräther ein unendlich viel grösseres, aber ebenfalls begrenztes Reich umschliesst, als jede Ätherkugel, und in diesem Reiche durch Schöpfungskraft fortwährend neue Wirklichkeitsregionen entstehen, während die geschaffenen allmählich verschwinden. Nehmen wir ferner an, durch die fortgesetzte Zusammenwirkung der in den Ätherkugeln und deren Himmelskörpern wie die Erde existirenden Wesen entstehen im Voräther diejenigen Objekte, welche nach vollständiger Organisation die höheren Wesen darstellen, und diese Objekte erheben sich sämmtlich auf die Grenze oder auch auf die Grenzschicht des Voräthers; so können sie mit dem unter ihnen liegenden Voräther in ähnlicher Relation stehen, wie die wirklichen Wesen der Erde zum Erdkörper, d. h. sie werden selbstgewählte Stellungen und Bewegungen, die Letzteren vielleicht ebensowohl in horizontalen, wie in vertikalen oder schrägen Richtungen von gewisser Höhe annehmen können. Da alle Ereignisse auf einem Himmelskörper entweder gleichzeitig, oder in stetiger Zeitfolge auftreten; so werden alle von einem Himmelskörper erzeugten vorätherischen Wesen in einem bestimmten Zusammenhange stehen und demzufolge bei dem Eintritte in die gedachte Grenzschicht des Voräthers eine Gemeinschaft bilden, sodass sich z. B. die Erdenwesen in einem zusammengehörigen höheren vorätherischen Weltbezirke vereinigen werden.

Von dem Voräther gilt Dasselbe wie von den Ätherkugeln, d. h. man kann sich denken, dass es zahllose Vorätherkugeln gebe, welche von einem Vor-Voräther durchdrungen werden und eine später entstehende höhere Welt zweiten Grades bedingen, dass überhaupt die absolute Welt ein ins Unendliche sich erweiterndes System niedrigerer Welten bildet, dessen Urgrund in dem Primordium oder der Substanz Gottes liegt.

Der Voräther wird so gut Vibrationen zulassen wie der Äther; es ist also möglich, dass die vorätherischen Wesen sensuelle Vermögen haben, dass sie einander sehen und hören, dass sie eine Sprache reden können.

So viel Bestechendes die vorstehenden Phantasiegebilde für die nach Erkenntniss des ewigen Lebens dürstende Seele haben mögen, so bin ich doch weit entfernt, denselben Wahrheit beizulegen: ja, die nüchterne Vernunft lehnt sich gegen die Begründung derselben auf. Denn, da ein vorätherisches Wesen kein materielles Objekt ist; so bedarf es zu seiner Bewegung und Stellung keiner Gravitation (die Zeit bewegt sich auch ohne mechanische Kräfte und im Raume kann eine geometrische Figur ohne mechanische Kräfte an jeden Ort und in jede Stellung gelangen). Was aber das Sehen, Hören und Sprechen betrifft; so bedürfen die vorätherischen Objekte zu ihrer Zusammenwirkung vielleicht der Vermittlung des Voräthers, aber jedenfalls nicht der Vermittlung des Äthers; die ätherischen Licht- und Schallprozesse werden also für die vorätherischen Wesen bedeutungslos sein, welche Beschaffenheit aber die vorätherischen Vermittlungsprozesse haben, wissen wir nicht. Man wird hiernach sagen müssen, die Bewegung, die Begegnung, die Verständigung der vorätherischen Wesen wird sicherlich bestimmten Weltgesetzen unterworfen sein, diese Gesetze werden aber von den irdischen Gesetzen in einer uns verborgenen Weise abweichen.

2. Der Menschengeist vermag nur vier subordinirte Grundreiche, das Äther-, Mineral-, Pflanzen- und Thierreich, zu erkennen, ein jedes dieser Reiche nur in fünf koordinirte Grundgebiete, jedes Gebiet nur in fünf Grundfesten (Grundeigenschaften, Grundprozesse, Grundprinzipien, Apobasen und Grundsätze), und jede Feste nur in fünf Grundbestandtheile, nämlich in fünf Grundeigenschaften, fünf Grundprozesse, fünf Grundprinzipien, fünf Apobasen und fünf Systeme von Grundsätzen zu zerlegen. Ein tieferes als das Ätherreich und ein höheres als das animalische Reich, sowie eine sechste Grundeigenschaft kann es in der wirklichen Welt nicht geben, und demzufolge kann der Logiker, welcher den Blick auf die erkennbare Wirklichkeit gerichtet hält, leicht an der Möglichkeit einer solchen Erweiterung des Weltsystems zweifeln. Gleichwohl lehren Vorgänge in der Wirklichkeit, dass jene Begrenzung auf die Pentarchie keine absolute sein kann. Im Schöpfungsprozesse, welcher aus Ätherelementen Mineralatome, aus Mineralatomen Pflanzenzellen, aus Pflanzenzellen animalische Organe erzeugt, indem er gewisse Systeme niedrigerer Elemente zu höheren Einheitssystemen zusammenfasst und in den Letzteren höhere Kräfte zur Erscheinung bringt, welche die niedrigeren Elemente nicht besitzen und durch ihre Naturkräfte nicht erringen können, in diesem Schöpfungsprozesse, welcher zugleich auf ein tieferes Reich, nämlich auf einen

Voräther hinweis't, stellt sich ein von den erwähnten Grundprozessen ganz verschiedener Prozess dar, welcher den Charakter eines erhöhenden Organisationsprozesses an sich trägt. Wenn man sich vorstellt, dass bei der fortgesetzten Zusammenwirkung eines lebenden Wesens mit dem dasselbe durchdringenden Voräther ein solcher Organisationsprozess thätig sei, welcher alle Eindrücke, die der Voräther von allen Wirklichkeitszuständen jenes Wesens empfängt, zu einem vorätherischen Systemganzen zusammenfasst; so verliert die Entstehung höherer Wesen und die Fortexistenz der wirklichen Wesen nach dem irdischen Tode alles Wunderbare.

Hierzu kömmt, dass die gesetzliche Reihenfolge der fünf Grundeigenschaften Quantität, Inhärenz, Relation, Qualität und Modalität eines Gebietes, sowie die Reihenfolge der fünf Gebiete, wie z. B. Raum, Zeit, Materie, Stoff und Krystall eines Reiches, als eine Entstehung jeder folgenden Stufe aus der vorhergehenden oder als ein dem Schöpfungsprozesse verwandter Erzeugungsprozess aufgefasst werden kann, welcher durch die Vermittlung einer neu hinzutretenden vorätherischen Kraft über die fünfte Stufe hinaus in der Weise fortgesetzt werden könnte, dass die sukzedirenden Zustände eines Wesens zu einheitlichen Gesammtheiten mit erhöheten Eigenschaften zusammentreten. Denkt man sich z. B. jeden undimensionalen Punkt einer eindimensionalen Raumkurve als einen Inbegriff von Punktelementen, und stellt sich vor, dass solche Elemente verschiedener Punkte (ohne ihren Ort zu ändern) in eine variabele Beziehung zueinander treten oder elementare Systeme mit besonderen Kräften bilden; so wird diese Kurve ihre Quantität, ihren Ort, ihre Richtung, ihre Dimensität und ihre Form behalten, ausserdem aber eine auf der variabelen Organisation der Punktelemente beruhende sechste Grundeigenschaft zeigen. Wenn solche Organisationen auch nicht in der Wirklichkeit zu Stande kommen können, da die wirklichen Objekte immer in einem augenblicklich gegebenen Zustande existiren und erkannt werden; so erscheint ihr Auftreten in einer höheren Welt und ihre Erkennbarkeit durch einen nach denselben Prinzipien entstehenden universellen Geist als eine durch Analogien der Wirklichkeit unterstützte Möglichkeit. Das Hauptkriterium des nächsten überirdischen Weltsystems wäre dann Erhöhung der irdischen Kräfte um einen Grad und Vermehrung derselben um eine Stufe, woraus sich als die fünf Grundreiche ein rein vorätherisches, ein erhöhetes ätherisches, ein erhöhetes mineralisches, ein erhöhetes vegetabilisches und ein erhöhetes animalisches Reich ergeben würde. Die Objekte des letzteren Reiches wären die animalischen Wesen, welche auf unterster Stufe mit einem Vermögen zur Reaktion auf den Voräther und auf den oberen Stufen mit erhöheten sensuellen, mathematischen, logischen und philosophischen Vermögen, also überhaupt mit überirdischer Geisteskraft ausgerüstet wären, indem jedes dieser Vermögen in sechs Grundgebiete und jedes Grundgebiet in sechs Grundeigenschaften zerfiele.

Diese erhöheten Kräfte und neuen Grundeigenschaften lassen sich, da sie das erkennbare Wirklichkeitsbereich überschreiten, nicht definiren und das darüber im Vorstehenden Gesagte, sowie die vorhergehende Darstellung des Existenzbereiches der höheren Wesen kann daher keinen Anspruch auf Wahrheit machen; Beides kann vielmehr nur dazu dienen, das Wesen einer höheren Welt als ein mögliches Resultat der Erweiterung der Gesetze der wirklichen Welt anzuerkennen. Der Übergang zu der höheren Welt kann auch auf andere Weise erfolgen; man kann nur sagen, ein solcher Übergang in irgend einer Weise muss nothwendig erfolgen, da der Abbruch mit einem geschlossenen Wirklichkeitsbereiche ein Widerspruch gegen die absolute und allseitige Unendlichkeit ist, zu deren Anerkennung der menschliche Geist sich gedrungen fühlt.

3. Der Naturforscher wird geneigt sein, die Existenz eines Voräthers und die Zusammenwirkung wirklicher Objekte mit diesem Voräther um desswillen zu leugnen, weil weder der Bestand des Voräthers, noch dieser Wirkungsprozess wahrnehmbar sind. Allein, die Wirklichkeit liefert in dem unwahrnehmbaren Äther und in der Thatsache, dass jedes materielle Element eines wirklichen Objektes durch den Äther auf alle Elemente der Welt gravitirt, auch Licht-, Wärme- und andere physische Strahlen nach allen Richtungen aussendet, Analogien zu unmerkbaren Kräften und Prozessen, sodass die Unwahrnehmbarkeit des Voräthers kein hinreichender Grund zu seiner Verwerfung ist.

Wir sehen ferner, dass jedes Ereigniss in der Wirklichkeit eine unauslöschliche Wirkung hervorbringt und im Gedächtnisse des Menschen als Erinnerung fortlebt oder doch zu jeder Zeit reproduzirt werden kann. Wenn man sich also denkt, in dem Gesammtwesen der höheren, übergeistigen Welt bilde jedes Objekt der Wirklichkeit eine dauernde Vorstellung oder einen unauslöschlichen, stets gegenwärtigen Erinnerungszustand; so ist dieser Zustand ein Weltzustand, ein Objekt, welches als der Embryo eines sich daraus organisirenden höheren Wesens angesehen werden kann. Wie in einem solchen, aus einem Menschen nach seinem irdischen Tode entstehenden Objekte das Selbstbewusstsein erwacht, mag als ein unerkennbarer Prozess auf sich beruhen bleiben, man wird aber annehmen können, dass diese Erweckung thatsächlich erfolgt, da das Selbstbewusstsein schon dem wirklichen Menschen eigen ist, der doch ebenfalls einen Zustand in dem Gesammtwesen der wirklichen Welt, also ein niedrigeres Objekt darstellt.

X. Irrthümer in den Wissenschaften.

159. **Die Hypothese.** Da Wahrheit das Endziel der Wissenschaft ist; so hat die Aufklärung herrschender Irrthümer dieselbe Wichtigkeit wie die Beibringung neuer Wahrheiten. Der Aufzählung solcher Irrthümer schicke ich eine Erörterung über das Wesen der Hypothese voran.

Jede Thätigkeit setzt Objekte in gewissen Zuständen oder mit gewissen Eigenschaften, ferner gewisse Änderungen dieser Eigenschaften oder gewisse Prozesse, ferner gewisse Kräfte als Ursachen der entstehenden Änderungen und Resultate, ferner gewisse Gemeinschaften zwischen den zusammenwirkenden Objekten, ferner gewisse Abhängigkeiten, welche den Verlauf der Thätigkeit bedingen, voraus, und wenn man die Thätigkeit irgend eines Wesens betrachtet, sind die ihm selbst innewohnenden Eigenschaften, Prozesse, Kräfte u. s. w. von denen der übrigen Weltobjekte, welche mit jenen zusammenwirken, zu unterscheiden. Sind keine äusseren Objekte mitwirksam; so handelt es sich um eine selbstständige oder innere Thätigkeit eines Wesens. Diess gilt von jeder, also auch von der geistigen Thätigkeit: sie setzt, wenn es sich um rein innerliche Prozesse handelt, geistige Eigenschaften, und wenn es sich um Zusammenwirkung mit der Aussenwelt oder überhaupt um Beziehungen zur Welt handelt, Eigenschaften der äusseren Weltobjekte, sowie gesetzliche Relationen zwischen den geistigen und den äusseren Eigenschaften voraus.

Da der individuelle Geist eine Eigenschaft des Menschen und dieser ein System von animalischen Organen, vegetabilischen Zellen, mineralischen Atomen und physischen Elementen ist; so sind mit jeder geistigen Thätigkeit nichtgeistige (vegetabilische, mineralische, physische) Prozesse verbunden, eine rein geistige Thätigkeit ohne alle nichtgeistigen Prozesse findet daher nicht statt; sie bildet aber in jedem Prozesse, wozu der Geist entweder den Impuls giebt (den Motor abgiebt), oder worin er erregt wird (den Rezeptor abgiebt), einen bestimmten Theil, den geistigen Antheil der Thätigkeit, welchen man für sich ins Auge fassen kann.

Wenn wir der Welt und den Weltprozessen Gesetzlichkeit unterlegen; so muss ein geistiger Zustand, welcher durch äussere Ursachen erzeugt ist, wobei also der individuelle Geist den Rezeptor bildet, nothwendig der äusseren Ursache nach dem Organisationsgesetze des betreffenden geistigen Individuums entsprechen, und wenn dieses Individuum normal organisirt ist oder einen normalen Geist besitzt, muss die Übereinstimmung des geistigen Zustandes mit der Aussenwelt eine weltgesetzliche sein. Hierbei ist also vorausgesetzt, dass das Individuum lediglich als Empfänger, nicht als selbstständiger Erreger auftrete. Tritt der Geist als Motor auf; so kann er offenbar innere geistige Zustände schaffen, und diese werden, wenn er ein normaler Geist ist, möglichen Weltzuständen entsprechen, d. h. es kann Weltobjekte geben, welche der geistigen Abstraktion entsprechen, es wird solche Objekte aber nur dann geben, wenn die dem reinen Geistesprozesse entsprechenden äusseren Prozesse wirklich vollzogen werden. Die letztere Bedingung der Realisirung geistiger Vorstellungen braucht nicht erfüllt zu sein und ist auch beim spontanen Denken meistens nicht erfüllt. Demzufolge entsprechen die rein geistigen Prozesse des normalen Geistes nur einer subjektiven Welt, sie sind meistens in der wirklichen nicht realisirt, können aber realisirt werden; sie bilden den Inhalt der reinen oder vielmehr der subjektiven Wissenschaften.

Die Geisteszustände, in welche der normale Geist durch äussere Weltkräfte versetzt wird, indem er auf äussere Eindrücke durch seine sinnlichen, anschaulichen, logischen und philosophischen Vermögen normal reagirt, und nur die auf diese Weise erzeugten Geisteszustände entsprechen bestimmten realisirten Weltobjekten. Demzufolge kann die Übereinstimmung eines spontan gebildeten Geisteszustandes oder eines reinen Wissenschaftsresultates mit der Wirklichkeit nur dann behauptet und anerkannt werden, wenn nachgewiesen ist, dass dieser Geisteszustand, welcher die Erkenntniss eines wirklichen Weltzustandes bilden soll, durch gegebene Weltobjekte und Weltprozesse thatsächlich bedingt ist oder hervorgerufen werden kann, dass es also in der Wirklichkeit Objekte, Prozesse, Kräfte, Gesetze u. s. w. giebt, welche den in dem geistigen Erkenntnissprozesse vertretenen Objekten, Prozessen, Kräften, Gesetzen u. s. w. thatsächlich entsprechen. Erst durch diesen Nachweis erlangt die richtige wissenschaftliche Erkenntniss, welche vorläufig nur eine subjektive Wahrheit und eine Weltmöglichkeit darstellt, den Charakter einer objektiven Wahrheit oder einer Weltwirklichkeit.

Beispielsweise ist $[5\lambda + (-2\lambda)] \times 4 = 12\lambda$ eine richtige mathematische Formel, welche jedoch nur eine subjektive Wahrheit ausspricht. Objektiv wahr oder in Übereinstimmung mit der Wirklichkeit ist sie jedoch erst dann, wenn nachgewiesen ist, dass in dem Prozesse zweier wirklicher Objekte das eine Objekt wirklich fünf Längeneinheiten λ enthält, ferner, dass das zweite Objekt wirklich zwei Längeneinheiten enthält, ferner, dass dieses Objekt einen Richtungsgegensatz zum ersten bildet, ferner, dass die Zusammenwirkung dieser beiden Objekte auf Addition beruhet, ferner, dass der in Rede stehende Wirklichkeitsprozess von der Art ist, dass er der geistigen Multiplikation mit 4 entspricht, endlich, dass es sich in dem wirklichen Vorgange um die Grösse handelt, welche diesem Multiplikationsresultate gleich ist (der geistigen Apobase der Gleichheit entspricht).

Ehe nicht die Übereinstimmung aller in einer mathematischen Formel oder in einem logischen Satze oder in irgend einem wissenschaftlichen Ausspruche liegenden rein geistigen Eigenschaften, Prozesse, Kräfte und sonstigen Prämissen mit den in der Wirklichkeit gegebenen Gegenständen nachgewiesen ist, ist die Formel ein subjektiv wahres Geistesgesetz ohne Anspruch auf objektive Wahrheit; sie unterscheidet sich aber von der unrichtigen Formel, welche auf Irrthum, also entweder auf der behinderten Thätigkeit eines normalen Geistes, oder auf der unbehinderten Thätigkeit eines anomalen Geistes beruhet, wesentlich dadurch, dass sie einen möglichen Fall der Wirklichkeit darstellt, also durch geeignete Objekte realisirbar ist, während die falsche Formel einen unmöglichen Fall kennzeichnet oder nicht realisirt werden kann.

Solange die Übereinstimmung eines geistigen mit einem äusseren Vorgange oder die Übereinstimmung einer geistigen Erkenntniss mit einem wirklichen Objekte in irgend einem Theile des Gesammtprozesses nicht erwiesen ist, bildet die Voraussetzung dieser Übereinstimmung eine unerwiesene Annahme, eine Hypothese, eine auf eine willkürliche Phantasieschöpfung gestützte Erkenntniss, welcher das Kriterium der Wahrheit mangelt. Durch den Nachweis jener Übereinstimmung in allen Stücken wird die Hypothese zur wahren Erkenntniss, durch den Nachweis ihrer Unmöglichkeit, ihres Nichtbestehens, ihrer Unzulänglichkeit wird sie zum Irrthum, durch den Mangel an Beweis ihres Bestehens und ihres Nichtbestehens wird sie zum Zweifel, welcher sich der Wahrheit umso mehr nähert oder eine umso grössere Wahrscheinlichkeit erlangt, je mehr die Unvollständigkeit des Beweises sich der Vollständigkeit nähert oder die unerwiesenen Theile ihre Bedeutung verlieren.

Wenn eine Hypothese evident ist, bedarf sie keines Beweises. Die beweisbedürftigen Hypothesen erfordern aber im Allgemeinen die Mitwirkung aller geistigen Vermögen, der sensuellen, der anschaulichen, der logischen und der philosophischen Vermögen; so kann z. B. die Thatsache im obigen Beispiele, dass ein Objekt, welches wir uns geistig durch die Zahl 5 vorstellen, wirklich fünf Einheiten enthält, nur mit Hülfe der Sinne und der Anschauungsvermögen bewiesen werden, d. h. ausser den oberen geistigen Vermögen ist fast überall Beobachtung erforderlich.

Die evidenten Hypothesen bilden die Grundsätze der Erkenntniss. Für den normalen Geist ist ein Grundsatz evident, keines Beweises bedürftig und auch keines Beweises fähig. Der nicht normale Geist, also überhaupt der individuelle Geist, kann sich irren, mithin unrichtige Grundsätze aufstellen. Demgemäss können über die Evidenz einer Sache die Meinungen verschieden sein. Ein Jeder wird es für evident halten, dass der Mensch Sinne und dass er ein Denkvermögen hat, es wird jedoch nicht Jedem sofort klar sein, dass der Mensch gerade fünf Sinne besitzt, dass er auch Anschauungsvermögen hat, welche weder sensuelle, noch logische, sondern mathematische Vermögen sind, dass der Geist und die vom Geiste erkennbare wirkliche Welt übereinstimmend und zwar pentarchisch, nach fünf Grundfesten organisirt sind. Mancher wird es für evident halten, dass er durch das Auge Lichteindrücke empfängt und dass ein solcher Eindruck ihm ein Objekt soeben roth erscheinen lässt, er wird jedoch einen Beweis dafür verlangen, dass das Objekt, welches er roth sieht, wirklich roth ist, dass es an dem Orte existirt, wo er es zu sehen meint, dass es in dem Augenblicke wirklich existirt, wo ihm sein Auge Zeugniss davon giebt: denn möglicherweise ist der Lichtstrahl durch ein Zwischenmedium gefärbt, möglicherweise ist sein Auge anomal, möglicherweise ist der in sein Auge gelangende Lichtstrahl durch Zwischenkörper gebrochen, möglicherweise ist das Objekt in der Zeit, welche der Lichtstrahl zur Fortpflanzung bis in das Auge des Beobachters bedurfte, längst verschwunden. Von den letzteren Thatsachen muss durchaus ein Beweis gefordert werden, weil sie beweisbar sind, von der ersteren Thatsache (dass das Auge wirklich Lichterscheinungen liefert) kann jedoch kein Beweis gefordert werden, weil sie unbeweisbar ist. Man hat es also mit beweisbaren und mit unbeweisbaren Hypothesen zu thun: die ersteren müssen bewiesen werden, die letzteren müssen (für den normalen Geist) evident sein, um anerkannt zu werden.

Die Evidenz, obgleich sie keinen Beweis aus tiefer liegenden Wahrheiten, Gründen, Erkenntnissen zulässt, da sie eine Grundwahrheit darstellt, hat dennoch Kriterien und diese bestehen darin, dass sie sich für alle denkbar möglichen Fälle bewährt, ohne auf Widersprüche, Unzulänglichkeiten, Zweifelhaftigkeiten zu stossen; sie erfordert daher eine allseitige Prüfung ihrer Zulänglichkeit seitens eines normalen, uneingenommenen, vorurtheilsfreien, unbehinderten Geistes, in welchen Zustand der individuelle Geist sich oftmals erst durch fortgesetzte Ausbildung aufschwingt, oftmals aber dieses Ziel nicht erreicht, sodass in der Menschheit auf lange Zeiten hinaus Meinungsverschiedenheiten über die Grundsätze des Weltsystems herrschen und Wechsel in den angenommenen Grundsätzen eintreten können. Die objektive Wahrheit in allen Dingen kann dem Menschengeschlechte noch lange in der subjektiven, fehlbaren Wahrheit verschleiert bleiben; das Streben nach objektiver Wahrheit wohnt aber augenscheinlich den nicht zu sehr befangenen, allzu anomalen Geistern inne und ist der Hauptthebel für ihre Thätigkeit, für ihre Ausbildung, für die Annäherung an den Normalzustand.

Die Prüfung der Wahrheit eines Grundsatzes oder der Evidenz der Grundlage einer geistigen Operation betrifft nicht allein die Eigenschaft oder den Bestand dieser Grundlage, als etwas Gegebenes, sondern auch die Wirkung derselben in allen möglichen Fällen, oder die Prüfung der Wirkungsresultate auf ihre Wahrheit. Da aber die Wirkung nicht schon aus der gegebenen Grundlage ersehen werden kann, sondern sich erst aus Operationen mit derselben ergiebt; so kann die vollständige Prüfung nur aus einer noch nicht vollständig erwiesenen Annahme, also nur aus einer Hypothese erfolgen, und demzufolge muss man anerkennen, dass ohne Hypothesen keine Wissenschaft entstehen kann. Die Aufgabe der Wissenschaft besteht immer darin, solchen anfangs unerwiesen aufgestellten Hypothesen durch allseitige Prüfung die Evidenz oder den Charakter der Wahrheit zu erringen, wodurch sie aufhören, Hypothesen zu sein und wirkliche Grundlagen der Wissenschaften werden.

Die reine Mathematik, die Geometrie, die Chronologie, die Mechanik, die Chemie und die Krystallographie haben schon in vielen wesentlichen Theilen allgemein anerkannte evidente Grundlagen erhalten, von den physischen Naturwissenschaften lässt sich Diess nicht in gleichem Grade sagen: denn in der Zurückführung der physischen Erscheinungen des Lichtes, des Schalles, der Wärme, der Elektrizität und des Duftes stehen sich die grundlegenden Ansichten als willkürliche Hypothesen noch in zahlreichen wesentlichen Punkten schroff gegenüber. Ich halte nun das von mir für alle Wissenschaften aufgestellte System der Grundfesten prinzipiell für eine evidente Wahrheit oder für ein allgemeines Weltgesetz, räume aber ein, dass die Spezialisirung desselben oder die Definition der speziellen Werthe für die einzelnen Gebiete und Reiche der Welt Unzulänglichkeiten und Irrthümer enthalten könne, welche sich bei genauerer Prüfung herausstellen werden und zu beseitigen sind. Die im Nachfolgenden aufgezählten Unzulänglichkeiten betreffen daher ausser den durch anerkannte Grundsätze nachweisbaren Irrthümern auch Hypothesen, welche nach meiner subjektiven Ansicht und nach den in meinem individuellen Erkenntnissbereiche angestellten Prüfungen irrig sind, welche aber nach der Ansicht anderer Denker möglicherweise für wahr gehalten werden können.

160. **Irrthümer.** Billigerweise müsste ich die Aufzählung von wissenschaftlichen Irrthümern mit der Vorführung meiner eigenen Irrthümer beginnen: da ich dieselben jedoch bereits in den „Grundlagen der Wissenschaft" Nr. 53 gebeichtet, ausserdem aber gehörigen Orts berichtigt habe; so ist ihre Vorführung unnöthig, ich bemerke nur noch zu dem Fehlgriffe, welchen ich bei der Theorie der galvanischen Induktion in dem Abschnitte IX der „Naturgesetze" begangen hatte, dass derselbe zwar in Nr. 17 des Supplements II zum zweiten Theile dieser „Naturgesetze" berichtigt ist, dass Diess jedoch mittelst einer Hypothese über die Fortpflanzung des Induktionsstromes im Äther geschehen ist, welche ich späterhin verworfen und in Nr. 74 des Buches „Die Äquivalenz der Naturkräfte" durch eine einfachere Annahme ersetzt habe, die in Nr. 71 das Gravitationsgesetz und in Nr. 74 das der Ampèreschen Beobachtung und Formel entsprechende galvanische Sollizitationsgesetz ergiebt. Ausserdem habe ich des in Nr. 52a dieser Schrift berichtigten Irrthums über die Irrationalität der Zahlen zu erwähnen.

Hiernächst zähle ich nun eine Anzahl Irrthümer und Mängel Anderer auf, indem ich bei den Hinweisen auf meine früheren und auf die gegenwärtige Schrift diese Schriften in folgender Weise bezeichne: Das Verhältniss der Arithmetik zur Geometrie mit AG, der Situationskalkul mit SK, die unbestimmte Analytik mit UA, die Naturgesetze mit NG, die Welt nach menschlicher Auffassung mit W, die Grundlagen der Wissenschaft mit GW, die polydimensionalen Grössen mit PG, die Hydraulik auf neuen Grundlagen mit H, die Beiträge zur Theorie der Gleichungen mit TG, die Beiträge zur Zahlentheorie mit ZT, die quadratische Zerfällung der Primzahlen mit ZP, die Äquivalenz der Naturkräfte mit ÄN, den Beweis eines Satzes aus Legendre's Zahlentheorie mit LZ, die gegenwärtige Schrift über das Wesen der Mathematik mit WM. Nach der in diesen Schriften enthaltenen Begründung halte ich nun die nachstehenden Sätze und Meinungen für Irrthümer, bezw. für Mängel.

Irrthümer in der Mathematik.

1. Die heutige Mathematik ist (gleichwie jede andere Wissenschaft) eine Sammlung zum Theil vorzüglicher Monographien oder eine Zusammenstellung der darin enthaltenen Hauptsätze in Form von Lehrbüchern, sie

bildet jedoch kein System; sie kennt weder vollständig die Grundgebiete, noch die Grundreiche, und in keinem Gebiete mit einiger Vollständigkeit die Grundeigenschaften, die Grundprozesse, die Grundprinzipien, die Apobasen und die Grundsätze, überhaupt nicht die Grundfesten (vergl. das hierüber am Schluss von Nr. 151 Gesagte). Ich will damit die Spezialisirung der menschlichen Thätigkeit durchaus nicht verurtheilen, vielmehr anerkennen, dass die Konzentration des Einzelnen auf Spezialitäten zum gedeihlichen Fortschritte der Wissenschaft und der Kultur unerlässlich ist, dass es also in jedem Gebiete Spezialisten (selbstständige Philosophen, Logiker, Mathematiker, Naturforscher, Geometer, Mechaniker, Chemiker u. s. w.), dass es auch Theoretiker und Praktiker (Gelehrte, Geschäftsleute, Handwerker und Arbeiter) geben muss, da Niemand in allen Richtungen zugleich erfolgreich wirken kann. Es soll durch den vorstehenden Ausspruch nur auf die Unvollständigkeit, insbesondere auf die Systemlosigkeit der bisherigen Entwicklung in Wissenschaft, Bildung, Arbeit, Beobachtung und in allen anderen Gebieten und auf die Nothwendigkeit der Ergründung und Berücksichtigung des gesetzlichen Zusammenhanges der Objekte und Prozesse jedes Gebietes hingewiesen sein.

2. Ausser den fünf Grundeigenschaften, Grundprozessen u. s. w. können keine anderen erfunden werden. Alle sonstigen Eigenschaften, Prozesse u. s. w. sind Zusammensetzungen aus den fünf Grundeigenschaften, Grundprozessen u. s. w. Die wirkliche Welt und der menschliche Geist ist in allen Gebieten pentarchisch und gleichgeordnet.

3. Die mathematischen Theorien, welchen speziellen Gegenstand sie auch behandeln mögen (Analysis, Theorie der Gleichungen, Zahlentheorie, Theorie der Kongruenzen, der Determinanten, der Funktionen, der Substitutionen u. s. w.) sind lediglich auf reelle und komplexe Grössen und auf ein- und zweidimensionale Gebietstheile beschränkt und nicht auf triplexe Grössen und dreidimensionale Gebietstheile, also nicht auf vollständige Raumgrössen, noch weniger aber auf polyplexe Grössen und polydimensionale Gebietstheile anwendbar. (Die analytische Geometrie, welche auch dreidimensionale Grössen behandelt, kann nicht zur reinen Mathematik gerechnet werden, ist vielmehr eine Kombination von Abstraktion und Anschauung, also von einem Verfahren, welches ohnehin über das dreidimensionale Gebiet hinaus nicht ausgedehnt werden könnte).

4. Die von Gauss ausgesprochene Meinung, dass die Gesetze der höheren Dimensitätsgebiete in denen der komplexen Zahlen enthalten seien, ist ein Irrthum; die allgemeinen Grössengesetze sind wesentlich andere, als die der komplexen Grössen.

5. Die Gesetze der höheren Gebiete sind nicht einmal durch die für die unteren Gebiete ausreichenden Zeichen $+$, $-$, $\sqrt{-1} = i$ darstellbar, sondern erfordern schon für das dreidimensionale Gebiet die Zeichen $\dotplus$, $\div$, $\sqrt{\div 1} = i_1$ und für jedes höhere Gebiet neue Zeichen. (AG, SK, NG, WM).

6. Das Zeichen $-$ führt durch die Grundoperationen aus der reellen Zahlenreihe in die Zahlenebene, nicht in den wahren Zahlenraum.

7. Die für un-, ein- und zweidimensionale gültigen gewöhnlichen Rechnungsregeln der Addition, Multiplikation u. s. w. sind für höher dimensionirte Grössen unzulänglich und unrichtig. (WM Nr. 32).

8. Das Wesen der mathematischen Grösse ist die Messbarkeit, Bestimmtheit, Exaktheit. Eine durch einen bestimmten Operator an einem bestimmten Operand vollzogene Grundoperation hat ein bestimmtes Resultat; die Unbestimmtheit und Vieldeutigkeit mancher Resultate beruhen auf unbestimmt gelassenen Operanden oder Operatoren. In der Mathematik darf es daher keine Kontroversen geben. (WM).

9. Die Hamiltonsche Quaternion ist eine unlogische Formel. Die im Quaternionenkalkul vertretenen Operationen (Drehung in beliebigen Ebenen und Wälzung um beliebige Axen) sind keine fest bestimmten Grundoperationen und können daher nicht mit einfachen Richtungskoeffizienten bezeichnet werden. Die Zulassung desselben Richtungskoeffizienten einmal als Verschiebungsfaktor und einmal als Drehungsfaktor ist ein Widerspruch gegen mathematische Prinzipien. Die Reihenbildung aus vier Gliedern, in welchen ein Glied von der Form $a i_1$ erscheint, ist eine unrichtige Auffassung der Addition, welche nur durch Zuhülfenahme der geometrischen Anschauung, also durch ein der abstrakten Mathematik fern liegendes Hülfsmittel ausgeglichen werden kann und den Quaternionenkalkul zu einem Gemische von Arithmetik und Geometrie macht. Ausserdem versagt dieser Kalkul für vier- und mehrdimensionale Gebiete seinen Dienst (s. PG und WM Nr. 27). (Der Situationskalkul und die gegenwärtige Schrift in Nr. 27 bis 32 ist von allen vorstehenden Widersprüchen und Unzulänglichkeiten frei).

10. Die willkürliche Vermehrung der ideellen Einheiten ohne eine auf Grundgesetze gestützte Bedeutung ist eine Fiktion. (ZT).

Für Irrthümer sind ferner folgende Ansichten zu halten:

11. Dass ein Produkt verschwinden könne, ohne dass einer seiner Faktoren verschwindet. (PG §. 2, ZT §. 17).

12. Dass ein Produkt sich nicht nothwendig ändere, wenn einer seiner Faktoren sich ändert. (PG §. 2, ZT §. 17).

13. Dass der Werth eines Produktes von der Reihenfolge seiner Faktoren abhänge. (PG §. 2, ZT § 17).

14. Dass die Gleichung $x^2 = 0$ unendlich viel Wurzeln von der Form $x = y i + y_1 i_1 + y_2 i_2$ habe. (PG §. 2, TG, ZT §. 17).

15. Dass eine Gleichung n-ten Grades n Wurzeln habe. (Sie besitzt, wenn n einen ganzen positiv reellen Werth hat, im Allgemeinen unendlich viel verschiedene Werthe, wovon n in das ein- und zweidimensionale Gebiet fallen, während die übrigen dem drei- und mehrdimensionalen Gebiete angehören). (ZT §. 17, WM Nr. 51).

16. Dass die verschiedenen Wurzeln eine Gleichung identisch, nämlich ohne Veränderung der Zeichen der fest gegebenen Koeffizienten und der in der Rechnung auftretenden Grössen erfüllen (wenn überhaupt, so erfüllt nur eine einzige Wurzel die Gleichung identisch). (TG, ZT §. 17, WM Nr. 52).

17. Dass die Geometrie, überhaupt das Wesen des Raumes, nach Riemann's Theorie auf Hypothesen beruhe und dass demzufolge die geometrischen Gesetze nicht unbedingt gewiss, sondern nur wahrscheinlich seien (das Wesen des Raumes beruhet auf festen, evidenten Grundsätzen). (PG §. 20, NG, WM).

18. Dass der Raum eine endliche Krümmung habe und dass es keine unendlich lange gerade Linie gebe (sein Krümmungsmaass ist null). (PG § 20).

19. Dass der Raum eine vierte Dimension, eine Dichtigkeit, eine andere Form als die Einförmigkeit habe. (Diese Eigenschaften existiren nicht im anschaulichen Raume, sondern im geistigen Abstraktionsgebiete, welches ein Gebiet von unendlich viel Dimensionen ist, während der wirkliche Raum auf drei Dimensionen beschränkt ist). (PG §. 20, NG, WM).

20. Dass die Winkelsumme eines sehr grossen Dreieckes nicht gleich zwei rechten sei, sondern einen sphärischen Exzess habe. (PG §. 20).

21. Dass die Ausdehnung des Raumes von seinem Krümmungsmaasse abhänge, dass sie also einen endlichen Werth habe. (PG §. 20).

22. Dass aus der Unbegrenztheit des Raumes nicht seine Unendlichkeit folge, dass die Ausdehnungsverhältnisse des Raumes mit den Maassverhältnissen nicht in zwingenden Beziehungen stehen und dass der Raum in seinen unendlich kleinen Elementen ganz andere, von den heutigen Menschen nicht geahnte Beschaffenheit, als in seinen endlichen Theilen haben könne. (PG §. 20).

23. Dass es „ideale" ganze Zahlen gebe. (ZT §. 18).

24. Dass die Kummerschen „idealen" Zahlen über das zweidimensionale Gebiet hinaus schreiten, also einen allgemeineren Charakter als den komplexen haben. (ZT §. 18 und §. 19).

25. Dass das Kroneckersche „Rationalitätsbereich" mehrdimensionale Grössen umfasse. (ZT §. 19).

26. Der von Gauss in den Disquisitiones generales circa superficies curvas aufgestellte Lehrsatz „wenn eine gekrümmte Fläche in irgend eine andere Flächenform übergeführt wird, bleibt das Krümmungsmaass in den einzelnen Punkten ungeändert" (indem unter dem Krümmungsmaasse das Produkt der beiden Haupt-Krümmungshalbmesser eines jeden Punktes verstanden wird), entbehrt eines zutreffenden Beweises: der dafür aufgestellte Beweis beruhet auf einem Trugschlusse. (NG, Anhang zum zweiten Theile, woselbst ein zulänglicher Beweis geführt ist).

27. Der Beweis, womit Legendre in seiner Zahlentheorie den Satz begründet, dass eine arithmetische Progression von gewisser Form und Länge mindestens eine neue Primzahl enthalte, stützt sich auf einen Fehlschluss. (Ein zulänglicher Beweis findet sich in der über diesen Satz von mir verfassten Schrift).

28. Für die quadratische Zerfällung der Primzahlen von der Form $7n+1$ vermittelst Binomialkoeffizienten hat Jacobi eine Formel ohne Beweis aufgestellt, und Eisenstein, welcher im Besitze eines solchen Beweises zu sein behauptet, hat denselben dennoch nicht veröffentlicht,

weil er Jacobi's Beweis abwarten wollte. So ist dieser Satz unbewiesen geblieben, bis er seine Lösung in ZP Nr. 48 gefunden hat.

29. Über das Wesen der Primzahlen herrschen mannichfache Irrthümer, weil in den bisherigen Theorien nur reelle und komplexe Zahlen berücksichtigt sind, so werden z. B. die Zahlen 3, 11, 19, 29 etc. für absolute Primzahlen gehalten, sind aber Produkte aus triplexen ganzen Zahlen. Manchen Zahlen, wie 17, werden nur zwei bestimmte komplexe ganze Faktoren, wie $1 + 4i$ und $1 - 4i$, zugeschrieben; dieselben haben aber mehrere triplexe Faktoren. Überhaupt giebt es unter den reellen Zahlen keine vollkommenen Primzahlen: jede reelle Zahl hat polyplexe ganze Faktoren. (PG §. 8 und ZT §. 17).

Irrthümer in der Naturwissenschaft.

30. In allen physischen Theorien fehlt das System der Grundeigenschaften, Grundprozesse, Grundprinzipien u. s. w., überhaupt das System der Grundfesten.

Folgende Annahmen halte ich für Irrthümer:

31. Dass der Äther nach Caushy aus isolirten Elementen bestehe. (NG, Supplement 3, §. 1).

32. Dass der Äther nach Faraday und Maxwell eine einfache Substanz sei. (Seine Elemente bestehen unzweifelhaft aus einem positiven und negativen Urstoffe. NG, ÄN, WM).

33. Dass zwischen Äther und Materie die nach Faraday's Ansichten von Maxwell aufgebaueten Beziehungen bestehen, dass überhaupt die von Maxwell in dem Werke über Elektrizität und Magnetismus entwickelte Theorie den wahren Naturgesetzen entspreche. (ÄN, Vorrede, WM).

34. Dass die optischen Schwingungen rechtwinklige Transversalschwingungen seien (im Allgemeinen sind sie schiefwinklig. NG, Supplement 3, WM).

35. Dass Caushy's Theorie der Dispersion des Lichtes richtig sei. (NG, Supplement 3, §. 1).

36. Dass optische und elektrische Schwingungen nach Maxwell identisch seien oder dieselbe Form haben und sich nur durch spezielle Geschwindigkeitswerthe unterscheiden. Diese Meinung beruhet auf dem ganz falschen Schlusse, dass ein nach den Hypothesen von Maxwell konstruirtes Fluidum nach denselben mathematischen Prinzipien Wirkungen hervorbringen könne wie der nach der optischen Theorie konstruirte Lichtäther. (Einunddasselbe Medium kann doch verschiedenartige Prozesse hervorbringen: der vorstehende Schluss ist so unberechtigt, wie der Schluss sein würde, dass Raum und Zeit identische Zustände seien, da sie Beide Eigenschaften des Mineralreiches sind). (NG, ÄN, WM).

37. Dass die von Helmholtz angenommenen Farbentöne Grundfarben seien. (NG, Supplement 3, §. 30).

38. Dass akustische Schwingungen verlangsamte optische Schwingungen seien. (NG, ÄN, WM).

39. Dass der Klang (welcher dem Schalle den Charakter verleihet) nicht als eine besondere akustische Grundeigenschaft gewürdigt, sondern mit akustischer Kombination vermengt wird. (NG §. 455).

40. Dass kalorische Schwingungen verlangsamte optische Schwingungen seien. (NG, Supplement 3, ÄN, WM).

41. Dass die beobachtete Äquivalenz zwischen Wärme und Arbeit ein genügendes Fundament für eine mathematische Wärmetheorie sei, welche demgemäss die mechanische Wärmetheorie genannt und mit verschiedenen Hypothesen durchwebt wird, dass sich überhaupt eine zutreffende Theorie eines Schwingungsprozesses aufstellen lasse, ohne dass das Wesen dieses Prozesses in Betracht gezogen wird. (NG, ÄN, WM).

42. Dass die eben gedachte Äquivalenz wie eine Identität aufgefasst und behandelt wird, während doch zwischen Wärme und Arbeit ein wesentlicher Unterschied besteht. (NG, ÄN, WM).

43. Dass der Carnotsche Lehrsatz über den Stoss der Körper für alle Verhältnisse, insbesondere für die kinetische Gastheorie zutreffend sei. (NG, Supplement 3, §. 24).

44. Dass die Gase nach der kinetischen Theorie aus translatorisch geschleuderten Molekülen bestehen (ein solcher Zustand kann nicht dauernd bestehen und der Carnotsche Lehrsatz über den Stoss bedarf einer Berichtigung). (NG, Supplement 3, § 24).

45. Dass kalorische Schwingungen etwas Anderes als Pendelschwingungen sein können. (NG, Supplement 3, ÄN, WM).

46. Dass Druckgefühl und Wärmegefühl zwei verschiedenartige Sinne bedingen (sie gehören als primäre und sekundäre ästhematische Wirkungen ebenso wie das Schmerzgefühl einunddemselben Sinnesgebiete an, wenn sie auch physiologisch von besonderen Nerven aufgenommen werden). (WM Nr. 73).

47. Dass die in den Lehrbüchern aufgestellten Grundformeln der Elastizitätslehre zutreffend und für endliche Elastizitätsprozesse brauchbar seien. (NG, Supplement 1, ÄN, WM).

48. Dass eine gegebene Wärmequantität in Arbeit und eine gegebene Arbeitsmenge in Wärme umgewandelt werden könne (es kann nur ein Theil der Wärme in Arbeit und ein Theil der Arbeit in Wärme umgesetzt werden; Wärme und Arbeit bleiben immer als zwei verschiedene Prozesse bestehen). (NG, Supplement 1, ÄN, WM).

49. Dass überhaupt bei einem physisch-mineralischen Prozesse nur zwei einander äquivalente Zustände erzeugt werden (es treten stets alle fünf physischen und alle fünf mineralischen Zustände auf, welche eine bestimmte Summe äquivalenter Theile darstellen). (WM).

50. Dass die Beobachtungen von Hertz die Maxwellsche Hypothese von der Identität von Elektrizität und Licht bestätigen, was daraus geschlossen wird, dass der Äther thatsächlich elektrische und optische Schwingungen fortpflanzt (der richtig konstruirte Äther hat die Fähigkeit, alle physischen Schwingungen fortzupflanzen). (NG, ÄN, WM).

51. Dass nebeneinander gelagerte Elemente die physischen und mineralischen Prozesse herbeizuführen vermögen (sie müssen sich überschneiden). (NG, ÄN, WM).

52. Dass eine Fernwirkung ohne Zwischenmedium möglich sei, eine Ansicht, welche erst jetzt allmählich aufgegeben wird, ohne jedoch in der Theorie von Faraday und Maxwell eine zulängliche Begründung gefunden zu haben. (Mich dünkt, dass die Schriften NG, GW, ÄN, WM die Zweifel an der Mitwirkung einunddesselben Äthers bei allen physischen Prozessen zerstreuen).

53. Dass zur Erklärung der elektrischen Induktion die Hypothesen von Weber, ganz abgesehen von der ihnen innewohnenden Annahme einer Fernwirkung, annehmbar seien, was aus der Übereinstimmung von Weber's Rechnungsresultate mit der Beobachtung von Ampère geschlossen wird. (Ich glaube, dass „die Äquivalenz der Naturkräfte" Nr. 73 die zulängliche Begründung dieses Induktionsgesetzes enthält).

54. Dass Magnetismus ein Vibrationszustand sei (er ist ein stehender Spannungszustand, welcher nur dann, wenn sein Gleichgewicht nicht gesichert ist, also eine Änderung erleidet, oder wenn er arbeitet, einen Vibrationsprozess bedingt). (NG, Supplement 2, ÄN Nr. 65, 75).

55. Dass Magnetismus in dauernden elektrischen Kreisströmen bestehe. (NG, Supplement 2, ÄN Nr. 65, 75).

56. Dass die Gravitation durch Maxwell's Theorie erklärt sei. Diese Theorie enthält nicht den Schatten eines Nachweises, dass die Kraftwirkung materieller Elemente sich im umgekehrten Verhältnisse des Quadrats der Entfernung ändere; seine Formeln in Cap. II, Nr. 74 sind lediglich Reproduktionen der auf Beobachtung gestützten Formeln von Coulomb, Cavendish und Laplace, und in Cap. V, Nr. 110 erkennt er selbst die Unzulänglichkeit seiner Theorie in diesem Punkte an. (Ich glaube, dass in der „Äquivalenz der Naturkräfte" Nr. 71 das Problem der Gravitation zufriedenstellend gelös't ist).

57. Dass die Gesetze von Mariotte, Gay-Lussac und Poisson nach den gewöhnlichen einfachen Formeln für alle Fälle zulänglich seien. (NG, Supplement 1).

58. Dass das Volum, welches ein Element im Ruhezustande unter einem gegebenen äusseren Drucke einnimmt, der Zustand einer einfachen Substanz sein könne. (Dasselbe beruhet auf der Zusammenwirkung zweier ein Gleichgewicht bildender entgegengesetzter Kräfte eines positiven und negativen Urstoffes). (NG, ÄN Nr. 20).

59. Dass ein wirkliches Gas das Bestreben zu unendlicher Ausdehnung habe (sein Ausdehnungsbestreben ist begrenzt; nur ein absolut vollkommenes Gas könnte ein unbegrenztes Ausdehnungsbestreben haben). (NG).

60. Dass die Materie seit Ewigkeit bestehe und ewig dauere, in ihren mineralischen Elementen unveränderlich sei (sie entsteht aus Äther und lös't sich wieder in Äther auf). (NG, ÄN, WM).

61. Dass chemische Affinität auf mechanische (bewegende) Kraft zurückgeführt werden könne (was aus der Äquivalenz Beider geschlossen wird). (NG, ÄN, WM).

62. Dass Krystallisationsvermögen oder Gestaltungstrieb auf mechanische Kraft zurückgeführt werden könne. (NG, ÄN, WM).

63. Dass die Mechanik, indem sie räumliche, zeitliche und mechanische Eigenschaften berücksichtigt, wirkliche Prozesse darstelle (mit den mechanischen Prozessen kombiniren sich in der Wirklichkeit stets alle physischen und alle mineralischen Prozesse, sie erscheinen daher niemals rein, sondern mit Modifikationen, welche man, wenn sie gering sind, unbeachtet lassen, aber nicht beseitigen kann. (ÄN, WM).

64. Dass das Energiegesetz die Konstanz der Energie irgend eines Naturreiches bedinge (dasselbe bedingt nur die Gleichheit zwischen Wirkung und Gegenwirkung sämmtlicher bei einem Prozesse auftretender Kräfte aller Naturreiche, womit eine Energieänderung der einzelnen Reiche verbunden ist und woraus eine Konstanz der Energie der Gesammtwelt hervorgehen würde, wenn die Gesammtwelt ein bekanntes Endlichkeitsbereich wäre. (ÄN, WM).

65. Dass die Schrift von Helmholtz „über die Erhaltung der Kraft“ für irgend ein Gebiet ausser dem rein mechanischen Gültigkeit habe, insbesondere, dass sie die Prinzipien der Äquivalenz begründe. (ÄN Vorrede).

66. Dass die Theorie von Kirchhoff über die Bewegung der Flüssigkeiten in seinen „Vorlesungen über mathematische Physik“ der Wirklichkeit entspreche. (H Nr. 79 und ÄN Vorrede).

67. Dass das Prinzip des kleinsten Widerstandes, welches von Moseley aufgestellt, jedoch nicht zulänglich definirt ist, nach meiner Definition und Begründung in Nr. 54 ff. der Hydraulik auf neuen Grundlagen anfechtbar sei.

68. Dass nach darwinistischer Theorie das animalische Reich keine unveränderlichen Grundarten wie das Mineral- und Pflanzenreich habe und dass die Existenz aller Geschöpfe auf der Wirkung von Lebenskräften der eben bestehenden Weltobjekte oder auf Evolutionen (durch Lebensweise, Anpassung, Entwicklung, Zeugung, Kreuzung, Kampf ums Dasein u. s. w.) beruhe, dass es also keine Prozesse gebe, durch welche die Lebenskräfte erzeugt und die Lebensprozesse ermöglicht seien, dass vielmehr die Lebenskräfte der Weltobjekte auch Schöpfungskräfte seien, welche aus unteren Naturreichen höhere Naturreiche zu erzeugen vermögen. (NG, W, GW, ÄN, WM).

69. Dass zwischen Pflanzen und animalischen Wesen kein wesentlicher Unterschied bestehe, dass vielmehr die Pflanzen geistige Kraft besitzen, eine moderne Hypothese, welche dazu führen wird, das Weltsystem in einen Weltbrei zu verwandeln. (WM Nr. 151).

70. Dass die Vegetationsprozesse (die Transpiration, Athmung, Saftzirkulation u. s. w.) der Pflanze auf mechanische und chemische Prozesse zurückzuführen seien. (WM Nr. 118).

71. Dass die Naturwissenschaft durch reine Mathematik begründet werden könne oder dass reine Mathematik ohne Weiteres für die Wirklichkeit Gültigkeit habe (die reine, logische, philosophische Mathematik, ihre Strenge und Wahrheit ist eine Abstraktion, eine Erkenntniss allgemeiner normaler Geistesgesetze; sie bestätigt nur eine Möglichkeit, keine Wirklichkeit; die Anwendung einer mathematischen Formel auf einen wirklichen Fall erfordert den Nachweis der Übereinstimmung ihrer Prämissen, welche vor diesem Nachweise Hypothesen sind, mit den Bedingungen dieses Falles, eine Übereinstimmung, welche die Mitthätigkeit aller geistigen Vermögen, insbesondere der Beobachtung, voraussetzt. Die Naturwissenschaft bedarf daher zu ihrer Begründung Annahmen oder Hypothesen, welche durch die Bestätigung für alle denkbar möglichen Fälle Wahrheit erlangen).

Irrthümer in der Logik.

72. Die logischen Wissenschaften weisen kein zulängliches System auf. Sie sind weder in ihre fünf Grundgebiete geschieden, noch sind für jedes Grundgebiet die Grundfesten aufgestellt. Wo einzelne Grundeigenschaften irgend eines Gebietes behandelt werden, zeigt sich Unzulänglichkeit. So kommen als Grundeigenschaften der formalen Logik nicht vier, sondern fünf Kategorien in Betracht (die Inhärenz ist nicht berücksichtigt). Im dritten Theile der „Naturgesetze“ und in den „Grundlagen der Wissenschaft“ habe ich zahlreiche Unzulänglichkeiten und Irrthümer in der Logik aufgedeckt, auf die ich verweise.

73. Unter den im Nachtrage zum dritten Theile der „Naturgesetze“ gerügten Mängeln der Logik befindet sich auch die unter dem Namen des Logikkalkuls von Boole entworfene und von Schröder weiter bearbeitete Theorie. In dem unter dem Titel „Algebra der Logik“ später erschienenen Werke von Schröder macht mir Letzterer auf S. 568 den Vorwurf, dass ich in meiner Kritik Fehler begangen habe und dass die erläuternde Figur am Ende des eben erwähnten Nachtrages von 32 möglichen Fällen nur 31 darstelle. Nun ja, die Auslassung des Gliedes $|abde|$ in der fünften Zeile auf S. 740 meines Nachtrages ist ein offensichtlicher Schreibfehler ohne alle Folgen, da dieses Glied in den darauf folgenden Formeln nicht übersehen ist, und wenn die letzteren Formeln wirklich einen Rechenfehler enthalten, welcher darin bestehen würde, dass $|ac|$ mit $|ade|$ zu vertauschen wäre, was ich jedoch nach meiner Definition der Aufgaben nicht anerkenne; so ist es selbstverständlich, dass dieser Fehler alle von ihm abhängigen Formeln affizirt, dass man also nicht von vielen Fehlern, sondern nur von einem Fehler reden kann. Immerhin handelt es sich bei diesen Angriffen um unwesentliche Dinge, welche nur das von Boole zur Illustrirung seiner Theorie angewandte Rechenverfahren, nicht aber die von mir kritisirten Prinzipien dieser Theorie betreffen. Was die aus fünf Ovalen zusammengesetzte Figur mit 31 meiner vorangegangenen Rechnung entsprechenden Theilen betrifft, unter denen an den nicht schraffirten

Stellen die elf möglichen Fälle hervorleuchten; so liegt es auf der Hand, dass derjenige Fall, in welchem keines der fünf gegebenen Merkmale a, b, c, d, e vorkömmt, also der Fall, welchen Schröder auf S. 563 seiner Algebra der Logik als den 32sten Fall mit $a_1 b_1 c_1 d_1 e_1$ bezeichnet, durch den Raum vertreten wird, welcher sich ausserhalb der Figur ausbreitet; das wegwerfende Urtheil über diese Figur ist daher ganz ungerechtfertigt. Diese Figur ist thatsächlich ein korrektes geometrisches Bild für die von mir formulirten Aufgaben, ein Bild, dessen Wesen dem Kritiker verborgen geblieben ist, wenn er dasselbe für unbrauchbar erklärt. Die darin zur Anschauung gebrachten elf möglichen Fälle sind, wie leicht zu erkennen, die folgenden $|abce|$, $|abc|$, $|abde|$, $|ace|$, $|ac|$, $|a|$, $|bcde|$, $|bcd|$, $|be|$, $|cde|$, $|cd|$, und wenn ich die von Schröder mit a_1, b_1, c_1, d_1, e_1 bezeichneten Nullwerthe hinzufüge, $|abcd_1e|$, $|abcd_1e_1|$, $|abc_1de|$, $|ab_1cd_1e|$, $|ab_1cd_1e_1|$, $|ab_1c_1d_1e_1|$, $|a_1bcde|$, $|a_1bcde_1|$, $|a_1bc_1d_1e|$, $|a_1b_1cde|$, $|a_1b_1cde_1|$. Diese Werthe stimmen mit den von Schröder auf S. 564 aufgestellten elf Fällen genau überein, wenn man darin den vermeintlichen Fehler durch Vertauschung des Gliedes $|ac|$ mit $|ade|$ oder des Werthes $|ab_1cd_1e_1|$ mit $|ab_1c_1de|$ einbessert, was natürlich eine entsprechende Veränderung der Krümmung der Umfangslinien der Ovale meiner Figur erfordert.

Was hat es nun mit dem von Schröder behaupteten Fehler für eine Bewandtniss? Meine Rechnung bezieht sich nach S. 739 auf die drei Forderungen α, β, γ. Die letzte Forderung besteht aus zwei Theilen; der zweite Theil verlangt „überall, wo von den Merkmalen c und d das eine ohne das andere wahrgenommen wird, da soll auch das Merkmal a in Verbindung mit b oder mit c oder mit beiden zugleich auftreten". Diese letzte Forderung stimmt nicht mit der von Boole gestellten letzten Forderung überein (s. S. 522 der Algebra der Logik); Boole fordert nämlich am Schlusse „da soll auch das Merkmal a in Verbindung mit b oder mit e oder mit beiden zugleich auftreten". Die von mir gestellte Forderung ist also nicht mit der von Boole gestellten und von Schröder bearbeiteten identisch, indem jene am Schlusse ein c, diese dagegen ein e hat. Der Grund dieser Abweichung, ob er in einer unrichtigen Abschrift der Booleschen Forderung, oder in einer auf meinem Belieben beruhenden Änderung dieser Forderung liegt, ist ganz irrelevant: meine Rechnung bezieht sich auf die von mir formulirte Aufgabe und enthält nicht den mir von Schröder angedichteten Fehler: für meine Aufgabe ist $|ac|$ ein möglicher und $|ade|$ ein unmöglicher Fall; meine auf S. 741 entwickelten Formeln entsprechen meiner Aufgabe vollständig und genau, das von mir angegebene Verfahren ist deutlich ausgeprägt, unanfechtbar und auf alle ähnlichen Aufgaben, auch auf die unveränderte, von Boole und Schröder behandelte Aufgabe anwendbar, und die Figur am Ende, welche natürlich für jeden besonderen Fall ein entsprechendes Kurvensystem verlangt, ist das richtige geometrische Bild eines solchen Falles.

Jeder einsichtige Kritiker muss die prinzipielle Richtigkeit meines Verfahrens anerkennen und die Abweichung meiner Endformeln für a, b, c, d, e von den auf anderem Wege gefundenen nicht in der Fehlerhaftigkeit meines Verfahrens, sondern in der Verschiedenheit der gestellten Aufgabe suchen. Wenn es sich also um die Auflösung der von Boole gestellten Aufgabe, welche von der meinigen abweicht, handelt; so liegt es auf der Hand, dass aus meinen Formeln das Glied $|ac|$ zu streichen und das Glied $|ade|$ da, wo es hingehört, einzuführen ist. Demzufolge verliert die Formel für a das Glied $|ac|$ und gewinnt das Glied $|ade|$, die Formel für b bleibt ungeändert, die Formel für c verliert das Glied $|ac|$, die Formel für d und auch die für e gewinnt das Glied $|ade|$. Hierdurch ergiebt sich die Auflösung der Aufgabe Boole's, während meine ungeänderten Formeln die Auflösung meiner Aufgabe völlig fehlerfrei darstellen.

Hiernach weise ich alle abfälligen Bemerkungen auf S. 568 und 569 von Schröder's Schrift als ungerechtfertigte, auf mangelhafter Prüfung meiner Rechnung und Methode beruhende Verdächtigungen zurück. Wie erwähnt, berühren übrigens die eben besprochenen Rechnungsoperationen das Wesen des „Logikkalkuls" überhaupt nicht. Ich halte das über die Unzulänglichkeit der Prinzipien dieses Kalkuls Gesagte aufrecht. Die später entstandene „Algebra der Logik" liefert die Bestätigung des über den Logikkalkul ausgesprochenen Urtheils. Ich verkenne nicht den geistreichen Inhalt der behandelten Gegenstände; allein, ich erblicke darin ein Gemisch von reiner Mathematik und formaler Logik, ich finde darin an zahlreichen Stellen eine Auslegung der Bedeutung der aufgestellten Sätze nach willkürlicher Auffassung, oftmals durch Heranziehung der Aussprüche dieser oder jener Schriftsteller als Begründungsmomente, ich begegne vielfachen irrthümlichen Ansichten über Grundeigenschaften und Grundprozesse (z. B. über Addition, Multiplikation und Potenzirung), ich vermisse einen Aufbau der Theorie auf Grundfesten und einen gesetzlichen Zusammenhang der einzelnen Abtheilungen dieser Theorie. Die vollständige Systemlosigkeit des Ganzen entzieht dieser Theorie den Charakter einer rationellen Wissenschaft und verleihet ihr das Wesen eines geistigen Umherschweifens auf einem willkürlich variirten, allerdings ganz interessanten monographischen Gebiete.

Irrthümer in der Philosophie.

74. Von der Unzulänglichkeit des Systems der Philosophie lässt sich Dasselbe sagen, wie von dem der Logik. Im dritten Theile der „Naturgesetze" und in den „Grundlagen der Wissenschaft" habe ich Spezielleres darüber vorgeführt, worauf ich hier Bezug nehme.

75. Ausser dem Mangel an System enthalten die Monographien über philosophische Gegenstände mannichfache Irrthümer und willkürliche Annahmen über das Wesen des Geistes, seiner Grundgebiete und deren Grundeigenschaften, sowie über seine Stellung im Weltreiche und demzufolge über das Weltreich selbst und in weiterer Folge hiervon

über die höchste darin herrschende Kraft oder über das Wesen Gottes. Ich kann dieselben hier nicht nochmals rekapituliren, verweise dieserhalb vielmehr auf alle vorgenannten Schriften. Wenn ich mich darin mehrfach selbst geirrt habe, wie es dem individuellen, unvollkommenen Geiste widerfahren kann; so wird eine Berichtigung dieser Irrthümer die Erkenntniss der Wahrheit fördern, und ich werde mich mit dem Gedanken trösten, auf umgekehrtem Wege, durch Irrung zur wahren Welterkenntniss Etwas beigetragen zu haben und in einem Kampfe unterlegen zu sein, der doch lediglich die Erhöhung des Geistes und die Verherrlichung des höchsten Wesens zum Zweck und Ziele hatte.

Von dem Verfasser sind folgende Werke erschienen:

Die mechanischen Prinzipien der Ingenieurkunst und Architektur. 2. Bde. Auf Grundlage des englischen Werkes von Moseley.

Die Prinzipien der Hydrostatik und Hydraulik. 2 Bde., enthaltend die Statik und Mechanik der flüssigen und gasförmigen Körper.

Die Theorie der Gewölbe, Futtermauern und eisernen Brücken.

Die Theorie der Festigkeit gegen das Zerknicken.

Die Elastizitätsverhältnisse der Röhren, welche einem hydrostatischen Drucke ausgesetzt sind.

Über Gitter- und Bogenträger.

Über die Festigkeit der Gefässwände, insbesondere über die Haltbarkeit der Dampfkessel.

Imaginäre Arbeit, eine Wirkung der Zentrifugal- und Gyralkraft, mit Anwendungen auf die Theorie des Kreisels, des rollenden Rades, des Polytropes, des rotirenden Geschosses und des Tischrückens.

Die Ursache der Dampfkesselexplosionen und das Dampfkesselthermometer als Sicherheitsapparat.

Über das Verhältniss der Arithmetik zur Geometrie, insbesondere über die geometrische Bedeutung der imaginären Zahlen.

Der Situationskalkul, eine arithmetische Darstellung der Geometrie auf Grund abstrakter Auffassung der räumlichen Grössen.

Die unbestimmte Analytik, enthaltend die diophantischen Gleichungen des ersten und zweiten Grades, die endlichen und die periodischen Kettenbrüche, die Theorie der Ungleichheiten, die Kongruenz der Zahlen, die Zahlentheorie u. s. w. in reellen und komplexen Zahlen.

Die Auflösung der algebraischen und transzendenten Gleichungen mit einer und mehreren Unbekannten in reellen und komplexen Zahlen.

Methodus nova aequationem indeterminatam secundi gradus duas incognitas implicantem per numeros integros solvendi. Dissertatio inauguralis.

Die Umbildung der deutschen Rechtschreibung mit Bemerkungen über die Umgestaltung der deutschen **Maassordnungen.**

Körper und Geist. Betrachtungen über den menschlichen Organismus und sein Verhältniss zur Welt.

Die physiologische Optik. Eine Darstellung der Gesetze des Auges. 2 Bde.

Die Gesetze des räumlichen Sehens. Supplement der physiologischen Optik.

Die Theorie der Augenfehler und der Brille.

Sterblichkeit und Versicherungswesen.

Betheiligung am Gewinne und Nationalversorgung.

Die Regelung der Steuer-, Einkommen- und Geldverhältnisse.

Vorschläge für die Alters- und Invalidenversicherung.

Die polydimensionalen Grössen und die vollkommenen Primzahlen.

Die magischen Figuren.

Die Naturgesetze. 4 Theile und 3 Supplemente:

1. Theil: Die Theorie der Anschauung oder die mathematischen Gesetze.
2. " Die Theorie der Erscheinung oder die physischen Gesetze.
3. " Die Theorie der Erkenntniss oder die logischen Gesetze.
4. " Die Theorie des Bewusstseins oder die philosophischen Gesetze.

1. Supplement: Wärme und Elastizität.
2. " Elektrizität, Galvanismus und Magnetismus.
3. " Die Theorie des Lichtes.

Die Welt nach menschlicher Auffassung.

Die Grundlagen der Wissenschaft.

Die Hydraulik auf neuen Grundlagen.

Die Vorbildung für das Staatsbaufach und die Schulreform.

Beiträge zur Theorie der Gleichungen.

Beiträge zur Zahlentheorie.

Die quadratische Zerfällung der Primzahlen.

Beweis eines Satzes aus Legendre's Zahlentheorie.

Die Äquivalenz der Naturkräfte und das Energiegesetz als Weltgesetz.

DRUCK VON FRIEDR. SCHEEL, CASSEL.

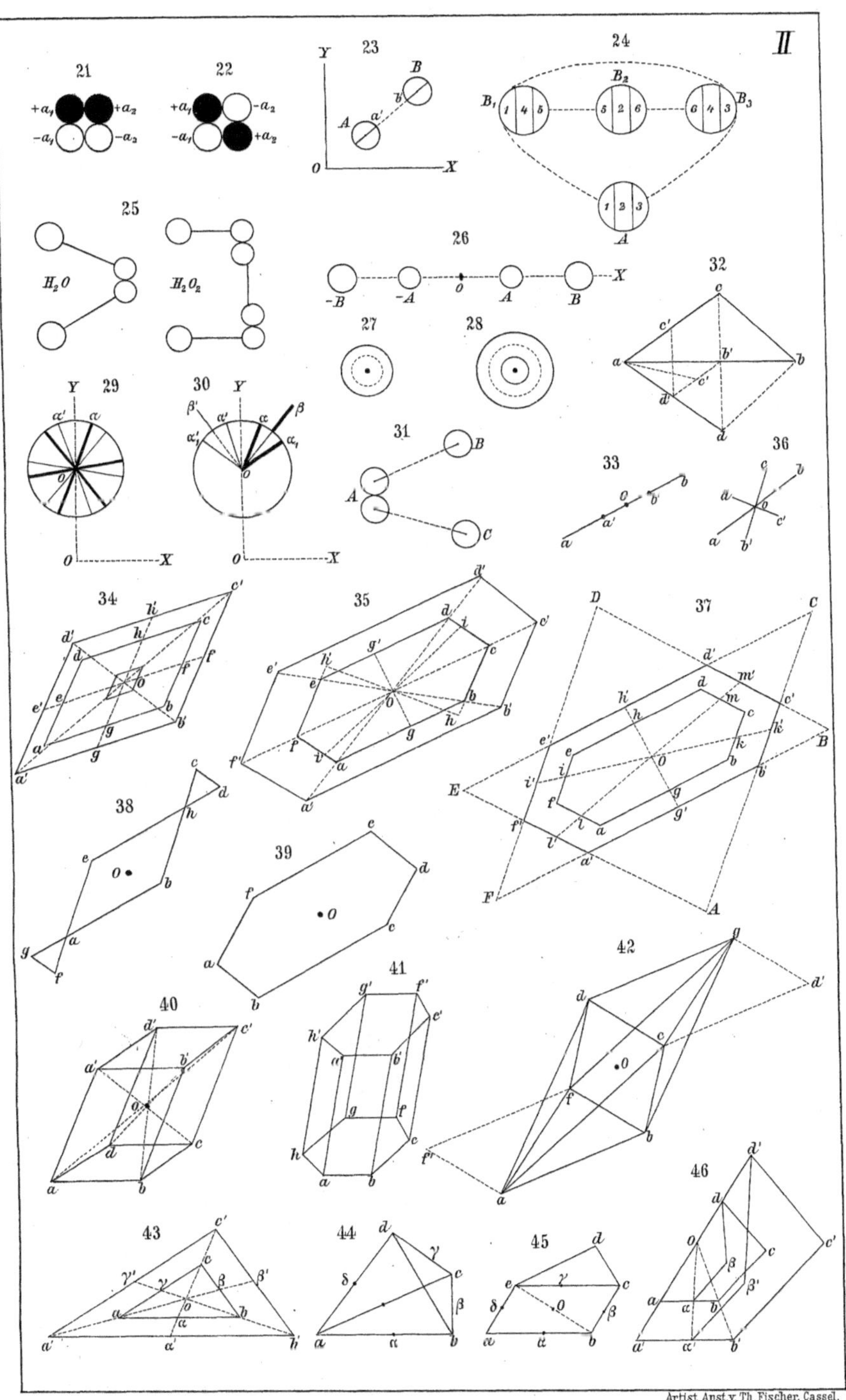

Artist. Anst. v. Th. Fischer, Cassel.

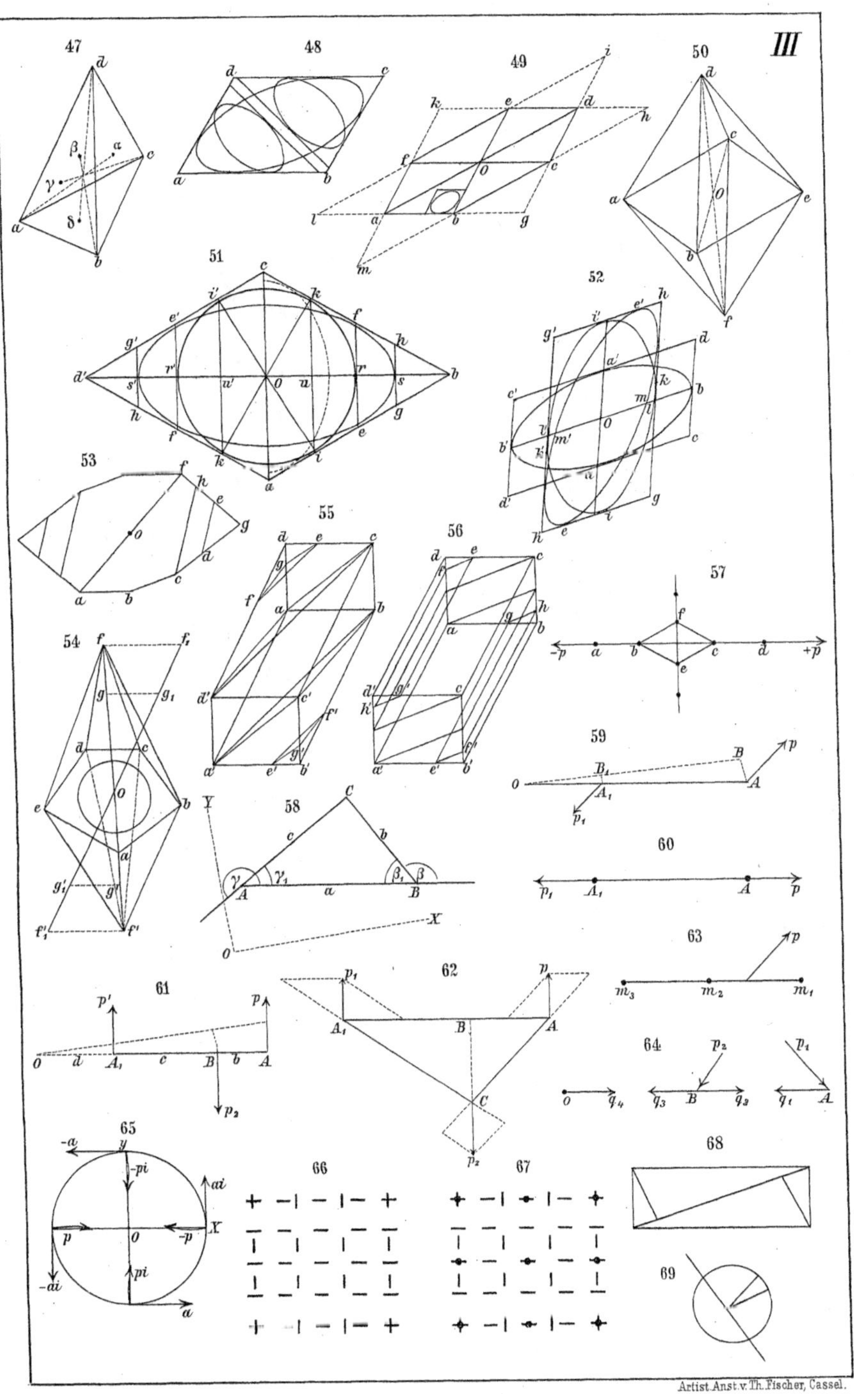
III
47
48
49
50
51
52
53
54
55
56
57
58
59
60
61
62
63
64
65
66
67
68
69
Artist.Anst.v.Th.Fischer, Cassel.